KB161948

우리 농업의
역사 산책

우리 농업의 역사 산책

구자옥 지음

(農業史 散策)

이담
Books

머리글

덴마크 유학시절부터 따지면 거의 40여 년에 이르는 동안, '잡초학(雜草學)', '잡초방제학(雜草防除學)', 또는 '작물생리 · 생태학(作物生理 · 生態學)'을 전공하는 대학교수 생활을 하였다. 이루어 놓은 일은 보잘것없어도 나름으로는 불철주야로 열심히 뛰어다녔다.

지금은 대학을 은퇴하여 언뜻 몇 해가 흘렀고, 그래도 현직(現職) 때에 못지 않을 만큼 바쁜 것이 사실이다. 아직까지 현직 때의 정들었던 대학 교정을 단 한 차례도 찾아보지 못하였으니 그토록 바빴어야 하였던 것인지 나도 지난 영문을 잘 모르겠다.

"내가 지금 무얼 하는……?"

가끔씩 우연히 만나게 되는 사람들도 악수를 나누며 묻곤 한다.

"퇴직 후 시간을 어떻게 보내고 있지?"

"요즘도 술 담배 여전하고, 골프도 계속 하겠지?"

내 대답은 언제나 우물쭈물하고, 두루뭉술하다.

"그저 그렇다. 손자 · 손녀 보느라고, 시간에 쫓겨서…… 그럭저럭 지내다 보면 시간이란 놈이 저 혼자 곁을 스치고 지나가는 게지."

그러나 집안의 후손들이나 제자들이 안부를 묻게 되면,

"말도 마라! 현직 때보다 훨씬 더 바쁘다. 현직 때에 이만큼 바빴더라면 벌써 대성(大成)했을 거다. 거기에 손자 · 손녀들 돌보고, 농업사학회 회장까지 맡아 일하고 있으니 정말 내 정신이 아니다."

그러나 이런 대답이 과연 제대로 된 것인지부터가 의아스럽다.

금년 2011년 5월이면 칠순(七旬)이 된다. 아직도 할 일은 턱없이 많은데 지금 내 처지는 도대체 이게 무엇이란 말인가?

대학을 퇴임하기 몇 년 전부터 나에게는 죽기 전에 꼭 해놓고 싶은 일거리가 있었다. 우리나라 농사기록이 있기 전인 고려 말까지에 우리나라 사람들이 중국과 공유하여 읽었던 중국의 시대별 고농서인『범승지서(氾勝之書)』,『제민요술(齊民要術)』, 그리고『농상집요(農桑輯要)』의 세 권을 우리말로 번역하여 내놓겠다는 것이었다.

다행스럽게도 농촌진흥청의 도움으로 계획은 무난히 진행될 수 있었는데, 처음의 예정과는 달리, 그사이에『한국농업근현대화 100년사』전12권을 편찬하는 일이 맡겨지고, 타카하시(高橋昇)의『조선반도의 농법과 농민』, 혼다 코노스케(本田幸介)의『한국토지농산조사보고』전3권, 권업모범장 25주년 기념보고서 전2권과 사카노우에(坂上登)의『조선인삼경작기』,『화한인삼고』,『인삼고』3권과 쓰다센(津田仙)의『농업삼사』를 번역·출판할 계기가 주어졌다. 평소에 일 욕심이 많다고 평을 들어오던 나로서는 이런 일들을 하다 보니 어쩔 수 없이 이젠 버린 몸이 되고 말았다.『권업모범장 사업보고서』(1906~1945) 전권 총 25,000여 매 분량의 번역까지 맡아서 동료들 서너 명과 더불어 토요일도 없이 일에 몰두하는 처지가 되었다. 거기에 우리나라 구황방 고서들 전체를 번역하여 4권의『구황방고문헌집성』으로 출판을 하였고 현재도『온고이지신(溫故而知新)』전7권 가운데 4권을 출판하였고 나머지 3권에 대한 집필을 계속하고 있다.

내가 생각해도 스스로 놀랄 만한 일들로 생각이 된다. 그러나 나 스스로는 물론 내 주변 사람들, 그리고 제자들이나 자식들에게 들려줄 내 대답은 도대체 무엇이란 말인가?

이 책을 정리하고 내 칠순이 되는 날을 기다려 "구자옥의 변신 10년"을 말하는 대답으로 내놓고 싶었다. 또한 한국농업사를 전공으로 하거나 관심을 놓지 않고 살아가는 학회원 여러 분들에게도 농업사학인으로서는 보잘것없는 내 실체일망정 한껏 풀어 놓고 회초리를 맞아야 할 것만 같다. 뿐만 아니라 지금이라도 내가 주변의 모든 사람들에게 "그동안의 도움에 감사"를 하며 인사치레라도 내놓는 것이 도리일 것 같다.

이 책에 실린 글들 가운데는 여러 해 전에 써 두었던 것도 있고 여러 책들을 번역하면서 얻어 꾸려낸 것들, 또는 한국농업사학회장 자격으로 국제학회에 참가하여 기조강연으로 발표하였던 논설이나 또는 잡지 등의 청탁으로 쓰인 글들이며, 다만 그것들 가운데 농업사적 의미가 있는 것들에 국한하였다. 따라서 모든 사람들로부터 모진 회초리성의 칼 같은 평가를 받아야 마땅한 글들이다.

그러나 어느 누가 그만큼 귀찮은 시간을 내어 주기라도 할는지 모르겠다.

이 글들을 쓰는 동안 물심양면으로 도움을 주거나 함께 노력을 아울러 주었던 지금의 동료들로 전임의 한상찬 교수, 김장규 연구관, 부경생 교수,

김정화 박사, 강수정 선생, 이미애 선생, 그리고 자료를 말끔하게 정리해 준 조옥선·조경란 양에게 감사한다.

집안의 식구들 모두, 특히 2010년에 새로 맞은 며느리 김연지 양과 손자·손녀인 한상현·유지니아 김·해일리 한(연재)·엘리 매디슨 김, 그리고 아직까지는 초대면을 못한 배속의 한 놈에게도, 공연히 바쁘다는 핑계로 보다 더 도타운 정을 쏟아 주지 못한 데 대하여 "미안하다"라고 말하고 싶다.

무엇보다도
이 책을 펼쳐 보는 모든 이들을 사랑합니다.

2011. 5. 8. 칠순에 부쳐
구 자 옥

목 차

제1편

먹을거리 내력의 담론

1. "괭이 든 사내"(J. F. Millet, 1862) 이야기

-먹어야 사는 탓으로! -

탐구의 뿌리는
어둠에서 익힌 물음이다
……
……

결론은 원점
탐구의 뿌리로 향하여
물음으로 돌아오고
……
……

우리가
낳고 귀소하는
땅속 언저리의 그런 어두움

왜 물음의 고향은
어두움이었을까

<필자 시집 『보릿고을』, 뿌리 5에서>

괭이든 사내(J. F. Millet, 1862)

프롤로그(Prologue)

옛날 우리나라의 정치꾼 집합소였던 국회에서 사사오입제(四捨五入制) 파동으로 전국이 소용돌이쳤던 적이 있었다. 여야가 대치하여 국회를 열지도, 닫지도 못한 채 서로의 주장을 내세우고 있는 꼴을 당시의 신문 만화에 '고바우' 영감이 풍자하여 4컷의 연재만화로 그려내었다. 여(與)는 병원의 응급차를 몰아오고, 야(野)는 소방서의 불자동차를 몰고 와서 외나무다리 양쪽에 대치한 채, 서로가 불가피한 생사의 문제를 사유로 상대방에게 길을 비켜서라고 주장하며 대치하는 모습이었다. 서로가 양보하지 않으니, 제각각 외나무다리 양끝에서 이불을 펴고 자거나 밥솥을 걸고 불을 지펴 밥을 지으면서 상대방의 양보만을 기다리는 꼴이었으니, 별수 없이 한쪽에선 사람이 죽어 가고 다른 한쪽에선 화재가 점점 더 번져 가던 의아스럽기 짝이 없는 모습을 담았다.

지난 며칠 동안, 우리나라의 국회가 서있는 여의도 일대에서 경찰과 대치하여 충돌하는 농민들의 사투하던 궐기대회 모습이 언론 방송의 매체를 통하여 생생하게 보도되고 있었다. 때는 바야흐로 세계 정상들이 부산으로 모여들어 전 세계의 눈이 집중되어 있는 APEC가 열리는 때이고, 대학입시생들은 국가고사인 수능시험을 코앞에 닥쳐 두고 있는 때이다. 그러나 농민들의 입장에서는 "쌀 시장 개방의 협상안"이 국회를 통과하려는 찰나이고, 이에 대한 근본적 대책이 없이는 더 이상 농사를 포기할 수밖에 없다는 절망이었으니 이것저것 가릴 게재가 아닌 셈이다. 더구나 중국과의 정상회담 자리에 앉은 대통령이 "호랑이 한 쌍"의 선물을 받아들이면서, 중국의 수출품에 대한 면세 조치를 인정하는 국가 인정서를 중국에 선물로 주었으니, 점차 쏟아져 들어오는 값싼 중국의 농산물이 우리나라의 농업 현장을 초토화하리란 예상은 명약관화한 사실로 되고 있다. 농민들의 울부짖음을 달래기는커녕 더더욱 불난 데에 기름을 붓는 형상을 면하기 어렵다.

한 마디로, 이것은 어처구니없게도 난국이라 표현할 길밖에 없다. 불길에 휩싸인 로마 시내를 내려다보면서, "주여! 어디로 가시나이까?"라고 외쳐야 할밖에 없던 형국이다. 과연 이 형국을 '고바우' 영감님이 보게 되었다면 만화의 기승전결(起承轉結) 4컷을 어떻게 그려서 표현하였을지 모르겠다.

어디에서 어떻게 우리들의 잘못은 시작된 것일까? 이 어려운 난국을 지금이라도 어떻게 풀 길은 없는 것일까? 더구나 이런 문제의 본질이 어느 한 정권의 문제일 까닭은 아니지 않겠는가?

이런 난제는 나라마다, 정권마다 한 번씩은 겪었던 일이었고, 앞으로도 그럴 수밖에 없는 문제일 것으로 보인다. "삶의 시작은 먹을거리이며 그 종결은 전쟁"인데도 불구하고, 인간들은 늘 평화를 여는 시작의 뜻보다는 종결의 전말(History)에만 중요성을 인정하는 "어리석은 동물"(앙리 파브르: 『인간의 어리석음』에서)인 까닭이다. 전쟁에 승리한 장군의 이름이나 격전지, 또는 그 일시(日時)를 기억하고 기념행사를 해야 할 가치가 어디에 얼마나 있다는 말인가? 오늘의 우리나라 농민들이 처하여 받는 고통을 그저 지나치는 일상적인 문제나 상투적 제스처 정도로 보아서는 안 될 것이라는 말을 하고 싶은 것이다." 인간의 시작이 먹을거리이듯이 그 종말도 역시 먹을거리일 수밖에 없다"는 말을 하고 싶은 것이다.

이 글의 전체적인 타이틀을 "밀레(Millet)[1]의 '괭이든 사내'"[2]로 명명한 사유를 먼저 밝혀두고자 한다.

---

1) Millet, Jean Francois(1814~1875): 프랑스 바르비 종파 화가의 한 사람이다. 농가 출신으로 농사를 지으면서 회화에 정진하여 종교적 우수성에 가득 찬 작품, 즉 "만종", "씨뿌리는 사람들", "이삭줍기" 및 "괭이든 사내" 등의 작품을 남겼다. 공교롭게도 Millet는 작물명 기장(*Panicum miliaceum*)과 같은 명칭이며, 기장은 볏과의 인류최초 식량 작물로서 유럽과 아시아에 유사 이전부터 재배되는 "식량"의 상징성을 갖는다.

2) "괭이든 사내"는 밀레가 1862년에 그린 그림이다. 8~14세기에 계속되던 중세의 기아문제로 점철되던 농경의 포기, 봉건주의 만연, 그릇된 종교적 판단, 야만주의 발단, 동물적인 식인습관의 재현, 농민에 대한 반대와 농민의 저항이 있던 시대적 배경에서 농민의 신세를 그려낸 그림이다. 당시의 농민상은 음침하고 교활하며 무뚝뚝하고 염세적인 것으로 인식되었고, 이런 인식의 잘못을 미국의 시인이었던 마크햄이 그림에 딸린 인상을 한 편의 시로 표현하여 발표함으로써 유명한 대작품으로 인정되었다. 그의 마지막 종결은 "몇 백년의 침묵이 흐른 뒤, 저 무언의 공포가 세상을 심판하기 위해 일어서겠나이까?"이었다.

15세기 말엽에는 인류 문명의 시작을 열었던 종교[3]와 데메테르 여신[4]의 종(奴)들이 본격적으로 일전을 벌였던 독일의 "농민 전쟁"이 있었다. 물론 이보다 한 세기 앞선 지점에서도 영국이나 프랑스에서 이와 유사한 농민들의 봉기가 있었다. 이들 농민봉기는 단순한 이유에서 출발한 것이 아니라 오랜 중세의 암흑 같은 시절을 통하여 만들어진 비인간적인 상류사회 또는 종교사회의 폐습과 이에 따른 불평등에서 발원한 것이었다. "인간이라면 '만물의 영장'이기 때문에 모든 짐승을 지배하도록 창조되었다"거나 이와 같은 논리로 "높고 잘난 인간은 상대적으로 이보다 못한 인간을 지배하도록 세상이 만들어졌다"면서 "피땀 흘리며 우는 농부는 예쁘고, 웃음기 어린 농부는 미운 존재"인 것으로 인식해도 된다는 생각에 살며, 또한 "삶이 고단해도 농민은 흙에 파묻혀 살아야 하고, 자신의 계급을 벗어나려는 생각은 그 자체가 죄"라고 보아야 하는 생각이 범람하던 시대였다. 인류역사상 최고의 문인이었던 셰익스피어가 그랬고, 최고의 음악가였던 막스 베버가 그러했는데 오히려 이들에 의하여 "헨리 6세"나 "마탄의 사수" 같은 인류의 걸작(?)이 만들어졌고, 오늘날에도 그들의 그런 작품에 매료되어 있는 꼴이라니 몸서리가 쳐진다. 마치 끝없이 무수한 백성의 피땀과 목숨을 벽돌로 쌓은 진시황의 만리장성을 보면서 중국인의 무량한 위대성을 느끼듯이 말이다.

독일의 농민전쟁 또한 마르틴 루터의 종교개혁과 맞물려 치러진 비극 가운데 비극이었다.

루터는 성서를 독일어로 번역하여 예수의 진실을 일깨웠고, 이에 따라 영주(지주)의 횡포를 막기 위해서 모세의 농지법에 의한 개혁을 왕족·도시민·주교·영주에게 부르짖으며 농민의 궐기를 선동하는 "농민강령 12조"를 주장

---

3) 모든 종교의 그 시작은 먹을거리에 대한 전지전능의 절대기능과 인식의 특수성을 정신으로 하는 바탕 위에서 출발한 특성을 지닌다.

4) 데메테르 여신은 아테네의 국교로 삼았던, 그리스도교 이전의 1000년 종교에서 숭배의 대상이었던 "삼위일체의 신", "빵의 여신", "문명 창시자", 내세(來世)의 부활 및 구원자로서, 로마의 세레스(곡물 창조신)와 동격인 신의 명칭이다. 의미상으로는 "사람을 키우는 어머니", "땅의 어머니"로서 최초로 씨앗을 심은 "농업의 신"이며 싸움을 그치고 칼을 거두어 땅 파는 보습을 만들었다는 전설로 전해진다.

하였다. 이는 단순히 빵에 대한 요구가 아니라 농노화한 농민의 주권과 형평성 있는 세제의 개선을 요구하는 내용이었다. 신성한 이 전쟁에서 처음에는 수적으로 우세했던 농민들의 승리였지만 무기와 전술에 무식한 농민들의 불리한 시간 연장이었으며, 결과적인 농민의 패배는 루터의 태도 변화에 기인하였다. 루터는 "강도와 살인의 무리인 농민군을 규탄한다"는 선언을 하면서 "농민군은 저들의 마지막 숨을 토할 때까지 쓰러뜨리고 죽여야 하며, 이에 나서는 제후 편이라면 어느 누구라도 하느님의 참된 순교자이며 의로운 사람이 된다"는 것이었다. 농민군의 "적색테러"도 무참한 것이었지만 귀족계급의 승리로 결말된 "백색테러"는 참으로 처참한 것이었다. 언제 어디에서나 비슷하듯이 비천하고 무식한 농민을 대하는 수단(정책)이라는 것은 한여름 더위 속에서 어슬렁거리는 개 한 마리가 제 기분이 내키는 대로 아무 데나 벌렁 드러누우면 되는 격이었다.

이후의 농민들은 철창에 발 묶여 옥죈 그 오랜 세월, 즉 맨땅에 잠자며 온갖 핍박에 시달리면서 프랑스 혁명이 일었던 때까지의 250년 세월을 살았던 것이다. 또한 이 기간의 농민상을 상징한 그림들이 밀레에 의하여 "만종", "이삭줍기", "거름치는 남자", "씨앗뿌리는 사람", "추수하는 사람들의 휴식"과 더불어 "괭이든 사내"로 그려진 것이었다.

"아담이 땅을 일구고 이브가 길쌈할 때에 어디 왕후장상이 따로 있었더냐?"라는 말은 영국의 농민봉기를 이끌었던 성직자 존 볼의 설교 한 마디였다.

오늘, 우리가 직시하며 겪고 있는 농민들의 아우성을 생각해 본다. 1960년대부터 시작된 우리나라 근현대화 과정의 끊임없는 데모·항거·반발이나 끼리끼리의 집단이기적인 투쟁을 보면서 질력을 내지 않는 사람이 있겠는가? 지리멸렬한 공권력의 집행이라는 것이 그랬고, 또한 임기응변식으로 정당의 득표나 하고 보자는 식의 미봉책 대응이 또한 그렇다. 법치국가 운운하는 입발림에도 아무런 감응이 내키질 않는다. 고작, 그런 이야기일 뿐이란 말인가?

우리의 머리맡에는 이천만의 굶주린 동포가 고통 속에서 세계적인 걸인집

그림 1. 벌거벗은 북한의 논(Time, 2006 - 8 - 28)

단으로 살고 있다. 이유야 어찌되었건, 생산력을 스스로 잃고 난 연후의 결과
적인 모습이다. 오늘 우리가 또 다른 이유로 농업생산을 포기하고 나면, 결과
적으로 이와 조금도 다를 바가 없는 오천만의 운명이 기다리게 되는 꼴이다.
세계적인 역사의 몇 가지를 이제부터 거론하고자 하지만, 여하튼 지금의 우리
에게는 절대로 있어서 안 될 일이며, 생각하기조차도 불가한 일이다.

지난 몇 개월에 걸쳐서, 세계 최고(最古)의 종합농서로 알려진 후한(後漢)
시절(A.D. 500~600)의 중국 농서인『제민요술(齊民要術)』을 번역하면서, 눈
길을 끄는 한 대목이 있었다.

조착(晁錯)이 이르기를 "……금은주옥(金銀珠玉)이 아무리 많다 한들 배
고플 때에 먹거나 추울 때에 입을 것이 못되는 무용한 것이지만, 속미포백(粟
米布帛)은 단 하루라도 없으면 굶주리고 떠는 문제를 벗어날 수가 없다. 이
런 탓으로 명군(明君)이라면 오곡(五穀)을 귀하게 여기고 금옥(金玉)을 천하
게 여긴다."

또한 회남자(淮南子)에 이르기를 "성인(聖人)이라면 자신이 처한 입장이 천한 것을 부끄러워하지 않고, 행하는 바가 제대로 되지 못한 것을 부끄러워하며, 자신의 명(命)이 길고 짧음보다는 백성들의 어려움을 걱정해야 한다.……(중략)……. 이런 때문에 신농(神農)은 초췌한 꼴을 못 면하였고 요(堯)는 늘 수척했으며, 순(舜)은 검게 그을려 살았고 우(禹)는 변지(胼胝: 입술이나 피부가 부르트는 현상)가 생겨 살았다."

먹을거리 풀들의 경연

인간사회의 근원은 농경(農耕)의 시작으로 발단되었다고 하며, 또한 농경의 근원은 인류의 정주(定住) 생활로 발단되었다고 한다. 더욱이 이런 인류(*Homo sapience*)는 다른 동물과 다른 지능(두뇌: Brain)의 진화에 기인하여 불(火)을 발견하고 농경의 이치를 터득하여 대략 4만 년 전 무렵부터 만물의 영장이 되는 계기를 이룩하였다고 한다.

그러나 온갖 종류의 풀을 철저하게 매면서 스스로의 먹을거리 초본식물을 파종하고 수확·저장한다는 개미벼(*Astrida stricta*)의 존재가 1861년 4월 13일에 런던의 린네학회에서 발표된 외에도, 가장 순수하고 기하학적인 육각형의 집을 짓는 벌이나 질서정연한 해바라기의 화기(花器) 구조, 초가집 처마 밑이나 전신주 난간에 완벽한 모르타르 집을 짓는 제비, 그리고 요즈음 아파트 시공업체가 최고의 공법을 가장 믿음직스런 것으로 홍보하기 위하여 등장시키는 댐 공사의 명수인 설치류 동물 비버와 태풍이 몇 날 며칠을 불어대어도 가장 높고 가장 전망이 터진 나무 끝에 나뭇가지를 물어다 엮어 집을 짓는 까치를 생각한다면 결코 인류가 만물의 영장이라는 자화자찬격 위세를 뽐낼 처지는 아닐 것이다.[5]

---

5) P. A. Kropotkin이 1890년부터 연재로 발표한 『상호부조론』(Mutual Aid: 필자의 번역본(2009)『상호부조진화론』(한국학술정보)으로 출간되어 있음. 여기에는 자연계에 존재하는 동물들의 삶과 그 지혜에 관한 관찰기록이 풍부하게 제시되어 있다.

여하튼, 인간의 동물적 지혜는 비록 개미에게 배웠든가 또는 스스로 터득하였든 간에 최초의 곡물로 기장(Panicum miliaceum)을 심기에 이르렀다. 최초의 기장은 "바람이 흔들어도 탈립(脫粒)이 되지 않는 풀"이었고, "번식이 잘 되어 경작의 특성을 만족시키는 곡류"였다. 1962년에 노벨문학상을 받았던 스타인 벡6)의 『분노의 포도』를 보면, 농경의 이치는 남녀의 번식원리에 따라 대지(大地)의 자궁 속에 기장(씨)을 심는 파종 원리와 땅을 파는 쟁기(최초의 형태는 땅을 찍어 구멍을 뚫는 굴봉이었음)를 고안해낸 여성에 의하여 창안되었다고 한다. 그래서 로마의 철학자 플루타르코스는 "농경의 본질인 쟁기질이 남녀 간의 사랑 행위로서 이때의 대지는 당연히 여자"이며, 따라서 "상처를 입히는 것이 곧 사랑행위의 본질"이라 하였던 것이다. 또한 남자를 알고 자궁을 열어 대지에 씨앗을 심었던 여성의 지혜에 의하여 비로소 인간은 대지의 주인이 된 것이었다.

그림 2. Wooden Model(B.C. 2300 - 1760) 겨리쟁기7)

---

6) J. B. Steinbeck은 노동계급의 삶을 사실적으로 그린 『생쥐와 인간』, 『분노의 포도』, 『에덴의 동쪽』, 『바람난 버스』, 『불만의 겨울』 등의 저자로서 미국의 소설가이었다.

7) 실제로 기장의 파종과 쟁기의 활용은 중국이 기원전 2800년 이전에 현실화한 것으로서 서구에 앞섰던 것으로 밝혀지고 있으며, 세계 최초의 농서로 알려진 기원전 2~3세기의 『汜勝之書』에는 "우선 쟁기로 갈아엎으면서 대지에 물기를 가두고, 흙을 부드럽게 다스릴 거름을 준 다음, 해동이 되어 얼음이 걷히고 땅이 풀리며, 하늘의 따뜻한 기운이 퍼지면 서둘러 파종하고 서둘러 거두는 한전농법(旱田農法)을 수행하였다. (耕地本, 在於趣時(地氣始通) 和土(土一和解) 務糞澤, (天氣始暑, 陰氣始盛, ……天地氣和……此時耕田)早鉬早獲.

그림 3. 우경도(한대 화상석)

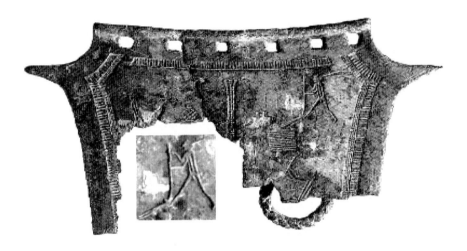

그림 4. 대전지방 출토품: 농경문 청동기

　여기에 유래하여, 데메테르나 세레스, 또는 세계 어느 나라 어느 민족의 전설에 등장하는 농업의 신(神)은 남녀 간 "결혼의 신"을 겸직하고 있게 된 것이며, 그리스의 헤시오도스는 '노동과 나날'이라는 서사시에서 "어떤 농부라도 쟁기질을 할 때는 사랑의 행위처럼 옷을 다 벗은 알몸으로 하도록 권유되었다"고 하였다.

이런 농경의 삶에 불(火)을 일으킬 수 있는 지혜[8]를 더하게 되자 인간의 농경적 삶은 일취월장하여 발달 · 진보하게 되었다.

이후의 일만 오천 년 내지 이만여 년에 걸쳐 계속된 변화는 "풀들의 전쟁"이었다. 어떤 곡식도 처음엔 자연계의 하찮은 풀이었을 뿐이었고 이들을 길들이던 인간은 곤충과 바람에 맞서 실패뿐인 싸움을 지속하였다. 이 싸움은 탈립하지 않고 벌레가 탐내지 않는 곡물을 찾던 무수한 실패의 과정이었다. 하찮은 풀들은 인간의 손길에 편승하여 더욱더 제 갈 길로 줄기차게 탈출하게 되지만, 인간이 바라고 찾은 풀들은 쉽게 길들여져서 사람의 손길이 없으면 자손 번식마저도 할 수 없을 만큼 독립성이 없는 온실의 화초가 되었다. 주인을 따르는 개와 같은 식물로 탈바꿈한 셈이었다. 이들의 명단을 공개한다면 기장 · 귀리 · 보리 · 밀 · 호밀과 옥수수, 그리고 근원지가 달랐던 벼를 손꼽을 수가 있다.

기장은 아무래도 중국과 몽골 · 키르키스탄과 고대 인도의 대표적인 먹을거리로 선택되었다. 중국에서는 6세기에 쓰인 농서 『제민요술(齊民要術)』이나 14세기의 『왕정농서(王程農書)』에서도 대표적인 곡식(穀食)으로 취급될 정도였다. 그러나 인도를 정복한 아리안족이 저들의 곡식이었던 쟈바스(djavas), 곧 보리를 끌어 들여 기장의 자리를 빼앗았다.

보리는 늘 귀리의 견제를 받았으나 오히려 호밀에 자리를 대부분 넘겨주고 고작 인도의 일부, 중국의 일부와 우리나라에서 명맥을 유지하게 되었다.

귀리가 인간의 홀대를 면치 못했던 것은 탈립성이 있어서 마치 지조 없는 계집이나 미숙하게 자란 개처럼 주인 아닌 누구에게라도 쉽게 따라 나서는 특성이 있고, 낱알이 작은 탓이었다. 심지어 귀리를 말사료 아닌 인간의 먹을거리로 삼는 이민족(예를 들어 스키타이족이나 아일랜드 및 스코틀랜드 등)을 멸시하기까지 할 정도였다. 일화 가운데, 영국이 스코틀랜드를 깔보며 "귀리가 스코틀랜드에서는 사람의 먹을거리지만 영국에서는 말사료!"라 하자 스코틀랜

---

8) 하늘에서 프로메테우스가 불을 훔쳐다가 인간에게 주어 철제 농기구 만드는 법을 가르쳤으며, 이로써 제우스의 미움을 받았으나 결국은 서로가 타협하여 석방되었다는 이야기도 있다.

드는 이에 응수하여 "그러니까 영국에서는 인간보다 말이 훌륭하고, 스코틀랜드에서는 말 대신에 우수한 인재가 많은 것"이라 하였다는 이야기가 있다.

호밀도 원천적으로 인간의 사랑을 받지 못하고 소외되어 있었다. 밀의 엄청난 세력에 쫓겨 잡초처럼 지내다가 어느 날인가 흑해 연안의 수출곡물(밀)에 섞여 남부 러시아로 옮겨진 잡초 꼴의 호밀이 제 세상을 만나서 생장의 두각을 나타내었고 이를 계기로 러시아와 프랑스·독일·영국으로 번져 나갔다. 특히 시베리아로 원정 간 호밀은 밀과의 한판 전쟁에서 그 위치를 확고히 할 수 있었던 것이다. 시베리아의 농민은 이를 흑밀이라 부르며, 흔히 숙적지간인 밀과 호밀을 섞어서 혼파하며 쾌재를 불렀다. 해마다의 날씨에 따라 따뜻하면 밀이 자라나고 추우면 호밀이 자라서 날씨 탓을 잊을 수 있게 된 때문이었다.

이처럼 에티오피아(아비시니아) 원산이었던 밀은 뒤늦게 등장하였지만 데뷔의 과정은 찬란하고 성공적이었다. 이집트에서는 보리와 밀이 재배되었는데, 이집트인들에 의하여 밀은 빵으로 둔갑할 수 있는 신분상의 개벽이 일었기 때문이다. 서구의 먹을거리 혁명은 발효 과정을 거쳐서 부풀어 오르는 빵이 발명되면서 비롯되어 오늘날 이 세상은 빵·치즈·맥주·포도주와 동양의 각종 장류와 김치 따위의 발효식품으로 뒤덮이게 되었던 것이다.

그 당시까지만 하여도 각종 종교와 맞물려 신성하고 깨끗한 음식, 특히 보리·기장·귀리·옥수수 따위로 반죽하여 고작 납작하게 구워서나 먹는 빵(flat bread)을 먹던 때였으며, 희망처럼 부풀어 오르는 빵으로는 오직 밀과 호밀만 사용이 가능하였다. 밀은 일약 스타덤에 올라 오늘에 이른 것이다. 오븐 속에서 부풀며 기체를 담는 단백질의 특성 때문이었다. 밀은 보리를 무대 밖으로 밀어내고 일약 곡식의 왕이 되었다. 이집트 고분에서 발견된 최초의 밀은 나이가 기원전 3000년인데, 중국의 밀재배 기록이 기원전 2700년경이어서 그 전파의 신비를 이해하기 어렵다.

여하튼 이렇게 출발한 이집트의 먹을거리 빵은 그리스에서 신화를 창조하고, 로마에서는 정치권력의 산파가 되어 이집트를 지배하는 통치역사를 만들어 고대사회의 스토리를 열었다. 다만 그 종말이 "클레오파트라의 코"에 상관

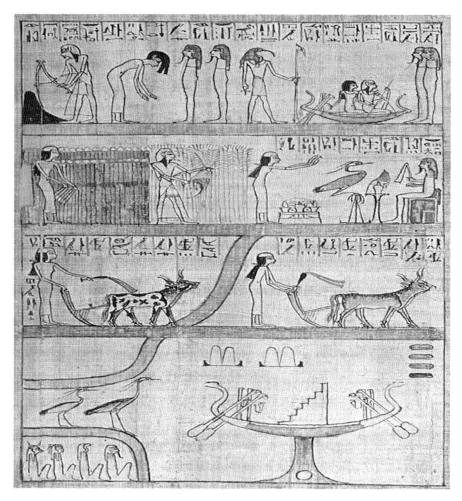

그림 5. 이집트(B.C. 1150) 갈대밭 강가의 농경

지어 역사를 겉으로 펼친 시저와 안토니우스의 이야기로 연결되었던 것이다. 이들의 이야기 역사는 흔히들 연애로 얽힌 줄 알겠지만 결코 남녀 간의 "사랑 이야기"가 아닌 "먹을거리와 정치권력의 흥망성쇠 이야기"였던 것이다.

이와는 달리, 벼는 인도에서 발원하여 동남아 일대와 중국·한국·일본에 머물러 오랜 세월을 묻혀 지냈고, 겸손하게 들내지 않은 채 그 위치를 굳혀 온 "기적의 곡물"이었다. 벼가 산출하는 쌀은 그 어떤 맥류의 곡식과 달리 겉껍질과 쌀알이 원형의 손상 없이 잘 분리되어 정백의 순결한 모습으로 밥(粒食: 낱알식 먹을거리)이 된다. 물에 넣고 가열하면 밥이 된다. 강우량이 넉넉한 몬순 기후대의 지역, 즉 고온다습한 인도부터 동남아를 거치는 지역과 한·중·일의 나라에서 밀집된 인구의 부양을 쉽고 넉넉하게 해 주는 곡식이며, 풍부한 물과 더불어 잡풀의 방해를 쉽게 피하면서 자라 주는 이들 지역의 천혜작물이다. 매년 연작을 해도 무리가 없고, 매일 매끼를 먹어도 거부감이 없으며, 주변의 해역에서 산출되는 어패류와 어울려 최고의 영양식이 된다. 또한 작물로서의 재배환경 특성을 같이 하는 종류의 발효 먹을거리와 어울려 가장 이상적인 식단을 형성하는 원천이 된다. 다음 세기는 아시아의 벽을 넘어서 세계의 굶주린 인류를 구제하고, 각계각층 인간들의 웰빙(Well being)을 지향하는 삶에 왕자(王者)적인 먹을거리로 등장할 날이 머지않은 존재이다.

"인간은 바로 먹는 그 자체이다(A man is what he eats!)"라는 표현은 힌두학자 Parry가 1985년에 한 말이었다. 또 Braudel(1973)은 "네가 먹는 바를 밝히면 나는 네가 어떤 인간인지를 말할 수 있다(Tell me what you eat, and I will tell you who you are.)"라고도 하였다. 무엇을 어떻게 먹는가에 따라서 인간 됨됨이는 물론 그의 삶 자체까지도 달라진다. 주로 먹는 먹을거리는 개개인의 인격뿐만 아니라 한 민족이나 동류 인간들의 모든 것을 결정하고 다르게 만든다. 그만큼 절대적이기에 인류나 인간으로서의 산파역을 먹을거리가 한다고 보았던 것이다.

오늘 우리의 문제는, 우리가 쌀에 의존하여 오늘의 우리 모든 것을 이룩해왔는데도 이런 공과는 밀쳐 두고 쌀을 자의든 또는 타의든 간에 재평가하고 취급의 수준과 정도에 조절을 하여야 하는 시점에 도달하였다는 것이다. 또한 자칫 잘못 조절을 하다가는 아예 쌀과의 인연을 끊게 될 우려마저 있다는 점이다.
쌀의 소비량은 줄고, 이는 쌀의 위치를 다른 먹을거리로 대체케 된다는 것을 뜻하지만, 그래도 재고가 쌓일망정 농민 생각을 해서 소득을 유지시켜야 한다는 모순에 봉착하였다.

처치하기 곤란한 쌀과 내일이 걱정되는 우리 민족의 삶이 뒤엉클어져 있는 문제라 하겠다. 비록 현대적인 장비와 수단을 갖추고는 있지만, 이 장면은 하나도 다름이 없는 밀레(Millet)의 이른바 '괭이든 사내'의 꼴이다.

인류의 먹을거리 놀음

한 마디로, 고대의 사회는 그리스와 로마의 영웅·호걸들이 한 권의 열전(예를 들어 『플루타르크 영웅전』)을 엮을 만큼 "먹을거리 놀음"[9]을 통한 세계 민족 재편성과 먹을거리 특성에 따른 군소 민족의 국가 탄생을 시도하였던 시기이었다. 또한 이를 뒷받침하여 먹을거리를 핑계 삼고 먹을거리로 혹세무민하며 먹을거리로 지배하려는 대부분 신앙이나 종교가 세워지던 시대이었다. 물론 중국의 대륙을 중화(中華)로 하는 아시아권에서도 춘추전국의 제후장상들로 더불어 싸움이 그치지 않던 시대였으며, 서양의 고대 철학이 태동하였듯이 공맹(孔孟)과 노순(老荀)을 비롯한 유교와 도교의 철학이 무르익었다.

다만 차이가 있었다면 서양의 그것이 "먹을거리를 통한 전쟁놀이"였던 데 비하여 동양의 그것은 "먹을거리로부터의 해탈(解脫)놀이"였다고 할 수 있다.[10]

그러나 그 당시의 먹을거리란 도대체 어떤 것이었을까? 유럽과 중동 대륙에서는 곡물을 볶거나 가루를 내어 납작한 빵[11]으로 구워 먹거나 또는 죽을 끓여 먹었다. 중국에서도 이와 비슷하였지만, 아프리카의 이집트 일대에서 발

---

9) "먹을거리 놀음"이란 먹을거리를 활용하거나 극복하는 수단으로 패권을 잡으려는 영웅·호걸들의 전쟁놀이나 종교적 분쟁 및 세력 구축행위를 뜻함.

10) 모든 종교적 문화가 정신적 이상향을 추구하기 때문에 현실속에서의 "먹을거리"에 절대적인 힘이 있음을 인정하여 종교를 먹을거리 자체로 보는 시각이 있는 반면에 이들의 절대가치 위에 영적 가치를 두어야 하는 논리 때문에 "먹을거리"문제를 극복하고 벗어나려는 평가절하의 시각을 가지는 양면성이 내재되어 있다. 이런 점에서는 동서양이 마찬가지였다.

11) 납작한 빵은 만나(Manna: 엑소더스의 이스라엘 백성에게 신이 내렸다는 빵) 또는 카샤(Kasha: 슬라브족의 메밀 가루로 만든 무발효 납작빵)의 원조격이며, 이와 유사한 무발효의 빵을 이룬다.

효된 빵이 있었듯이 발효음식의 시조격이 되는 장류나 담금채소가 있었다. 그러니 이야기는 인류의 발상지 가운데 한 곳이었던 이집트로부터 시작하는 것이 좋겠다.

이집트는 나일강의 신이 지키는 나라이다. 에티오피아2)에서 나일강을 발원시켜 물을 보내고, 나일의 신은 정확한 날짜에 나일강을 범람시켰다가 침수기간을 머문 후에 농경을 하도록 물을 빼어 가는 3계절 - 즉 범람기 · 발아기 · 추수기 - 을 창제해 주었다. 강우량이 거의 없어서 누구라도 강가를 떠나 살 수 없지만, 수확기에 넘쳐나는 모든 먹을거리는 언제나 재빨리 부패하게 마련이었다. 당시에는 부패하여 시큼한 먹을거리란 신에게 제사할 수도, 인간이 먹을 수도 없는 것이었고, 따라서 모든 사람들은 언제나 신선하고 부패하지 않는 음식을 찾고 이런 먹을거리를 정결하게 지키는 방법에만 혈안을 두었다.

그러나 이집트인만은 먹을거리가 썩어 가는 모습을 즐기고 신기하게 여기며 깊은 통찰을 주어서 드디어는 빵과 맥주를 비롯한 발효음식을 만드는 데 성공하였다.

이집트인은 스스로를 케미아(Chemia: 범람지의 검은 흙)의 자손인 케멧(Chemet)으로 칭하였다. 나일의 범람지 자체에는 실험실의 시험관처럼 여러 물질이 반응하여 화학변화(발효)가 일어나고 있었으며, 이런 반응은 나일신의 시혜이었고, 이를 모방하여 발효음식을 만드는 재주가 창제된 것이었다. 오늘날 화학을 지칭하는 "Chemistry"가 케미아에서 유래된 말이다. 또한 이렇게 썩는 원리를 터득함으로써 썩지 않는 원리를 알고 적용한 것이 피라미드의 영생을 지향하는 "미라"의 제조기술이었을 것이다. 먹을거리의 반응조(시험관)는 오븐과 같은 자궁에서만 제 구실을 하였던 것도 생물의 번식이나 농경의 원리와 너무나도 흡사한 것이었다.

---

12) 에티오피아는 옛이름이 아빗시니아로서 나일강의 원류이다. 나일강의 범람을 통하여 나일강 삼각주에 점판암 · 탄산바륨 · 편미암 · 산화철 가루와 고원지대 진흙을 옮겨다 주고, 또한 밀의 기원지로서 빵의 자원을 보내주었다.

공장에서 만들어지는 발효된 먹을거리인 치즈나 부푼 빵 및 맥주 따위는 주조소에서 만드는 화폐(돈)처럼 마력이 있었다. 결코 있어서 나쁠 게 없고, 있을수록 더 밝히게 되며, 무엇으로도 바꾸거나 곁들여지는 호환성이나 조화성, 맛들이면 벗어나기 힘든 습관성을 만든다.

발효시킨 흑빵을 초등학교에서 무료 급식하여 습관성을 만듦으로써 자국에서 주로 생산되는 곡물로 외국으로부터의 수입 없이 주식량을 자급자족케 되었던 덴마크의 신토불이(身土不二) 식량정책이 성공하였던 사례와도 흡사하였다. 우리나라도 발효음식의 천국이니 이 얼마나 현명하고 자존심이 서는 선조들이었는가?

그러나 이집트를 탈출하였던 유대인은 모세의 율법에 따라 출애굽 이후 얼마 동안은 발효된 빵을 먹을 수 없었다. 비록 이집트에서 발효빵의 맛과 제법은 배워 익혔지만, 모세는 무교병(무발효빵)과 소금(방부제)으로 된 먹을거리로 유월절(Jubilee: 禧年)[13]을 치르게 했고, 이교도의 썩은 먹을거리를 금하게 되었다. 물론 유랑민인 유대인은 무거운 오븐을 끌고 다닐 수가 없으니 부푼 빵을 만들 수도 없었다. 그러나 영악한 유대인은 엑소더스의 과정에서도 속박의 땅이던 이집트를 뒤돌아보곤 하였는데, 이는 이집트에서 먹던 발효빵이 그리웠던 탓이었다고도 한다. 결국, 약삭빠른 유대인은 정주생활을 하면서 이 세상 최고의 발효빵을 만들어 평일에 먹고 유월절에 자제하는 슬기를 찾은 것으로도 유명하다.

한편, 그리스와 로마는 토지가 척박하고 원천적인 뱃사람이나 목동들이었기에 각각 시칠리아나 이집트에서 막대한 먹을거리 식량을 수입 및 탈취하여 자국민을 영광의 무대에 올려 세우고, 막강한 군대를 몰아 통치의 무대를 확장시켜 왔다. 그리스는 아테네를 농업민주국가로 세우려는 솔로몬개혁법을 발표하고, 정신적으로는 종교보다도 오히려 신화를 만들어 계도하였다. 데메테

---

13) 출애굽 기념행사로서 신이 속박의 땅인 이집트에서 구출하였으니 이교도인 이집트의 발효시킨 썩은 빵을 제시하지도 말고 먹지도 말라는 모세의 계율에 따라 이루어졌다.

르라는 농업의 여신(女神)을 만들어 농민의 신분을 상승시키고 농경에 치중토록 하였으며, 한 알 씨알의 의미를 정서화시켰다. 즉 씨알은 빵·술·옷의 원천인 농산물을 낳고, 모든 제사와 위로용의 희생물 원천이 되며 농경은 모든 피조물이 신의 창조를 숭배하게 하는 행위이므로 "사람은 살기 위해서 죽어야 한다"는 "한 알 밀알론"을 내세웠다. 데메트르 종교는 곧 아테네의 국교가 되어서 그리스도교 이전의 1000년을 지킨 신앙이었다.

로마에서도 데메테르와 구별하기 어려운 같은 시기에 농경의 여신 세레스[14]를 형상화하고 제우스 신의 여자로 신화를 만들어 현실(먹을거리)과 이상(정치·권력·통치)의 관계를 정립시켰다. 로마에서의 빵은 곧 정치였고 로마 사람들의 긍지 어린 신분이었다.

물론, 국가나 민족과 끈질기게 인연의 끈으로 묶여져 있는 먹을거리의 가치관도 그 이면에는 지역의 기후·풍토나 신앙적 정서와 관련지어져 있게 마련이다. 로마인을 위대한 시민으로 치켜세우며 전쟁을 일상화하였던 그들도 농업 그 자체는 천대하여 농민을 거지로 전락시키거나 이슬람의 유목민에게 맡겼으며, 드디어는 농지를 귀족이나 부호 또는 통치자들의 목장으로 변신시켰고, 한 걸음 더 나아가서는 이집트 등지를 "빵의 땅"으로 정치적 흥정을 하기에 이르렀다. "이집트는 곧 빵이며, 클레오파트라[15]는 로마인이 즐겨 먹을 빵의 오븐"이라는 생각이 또한 줄리어스 시저나 안토니우스의 명분이었다. "클레오파트라의 코"가 어쩌고저쩌고 하는 말은 한낱 전쟁을 미화시킨 구실에 지나지 않는다.

이랬던 로마인들이었으나 맛있고 풍요한 빵을 먹어도 그네들의 몸뚱이는 정신적 허기로 충만했을 뿐이다. 마치 요즈음의 우리 젊은 애들이 먹고 남는 배부른 행색으로 웰빙을 지향하는 철부지 짓을 즐기지만 정신적으로는 나라도 국민도 없고 위아래도 모르며 방황하는 꼴과 다름이 없다. 이것이 제대로 될 리가 없다.

---

14) Cereal(곡물)이란 용어가 Ceres라는 여신의 이름에서 비롯되었다.
15) 어떤 남성이라도 탐하는 마음으로 그녀를 모를 사람이 없고 어떤 여성이라도 부러움과 질투하는 마음으로 그녀를 모를 사람이 없을 것이다.

이런 시세(時勢)에, "빵의 집"이라는 베들레헴에서 빵의 신인 예수(Jesus Christ)가 출현되었고, "기름 짜는 자리"라는 겟세마네 동산에서 최후의 기도를 하였던 종교가 출현되었다. 마가복음을 썼던 마르코(Marko)는 그의 생애를 태양력에 맞추어 태양이 처녀자리에서 보리 이삭을 줍는 날을 택하여 안식일을 삼고, 물고기자리에서 빵과 물고기에 기적을 일으켜 5천 명의 기아를 구제한 기적이 있도록 하였다. 많은 사람들이 굶주림을 해결할 빵의 신이기를 바랐기 때문이겠지만, 농업의 진실은 기적의 산물이 아니라 농민의 피와 땀으로 건져내는 일상의 과제였고 모든 사람의 생업일 수밖에 없다는 데 있다.

농경의 필요성이나 땀 흘리는 노동의 가치가 부정되어서는 안 될 일이었다. 성경의 누가복음에도 "빵에 주리면 한밤중에라도 이웃의 문을 두드릴 수밖에 없다"는 먹을거리의 진실이 쓰여 있다. 또한 믿음이 있었던 다윗도 배가 고파서 신전의 빵을 훔치고 안식일에 이삭을 땄다고 한다. 먹을거리야말로 이 세상의 그 어떤 율법에 우선하는 현실의 실체였던 것이다. 곡물을 썩혀 만든 "부푼 빵"이나 영혼이 들어 있다는 "동물의 피"를 먹지 못하게 하였던 모세의 계율이 있었고, 빵과 포도주로 비유된 예수의 존재가 있었음에도 오늘날 인류는 위(胃)에 넘치도록 먹고 있으며, 또한 국교회 · 스위스교회 · 독일교회 등으로 나누어질 수밖에 없었던 기독교의 분파가 어디에서 화근을 끌어들였던 것이겠는가?

불타(부처)에 대해서도 한 마디 곁들여야 하겠다. 성서의 '창세기'에 아담과 이브가 죄(罪?)를 지은 이후부터 땅을 갈아야 먹고 살 수 있는 일종의 천벌을 받았고, 따라서 농경을 천벌의 수행과정으로 보았다. 인도의 마명이란 사람이 불타의 일생을 서사시로 썼고 이를 한문으로 번역한 축법호(竺法護)에 따르면 석가모니가 농촌을 둘러보다가 고행 속에서 농사짓는 농민과 농사소를 보고 슬픔에 젖어 삶과 죽음의 불가해한 고통을 받았다고 한다. 그래서 그 결론은 인간이야말로 농업의 비참한 고통을 벗어나서 자연에 묻혀 살며, 주어지는 나무 열매나 따 먹으며 살아야 한다는 것이었다. 먹을거리 해결에 삶을 다 바치기 때문에 생 · 노 · 병 · 사의 숙명을 벗어나지 못하는 고통은 마땅히 탈출하여 해탈을 하여야 한다는 것이었다. 곧 불소행찬(?)이라 했다던가? 여하튼 비현실적인 이 가르침은, 오늘의 인도와 동남아 일대의 여러 나라에서 얼마나 많은 인간들을 고행의 굴레로 묶어 삶을 괴리시켰고 그로 인한 가족과 국가의 경제를 도탄(塗炭)에 빠뜨렸던가?

마치, 대책도 없이 쌀이라는 먹을거리 생산에 친환경 농법을 내세우며 비료와 농약도 없이 깨끗하고 안전한 농산물을 생산하도록 몰고 가는 오늘 우리나라의 농정 또는 위정자 생각과 다를 바가 없다. 더 돈 될 것도, 잘 팔리는 것도 아니면서 몇 배로 더 어렵고 고통스럽게 농사를 지어야 하도록 채찍질하는 정책이 한심스럽고, 잘 알지도 못하면서 이를 지지하는 석자(識者)들의 맘껏 높인 목청에 몸서리가 쳐진다.

또 다른 한편으로는 먹을거리나 이들의 섭취 방식에 따라서도 국가나 민족은 저마다 끈질긴 인연을 맺고 있어서 저 스스로와 다른 인연의 국가나 민족을 "천하에 둘도 없는 야만이나 원시, 또는 비천한 존재"로 배타하는 경우가 비일비재하다. 오늘날 세계화의 장벽을 실제로 극복하기가 어려운 과제가 있다면, 그것은 결코 언어의 장벽이 아니라 먹을거리 및 식습관의 장벽에 있을 것이다. 흔히 비문명 지대를 체험하는 TV프로그램에서도 볼 수 있듯이 "꿈틀대는 벌레를 즐겨 먹는 장벽"이나 "비위생적으로 느껴지게 먹는 장벽"을 예로 들 수 있다.

뿐이랴! 우리 동양의 유구한 역사를 통하여 한·중·일·동남아 제국 사이에서도 "돼지 기름기로 꾀죄죄하게 절어 있으면서도 씻지를 않는 더러운 것들"이라거나 "산 동물을 날로 떠서(사시미: 刺身) 먹는 칼잡이"라거나 "마늘 냄새 풍기는 가까이할 수 없는 것들" 또는 "어떤 것이든지 아무렇게나 손가락으로 먹는 원시의 야만인"쯤으로 서로 비방하고 깔보며 배타하지 않았던가? 물론 이들 배타심에는 이웃 간에 수없이 싸움질하며 부딪쳤던 갈등의 역사가 일말의 감정으로 쌓였던 바도 있겠지만…….

이런 모든 과거의 전통과 역사적 갈등이나, 또는 되어먹지 않은 인간계층의 헤게모니에 대한 탐욕, 그리고, 비현실의 신앙이 빚은 "먹을거리 놀음"들이

도대체 무엇이란 말인가? 이들 "먹을거리 놀음"은 결국 뒤따라 이어지는 "암흑의 시대", 즉 저주의 세월이었던 중세의 비극을 끌어들인 것이 아니고 무엇이겠는가?

또한, 지금도 엄연한 현실로 부각되고 있으며, 비록 어떠한 사유와 인연으로 그렇게 된 것인지를 분명히 밝히긴 어렵지만, 우리의 먹을거리는 우리의 먹을거리일 뿐이며, 어느 누구거나 어느 사연으로도 우리의 먹을거리는 바꾸지 못하며 우리에 의해서 우리의 사연만으로 판가름을 내어야 할 뿐이라는 점을 되짚어 두고 싶다. 곧 신토불이식(身土不二食)을 이끌어 가고 있는 나름대로의 얼과 혼을 말한다.

저주의 세월

식민지의 먹을거리로 배를 불려 왔던 거대한 공룡(Dinosaurus) 로마는 결국 먹을거리 문제로 지쳐서 연방통치 체제를 만들었다가 A.D. 300년에 빵의 나라에 자유를 풀어 주고 말았던 콘스탄티누스 황제(아우구스투스 대제)에 의하여 멸망의 길로 들어섰다. 로마의 위대한 백성이라면 당연히 빵 문제를 국가가 책임져야 마땅한 것이었지만, 식량은 위정자의 공언으로 지탱되는 믿음이 아니었기에 시간이 흐를수록 자꾸만 해결의 실마리가 기울어져 가는 어려운 정세였으며, 뜻대로 호락호락하지 않던 이집트의 통치였고, 결국 목축밖에는 농경을 모르던 게르만 족의 침공에 무너질 수밖에 없었던 현실의 문제였던 것이다.

이렇게 기아의 고통이 극심하던 제정로마의 시대에 빵의 신(神)인 예수가 재림한 것이었다. 예수는 화체설(化体說)의 신이었다. 예수는 아담과 이브의 천벌 선고에 따라 인류를 땀 흘려 일해서 농경의 결실인 곡물을 먹을거리로 하도록 바꾸었고, 그런 연유로 동물을 먹은 게르만 인에게 식물(곡물)을 먹게 하였으며 또한 전투요원을 농민과 농노로 만들면서 자유가 허용되지 않는 하나님의 종으로 만들었다. 이것이 곧 아담의 후예설에 걸맞게 땀 흘리는 노예와 농노를 출현시켰던 봉건 중세기의 발단이었을 것이다. 당초의 노예란 명분상으로 하늘의 직분을 섬기는 당당하고 고상한 지위였을지도 모르겠다. 그러나 춥고 배고프던 그들에게 그런 명분이 무엇이었다는 말인가?

더구나 북방의 게르만 족은 농사를 "자연으로부터의 도둑질"로 생각하였기에 추수를 하고 나면 곡물에 대한 죄송함으로 위령제, 즉 추수감사제인 사육제(謝肉祭: Carnival)를 지냈으며, 결코 남방인처럼 한 알 밀알을 예수의 피와 살이라는 생각은 하지 않았다.

중세는 일대의 혼돈으로 빚어진 북방인들의 저항과 야만주의로 시작이 되었다. 지체가 높고 귀한 신분은 성 안에 살며 호의호식함은 물론 생활을 만끽하려는 낭비와 사치로 살았던 반면 노예계층의 신분이나 농민들은 성 밖에 버려진 채 살며, 지주에게 세를 물거나 착취를 당하면 그만이었다.

이런 흔적으로 남겨져 있는 중세의 성터를 오늘날 우리는 돈 내고 관광하면서, 고관백작과 지주들이 남긴 유물에 예술적 · 역사적 가치를 부여하여 찬탄을 금치 못하고 있으니, 지금 우리들의 꼴도 또 다른 하나의 꼴불견인 셈이다. 인간이란 참으로 웃기는 동물이어서, 쓸데없는 일이라도 어느 누가 잘 먹고 잘살며 승리하여 성공한 사례라면 미주알고주알 잘 꿰고 있어도 훨씬 중차대한 일로서 공동의 이익과 발전, 또는 안정과 평화를 구축했던 사례는 공연히 그 가치를 깎아 내려서 매도하거나 아예 귀담아 알려고도 하지 않고 기억하지도 않는다. 무수한 배우와 가수들의 사생활까지 훤히 알면서도 제 아비나 어미, 할아비, 할미의 이름자도 제대로 쓸 줄 모르는 것들 아닌가? 어느 전쟁에서 승리한 날자와 장소, 그리고 장군의 이름은 기억해도 그 전쟁에서 얼마나 많은 사람이 희생되었는지는 알려고도 하지 않는 것들 말이다.

무지몽매해진 중세의 농민들은, 기존하던 문명마저 이어받지 못한 채 야만의 세월을 견디다가 결국에는 질병이라는 재앙에 낙엽처럼 무수히 쓰러져 갔다. A.D. 943년 가을, 보리밭에 발생했던 맥각병은, 한낱 담자균을 곤충이 전염시키는 병이었을 뿐인데도, 빵에 오염되어 달콤하고 환각적인 맛을 더하며 번져서 갈리아의 도시 레모주에서만도 첫 해에 4만 명의 목숨을 도려 갔다. 종교인들의 해석은 몹쓸 놈의 마녀 짓일 뿐이라는 것이었다.

더구나 8세기부터 14세기에 이르는 오랜 중세의 세월은 기아로 모든 땅을 마귀의 그림자처럼 뒤덮고 있었다. 여기에 맥각병 · 열병 · 나병이 가산되고,

그림 6. 기아에 허덕이는 사람들이 황폐한 밭에서 감자를 찾고 있다(『런던신문』 삽화, 1849).

더욱이 핵폭탄 같던 페스트가 온 천지를 휩쓸었다. 특히 1350년의 페스트는 인도에서 시칠리아를 거쳐 유럽 전역에 창궐하였던 것으로, 오랜 중세의 기아와 함께 불결한 구석구석의 시궁창에 쥐가 들끓던 유럽은 이들 "지하의 중공군[16]같은 페스트가 기세를 떨쳐갔다. 뤼벡에서는 90% 주민이, 영국에서는 400만의 주민이, 그리고 기타 지역에서는 대략 25%의 주민이 희생되어 갔지만 속수무책이었다. 중세 유럽의 무지와 가난·기아·야만적 생활이 결과적으로는 페스트를 불러들인 셈이었다. 프랑스 아비뇽[17]의 예로 볼 때, 민심수습이 필요했던 당시의 종교는 페스트를 유대인이 우물에 독물을 뿌렸기 때문이라 모함하여 대량학살을 감행하는 참극을 빚게 하였다. 이들 결과로 하층의 농민계층은 노동력이 상실되었고 인간으로서의 도덕성마저 상실하게 되었다.

이를 계기로 하여서 농민의 신분과 구조, 그리고 먹을거리에 대한 전면적인 변혁이 꿈틀대며 일어서기 시작하였다. 이때까지는 먹을거리·농촌·농민에 대한 어떤 변화도 없었고, 마치 불변하는 수도원의 계율이나 종교의 옹고집 같은 침묵에 휩싸여 있었다. 오직 봉건적 착취가 있었을 뿐으로, 중세 1000년에는 아무런 문명적 지혜나 혜택, 과학기술적 진보가 이루어지지 않았다. 이들에게는 한 마디로 암흑과 저주의 세월일 뿐이었다. 다만 기아의 체험으로 백성들이 빵에 대하여 신성심과 존중심을 일깨우게 되었고 감자나 도토리, 또는 원시인들이나 먹던 동물(?)의 피·나무열매 및 호밀과 귀리를 비롯한 온갖 곡물의 가루로 순대를 만들어 먹는 습관이 일반화하였다.

이렇게 해서 중세 농민이나 노동계급의 인류는 일상생활에서 생각하고 행동하는 양상이 늑대를 닮아갔다. 착취는 더욱 잔인해질 도리밖에는 없게 마련이었다. 봉건 지주,[18] 즉 신분이 높은 사람들에게 농민이란 "하늘이 점지한 저주의 땀흘리개 빵 생산자"였고, 성(城) 밖의 모든 하류층과 농민을 묶어서

---

16) 6·25 전란 때에 병사의 훈련도 거치지 않았던 중공의 농민·노동자로 된 병사들이 인해전술로 물밀 듯 쳐들어 왔었다.
17) 프랑스 아비뇽: 당시(1309~1377)의 7대에 걸친 교황청이 옮겨져 있어서 프랑스 왕이 교황권을 간섭하고 있었음. 당시, 전 유럽 가운데 최초의 유태인을 화형에 처하였던 대량학살이 자행되었다.
18) 당시 최대의 지주는 교회였다.

지칭한다면 한낱 "촌놈, 또는 시궁창의 쥐처럼 곡물을 숨기는 악동(villain)"일 뿐이었다. 철저히 빼앗아내야 할 경멸의 대상이었다.

농민을 효과적으로 착취하기 위한 영농기술의 하나로 "삼포식 농법"이라는 윤작의 재배기술이 창안되었다. 이로 인하여 농노들은 거주 이전이나 결혼의 자유까지 박탈되었으며, 무자식 농지의 지주복귀권이나 십일조의 조세제도도 이때 만들어졌다.

사정이 이쯤 되었음에도 불구하고 귀족들의 사치와 웰빙(well‐being) 사조는 극치에 달하여 대다수 하층계급과 농민들의 희생을 한층 더 강요하였다. 농지의 울타리를 걷고 귀족의 사냥터로 만들어 사냥을 즐겼던 만행을 음악으로 미화(美化)시킨 것이 곧 베버의 "마탄의 사수"라는 명곡이고, 그 비탄을 그린 그림이 곧 밀레의 "괭이든 사내"였다. 또한 세상의 모든 죄악을 종교적으로 표현하여 인본주의의 척도를 나타낸 것이 단테의 신곡(神曲)[19]이기도 하였다.

다행스럽게도 중세의 고난은 문예부흥과 산업 혁명으로 이어져서 1700년대 초에는 Jethro Tull에 의하여 조파법(條播法)인 마경농법(馬耕農法: Horse Hoeing Husbandry)[20]이 실용화됨으로써 농경의 노동생산성을 비약적으로 발전시킨 농업기술이 실현되었다.

중세가 낳은 또 다른 하나의 기적 같은 문명은 야만스럽기 짝 없던 북방의 게르만 인이 "물레방아"를 발명하자 아우구스투스 시대에 건축가였던 비트루비우스가 설계도를 완성함으로써 실용화에 성공할 수 있었던 사건이었고, 이런 원리로 풍차가 만들어져서 저 유명한 세르반테스의 돈키호테 이야기가 만들어졌던 사건이 빛을 보게 되었던 것이었다.

---

19) 신곡에서 "지옥편"에 단테가 한 말은, "그대여! 지금 울지 않으면 어느 날에 무엇을 위하여 울려는 것이 냐!"라는 표현이었다.

20) 조파법은 농작물을 줄맞추어 재배함으로써 제반 농작업을 농경지에 뛰어들어 쉽게 할 수 있게 히였을 뿐만 아니라 역축(役畜)이나 농기계의 투입을 가능케 하였다. 서양에서는 이 계기를 농업혁명이라고 지칭하지만, 동양에서는 조파법이 이미 기원전 수세기에 관행되고 있었다('氾勝之書' 참조).

또 다른 관점에서 중세의 먹을거리 문제를 영향하였던 대표적인 인물을 들어 본다면, 교회와 함께 천생적으로 비천한 농민들의 신분관과 신분을 탈피하려는 마음을 죄악시하여 표현하였던 셰익스피어 같은 문호였고, 농민을 기만하여 저항운동과 전쟁을 일으키게 하였다가 뒤에 이를 응징하는 쪽으로 변심을 하였던 루터[21]라는 종교가를 빼놓을 수 없다.

이와는 달리, 원래의 의도는 다른 데 있었지만 결과적으로는 세계적인 먹을거리 작물의 재편성을 유도하였던 탐험가 콜럼버스(1492)와 그 뒤의 여러 탐험가들을 빼놓을 수가 없다. 남미의 옥수수 · 감자를 전파하여 유사 이래 최대의 곡물혁명을 선도한 그들의 공로(담배의 전파 공로는 제외)는 영원히 간과할 수 없는 치적이었다.

에드워드 에베레트의 말인즉, "우리가 황금 한 덩어리를 땅에 묻는다고 하더라도 이 세상이 끝날 때까지 무엇 하나 달라지거나 늘어날 게 없으니 그 땅은 황금 앞에 죽은 땅이기 때문이다. 그러나 축복받은 금싸라기 옥수수 한 알은 땅에 심어 며칠만 지나면 씨앗이 부드러워지고 부풀어 올라 땅 위로 치솟으니, 신비롭게도 이것은 살아 있는 생명체인 탓"이라 한 바 있다.

동양의 경우를 잠시 둘러보자.

원리적인 역사가들은 중세의 봉건시대가 서양이나 동양의 다른 나라에는 있었지만 우리에게는 결코 없었던 시대라고 한다.

좋다! 서구의 중세 같은 저주받은 세월이 우리의 역사에는 없었다는 그 자체로도 나쁠 게 무엇이란 말인가!

그러나 같은 동시대 1500년, 즉 후삼국 · 고려 및 조선왕조의 세월 속에는 농민을 부리고 착취하던 지주나 토호들이 있었고, 전쟁이나 부역에 동원되던 고통과 죽음의 희생이 있었으며, 천재지변과 탐관오리들에 의하여 도출된 절

---

21) 마르틴루터는 교황(당시 베드로의 후계자였음)이 사치품 · 조각상 · 태피스트리 등으로 호화한 생활을 즐길 때에 이에 반기를 들었고, 그래서 "농민만을 공명정대한 사람"으로 자각하여 농민전쟁을 부추기며 로마법에 따른 가톨릭교회를 파괴하고 루터교회를 세우는 종교개혁과 농민의 정당한 요구를 농민강령 12조로 표현한 독일 농민전쟁을 선도한 것이었다. 그러나 불리한 전세와 토지의 사유화를 걱정하여 변심함으로써 농민군을 철저히 타도하고 응징하도록 주장을 바꾸는 실수를 하였다.

망이나 굶주림의 숱한 세월이 있었다. 다만 종교나 고관백작들의 사치스런 향락을 위하여 몰수된 삶이 아니었고, 성 밖에 괴리된 농민이나 농촌의 삶이 아니었다는 것뿐이다. 한 푼 자존심은 건질 수 있을지 모르겠으나 삶의 질이나 양에 있어서 서양의 중세와 무엇이 그렇게 큰 차별이었단 말인가?

중국의 경우에도, 춘추전국의 시대에서 물려받은 진시황의 만리장성과 불로초에 대한 탐욕이 무엇을 남겼을까? 끊임없던 이민족의 침략과 지배·통치 밑에서 치러 낸 농업생산의 기반 붕괴가 얼마나 컸던가?

일본은 비록 뒤늦었지만 무사들로 둘러싸였던 칼잡이 영웅들의 통치가 결코 농민이나 농촌에 긍정적이지 않았다. 무사들에게는 쌀밥을 허용했어도 농민들은 꿈에조차 그리지 못하게 하였던 것만으로도 능히 유추하고 남을 일이다.

그러나 동양에서는 목축이 아닌 곡물의 생산권역으로 굳혀지면서 쉼 없이 농업생태적 진보가 이루어졌지만, 그 대가는 농민의 삶이 향상되기보다는 인구를 불리는 데 큰 몫을 하였다. 동양의 철학이 한껏 하늘과 땅의 조화[天地和通]를 추구하였고, 그 철학 아래에 농사의 원리가 있었던 것이다. 지리(地利)에 맞는 곡물이 취택되고, 세역(歲易: 휴한농)하던 농법이 불역(不易)·상경(常耕)케 되도록 비배관리의 기술이 체계화되었으며, 일찍부터 줄뿌림(조파)하던 땅에 손쉽게 축력에 의한 기계화가 이루어지는 등으로 생산력 증대의 진보를 이룩하였다.

천리(天利)에 따른 농경세시의 기술체계화가 시대별·지역별로 끊임없이 개선 및 실용화되었고, 천기를 연구하여 월력과 기상의 변화를 왕조의 운명에 연계함으로써 치정자들의 겸손치 못한 생각을 다잡아 주었다.

특히 동양의 불교와 유교의 사상은 탐욕과 부질없는 물질적 가치관을 조절하고 인화(人和)의 철칙을 앞세우는 삶의 정서를 조성하였다.

우리네 "두레문화"가 농경에서 발달하였지만 그 가치는 단순히 농경에 그치지 않고 경제·문화와 국방으로까지 번졌던 것이 곧 역사적 사실이었다.

다만 서양에 비하여 뒤쳐진 역사적 특징이 있었다면, 그것은 국상학(國狀

學)의 현실화를 통한 식민지 · 노예 정책이나 이를 통한 기계화 · 산업화를 앞세우지 않았거나 뒤늦게 좇아가는 바람에 시대에 늦었고, 또한 전쟁을 불사하는 진취성을 숭상하지 않았다는 데 있을 것이다.

신천지(新天地)의 황금 덩어리
-천혜의 먹을거리 부채 탕감 가능성-

1) 옥수수 이야기

콜럼버스가 "동양의 벼" 대신에 "남미의 옥수수"를 여행 선물로 가지고 와서 처음으로 옥수수 이야기를 했던 때는 1492년 11월 5일이었다. 먹을거리에 굶주려 더 이상의 해결책을 찾지 못하던 구라파에서 옥수수는 "신천지의 황금 덩어리"를 능가하는 선물이었다. 마치 신전(神殿)의 돌기둥같이 굳건하고 우람한 줄기에서 너그럽고 크게 너풀거리는 이파리, 긴 수염과 아랍의 터번(두건)을 겹겹으로 두르고 있는 커다란 이삭자루, 태양의 황금돌기로 가득 꽂혀 있는 씨알은 젖빛 유액으로 채워져 있는 모습이었다.

더구나 가꾸는 데에도 밭가는 쟁기가 필요 없고 쇠꼬챙이 같은 굴봉이나 작대기로 구멍을 뚫고 한두 개의 낱알을 넣어 흙으로 덮는 여자의 노력만으로도 충분하였다. 또 석 달, 90일로 수확이 가능하였다. 콜럼버스가 옥수수를 얻은 곳은 옥수수를 섬기며 기근을 모르고 살던 멕시코였고, 이들은 옥수수의 신을 위하여 "인신공양"하는 것을 성스럽게 여겼다. 인간을 신에게 제물로 바치고, 그 피를 뿌려서 옥수수 밭을 살아 있게 하였다. 6세기에 이곳을 다스렸던 마야족의 신앙이었고 문명이었다.

이 보고에 왜 가톨릭 사제들이 당황해 하고, 충격을 받았을까? 서구의 탐험대는 안데스 고원에 연한 페루에 도착하여 옥수수의 기적을 실현해 놓은 잉카의 문명을 목격하게 되었다. 로마의 소문났던 위대성과 영광마저도 잉카의 그것 앞에서는 무색할 지경이었다. 새(鳥)들의 배설물로 만들어진 구아노로 비배관리를 하고 있었으니 오늘날의 친환경 영농을 극치로 끌고 가는 고등원 예술에 못지않은 농업기술이었으니, 서구의 그네들이 아연실색할밖에 더 있었 겠는가?

잉카는 태양의 아들이었고, 옥수수가 태양의 상징이 되기에 충분하였던 것 은 그 모습부터 존재 가치(식량)에 이르기까지 참으로 이상적인 존재였다. 따 라서 태양신은 태양과 옥수수 및 황금의 삼위일체 신으로 모셔지고 있었던 것이었다.

이들의 태양신은 콜럼버스의 나라인 에스파냐를 거쳐서 로마와 베네치아, 그리스로 번져 갔고 이들에게서 무슬림의 투르크족에게 인계되었다. 옥수수의 이삭자루는 터빈을 여며 쓴 굳건한 무슬림을 닮아서 이들에게 인기가 폭발적 이었다. 특히 마호메트의 가르침 가운데, "네가 땅을 일구어 씨앗을 뿌리고저 한다면, 눈 한 번 깜박이는 사이에 자라고, 여문 뒤에 수확하면 태산처럼 쌓 이는 곡물을 얻게 될 것"이라는 말이 있어서 공교롭게도 옥수수의 실체나 입 장과 맞아 떨어졌던 것이다. 옥수수는 이렇게 해서 무슬림의 구원자가 되었다.

16·17세기에는 한때 지상의 낙원이었던 티그리스·유프라테스 강 유역이 옥수수 밭으로 덮여 있었다고 한다. 17세기에는 이들 지역과 함께 남동부 유 럽 전역을 옥수수가 뒤덮게 되었고, 이네들은 옥수수로 폴렌타(polenta)라는 죽을 끓여 먹었다.

그러나 세상에 공짜는 없는 법으로 죽을 끓여 먹었던 서구인들은 옥수수의 대가를 톡톡히 치렀던 것이다. 남미의 인디언들은 죽을 끓인 다음 반드시 물고 기를 갈아 옥수수에 섞고 팬케이크로 구워 먹었다. 또는 호박이나 콩가루·강 낭콩 줄기를 태워서 섞거나 당료 및 고춧가루를 넣어 먹었다. 이걸 몰랐던 서 구인은 전면적으로 각기병과 위장장애로 값을 치렀다. 옥수수에는 비타민과 필 수아미노산 가운데 라이신·메싸이오닌이 결핍된 취약점도 있었기 때문이었다.

2) 감자 이야기

서구의 탐험가들이 페루에 도착하여 감자를 발견한 것은 1531년의 일이었다. 원주민이 "파빠(Pappa)"라 부르던 감자(Potato)로서 최초의 서구인들은 이 기이한 물건을 "땅에서 나는 사과나 또는 배 등속"으로 불렀다. 사람의 두개골 비슷한 모양이기도 하였던 것이다. 그래서 먹을거리 중에서도 두 무릎으로 땅을 기어 다니며 주워 모으는 농민이나 노동계급 나부랭이들의 기아나 해결하면 그만이며, 그런 것으로 능히 족한 정도의 비천한 식량거리로 여겼던 것이다.

당시의 서구는 돈키호테에도 묘사되어 있듯이, "어리석음과 가난, 그리고 굶주림밖에는 아무것도 없는 땅"이었다. 비록 가치는 떨어졌어도 감자는 특별한 농기구나 남자의 힘이 없이도 쉽게 대량으로 키워낼 수 있는 것이어서 감자는 열렬한 환영을 받았다.

셰익스피어의 희곡 '윈저의 즐거운 아낙네들(1596)'에서는 "하늘이시여! 감자비(雨)나 내려 주소서!" 하고 외치는 모습이 그려지기도 하였다. 마치 구약성서의 '출애굽기'에서 "하느님이 굶주리고 있는 이스라엘 백성을 위하여 하늘에서 만나(Manna)를 비(雨)처럼 내리게 했다"는 이야기와 흡사한 정경이었다.

그러나 감자는 영국의 기아 해결을 가능케 하는 매력이 있었지만 아일랜드에서만 환영을 받았고 영국에서는 천대받고 거부되었다. 영국인은 고집스럽게도 품위를 앞세웠던 탓으로 식량 해결에 필요 이상의 값을 치렀고, 결국 아일랜드도 1822년에 감자 역병(mildew)이 휩쓸어 비싸고 참담한 감자 값을 치르기에 이르렀지만 결과적으로, 20% 인구를 기아로 잃고, 또 수많은 생명을 집단으로 이주시켜 미국의 펜실베이니아에 귀착토록 함으로써 오히려 이네들은 더 이상 믿을 수 없는 땅에 매달리지 않고 장사를 하여 돈을 버는 데 진력하였다. 또한 이민자끼리 모여서 정치세력을 형성하였다. 또는 수많은 주류업자들을 배출하여 미국 사회의 풍토를 바꾸어 놓기에 이르렀다. 먼 나라 아일랜드의 감자 기근 사건이 미국에까지 이렇게 엄청난 변화를 야기했으니 어찌한 나라의 사건이었지만 이는 곧 인류 농업의 한 페이지 역사였다고 말하지 않을 수가 있겠는가?

미국의 청교도 역사만 해도 그렇다. 영국에서 제임스 1세가 즉위하여 영국 국교회를 믿지 않는 사람들을 추방하자 대부분 농민이었던 반대파는 오직 도덕적 가치관과 간단한 농기구에 양파·콩·완두 따위의 종자만을 싣고 메이플라워(Mayflower)호라는 선박을 띄워 북아메리카에 귀착하였던 것이다. 사냥감이 풍부한 육지와 어류 자원이 넘치는 바다가 있었지만 마침 계절이 겨울이었고, 행동거지가 농민의 신분을 벗어나지 못했던 그네들은 오직 빵만이 그리웠고 빵만 필요했던 것이다. 요행하게도 인디언 스퀀토의 덕분으로 그네들은 옥수수 기르는 법(기술)을 배웠으며, 옥수수를 심는 구멍마다 두 마리씩의 정어리를 비료로 넣고 여기에 파종함으로써 성공을 거두었다. 이렇게 7년의 시련을 겪으며 "청교도의 역사"를 세우고 미국의 시민이 되었던 것은 잘 알려진 사실이었다.

3) 신천지 아메리카

신천지 아메리카의 사회 정서는 유럽과 천양지판으로 달랐다. 지주의 자식들도 하인 못지않게 농사일을 하였을 뿐만 아니라, 광대한 땅에는 원천적으로 기근이란 말조차 없었으며, 몇 차례의 실패[失農]에도 불구하고 인디언식으로 얼마든지 자리를 옮겨 가며 재시도를 할 수 있는 여유가 있는 곳이었다.

그러나 이 무렵의 유럽(특히 영국)은 섬유산업에 국운을 걸고 네덜란드와 경쟁하면서, 모든 농경지를 양치는 목장으로 바꾸어 갔다. 양털의 수익성이 지주들에게 훨씬 매혹적인 것이었다. 그래서 군인들까지 동원하여 농민을 도시와 섬유공장으로 추방하거나 내몰았고 나라 전역이 황폐해졌다.

이런 사유로 최초의 기계식 쟁기를 만들어 조파를 함으로써 제트로 툴은 마경농법의 선구자가 되었고[22] 농업혁명(노동생산성 극대화)을 선도한 영웅이 되었다. 또한 타운센드는 토지생산성을 극대화시킬 4년 주기의 윤작법을 만들어 내는 또 다른 농업혁명의 기수가 되었다.[23] 이런 기술들이 농업기술적인 측면에서는 세계적 · 역사적인 위업이었지만, 이들 기술의 실현 이면에는 인간애(人間愛)가 없었고, 오히려 농민의 존재를 극소화하는 역할을 하였을 뿐이었다. 이런 결과는 농촌과 농민의 입지에서 행복과 희망이 사라지는 비극 그 자체였다.

반면에 미국에서는 이러한 때에 맞추어 프랭클린과 같은 위인이 나와서 농업과 농민의 입지를 천상의 위치에 올려놓았다. 그의 생각은 이러하였다.

"한 국가의 부를 축적하는 방법은 오직 세 가지뿐인 것 같다. 첫째는 고대의 로마인처럼 전쟁으로 정복한 이웃을 약탈하는 강도짓이고, 둘째는 통상을 잘 하여 이득을 얻는 사기행각이며, 셋째는 농업과 같이 유일하게 정직한 방법을 구사하여 씨 뿌려 증식하는 일"이라는 것이었다.

신세계 개벽 이후로 150년이 지나도록 아메리카에는 기아라는 단어가 없었고 필요하지도 않았다. 당시까지 흰 빵의 원료였던 밀이 재배되지는 않았지만 빵을 걱정해야 할 필요란 아예 있지도 않았다. 밀 대신에 옥수수로 빵을 만들었고 그 이후로는 호밀로 만들어 먹어도 먹을거리가 풍족하며, 언제나 광활한 땅이 있고 멀리까지도 진출할 새로운 땅이 있다는 희망과 낙관, 그리고 욕망이 솟구치기 때문에 누구라도 쉬지 않고 행동을 하였으며 모든 사회악을 치유해 갈 수 있었다.

이에 비하여 유럽의 기아는, 원래 국지적으로 때에 따라서만 기아가 일어나는 것이 자연의 섭리였는데도, 매년 모든 땅에서 기아가 계속되고, 쉽게 해결될 것 같지도 않았던 이유는 1000년 이상을 제멋대로 착취에만 몰두하였던 중세 봉건사회 역사가 있었고 이에 지친 농민의 의욕 상실 및 고갈된 토지

---

22) 말 한 마리가 여러 줄의 갈고랑이(쟁기)를 끌고 흙을 파헤치면 갈고리 끝의 작은 구멍에서 씨앗이 이랑으로 떨어져 파종됨으로써 농촌 인력을 생력화하였고, 노동생산성을 향상시켰지만 결국에는 농민들이 실업자나 도시노동자로 전락케 되는 과정을 뒷받침하였다.

23) 토지의 생산력을 유지 · 증진시키면서 다목적(식량 · 목축 · 공예원료 생산 등)의 기능을 부여할 수 있는 4년 주기의 윤작법(Rotation system)으로 밀 · 순무 · 보리나 귀리 · 클로버나 콩을 번갈아 경작하는 방식이었다.

생산력에서 발원하는 것이었다.

　이상의 세 가지 이야기를 통하여 확신할 수 있는 것은, 저주의 세월 중세기에 봉건지주와 국가 및 종교가 저질렀던 농경·농촌·농민의 말살행위로 말미암아 결국 몰락된 이네들의 희생과 고통으로 비싼 값을 치른 셈이었고, 하늘은 새로운 신천지와 새로운 먹을거리 작물을 제시하여 구원의 손길을 뻗어 주었다는 점이다.

　구대륙의 먹을거리 입지를 무너뜨리는 데 주도하였던 선량들이 이제라도 개과천선하고 겸손한 민주주의의 사상을 꽃피워낸다면 하늘은 신천지를 통하여 인류를 구원할 황금 덩어리를 충분히 나누어 쓸 수 있고, 서로 도와 가며 충분히 새로운 희망과 행복의 터전을 구축할 수 있는 기회를 주었던 것이다.

　그러나 오랜 세월을 두고 신(神) 앞에 부끄러울 수밖에 없던 과거의 잘못을 오히려 정당하다거나 필연적이었던 것쯤으로 여기는 구대륙 선량들의 오만은 결국 새로운 희망의 기회를 받아들이는 데에 엄청난 대가를 또다시 새롭게 치르는 길을 선택하였던 것이다.

　같은 시대를 살아오는 동안에, 동양의 벼농사는 엄청난 인구 증가를 뒷받침하며 꾸준한 생산력의 증대를 이루어 왔고, 또한 나라마다 위대한 임금(통치자)을 배출하며, 비록 태평성대는 아니었더라도 인본(人本)을 앞세우는 사상을 공고히 하면서 시대적 갈등을 극복해 왔던 것이다.

　만일 구대륙이 벼를 키워서 쌀을 먹게 되었더라면 오늘날 우리 세상의 인간관계는 엄청나게 다른 것으로 고정되었을 것이다. 다행이든 불행이든 간에 미국의 땅에 밀이 걸맞지 않았듯이(天利) 구대륙의 땅에는 벼가 걸맞지 않았던 것이다(地利·人利의 양면). 따라서 이들 모든 사정이 흘러 왔던 결과는 운명이었을지 모른다.

　다만 오늘날, 우리의 쌀 생산을 제약하는 국제적·국내적 사정들이 "운명을 거역케 하는 처사"일 것이며, 엄청난 시설과 에너지를 쓰고 공익적 문제를 찌꺼기로 쌓아 가면서도 하늘과 땅, 그리고 우리 인간적인 측면의 무리(無利)를 감수하면서까지 특별한 것들을 생산해내려는 국제적·국내적 처사가 또한 "운명을 조작하는 처사"일 것이다.

우리는 이 점에 우려를 금치 않을 수 없는 것이다.

바보들의 먹을거리 행진

"저주의 세월" 중세를 거치며 서구 각지에서는 봉건적 지주가 시민들과 더불어 성(城) 안에서 호의호식하며 사는 동안, 성(城) 밖에 광활하게 펼쳐진 농지와 농민들의 혈거생활 모습은 인간의 세계에서 내팽겨쳐진 꼴로 피골이 상접하였고, 무지·야만·가난과 기아 및 전염병 등으로 아사 직전이었다. 국가와 봉건지주 및 종교의 횡포였고 절대적인 잘못의 결과였다. 1000년을 넘게 "만물의 영장"으로서 두뇌의 지능이 위대하게 커졌다는 인간의 그 어떤 지혜나 문명의 이기도 또는 인간이 섬기는 하늘의 빛줄기도 그곳의 버려진 땅에는 주어진 적이 없고, 주어진 것이 없었다.

8세기 이후 14세기까지는 기근이 연속되던 세월이었고, 사람들은 행동부터 생각하는 것까지도 닥치는 대로 먹고 싸우는 맹금류 콘도르(Condor)를 닮아갔고 먹이를 노리는 늑대에 방불해졌다. 연대기 작가 글라베르에 따르면 서기 793년에 프랑스나 독일에서는 최초의 식인사건(食人事件)이 발생하기 시작하여 서기 1000년 무렵에는 각지에 유랑하는 "인간사냥꾼"이 횡행하였고, 이런 풍습이 동유럽에서는 오랫동안 지속되었다고 한다.

물론 이런 식인습관은 중국이나 우리나라에서도 있었던 것이 역사적으로나 문학적으로 표현되어 있고, 크로포트킨이 조사한 자료에 의하면 원시야만족에게는 1800년대 말까지도 이런 사실이 발견되었다고 한다.

이를 표현하여 도덕주의자였던 단테는 그의 '지옥편' 33번째 곡에서 우골리노 백작의 고통스런 고백을 통하여 서술한 바가 있다.

"그 무시무시한 절망의 감옥문이 잠기고, 나는 말없이 우리 아이들의 얼굴을 바라보았네…… . 여러 날이 흘렀고, 우리는 먹을거리를 갈구하는 손으로 저주를 퍼붓고, 아이들은 말했다네. '아버지! 아버지가 우리를 잡수시면 우리는 고통을 덜 것입니다. 아버지가 우리를 이 초라한 살로 덮어 주었으니 이제 이 옷을 벗겨 주세요!' 그리고 오직 침묵 속에서 며칠을 보냈지…… . 드디어 한 아이가 '아버지! 어찌 우리를 도와주지 않는 것입니까? ……그 뒤, 닷새와 엿새 사이에 세 아이들이 차례로 쓰러지며 눈을 감았다네…… . 나에게도 더 이상의 시력은 사라졌고, 나는 몸을 일으켜 두 손으로 아이들 시신의 살을 더듬었지. 그런 다음에는 굶주림의 고통이 자식을 잃은 고통을 압도하며…… ."

단테는 인간의 존엄성 때문에 그 이상의 장면 묘사를 하지 않았다. 다만 울부짖은 한 마디는 "지금 울지 않으면, 그대는 언제 무엇을 위하여 울 것이냐?"라는 것이었다.

이런 먹을거리의 비정한 섭리를 농노들에게 체득시키고 또한 몸소 겪었음에도 불구하고, 통치자들은 하늘이 이네들의 잘못으로 빚어낸 부채(천벌)를 탕감하여 사면할 뜻으로 남미의 옥수수와 감자, 그리고 역사적으로 기근이 없었던 땅의, 즉 초기 아메리카라는 황금 덩어리의 신천지를 열어 주었던 것인데 그것을 모르고 재기의 기회를 결단코 받아들이지 못했다.

결국에는 바보스런 "먹을거리 고행"의 길을 택하고 말았다[24]

몇몇 사례를 들어 그 진실을 짚어 보고자 한다.

1) 프랑스 혁명과 루이 왕조

"소설과 연극에 미쳐 있던 프랑스 사람들이 먹을거리의 중요성을 깨닫고 철들기 시작한 것은 1750년에 이른 때였다"고 볼테르는 지적한 바 있다. 르

---

24) 남미 옥수수를 받아들이는 과정에서 "각기병"과 "라이신·메싸이오닌 결핍증"이라는 대가를 치렀으며, 이미 앞장에서 논의한 바 있음.

네상스나 바로크의 선풍도 한 물 간 뒤끝이었다. 그러나 이미 한 세기 앞선 1600년대 말기의 루이 왕조는 화려함과 사치, 무거운 세금과 내·외란으로 나라 안팎은 참혹한 황폐와 가난·굶주림을 남겨 주었을 뿐이었다. 밤이면 어두운 소굴에서 검은 빵에 물, 또는 풀뿌리와 물로 배를 채우느라 허우적대는 사람들뿐이었으니 "개미사회"보다도 못한 정경이었다.

루이 14세 때에는 특히 블루아 지방에서, 길가에 여자나 아이들의 시신이 널려 있었고 이네들의 입에는 먹을 수 없는 잡초들로 가득 채워져 있었으며, 걸신들린 사람들이 공동묘지를 떠돌거나 쭈그리고 앉아서 시체의 뼈를 갉아 먹는 모습마저 흔했다고 한다. 1715년 무렵에는 백성의 3분의 1인 600만 명이 사라지게 되었다는 기록도 있다. 또한 루이 15세를 풍자한 글로는 "유럽 제일이라는 루이 15세는 온갖 거지들의 왕으로서 왕국 전체를 거대한 병원과 공동묘지로 바꾸어 놓았다는 점에서 참으로 위대한 인물이었다"라고까지 하였다.

유랑민에 대한 정부 대책은 이네들을 범죄자로 잡아들여 엄중히 다루는 것뿐이었다. 그래서 교도소나 병원마다 수감자들로 마치 통조림 속의 정어리처럼 미어터질 지경이었다.

이 무렵에야 볼테르나 케네 및 프랭클린 같은 중농주의자가 나타났고, 파르망띠에와 같은 과학자가 출현하였다. 이네들은 "모든 것을 지배하는 것은 농업을 좌우하는 자연"이라 믿었고, 따라서 "공업은 부(富)를 늘리지 못한다. 오직 농부만 생산하는 계층이며, 그 외의 직업을 가진 시민들은 모두 무익한 계층"이라 주장하며 중농주의를 부르짖었다. 마치 동양의 농본주의(農本主義)에 비로소 눈을 뜨는 것과 같은 현상이었다. 또한 밀에 대한 고집불통의 의지를 벗어나서 먹을거리 자급을 위한 옥수수와 감자의 먹을거리화를 주장하였다.

이처럼 루이 16세를 앞세워 국민들을 설득하였으나 결과적으로는 실패했을 뿐이었다. 옥수수와 감자로 빵을 만들려는 제빵학교도 세웠으나 오랜 불신과 인습으로 비웃음만 샀을 뿐이다.

실패의 원동력은 당시의 작가였던 르그랑드 도시에 의하여 섬화되었다. 삼자를 두고, "설익은 맛과 두개골 같은 모양새, 그리고 중세 때부터 해로운 성분을 가진 음식으로서, 이것들은 입맛을 모르는 사람이나 가죽위장을 가진 사람들만 먹을 먹을거리"라 혹평하였고, 이 말은 하층민을 모욕하며 괴롭혔다. 민중의 분노가 빵가루 반죽처럼 부풀어 올랐다.

프랑스 사람들이 루이 왕조를 통하여 2년만 일찍 철들어 새로운 먹을거리를 받아들였다면 프랑스 혁명 같은 대사건은 피해갈 수 있었을 것이라 하였다. 몇 세기에 걸쳐서 프랑스인들은 밀로 만든 흰 빵만 고집스럽게 먹는 식습관을 길들여 왔다. 값싸고 포만감 풍부한 이탈리아의 마카로니를 거들떠보지도 않았고 남미에서 흘러든 옥수수 가루는 냄새조차 맡기 싫어했으며, 귀리는 말에게 먹이는 사료쯤으로 천시했고 독일이나 북구의 호밀빵은 남들의 보는 눈에 의하여 비천한 신분으로 추락될까봐 이를 경멸하여 거부했으며, 감자 또한 르그랑드 도시의 말처럼 경계했을 뿐이었다.

파리의 시민들은 오판을 불러들인 고집스런 낭설(일종의 효모와 같은 동기)에 의하여 반죽되어 부풀었고, 빵의 모양은 결국 혁명의 얼굴을 닮게 되었다. 밀이 정치적 음모나 수출입에서의 사기, 제분·제빵업자들의 노략질 때문에 모습을 감추게 되었다는 낭설들이 난무하였다.

없는 빵을 만들어낼 재주는 하늘도 갖지 못했고, 더구나 루이왕이 가졌을 리는 없는 노릇이었다. 시민들은 바스티유 감옥을 습격하여 부숴냈지만 거기에는 먹을거리가 없었고 이듬해인 1789년에는 유사 이래 최악의 가뭄이 프랑스를 덮쳐서 모든 강줄기를 말려 버렸다.

그해 10월 5일, 불만으로 부푼 민중은 루이 왕조의 상징이며 현실이었던 베르사유로 향하였다. 낫과 창을 든 남녀노소의 떼거리 혁명투사들이었다. 궁전은 화려했고 금은보화는 가득했으나 빵은 없었다. 이번에는 여인들이 왕과 왕비를 끌어내어 파리로 대동시켰다. 그러나 먹을거리는 어디에도 없었고 어느 누구의 손에도 들려 있지 않았다. 그렇게 루이 왕조는 종말을 고한 셈이었다.

모든 귀족들은 모든 특권을 공식적으로 포기하였고, 소작농의 토지구속력도 없어졌으며, 재판권과 혼인세,[25] 귀족의 사냥특권은 물론 성직자나 교회에 대한 십일조 의무도 포기되었다. 프랑스 혁명은 빵으로 비롯된 천지개벽이었다. 그러나 먹을거리는 신기루였다. 농민뿐만 아니라 모든 백성이 의무적으로 농사를 지어야만 하늘이 내리는 대가, 그것이 곧 빵이었다.

이 사건 속에서 가장 무시무시했던 혁명의 일화는 "여인네 폭동"이었다. 여인부대가 국민공회의 건물을 포위하고 대표자 몇 명이 뛰어 들어갔는데, 의원 가운데 한 명이 상황을 파악하려고 문 밖으로 나오다가 여인들을 보고 "법을 지키라!"는 일갈을 날렸으며, 그에 대한 대가로 그 높으시던 신분은 여인들의 무수한 칼침에 쓰러졌고, 그의 주검 머리에는 날카로운 창이 꽂혀 있었다. 여인군이라 해도 고작 가정주부이거나 요리사였고 전쟁이라면 그 자체부터 지긋지긋하게 여기던 보통의 여자였을 뿐인데 먹을거리 앞에서는 아내이며 어머니로서의 무서운 힘으로 넘치고 있었다.

1792년에 독일(호밀국가)을 거쳐 프랑스(밀 국가)를 오갔던 괴테의 소감은 "검은 빵과 흰 살결의 여인들이 있는 마을(독일)"을 지나 프랑스로 오니 "여인들의 살결은 검은데 빵은 희구나!"라는 말로 표현되었다.

2) 먹을거리 앞에 무릎 꿇은 나폴레옹

"전쟁터에서 진짜 무서운 적은 먹을거리이다. 배고픈 병사는 발걸음을 떼놓을 수가 없다"는 러시아 속담이 있다. 내용이야 평범하기 그지없는 것이었지만 현실성은 만고의 진리가 깃든 것이었고, 나폴레옹이 그 진실을 몸소 증명하였던 것이었다. 또한 이런 진실의 증명은 높고 큰 이상을 좇던 나폴레옹이지만 발밑의 웅덩이를 보지 못했던 어리석음이 있었고, 1800년대에 이르러서도 프랑스 혁명의 뼈아픈 교훈을 제대로 되새기지 못하여 아직도 철들지 못하였던 프랑스 국민들의 경거망동 때문에 가능했다.

---

25) 혼인세: 장원의 농노가 딸을 혼인시킬 때 내는 굴욕적인 세금으로서, 경우에 따라서는 몸으로 때우는 때가 많았다.

나폴레옹은 일상적인 사회발전에는 지루함을 느꼈기 때문에 활력과 속도를 내뿜는 공업의 힘을 사랑했고 전투력을 자랑삼는 인물이었다. 그의 됨됨이에 따라서 공업으로 번 돈이나 군대가 네덜란드·라인강 주변국들·오스트리아·베니스에서 전리품을 강탈하여 불린 돈으로 밀을 무제한 사들여 풍족하게 흰 빵을 먹는 것이 긍지였던 프랑스인들이었다. 황제는 농업보다 화학·금속가공·섬유 따위의 산업에 돈을 쓸어 부었고 돈은 "흥부네 박"처럼 쏟아져 들어왔다.

영국을 누르기 위해서는 면화와 염료를 통한 방적이 필요했지만, 면화와 염료식물은 탐탁지 않은 농업 과정을 통하여 얻어지는 것이어서 황제는 자존심이 상하였다. 더욱이 러시아의 황제 알렉산더 1세는 프랑스의 적국들과만 손을 잡고 사사건건 대항하는 것이었고, 그런 결과로 프랑스는 돈이 있어도 밀을 호락호락 구해들이기 어렵게 되었던 것이었다. 프랑스인들의 값싼 밀 구입에 대한 꿈은 서서히 사라지고 나폴레옹의 인기도 기울기 시작하였다. 나폴레옹이 국내에 있던 먹을거리를 한껏 마차에 싣고 러시아 정복길에 올랐을 무렵에는 이미 프랑스 안에서 기근의 귀신이 머리를 풀고 있었던 때였다.

그러나 황제는 진군해 가는 길목의 어떤 곳에서도 먹을거리를 끌어모아 가세하면서 병사들에게 최고급의 먹을거리를 남아돌 만큼 공급하였다. 군마마저도 귀리를 먹고 남도록 주었던 것이다. 황제가 병사들을 최고급 먹을거리로 위가 늘어날 만큼 먹도록 습관을 들인 일은 가난한 사람이 죽기 전에 유족의 마지막 선심으로 이 세상 여한을 풀게 하는 "최후의 만찬"과도 같은 것이었는데, 이런 만찬을 습관화시킨 것이니 그 다음에 받을 것은 죽음뿐이었는지 모른다. 우리의 옛말에도 "豐年花子尤悲"라는 표현이 있다. "풍년이 되면 그 동안 놀기만 했던 인간의 신세가 더더욱 가련하다"는 뜻이다.

전쟁이 지지부진하게 늘어지자 먹을거리도 바닥나기 시작했고 러시아의 칼날 같은 추위가 몰려들기 시작하였다. 후속되는 병참마차가 도착하기도 전에 마음이 급해진 황제는 병사들을 이끌고 속전속결의 진군을 감행하였다.

그러나 러시아인들이 누구였던가? 러시아의 속담은 전쟁의 진짜 적이 누구인가를 처음부터 알게 하였고, 때문에 러시아군은 황제에 밀려 퇴각하면서 곡식이라면 마지막 한 톨까지도 모조리 챙겨 가 버렸다. 황제의 군대가 전진하는 들판은 마치 텅 빈 사막을 방불하였다. 전쟁사상 최악의 먹을거리 전쟁이 시작된 것이었다.

나폴레옹의 군대가 무너지고 황제의 자존심이 먹을거리 앞에 무릎을 꿇는 형벌을 3개월 이상 받았다. 눈과 얼음, 그리고 북극야(北極夜)[26]의 미명 속을 허우적대며 퇴각하던 세월이었다. 황제만 썰매로 신속하게 귀향하였을 뿐, 평생에 눈[雪]이라고는 본 적도 없었던 프랑스 병사들은 아무런 가릴 것도 없이 추위에 굶주리며 걷다가 시도 때도 없는 카자흐인들의 공격을 받으며 그렇게 죽어 갔다. 50여 일을 버틴 병사들은 걸신이 들거나 몽유병에 걸려 유령처럼 떠돌다가 쓰러져 죽었다. 다행히 살아 움직이는 병사들이 있었지만, 걸신과 추위의 병마가 가셔지지 않았다고 한다.

프랑스인 스스로가 이것은 "하늘이 내린 형벌"이었음을 깨닫고 있었다지만, 과연 프랑스인들이 진실로 철드는 계기가 되었을지 모르겠다.

프랑스인의 높은 콧대를 꺾고, 나폴레옹의 자존심을 무릎 꿇게 한 이 전쟁은 러시아의 강추위가 아니라 먹을거리를 농락했던 데 따른 천벌이었던 것이다. 1812년의 일이었고, 대략 200만 프랑스인의 목숨과 600만 기타 나라의 병사, 그리고 민간인의 목숨을 바쳐서 값비싼 교훈을 얻은 나폴레옹의 위업(?)이었다. 아마도 패전 뒤에 계속된 구라파의 기근에 대하여 나폴레옹이 결과적으로 일조를 한 것이 있다면 엄청나게 많은 사람의 목숨을 끊어서 먹을거리 수요를 낮춰준 것이었고, 또한 이들의 시신을 각지에 흩어 넣어서 토지를 비옥하게 했으며, 그래서 차후를 위하여 농산물의 토지생산성을 향상시켰다고 할 수 있을 것인지?

---

26) 북극야는 추분부터 춘분까지의 오랜 겨울 동안 계속해서 해가 뜨지 않고 밤 시간만 계속되는 현상을 가리킨다.

3) 링컨의 남북전쟁

1860년부터 5년간이나 지속되었던 미국의 남북전쟁(Civil War)은 명실공히 먹을거리 싸움이 아니라 진보된 나라에서의 비인간·비민주적인 노예제도를 타파하려는 의지의 싸움이었다. 이미 유럽 전역에서는 농노제도가 폐지된 지 오래였으므로 이러한 유럽의 새로운 사조가 로마 시대의 라티푼디움과 농노제도를 존속하고 있는 미국 남부의 문제를 걸고넘어지기까지 하였다.

물론 역사적으로 볼 때는 노예문제가 없었더라도, 큰 나라는 넓은 땅덩어리의 응집력 약화로 위도 또는 경도의 법칙에 따른 분열이 불가피하였다고도 할 수 있겠다. 그러나 미국의 남북전쟁은 현실적으로 두 경제체제, 즉 북구의 자유산업 노동제도와 남부의 노예농업 노동제도 사이에 벌어졌던 대립이었다. 따라서 전쟁을 이끄는 힘은 북부의 옥수수·밀과 남부의 면화 사이에 이루어진 것이었고, 당시에 남부에서 생산하여 수출하는 금액은 면화 한 품목만으로도 전체의 3분의 2를 넘는 것이었으니,27) 애당초 전력(戰力)이란 남부가 단연 우세한 것이었다. 게임이 되지 않는 싸움이었다.

그러나 빵(먹을거리)만이 승리를 불러오는 것은 철칙이었다. 비록 돈의 가치는 적더라도 북부의 곡물은 먹을거리 자체였으며 돈의 미끼인 남부의 면화는 엄청난 부(富)를 기약하지만 단 한 오라기도 먹을 수 있는 것이 아니었다. 전쟁의 승리는 먹을거리를 가지고 있는 편의 차지였다.

남부에서도 전쟁 이전부터 많은 지식인과 언론들이 전시를 우려하여 "면화를 줄이고 곡식을 농사짓도록 종용"하였으나 웰빙(well-being)에 젖어든 남부인들에게는 마이동풍이었다. 이를 사바나 리퍼블릭 지(紙)는 이렇게 비난하고 있었다. "그렇게 설득해도 농장주들은 계속해서 면화만을 심고 있다. 이 얼마

---

27) 당시 미국의 총 수출액은 1억 9천 7백만 달러였는데, 이 가운데 면화 단일품의 수출액만으로도 1억 2천 5백만 달러에 달하였다. 미국 남부에서는 가공되지 않은 원면을 수출하였지만, 가공품을 수출했다면 수출액은 배가 되었을 것이다. 남부는 노예들을 데리고 면화를 심어 파는 것뿐으로 태평성대를 누리고 있었다.

나 어리석은 짓인가? 우리 군인들을 굶겨 죽일 적정인가? 옥수수를 심어야 한다! 옥수수를!"

전쟁이 시작되자 밀가루 값은 천정부지로 뛰어 올랐다. 3개월 만에 배럴당 35달러를 거쳐 45달러, 70달러, 110달러로 급상승하였고, 그나마 천금을 주고도 사기가 힘들었다. 남부군의 사기는 쌓아 놓은 돈과 관계없이 처음부터 마음속으로 패전을 예상하고 있었다. "과연 이 전쟁이 끝날 때까지 우리가 살아남을 수 있을까? 밀가루 값이 이미 120달러를 넘어섰는데도 옥수수나 귀리조차 한 톨을 살 수가 없으니……?"

남북전쟁의 교훈은 미국인들에게 내보이는 곡물(먹을거리)의 존재를 "전쟁의 진정한 무기"이게 하였고, 식빵 한 롤을 "링컨의 대포알"이게 하였던 것이다. 무엇이 북부의 식량(먹을거리)을 그처럼 조달 가능케 한 것이며, 전쟁을 승리로 이끌게 한 것일까? 농촌의 대부분 농민들은 군인이 되어 집을 비우고 전쟁터에 가 있었는데도 말이다.

첫째는 쉼 없이 밀려드는 이주민의 정착, 그리고 북부에 놓여 있던 좌우횡단의 철도[28] 덕분이었다고 한다. 그러나 내면적으로는 미국의 밀을 수입해야 하는 영국의 변덕(아첨의 대상을 남부에서 북부로 돌림) 때문에 남부를 버렸던 반면 북부가 청하는 "노예제도 폐지"에 손을 들어 주었던 것이다. 그러나 더욱 절대적인 승리의 요인은 모자란 인력을 대신하여 농사를 지을 농기계가 본격적으로 맞물려 개발·보급되고 있었던 것으로 보는 견해가 있다.

남북전쟁은 노예해방이라는 큰 명분으로 시작되었지만 결국 먹을거리로 판결이 났고, 패전의 주최였던 남부군의 수많은 주역들은 프랑스계의 이주자 영주들이었으니 콧대가 높아 먹을거리의 위력조차 눈으로 보지 못하던 나폴레옹 후신들의 철들기와 인연을 맺고 있던 것이었을까?

---

28) 남북교통은 시카고와 루이지애나를 잇는 미시시피 강이있는데 전쟁 발발로 강의 흐름은 막혔고, 북부는 좌우를 관통하는 철도편으로 전쟁의 무기 "먹을거리"를 수송하였다.

4) 동양, 그리고 우리의 경우

동서고금을 통하여 어떤 나라나 어떤 시대에도 먹을거리 문제를 말끔히 벗어나 살았던 역사는 가지고 있지 않다. 한 민족을 키워 내거나 한 나라를 형성할 때도 먹을거리의 안정적인 조달 가능성에 기초하여 이룩되는 것이고, 이런 전제조건의 변화에 기인하거나 제 민족, 또는 제 나라의 번영을 꿈꾸며 영토 확장이나 이동을 위한 전쟁을 치렀다.

석기시대로 거슬러 오르면, 농업의 시작과 식생활의 정착 과정을 거치는 때였으므로 동서양에 차이를 둘 근거가 없다. 산야를 뛰며 수렵을 하거나 열매나 풀뿌리를 채취하여 원시적으로 먹던 역사였을 것이다.

서기전 3000년경에 이르러 중국의 화북지방을 무대로 하는 원시농경의 발상과 이에 맞물려 전해 내려오는 전설이 만들어졌다.

서양의 데메테르나 세레스 같은 곡물 또는 농사의 신(神)이 출현하여 비로소 작물이라 할 수 있는 곡식의 씨앗이 공급되고 땅을 일구는 쟁기나 보습·굴봉이 창제·보급되었다고 한다.

서양의 경우에는 이들 신이 여성이고 전문기능을 맡는 단편적 신이었던 데 반하여 중국의 농경은 삼황·오제라는 절대권력을 쥐었던 남성의 군주로 시작이 되었다.[29] 그리고 이들 황제와 제후들은 왕후장상이라는 계급에 상관없이 몸소 농사짓고 거두어들이는 농민의 삶을 살았다.

우리나라는 단군이 농업단군왕관(農業檀君王迁)이라 지칭하며 통솔자가 되어 농경을 일구게 하였다고 전한다.

그러나 우리의 농경은 아무래도 중국의 북토고원지인 화북의 메마른 땅에서 발원한 한지농법(旱地農法)을 이어받아 체계화된 것으로 본다.

---

29) 단 일본의 경우는, 일본 신화에 나타나는 해의 여신 Amaterasu Omikami(天照大神)가 일본 황실의 선조신으로서, 곡물 영혼의 어머니이며 식량의 신령인 Ukemochi-no-kami에게서 오곡의 씨앗을 받아 高天原에 심었다가 그 원종의 씨앗을 손자에게 주어 널리 심게 하였다고 한다. 일본인들은 새 생명이 잉태되는 여인의 복부에서 곡물이 만들어진다고 생각하여 신을 여성으로 하였다.

서양의 역사와 다른 점이 있다면, 동양은 사람들이 보수적이고, 동물보다는 식물에 의존하는 식생활이 가능한 땅에서 살았기 때문에 하늘과 땅을 바라고 사는 생활관과 정서를 익혀 왔다. 특히 화북지방은 땅 넓이에 비하여 사람이 희귀하고, 강우량이 적으며 염류가 치솟는 척박한 땅이었기에 농경의 원리를 하늘과 땅이 조화를 이루는 계절을 찾고 제후까지도 농사를 해야 할 만큼 근면해야 했으며, 특히 군왕이라면 첫째로 치산치수(治山治水)를 선행하고 둘째는 천시(天時)·지리(地利)·인화(人和)를 찾아 먹을거리 농경을 일구는 일에 몰두하는 철학을 실행하였다.

　　어디엔들 가난과 기근이 없었겠는가? 그러나 서양의 경우와는 달리, 동양의 가난과 기근은 천기의 재앙에 의한 것이 대부분이었으며, 따라서 일찍부터 굶주린 백성을 진휼하는 창고제도나 구휼제도가 발달되었었다. 밭을 개간하여 일구고, 성을 쌓거나 길을 내는 각종 부역사업도 농사가 있는 때에는 금하였고, 전쟁도 농사에 영향을 주는 때에는 일으키지 않는 것이 통치철학이었다. 다만 만리장성을 쌓고 영생불사의 꿈에 그리던 궁전을 축조하였던 진시황은 예외로 쳐야 될 것 같다.

　　기원전, 춘추전국시대를 통하여 『공맹(孔孟)』이나 『여씨춘추』에 밝혀진 농경의 실체는 인간(특히 배운 사람)의 본무(本務)가 농경이고 이는 곧 만백성이 자생(資生)하는 생업이라는 철학이 싹텄다. 이를 모아 정리한 세계 최초의 농경서가 곧 『범승지서(氾勝之書)』였다. 이런 사실이 서기 500~600년대에 종합정리된 농서『제민요술(齊民要術)』에 밝혀져 있다. 즉 먹을거리 생산(農耕)은 나라 개국의 전제조건이듯이, 농경 그 자체는 전쟁·종교·교육·혼인이나 그 어떤 것에도 선행하는 중대사로 보았고 이를 방해하거나 역행하는 어떤 일도 천륜을 그르치는 잘못으로 보았던 것이다.

그림 7. 신농의 삽질모습
(業代 화상석 畵像石)

그림 8. 우당의 삽 든 모습(좌동)

그래서 가난과 기아는 얼마든지 있었지만 농민과 농촌, 그리고 먹을거리를 우습게 여겨 팽개치던 중세 유럽의 암흑기는 없었던 것이다. 적어도 서기 500 년부터 1400년까지 1000여 년간 아무런 진보도 문명적 발걸음도 없었던 중세 유럽의 농업·농촌·농민에 비하여 중국과 우리의 그것은 비록 고통이 많았다고 하더라도 쉴 새 없는 전진과 변혁으로 이룩했던 것이 사실이다.

서양에서는 1700년대에 이르러 제트로 툴에 의한 조파법의 실현을 통하여 노동생산성의 향상을 기하고 이를 농업혁명이라 자랑한다. 그리고 1800년대에 이르러 리카르도 리비히에 의한 토양영양설로 시비원리를 구사함으로써 그동안 유린되었던 농경지의 토지 생산성을 향상시킬 수 있었다. 그러나 동양에서는 이미 기원전 1세기의 농서인 『범승지서』에 축력을 이용한 가을갈이(秋耕)를 하여 작기(作期) 이전의 강수(降水)를 포집하고 구비(廏肥)를 시용하거나 1년 휴한(休閑)을 하여 작물에 필요한 토양관리를 하였다.

특히 그 이전의 『여씨춘추』에 영향을 받아 모든 가르침의 서두에 영농을 최우선으로 도와야 하는 임금의 통치철학과 사용(士容), 즉 "학자나 윗사람의 태도"로서 정치적·기술적으로 상농(上農: 농업을 최고로 중요하고 위대한 일)을 지향할 수 있도록 몸소 최선을 다해야 한다고 그 책무적인 지침을 강조하였다. 춘추전국시대의 끝없던 "전쟁과 먹을거리 문제"를 체험하였던 교훈에서 비롯되었을 것이다.

그래서 기원전부터 "농학자학교"를 일반화시켰던 것이다. 범승지 자신이 성제(成帝) 때의 의랑(議郎: 황제의 고문격)에 올라 백성(주로 농민)을 일일이 찾아다니며 가르쳤던 "국가의 사범(師範)"이었고 "사장(師匠)"으로 고용되어 살았던 사람이었다. 뿐만 아니라 범(氾)의 가르침에는 이미 파종에 앞서 쟁기로 흙을 줄맞추어 세워서 파종하고 필요에 따라 제초작업을 하거나 배토(培土)하여 수확을 손쉽게 하는 조파법(條播法), 즉 노동생산성을 향상시키는 기술이 확립되어 있었다. 더욱이 그의 구전법(區田法)은 토지생산성과 집약농의 노동생산성을 동시에 높이며 물관리까지 쉽게 해결한 한전(旱田)의 점파기술에 해당하는 것이었다.

동양의 경우, 비록 전쟁은 않았어도, 애당초 위아래 없이 농업을 인간세상 최고·최우선의 본업이며 생업으로 보았고, 따라서, 서양과 달리 농촌이 곧 국가이며 농민이 곧 백성인 정서 속에서 농업은 정치적으로나 기술적으로 끊임없는 진보를 하였던 것이다.

서양에서는 1700년대를 농업혁명기로 보지만, 이런 기술적 농업혁명은 동양의 경우에 이미 기원전의 역사였던 것이다.

중국의 진시황이 통솔하던 진제국(秦帝國)이 말썽 많게도 멸망을 하였지만 결코 농민을 혼란에 빠뜨리진 않았다고 한다. 서양의 중세가 암흑 속에서 농촌과 농민을 버린 채 1000년의 착취·사치·웰빙하던 세월을 살던 동안, 중국은 한(漢), 당(唐), 송(宋)과 원(元) 나라를 거치며 먹을거리 존중과 생산력 진보의 사회적 기틀은 면면히 이어 왔고, 우리나라는 그들의 영향에 더하여 우리 자신의 독창적인 입지응용의 지혜를 살려 먹을거리를 지켜 왔음에 틀림없다.

그러나 어느 곳 어느 세월에도 먹을거리의 쓰라린 문제는 있어 왔던 게 사실이다. 중세의 시대를 거스르며 우리의 경우를 들추어 보자.

우리나라의 먹을거리 문제(기근)는 대체로 자연재해나 남쪽·북쪽의 오랑캐나 왜구의 노략질, 또는 전쟁과 연루되어 있었다. 삼국시대에도 사정은 마찬가지이어서 쌀도 있고 보리도 있었지만 백성의 먹을거리는 조(粟: 또는 기장?)였으며 기근이 든 해에는 별수 없이 초근목피(草根木皮)에 의지하여 부지했다고 한다.

고려나 성종 5년조의 『농상칙서(農桑勅書)』에는 "敎曰國以民爲本 民以食爲天", 즉 "나라는 백성을 근본으로 하며 백성은 먹을거리를 하늘같이 여긴다"는 진리를 밝히고 있다. 그러니 위아래 없이 권농(勸農)과 치농(治農)에 힘써야 하며 이를 모든 통치의 최우선으로 하였다는 뜻이었다.

따라서 『고려도경(高麗圖經)』에 보면 "산촌의 곡간지까지 개답(開畓)하여 멀리서 보면 농지가 마치 사다리를 세워 놓은 것과 흡사"하며 "고려에는 많은 곡물 창고(진휼용 또는 곡가조절용)가 있어서 대의창(大儀倉)에는 3백만 섬의 축적이 있다"고도 하였다.

그러면서도 내·외란의 여파로 백성들의 먹을거리 실상은 궁민(窮民)에 대한 종자분배(1257), 몽고에 징발된 농우·농기(1271), 흉년으로 자식을 판 사례(1280), 흉년으로 강남 쌀을 수입한 사례(1291, 1293), 흉년의 버려진 아이들 이야기(1381) 등이 허다하였다.

이런 시대적 상황을 『농상촬요(農桑撮要)』에 표현한 글을 보면 "고려의 풍속은 못나고 어질다. ……농가는 하늘만 쳐다보고 살다가 재해를 입는다. 누구나 자신을 위해서는 지극히 절약하며 귀천과 노소를 가리지 않고 소채·건어·포 따위를 먹으며 쌀은 귀하지만 기장·피는 우습게 안다. 삼과 모시는 흔해도 솜은 적다. 따라서 속도 차지 않고 겉도 차지 못하여 마치 병들어 누웠다가 방금 일어난 사람들이 십중팔구는 된다"고 하였다.

조선왕조대에 이르러서는 왜구의 침략으로 오래 계속되었던 임진왜란의 영향이 가장 컸었다. 전국토가 왜구에 유린되어 농경지가 황폐한 들판으로 변했지만 제대로 복구되고 농업생산력을 회복하는 데는 너무나 많은 희생이 뒤따랐다.

1660년대에는 엎친 데 덮친 격으로 여러 해에 걸친 가뭄이 계속되어 처참한 정경이었다. 하멜[30]의 표류기에 기록된 당시의 실태는 참으로 적나라하게 묘사되어 있다. 먹을거리와 땅의 약속을 잃은 어린아이들과 유랑인(거지)·강도로 온 세상이 들끓고 치안조차 유지할 수 없었다는 기록이었다.

이런 때의 사색당쟁은 백성을 유린하기에 극치를 이루었고, 결국은 탐관오리에 의한 수탈과 착취의 세월을 연계시켜 국운을 일제에 넘겨주기까지에 이르렀던 것이다.

따져 본다면, 우리의 농촌·농민·농업이 서양 중세기의 그것에 비하여 무엇이 더 좋았다고 할 것인지 분별하기 어려운 점도 있었지만, 그 개략이 천재(天災)이거나 이웃 오랑캐나 왜구의 침략으로 비롯된 것이니 누구를 원망하기는 어렵다는 데 있다.

또한 누구나 똑같이 시련을 나누었던 것이지 결코 먹을거리를 상징하는 농(農)만의 시련은 아니었다는 데 있다면, 서구는 산업 혁명의 영향으로 농업의 생산성을 높일 수 있었던, 동력에 의한 농기구의 개발, 황금 덩어리 아메리카의 도움, 그리고 식민지의 착취에 의한 후기산업사회의 구축이 우리보다 앞섰고 우리는 뒤늦게 비싼 값(36년의 일제통치)을 치르고서야 정신을 차리게 되었다는 후발자의 서러움을 가졌다는 데 있다.

---

30) 헨드릭 하멜의 『難破記』(최남선 역) 참조.

그림 9. 커터 콜비츠(1800년대), "항의의 함성"
"신이여! 진보의 시대는 빵이 너무 비싸고 인간은 너무나 값쌉니다!"

먹을거리 패권의 줄달음질

먹을거리에 연관된 세월로서의 19세기는 구라파나 미국을 막론하고 새롭게 각성하고 뼈아픈 교훈을 되새기며 현실적인 먹을거리 문제를 해결하고 패권을 형성하려는 의지가 표출되던 때였다. 특히 과학기술이라는 엄청난 괴력의 도움이 농사에 접목되던 세월이었다.

먹을거리 생산의 체제 재정비에는 토양을 비옥하게 관리하여 생산력을 보유케 하는 일과 생산기술을 투입하는 노동력의 무제한한 공급이 필요했고, 또한 우리가 심어 가꾸는 농작물의 근원적인 특성을 재조명하여 파악하는 일이 필요했다.

일찍이 토양의 화학적인 이해와 지혜를 갖추었던 이집트인의 농사기술을 저버리고 로마 때부터 1000년이 넘는 세월 동안 토양을 수탈하여 소출만 취득해 왔던 유럽의 농사는 늙고 메마른 토양에서 더 이상의 소출을 기대하기 어려웠다.

토양을 마치 농산물 생산공장의 공간인 건물쯤으로만 생각했을 뿐이지 결코 물과 무기영양 및 토양미생물이 조화를 이루는 화학반응을 거쳐서 작물의 뿌리를 통한 생장·성숙·번식의 꿈을 펼치는 화학실험실이란 생각은 하지 않았던 것이다.

나폴레옹이 죽기를 기다려서 프랑스는 리비히라는 독일 청년을 맞는 천혜를 부여받았다. 1840년이 되어 리비히는 토양의 기초적인 물질이 질소·칼륨·인과 석회라는 4대설을 입증하였고, "식물은 취할 수 있는 무기양분 가운데 가장 적게 취해진 물질에 의하여 생산량이 제약된다"는 "최소양분의 법칙"을 발표하였다.

더욱이, 식물을 태워서 재를 분석함으로써 최소양분이 무엇인지를 밝혀내고, 그 물질을 비료로 공급한다면 구태여 옛날의 윤작법이나 휴한법으로 되돌아가지 않아도 농작물(먹을거리) 생산의 증대가 가능하다는 것이었다. 이런 깨우침은 실로 유럽에서는 근본적인 농업혁명 그 자체였다고 할 수 있는 큰 사건이었다.

이 사건은 논란이 많았고 현실적인 해결이 어려운 듯 보였으나 1901년에 하버가 촉매를 써서 공중질소를 암모니아로 만들어 질소비료를 추출해내는 데 성공하였던 하버-보쉬법(Harber-Bosh method)에 의하여 간단하게 성공의 길로 들어섰다.

더구나 그 뒤로 파스퇴르가 개척한 세균학의 힘을 빌어서 "모든 생명체와 이것들이 만드는 분비물은 토양을 화학적으로 비옥하게 할 뿐만 아니라 끊임없이 움직여서 물리적으로 토양에 공기를 공급한다"는 인식을 심어 주게 되었다. 결국 리비히는 병들고 늙은 유럽의 자궁(땅)에 청진기를 들여대어서 진단하고 올바른 처방(약)을 내는 데 빛나는 성공을 거두었던 것이다.

그러나 아메리카의 경우는 유럽과 그 사정이 사뭇 달랐다. 젊고 건강한 처녀지가 무제한 펼쳐져 누워 있었고, 이를 빈틈없이 어루만져 다스릴 사람의 손만 모자랐다.

농사일을 도울 인조인간을 만드는 데 15년의 세월을 바치고도 빛을 보지 못하였던 버지니아 주 농민 로버트 매코맥은 그의 이런 생각과 성스러운 임무를 아들인 사이러스 매코맥에게 넘겨주게 되었다. 그러자 사이러스는 다른 사람인 패트릭 벨(1825)의 "풀베는 마차"나 페르시아의 다리우스가 군용으로 만들었던 "낫질하는 마차"를 참조하여 "수확기계"를 발명하였고, 이 기계는 당시의 미국 실정에 부합됨으로써 성공리에 환영을 받았던 행운이 곁들여졌다.

수천 년 앞서서 같은 기계를 만들었던 사람은 실제로 훨씬 더 위대한 인물이었지만 이를 받아들이지 못했던 잘못되거나 미개한 시대의 탓으로 이름조차 기억되지 않는 불운을 겪었던 반면에 단숨의 성공을 거두고, 그의 업적은 남북전쟁에서 북군의 승리를 가능케 하였을 뿐만 아니라 전쟁 후 12년이던 1876년에는 미국을 세계 최대의 곡물국가로 탄생시켰다. 1868년에는 매코맥이 파리 근교에 초대되어 나폴레옹 3세로부터 직접 레종도뇌르 훈장을 받았으니 참으로 아이러니한 일이 아닐 수 없다.

농업기계화는 그의 수확기 발명으로 이미 반 이상의 성취를 끝낸 바와 같았다. 기계의 원리는 순식간에 콤바인이라는 수확·탈곡의 일체형 기계나 파종기·경운기 등등의 성공적인 창안을 불러들였기 때문이다.

여기에 가세하여 먹을거리 패권의 성립요건이 있었다면 그것은 식물의 기원과 유전특성 및 육종기술을 밝힌 과학자들의 숨겨진 힘이었을 것이다.

이와 같은 여건 속에서 아메리카가 옥수수와 밀의 제국을 건설하여 패권을 쥐는 절차는 일취월장이었고 경쟁자 없는 단독플레이였다. 유럽의 여러 나라는 역사적으로 서로 다른 곡물을 먹으며 서로 간에 자존심 싸움을 하여 왔다. 그러나 서서히 18세기·19세기로 접어들면서 먹이를 갈구하는 유럽의 여러 물고기 떼들에게 선호되는 최고 가치의 먹을거리 미끼는 밀이었다. 오히려 미국에서는 밀이 별로 중요한 곡물이 아니었지만 풍부하고 살찐 물고기를 잡는 데 필요하다면 밀 아니라 그 무엇도 생산하여 낚싯밥으로 던질 수 있는 일이었다.

프랑스는 나폴레옹 전쟁 이후에 인구가 폭발적으로 증가하여서 먹을거리 재난을 앞에 두고 있었으며, 영국은 자국농업을 보호하던 관세제도를 철폐시켜 수출장벽을 없앴으며, 스코틀랜드와 아일랜드는 엄청난 흉년과 감자마름병이 휩쓸었다. 프랑스는 영국과 경쟁적으로 수입을 개방하여 오히려 "무역의 세계주의"를 내세우고 나섰던 것이다.

또한 1865년에는 독일마저도 보호관세가 철폐되었으며, 이런 결과는 미국을 밀의 제국으로 만들고, 미국을 유럽의 먹을거리 종주국으로 만들었다. 뿐만 아니라 어떤 먹을거리를 먹는가에 따른 차이와 그 긍지로 상대방에 대한 경멸과 증오심으로 부글거리며 살던 독일·러시아·스코틀랜드의 중산층까지도 값싼 미국의 밀과 그것으로 만든 흰 빵에 맛을 들인 후부터는 호밀의 존재가 밀로 대체되기에 이르렀다. 미국으로서는 이런 청신호가 꿈에서조차 생각하지 않던 횡재였다.

미국의 장사꾼들은 황금알갱이 밀을 배에 실어서 꼬리를 물고 유럽으로 출진시켰다. 밀에 재미를 붙인 이들 장사치들은 미끼를 옥수수로 바꾸어서 권유해 보았으나 옥수수는 받아들여지지 않고 홍보전에서 참패를 하고 말았다. 유럽은 밀 이외의 먹을거리에는 눈길조차 주지 않는 웃기는 천국이었다. "도둑이 들려면 개도 짖지 않는다"는 말과도 같은 것이었을까?

미국의 신천지는 천지개벽을 하지 않는 한 쇄도하는 곡물 먹을거리의 경쟁적인 주문에서 헤어날 길이 없는 입장이 되었다. 즐거운 비명소리로 아비규환이었을 수밖에 없다. 동부의 옥수수는 사람이 먹어도 그만이었고 축산물 생산을 위한 사료로 써도 그만이었다. 밀은 한 톨이라도 더 건져서 유럽으로 보내는 것이 최상의 돈벌이였던 것이다.

농촌의 지도자(매그너스 데릭과 청교도 농민들)가 "젊은이들아! 서부로 가라! 밀과 함께 성장하라!"는 호레이스 그릴리의 외침을 연호하며 젊은이를 이끌었다. 서부를 온통 밀밭으로 바꾸어 놓았고 그 무렵에 "사랑하는 이여! 달이 뜨는 밀밭으로 오라!"는 민요가 만들어진 것 같다.

두 번째 구호는 "철도를 놓자!"는 것이었다. 자금은 어떤 은행이라도 밑바닥을 볼 수 없이 퍼내어 대주는 데 쾌재를 불렀다. 유럽에서 채워 주는 돈만으로도 주체하기 힘들었고, 돈을 치르는 유럽인들은 공포에 전율하는 신세였다. 미국의 동서를 연결하는 대평원과 숲은 모습을 바꾸어 선로가 깔렸다. 1840년에 2,500마일이었던 선로가 1860년에는 37,500마일로, 1880년에는 156,000마일로 늘어났다.

뒤를 이어 시카고의 전설이 태동하게 되었다. 1815년에는 인디언들의 조그만 "양파밭"이었던 작은 마을이 1840년에는 주민 5,000명의 마을로 변해 있었으나 1847년에는 횡재의 매코맥이 발붙여 농기계 공장을 건설하면서 "기계수확기"가 생산되었고, 5년 뒤에 선로 공사가 지나가면서 시카고는 일약 도시로 탈바꿈되어 드디어는 곡물의 집산도시가 되어서 런던·파리·베를린과 상뜨 페테르부르크를 좌지우지하는 법령의 재판소와 같은 대도시로 변모하였다. 시카고는 미국의 힘이며 힘의 상징이 되었다. 초창기 미국의 철도왕·고기왕·기계왕·밀가루왕과 환락의 왕이나 은행의 왕, 또는 주먹의 왕과 같은 신화적인 억만장자들이 시카고를 무대로 탄생되지 않았던가?

이런 속에서도 그 이면을 들추어 보면 참으로 놀라운 두 가지 사실이 있었다.

첫째는 미국인들이 여전하게 인디언들과 어울려 옥수수를 먹을거리로 먹고 있었다는 점이다. 미국인은 무엇을 먹든 개의치 않았다. 밀은 내어다 팔 목적으로 생산하는 것이었고 멍청이 유럽인들은 그 밀을 사먹는 데 정신이 팔려서 "도끼자루 썩는 줄"도 몰랐으며, 그저 미국을 부자나라로 만들어 주는 데 광분할 뿐이었다는 점이다.

둘째는 미국도 밀 생산과 수출 제일주의로 기계화하고 선로를 놓으며 샴페인 잔을 기울이는 사이에 천혜의 강산이 불모의 죽어가는 땅으로 변모하는 것을 개의치 않았다. 다행히도 토양·생태학자들이 이를 경고하며 지속적인 국토 재건과 토양생산력 회복 및 보전 사업을 벌여서 큰 화를 불러오지는 않았으니 참으로 미국은 요행한 나라였다는 점이다.

이런 계기로 거꾸러진 곳은 러시아였다. 1850년까지만 해도 유럽에 곡물을 수출할 수 있던 나라는 러시아뿐이었다. 그러나 러시아는 미국의 서부가 밀밭으로 변모하고 동서를 혈맥처럼 꿰뚫는 철로가 놓이는 변화나 시카고가 기계와 돈으로 개벽하는 혁명에 눈을 두지 않았던 것이고 1903년에는 일·러 전쟁이 터져서 자존심을 완전히 구기었던 것이다. 동북아시아의 먹을거리 해결에도 러시아의 공급기능을 미국의 기계수확기와 미국 캘리포니아의 금문교에서 발주한 미국의 밀로 대체시킬 수밖에 없는 신세가 되었다.

1800년대 후반기에는 이미 미국과의 먹을거리 게임이 되지도 않을 상황에 빠졌다. 설상가상으로 1913년에는 러시아가 독일의 "보리사재기 음모"에 걸려들어 37억 1,800만 킬로의 보리를 수출하였고 이 보리는 이듬해인 1914년 8월 첫째 주에 엄청난 규모의 독일 기마대로 바뀌어 러시아 국경을 유린하는 힘으로 되돌아왔던 것이다.

독일의 침공 계획은 러시아를 하룻거리쯤으로 여겼던 것이다. 독일이 일으킨 제1차 대전은 독일만의 풍작 속에서 승리를 예약하고 시작되었지만 독일인은 팔자에 없는 기근으로 빠져들었다. 전쟁이 예상 밖으로 길어지고 영국의 해양 봉쇄로 미국의 밀 수입이 단절되자 자국에 쌓여 있던 풍부한 밀은 삽시간에 가축의 사료와 배고픈 백성들의 먹을거리로 동났던 것이다. 전투가 지체되는 곳의 땅은 먹을거리가 티끌도 남지 않고 사라졌다. 더욱이 전쟁은 병력 수송을 최우선으로 하는 터이어서 식량을 운송할 길은 더욱 없었고, 전쟁터에 빼앗긴 농촌의 일손은 보충될 길이 없었다.

당시의 유럽은 미국과 다르게 철도도 도로도, 또는 사람을 대신할 농기계도 거의 발달·보급되어 있지 않은 형편이었다. 허기진 독일군의 발걸음을 잡아매어 전투를 중지시킨 것은 영국군이나 프랑스군, 또는 어떤 다른 적군의 저항이나 공격으로 빚어진 것이 아니었다.

곧 적군(영국군)이 버리고 달아난 참호 속의 먹을거리 비축창고였던 것이다. 흰 빵 덩어리와 소금에 절인 고기 쪽이 쌓인 것을 보자 독일군의 발길은 명령 없이 멎었고, 내일 죽더라도 배불리 위를 채우고 보자는 일념만으로 환장을 하게 된 것이었다. 군율은 순식간에 무너졌고 더 이상의 명령이란 아예 없어졌던 것이다. 굶주림에는 왕후장상이 따로 없는 법인데 계급이 어디 있고 전쟁의 거룩한 뜻이 어디에 있었겠는가?

물론 독일군도 영국이나 프랑스로 떠가는 범선(식량을 선적한 상선)들을 무작위로 포격하여 먹을거리 단절과 이로 인한 전쟁의 항복을 기대하였다. 그런 탓으로, 우스운 현상이었지만, 오로지 희생당하는 쪽은 상선을 양 편으로 대어주던 미국뿐이었다. 전쟁의 옳고 그름에 대한 판단보다는 자국의 손실이 억울하여 미국은 독일과 연합국 모두를 야만적이고 비열한 것으로 비난하였던 것이다. 어디까지나 전쟁은 전통적인 군사활동이므로 양민을 결부시키거나 유린해서는 안 되는 것이었다.

천하의 진시황이 이끌던 진나라도 패망을 하는 전투로 무너져 내렸지만 백성이나 농사일에 피해를 주지는 않았다고 한다. 그러나 문화와 전통을 앞세워 왔던 유럽의 전쟁은 결코 상대방의 머리나 가슴을 노리는 무기의 싸움이 아니라 벨트 아래쪽의 배와 창자를 노리는 먹을거리의 싸움일 뿐이었다.

봉쇄에 역봉쇄를 주요 전략으로 하여 상대방을 허기져 쓰러지거나 굴복하게 하려는 전술을 썼다. 미국이 밀가루 포대를 뒤집어쓰고 독일에 선전포고를 하며 연합국의 일원으로 참전케 된 계기도 이런 사정에 연유한 명분 때문이었다.

그 결과로 1916년이 바로 전쟁과 흉년이 한꺼번에 몰려들어 유럽의 양민들을 희생시키게 되었던 때였다. 물을 만난 물고기처럼 미국의 밀은 총이나 칼의 모습으로 여지없이 승리의 이삭을 유럽의 전선에서 피워냈던 것이었다. 밀의 제국인 미국은 로마제국을 대신하여 유럽을 주도하게 되었고, 그 대가로 미국이 유럽에 건네 준 선물은 모국이나 마찬가지이었던 라틴 문명권의 목숨을 구해 주었던 것이다.

그러나 우크라이나 하나를 믿고 살아남았던 러시아는 1917년의 흉년으로 통치자였던 니콜라이 황제마저 폐위시키면서 제국의 간판을 내릴 수밖에 없었다. 러시아의 농민들은 러시아 정교회의 그늘 아래에서 크리스트 정신에 가장 빗나간 농노로 살아왔지만 인내력도 있고 교회의 명령에 절대복종하는 생활을 체득하고 있었으며 언제나 자존심 있는 병사들이기도 했다. 그럼에도 불구하고 전후의 들판에는 흉년의 그림자와 낙후된 농법, 비참한 굶주림, 농기계의 부족만이 기다리고 있는 모든 상황이었다.

러시아 황제는 드디어 시베리아를 횡단하는 선로를 내어 기차를 달리는 꿈을 꾸고, 채찍질을 가하며 실천의 속도를 늦추지 않았다. 선로 공사의 참혹한 일은 중국의 만리장성 구축과 다를 게 없었다. 한때는 공사에 투입되는 노무자의 숫자보다 도망쳐 이탈하는 노무자의 숫자가 더 많은 현실이었지만, 끝까지 명맥을 이어 가며 미국을 능가하는 "부자의 땅"이라는 꿈을 꾸어 왔다.

마침내 철도가 극동지방에 도달하자 이를 기다리고 있던 것은 농산물의 운송을 기다리는 화물들이 아니라 증오와 패권의 야심으로 이글거리는 일본제국의 총칼이었다. 태평양으로 향한 러시아의 패권주의와 철도개설의 결과는 미국을 방불케 하는 황금이 아니라 일·러 전쟁에서의 패전이라는 피의 대가였고 수모였던 것이다.

1917년 11월 7일, 볼셰비키 혁명을 이끌었던 레닌이 "러시아의 모든 것이 인민의 것"이라는 공산주의 혁명을 선언하는 것으로 세상은 바뀌었다. 인민의 대부분은 농민이었지만 러시아 혁명은 "농민의 혁명"이 아니라 "노동자의 혁명"이어서 장차 피비린내 나는 내부 권력투쟁의 불씨가 되었다. 레닌은 낫과 망치가 서로 엇갈려 존재하는 휘장으로 새로운 입국을 표시하였지만 농민과 노동자는 서로가 협력하는 관계라기보다 대립하는 것으로 "복수의 축제"라는 한마당은 피를 튀는 전쟁이었다. 이는 농업과 공업의 전쟁이었고 농촌과 도시의 전쟁이었으며, 결국 단기적인 승자는 도시 산업(공업)이었지만 장기적인 승자는 누구도 아닌 전체였던 것이다.

1928년부터 공업을 지향하던 스탈린은 토지사유를 금하고 농민의 위치는 집단농장 안에 국한시켜 가두는 것이었다. 3,900만 농민이 소유하던 농경지는 243,000개 국유화된 집단농장으로 돌변하였고, 임자 없는 땅의 생산력은 기계화가 추진되어 배중하는 수준까지 올라갔으며 덕택에 농민들은 행복의 휘파람을 불 수 있었으나 장기적으로는 임자 없는 땅에 사람의 물은 고이지 않고 땅의 소출 수준은 바닥까지 떨어졌다. 결국 집단농장은 엄청나게 비싼 대가를 치르고 나서야 미국의 대면적 경영체제와 경작수단을 받아들여서 겨우 웃음을 되찾게 되었다. 대면적 집단은 기계화를 가능케 하였고, 기계화는 잉여노동력을 도시산업체로 이출하여 양대 세력, 즉 농민과 노동자 사이의 균형을 찾아 주었고 갈등을 해소해 주었다.

마지막으로 독일의 히틀러와 제2차 대전에 대하여 일별할 필요가 있겠다.
제2차 대전을 일으키며 나치가 부르짖었던 "먹을거리 구호"는 다음과 같은 것들이었다.
"호밀빵을 먹자!", "색깔보다는 영양이다. 검은 호밀빵은 뺨을 붉게 만든다!" 일단 전쟁이 나면 이 세상에 믿을 놈이 없다는 것이 제1차 대전에서 받은 교훈이었던 것이다.
"영국놈들이 비행기로 감자벌레 유충을 우리네 감자밭에 공중살포하였다! 독일 농부들아! 적에게 본때를 보여 주자!"
영국의 범죄설을 퍼뜨려 적개심을 높여야 한다는 나치의 전략이었을 것이다.

"나는 독일 농민의 수상이 되겠다!"

이는 도시 민중의 수상이 되겠다고 했던 히틀러의 이중적 사탕발림이었다.

"영주들의 땅을 몰수하여 농민들에게 돌려주겠다!" 이 또한 나치의 허망한 약속이었고 뻔한 속임수였다.

히틀러는 농민을 좋아하지도, 존중하지도 않는 인물이었다. 그러나 전쟁의 승리를 위하여 고집 세고 의심 많은 농민들을 속이는 데는 완전히 성공하고 시작한 전쟁이었다.

또한 히틀러는 공격의 화살을 기존의 독일공화국으로 돌렸다. 히틀러는 기존 공화국이 비민주적이고 볼셰비즘의 성격이 강하여 오히려 농민에게 고통을 주었고, 이의 직접적인 동기는 관료주의와 유태인의 등용, 그리고 이에 따른 서투른 농정, 늘어 가는 농가부채, 농장의 강제경매 및 무제한의 세금 탓이라 하였다. 농민들은 히틀러에게 그런 제물로 보였던 것이다.

그러나 농민들이 국가를 통치하고 지배할 수는 없다는 것이 히틀러의 처음부터 생각이었다.

히틀러는 기독교를 공격하며 농사에 도움이 되지 않으니 기독교적 의식을 버리도록 종용하면서, 전쟁에 앞서 1933년에는 "국가세습농장법"을 제정·공포하였다. 장남에게 세습이 가능하지만 매매나 담보설정을 할 수 없는 세습농장으로서 나치당원으로서의 역할이 부족하면 몰수되는 제도였다. 경제력을 거머쥔 농민들을 철저한 당원으로 확보하는 수단이었다.

드디어 1939년 9월 1일, 전쟁이라는 무대의 막을 올렸다. 나치는 농민들에게 이 전쟁은 "농민이 이주하여 넓은 땅을 획득하기 위한 과업"이라 설명하며 명분을 세워 주었다.

단 20일 만에 폴란드를 함락하고, 그 여세를 몰아 나치병사는 네덜란드·벨기에·프랑스로 진군하였다. 그제까지 서유럽에 비축되었던 모든 밀이 독일로 쏟아져 와 쌓였고, 덴마크에서 돼지고기, 노르웨이에서 생선을 마구잡이로 노획하여 끌어들였다. 전쟁이 전쟁을 먹여 살리고 그 틈바구니 속에서 독일의 농민들은 농사의 필요성도 농토에 대한 향수나 욕심도 잊고 한결같이 미쳐 갔다.

제1차 대전의 교훈에 힘입었던 모든 유럽의 나라들은 전심전력으로 농업의 기반조성과 기계화·품종개량·시비관개개선 및 수확 후 관리 등에 여력을 다 바쳤으며, 대신에 군비유지·증진을 위한 노력은 생각할 수도 없었다. 이런 노력의 모두가 하루아침에 독일의 침공으로 무너져 내린 것이었다. 참으로 가슴 아픈 역사가 아닐 수 없었다. 독일을 제외한 어느 곳이든 기근의 공포가 드리우게 되었다.

"굶주림"이란 것이 무엇이던가? 런던의 『Nation』지에 실렸던 로렌스 비니언의 시 한 부분을 보자.

> ……
> 사람들은 나를 보지 못한다. 그저 서로의 얼굴을 마주 보고도 나의 존재를 알아챌 뿐이다.
> 나의 침묵은 조수의 침묵처럼
> 아이들이 뛰놀던 놀이터를 소리 없이 잠재운다.
> ……
> 나는 군대보다 더 강하고
> 대포보다 더 무섭다.
> 왕후장상은 쉼 없이 명령을 내리지만 나는 누구에게도 명령하지 않는다.
> 그러나 사람들은 어느 누구보다 나의 말에 귀를 기울인다.
> 나는 맹세를 헛되게 부수고 모든 위업을 잿더미로 되돌린다.
> 오직 벌거벗은 것들만 나를 알아챌 수 있다.
> 나는 살아 있는 모든 생명이 최초에, 그리고 최후에 느끼는 것
> 바로 배고픔이다.

나치는 이런 기본적인 생리를 전쟁의 무기로 잘도 이용하였다. 마치 독가스와 폭탄으로 인명을 유린하고 위협하듯이 언제 어디에서나 "굶주림의 고통"을 만들어 적용하는 최고의 마술사요 기술자였다. 굶주림은 곧 살상무기였던 것이며, 나치는 그 효과를 미사일 탄도처럼 정확히 계산하여 날릴 수 있었던 것이다. 오직 나치를 위하여 식량은 있었고, 이 법은 자국뿐만 아니라 정복된 나라와 그 국민들에게도 한결같이 적용되는 철칙이었다. 이는 곧 기근협정이었다.

어느 곳이든 통치가 되는 곳에서는 모든 먹을거리가 생산과 더불어 일단 몰수되고 배급이라는 카드로 주어지는데, 배급은 나치의 입맛대로 조정되는

것이었다. 애당초부터 모든 사람들은 이 세상의 주인이 되어 통치할 계층, 2등 국민이 되어 일등 국민을 위해 존재할 계층, 그리고 아예 사라져 없어져야 할 계층으로 분별·처리되도록 계획되어 있었고, 이 조정을 먹을거리의 배급으로 이루려는 것이었다.

유대인의 세계에서 가까웠던 남동부 유럽에서는 이 철칙이 악랄하게 지켜졌던 것으로서 이네들의 진술에 따르면 인공기근법이 융단폭격보다 잔인한 것이었다고 한다.

배고프면 누구나 광기를 불러일으킨다. 사회학자 소로킨이 말했듯이 "기근이 닥치면 개인이나 사회는 계승되던 모든 윤리의식의 연결고리를 끊어 버린다"는 것이었다.

쌀나라 동방의 먹을거리

오늘날 세계 쌀농사의 주역으로서, 쌀의 대부분을 생산하고 소비하는 동양의 쌀나라들이라 하더라도 오랜 옛날에는 쌀농사보다 기장·조·보리를 중심으로 하는 잡곡 농사를 주로 하였고 먹을거리로 삼아서 살아왔다. 잡곡은 물이 부족하고 척박한 토양에서 잘 자라 주었기 때문이었다. 동양의 농사는 그 원조가 건조지농 또는 한지농(旱地農)이었다.

그러나 그때는 치산치수의 기술이 모자랐기 때문이라지만, 원천적으로는 습한 풍토와 여름철의 무더운 날씨가 이어지는 이들 몬순기후는 벼를 키우기에 천혜적인 곳이었다.

한 나라를 통치하는 군왕의 첫 번째 사명은 치산치수를 하여 물의 혜택을 이용하는 쌀농사를 원만히 하도록 통치하고 백성을 배불리 먹이는 데 있었다. 저수지를 곳곳에 만들고, 빗물을 금쪽같이 여겨서 한 톨의 쌀이라도 더 건질 수 있도록 농민을 독려하며 하늘에 풍년을 비는 신앙을 지켜 왔다.

쌀은 "신앙"이었고, "삶"이었으며 "목숨" 그 자체였고 "모든 힘"이었다. 일본계 미국의 민속학자인 에미꼬 오누끼 티어니(Emiko Ohnuki Tierney)는 그의 저서에서 일본인의 역사적 정체성을 밝히기 위하여 "쌀은 일본인 자신(自身)"이라고 표현하기도 하였다. 이 세상 어느 곳이라도 기후와 토양이 주식량인 먹을거리를 결정하고 주식은 곧 사람을 만든다.

서방의 문화와 밀 제국인 미국의 영향력이 아무리 침투하려 들어도 쌀나라 동양의 먹을거리인 쌀을 무너뜨리거나 밀어내지는 못한다. 양식집(Western restaurant)에 가서 고기를 썬다고 하더라도 곁들여 먹는 "밥"은 밀로 만든 빵이 아니라 쌀로 지은 밥(Rice)이며, 소고기로 치더라도 한우(韓牛: 한국)거나 화우(和牛: 일본)라야 품질이 인정되어 비싼 돈을 치러 준다.

먹을거리에 대한 축제는 동서양을 막론하고 지나칠 만큼 다양하지만 쌀에 대한 축제에서는 피를 뿌리는 잔인함도 절대성도 없이 쌀로 지은 밥과 떡, 그리고 술을 선조에게 감사한 다음 모두가 모여서 함께 나누며 즐기는 게 고작이다. 쌀에는 신토불이(身土不二)의 정신이 깃들어 있어서, 수신제가 치국평천하(修身齊家治國平天下)의 윤리도덕적 수순을 함께하며, 그래서 쌀만은 물이나 공기처럼 어느 특정한 사람들만 독점할 수 있는 권력이나 재력 또는 명예도 아니다. 그래서 함께 나누는 대상이며 진리이다.

독일의 히틀러가 먹을거리 배급의 질과 양으로 인류를 3등분하여 그들의 계급과 기능 및 운명을 재조정하려 했던 것이 천벌을 받아 마땅할 수밖에 없었던 이유가 곧 동양의 쌀나라에서 더욱 명백해진 것이며, 소련의 스탈린이 집단농장을 만들어서 먹을거리를 양산하려 했지만 땀 흘려 일한 만큼씩만 배급되는 원칙이 일을 제대로 하기 힘든 사람에게는 지켜지기 어려운 노릇이었다.

특히 원시종족의 미르(Mir: 공동체 생활집단)에게 통용되지 못했던 이유도, 결국 인간은 천부인권으로 먹을거리를 공유하도록 태어나는 때문이었다.

뿐만이 아니다. 밀의 제국이 아무리 강력한 힘(무력이든 권력이든, 또는 재력이든 상술이든 간에)이나 과학적·종교적·문화적·합리적 사유를 앞세워 설득을 하더라도 밀보다는 쌀이 원천적으로 우수하고 탁월하며, 특히 몬순기 후대의 나라들에서는 천혜적이다.

위도를 가릴 것도 없이 적도부터 북위 40도를 넘는 만주까지 잘도 자란다. 물만 있으면 품도 들지 않고 자라며, 토양의 수탈이나 연작의 장해도 없다. 1 헥타르 땅에서 5~6톤의 알곡을 내는 작물이 벼 이외에 또 무엇이 있겠는가?

더욱이 쌀은 타작하여 도정하면 그뿐으로 물 붓고 가열하는 것만으로도 원래의 모양에 어떤 변형도 없이 이슬알 같고 진주알 같은 탐스런 먹을거리·음식(밥)이 된다. 밀처럼 탈곡한 뒤에도 번거롭게 가루로 만들고 반죽하여 효모로 부풀리며 오븐에 쪄내는 따위의 절차가 필요조차 없다. 그래서 쌀은 좁은 땅으로도 끔찍하게 조밀한 밀도의 인구를 넉넉히 행복하게 부양한다.

무슨 까닭으로 쌀이 밀에게 자리를 내어주고 뒷자리로 밀려나야 한다는 말인가? 쌀밥은 물 말아서 된장에 풋고추 하나를 찍어 먹어도 그만이고, 또는 김치·된장에 나물을 곁들여 먹어도 그만이며, 쌀밥에 고깃국 한 그릇으로라면 금상첨화의 영양원이 되고 밥 먹는 맛을 즐기며 행복을 느낄 수가 있다.

그러나 밀가루 빵은 별다른 반찬 없이도 행복하게 먹을 수가 있던가? 소위 "눈물 젖은 빵"이라면 또 모르겠지만…….

덧붙이건대, 쌀농사는 쌀뿐만 아니라 볏짚을 이용하여 온갖 생활용품을 만들어 쓰는 문화를 동반하고 있다. 지붕을 이는 것부터 모자·신발과 농사용 그릇이나 멍석을 만들고, 가마니나 새끼줄을 만들어 쓴다. 이들 용구에는 신토불이의 따스함과 온정, 그리고 삶의 정체성과 사랑이 깃들어 있다. 밀짚이라면 감히 엄두도 못 낼 볏짚의 탁월성이 거기에 있다.

"진리"라 한다면 언제 어디서나 진리이어야 하고 그 빛이 살아 움직여야 한다. 천혜로 베풀어지는 먹을거리라면 넉넉히 그런 것이어야 한다. 어느 한 부분, 어느 한 조각도 훌륭한 쓰임새를 지니고 있어서 모든 이들에게 그 사랑을 나누는 벼[화(禾)]와 같은 것이 아니겠는가? 이것저것 분별력도 없이 한

귀퉁이 서양물을 먼저 마신 철부지들이 쌀을 업신여기고 밀을 숭상하던 개화기 한 철의 이야기가 우리에게는 있었던 것이다. 이 점은 우리나 중국·일본이 모두 마찬가지일 것이다.

이미 많은 보도를 통하여 알려지는 사실이지만 중국에서는 옥수수와 밀의 자리를 쌀이 대체해 가고 있으며, 서양의 많은 사람들은 서서히 쌀밥과 두부, 그리고 일본의 "스시"나 한국의 김치와 비빔밥에 젖어들고 있다는 것이다.

동양인의 온순성과 인정, 그리고 인내심이나 탁월한 두뇌력이 쌀밥과 무관하지 않은 것으로 알려지면서, 진심 어린 서양의 지식인들은 동양의 먹을거리에 시선을 돌리고 있다고도 한다.

아무리 풍성한 진수성찬으로 잔칫상을 받아도 한 공기의 쌀밥으로 곡기(穀氣)를 곁들여 먹고서야 식사에 종지부를 찍는 우리네 식습관이 또한 우리네 천부적·전통적 식사절차인 점을 되돌아보면 분명 쌀나라 동양의 우리는 곧 쌀이며, 그 쌀이 곧 우리임에 틀림없다.

좀더 나아가서는, 우리 가운데 혹자는 사정이 다를 수 있더라도 우리 대부분은 외국으로의 수출을 위한다거나 세계적인 패권을 목표로 하여 쌀농사를 짓지 않는다. 쌀은 함께 나누는 대상이며 내 가족의 먹을거리거나 고작 우리 사회의 식구 부양을 위한 것이 고작이다. 쌀 개방을 반대하는 까닭이 이러한 쌀의 순수기능을 훼손하지 말자는 것 이외에 무엇이겠는가?

그 밖에도 동양과 같은 나라의 기후풍토 속에서는 벼농사야말로 선택의 여지가 없는 필연의 생업으로 존재한다. 벼농사가 가지는 농업 외적 가치와 그 필연성이 쌀 생산 그 자체의 경제적 가치보다 서너 배나 더 크다는 점이다. 흔히 여름철에 집중되는 홍수의 방지기능, 토양침식의 방지와 보전기능, 그리고 대기의 정화기능만으로도 그 가치의 평가액은 돈으로 환산할 수 없는 천문학적 크기이며, 그럼에도 불구하고 이들 기능은 경제적 환산을 필요로 하지 않는 절체절명이고 필연인 기능이라는 점이다.

그러나 밀의 제국에서는 대서양을 통한 유럽으로 손을 뻗어 억만장자의 꿈을 실현하더니, 그다음으로는 태평양을 횡단하여 쌀나라 동양으로 눈길을 돌렸다.

1867년 1월 1일, 샌프란시스코 항에서 밀을 가득 실은 상선 콜로라도 호를 띄웠던 것이다. 상하이로 가는 증기선은 위풍당당하고 자신에 가득 찬 진군을 시작했던 것이다. 네 명의 밀 재벌이었던 마크 홉킨스, 찰스 크로커, 릴랜드 스탠포드와 이들의 대표격인 콜린스 헌팅턴의 꿈이었다.

동양에서의 높은 밀 가격에 흥분하여 유럽에서의 이득을 단숨에 보상받아 하루아침에 왕자로 뛰어 오르겠다는 야심이었다. 오늘날, 쌀값이 높은 우리네 땅에서 괄목할 만한 이득을 단숨에 건지려드는 양태와 하나도 다를 게 없는 생각이었고 전략이었다.

그럼에도 불구하고 선천적으로 장사꾼이었던 중국 상인들은 미국의 산적한 밀을 거들떠보지도 않고 평가절하를 시켰던 것이다.

"우리 사람들은 언제라도 쌀을 먹는 세월로 돌아갈 수밖에 없도록 되어 있다"는 중국스러운 온화한 대꾸였고, 그때 그 자리에서 중국의 밀값은 땅속 깊은 나락으로 곤두박질쳐 떨어졌던 것이다. "추락하는 것은 날개가 있다!"고 하였다던가……?

미국의 거상들은 상하이의 하늘에서 절망의 토네이도 바람이 소용돌이치는 걸 보았을 것이며, 요즘의 웬만한 장사꾼이었다면 상하이 항구의 바다에 몸을 던졌을 것이다. 그러나 인내하며 그네들은 장사꾼답게 토지와 기후·풍토라는 하늘의 진리보다는 뻗어 나가는 아메리카의 부(富)와 그 힘을 믿고 전략을 바꾸기로 하였다. "중국사람을 길들이자! 이네들의 식습관과 문화가치의 척도를 서양화시켜서 야금야금 먹을거리를 바꾸어 주자!"는 결심이었다.

중국인들은 엄청난 숫자가 미국의 캘리포니아가 있는 서부로 이민하여 갖은 노동에 시달리면서 철도를 놓고, 금문교 다리를 놓거나 후버댐을 건설하면서 미국땅에 정착을 하였다. 미국의 서부는 밀밭으로 "황금의 땅"을 실현시킨 본 고장이다 보니 빵을 먹는 일로 식생활은 바뀔 수밖에 없었다. 땅과 기후·풍토가 곧 사람을 만든다고 하지 않았던가?

그러나 중국인은 특히 살 때는 어느 곳에라도 가서 정착하여 인내심 있는 성공을 이루지만 죽게 되면 기를 쓰고 중국의 고국으로 귀향하여 묻히는 철칙이 적용되었다. 미국으로 이민 오고, 미국에서 태어나는 중국인의 숫자만큼 죽어 귀향하는 중국인의 숫자는 늘었으며, 밀에 길들여진 이들 중국인의 귀향길에는 성공의 상징이라도 되듯이 창고를 가득 채울 밀이 함께 실려서 중국의 고향땅에 쌓여졌다.

우리네도 어렵던 시절에 그러했듯이, 미국에서 가장 비천하고 어려운 생활을 하더라도 고국에 오면 마치 천국에서 부러움 없이 사는 성공한 사람의 표상이 되어 거드름을 피우기 때문에 모두가 선망하고 줄 대어 도움을 청하기까지 하지 않았던가? 미국의 똥은 고국의 황금이라도 되듯이 말이다.

미국 장사꾼들의 전략은 오랜 세월을 두고 결국 성사의 보루에 올라 미국은 중국에 대한 밀의 수출국가가 되었다.

물론 미국의 장사꾼만 그런 것은 아니었다. 인도에서 밀을 대량 생산하던 영국의 장사꾼이나 미국의 지혜(?)를 가장 빨리 적극적으로 모방했던 호주도 이들에게서 뺄 수 없는 "밀 장사꾼"의 대표격 선수였던 것이다.

일본의 경우는, 서양사람들이 도무지 이해할 수 없다는 "쌀을 맹신하는 신봉국가"였고 불가사의한 "쌀의 정책" 국가였지만, 미국의 산업문명을 재빨리 소화하고 모방하여 상품화해내는 과정에서 밀의 수입은 불가피한 것이었다. 그러나 불가피한 입장보다는 자체 안에서 서양문명을 솔선하는 지식인이나 문화인 그룹에 의하여 밀 수입이 선도되었다고도 해석할 수가 있다.

하루 세 끼 가운데 적어도 점심 한 끼는 면(국수: noodle)을 먹는데, 이들 면은 우동이거나 라면, 또는 메밀면이었으니 밀의 수입량이 증가하던 상황을 날마다 줄어들고 있는 쌀 소비량의 면모로 해석하면 어떠했겠는가?

우리에게도 이런 비슷한 사정은 "빗나간 과거의 눈물"이 되어 쓴 웃음을 짓게 한다. 그, 첫째는 전란으로 먹을거리 생산 체계가 파괴되었던 6·25 사변과 그 이후 PL-480이라는 원조계획에 의하여 밀가루와 면화가 쏟아져 들어 왔고, 우리네 따뜻하고 배부른 행복은 여기에 의지하였다. 우리나라의 밀과 면화 생산이 끊어졌던 것도 바로 그런 인연의 끈에 발본한 것이었다.

엎친 데 덮친 격으로 물밀 듯 미국으로 몰려가 유학의 길을 열고, 박사학위를 받거나 한 가닥 성공의 끈을 쥐고 귀국한 이들에게는 애초부터 미국식으로 사는 것만이 사람답고 보람차며 합리적으로 사는 인생이었던 것이다. 빨리 불합리하고 낡은 생활을 벗어나서 문화와 문명의 그늘에 드리워 살아야 한다고 이구동성으로 외쳐댔으며, 몸소 실천의 길에 들어가 국민을 잡아끌었다.

더욱이 한심스러운 일은, "우리의 잘못된 식생활을 개선하여 가급적 분식(粉食: 밀가루 주제의 식단)을 해야 건강도 찾고 나라도 찾는다"는 주장이었다. 우리 국민은 원래 "얇은 냄비 같아서 조금만 가열해도 냄비물이 요란한 소리를 내며 잘 끓는 민족"이라 했던가? 여하튼 "분식"이라는 깃대를 보고 모두가 이끌려 가며 오랜 세월을 살았다.

그래서였는지 원조가 끊어졌던 1960년대 어느 해에는 세계 2위(은메달 감)의 쌀 수입국으로 전락했던 때가 있었으며, 식량자급의 문제는 공산당의 문제보다 더 시급하고 절명한 것이기도 하였다.

참으로 어처구니가 없는 역사였다. 아프고, 부끄럽고, 돼먹지 않았던 우리네 모습이었다.

참으로 그러한 것이었는가?

등 따뜻하고 배부른 삶

세상에 가장 비참하고 외로우며 고통스런 삶이나 신세를 표현하는 말은 "춥고 배고프다"는 것이다. 만족도 감사도 없고 능력도 힘도 없는 처지의 불행을 의미하는 말이다. 이에 견주어 반대의 개념, 즉 만족하고 감사하며, 자신도 있고 힘도 있는 삶이나 신세라면 응당 "등 따뜻하고 배부르다"는 말로 표

그림 10. Sennedieu 묘 장조주의 계곡·잘루들(이집트 천국)의 밀경작·파종·수확 모습

현될 수밖에 없다. 이는 축복받은 삶의 단적인 표현일 수 있다.

새로운 밀레니엄으로 시간의 자리를 옮겨 생각을 정리해 보면, 우선은 한때 유럽의 젖줄이었던 소련이 결국은 먹을거리문제를 자국의 힘으로 해결하지 못하고 연방을 해체한 사건으로 전 세기 역사상 새로운 또 하나의 먹을거리 전쟁의 사례를 만들며 나랏일의 종지부를 찍었다는 아이러니가 생각난다.

이러한 사례는 제2차 대전이 종식될 때부터 이미 약정되고 있었는지 모르겠다. 제2차 대전이 끝나자 먹을거리의 원조가 없이는 죽을 수밖에 없던 목숨이 대략 4억을 헤아렸다고 한다.

그 당시에 중국도 소련도 자급하지를 못하는 형편이었지만, 중국은 "쌀"과 "옥수수"로, 그리고 소련은 위대한 식물학자와 농학자들의 지혜를 빌어 시베리아와 극지방까지 밀을 생산할 수 있게 변모를 거듭하였다. 동토의 툰드라 지대에서도 밀을 생산케 되어 세상을 놀라게 하였던 것이다. 그러나 오랜 전란과 내·외란의 영향으로 한 차례 초토화가 되었던 서부의 옥토는 좀처럼 회복시킬 수 없어서, 언제나 밀을 구걸하기 위하여 미국에 손을 내밀어야 했다.

어떻게 보면, 유럽이나 아시아의 수많은 나라들은 먹을거리를 탐하는 마음으로 끊임없는 전쟁을 일으켰고, 전쟁이란 전쟁은 어느 것 하나 빼어 놓지 않고 농토와 농촌, 그리고 농민을 초토화시키며, 그렇게 6000년의 세월을 살아왔던 것이다.

농경지는 전쟁터로, 농기구나 기계는 총과 칼·대포로, 그리고 농민은 병사로 뒤바뀌어 "제 닭 잡아먹기"를 한 것이었다. 모든 공장들은 비료와 농자재를 제조했어야 하지만 우선 급한 마음은 언제나 총탄을 만드는 군수산업으로 임무를 바꾸었던 것이다.

전쟁이 망가뜨리는 먹을거리 터전의 결손은 결국 미국의 몫이었으며, 밀과 옥수수로 내놓을 수밖에 없었다. 미국은 한 번도 외침의 전쟁으로 파멸된 경험이 없었고, 역사적으로 기근이라는 상황을 체험조차 해 보지 않았던 때문이었다.

뿐만이 아니다. 미국은 이렇게 엄청난 세계의 짐을 지는 대신에 모든 세계의 질서와 가치관, 그리고 삶의 방식까지도 미국의 입맛에 맞도록 바꾸어 갈 수 있는 절호의 찬스를 맞는 것이었고, 그 이득은 역사적으로 평가가 어려울 만큼 큰 것이었다.

미국의 임무는, 농업이란 것을 그 어떤 군수산업보다 소중하고 귀한 필연의 생업이라는 진리를 이 땅에 세워서 이른바, "이 땅에 먹을거리 평화를 구축하는 것"이었어야 했다. 그러나 미국은 "아메리카의 영원한 보장을 위한 신먼로주의를 선언하고 또한 먹을거리 패권의 이득을 보장받으려는 야심으로 "먹을거리 평화"가 아닌 "핵우산"을 펼쳐든 것이었다. 이데올로기를 들추며 미국과 소련의 양대 블록이 가지는 차이와 관계성을 설명하려 들지만 한낱 공염불에 지나지 않는 것이었다.

미국은 소련이 언감생심, 미국에 맞서려는 핵무기화나 우주전쟁의 준비를 허용하지 않았다. 누군가 말했듯이, "전쟁은 총성 한 방으로 시작되지만 마지막 숨소리는 먹을거리의 환상과 침묵으로 끝난다"고 한다. 소비에트 연방은 그 큰 몸집을 먹을거리가 요리되는 부엌의 칼도마에 올려 도륙되고 먹이별로 해체된 것이었다.

이제 우리의 관심 범위 안에서는 김일성의 바통을 이어받은 김정일의 정권과 북한의 동포를 떠올려야 한다.

필자는 그럭저럭 만주 지역을 서너 차례나 여행하며 그곳의 농사를 돌아볼 수 있었다. 북경을 경유하며 하얼빈으로 날아가는 비행기에서 목격되는 무제한의 옥수수밭, 그리고 버스를 달려 봉천과 길림으로 가면서 차창으로 들어오는 콩밭과 논들은 어디에 나무랄 것이 없는 풍년이었다. 기계화가 안 되어 있어서 일일이 농민들의 손으로 이 잡듯이 농사를 하는 탓인지 병 하나도 걸린 포기를 찾기 힘들었다. 저네들 설명에 따르더라도 최근에는 매년 풍년이어서 생산력이 높아지고 있다는 것이었다.

우리네 땅에도 매년 걱정거리 재해를 한두 차례씩은 치르고 넘기지만 풍년들지 않던 해가 없을 지경이다. 지금은 과잉생산에 의한 비축물량 초과와 창고확장에 난색을 표하는 입장에 이른 것이다.

그러나 우리들 머리맡의 북한 땅은 매년 만성적인 흉년의 그늘을 벗어나지 못하고 있어서 국제적인 먹을거리 동냥아치가 되었다. 땅으로 보아도 우리(남한)부터 북한을 경유하여 만주까지 연결이 되어 있으니 하늘의 천기나 또 다른 농업의 풍토가 연결되어 있는 현실이다. 하늘이 아무리 차별대우를 하고 싶더라도 북한의 땅만을 농사가 안 되도록 훼방할 수는 없으며, 또 그럴 까닭도 없는 노릇이다.

농사지을 기계와 비료·농약 따위의 자재가 모자란 탓이라면 만주 땅과 차이가 없어야 한다. 물론 어느 정도까지는 이해가 될 수 있는 터이지만, 북한은 김씨네 세습의 독재권 국가이니 먹을거리를 낭비하거나 사치를 앞세우지 않았을 것이고, 따라서 절약하는 수준의 생산력만으로도 저렇게는 굶주리지 않을 수 있어야 할 것이다. 농산물을 수출하는 땅도 아니니 토양을 과도하게 수탈하여 죽은 목숨을 만들었을 리가 만무하다. 무슨 탓이었을까?

농사를 거들떠보지 않고, 백성들의 굶주림을 외면한 채 일구월심으로 총력을 기울여 핵개발과 군사력 확장에만 쏟아부었던 탓일까? 그래서 농업의 기반조성이 전혀 되어 있지도 않은 터에 농자재도 부족하고 생산의욕도 부족하여 저 꼴이 되고 만 것일까?

필자가 봄철을 골라 세 번째의 금강산 여행길에 올랐던 적이 있다. 마침 해금강 쪽으로 여행하는 코스가 허락되어서 몇 사람만 작은 미니버스에 올라 논틀밭틀을 헤집고 달려가 해금강을 볼 수 있었다. 이미 두 차례나 산행을 하였던 터라서 금강산 자체 보다는 농민들이 실제로 살고 있는 촌락의 모습에 더욱 관심이 끌렸다.

남쪽에서는 이미 모내기가 한창인 때였는데 그곳의 논에는 모내기하는 모습을 볼 수 없었다. 거무스레한 복장의 남녀가 십여 명씩 논둑에 앉아 있다가 버스가 가까워 오자 황급히 삽들을 들고 논 가운데로 뛰어가는 모습이었다. 논인데도 물기가 없이 바람에 먼지만 폴싹이는 정경이었다.

주민이 거처하는 집 언저리에도 농가다운 물건들(예를 들어 농기구나 헛간 따위)이 눈에 띄지 않았다. 이런저런 사정을 누구에게 물어볼 수도 없었다. 북한의 모든 농가나 농촌이 이러한 모습인지 알 길도 없었다. 다만 안내원의 설명으로는 이곳이 다른 어떤 곳보다 우선적으로 지원의 혜택을 받는 특구 가운데 하나라서 살기가 좋은 곳이라는 것이었다.

도대체 어찌된 영문을 알 길이 없었다. 중세의 망령이 이곳에 옮겨 와서 뒤늦은 행패라도 부리고 있는 것일까? 또는 아직도 나폴레옹이나 히틀러 같은 세기적 망나니를 존경하며 그네들의 철부지 야망을 다시 한 번 시도하려는 통치자가 있는 때문일까? 또는 수탈밖에 모르던 로마 제국의 무지한 농경지 통치가 되살아난 탓일까?

근대의 농업토양학자였던 리비히가 한 말을 되새겨 보자. 처음에는 인간의 때가 묻지 않은 처녀지를 찾아다니며 단물만 빼먹는 농사를 짓다가 더 이상의 처녀지가 없으면 기경지에서 휴경법칙을 지키며 농사를 짓고, 다음에는 검은 땅(심토)을 이용하는 목초지로 전환하며 이것도 더 이상 유지하지 못하면 토지를 살해하고 농사를 끝낸다. 그다음은 토지의 살해를 뒤이어 인간의 살해가 시작된다는 것이었다. 설 자리를 잃은 사람의 다음 거취는 도둑·강도·살인자가 되거나 집단을 지어서 멀리 이주해야 하며 그것도 아니면 새로운 정복자가 될밖에 다른 도리가 없다는 리비히의 경고로서 이를 "역사의 법칙"이라 하였다.

하인리히 야곱(1889~1967)은 『빵의 역사(Six Thousand Years of Bread)』를 저술한 속에서 "토지를 수탈하는 경작방식은 로마 제국에서 스페인에 이르기까지 모든 위대한 제국들을 멸망시킨 주원인이었다. 이와 동일한 자연법칙이 국가의 흥망성쇠에도 작용한다. 토지가 비옥함을 잃는 것은 바로 국가의 쇠락을 의미한다. 문화도 따라서 내리막길을 걷는다. 농부가 사람을 더 이상 먹여 살리지 못하는 토지를 떠나듯이 국가의 문화와 도덕도 토지의 조건에 따라 움직이고 변화한다. 국가는 국토의 비옥함에 비례하여 성장하고 번영한다. 토지의 생명력이 소진되면 문화와 도덕도 사라진다"고 그는 철학을 피력하였다.

핵문제를 둘러싸고 벌이는 6자회담에 앉아 김정일 정권은 끝도 없는 투정을 부리고, 우리는 햇볕정책으로 그네들의 등을 토닥이며 달래고 있다. 북한은 언제까지 철부지 어린애로 떼쓰기를 할 것인가?

마지막으로 우리의 먹을거리 신변을 둘러보는 것으로 이야기를 끝내고 싶다. 서울의 국회의사당 앞 광장과 청와대 길목인 광화문 네거리로 자리를 바꾸어 가며 쌀협상비준을 저지하려던 농민들의 실력행사(시위)가 벌어져서 온 나라가 뒤숭숭한 지경이다.

그림 11. 탈출구가 보이지 않는 갇혀버린 삶

맥없이 명령에 살아야 하는 경찰만 시위를 저지하느라 고생이며 그 희생이 안타깝다. 농민이 노리는 계층은 경찰이 아니잖은가?

WTO의 규정으로 보아 쌀시장을 전면개방하게 되면 몇 배로 싼 외국의 쌀값에 밀려서 우리 쌀은 처분할 방도를 잃게 된다. 뻔한 일이다. 이럴 수가 없어서 우리 정부는 10년간의 쌀시장 개방을 막고 관세화를 유예화시켜 한숨을 돌리자는 것이다.

또 WTO 규정상 보조금이 제한되니 생산량의 30%를 수매하던 쌀을 15%로 부득이 줄일 수밖에 없으니, 3,000평 농사짓는 데 대하여 156만 원의 직불금을 정부가 지급해 준다는 약속이다. 즉, 산지 쌀값이 17만 원(80kg당)보다 모자라면 차액의 85%를 보전해 준다는 대책을 내고 있다.

그러나 농민들은 어떤 대안도 조잡하여 싫고, 실질적인 대안이 안 되는 터이니 우선 국회비준부터 막고 보자는 주장이다. 농민들이 우려하는 것은 현실적이지 못한 대안 속에서 쌀농가는 머잖아 공멸할 수밖에 없으리라는 절망에 있는 것이다. 10년의 유예기간에 이들 비현실적인 보조금을 받아 가며, 과연 외국의 쌀들과 경쟁하여 살아남고 우리나라 쌀시장의 주인 노릇을 지켜낼 수 있겠는가를 비관하는 터이다.

그동안의 유예기간 동안에 과연 정부는 무슨 대책을 세워서 농민들에게 희망적인 쌀농사를 믿고 따르게 했던가? 쌀도 시장경제에 맡겨야 한다는 경제인들의 생각으로 재무장을 하였던가? 농민들의 탈출구가 친환경농산물 생산이었다는 말인가?

그렇지 않아도 국제시장에서 비싼 생산가 때문에 경쟁력을 잃어 가고 있는데, 친환경 농법과 고품질 농법은 더욱 힘들고, 고통스러운 농사기술을 적용해야 하니 어찌 경쟁력이 더욱 떨어지지 않겠는가? 더구나 친환경쌀은 생산해 놓아도 비싼 값은커녕 판매조차 하기가 힘들어 창고에 쌓이는 실정이다. 이게 해법이란 말인가?

1970년에 중남미와 아시아·아프리카의 밀생산력을 높여서 농업을 통한 최초의 노벨평화상을 받았던 Norman E. Borlaug(1914~)의 가르침을 하나 제기해 보자.

"운명이란 불러들이거나 찾는 사람의 것"인 모양이다. 생리학자였던 그 영감님은 단간·다수·내병성 밀 품종을 육종하여 멕시코·인도·파키스탄과 아프리카의 가나·나이지리아·수단·탄자니아와 같은 수많은 나라에 기아문제를 근원적으로 벗어날 수 있는 계기를 제공하였고, 농학을 통한 노벨평화상을 받게 되었던 일이 곧 그의 운명이었고, 녹색혁명의 그늘에 머물고 있는 세계 인류의 운명이었으니 말이다.

그러나 그 영감님의 빛나는 공헌은 결코 "평화"를 가져오기는커녕 더욱 심한 자연환경론자나 곡물상업주의자, 또는 정략가들에 의한 비아냥거림을 격증시켰고, "자연의 섭리를 농락"했다는 비난을 거세게 받았으며, 이를 빌미로 하여 돈 많은 나라나 재벌들이 일정량씩 지원하던 기아지역 원조마저 끊어지고, 또한 혜택을 받은 나라의 일부 정치·정략가와 곡물상인들은 증가된 곡물을 비싼 가격으로 수출하여 돈을 챙기게 되었으니 말이다.

그러나 그의 원초적인 의도와 생각은,

첫째, 먹을거리는 만사(생존력)의 시작으로서 행운과 불운의 연결고리 역할을 한다는 것이고,

둘째, 먹을거리는 전환의 원동력으로서 절망을 희망으로, 비관을 낙관으로 바꾸는 힘이 되며,

셋째, 먹을거리는 만사 문제의 시발점인 인구증가를 해소하는 열쇠라는 데 있었던 것이다.

그러나 그 모든 것은 공염불이고 탁상공론이었으며 노벨평화상을 주어야 할 성격의 업적이 아니었다는 결론에 이르렀다. 평화보다는 다툼과 비열한 치부, 또는 경쟁과 핑계거리를 제공하여 사태를 결코 긍정적으로 전환시키지 못하였으며, 오히려 인구는 더욱 증가하고 농촌의 젊은이가 도시로 빠져나가 빈둥거리는 여유로 곪아 가는 동안 농촌여성의 노동과 책무는 더욱 가중되었기 때문이다.

누군가 북한의 중요한 인물과 대담하면서 "남한의 벼농사를 벤치마킹하여 기술을 도입하면 짧은 기간에 굶주림의 문제와 상황을 벗어날 텐데, 왜 그러지 못하는가?"라 던졌던 질문에, "……돈이 없어서……!!"라는 대답뿐이었다고 한다.

"가난이 죄"라는 배경인식이 식량자급의 꿈과 그 선행적 역할에 대한 꿈을 깨뜨리는지도 모르겠다. Borlaug 영감님의 푸념처럼 "아프리카 아니라 그 어떤 곳에선들 가난과 굶주림이 도사리고 있는 한이라면 선진의 과학기술인들 무슨 소용이 되겠는가?"라고 한심스런 현실을 되뇔 수밖에 없는지도 모르겠다. 원천적인 죄를 묻자면 "부자와 가난뱅이, 가진 자와 없는 자, 뺏는 자와 빼앗기는 자, 웃는 자와 우는 자, 이긴 자와 진 자의 대칭관계 위에서 평화보다는 전쟁의 불씨가 되지만, 결국은 전쟁을 종식시키는 해결사의 존재가 곧 먹을거리인지도 모르겠다.

이 세상에서 생산되는 먹을거리는 전 인류가 생존하는 데 절대로 부족하지

않고, 오히려 잉여의 형태로 자연재해에 대항할 만큼 쌓이게 마련이다. 그러나 기아는 있고, 자연재해에 의한 가중된 고통이 있다.

전 인류의 큰 이상은 "먹을거리는 임자나 또는 매입이 예약된 인간계층이 따로 있다기보다 필요한 모두가 자연스럽게 함께 나누는 하늘로부터의 선물이라고 생각하고 바라며 희망하지만, 실제는 강력한 일부 힘에 의하여 고급품질의 사치스런 먹을거리로 축소·전환되어 소비되고, 무기화하여 주종관계의 서약을 전제로 베풀어지거나 또는 정치·경제적 가치인 돈으로 환전되지 않는다면, 결코 창고에서 썩혀 버리거나 태평양으로 끌고 가서 쓸어내 버릴지언정 그냥은 베풀 수 없는 그 무엇의 역할을 한다.

이것이 우리가 지금 분별하고 다시 생각을 가다듬어야 할 "먹을거리의 진상이고 현실"이다. 그리고 이것이 우리의 먹을거리를 보살펴야 할 이유이고 결론이며, 그래서 구구하게 먹을거리 생산의 요체인 농민·농촌·농사의 운명적인 모습을 그렸던 밀레의 "괭이든 사내"를 제목으로 하여 동서양의 역사적인 이야기를 거론하며 이 글을 끝내게 된 것이다.

<2005년 12월>

2. 일제 때 조선팔도의 식생활 재조명*

서언

식생활(食生活)이란 "먹는 행위" 그 자체를 일컫는 경우부터 "먹기 위한 행위"와 "먹기 때문에 이루어지는 행위"까지를 통틀어 일컫기도 한다. 현실적으로 생활, 즉 삶이란 "먹기 위하여 사는 것"도 있고 "삶을 위하여 먹는 삶"도 있다.[1] 따라서 식생활은 엄밀하게 정의하기는 어려운 단계적 개념이거나 가치관적 개념일 수밖에 없다. 결과적으로 "먹는 일 또는 직접적으로 먹는 자원·습관·문화에 관한 행위이거나 이들에 관계하는 직접적인 삶"을 뜻할 수 있다.[2]

그러나 이와 같은 식생활은 성(性)생활이나 신체보전을 위한 생활과 함께 3대 본능적 행위의 하나이며, 인류뿐만 아닌 다른 동물 모두의 생활이고 본능인 점에서는 차이가 없지만, 적어도 사람의 삶이라 한다면 동물과 차별화가 이루

---

* 본고는 2009년 한국농업사학회와 농촌진흥청이 공동주최한 춘계심포지언에서 "일제강점기의 조선 8도 식생활(끼니)"라는 주제로 김미희·노경희와 공동으로 발표한 내용이다.

1) 이와 유사한 명언으로서, 중세의 이탈리아 Florence 주교였던 St. Antonio(1389~1459)는 "살기 위해서 벌고, 벌기 위해서 살지 말라(Earn to live do not live to earn)"고 했다.

2) 박준근·구자옥 등(2003), 제5장 식료(먹을거리)와 식생활 문화 『인류의 식량(Food for Man)』, 전남대학교 출판사.

어지는 사회·문화적 가치 추구 행위의 하나이어야 한다. 따라서 식생활이 인류의 한 생활임에 틀림없고, 식생활은 결코 정체되어 틀 잡힌 행위가 아니라 끊임없이 변화하고 진보하는 삶을 이룬다. 이른바, "살아남기 위한 식생활"에서 "문화적 삶과 가치 있는 식생활을 위하여 취식"하는 변화와 진보를 하게 된다.

우리네 생활 속에서 "食(밥 식, 음식 식, 먹을 식)"이란 글자가 널리 쓰이고 있다. 먹잇감·생산·유통·소비·저장·가공·조리·위생·영양·생태·문화·기호·생활사·심리 등의 넓은 범위 속에서 쓰인다. 따라서 엄밀한 뜻은 쓰임에 따라 조금씩 차이를 가지게 마련이다. 다만, 이 글에서는 "먹이 자체", 즉 "먹을거리"나 섭취의 대상 또는 영양소 보급재료를 뜻하도록 사용하였다. 또한, "식생활"은 "먹을거리에 의하여, 먹을거리를 위하여, 그리고 먹을거리에 관계하는 모든 생활행위"를 포괄하는 것으로 뜻하였다.

그러나, 실제에 있어서 식료(먹을거리) 또는 식량(양식)은 우리 인류가 섭취하는 모든 것을 포함하므로 대상이 모호하다. 따라서 좁은 의미를 적용하여 주로 주식(主食)이 되는 곡류나 서류 및 근채류를 뜻하는 경우가 많다. 또한, 먹을거리인 식품도 먹을거리 자원을 우리가 먹을 수 있는 형체로 가공된 것이 많다. 가공에 있어서는 주식량이 아닌 채소·과일·축산물·해산물 따위로 이루어진 것들이 많다.

더욱이, 식문화라고 하였을 경우에는 단순하게 먹을거리나 먹고 사는 일에 관련된 문화뿐만 아니라 먹을거리를 생산·취득·저장·유통하여 이를 위한 정치·경제·사회적 수순과 연계되는 모든 생활, 즉 농경과 관계되는 모든 문화를 포괄하는 사례가 많다. 따라서 구체적인 "食"의 정의는 쓰이는 경우를 분별하여 의미를 선택하는 것이 바람직할 것이다.

식생활(끼니)에 대한 인식

1) 중국의 경우

나라의 통치나 건국이념뿐만 아니라 한 사람의 삶도 농경생활에 근본을 두어야 한다는 농본사상이 진대(晉代) 제왕세기(帝王世紀)의 「격양가(擊壤歌)」에 나온다(李盛雨, 1978).[3]

> "해가 뜨면 들에 나와 일을 하고 해가 지면 집에 들어 잠을 잔다.
> 우물 파서 물마시고 밭을 갈아 밥 먹으니 제왕인들 무얼 나에 견주리."

이렇게 발원(發源) 계승한 일종의 농본사상(農本思想)은 백성(百姓)의 끼니 해결(解決)에까지도 적용되어 체계화(体系化)한다는 데 머물게 되었으며, 그 대표적인 사례(事例)는 「시경(詩經)」에 실린 관자(冠者)의 글에서도 쉽게 발견할 수가 있다.[4]

> "농부가 농사일을 게을리 하면 백성 가운데 굶주리는 사람이 있게 마련이고, 부녀자가 길쌈을 게을리 하면 백성 가운데 헐벗은 사람이 있게 마련이다(一農不耕民有饑者 一女不織民有寒者)."
> "곡간이 채워져야 비로소 예절을 알게 되고, 먹을거리와 옷가지가 넉넉해야 비로소 염치를 알게 된다(倉稟實知禮節 依食足知榮辱)."

2) 우리나라의 경우

우리나라도 국초(國初)부터 농본사상과 농본주의로 건국이념을 삼았으며 통치의 근원을 삼았음에 틀림이 없다. 삼국시대 이전에 기자(箕者)가 조선에 들어와 왕국을 차지함으로써 중국의 예의범절과 농사짓기 · 누에치기 · 베짜기를 백성들에게 가르쳤고, 고구려의 동명왕이 권농이념으로 나라를 세웠다는

---

3) 李盛雨(1978), 『고려(高麗) 이전(以前)의 한국식생활사연구(韓國食生活史研究)』, 향문사.
4) 박준근 · 구자옥자(2003), 제5장 식료(먹을거리)와 식생활 문화. 『인류의 식량(Food for Man)』, 전남대학교 출판사.

기록 (『한서(漢書), 지리지(地理誌)』) 있다.

『삼국사기』 가운데 오직 신라본기(新羅本記)만 천행으로 보존되었다가 고려조 인종 17(1145)년에 김부식에 의하여 나머지가 상술되었을 뿐으로, 백제와 고구려에 대한 기록은 당나라에 손상·훼손된 이후의 빈약한 기록일 뿐이다. 그럼에도 불구하고 농경에 힘썼던 각 왕들의 행사기록은 실로 충만하다. 각종 농작물이나 가축이 중국에 필적할 만큼 다양하게 생산되고 있었으며, 그 품질이 뛰어나다는 기록들이다. 뿐만 아니라, 농사와 관계되는 기상 여건이나 각종 생물적 재해에 대한 기록이 면밀하게 되어 있어서 군왕의 나라 통치에 치산치수와 함께 농경독려가 얼마나 큰 몫으로 다루어졌는가를 알 수 있다.

이상기후가 계속되면 역대 왕들은 기우제·기청제·기한제·기설제를 지내고 현지를 돌며 백성을 격려하거나 진휼(賑恤)5) 시책을 펴 왔다. 가을이면 나라마다 독특한 추수 감사제를 지내고 봄이면 사직제를 지내는 이 모든 행사가 근본적으로 통치이념을 농본사상에 두고 있었다는 의미일 것이다. 즉, 농경에 왕의 정신적·도의적 및 물질적 책임을 두고 있었던 것이다.6)

이러한 바탕 위에서 백성의 끼니문화와 연계시킨 한 특징을 살피면, 흉년기 구휼(救恤)을 위한 당시의 창고사정만으로도 농본주의의 한 단면을 볼 수 있다. 즉, "고려에는 많은 곡물창고가 있어서 특히, 대의창에는 3백만 석의 축적된 쌀이 있다(『고려도경』)"는 표현이 그것이다.7)

또한, 『증보문헌비고(增補文獻備考)』에 쓰인 조선조 정도전(鄭道傳)의 글에도 농사의 중요성은 나타나고 있다.8)

"농사는 매사의 근본으로서 왕이 친경(親耕)하는 것은 권농의 으뜸이다. 친히 적전경작(籍田耕作)의 시범을 보이면 백성들은 이르기를 왕과 같은 귀한 분이 농사를 하는데 천한 백성이 농사를 하지 않으랴 하면서 더욱 열심히 경

---

5) 흉년에 곤궁한 백성을 구원하여 도와주는 것을 의미한다.
6) 박준근·구자옥저(2003), 앞의 책.
7) 徐兢(1123), 『高麗圖經』.
8) 『증보문헌비고(增補文獻備考)』第150卷.

농하게 된다. 따라서 이는 권농의 으뜸이 된다."

즉 백성(百姓)들의 먹을거리(끼니) 문제를 해결하기 위한 제왕들의 치정(治政)과 친경의례(親耕儀禮)는 한결같이 백성들을 보육하는 농본(農本)에 있었고, 백성들이 이 뜻을 받들어 부지런히 농사짓고 거기에서 비롯하는 먹을거리로 아껴 끼니를 해결하는 것은 이른바 나라에 충성하고 왕의 뜻을 좇는 도타운 행위였던 것이다.

조선 8도 식생활(끼니) 실태 조사

1) 왜 조사를?

끼니를 해결하는 식생활은 그 자체로서 인간의 신체조성과 정신윤리의 근원이며 삶 자체를 대변한다. 따라서 "食"이라는 글자는 생산·유통·소비·저장·가공·조리·위생·영양·생태·문화·기호·생활사·심리 따위의 각 분야 용어에 머리로 붙어서 식생산·식소비·식생태·식문화·식생활사 따위로 쓰이게 된다. 또한 끼니란 먹을거리에 관계되는 모든 생활행위를 포괄적으로 뜻하게 된다.

따라서 한 세기 이전의 선조들이 영위하였던 식생활의 면모를 밝혀 알아야 하는 것은 당시의 모든 생활행위에 대한 역사적 발자취를 소상히 밝히는 일인 셈이다. 더구나 우리는 역사적으로 위로 제왕부터 아래로 백성에 이르도록 국가를 바로 세우고 충성하는 뜻으로 친경하고 다스리며 이에 따라 근면농사로 보답하고 근검함으로써 끼니를 해결하던 농본사상을 전통으로 지켜 왔었다. 그러나 뜻하지 않은 불운으로 일제강점기를 맞아 본의 아닌 식생활을 할 수밖에 없었던 터이다. 따라서 당시의 실정을 적나라하게 밝혀 알고 마음에 새겨야 하는 일은 오늘날 우리 후손들의 마음가짐에 무엇보다도 필요한 일이라 하겠다.

2) 그때의 식량사정은?

일제(日帝)는 자국(自國)의 미곡수급상(米穀需給上) 소비고(消費高)가 6,500
만 섬이었으나 생산고(生産高)는 고작 5,800만 섬에 불과하였으므로 부족분 700
만 섬을 매년 외지(外地)로부터 수입(輸入)해야 하는 처지에 있었다. 이를 해
결하기 위한 후보지가 우리나라였으므로 한국농가의 소득을 높인다는 명목으
로 대규모의 조선 산미증식계획을 수립하였다.9)

제1차 산미증식계획(1918~1926), 제2차 산미증식계획(1926~1933)을 제대
로 성사시키지 못한 채 1930년에 밀어닥쳤던 세계 농업공황의 여파로 1933
년에 이를 중지하고 제2차 세계 대전에 충당될 군량으로서의 쌀 증산 계획을
1940년부터 수행하였다. 이와 같은 세 차례의 산미증식계획을 통하여 일제는
자국의 부족식량을 해결할 뿐만 아니라 군량을 해결하려 하였다. 반면에 한국
내부적으로는 소비억제, 공출제도 강행 및 만주 등지의 값싼 잡곡류 수입 및
대체에 의하여 식량(끼니) 해결을 강행하였다.

미곡생산(米穀生産)이 1939년부터 급감(急減)하고 제1차 세계 대전의 조짐
이 싹트기 시작하자 비료공장은 화약제조공장으로 변하여 화학비료는 전무하
게 돼 생산은 급감하는 상태에서 미곡의 거래는 강력한 통제를 가하기 시작하
고 그 단초적 조치로서 공출제도를 실행하였으며 드디어 1943년에는 조선식량
관리령을 내려 양곡자유시장을 폐쇄하고 양곡배급제, 공출제를 더욱 강화하였
다. 이와 같은 강제공출에 의해 1941년에 1,126만 섬[萬石], 1942년 876만
섬, 1943년 1,195만 섬, 그리고 1944년에 935만 섬이 수집되어 대부분 일본
으로 반출되고 한국 내에는 극심한 식량난으로 만주산 비료용 대두박까지 식
용으로 배급하게 되었으며 초근목피로 연명하는 농민이 허다하게 되어 농민의
생산의욕의 감퇴는 물론 경지감소와 생산성 저하를 자초하게 되었다.10)

---

9) 일본 농림성 열대농업연구 센터(1976), 「旧朝鮮における日本の農業試験研究の成果」 (財)農林
　統計協會.

10) 이질현(1983), "농정(農政)의 변천(變遷)" 한국농업기술사 발간위원회: 754.

당시 일제하 우리나라의 주요 식량작물 생산 실태를 보면 다음과 같다.[11]

① 쌀(米穀)

쌀의 증산과 퇴조의 운명은 1920년대 후반부터 이미 예견되기 시작하였던 것으로 권업모범장의 장장이었던 오쿠(大工)[12]는 조선농업이 입지부터 환경·역사가 일본과 크게 다르며, 간만차가 있는 해안의 간척, 관개가 어려운 천수답, 비료해결이 어려웠던 수탈식 재래농법을 지적한 바 있고, 박영효도 일본식 농법적용의 문제점으로 "농업의 개량에 온고지신(溫故知新)이 필요"하다는 생각[13]을 피력하였으며, 오노(小野)는 "신노농주의(新老農主義)"의 필요성을 주장하기도 하였다.[14]

이러한 난맥상은 1930년대 이후로 서서히 나타나기 시작하였다. 즉 조선이 과잉생산이나 품질, 시비, 또는 쌀 이외의 주식물에 대하여 무관심한 정책 비판이 빗발치고 있었던 점으로 미루어 보아도 알 수 있다.[15][16][17] 특히 야마자키(山崎)는 조선의 식민농정에 정신적인 측면에서의 실책이 컸음을 지적함과 함께 교훈적인 비판을 하고 있었다.[18][19][20][21]

② 밀·보리(麥類)

일제강점기를 통하여 경작·수확되었던 맥류의 대종은 겉보리·밀·쌀보리

---

11) 구자옥(2008), "일제강점기의 농업생산 변화개관", 농업과학기술발달사(상), 『한국농업현대사』 6권, 농촌진흥청

12) 大工原銀太郎(1926), 『朝鮮農會報』 12-1: 22~28.

13) 朴泳孝(1928), 『朝鮮農會報』 2-1: 2~4.

14) 小野武夫(1928), 『朝鮮農會報』 2-2: 77~79.

15) 丸本彰造(1932), 『朝鮮農會報』 6-7: 2~6.

16) 丸本彰造(1932), 『朝鮮農會報』 6-8: 2~5.

17) 山崎延吉(1932), 『朝鮮農會報』 6-10: 2~5.

18) 山崎延吉(1932), 『朝鮮農會報』 6-11: 9~14.

19) 山崎延吉(1932), 『朝鮮農會報』 6-12: 2~6.

20) 山崎延吉(1933) 『朝鮮農會報』7-2: 2~5.

21) 山崎延吉(1933), 『朝鮮農會報』 7-4: 2~5.

이었으며, 경작면적은 겉보리가 한일합병부터 1930년까지, 밀은 1920년까지 증대되었다. 반면에 쌀보리는 1930년 이후에 급증하는 현상을 나타내었다. 겉보리는 경남북에서, 밀은 황해에서, 그리고 쌀보리는 전남북에서 주로 재배·증산된 작물로서 주로 내수용 주곡을 목적으로 재배된 것이었다.

이런 결과는 일제의 식민농정이 의도하였던 바와 크게 다르지 않았던 것이었다. 나카무라(中村) 농무국장은 1909년 농정방침(農政方針)[22]에서도 밝히고 있듯이 겉보리는 일본과 인연이 없는 대신에 조선 백성의 식량이었기 때문에 중북부에 장려하고 남부는 맥주맥과 밀(밀가루용)을 장려하겠다는 것이었다.

③ 콩·팥(豆類)

콩을 비롯한 두류의 재배·생산에 대한 일제의 정책은 쌀을 비롯한 면화·한우·양잠에 앞서는 적극성을 보이지 않았지만, 특히 콩은 재배가 쉽고 지력(땅 힘)을 유지·증진시키며, 식량으로서 또는 유럽 수출의 가능성이 있는 것으로 판단하였고[23], 노력과 기술에 의하여 생산력을 거의 배증할 수 있을 것으로 판단[24]하여 북부에 주로 권장하였다. 계획수립 당시인 1900년대 초의 수량성은 지역에 따라 단보당 5말(斗)로서 경지면적은 24만 정보, 수확량은 120만 석으로 보았고, 개량목표를 24만 정보에서 단보당 9말로 배증시켜 총 생산량을 216만 석으로 높이자는 것이었다.

그러나 1910년 현재 콩은 경작면적이 49만 정보로 계획보다 오히려 배증되었고 그 이후에도 1925년까지 거의 80만 정보로 증가되었으며 팥은 별다른 면적의 변동을 보이지 않았다. 이에 따라 콩의 수확량도 1910년에 280만 석으로 계획을 이미 초과하여 달성되었고 이후에도 1920년까지 480만 석의 수준에 이르렀으며 1935년 이후에는 오히려 격감하는 현상을 빚었다. 이런 이유는 경작면적 증대에 따른 생산량 증대가 있었을 뿐으로, 결코 단위면적당

---

22) 中村彦(1909), 『朝鮮農會報』 3-12: 1~6.
23) 中村彦(1909), 『한국중앙농회보』 3-12: 1~6.
24) 中村彦(1909), 『한국중앙농회보』 7-4: 7~23.

생산성이 결코 증대되지 않았고, 특히 1935년 이후에는 생산의욕 저하로 오히려 생산성이 격감되었던 데 따른 것이었다.

④ 잡곡(雜穀)

잡곡류로는 조 · 메밀 · 옥수수 · 귀리 · 피 등속이 있었지만 그들 가운데서도 조가 대표적인 작물이었다. 이는 농어민의 주곡을 대신하기 때문이었다. 비록 일본인을 위하여서는 메밀과 군마량으로서의 귀리가 중요한 몫을 가졌지만 한인을 위한 한국에서의 식민정책으로는 다만 조에 기대를 걸 수밖에 없었다. 식민계획의 당시에는 18만 정보에서 단보당 5말을 수확하여 총체적으로 88만석을 생산하였지만 일제가 기대하였던 증산목표는 동일한 면적에서도 수량성(기술)을 단보당 10말(1石)로 높여서 175만 석을 생산하려는 데 있었다.25) 강원도 일부에서 이미 단보당 1.5석을 수확하는 농가의 수준까지 기술을 향상시킬 수 있다고 보았기 때문이다.

그러나 실제로 생산량은 1920년까지의 일제강점 10여 년에만 거의 배증하였고 이후는 등락을 반복하며 서서히 떨어지고 있었다.

일제의 식민농정이 잡곡류를 콩이나 두류와 비슷한 방식으로까지는 중요시하지 않았던 데 있었다. 또한 한국에서 생산되는 잡곡류는 한국민의 식량 대체용 곡물로 가볍게 취급하였던 바와 맥락을 같이한다.

⑤ 서류(薯類)

고구마는 150여 년의 재배 역사를 지녔음에도 합병 당시의 재배면적이 2,000정보에 이르지 못하였고 19세기 후반에는 일시적인 재배금지 조치까지도 발동되었던 작물이다.26) 육묘 · 삽식 · 비배관리 · 수확 · 저장의 제반 기술이 알려지면서 1920년에는 1만 정보, 1940년에는 4만 정보를 상회하는 속도로 재배가 확대되었다. 감자도 고구마와 비슷한 생산의 추이를 보인다.

---

25) 中村彦(1912), 『한국중앙농회보』 7-4: 7∼23.
26) 田口達(1933), 朝鮮への甘藷の傳播に就て. 朝鮮農會報 7-5: 73∼79.

감자의 주요 재배지는 고구마가 해안지 일대였던 반면에 고산지대로 분포되어서 함남·강원·함북·평북·평남의 순이었으며 감자는 고구마와 달리, 쌀이나 보리농사가 제대로 되기 어려운 고원이나 산간지역으로 파급되었던 것으로 보인다. 이와 같은 결과는 일제의 식민농정 기조 속에서도 이미 발견되고 있어서 남부는 고구마, 북부는 감자를 장려할 계획이었으며[27] 1930년대에 이르러서도 부족한 식량 대체분으로서 귀리와 함께 북쪽의 척박한 산지에 재배를 장려하고 있었다.[28]

이상과 같은 이유들로 일제강점기의 식민지 여건에 있었던 당시 우리나라 선인들의 식생활은 전혀 전통적이지도 않았고, 정상적이지도 못하였으며, 생계유지를 최소한으로 해결하기 위한 기준에도 양적·질적으로 도달할 수 없었다고 하겠다.

그나마 쌀은 일본으로 이출되고, 대용식량으로 이입되던 잡곡류나 거친 먹을거리는 도시민 중심으로 공급되는 형편이었기 때문에 대다수의 국민을 형성하던 농촌의 국민들은 끼니해결을 위한 대용식 자급자족의 농사를 어떻게 지어 왔을지 짐작하고도 남음이 있다.

3) 알려져 있던 바는?

당시 우리나라의 식량사정은, 우리 마음대로 할 수 없는 식민지 나라의 입장에서, 주요 식량작물의 수출입 사정을 통하여, 설명할 수밖에 없다. 본격적인 식민 농정하에 살던 당시, 즉 1930~1934년의 식량곡물 수출입 사정을 일별하면 다음과 같다.

---

27) 한국중앙농회보(1909). 3-12: 1~5.
28) 『朝鮮農會報』(1932). 6-9: 2~6.

<표 1> 조선의 주요 농산물 수출입 상황[29]

(단위: 섬과 근)

농산물	수출			수입		
	수량(천 섬, 근)		수출지	수량(천 섬, 근)		수입국
쌀	7,933	(1,410)	일본	195	(114)	중국·만주
콩	1,529	(799)	일본	290	－	중국·만주
면화(근)	13,247	(3,534)	일본	－	－	중국·만주
면실(근)	1,671	(5,060)	일본	－	－	중국·만주
들깨·참깨(근)	852	(21)	일본	41	(4)	중국·만주
인삼(근)	53	(22)	일본	20	(9)	중국·만주
조	－	－		1,356	(111)	만주·북지
밀·밀가루	97	(33)	일본·중국	412	(139)	호주·일본
팥	57	(21)	일본·중국	117	－	만주
메밀	－	－	일본·중국	93	－	만주·북지
옥수수	5	(23)	일본·중국	92	－	만주·북지
수수	－	－	일본·중국	65	－	만주·북지
기장	－	(3)	일본·중국	52	－	만주·북지
보리	4	(3)	일본·중국	47	(2)	일본
채두	29	(32)	일본	29	－	만주·북지
녹두	－	－	일본	22	－	만주·북지
땅콩	－	－	일본	6	(4)	만주·북지
피	2	－	일본	3	－	만주·북지

비록 1930~1934년도의 국한된 통계수치이지만 쌀과 면화(면실포함) 및 콩의 일본 이출이 두드러진 반면 만주나 북지(北支, 중국)로부터의 조·팥·옥수수·수수·기장과 일본으로부터의 밀·보리가 많이 이입되어 오는 현상을 볼 수 있다. 즉 조선에서 생산된 고급식량인 쌀은 일본으로 가고 대신에 만주·중국·일본의 값싼 식료인 잡곡류가 조선으로 들어와야 식량구실을 하는 형편이었다고 하겠다.

일본의 농림성이 타카이(高井後夫)의 영양학적 연구 내용을 인용하여 당시 조선의 지대별 주식양식(主食樣式)을 설명한 바는 다음과 같다.

---

29) 일본 농림성 열대농업연구 센터(1976), 「旧朝鮮における日本の農業試驗研究の成果」 제13호 (財)農林統計協會: 150.

<表 2> 주식양식의 지역별 차이

(단위: %)

지역	I	II	III	IV	유형
남선	15.5	68.8	14.6	1.1	II + I + III
서선	9.0	42.8	27.2	21.0	II + III + I
북선	9.7	52.8	26.3	11.2	II + III + IV
전국	13.1	59.4	19.5	8.0	I: 쌀, II: 쌀·보리·잡곡 III: 보리·잡곡, IV: 잡곡

즉 경기·충남·전북·경남은 쌀·보리·잡곡을 위주로, 충북·경북·전남은 보리·잡곡·쌀을 위주로, 그리고 함남북·평남북·황해도는 보리·잡곡을 위주로 먹는 유형이라는 것이었다.

그러나 1940년에 조선농회(朝鮮農會)가 "주요 식량조사"를 하였던 결과는 각 지역별로 농학교(農學校)에 의뢰하여 조사한 수치인데, 1인당 곡물의 연간소비량이 216.6되(2섬 1말 7되)이며, 그 가운데 쌀이 64%, 보리가 22%, 잡곡숙류가 14%라는 것이었다. 또 지역에 따라서 황해(연안)·충남(예산)·전북(남원)은 쌀의 비중이 평균 이상이고 강원(강릉·춘천)은 잡곡의 비중이 높다는 것이었다. 이는, 첫째로 북한지역과 경상남북·전남을 배제한 조사수치여서 대표성이 없고, 둘째로는 학교에 의뢰하여 조사한 중상류층의 현실이어서 당시의 식생활을 파악하는 데 전혀 쓸모가 없는 것으로 판단된다.

일본은 한일합방이 되었던 당시의 사정이 매년 200만 섬의 쌀을 수입(500만~1억 엔)하는 상태였을 뿐만 아니라 전쟁을 염두에 두거나 인구증가를 고려할 때 조선의 생산력을 높여 쌀을 이출시킬 필요가 절실하였다.[30][31] 그네들의 판단으로는, 토지가 협소하고 기복이 심한 일본 땅에서 이미 수확체감현상이 보여주는 식량생산성[32]으로 식량문제를 해결할 전망이 없으며, 조선의

---

30) 上野英三郎(1916), 「帝國食糧政策とり見たふ朝鮮の農業」, 『朝鮮農會報』 16-10: 42-45.

31) 伊藤悌藏(1922), 「食糧問題」, 『朝鮮農會報』 11-3: 54-55.

32) 당시 일본의 수확체감 진전은 일도 전쟁 이전의 증수폭이 10% 이상에서 대정 초기 9%, 대정말기 7%, 昭和 초기 4%, 당시 2%로 줄고 있었음.

땅은 아직 미개의 유년기(幼年期)에 있으므로 향상의 가능성이 크며, 독일의 사례로 볼 때 전쟁을 위한 식량 확보책이 화급하다고 보는 것이었다.[33] 야마구치(山口重政)는 식량확보량을 최소한 900만 섬 이상으로 보고 있었으며, 이런 가능성은 조선에 있을 뿐이라는 것이었다.[34] 이런 의도를 배경으로 하여 일제는 조선 땅에서 두 차례의 산미증식계획을 수행하였고, 특히 일제 말기에는 전시식량을 조선 땅에서 마련하였기 때문에 조선인의 식량사정은 쌀을 웬만큼 먹는다는 것조차 생각도 하지 못할 형편에 있었을 수밖에 없다.

이에 대하여 오늘날 우리나라 학자들의 판단은 "식민지 국가로서 주권을 잃은 백성들이 점차 가난과 궁핍에 허덕이게 되고, 생활문화나 식생활문화를 지탱조차 할 수 없었던 시기"로 보았다.[35] 또한 "조선으로부터의 쌀 이출량이 1930년대에는 1910년대의 8배 이상이었고, 쌀 생산량은 산술급수적으로 늘었지만 수출량은 기하급수적으로 증가하던 때였으므로, 일제의 산미증식정책 이전에 한 사람의 연간 소비량도 0.7188섬이던 것이 1930년대에는 44%나 격감된 0.4017섬에 불과하였다"고 하였다.

반면에, 1937년에 사또(佐藤剛藏)가 발표한 논문[36]에는 당시의 조선농민 1년 1인당 소비량이 쌀 0.613섬, 맥류 0.474섬, 조 0.393섬, 잡곡 0.179섬, 두류 0.242섬에 고구마 1.467관, 감자 6.174관, 포도 8.876관, 배추 5.468관, 참외 1.689관이었다고 하였다. 이 또한 통계로 볼 때, 1년 1인의 소비량이 곡물 약 2섬에 서류와 기타 채소의 소비량이 합쳐진다면 결코 양적(量的)인 문제를 제기하기 어려운 수준이다.

당시의 '동아일보' 기사에 의하면, 농촌을 이농한 도시의 토막민(土幕民)이 1927년에 3,000명에서 1931년에는 5,093명, 1938년에는 16,644명으로 급증하고, 표현을 빌리자면 "시중(市中)은 걸인의 사태요, 각 철도 정차장은 유랑

33) 大内武次(1939), 「戰時食糧問題と朝鮮」, 『朝鮮農會報』 13-6: 2-5.
34) 山口重政(1939), 「長期戰体制下に於けふ鮮米增産 の必要性」, 『朝鮮農會報』 13-6: 8.
35) 이연숙·정금주·전혜경·최남순(2008), 「2. 일제강점기의 식생활, 제2장 식생활과 음식문화」, 『한국농업근현대사』 5권
36) 佐藤剛藏(1937), 「朝鮮の農民の食物に就ての私見」, 『朝鮮農會報』 11-1: 5-9.

군으로 가득 차 있다는 것이었으니 도무지 앞뒤가 안 맞는다. 또한 실업자와 걸인의 식생활상이란 어린 처자를 데리고 이 집, 저 집으로 다니면서 밥을 얻어다가 2일에 1식을 하거나 그나마도 못할 경우에는 4, 5일씩 굶다가 결국 죽는 경우가 허다하다는 것이었다."[37]

이상의 두 조사 보고 내용이 제각각 어느 한편으로 치우쳐 당시의 상황을 제대로 전달하지는 않지만, 일제강점기의 우리나라 서민층 식생활은 비참한 정황을 벗어나지 못하고 있었을 수밖에 없다.

앞의 『한국농업근현대사』가 밝힌바, "보통 때의 주식은 주로 보리에 조를 섞어 지은 잡곡밥, 조에 산나물을 섞어 지은 조밥, 수수를 맷돌에 타서 지은 수수밥이나 옥수수를 말렸다가 맷돌에 탄 다음 어레미에 쳐서 지은 옥수수밥, 기장에 팥·쌀·감자를 약간 넣어 섞어 지은 기장밥·감자밥 등이었다"고 하였다. 그 밖에 소나무 껍질로 만든 송기떡, 찰옥수수 시루떡, 감자나 도토리 삶은 것을 넣은 인절미, 산야초떡이나 대두박·술찌꺼기·밀기울로 연명하기도 하였다고 한다.[38]

비교적 양이나 비율적인 수치 제시는 안 되었더라도 정황설명에는 큰 차이가 없었을 것이다. 김경환(1930)은 이러한 농촌의 실상을 잘 암시하여 문제제기를 한 바도 있다.[39][40]

그런 가운데, 히가시(東野稔)는 1922년 당시의 농촌조사를 통하여 당시 서민들의 식생활 사정을 비교적 객관성 있게 발표한 바 있다.[41] 즉 쌀을 비롯한 식료 13종의 조리식용법과 더불어 가난한 백성이 춘궁기에 어린 풀싹을 채취하여 죽을 끓여 먹는 현실, 쌀은 의례시를 벗어난 때 이외에는 먹지 못하는 현실, 쌀은 가을에도 추궁기가 있는 현실, 겨울철에는 식사횟수를 두 번에서 벗어나지 못하는 현실에 대하여 보고하고 있다.

---

37) 『동아일보』, 1929년 2월 1일자.
38) 이연숙·정금주·전혜경·최남순(2008), 앞의 책.
39) 金景煥(1930), 農村の赤裸裸(一) 『朝鮮農會報』 4-10: 28-30.
40) 金景煥(1930), 農村の赤裸裸(二) 『朝鮮農會報』 4-11: 35-38.
41) 東野稔(1922), 農村調査(4) 『朝鮮農會報』 18-1: 33-42.

물론, 일제강점기의 식생활에 대한 조사를 통하여 당시의 사정을 유추한 사례가 더 있을 수는 있다. 대체로는 지역의 촌로들을 찾아가 당시의 식생활 면모를 청취하고 유추하여 쓴 보고서이기 때문에 내용이 편중되거나 기억의 오류가 지나치게 포함되는 것으로 판단되므로 본 논문에서는 이를 참고자료로만 이용하였다.

현지조사

1) 타카하시 노보루(高橋 昇)[42]와 『朝鮮半島의 農法과 農民』

타카하시는 오늘날의 야메시(八女市)인 야메군(八女郡) 코쓰마촌(上妻村) 쓰에강(津江)에서 자라났는데, 이곳은 비옥한 충적지 치쿠보(筑後) 평야의 남단에 해당한다. 지역적으로 옛적 우리나라의 남부와 관계가 깊어서 『삼국사기(三國史記)』의 백제 벽골제(碧骨堤)가 상징하는 관개농업(灌漑農業)의 기술적 영향을 받았던 곳이기도 하다. 이는 『일본사기(日本書紀)』에도 6~7세기인 백제 최성기(最盛期)에 토목기술자(土木技術者)가 건너와 많은 수리공사(水利工事)를 지휘하였다는 기록이 있어 더욱 확인이 된다. 타카하시는 1892년 12월 23일에 이곳에서 카케하시(梯岩次郎)의 차남으로 태어났지만 도쿄대학 재학 중에 타카하시 집안으로 양자(養子)가 되어 성을 바꾸게 되었다. 그의 생부(生父)는 한방의(韓方醫)로 소학교장(小學校長)을 21년간, 코쓰마장(上妻村長)을 12년간이나 역임한 인물이었다.

타카하시는 상처심상소학교(上妻尋常小學校) 4년제와 고등과(高等科)를 거치며 일반농업을 몸에 체득하고 1907년에는 후쿠오카 현립 구류메중학(福岡縣立久留米中學) 메이젠교(明善校)에 진학하였다. 이때에 그는 강건하고

---

42) 河田宏(2007), 『朝鮮全土お歩いた日本人』, 農學者 高橋 昇の生涯, 일본평론사.

근성 있는 청년으로 성장하면서 생부의 집안 내력에 걸맞은 주자학(朱子學)과 한학을 하며 의협심을 갖추게 되었다. 신동이라는 소리를 들으면서 1912년에는 농학(農學)에 뜻을 두고 카고지마 제7고등학교(鹿兒島第七高等學校) 조사관(造士館)에 입학하여 서구식 교육제도에 심신을 익힌 다음 도쿄제국대학(東京帝國大學) 농과대학에 입학하였다. 당시의 동경대학 농과대학은 메이지유신의 영향으로 서구식 과학기술과 농학을 급진적으로 받아들이던 코마바 농학교(驅場農學校)로서 영국인 교사에 의하여 영국식 농학을 가르치던 곳이었다. 타카하시의 농학관(農學觀)이 합리적이고 세계적인 터전을 마련할 수 있었던 곳이 곧 이 학교의 교육장이었을 것이다. 이렇게 볼 때 타카하시 노보루(高橋昇)는 호상(豪商)이었던 타카하시 가문의 양자였기에 붙여진 이름이지만 그의 실제적 일생은 생부모였던 카케(梯岩次郞)와 다키(タキ)의 영향 속에서 이루어진 것이라 할 수 있다.

타카하시는 분명히 손꼽히는 동경대학 출신의 지식인 가운데 한 사람이 되었고, 3·1 독립운동에 관련된 신문기사를 주목하면서 조선 땅에 부임하여 일할 결심을 하게 되었다. 한일합병(韓日合倂)의 진정한 뜻은 뒤처진 조선의 근대화를 필연적으로 일으키는 데 있어야 한다는 생각 때문이었다. 그리고 그 방법은 사상적(思想的)이거나 사회적(社會的)인 관념에 있지 않고 실증적(實證的)인 농업과학에 있다는 것이었다.

관부연락선(關釜連絡船)인 3,000톤짜리 신라마루(新羅丸)에 몸을 싣고, 조선의 하층민이나 노동자들이 타는 열차 칸에 실려 조선의 탁주(濁酒)인 막걸리에 친숙해지면서 수원(水原)의 권업모범장(勸業模範場) 농사시험장(農事試驗場)에 내렸다.

타카하시는 1918년, 조선 개량(改良)의 제1보(步)로, 한국농민을 몽매한 것으로 전제하며 능력(能力) 박약(薄弱)한 이네들에게는 실물교육(實物敎育)이 최상이라 자위하면서 선심을 쓰듯이, 3년 전에 개교한 "수원고등농림학교(水原高等農林學校: 현재, 서울대학교 농생명과학대학)"의 강사(講師) 역할을 수행하였다. 그의 추억으로는 수원의 빼어난 절경, 즉 서호(西湖)와 여기산(麗妓山)을 고향의 코쓰마촌(上妻村)에 있는 비형산(飛形山)에 견주면서 항미정(杭眉亭)에 앉아 술을 거나하게 마셨다는 것이다. 당시 주변에는 조선 오엽송(잣나무)과 자생 녹나무가 어우러져 있었다고 한다.

1924년에는 황해도 사리원에 있는 권업모범장 서선지장(西鮮支場)에 발령되었다. 대학 대선배로 말술(斗酒)을 불사하던 타케다(武田總七郞) 지장장과 인연을 맺게 되었다. 그에게서 조선의 전통농법에 대한 연구를 권유받게 되었던 것이다. 결국 타케다(武田) 지장장은 구주제국대학 학장으로 영전되고 타카하시는 서선지장장이 되어 37세 때 조선의 농법을 불철주야 연구하게 되었다.

물론 그에게는 미국(1926)과 유럽(1928)을 둘러볼 기회가 있었고, 연구의 파트너 격이었던 오치아이(落合秀男)를 만날 수 있게 되었다. 또 1933년에는 "벼에 있어서 배유질인자(胚乳質因子)와 불임성인자(不姙性因子)와의 연쇄관계(連鎖關係), 특히 선택수정(選擇受精)의 연구"로 박사학위[東京帝大]를 받기도 하였다. 이를 계기로 그는 타카하시가(家)와의 양자(養子) 관계를 결별하고 조선 땅에 살 것을 결심하게 되었다.

그가 한국에 머물렀던 26년(1918~1945) 동안에 그가 이룬 업적은 대략 다음과 같다.[43]

- 주요 농작물의 작부방식과 토지이용
- 인삼경작 상황조사
- 메밀에 관한 시험
- 감자의 냉동건조법
- 냉동건조감자 제조
- 논의 잡초에 관한 연구
- 조선의 쟁기 및 농기고
- 수도(水稻) 휴립재배법(畦立栽培法)
- 도작(稻作)의 역사적 발전과정

---

43) 타카하시 노보루 원저. 飯沼二郞 · 高橋甲四郞 · 宮嶋博士 편집(1997), 『조선반도의 농법과 농민』, 미래사.

그 가운데에서도 조선의 전통 작부방식에 관한 연구는 가히 백미라 할 수 있고, 그 외에도 수많은 연구가 있으며, 본 연구에서 다루게 될 당시의 우리나라 8도 식생활 및 음식 실태조사에 관한 업적은 매우 귀중한 사료적(史料的) 가치를 지닌다.

특히 그가 생전에 남겼던 당시 우리나라 실태의 수많은 조사 자료는 조선총독부의 공적(公的)인 사업으로 이루어진 것이 아니라 그 개인적 소신과 열의, 자금과 시간·노력을 바쳐서 이룩한 것으로서, 특히 『조선반도의 농법과 농민』은 생전에 출간을 하지 못한 채였는데 그의 생전 업적과 인간을 흠모하고 아끼던 자식들이 자료의 일부만 정리하여 출간한 자료일 뿐이다. 자료 가운데 식생활에 관한 자료는 극히 일부에 지나지 않는 것이지만, 식민지 정책의 공적인 사정에 얽매어 가감한 것이 아니라 개인의 현지방문 조사를 겸한 자료로 엮었던 당시의 생생한 실정이기 때문에 다시 찾아보기 어려운 귀중한 자료라 할 수 있다. 자료의 많은 부분은 사진과 함께 농촌진흥청으로 기증된 것이어서[44] 어느 누구라도 그 내용을 정리·검토하여 당시 우리나라 8도의 농업과 식생활면을 사실 그대로 분별하는 데 진력해볼 가치가 있을 것이다.

그는 1945년, 우리나라의 광복 후에도 일본으로 건너가지 않고 자료정리에 몰두하다가 1946년 5월에 귀국하여 두 달 뒤인 7월 20일에 과로로 인한 심장질환으로 향년 55세를 일기로 하여 생을 마감하였다.

그는 한 마디로 "朝鮮全土お步いた日本人"이었으며(河田宏, 2007), 그 결과가 곧 그의 저서인 『朝鮮半島の農法と農民(1997)』이다. 또 이 저서의 일부로 제시된 자료가 곧 본 논문인 "일제 때 조선 팔도의 식생활 재조명"이다.

본 자료의 중요성과 가치 및 현실성에 대한 언급은 2006년 8월 3일부터 9월 3일까지 농촌진흥청에서 개최되었던 "한국 농업근대화 100주년" 기념행사에서 밝힌 당시 김인식(金仁植)청장의 치사[45)에서도 잘 알 수 있다.

---

44) 農村振興廳(2001), 故타카하시 노보루 박사가 기록한 1930년대 우리나라 농업·농촌사진집
45) 河田宏(2007), 「朝鮮全土お步いた日本人」, 『農學者 高橋昇の生涯』, 日本評論社.

"……불행 중 다행한 것은 타카하시 노보루 박사가 우리나라의 농업기술로 확인되는 방대한 기록을 남긴 데 있다고 하지 않을 수 없다. 1930년대의 우리나라 농업과 농촌현장을 겸허히 관찰하여 기록한 이들 자료는 그 아들인 타카하시 고지로(高橋甲四郞) 선생에 의하여 60년 이상 일본에서 손상 없이 보관되었던 것이다. 이들 자료를 기증해 줌으로써 '한국농업근대화 100주년사업'의 일환으로 농업과학관에 보관·전시할 수 있게 되었다. 타카하시 노보루 박사의 "농업기술 개발과 보급은 철저하게 농민의 입장에서 행해지지 않으면 안 된다"는 말에서 비롯된 것들이었을 뿐만 아니라 그의 조선에 대한 이해 철학과 신념으로 가득한 유품을 공개하는 일은 곧 한국 전통농업과 현대농업기술을 이어주는 가교를 세운다는 것과 같다고 하겠다. 고 타카하시 노보루 박사의 나머지 귀중하고 방대한 자료에 의하여 한국농업의 진정한 연구개발이 진전되기를 기대한다."

2) 조선팔도의 식생활 조사방법

타카하시 박사는 학위축하연에서 서선지장 직원일동이 선물한 독일제 라이카 카메라(현재가격은 일본 동경의 집 한 채 값)를 둘러메고 타고난 스케치 재주, 뛰어난 체력과 함께 모든 경비를 자부담한 경제력과 정열로 쉴 새 없이 팔도 여행을 하였다. 낮 시간은 물론 밤 시간에도 숙소에 돌아와 하루 종일의 자료를 정리하거나 현지농민과의 대담으로 일관하기 일쑤였다.

조사방식도 일정한 양식에 의하여 수행하지 않고, 그때그때 적절한 방식으로 주안점을 살릴 수 있도록 묻고 답을 유도하여 메모하였다가 당일 저녁에 집에서 정리하는 방식을 취하였다. 형식적인 조사는 실제의 핵심을 간과시킬 소지가 있기 때문이라는 것이었다. 따라서 식생활 조사도 적절한 농가에서 실상을 알게 할 만큼만 조사한 자료들이었고, 조사기록을 위하여 현지답사를 한 일정은 대략 다음과 같았다.

지역	일정
① 전라도	1939년 2월 26일~28일 순천(2/26) → 광주(2/26~2/27) → 이리(2/27) → 익산(2/28)
② 전라도	1939년 10월 13일~10월 18일 군산(10/13) → 옥구(10/13) → 이리 →전주(10/14) → 남원(10/15) → 순창 (10/16) → 광주(10/17) → 보성(10/17) → 벌교(10/18) → 순천(10/18) → 진주(10/18) → 마산(10/19) → 남지(10/19~10/20) → 창원(10/20) → 대구(10/20) → 대전(10/21) → 사리원
③ 전라남도 · 제주도	1939년 5월 20일~6월 3일 광주(5/20) → 나주(5/21) → 목포(5/22) → 진도(5/23) → 제주도(5/23) → 제주(5/25) → 아라리(5/26) → 용판동(5/26) → 외두리(5/26) → 애월리 (5/26) → 한림(5/27) → 명월리(5/28) → 모비포(5/29) → 서귀포(5/29) → 포목리(5/30) → 서홍리(5/30) → 한라산(6/1)
④ 경상남도	1940년 11월 13일~11월 25일 부산(11/14~11/15) → 통영(11/16~11/18) → 거제도(11/16~11/17) → 사천(11/19) → 삼천포 → 남해(11/20~11/21) → 하동(11/22) → 진주 (11/22) → 협천(11/23) → 대구(11/24) → 반야월(11/24) → 사리원(11/25)
⑤ 경상북도	1937년 7월 7~8일과 9월 6~7일 칠곡(7/6) → 군위(7/6) → 의성 · 안동(7/6) → 봉화(7/7~8) → 예천(7/8) → 금천(7/8)후포(9/6) → 영덕(9/6) → 포항 · 경주 · 대구(9/7)
⑥ 충청도	1934년 6월 30일, 1938년 4월 6일~11월 8일 1939년 10월 12일~13일, 1940년 2월 24일~25일 청주(6/30) → 충주(6/30) 수원(11/6) → 천안(11/7) → 청주(11/8) → 괴산(11/8) 수원(10/12) → 천안 · 온양(11/12) → 아산(10/13) 대전(2/24) → 논산(2/25) → 부여 · 이리(2/25)
⑦ 경기도	1937년 12월 7~10일, 1943년 7월 3~9일 수원(12/7) → 현인동(12/7) → 서울(12/8) → 의정부 · 양주(12/8) → 개성 (12/9) → 승학동(12/10) 수원(7/3) → 인천(7/3) → 교동도 → 석모도 · 보문사(9/5) → 전둔사(7/6) → 강화도 → 인천(7/7)→ 덕적도(7/8) → 굴업도(9/8) → 영여도(7/9) → 대추도(7/9)
⑧ 강원도	1937년 9월 27일~10월 5일, 1939년 7월 2일~8일 서울(9/28) → 춘천(9/29) → 횡성(9/29) → 원주(9/30) → 평창(10/1) → 강릉(10/2-4) → 삼척(10/4) → 울진(10/5) 서울(7/2) → 철원(7/2) → 금화(7/3) → 금성(7/4) → 화천(7/4) → 춘천(7/5) → 홍천(7/6) → 원주(7/7)
⑨ 황해도	1933년 9월 20~22일, 1934년 7월 13~16일 1934년 7월 13~16일, 1935년 8월 1일 남천(9/20) → 신계(9/20) → 신악(9/21) → 곡산(9/21) → 수안(9/22) 금교(7/19) → 평산온천(7/20~21) → 조포(7/22) 재령(7/13) → 신천(7/14) → 장연 · 송화 · 은천(7/15) → 장연(7/16) → 안악 · 신천 → 신천(7/22) → 사리원 →해주(7/22) → 사리원(8/1) → 청계(8/1) → 신막(?) → 개성(?)

지역	일정
⑩ 평안남도	1937년 12월 27일~1938년 1월 20일 안주 · 평원 · 강서 · 용강 · 중화 · 평양대동 · 강동 · 성천 · 순천 · 개천군(지명과 일자가 불분명함)
⑪ 평안북도	1937년 10월 24일~11월 1일 평양(10/24) → 정주(10/24) → 신의주(10/25) → 의주(10/26) → 삭주(10/26) → 창성(10/27) → 벽롱(10/28) → 초산(10/28) → 강계(10/30) → 사리원(11/1)
⑫ 함경남북도	1938년 6월 30일~9월 16일 서울(6/30) → 의정부(7/1) → 덕정 · 동두천 · 철원(7/2) → 월정리(7/2) → 원산(7/3) → 영흥(7/4) → 기양리(7/5) → 함흥(9/6) → 북청(7/6) → 갑산(7/8) → 혜산진(7/9) → 가림(7/10) → 길주(7/11) → 중향동 · 라암(7/12) → 경성(7/13) → 주을온천(7/14) → 중향동(7/14) → 사리원(7/16)

단, 조사는 현지방문을 원칙으로 하였지만 실제의 구두질의, 실상관찰 및 대화는 모두가 현지안내인의 통역을 통하여 이루어졌기 때문에 최하층 주민이 조사 대상에서 제외될 수밖에 없었으며, 농촌의 중상류 계층을 주 대상으로 조사된 것으로 판단된다.

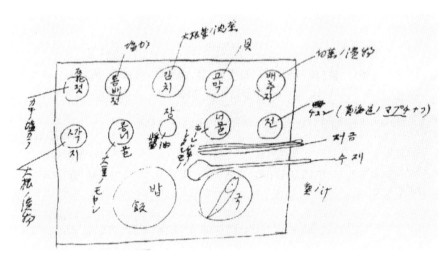

그림 12. 전라남도 벌교읍 제일급의 여관[보성관]의 10월 18일자 저녁밥상 스케치

3) 조사·정리된 자료

조사 자료의 수치를 식구 수 및 날수로 나누어 1인 1일 식량으로 산출하고, 여관의 객식 및 특식을 구분하여 제시하면 다음과 같았다.

① 전라도

- 순천읍 황귀연: 쌀 0.42되, 쌀+보리 0.21+0.21되
- 익산군 김어정: 쌀 0.38되(7개월), 쌀+보리 0.2+0.2되 또는 0.13+0.27되 (5개월)
- 남원군 박학규: 쌀(주인) 0.25되(7개월), 보리(가족) 0.25되
  <객식: 벌교읍 보성여관> 밥·생선국·깍두기·콩나물·간장·나물·전·
  　　　　　　　　　　　배추김치·꼬막·무김치·돔배젓·석화젓

② 제주도

- 제주읍 이도리: 쌀, 쌀+보리 50:50, 쌀+보리+콩/팥 50:50:20, 쌀+조 50:50
- 아라리 안창업: 메밀죽, 메밀+조, 조, 피밥, 보리+감자 0.17+0.33되, 조+감자+콩 0.17+0.33+0.02되, 피+감자 0.17+0.33되
- 서귀면: 고구마+보리+조 0.2+0.4+0.4되
  (7·8월은 보리 0.4되, 2·3·4월은 조 0.4되, 고구마 0.6되)
- 제주읍 김완주: 조+보리+쌀+콩 0.1+0.08+0.08+약간
  (반찬: 미역냉국, 청보리물김치, 마늘장아찌, 고추장, 생선절임)
- 제주읍 이성관: 조+보리+나물 0.06+0.2되+조절량
  (산나물: 미나리·냉이·쑥·들마늘·개자리·고사리)
- 제주읍 임향권: 보리수확 전 조+보리 0.3+0.7되, 보리수확 후 조+보리 0.9+0.2되(고구마로 보충식함)

<특식> 볶은콩+녹두가루 또는 콩가루+메밀가루 국수

　　　　메밀국수(메밀육수+콩즙+계란흰자풀이)

　　　　연계죽순탕(年鷄竹筍湯: 햇병아리+죽순탕, 전남 명물임)

　　　　마저증(애저솥찜)+식초/후추장

③ 경상도

- 통영군 김상옥: 쌀+보리 0.45+0.45되(가을과 겨울), 쌀+보리 0.29+0.57 되(봄), 쌀+보리 0.05+0.77되(여름)
- 창선면 박홍빈: 쌀+보리 0.73+0.11되(겨울), 쌀+쌀보리 0.83+0.21되
- 봉화군(연평균): 조+쌀+팥 또는 보리/쌀보리+쌀+팥 7:3의 비율 (단, 계절별로 밀가루+콩가루 1+0.1비율로 국수·경단 만듦. 최근은 쌀 대신 감자로 혼식 대체)
※ 고구마(절간)식용("뺏떼기"): 장키기·떡·굿뻬비·뺏떼기밥·뺏떼기죽· 치군뺏떼기 등.
<객식: 거제 다하리여관> 밥·숭늉·낙지절임·김치·간장·잔멸치볶음·
　　　　　　　　　　　　깍두기·콩나물·갈치포·짠지·무채·혼채·
　　　　　　　　　　　　탁주(별도 주문)

④ 충청도

- 청주군 박인규: 보리+야채 0.62되+조절량
- 대덕군 박재순: 보리+야채 0.81되+조절량
- 아산군 김용출: 보리+야채(봄·가을) 0.25되+조절량 보리+쌀(여름) 0.22+0.03되, 쌀+보리+콩+기장(겨울) 0.12+0.05+0.05+약간

⑤ 경기도

- 개풍군 임영봉: 조+쌀+팥(노동 때) 1+0.26+0.1되 또는 수수+쌀+팥(봄·

가을) 1+0.5+0.1되, 조+팥(평소) 1+0.1되 또는 수수+팥 1+0.1되

- 수원군 이원경: 쌀+보리(겨울·봄) 0.2+0.2되, (여름) 0.1+0.3되
- 부천군 쿠니모토[國本雲峰]: 쌀밥(12~6월), 보리밥(7~11월)

  [단, 12~6월은 쌀배급 의존: 7명 식구분으로 12월(쌀 2말), 1월(쌀 4말, 콩쌀 5되), 3월(벼 90근), 4월(벼 115근), 5월(벼 115근, 탈지겨 6되), 6월(벼 115근, 콩두부 6되)]

⑥ 강원도

- 철원군 임백운: 쌀60%, 보리30%, 콩류10% 평균
- 금화수리조합 평균: 쌀+조+팥(중류) 0.2+0.1+0.05되 또는 쌀+보리+밀 0.2+0.05+0.05되, 쌀+보리(하층) 0.1+0.1
- 평강군 A농가: 감자+조(저녁) 0.13+0.25되 또는 옥수수+감자 0.25+0.25되(단 7월 20일 이전은 언 감자 1.5되+소금 또는 팥+국물+채소절임이며 7월 20일 이전은 감자 대신 옥수수 30자루)
- 평강군 안창열: 옥수수가루+조/피+팥 0.5+0.1+0.04되(단, 가을철 아침·점심은 감자+옥수수+팥 0.4+1+0.1되, 저녁은 0.1+0.1+0.1되)
- 철원군 안교천: 쌀/조+감자+동부 0.25+0.37되+약간
※ 산초: 무릇·고사리·주와·맛닥·이팟지라·곰지기·참나물·고비

⑦ 황해도

- 봉산군 이치화: 조+팥 0.3+0.1되, 밀가루(밀 수확 후) 0.3되
- 봉산군 김진갑: 조+팥 (가을) 0.28+0.1, (봄) 0.35+0.1, (겨울) 0.2+0.15, (여름) 0.2+0.2[단, 밀가루 요리: 쑥떡·칼국수·품리떡·범벅·삼색떡·만두·밀쓰기(밀+팥)·가루찜]
- 봉산군 이태봉: 조+쌀 0.28+0.28되, 최근에는 0.28+0.14되(밀은 여름 대체식, 간장·된장용 소금 2.75말과 콩 4말)
- 신천군 민배기: (봄) 쌀+조+팥/녹두 0.3+0.4+0.06되, (여름)은 각각 밀가

루 0.86되 또는 조 0.5되, (가을과 겨울) 쌀+조+팥 0.3+0.3+1.0되

※ 반찬: 봉산군 만천면 만금리 상관동 사례

봄　아침: 봄배춧국, 무간장절임, 게 · 새우젓 · 갈치

　　　점심: 상추 · 고추장, 마늘

　　　저녁: 계란 · 상추 · 간장절임무 · 배춧국

여름 아침: 호박요리 · 멸치

　　　점심: 배추짠지

　　　저녁: 반찬 없는 밀가루 요리

가을 아침: 무배추짠지 · 배추된장국 · 새우젓 · 대합젓 · 멸치

　　　점심: 무 · 배추짠지 · 새우젓 · 대합젓

　　　저녁: 배추 · 무된장국 · 배추 · 무짠지 · 갈치 · 민물고기

겨울 아침: 국(다시다/우거지/배추) · 동태 · 명태국 · 짠지 · 동치미

　　　점심: 짠지 · 동치미 · 된장국

　　　저녁: 된장국(시래기) · 짠지 · 호박짠지(호박+배추)

※ 특식

<접객식(가정)>: 쌀+팥 10:1 또는 쌀+조 10:1(특빈객에게는 닭 · 계절채소, 고
　　　　　　　용객은 채소 · 어류 · 계란 · 손님은 필히 식사 대접하지만 밀
　　　　　　　가루 음식은 배제됨)

<계절식>

밀 수확 후 대체식: 뜨덕국(수제비), 칼국수

조 제초 후 대체식: 부무레(밀가루+팥 4:1 비율)

조 수확 후 대체식: 범벅(차조+밀가루 1:10 비율)

콩 수확 후 대체식: 버리

정월음식: 만두 · 막부치 · 수수부치개(부꾸미) · 노치 · 식혜

단오음식: 막부치 · 좌차떡

추석음식: 막부치 · 좌차떡

소작료 납입 때 음식: 상와떡

관혼상제때 음식: 밧싼떡 · 이차떡 · 절편 · 상와떡 · 약과 · 막부치 · 전 · 경

단 · 기타(고기 · 과자 · 술 등)

⑧ 평안도

- 대동군 김정연: 계절별로 피 · 조 · 메밀 · 녹두 · 밭벼 혼식(밥은 피 · 조 · 밭
  벼, 메밀은 가루음식, 녹두는 간식 및 나물로 이용)
- 평원군 박처겸: 조+콩 밥 · 죽 · 떡(콩은 비지밥 · 콩나물 · 두부 · 장류에 이용)
- 안주군 안민식: 위와 같음.
- 강동군 윤달변: 고구마와 잡곡
- 성천국 나제용: 조+콩 0.2+0.1되
- 성천국 윤처명: 잡곡+콩(콩반찬 이용 많음)
- 강서농장 최경화: 쌀+조 0.25+0.75되
- 대동군 동양척식농장: 옥수수+조+콩(옥수수가루는 떡 · 우동으로 이용)
- 대동군 김두준: 조+팥/강두 0.15+0.05되, 보리+조+팥 0.1+0.15+0.05되,
  조+쌀+팥 0.1+0.2+0.05, 조+감자 0.1+0.2되
- 의주군 박금산: 수수+팥 8:2 비율(옥수수는 밥 · 떡 · 튀김 · 두부 · 묵으로 이용)
- 초산군 김문희: <가정손님> 점심: 소주 · 녹두전 · 계란구이 · 두부 · 청고
  추, 저녁: 옥수수 · 메밀 · 감자 · 고구마 · 수수떡 · 쌀떡 · 김치 · 오이절임
- 강계군 장봉익: 옥수수밥 0.8되(가끔 두부 곁들임)
- 강계군 김인섭: 조+감자 0.13+0.25되, 옥수수+감자 0.13+0.25되, 콩+감자
  0.13+0.25되(다만 맨감자 찐 것, 떡, 지지미, 국수, 엿과 나물을 곁들임)
<객식: 평양경흥여관>
저녁: 팥밥 · 무국 · 김치 · 장조림 · 고추장 · 조개젓 · 날계란 · 일본간장 · 생선
  조림 · 짠지 · 녹두나물 · 지지미 · 명란젓 · 깍두기(아침에는 국 · 두부, 점
  심에는 콩나물 곁들임)

⑨ 함경도

- 영흥군 김성학: 파+팥/콩 0.15+0.01되, 파+수수+팥/콩 0.03+0.15+0.03되, 피

+감자+강낭콩 0.15+0.43+0.03되, 거친 밀가루+피+감자 0.03+0.03+0.15되

- 함주군 박기옥: 조+팥 0.15+0.02되, 피+팥 0.15+0.02되, 수수+팥 0.1+0.03
  되, 조+감자+팥 0.1+0.2+0.02되, 쌀+조/피+팥 0.05+0.06+0.02되

- 풍산군 김기율: 귀리+감자 0.11+0.22되, 귀리+감자+완두 0.11+0.22+0.01
  되, 귀리+피+감자 0.06+0.06+0.22되

- 풍산군 이만재: 감자+귀리 0.66+0.2되, 피+귀리 0.2+0.2되

- 갑산군 황윤현: 조+보라+강낭콩+감자 0.2+0.3+0.06+0.3되, 보라+감자+강낭
  콩 0.4+0.4+0.8되, 조+보라+강낭콩 0.2+0.5+0.1되, 조+감자 0.3+0.4되, 조
  +팥 0.3+0.04되, 보라+강낭콩 0.5+0.1되

- 갑산군 박재근: 보라+감자 0.25+0.6되, 귀리+감자 0.25+0.6되, 피+감자
  0.25+0.6되

- 보혜면 김찬규: 귀리/보리밥+김치+국 또는 피+콩+귀리+보리+완두+감자 혼
  식(여름 3식, 겨울 2식)

- 풍산군 이강재: 감자+피+강낭콩 또는 피떡(피가루+밭벼가루 1:3)이나 피엿
  곁들임

<객식: 길주조선여관>

저녁: 밥 · 탕 · 무/인삼 · 가마보고 담금 · 무김치 · 소고기 · 간장 · 멸치 · 콩
　　　조리 · 배추김치 · 우엉 · 나물

아침: 밥 · 소고기국 · 탕 · 생계란 · 배추김치 · 콩두부 · 배추/가마보고 · 기타

※ 특식: 감자돌구이

산나물: 고사리 · 반풍 · 고비 · 능장이 · 세투리 · 참나물 · 다스래

기타: 잡곡조리법(감자 · 귀리 · 피 · 보리 · 콩 · 참깨 · 옥수수 · 고기)

⑩ 범지역성 조선각지 명물

　순창(淳昌)의 고추장, 의주(義州)의 된장, 광주(廣州) 남한산성(南漢山城)
의 간장, 평양(平壤)의 소주, 개성(開城)의 보쌈(褓)김치, 경성(京城) 동대문
(東大門)밖의 설렁탕, 평양(平壤)의 냉면, 개성(開城)의 온면, 풍기(豊基)의

건시, 전주(全州)의 콩나물, 진주(晋州)의 비빔밥, 봉상(鳳翔: 完州 所陽面)의 생강, 광주(光州) 무등산(無等山)의 수박, 성환(成歡)의 참외, 울진(蔚珍)의 전복, 동해안의 명태어, 연평도(延坪島)의 소금절이, 영광(靈光)의 굴비(乾物), 하동(河東)의 김, 서산(端山)의 굴, 파주(坡州)의 게(소게), 평양(平壤)의 떡(노치)을 발효시키고 기름으로 구운 것, 해미(海美: 端山郡)의 굴젓갈(고추가 들어감).

이상은 모두 궁중식(宮中食)이며 상류 사회에만 한정되어 있었지만, 자본주의의 침투와 동시에 50년 이래, 특히 전 30년간 일반 민간에게도 보급되기에 이르렀다.

궁중식(宮中食)의 기원은 중국[支那]에서 유래한다.

4) 자료 분석(資料分析)

대체로 한 사람이 한 해에 먹는 곡물의 양을 한 섬(石: 100되, 현미로 약 180ℓ, 140~150kg)이라 통칭하여 왔다. 이 양은 하루 기준으로 환산할 때 0.27되 전후에 이른다. 이를 잡숙곡류나 서류로 바꾸게 되면, 실제로 그 양이 훨씬 늘게 될 것이다. 본 자료에서 상식을 벗어나는 수치가 나오는 것은 답변자의 관습적 답변방식이나 질의자의 이해 및 기록에 상당한 오차가 있을 수 있었던 데 기인할 것으로 보인다.

실례로 우리나라 사람들의 수치표현이 "한두, 두서넛, 서넛……" 등의 불명확한 표현이며, 답변을 위한 지난 세월의 기억이란 항상 충격이 컸던 것에 머물기 때문에 먹고 살았던 식량도 "늘 보리쌀 고구마만, 강냉이에 좁쌀……" 등으로 단순하게 기억되며, 한 식구 속에도 머슴이나 손님, 또는 일꾼들이 포함되지 않은 개념으로 대답하였을 가능성이 있다. 또한 하루에 세끼를 먹더라도 밥 짓기는 대체로 두 번이며, 하루 분량과 한 끼 분량을 혼동하여 표현하였을 가능성도 있다.

본 자료의 경우에도, 수치상으로 보아 설명되거나 이해되기 어려운 경우가 많다. 따라서 소비량의 수치는 가능한 대로 상대적 비교나 치밀한 조사의 의도를 이해하는 데 참고할 자료로 활용하였다.

자료의 비교해석 및 특성도출을 위하여 각지의 종합경향을 정리해 보면 대략 다음과 같다고 할 수 있다.

① 전라도

주로 쌀의 생산지로서 주식량으로 쌀과 보리를 혼식하되 한 사람 하루 식량으로 합계 0.4~0.5되 정도를 소비하는 형편이었다.

② 제주도

제주도는 섬지역으로 쌀 생산이 많지 않으므로, 대부분의 경우, 쌀이 아닌 보리+잡곡+서류의 혼식이 많았고, 이 경우의 곡물소비량은 결코 적지 않을 수 있었던 것으로 보인다. 또한 관광지답게 특식의 유지 및 산나물의 이용도가 높았던 것으로 판단된다.

③ 경상도

주식량으로 쌀과 보리가 중심을 이루며 팥을 보편적으로 혼식하거나 절간 고구마·밀/콩가루 및 감자의 혼식이 눈에 띄는 양상이다. 고구마의 이용이 활기를 띠었던 것은 보급의 발전과 관계가 있었거나 쌀의 공급제한에 따른 것으로 판단된다.

④ 충청도

쌀 생산이 많은 곳이면서도 쌀의 혼식보다는 쌀을 제외한 보리+채소 혼식의 경향이 극심하였다. 쌀의 이출에 따른 결과일 것이다.

⑤ 경기도

빈부의 차이가 커서, 비록 쌀보다는 조나 수수를 많이 먹지만 그 소비단위가 크고, 쌀은 제한된 혼식을 하는 반면 팥의 혼식이 눈에 띄었다. 보리의 혼식비율이 상대적으로 낮으며, 농가에 따라서는 배급에 의존하는 경우가 있었다.

⑥ 강원도

전반적으로 곡물의 소비량이 낮은 편이고 쌀을 먹을 수 있는 농가와 없는 농가가 공존하였다. 혼식은 쌀+조+팥, 쌀+보리+밀 또는 감자·조·옥수수에 피와 팥이 곁들여지는 양상이었다. 역시 팥의 이용도가 일반적이었다. 산나물의 이용도가 높은 것은 지역의 특성과 맞물린 것으로 해석된다.

⑦ 황해도

황해도는 우리나라 최고의 농업생산지로 곡물은 물론 기타의 채소·과일·특산의 생산성이 뛰어난 곳이다. 조·팥·밀·쌀의 혼식 이용도가 높고 곡물의 소비량도 평균을 웃돌 만큼 넉넉한 편이다. 역시 팥의 이용도가 두드러진다. 밀가루 조리가 발달되고 반찬의 소비가 다양하며 체계적으로 유지되고 있어서 가히 농도(農道)로서의 면모와 전통문화를 지니고 있던 것으로 판단된다.

⑧ 평안도

쌀의 생산이 제약되는 곳으로 일상식 속에서 쌀의 취식이 거의 눈에 띄지 않는다. 잡곡과 두류(주로 팥)와 감자가 식료의 주종을 이루며, 소비량 수치는 잘 나타나 있지 않으나 실제는 아주 낮은 범위를 크게 벗어나지 않았던 것으로 보인다. 반면에 잡곡이나 서류·두류의 조리법이 다양하게 구사되고 있었던 것으로 판단된다.

⑨ 함경도

쌀의 생산이 가장 없었던 곳이어서 일상식 가운데 쌀의 취식 사례가 눈에
띄지 않았다. 보리·피·수수·조·팥에 귀리와 피의 비중이 높았고 감자의
이용 사례가 많았다. 섭취단위가 높았던 것은 식료의 영양단위가 낮은 탓으로
보이며, 콩은 상대적으로 이용도가 낮았던 것으로 보인다. 지역의 특색에 따
른 것이겠지만 감자돌구이와 같은 별식이 있었고 잡곡의 다양한 조리법이나
산나물 이용법이 폭넓게 발달하였던 근거가 인정되었다.

⑩ 객식(여관음식)

전남 벌교에서 생선국·꼬막·젓갈류가 많이 곁들여지거나 경남 거제여관
에서 낙지절임·잔멸치조림·갈치포가 상에 오르며 평양의 경흥여관에서 녹
두나물·지지미에 무국이 오르고 길주의 조선여관에서 무/인삼/가마보고담금
이나 우엉·소고기가 제공되는 것은 지역의 식료생산 특성을 반영한 것으로
보인다. 그러나 어느 지역에서도 객식의 경우에는 팥 혼반이나 감자·고구마
조리가 오르지 않았고, 밀가루 음식이나 잡곡의 다양한 조리 및 산채류가 제
공되지 않았던 것은 손님을 접대하는 예의 관습에 이들 식료가 가치를 인정
받지 못하고 있었던 고루한 사고에 연유한 것으로 보인다.

타카하시(高橋昇)의 조사록에도 확인되는 사실이지만, 당시 조선의 관습은
비록 가정에서의 객식(客食)이라 하더라도 밥으로는 쌀+팥 또는 쌀+조를 고
작 10:1의 비율 이상에 지나지 않았고, 특빈객에게는 닭과 계절채소, 고용객
(일꾼 등)에게는 채소·어류·계란을 대접하는 게 관례적이었던 반면 어느
경우에라도 손님에게는 식사를 대접하되 밀가루 음식을 배제하고 있었다고
하였다.46)

---

46) 구자옥 공역(2008), 타카하시 노보루 원저, 『조선반도의 농법과 농민(상·중·하)』, 농촌진흥청.

⑪ 반찬(황해도 봉산군 사례)

주식인 밥에 곁들여 먹는 보조음식이 곧 한국음식에서 볼 수 있는 반찬이다. 본 사례는 황해도에서 조사한 것이지만 계절별 반찬의 구성특성은 대략 대동소이한 것으로 보인다. 하루 일을 맞이하기 위하여 배불리 먹어야 하는 아침은 국 종류에 젓갈류·생선류 그리고 세끼 언제나 나오는 장류로 구성된다. 반면에 점심은 밑반찬 특성을 지닌 간단한 반찬으로 구성되고 저녁은 하루 일을 끝마친 피로를 풀어야 하므로 비교적 아침에 버금가는 성찬이 된다. 그러나 질적으로 버금가기보다는 양적으로 부족함이 없도록 제공된다.

당시의 사정으로 식량자원이 질적·양적으로 한결같이 만족스러울 수 없었기 때문에 반찬으로의 보충은 불가결한 일이었을 것이며, 무·배추·콩·호박(대체식)과 함께 주변의 해안에서 구할 수 있는 허드레 어패류로 젓갈을 마련하는 일이 무엇보다도 중요하였을 것으로 판단된다.

⑫ 계절식

본 자료로 제시된 계절식은 두 가지 의미에서 가치를 지니는 일종의 특식을 소개한 것으로 되어 있다. 첫째는 농사일의 막중성에 비추어 부족한 식사제공의 문제점을 보완하기 위하여 대체식으로 내어놓던 간이식으로서, 수제비·칼국수·부무레·범벅·버리 등의 반찬 없는 가루음식을 밝히고 있다. 물론 정월·단오·추석 등에는 전통적이고 민속적인 음식들이 전해져 만들어져 오고 있었겠지만 당시의 사정 때문인지 위의 대체식·간이식 음식과 크게 다를 바 없는 것들로만 소개되고 있다. 오히려 관혼상제를 맞아 준비하는 음식이 전통 관례적 식단구성의 면모를 더욱 잘 지키고 있었던 것으로 보인다.

⑬ 조선 각지의 명물

1611년에 『홍길동전』의 저자였던 허균(許均)이 "먹고 싶은 음식"이란 뜻으로 『도문대작(屠門大嚼)』을 저술하였으며 이 책에서는 명품으로서 "병이지류(餠餌之類)" 속에 강릉의 방풍죽 등 11종, "과실지류(果實之類)"에는 강릉의 천사리(天賜梨) 등 30종, "비주지류(飛走之類)"에는 회양의 곰발바닥, 양야의 표범태(胎)요리 등 6종, "해수족지류(海水族之類)"에는 평양의 얼린 숭어, 한산의 방어, 아산의 조기 등 40종, "소채지류(蔬菜之類)"에는 호남의 죽순, 제주와 오대산의 표고, 이태원의 락교, 무안의 미역, 삭령의 파 등 25종이 열거되고 있다.[47] 그 가운데 강릉의 방풍죽(防風粥), 안동의 다식(茶食), 개성 엿(飴), 의주 군만두(大饅頭), 장의문밖 두부, 갑산 북청의 둘축떡(豆粥), 강릉·의선, 평안군, 석왕산, 이천의 각종 배 종류, 제주도의 귤·유자 종류, 온양의 조홍시, 남양의 각시, 지리산 오시, 상주반, 지리산 죽실(竹實), 보은 큰대추, 저과도 앵두, 서교의 당행, 삼척·울진의 자두, 춘천·홍천의 황도, 서교의 녹이(綠李), 안양천 반도, 전주 순도, 신천 포도, 개성 오이, 의주 참외, 풍천 모과, 노령 아래 죽순염, 의주 황화채(萱草), 나주 무, 원주 개자리, 제주 표고, 해표 홍채, 이태원 여뀌, 충주 동과(冬瓜)·가지, 함남·평강의 산개지(山芥菹), 영호남 우엉, 전주 생강, 해서의 갓, 삭령 파, 영월 마늘, 순천 작설차, 평창 꿀 등을 이르고 있다.[48]

타카하시의 자료에 제시되어 있는 조선의 명물목 22종은 본 자료소개에 나와 있는 바와 같이 오랜 세월에 걸쳐서 인증된 궁중식(宮中食)에서 유래한 것이다. 1800년대 말부터 돈 많은 민간에 보급되어 알려진 것들이기 때문에, 오늘날까지도 그 명성이 유지되는 것들도 있지만, 그 명성과 유래의 장점적 근원을 밝혀서 전통을 전수하게 하는 것이 바람직할 것이다.

뿐만 아니라 일제강점기를 통하여 특산(주산)지로 형성되었던 채소류 15개소와 과수류 19개소가 알려져 있다.[49][50] 개략을 소개하면, 채소류로는 개성 배추, 완주·서산의 생강, 무등산 수박, 성환 참외, 제주 화북의 양파와 양배

47) 구자옥 등(2008), 『전통농법의 친환경 재배기술과 부가가치 제고 방안 연구』, 농촌진흥청.

48) 許均(1611), 『도문대작(屠門大嚼)』, 성소부부고(惺所覆瓿藁) 卷二十六 참조

49) 구자옥(2008), 8. 특산지 사례, 제5장 채소·화훼기술, 농업과학기술 발달사(상), 『한국농업근현대사』 제6권, 농촌진흥청: 324~335.

50) 구자옥(2008), 7. 특산지 사례, 제6장 과수기술, 농업과학기술발달사(상), 『한국농업근현대사』 제6권, 농촌진흥청: 395~412.

추, 평양근교 마늘, 경남 명지 파, 뚝섬의 불시채소, 함북의 채두·완두, 송정리 고등원예, 연희동 도시근교채소, 평양 직예배추, 대전의 촉성원예, 동래의 초화류, 전남의 채종 씨앗 등이며, 과수류로는 자하문밖 능금, 대구 사과, 영동 사과, 나주 배, 먹골 배, 울산 배, 부천(소사) 복숭아, 포항의 포도·복숭아, 제주 감귤, 의성 사곶감(舍谷柿), 양주·가평 밤, 보은 대추, 강릉 곶감(白柿), 천안 호두, 황해도 사과·배, 수원 과수 등이다.

이들 근거와 합리성 및 지역 전통성을 밝혀 그 명맥과 가치성을 살려가게 할 필요성이 있다.

5) 결론

어떤 식료를 얼마나, 어떻게 먹고 사는가 하는 현실은 한 지역의 한 시대 상황을 많은 관점에서 영향 주기 마련이다. 식생활의 역사는 그래서 중요한 것이고, 또한 그런 이유로 적나라하게 파악될 필요가 있다.

예부터 재해가 자주 빈발하고, 평야지보다는 산간계곡이나 경사지가 많은 우리나라의 경우, 먹을거리가 풍족한 것은 아니었다. 더구나 사색당쟁을 중심으로 하는 양반지식 계급층의 정치가 다분히 허성세월로 흘러서 백성들의 식생활 궁핍상은 거론하기조차 거북한 지경에 있었음도 사실이다.

설상가상으로 일제강점 시의 거반 반세기 세월은 참담한 식민지 정책에 의하여 농토와 농업생산이 철저하게 유린되었던 탓에 백성들의 식생활은 역사에 유례가 없는 지경으로 도탄에 빠져 허덕일 수밖에 다른 도리가 없었다. 당시의 백성들의 식생활을 대변하는 표현이 있다면 그것은 초근목피(草根木皮)·보릿고개·춘추굶기·화전농업·간도이민·산미이출·토막민(土幕民)·전시식량기지 따위와 같은 용어들일 것이다. 당시의 지식인들조차도 "생산은 비록 산술급수적으로 향상되었지만 이출(移出)은 기하급수적으로 늘어나는 모순정책"을 비난하던 지경이었다.

한일합방 당시인 1910년 한 사람의 한 해 곡물소비량이 0.72섬이었는데, 철저한 이민정책이 수반되었던 탓으로 단위면적당 생산성을 향상시켰음에도 불구하고 1930년대에는 그 수치가 44%나 격감된 0.4섬에 지나지 않게 되었다는 사실은 8배나 증가된 곡물 이출량 이외의 어떤 다른 설명을 할 수 없는 사실이다. 그럼에도 불구하고 1937년에 사또(佐藤剛藏)가 『조선농회보(朝鮮農會報)』에 발표한 논문 「朝鮮の農民の食物に就ての私見」[51]에 따르면, 조선의 농민 한 사람당 일 년의 식료소비량이 쌀·보리·조·잡곡·콩을 합쳐서 대략 2섬인 1.9섬이며, 대체식량인 서류가 7.6관, 채소·과일류가 포도·참외·배추만으로도 16관을 상회한 것으로 표현되어 있다. 어느 모로 보나 있을 수 없고 믿을 수 없는 수치라 하지 않을 수 없다.

따라서 『한국농업근현대사』[52]에 기록된 일제강점기 식생활의 면모는, '동아일보'의 기사내용보다는 다소 완화된 표현이지만, 결국 부분적인 초근목피의 실정이 있기도 하였고, 대체로는 보리·조가 주축을 이루어 잡곡을 섞는 혼식, 또는 조·기장·옥수수에 산나물이나 서류를 섞는 혼식이었다고 하였다. 그러나 이들 결론은 일제의 자료가 믿을 만한 것이 못 되기 때문에 당시의 신문기사나 노인들을 탐문하여 얻은 자료를 배경으로 하였다는 아쉬움이 있다. 이와 비슷한 결론은 1922년도에 농촌조사를 통하여 『조선농회보』에 발표한 히가시(東野稔)의 보문을 통하여서도 알 수가 있다.

문제는 믿을 만한 현지사정을 구체적으로 수치화하여 조사한 자료가 뒷받침되어야 한다는 것이다. 역사성 파악의 전제조건이라 할 수 있다. 이런 점에서 타카하시 노보루(高橋昇)의 현지기록은 사실성과 중요성을 지니며, 제대로 정리되어 조사의 오류가 바로 잡아진 자료는 아니지만, 당시의 사정을 적나라하게 살필 수 있는 자료로는 아직까지 이만 한 것이 없다. 다만 이들 자료를 이용하기 위하여, 당시의 통역식 조사에 따르는 오류를 배제하는 것이 결코 용이하지 않다.

당시에 흔히 사용하던 부피 단위의 물량 표현을 무게단위로 바꾸어야 오늘

51) 佐藤剛藏(1937) 朝鮮の農民の食物に就ての私見. 朝鮮農會報 11-1: 5~9.
52) 이연숙·정금주·전혜경·최남순(2008), 앞의 책

날의 척도로 비교·판단할 수 있는 점, 부피단위의 우리말 애매성, 한 식구 속에 머슴이나 동거민의 숫자를 함께 파악하지 않는 관습, 답변자의 감정에 따른 편중 판단 성격 등을 지적할 수 있고, 질문자의 답변내용 처리에도 일본식 관습에 의한 편견처리 경향이 많이 내재하고, 특히 통역자를 대동하는 조사로서 당시 농민 가운데서도 중상류층을 대상으로 조사한 경향이 농후하여 대표성을 가늠하는 데 어려움이 있었다.

이런 속에서도 서로 다른 주체들의 보고 내용들은, 조선의 식생활 면모를 조사한 주체에 따라 서로 다른 결과를 발표한 것으로서 당시의 사정을 일관적으로 파악하기는 결코 쉬운 일이 아니다. 그러나 당시 사정을 객관화시켜 놓고 볼 때, 비록 일인(日人)들에 의한 조사결과라 하더라도 매우 귀중한 사실을 확인시키는 것들이 있다.

타카이(高井後夫)가 수행한 "영양학적 연구" 내용 속에서는, 전국적인 조선인의 식생활 가운데 약 60%는 쌀+보리+잡곡의 혼식형(Ⅱ)이었고 20%쯤은 쌀이 배제된 보리+잡곡의 혼식형(Ⅲ), 13%는 쌀 위주의 단식형(Ⅰ), 그리고 나머지 7~8%는 잡곡 위주의 마구잡이식형(Ⅳ)이었다는 현상도출이 있었다. 또한 지대별로 볼 때는 남선이 Ⅱ+Ⅰ+Ⅲ형, 서선과 북선이 Ⅱ+Ⅲ+Ⅳ형으로 쌀이 배제되고 있었지만, 전국적인 모형은 Ⅱ+Ⅲ+Ⅰ형으로서 쌀이 배제되지는 않더라도 상대적으로 귀하게 취식되고 있었음을 대변한다.

반면에 1940년에 조선농회가 각 지역 농학교를 통하여 조사한 주요 식량조사는 조사지역이나 대상농가가 극도로 편중되어서, 1937년의 사또(佐藤剛藏)의 보고문 내용과 함께 과장된 결과를 나타낸다. 사료로서의 가치를 지니지 못한 것으로 판단된다. 물론 당시 우리나라 신문에 게재된 극도의 빈민이나 농촌현실 정황설명 기사내용도 전체적인 사실자료로서의 가치는 얻지 못하고 있는 셈이다.

또한 1922년에 농촌조사를 통하여 당시 농촌의 식생활을 보고한 히가시(東野稔)의 보고는 비교적 객관성을 지닌 것으로 보이지만, 구체적인 수치자료가 수반되지 못하여 활용하기 어렵다는 점에서 가치손상이 불가피하다. 이런 점에서는 농촌진흥청이 집필한 『한국농업근현대사』 제5권의 '2. 일제강점기의 식생활' 기술도 예외가 아니다.

이와 같은 일련의 사정으로 비추어 볼 때 타카하시 노보루(高橋昇)의 『조선반도의 농법과 농민』에 부분적으로 조사·기술된 농가단위 식생활 기록은, 비록 대상농가가 중상류에 흐른 점이 있긴 하지만, 특정목적이나 정책적 의도가 섞이지 않은 개인적·학술적 개인의지의 노력결과로 이루어진 것이어서 큰 의미를 지닌다고 하겠다. 이들 자료를 통하여 얻어지는 결론을 약술하여 정리하면 대략 다음과 같다고 하겠다.

첫째, 쌀의 주요 생산지인 전라도·경상도·충청도·경기도·황해도 가운데 전라도·경상도·경기도에서는 비록 양적인 차이나 혼식비율의 차이는 있더라도 쌀을 취식하는 빈도가 높았던 것으로 조사되었다. 그러나 황해도는 그 비율이 반반으로 나타났고, 충청도에서는, 조사대상지가 비록 극소하기는 하였지만, 쌀의 취식 사례가 거의 나타나지 않았다. 조사지 설정에 오류가 있기도 하겠지만, 쌀의 이출편중에 따른 결과의 반영이었던 점도 간과할 수 없다.

둘째, 곡물 혼식의 대략은, 전라·경상·경기도의 경우, 쌀+보리이었지만 충청도는 보리+야채가 많았고 강원도는 옥수수·조·피·팥과 감자 사이의 혼식, 황해도는 조+팥과 쌀 사이의 혼식이나 밀가루 조리의 사례가 많았다. 평안도는 황해도와 유사하지만 콩·피·메밀과 수수·옥수수·팥 사이의 혼식, 또는 감자·고구마의 이용률이 높았다. 함경도는 쌀의 이용사례가 거의 없는 대신에 피·조·팥·콩이나 감자·귀리·강낭콩·완두 사이의 혼식이 많았다. 또한 당시에 전라도로 행정구역이 속하였던 우리나라 최대의 섬지역 제주도에서는 쌀·보리·조·메밀이나 콩·감자·고구마 사이의 혼식률이 높았고 산나물의 이용도가 높았던 것으로 조사되었다.

셋째, 전국적으로 혼식되는 두류로는 팥이 으뜸이었고, 콩은 혼식보다도 장류나 비지·콩나물 용도로 쓰였던 것으로 보였다. 북선에서는 강낭콩·완두의 혼반, 벼 또는 피나 서류(감자·고구마)·메밀·녹두가 자주 취식되었고, 밀가루로 쓰이는 밀은 주로 점심이나 보조식으로 많이 쓰이고 있었다.

넷째, 황해도의 경우를 중심으로 광범위한 식생활은 물론 반찬의 체계나 특식·접객식·계절식 등이 소개된 것은, 황해도가 당시 가장 다채로운 농산물(쌀·보리·잡곡·채소·과일 등)을 생산성 높게 생산하는 최고의 농도(農道)이기도 하였겠지만, 조사자 본인이 사리원의 서선지장(西鮮支場)에 근무하였던 데 연유한 결과로도 보인다.

다섯째, 여관의 음식상을 중심으로 조사되었던 손님상 음식, 즉 객식은 지역마다 다양성에 차이를 보였다. 각 지역의 식료산출 특성을 반영한 탓이지만, 어느 곳에서도 팥의 혼반이나 감자·고구마 요리, 또는 산채류나 밀가루 음식이 제공되지는 않고 있었다. 이들은 아마도 가난의 상징처럼 취식되던 이들 음식에 대한 인습적·예의관습적 판단의 결과로 보인다.

여섯째, 황해도 사례로서의 평상식 반찬구성은 아침중심으로 다양하였으며, 점심은 간편한 보조식으로 부엌의 부담을 줄이는 배려가 있었고, 저녁은 질보다 양적으로 충족할 수 있도록 관습화하였던 것으로 보인다.

일곱째, 계절식은 지방과 계절차이에 따라 훨씬 다양하게 발달하였을 것으로 짐작되지만, 조사 당시의 결과는 극도로 식료자원에 제약이 있었기 때문에 배고픔을 달래기 위한 대체식으로서는 지역이나 계절적 변이마저 적었던 것으로 판단된다. 다만 관혼상제의 경우에는 일정한 절차와 차림관례가 존중되었기 때문에 어느 정도 전통 관례적 식단구성의 면모가 지켜졌던 것으로 판단된다.

여덟째, 조선 각지의 명물은 허균의 『도문대작(屠門大嚼)』에 명시되었던 "일류음식"의 내용과 차이는 있었지만, 이는 시대적·원류적 차이에 따른 것으로서 본 자료에 나와 있는 내용은 중국에서 발원하여 조선시대의 궁중식으로 인정되던 물목(物目)이 민간사회로 흘러나와 알려진 것들이다. 역사적으로 우리나라 각지의 장점적 근원이 깊게 실린 결과로 보이며, 따라서 이들의 전통을 살펴 전수시킬 만한 가치가 있을 것으로 보인다. 첨언하여, 일제강점기에 지역특성을 살려 특산지화했던 채소·과실류의 명품이나 명산지들도 같은 맥락으로 연구·검토하고 재기시킬 가치가 있을 것으로 보인다.

3. 신토불이(身土不二) 이야기*

신토불이(身土不二)의 뜻과 유래

신토불이란 글자 그대로를 풀이할 때, "몸(身)과 땅(土)은 결코 서로 무관한 둘(二)이 아니다"라는 뜻이 된다. 즉 "둘이 아니며 서로 다르지 않다"는 말은 곧 "밀접하고 직접적인 연관성을 지니고 있다"는 말이 된다.

주변의 모든 일과 사물들이 국제화되는 과정에서 "우리 것의 소중함"을 일깨우고, 또한 한층 더 "우리의 것을 보다 더 좋은 것으로 지켜 가고 가꾸어 가야 한다"는 필연성을 인식시키려는 단 한 마디 가르침으로 이 말이 쓰이고 있다.

신토불이란 말은, 좁게는 "우리 땅에서 나는 음식물이 우리들 몸에는 가장 좋은 것"이라는 뜻으로 쓰이고, 넓게는 "우리 모두에게는 우리 것들이 가장 좋은 것" 또는 "우리 것들은 우리 몸처럼 아끼고 소중하게 여겨야 할 것"이라는 뜻으로 쓰이고 있다.

신토불이라는 말은 원래 불교의 불이(不二) 사상에서 나온 종교적이고 철학적인 가르침의 말뜻 가운데 하나로 유래시킨 개념이다.

불법에서는 서로 용납되지 않는 고유한 두 존재이면서도 이들 존재 근원(뿌

---

* 본문은 『과학동아』(2006. 08.)의 특집 "한국농업 근대화 100년: 身土不二는 미신인가?"의 제1 주제로 서울대 부경생 교수와 공동으로 발표·게재한 내용이다. 이 글의 최초 원고의 원래의 내용을 살리기 위하여 게재내용을 대폭 수정하고 가감하였다.

리)이 하나인 사실을 두고 "이이불이(二而不二)", 즉 둘이면서 결코 둘이 아닌 "하나"로 표현하며, 이 같은 뜻을 "불이(不二)"로 줄여 나타낸 사상이 곧 불이사상이다.

예를 들어서 둘로 나타나지만 근원이 하나인 상대적 현상체를 묘락대사(妙樂大師)는 열 가지로 논(論)하였으며, 이를 십불이문(十不二門)이라 하는데, 즉 색심(色心: 몸과 마음), 내외(內外: 안과 밖의 인식), 수성(修性: 본성과 수행의 결과), 인과(因果: 중생과 부처의 불성), 염정(染淨: 번뇌와 청정의 생명), 의정(依正: 올바른 주체자와 복된 환경), 자타(自他: 부처와 중생), 삼엽(三業: 행동과 말 및 정신 행위), 권실(權實: 가르침과 진실), 수윤(受潤: 세파와 불계의 삶)의 불이 등으로서 모두가 서로 다르지 않다고 하였다.

우리에게 좀 더 친근하게 알려져 있는 사례의 하나는 『반야심경(般若心經)』에 나타나 있는 불이사상으로서, "색불이공(色不二空) 공불이색(空不二色) 색즉시공(色卽是空) 공즉시색(空卽是色)", 즉 색(色)은 유형(有形)의 만물이며, 공(空)은 본성의 실체가 없이 다만 인연의 소생(所生)으로만 나타나는 정신으로서, 이들 두 물질과 정신은 결코 둘이 아니고 나뉠 수도 없으며 함께 시작되고 함께 사라지는 하나(일체)라는 뜻이다.

"신토불이(身土不二)"라는 슬로건은 "우리나라 토종(土種) 농산물의 애용!"을 대변할 목적으로 농협(農協)이 내걸어서 놀라운 반응과 인식 활성화의 효과를 거둔 것으로 알려지고 있다. 그러나 이 단어 자체는 다산(茶山) 정약용(丁若鏞)의 철학연구가였던 이을호(李乙浩) 선생에 의하여 불교와 다산의 가르침을 인용해서 처음으로 만들어졌고 사용하였던 것으로 알려지고 있다.

다산의 "나는 조선사람이기에 조선의 시를 즐겨 짓겠다[我是朝鮮人 甘作朝鮮時]"라는 말에서도 알 수 있듯이, 비록 한문을 매개체로 쓰지만 결코 중국적인 시가 아니라 조선 토종적인 시를 써야 한다는 신토불이적 발언이었고, 이런 뜻을 이을호 선생은 우리 땅에서 나와 우리 땅으로 돌아가는 우리 민족의 육신은 같은 곳에서 발원하는 우리 토종의 농산물 실체와 결코 다를 것이 없다는 불이적 특성을 철학적·종교적·토속적 어구로 표현하였던 것이다.

이로써 미루어 보건대, 신토불이라는 표현이 결코 우리 민족과 우리 땅(우리 농산물)에만 국한되게 쓰일 것이 아니다. 이 말은 다른 모든 자연적 산물이나 정신문화적 산물·전통·관습과 생활방식 전면에 걸쳐서 곱씹어 소화되고 긍정적으로 쓰일 수 있어야 하는 삶의 철학이며 가르침이고, 모두가 소중하게 지켜 간직할 진화적 슬로건이어야 한다고 말할 수 있다.

신토불이(身土不二) 식생활

인간이 원숭이 부류와 결별하고 숲을 빠져나와서 물가와 들판에 정주(定住)생활을 시작한 것은 진화(進化)의 역사상 가장 획기적이고 뜻있는 일이었다. 정주생활이란 의(衣)·식(食)·주(住)의 제반 생존여건을 주어진 땅과 그 환경에 고정시키는 동시에 생존을 보장받기 위한 농경(農耕)을 일으키는 일이었기 때문이다.

두뇌가 다른 생물과 달리 크게 진화된 덕(德)을 비로소 농경의 시작과 더불어 받게 되었기 때문이다. 그 결과로 얻어진 "농경의 지혜", 즉 농업기술은 혹간 "자연파괴의 요인"으로 보는 잘못된 견해가 있기도 하지만, 지금껏 가장 확실하게 인류의 생존과 번영을 보장하여 주었고, 또한 인류의 문명과 문화를 태동·존속·계승·발전시킨 원동력이었으며, 앞으로도 이 점에는 어떤 차질도 없을 "인류 최대의 유산"으로 일컬을 수 있게 되었던 것이다.

이렇게 인간이라는 존재는 저마다 다른 땅과 그 환경조건으로 특징지어진다. 또한 서로 다른 이들 땅의 조건은 온도와 습도의 차이를 보이는 탓으로 거기에서 발원하는 의·식·주의 실체를 달리할 수밖에 없었고, 오랜 세월에 걸쳐서 그 땅 위에 사는 사람들의 생활과 함께 그들의 몸[身體]과 마음(心性)은 달리 바꾸어져 왔다.

그 큰 골격을 사례로 들어 보자.

이 지구상의 농경과 문화는 크게 농경문화권과 목축문화권의 두 테두리로 나뉘어 이룩되었다. 농경문화는 우리나라·일본·중국과 동남아의 여러 나라들, 그리고 유럽의 라틴계 나라들의 경우, 사람들은 연중 강우량이 많아서 쌀·보리·밀이나 갖가지 채소를 풍부하게 생산해 왔으며, 주로 이들 농산물에서 얻는 탄수화물 위주의 식생활을 해 왔고 그 결과로 육체가 왜소한 편이며 문화 또한 전통적이고 보수적인 성향을 상대적으로 두드러지게 나타낸다. 반면에 아시아의 몽고나 티베트, 그리고 유럽의 게르만 족이나 앵글로·색슨 족의 유목인들로 발원하였던 건조한 지대의 나라들은 가축의 무리를 이끌고 떠돌면서 풀사료를 찾아 나서거나 또는 귀리나 호밀 또는 목초류를 키워 가꾸는 거친 목축문화를 일구어 왔다. 따라서 이곳의 사람들은 단백질과 지방이 풍부한 육류 위주의 식생활을 하면서 신체적으로 장대하게 되었고, 이네들의 품성은 진취적이고 혁신적인 성향을 상대적으로 더욱 짙게 나타내게 되었다.

이런 차이가 결코 정주하는 장소의 땅이나 거기에서 비롯되는 온갖 토속식품이나 식생활과 결코 무관하지가 않다. 신토불이(身土不二)의 섭리가 한 푼의 오차도 없이 발현된 결과라 하겠다.

또 다른 사례가 있다.

우리에게는 "통풍(痛風)"으로 알려져 있어서 단백질 위주의 식생활을 하는 성인들에게 "아픔"의 공포증을 불러일으키는 "요산(尿酸) 과다증"을 들어 말할 수 있다. 골절 마디에 요산이 결정체로 축적되어 부풀어 올라서 바람만 불어도 그 아픔을 견디기 힘들게 만든다는 데서 유래한 병명이다. "이 세상에서 가장 통풍을 앓지 않는 민족이 필리피노인데, 또한 가장 심하게 앓고 있는 민족도 필리피노"라는 말이 있다. 앞의 필피리노는 본국에 살며 자국강토의 식물과 생선 위주의 단백질을 섭취하는 부류이고 뒤의 필리피노는 미국에 이주하여 살며 가축 육류 위주의 단백질을 섭취하는 부류를 이른 말이었다. 정주하여 사는 장소, 즉 땅이 달라지고, 또한 먹을거리의 출처가 다른 데서 연유한 단백질 급원의 차이 때문이라는 것이다. 땅의 차이는 먹을거리의 차이를 불가피하게 제한하고, 이를 섭취·이용하는 사람들의 먹을거리적 가치나 효과, 또는 그 부작용 정도에 따라 이런 극적인 차이가 초래될 수 있다는 것이다.

이 또한 신토불이의 섭리를 내보이는 한 사례라 할 수 없겠는가?

옛말에도, "독사(毒蛇)가 있는 곳에는 항상 그 뱀의 독물(毒物)을 해독(解毒)하는 영초[靈草, 葉草]가 가까이 난다"고 하였다. 이 말을 바꾸어서 "한 생명이 가장 원만한 삶을 지탱하도록 도와주는 신초(神草)는 바로 그 생명이 나서 자라며 사는 곳에 난다"고 할 수도 있지 않겠는가?

그러나 신토불이라는 식생활관은 세계화가 필수적인 이 시대를 혹시라도 역행하는 시대착오적인 발상은 아닐까? '신토불이'는 혹시 미신은 아닐까?

우리나라 사람이 안 먹고는 못 사는 배추김치라도 그 역사는 250년이 채 안 된다. 우리가 즐겨 먹는 채소들도 콩을 제외한 대부분은 원생지가 우리나라가 아닌 외래식물이다. 같은 원리로 따질 때에 패스트푸드가 들어와 2백년 정도 시간이 흐르면 김치버거나 불고기버거처럼 토종음식으로 바꾸지 않을 것인지 한 번쯤은 생각해 봐야 할 것이다. 만약 신토불이가 무조건 옳다면 농산물의 수입은 물론 수출을 해서도 안 된다는 논리가 생긴다. 신토불이라는 단어는 생각하면 할수록 혼란을 일으킨다. 신토불이 사상의 근원적인 취지에서 그 실마리를 찾아보자.

신토불이 사상의 근원을 정확하게 밝히기는 어렵지만, 역사적으로는 조선시대로 올라갈 수 있다. 당시 이전까지는 질병을 다스리고 농사를 일으키는 매사의 모든 지침을 중국에 의존했기 때문에 우리에게 맞지 않는 점이 많았다. 이에 따라 '우리 땅을 중심으로 건강하게 사는 최선의 방편을 찾자'는 선토성(宣土性) 의식이 싹트게 되었고 『향약집성방(鄕藥集成方)』, 『농사직설(農事直說)』, 『의식동원(醫食同源)』, 『식료찬요(食療贊要)』, 『금양잡록(衿陽雜錄)』 같은 책들이 발간되기에 이르렀다.

그림 13. 정약용은 토지국유화와 공동 농업 생산을 주장한 조선 후기의 실학자이다. 신토불이 어원은 그의 사상에서 엿볼 수 있다.

신토불이 사상은 사람의 병이 장기의 불균형에서 비롯되기 때문에 그 땅에서 나는 먹을거리에서 처방을 찾는 것이 옳다는 생각이다. 당시에는 중국의 약재만 좋고, 그것을 구하기가 백방의 노력이나 대가로도 어려웠으니 신토불이 사상을 되짚지 않더라도 최선의 방편을 제자리에서 찾지 않을 수는 없었을 것이다. 또한 제자리 해안(解案)은 최선일 수밖에 없다는 논리(論理)는 세상의 진리를 믿는 바탕에서 틀림이 없다. 다만 신토불이를 '우리 것만 좋고 남의 것은 나쁘다'는 배타적 행위로 확대해 고집하는 경우가 있고, 한 나라의 국경선을 두고 정의하려는 옹졸함을 보이기도 하는 것이 문제이다. 단순히 좁은 시야로만 보지 말고 조금 더 넓게 생각하면 신토불이는 자연의 섭리로 해석될 수 있다.

지구의 관다발식물이 나타난 것은 약 4억 2000만 년 전인 실루리아기 때다. 그 뒤로 약 1억 년이 지나면서 겉씨식물과 속씨식물이 등장했고, 속씨식물은 꽃가루를 매개해 주는 곤충 덕분에 아주 짧은 시기에 새로운 종을 많이 분화시켰다. 겉씨식물을 갉아 먹던 곤충들도 새로 분화된 속씨식물을 먹으면서 새로운 종으로 진화해 왔던 결과로 현재 지구 생물 수의 반 이상을 차지하게 됐다. 먹이와 꽃가루 매개활동처럼 속씨식물과 곤충은 불가분의 공생관계로 발전했던 것이다.

수억 년 공진화(供進化)의 비밀

식물 입장에서는 자신을 해치는 곤충에게서 공격받는 피해를 줄여야 했다. 방어전략을 진화시키지 못하면 생존을 위협받아 멸종될 수도 있기 때문이다. 그래서 털이나 가시를 만들어 물리적으로 막거나 가해성 화합물을 생합성해 곤충의 섭식을 피하거나 줄이는 방어전략을 모색했다. 이에 맞서 곤충은 새로운 먹이식물을 찾아 떠나거나 먹이식물의 방어전략을 이겨내는 새로운 공격전략을 개발했다. 이런 관계는 1억 년 이상 지속되는 '공진화(coevolution)' 과정을 밟게 되는데, 오늘날 우리가 자연에서 보는 동식물의 상호관계가 이런 공진화의 산물이다.

생물이 살아가는 데 필수적인 화합물의 종류는 그리 많지 않다. 아미노산, 지방산, 탄수화물, 무기염 등 100가지 정도면 생명을 유지하고 번식할 수 있어서 이들을 1차 대사물이라고 한다. 그런데 어떤 식물 개체의 화합물 조성을 분석해 보면 수천 내지 수만 가지나 된다. 이들 2차 대사물은 공진화 과정에서 생긴 물질이다. 먹이식물의 1차 대사물 가운데 일부는 오히려 그들을 공격하는 곤충들을 유인하거나 섭식을 자극하는 화합물로 둔갑했다.

실제로 자연계에서 곤충이 먹이식물을 찾는 데는 이런 2차 대사물이 필수적이다. 극단적인 예가 누에다. 누에는 뽕나무에 고유한 모린(morin)이라는 2차 대사물이 없으면 굶어 죽을지언정 다른 식물은 전혀 먹지 않는다. 반대로 같은 곤충이라도 사는 환경이 다르면 다른 식물을 먹는 경우가 허다하다.

먹이식물과 곤충의 관계는 이런 공진화 과정을 거쳐 나온 결과다. 따라서 곤충에게는 현재 그들이 먹는 식물이 그 환경에서는, 특히 화학적인 면에서 최적의 먹이라고 할 수 있다.

인간도 예외는 아니다. 인류가 지구에 등장한 것은 곤충보다 훨씬 늦지만 그렇다고 어느 날 갑자기 나타난 것은 아니다.

선조가 되는 여러 단계의 유인원과 그 이전의 선조 동물들이 적자생존하면서 진화시켜 온 유전자를 물려받으면서 나타난 것이다. 예를 들어 인삼의 사포닌이나 은행나무의 플라보노이드는 모두 그 식물이 방어를 하기 위해 만든 물질인데, 사람이 오히려 약으로 이용할 수 있는 것은 식물의 방어를 이겨낼 수 있도록 진화됐기 때문이다.

인류는 처음 동아프리카에 등장한 뒤 지금부터 약 6만 년 전 북상하기 시작해서 아시아와 유럽으로 이동하며 황색인종과 백색인종으로 분화(分化: diversification) 진화해 왔다.

결과적으로 인류도 종족에 따라서 피부색이나 체격은 물론, 생리적인 기능이 많이 달라졌다. 예를 들어 백인종과 황인종의 가장 두드러진 차이는 소화관의 길이이다. 영양가가 높은 육류에 의존하는 백인의 소화관은 영양가가 낮은 곡물이나 채소에 의존하는 황인종보다 짧다. 이런 차이가 사는 장소의 땅이나 식생활과 결코 무관하지 않다. 신토불이의 섭리가 엄연하게 발현된 또 다른 결과다.

우리나라 사람들은 요즘 들어 식생활이 크게 바뀌면서 성인병을 비롯한 여러 가지 문제점을 드러내고 있다. 지금까지 주로 쌀을 먹으면서 살아왔는데, 상대적으로 생소한 음식인 빵이나 피자를 많이 먹으면서, 밀가루에 알레르기 반응을 나타내는 경우가 매우 많다. 해답이 될지 모르겠지만, 최근 음식이 달라지면 소화기관 내 미생물 종류가 달라진다는 연구도 진행되고 있다.

물론 우리가 먹는 모든 채소가 자연적으로 공진화한 것만은 아니다. 채소의 유전자에는 아직도 선조식물들이 자연계에 생존하면서 축적해 온 유전형질이 그대로 남아 있다. 이와 같이 먹을거리와 그 이용 방식은 제각기 다른 환경에서 살고 있는 민족마다 고유한 방식으로 진화해 왔다. 따라서 생활환경이 급격하게 달라지지 않는다면 먹을거리를 쉽게 바꾸거나 조리 방법을 달리 할 수 있는 선택의 여지가 별로 없다. 지금까지 역사와 전통, 관습에 따라 제각기 진화했기 때문이다. 그렇다고 하더라도 먹을거리와 그 이용 방식에는 좋고 나쁨이나 문명과 야만의 차이가 있는 것은 결코 아니다.

신토불이(身土不二) 식문화(食文化)의 이해

필자는 수년 전에 Emiko Ohnuki-Tierney 여사의 『Rice as Self(자신으로서 쌀)』이라는 민속학 저서를 우리말로 번역하여 출판한 적이 있다. 그녀(1993)의 말을 빌리면 "먹을거리는 자신을 다른 사람에게 견주어 스스로 누구인가를 생각게 하는 역동적인 구실을 한다"고 하였다. 또 Parry(1985)는 힌두교 문화를 설명하는 가운데 "인간은 먹을거리로 규정된다. 먹을거리가 창출하는 것은 물질적인 육체에 그치지 않고 도덕적인 천성을 이루기도 한다"고 하였으며, Braudel(1973)도 유럽 문화권 지역을 예로 들어 역시 비슷한 내용을 언급하였다. 즉 "당신의 먹을거리를 알려 준다면 당신이 어떤 사람인지 알수 있다"라는 말로서 독일의 속담인 "인간은 곧 먹을거리(Der Mensch ist was er ist)"라는 말과 마찬가지 뜻의 이야기를 하였다. 우리의 "신토불이"라는 말과 하등 다를 것이 없는 이야기이다.

먹을거리는 사람들의 삶뿐만 아니라 다른 사람들과의 관계 속에서 스스로를 자인할 수 있는 차별성까지 드러낸다. 사람에 따른 조리나 요리법, 또는 특이한 음식은 다른 사람들과 구분 짓는 징표가 된다. 예를 들어서 일본인은 생식(生食)이나 사시미[刺身]를 즐겨 먹는 것으로서 경우에 따라서는 잔인한 식습관이라는 특징을 느끼게 하는 반면에 중국인은 기름투성이로 지지고 볶는 음식을 하므로 불결한 식습관이라는 특징을 느끼게 한다. 한편 우리는 고추장·된장·김치에 마늘냄새를 풍기는 고리타분한 식습관이라는 특징을 다른 나라 사람들에게 느끼도록 한다.

옳은 식문화는 아니겠지만 사람들은 자기네 끼리끼리의 요리와 음식에만 선호적으로 철저하게 집착되어 있는 탓으로 다른 사람들의 식사 예절이나 음식 문화에 대하여는 그 자체부터 거부감을 가지거나 일종의 혐오감을 가지게 된다.

예를 들어서, 아프리카나 남미의 오지에 기행하여 여러 날을 함께 사는 생활체험을 하며 이들 기록을 방영하는 TV프로그램이 있는데, 가장 신기하게 눈에 띄는 장면은 상상도 못 할 벌레나 애벌레를 원주민과 함께 어울려 산 채로 먹는 시범을 보이는 내용이다. 원주민들은 가장 반갑게 환영하며 애정을 느끼는 일이지만, 음식을 달리하는 사람들은 아마 징그럽다거나 잔인하다는 생각으로 치를 떨 것이다. 신토불이의 식문화 섭리로 볼 때는 이런 편견 있는 거부감을 내보이는 것이 사뭇 잘못되거나 빗나간 인간들의 행태일 밖에 없다. 먹을거리가 자신의 실체(육신과 정신, 또는 신토)를 드러내는 징표일 수 있듯이, 남들의 먹을거리에 대한 상대적 실체의 존엄성과 진실성을 그네들의 징표로 인정하고, 나아가서는 이런 차별성을 인종적으로나 문화적으로 배재하려는 노력이 필요하다.

더욱이 우리나 일본, 또는 여타의 많은 나라에서 내보이는 주식(主食)과 부식(副食) 가운데, 주식에 대한 자타의 인식과 그 역할은 실로 막강한 힘을 갖는다. 우리의 경우, "쌀은 곧 우리 자신"이며 쌀을 생산하는 "논은 곧 우리의 땅이며 나라"로 인식되고 또한 그만 한 힘을 갖는다.

최근 WTO 협상 과정에서 "쌀만은 지킨다"거나 "농산물만은 안 된다"는 강력한 캠페인이나 저항운동이 전개되고 있다. 쌀은 우리의 주식으로서 자존심이며 또한 우리 자체의 인생이고 삶이라 인식하는 탓이며, 농산물은 결코 상업주의적 입장에서 대규모 단일작물 생산체계로 이루어질 수 없는 것이기 때문이다. 우리와 같이 작은 나라에서는 소면적 다작목 생산에 의한 농업생태계 유지가 필연적이며, 생산성만을 염두에 두는 대면적 단일작목 생산체계는 곧 우리나라 농경의 종식을 뜻하기 때문이다. 먹을거리의 자급체계가 무너지면 농경이 죽고 또한 그 나라 땅의 기능이 죽는데, 이들 땅은 곧 국민의 실체와 다르지 않은 불이(不二)의 관계에 있기 때문이다.

저마다 이루어 가는 농경은 단순히 굶주린 위장을 채우기 위한 먹을거리를 생산하는 데 그치지 않고 한 민족의 정신과 문화, 삶의 애환과 사랑, 함께 단결하여 어려움을 극복해내는 힘과 정열이 깔려 있기 때문이다. 신토불이의 식문화가 존중되고 그 섭리가 깃들여지는 식문화야말로 그 민족과 영토를 지켜 영원한 생존과 민족문화 계승·발전의 굳건한 터전을 만들어 주기 때문이다.

신토불이식(身土不二食)의 이해

먹을거리와 그 이용 방식은 민족마다 고유한 특성을 보인다. 민족마다 무슨 옹고집이라도 부려 가며 자존심을 내세우려는 것도 아니고 세계화·서구화하거나 선진국화하지 않으려는 거부감이나 비뚤어진 배타심으로 그러는 것이 아니다. 영토를 달리하는 탓으로 먹을거리를 쉽게 바꾸거나 조리 방법을 달리 할 수 있는 선택의 여지가 없기 때문이다. 먹을거리나 이용방식에 따라서 영양가치가 어떻게 다르며 달라지는지를 몰라서 그러는 것도 아니다. 주어진 조건이 그렇고 역사와 전통, 관습이 그러하며, 그렇게 진화되어 온 탓이다. 따라서 먹을거리와 그 이용 방식에는 좋고 나쁜 차이나 선진·후진의 차이가 없는 것이고 문명과 야만의 차이가 있는 것이 아니다. 어느 누구도 손가락질하거나 또는 비록 FTA와 같은 국제적 사유만을 결코 강요할 수가 없는 일이다.

미국이나 중국과 같이 큰 나라에서는 땅이 넓고 여러 종류의 기후대가 분포되어 있어서 다종다양한 농산물이 생산되지만 작은 나라에서는 고작 몇 종류의 농산물이 생산될 뿐이다. 그래서 큰 나라 땅에는 또한 수많고 다양한 신토불이식의 유형이 존재하지만 작은 나라에는 단순한 유형이 고정되어 있을 것이다. 또한 그들 땅에서 나는 농산물의 생산유형도 제각각 다양하거나 단순하며 그렇게 그네들의 삶이 분화되거나 고정되게 마련이다.

남미와 중남미에서는 옥수수와 고지대의 목초류·커피·카카오, 또는 감자·사탕수수와 면화·담배 따위가 생산된다. 반면에 동남아의 나라들에서는 벼와 함께 고온다습한 지역에서 적응하는 유료작물이나 공예작물이 생산되며 풍부한 어류와 열대·아열대의 과일이 생산된다. 호주나 게르만계 나라들에서는 축산물이 풍부하고 밀과 올리브유가 많이 생산된다. 우리나라나 일본은 쌀과 보리·채소류와 근해의 어류 생산이 많은 나라이다.

따라서 나라나 지역마다 제각각 무엇을 먹고 무엇에 의존하여 생존하며 그 문화를 세워 가든지 남들이 시시비비하거나 바꾸도록 강요할 까닭이 없다. 또한 이용방식에 있어서도 나라나 지역마다 그 고유성이 인정된다. 지구상의 각 공간(지역)마다 영위되는 식생활은 생산되는 작물이나 가축 또는 수산물이 다르고 환경에 따른 삶의 형태와 요구조건이 다르기 때문에 조리방식도 달라지게 마련이다.

기후 특성에 따른 식생활 차별화의 공통점을 살펴보면 다음과 같다.

① 열대 몬순(Monsoon) 지역: 동남아시아의 해안 및 도서[섬] 지역을 주축으로 하는 곳으로 쌀·옥수수·카사바·얌 등과 닭·돼지·오리 및 풍부한 생선들로 먹이 자원이 이루어진다. 기후 탓으로 음식의 부패가 우려되고, 강한 맛이 요구된다. 따라서 발효 식품보다는 신선한 원료의 즉식(卽食) 조리가 주종을 이루게 되며, 기름기(lipids) 많은 재료에 향료와 자극성 조미료가 많이 섞인다.

② 열대 우림(雨林) 지역: 콩고 강 유역의 아프리카와 저지대 라틴 아메리카 중심 지역으로서 토양의 염류 집적도가 낮다. 카사바·얌·고구마 따위의 근경식물(根莖植物)과·생강·고추(chilli) 및 바나나·파인애플·망고·파파야·야자가 많이 생산되며 땅콩의 생산도가 많다. 가공법이나 새로운 조리 과정 수용의 필요성이 낮다.

③ 온대 지역: 한·중·일 3국을 포함하는 동아시아 지역으로서 식문화의 발달이 찬란하다. 쌀·밀·보리·콩·고구마·감자·조·수수뿐만 아

니라 소·돼지·양·닭·오리 따위의 풍부한 가축이 원료로 제공된다. 특히 콩이나 채소가 다양한 발효식품이나 조리 방식으로 이용되어 맛과 소화성이 뛰어나다. 또한 해조류와 생선까지 여러 형태로 이용되고, 가축은 모든 부위를 저마다 다른 조리법으로 식용한다.

④ 초원(Savanna) 지역: 북미 중앙부, 남미 브라질, 중앙아프리카, 호주 남해안 등지에 분포하며 체구가 작지만 키가 크고 강인한 종족들이 유목에 가까운 생활을 한다. 풀숲의 동물이나 강가에서 물고기를 사냥하고 식물의 열매나 잎·뿌리를 채취하여 먹이로 하는 식생활 전통을 이어오고 있다.

⑤ 숲(Jungle) 지대: 주로 콩고나 카메룬과 같은 열대 지역에 분포하지만 온대나 한대 지역에도 숲 지대가 있어서 사람들의 종족이나 분포 밀도, 사는 방식에 차이가 많다. 대체로 체구가 작고, 외계와 격리된 전통 생활을 꾸리고 있다. 또한 유동적인 수렵과 채취 생활을 하면서 숲의 생태계 생물들과 공생적 생활을 한다. 거처는 일시적인 경우도 있으나 근원적으로 이주된 어로민(漁撈民)이나 농경민인 경우에는 정착 생활을 하며 소규모의 농경지를 일구고 산다. 화전(火田)의 형태를 단계적으로는 거치며 살기도 한다. 넉넉하지 않은 곡식이나 근경류를 채취하여 먹을거리로 삼는다.

⑥ 해안·섬 지역: 공통적으로 바다에 면해 있고 대륙과 격리되어 있다. 물자와 문화의 교류가 높지만 고유성·전통성이 오래 지켜지며 곡물과 채소, 육류가 부족한 대신에 열매류와 해산물이 항상 싱싱하고 풍요롭게 제공된다. 이런 이유로 인구의 과밀 현상이 적고 기계 문명의 발달이 늦으며 재배 식물종이 적고 조리 및 가공 기술이 빈약하다. 음식의 부재료는 해산물과 근경류(카사바·얌·고구마·땅콩 등)이다.

⑦ 강·습지 지역: 큰 강이나 습지는 인류가 오랜 숲 생활[樹上生活: 수렵과 채취 생활]을 벗어나서 농경과 목축을 정착시키며 비로소 많은 식구를 부양케 된 근원 지역이다. 중요한 세계 문명의 발상지들이 한결같이 큰 강 유역이었고, 우리나라의 과거 중소국가 분파들도 큰 강 유역을

중심으로 하였다. 오늘날 중국의 중요한 먹을거리 자원으로 연뿌리나 물토란, 물남가새, 민물고기(잉어 등) 따위가 손꼽히는 것이나 우리나라의 미나리, 다뉴브의 철갑상어 알(cavier) 따위도 유사한 먹을거리의 유래에 따른다.

⑧ 사막·반사막 지역: 건조지역을 일컫는다. 선인장이나 메스키트(mesquit) 따위의 사막식물(Xerophyte)이 자라므로 잎이 없거나 바늘 모양으로 진화하였고 잎이 가늘거나 줄기와 함께 흰 색깔을 띤다. 일년생 식물도 물이 있는 한 계절에 재빨리 일생을 마치며 종자는 오랜 기간 휴면이 가능하다. 독특한 적응성 벌레·파충류나 조류·동물이 있고, 쉽게 물과 풀을 찾아 이동하는 유목민들(약 10억 명 추정)이 산다. 건조 기후에 적응력이 높아 다른 생물이나 환경과 공생적인 삶을 지키며, 말린 고기(乾肉), 땅의 소금기, 야생지 당근·부추·순무·고구마·아치쵸크·강낭콩을 중심으로 하며 재배되는 작물·채소와 방목되는 가축의 고기 및 젖을 먹을거리로 한다. 일상적인 조건은 건조하며 물이 귀하고, 밤낮의 기온차가 크며, 인구는 적으나 바람이 심하고 땅에 염분이 높다. 유독한 곤충류나 파충류가 분포한다. 향료와 차(茶)를 많이 먹고 닭·돼지·양의 고기나 파·마늘·고추를 자주 먹는다. 술(馬乳酒)을 상습하는 곳도 많다.

⑨ 고산 한대 지역: 고산과 한대는 동일한 지역이 아닐 수 있으나 "춥다"는 공통점을 지닌다. 이런 곳에 사는 사람들은 추위를 견디기 위한 적응형태의 삶을 산다. 단기간의 계절에 공급되는 식물성 먹이와 사냥감을 장기간 갈무리하며 식량원으로 삼는다. 먹을거리의 단순화로 인하여 특정한 영양소, 특히 비타민이나 기타 미네랄의 부족현상을 초래하는 사례가 많다. 고지대에서는 딸기·양송이·버섯류가 신선하게 공급되고 화전(火田)에 의하여 옥수수·감자·콩·조와 소·염소 또는 산채류가 풍부하게 공급된다. 이들 재료의 가공·조리 음식들도 가루를 내어 부쳐 먹거나 말린 나물이나 말려 발효시킨 고기로 저장하여 먹는 사례가 흔하다. 우유나 콩류를 발효시켜 먹기도 한다.

결언(結言) 한마디

이른바 신토불이식(身土不二食)이란 결코 배타적이거나 전통보수적인 이해관계에서 주장되는 생각이 아니라 피차간에 이해되고 인정되며 존중될 수 있는 제각각의 필연성에서 주장되는 사정이다. 또한 신토불이식은 일종의 자연적 섭리이며 환경친화적인 삶의 원형이라 할 수 있다. 따라서 이 문제는 상품을 수출입하는 국가 간 행위의 대상과 달리 삶의 공간 상호 간에 이해되고 존중되어야 할 정서의 대상이다.

또한 먹을거리나 먹는 일 또는 먹는 일의 문화는 현대 과학적으로 모두를 설명할 수 없는 범주의 논리이다. 현대의 잔재주 같은 과학으로 이야기될 수 없는 정서의 세계가 이루어 가고 있는 그 언젠가의 또 다른 과학일는지 모르겠다.

따라서 오늘을 사는 사람들의 얕은 과학이거나 이해관계를 내뱉는 과학논리의 범주에서 결론을 내려는 생각은 애당초 가능치가 않다. 그러면서도 우리 선조들의 지혜는 아무런 부조리나 불합리를 느끼지 않으면서 모든 사람들의 공감대를 얻어 묵묵히 실현되어 왔던 진리의 길이었다. 이를 뒷받침하는 연구 결과들도 하나씩 둘씩 숫자를 더해가며 밝혀지고 있다. 시간의 문제가 있을 뿐이라 생각된다.

결론에 곁들여 공진화의 일면을 알기 쉽게 설명하는 참고자료(조선일보 2007. 09. 01.) 하나를 인용·제시한다.

사랑과 생식기 전쟁
─ 그곳에서 벌어지는 수컷과 암컷의 '은밀한 군비전쟁' ─

짝짓기 전쟁의 창과 방패

수컷은 가능한 한 많은 암컷들과 짝짓기를 하고 그때마다 자신의 후손이 생겨나길 바란다. 딱정벌레의 일종으로 길이 수mm에 콩을 먹고 사는 바구미(seed beetle)도 마찬가지다. 수컷 생식기에는 짝짓기 도중 생식기가 빠지는 것을 막기 위해 암컷의 몸 내부에서 닻 역할을 하는 가시가 나 있다. '미스터 바구미'의 비장의 무기인 셈이다.

스웨덴 웁살라대학의 고란 안크비스트(Arnqvist) 교수 연구팀은 지난 6월 '미국립과학원회보(PNAS)'에 발표한 논문에서 7종의 바구미를 조사한 결과, 일부 수컷의 생식기에 무려 100개 이상의 가시가 나 있는 것을 발견했다고 밝혔다 이 정도 양의 가시라면 자칫 암컷에게 치명적인 상처를 입힐 수도 있다.

바구미 암컷도 이런 수컷에 대항할 방어 수단이 있었다. '미세스 바구미'는 딱딱한 껍질로 생식기를 감싸고 있었다. 창에 방패로 대항하는 셈이다. 연구팀은 암수 생식기 간에 군비전쟁이 벌어지면, 서로에게 맞는 상대만 짝짓기를 할 수 있게 되어서 결국 새로운 종의 탄생으로 이어질 수 있을 것으로 보고 있다.

그렇지만 군비전쟁이 극심해지면 태어나는 후손이 적은 것으로 나타났다. 안크비스트 교수는 "바구미는 짝짓기 군비전쟁으로 인한 진화가 안 좋은 쪽으로 진행된 경우"라고 설명했다.

바람둥이 다스리는 암컷

군비전쟁의 균형이 무너지면 짝짓기는 어느 한쪽에 유리한 방향으로 진행된다. 안크비스트 교수팀은 2002년 "네이처"에 발표한 논문에서 소금쟁이 수컷은 더 많은 암컷과 짝을 맺기 위해서 진화한 반면, 암컷은 원하지 않는 수컷으로부터 벗어나기 위해 진화하고 있다는 사실을 밝혀냈다. 예를 들어 어떤 종의 수컷은 암컷을 꽉 잡고 짝짓기를 할 수 있도록 다른 종보다 더 납작한 배와 강한 앞발, 그리고 긴 생식기를 가지게 되었다. 반대로 어떤 종의 암컷은 수컷의 짝짓기를 방해하기 위해 배가 길거나 아래로 많이 기울어져 있었다. 수컷은 더 많은 암컷을 찾아 자신의 유전자를 퍼뜨리려 한다. 그렇지만 짝짓기가 끝난 암컷에게 더 이상의 짝짓기는 쓸모없는 희생이다. 그래서 횟수나 대상을 늘리게 된다. 암컷이 수컷을 압도하는 종에서는 이틀에 한 번꼴로 짝짓기가 일어나지만, 수컷이 암컷보다 우위일 때는 하루에도 20번씩이나 짝짓기가 이뤄지는 현상이 바로 그것이다.

일부일처제 유지에도 이용

암수 간 생식기의 공진화는 일부일처(一夫一妻)제를 유지하는 수단이기도 하다. 물에서 사는 새들은 대부분 일부일처제를 유지하나 때때로 강제적인 짝짓기도 일어난다. 지난 4월 미예일대의 패트리샤 브레넌(Brennan) 박사는 '공공도서관(PLoS ONE)'지에 물에서 사는 조류는 암수의 생식기가 나사처럼 들어맞을 수 있도록 함께 공진화하였다고 보고하였다.

그러나 강제 짝짓기를 많이 하는 종에서는 수컷의 생식기가 매우 길고 나선모양이 발달해 있었다. 암컷의 생식기에는 그 반대방향의 나선이 나 있었으며, 중간 중간에 수컷 생식기의 진행을 막는 주머니들이 나 있었다.

연구팀은 암컷이 원하는 상대와 짝짓기를 할 때는 수컷과 생식기 나선이 잘 들어맞게끔 몸의 위치를 조정하고, 반대로 원치 않는 수컷이 짝짓기를 시도하면 이런 신체 구조를 활용해 막아내는 것으로 추정했다(이영완 기자 ywlee@chosun.com).

제2편

우리 농업사의 산책

1. 우리 농업의 시대적 발전 과정*

한국농업은 유구한 역사를 거치면서 많은 발전을 거듭해 왔다. 그러나 오늘날 국제경쟁력이
라는 시대적 요구에 부딪히면서 농업부문에서 새로운 정립이 필요하게 됐다. 농업을 새롭게
정립하는 데 있어서는 우리 농업의 역사를 최선의 교사로 삼는 지혜가 필요하다. 그 곳에서
숨은 지혜와 경쟁력 있는 기술을 발견할 수 있기 때문이다. (『디지털농업』 편집자의 글)

우리 민족이 원시농경을 일으키며 정착생활을 시작한 때는 대략 신석기인
기원전 6000년이다. 당시의 원시문화는 애니미즘(자연정령설) · 샤머니즘(무속
설) · 토테미즘(부족숭배설)에 바탕을 둔 것이었다.

이후에 작물과 가축 종류가 많아지면서 중국의 신화(神話)인 신농(神農)과
고조선의 단군신화에서 유래하는 농본주의 및 농경문화를 유합 · 계승해 건국
이념과 통치관 및 전통생활의 가치관으로 발전시켜 왔다.

영고(부여 12월) · 동맹(고구려 10월) · 무천(동예 10월) · 수릿날(삼한 5월) ·
계절제(삼한 10월) 등이 농경 · 제천(祭天) 행사로 치러졌고 이때부터 벼농사도
시작됐다.

삼국과 통일신라 · 발해 등 고대에 있었던 특징적 변모는 촌락단위의 공동
체적 조직과 왕토사상(王土思想)이 근간을 이뤄 초기의 농경국가적 틀을 세

---

* 본문은 농협의 『디지털농업』이 2006년 11월 특별기획으로 "한국농업기술 어디까지 왔나?"라는 특집호를
발간하였다. 이 행사의 제1 주제로 필자가 발표한 내용이 "우리 농업의 시대적 발전과정"이다.

왔고, 서역이나 중국의 영향 아래서 불교문화를 계승·발전시키는 계기가 마련됐다.

때를 같이하여 한문이 전래되면서 천문학과 지모설(地母說) 및 음양오행설이 유입됐고, 대내적으로는 저수지 축조, 우경화(牛耕化)와 땅 없는 백성에 대한 정전제(丁田制)가 마련됐다.

특히 농업기술의 수준이 단순하던 당시에 한문이 전래되면서 대륙의 한전농법(旱田農法)을 위주로 한 중국의 농법이 직수입되었고, 『범승지서』(기원전 1~2세기 간행)나 『제민요술』(서기 532~544년 간행) 같은 중국의 고대 농서(農書)가 가감 없이 활용되기에 이르렀다. 이때부터 『농상집요(農桑輯要)』(서기 1273년 간행)가 도입되던 고려 말기까지는 우리의 농업기술과 과학이 중국의 것을 공유(共有)하던 시기이다.

이 시기에는 도교와 풍수지리설에 기인한 비과학적 농법이 유입되는 폐해도 있었지만 세역농(歲易農), 즉 땅 힘을 저축하기 위한 해거리 농법을 바꾸어서 매번 땅을 놀리지 않고 농사를 짓는 불역농(不易農, 常耕農)으로 발전시키고, 깊이갈이와 가축분[畜糞]을 사용함으로써 땅을 2년3작(二年三作)하기에 이르렀다. 또한 목화를 도입해 의생활 문화를 일으켰다.

근세 농업기술

1) 1차 르네상스

세종조를 주축으로 하는 조선왕조 전기(서기 1400~1600)에는 건국과 통치이념을 중농(重農)에 두는 『경국대전(經國大典)』을 반포하고, 고려조의 불합리한 제도, 즉 중국에 전적으로 의존하며 따르던 농본이념과 나라말(國語)·농무기술·의료방식 등을 우리 현실에 맞는 것으로 바꾸려는 자의식이 발동됐다.

왕(王) 자신이 몸소 농경에 참여하는 사직(社稷)으로서의 친경제도(親耕制度)와 제천의식을 거행하고, 백성들이 쉽게 익혀 활용할 한글을 만들었다. 그리고 중국의 약제나 처방을 대신해 우리 체질에 맞고 우리 땅에서 나는 약제의 처방을 활용할 『향약구급방(鄕藥救急方)』을 정비했다. 그뿐 아니라 천기와 지리에 맞는 합리적인 농사법을 찾아 집대성시킨 우리만의 농서(農書), 즉 『농사직설(農事直說)』을 편찬케 하였다.

민족 역사상 최고의 명군이었던 세종대왕 시대를 일컬어 제1차 르네상스시대라 가히 이를 만하다.

세종대왕은 한글이나 측우기 발명 외에도 농촌 인력을 향도·계·두레와

오가작통법이나 호패법으로 다스리면서, 농사철에는 일손을 방해하지 않도록 적기영농·적지적작·전력투구하는 농무원칙을 세웠다. 그는 과학기술적 농무를 지원하기 위해 『농사직설』·『양화소록』·『금양잡록』·『사시찬요초』·『한정록』·『도문대작』·『농가월령』·『농가집성』 같은 우리 고유의 농서는 물론, 백성들이 보건과 의료행위를 손쉽게 하도록 『구황촬요』, 『향약집성방』 같은 의료서도 편찬케 했다.

전순의(全循義)가 편찬한 『산가요록(山家要綠)』이나 『식료찬요(食療纂要)』는 농서적 식품과 의료적 약방(藥方)을 겸해 기술한 최고의 서책이라 할 수 있다. 이후에 『동의보감』이나 사상체질의학이 집성된 것도 결국 조선조 초기의 르네상스적 기운에서 발원된 것으로 보인다.

당시 농사기술에 있어서는 우리 풍토에 맞는 만파조생종인 구황조·50일조 같은 품종이 만들어지면서 벼 30종, 보리와 밀 8종, 기장 6종, 콩류 35종, 동배류 3종, 조 16종, 수수 4종, 피 5종 등 87종이 분류·정리되었다.

또 각종 거름(유기질 비료)이 제조, 시비되고 밑거름과 덧거름 주는 시기가 체계화됨으로써 휴한농법(休閑農法)이 상경농업(常耕農業)을 거쳐 1년2작(一年二作)으로 이어졌다. 즉 다모작 체계(多毛作体系)를 이룬 것이다.

기상을 관측하고 태양·태음력을 융합시킨 24절기의 과학성이 밑받침된 농사법이나 저수지 수축을 효율적으로 해내는 기술은 이미 동양에서 독보적이었다. 채소를 직파하지 않고 육묘, 이식하거나 과수나 묘목의 번식법을 개발하고 저장법을 전문화시켜서 각지의 명산지가 발달한 사실은 허균(許筠)의 『도문대작(屠門大嚼)』에도 잘 명시돼 있다.

특히 놀라운 것은 개간기술이나 제초법 개발이다. 각종 작물을 줄뿌림하거나 줄 맞추어 이식함으로써 제초 및 재배관리를 생략화(省力化)시킨 것은 가히 서구에서 농업혁명(1700)이라 불리는 마경농법(馬耕農法), 즉 조파법(條播法)보다 앞서 실험시켰던 역사적 기술이었다고 할 수 있다.

또한 그루갈이[根耕]하거나 혼작·혼파 또는 마른갈이[乾耕]하는 생태적 농법은 중국에서 유래한 한전농법(旱田農法)을 훨씬 능가하는 농업기술의 실현이다.

그러나 애석하게도 이와 같은 르네상스적 농업과학기술의 밑바탕이, 임진왜란이나 양대 호란을 겪으면서 상실·파괴되기에 이르렀다.

2) 제2차 르네상스

정조조를 극치로 하는 조선왕조 후기(서기 1600~1863)는 피폐해진 농촌·농지·농민과 백성들의 망가진 삶에 희망을 보였다. 이때는 실사구시(實事求是)·경세치용(經世致用)·이용후생(利用厚生)하려는 사조가 일어났으며,

이를 일컬어 제2차 르네상스 시대라 할 수 있다.

　주로 농사기술을 언급하던 각종 농서들, 즉 『산림경제(山林經濟)』나 『증보
산림경제(增補山林經濟)』에서도 중국의 옛날 또는 새로운 농사기술을 재평
가, 분석하는 한편 우리 고유의 체험적 농사 기술을 체계적으로 정리함으로써
신기술을 무수히 쏟아내기에 이르렀다.
　조선조 전기의 민족 고유의 의료적 재료와 처방을 체계화시키려는 노력과
그 의도가 이제마(李濟馬)의 『동의수세보원(東醫壽世保元)』이나 허준(許浚)
의 『동의보감(東醫寶鑑)』과 같은 의방(醫方)으로 집대성되고, 농무의 과학기
술과 농경의 이념들도 각종 농서를 통해 우리의 것, 우리의 방법으로 다시 일
으키게 되었다.

　정조대왕의 재위 22년(1798)에 우리나라 최대 농사기술서로 『농가지대전
(農家之大典)』을 편찬해 보급케 했는데, 이것이 곧 『권농정구농서윤음(勸農
政求農書倫音)』이다.

이에 호응해 전국의 유수한 젊은 학자들이 69건의 농서를 써 올렸으나 불행하게도 1800년에 정조대왕이 급서(急書)함으로써 결과가 무산되고 『응지진농서(應旨進農書)』라는 원고로만 남겨지고 말았다.

다만 이때의 윤음과 뜻을 같이하여 이후에 편찬된 농서로는 박지원(朴趾源)의 『과농소초(課農小抄)』와 서호수(徐浩修)의 『해동농서(海東農書)』, 우하영(禹夏永)의 『천일록(千一錄)』, 최한기(崔漢綺)의 『농정회요(農政會要)』, 서유구(徐有榘)의 『임원경제지(林園經濟志)』, 이지연(李止淵)의 『농정요지(農政要旨)』 등을 들 수 있다.

이들 농서에 기록된 농사기술 가운데 우리의 독창성과 혁신성이 있었던 기술특성과 결론으로는 우선적으로 미신적 요소를 배제하고 기존의 기술을 정리하였음은 물론 한발대책, 농사와 생활의 기계론, 혼작을 단작으로 바꾸는 경영적 이치, 반답(反畓)을 밭(田)으로 환원하는 이치, 건답직파 기술들을 예로 들 수 있다.

농사 현장에서 변모하던 생산기술로는 새로운 작목, 즉 옥수수 · 땅콩 · 고구마 · 감자 · 고추 · 호박 · 토마토 · 강낭콩 · 딸기 등의 작물이 도입되고, 목화 · 인삼 · 배추 · 순무 등의 작물이 재도입되었다.

작물의 품종분화도 활발하게 진전되었는데, 시비 기술의 다양화에 따른 작물의 기상적 · 생물적 재해도 늘었다. 이에 대처하기 위해 계절에 의존하던 농업기상의 장기관측법이 며칠 단위의 단기예측법(短期豫測法)으로 정밀해졌을 뿐 아니라 오해고(五害攷: 물 · 가뭄 · 태풍 · 서리 · 병해충) 또는 비황잡방(備荒雜方)의 예방기술이 제시되기도 하였다.

괄목할 만한 기술변화는 모내기법의 일반화로서 물 관리의 어려움이 전제되더라도 잡초방제라는 이점을 얻어 노동생산성을 높이고 대면적 농사를 가능케 하는 개선효과를 보였다.

지력 증진으로 다모작함으로써 토지생산성을 높일 수 있는 윤작법(輪作法)도 발달했다. 채소의 경우 두둑재배법·구덩이재배법·육아법·연화법·싹틔움법·냉상육묘법·저장법·촉성법·줄기접붙이기법 등이 개발·보급되었다.

그리고 각종 화훼류나 과수류에 대한 번식법·접목법·방제법 및 저장법이 개발되었고, 잠업에서의 『증보잠상집요』·『잠상집요』·『작잠사육법』 등의 기술농서가 편찬, 배포되었다. 축산 분야에서는 중요한 축종별로 질병치료와 생산평가 및 사양기술이 정리·제시되었으며, 농가경영에 대한 근대적 기술이 활발하게 논의되었기에 이르렀다. 상품화농업이나 광작농(廣作農)의 개념이 이 무렵에 본격적으로 시도되어 근대화의 기치를 세웠다.

그러나 이 시기의 제2차 르네상스적 농촌사회 변혁의 노력도 정조대왕의 급서 또는 이후의 정치·사회적 질서 문란과 사대부 및 탐관오리들에 의한 농무 침탈로 그 빛을 보지 못한 채 일본식 및 서구식 문명에 충돌해야 하는 운명을 맞게 되었다.

근대 농업기술

1) 조선조 말기(구한말)

1897년 국호를 대한제국으로 바꾸고, 기존의 병든 정치·사회적 질서를 바로 세우고자 했다. 그러나 격랑처럼 밀려드는 서구식 문명과 충돌하면서 우리나라는 아무런 대비책도 없이 문호를 개방당할 수밖에 없었다.

신학문의 농업기술이 도입되면서 최초의 농업교육기관과 농사시험연구기관이 설립되고, 개화기의 선진 농업기술서가 출판, 배포되기 시작하였다. 신사유람단의 일원이었던 안종수(1857~1895)의 『농정신편(農政新編)』이 출간되고, 고종 황제의 칙서(1899)에 따라 1904년에 농상공학교(農商工學校)가 설립되었다.

1906년에는 뚝섬에 농사시험을 주관하던 원예모범장이 개장되었다. 그뿐 아니라 과수·채소·잠업·양계 분야의 전문적 농사기술서가 편간, 번역되었다. 각양각색의 신작목, 축종 및 품종들이 도입되면서 서구의 농사기술이 시험대에 오르는, 가히 새로운 기술 도입의 홍수기 또는 범람기였다.

2) 일제강점기

일제는 서구식 농업과학기술을 앞세워 식민지화하려는 의도로 우리의 전통적 농업기술을 뒤바꾸는 일을 하였다. 우리의 전통적 농업기술은 음양의 조화에 따른 양기론적 조화론에 있었고 다분히 생태적 기술을 바탕으로 성립된 것이었으나, 서구 기술은 기계론적이고 분석적인 입장에서 생리·물리·화학적 기술을 밑바탕으로 하는 것이었다.

수도작에서는 도입 품종이 재래종을 대체함으로써 50%의 증산 효과를 가져왔으며, 종자처리, 못자리, 건묘육성, 병충해, 이앙기, 제초, 물관리, 병해충 방제 및 수확 조제 등의 재배기술이 보급되었다. 천수답이나 건답·간척지 등도 개발되었다.

쌀 대체곡이었던 맥류의 경우 재래종에서 선발한 교배 육성종이 보급되기 시작했고, 춘·추파용 보리·쌀보리·밀 등의 재배법에 대한 기준이 설정되었다.

두류에서는 선발한 재래종의 재배면적을 2~3배 늘렸을 뿐 아니라(수확물을 일본 본토로 가져감), 파종기·작부체계·작휴법·관수·시비·방제 기술을 체계화시켰다.

그러나 잡곡은 재래종 선발이나 재배기술 연구가 소극적이었다. 서류에서는 도입종을 교배육종해 보급한 결과 면적이 고구마는 10배, 감자는 6배나 증가했다.

특작은 시책 작물로 집중 연구되었으며, 통제 생산되었다. 채소와 화훼는 1930년대 이후 재배 기술을 표준화했으며, 자급화할 것을 목표(단, 배추·무는 재배법 연구, 기타는 특산지화)로 하여 채종 기술을 지원하면서 기업을 육성했다.

과수 부문은 조선을 재배적지로 판단, 일본인 농장을 지원(원예모범장)했는데, 주로 사과와 배·복숭아·포도에 중점을 두면서 재배기술 연구과 함께 특산지를 조성했다.

잠업의 경우 중국 수출을 위해 잠업시험장과 양잠전습소(사설화·다수화)를 설치하여 재상에서부터 품종(재래·도입종), 묘목 생산, 순뽕밭 조성, 방제 등의 기술을 개발 보급했다. 그 결과 잠종 생산이 이전보다 10배나 증가했다.

축산의 경우 한우 사육이 이전에 비해 4배 증가했으나 역육 겸용종 육성은

실패했다. 젖소 사육도 10배나 증가했는데 1두당 착유량이 5배가 증가했다. 돼지는 버크셔 누진교배잡종 육성에 성공함으로써 사육이 2배나 증가했고, 닭은 사육 수가 2배 증가하면서 산란율도 2~2.5배 증가했다.

　일제가 획책했던 10대 산물의 증산과 이를 지원하는 기술이나 생산 규모는 향상·확대되었지만 그 결과는 농업기술 개발의 결과라기보다는 단순한 일본식 농업기술과 품종의 이식 수준에서 이루어졌고, 그 과정 또한 일제 연구원들의 전문적인 조사·연구·시험 과정을 통한 것이었다.

　결국 일제강점기의 조선인은 일본인들에 의하여 이루어진 일본식 및 서구식 농사법을 도입했으나 농무인(農務人, 농부)이나 농학도 입장에서 보면 실험·조사·연구 과정에서 실습하거나 견학하는 정도의 교육을 받고, 고작 기술 보급을 위해 농촌에 투입돼 재배법을 시범하거나 농민을 지도하는 정도에 그쳤다. 그러나 각지 시험장이나 종묘장 등지에서 시험되었던 시험 내용이나 학교에서 교육된 기술은 성공적인 사례도 많았고, 시행착오나 연구 미진으로 실패한 사례도 많았다.

일제강점기의 농업기술 시험연구가 광복 후 국내에 남긴 영향은 우리 전통 농법과 품종 또는 조선조 후기에 새롭게 정립되었던 우리 고유의 농업 과학 기술의 근거를 소실시켰다는 점이다. 또 농업기술을 파행적 · 기형적으로 만들 어 불균형도 초래했다. 우리 고유의 한전농업 기술보다 미작(米作) 중심의 단 작으로 농업구조를 변모시켜 농촌의 소득 창출 기능을 마비시켰고, 다수확 재 배를 위한 시비 및 토지 관리 기술의 강요로 농지가 오히려 황폐화되었다.

현대의 농업과학기술과 과제

광복 후부터 1963년까지는 미군정과 6 · 25전쟁을 거치면서 폐허를 딛고 사회제도를 정비하던 절대 빈곤기였다. 우장춘 박사의 귀국과 더불어 지속적 인 연구시험을 지탱해 왔던 채소육종 분야와 최소한의 육종 및 자료 정리를 하던 작물육종 분야를 제외하고는 참다운 농업과학기술의 시험 연구가 이루 어질 수 없었다.

그 이후부터 국가경제 개발사업의 일환으로 이룩된 농업개발 시책은 농촌 과 농업 부흥을 위한 농 · 공(農工) 병진시책과 우리 기술 재정비 및 활용 노 력을 일깨우기 시작해 품종 · 비료 · 물 관리와 파종기 · 추비 · 병해충 방제 · 수확에 관련된 초기 연구의 단계를 재차 새롭게 확립토록 하였다.

물론 이러한 노력은 각종 품종의 육성과 더불어 1970년에도 계속되었다. 하지만 당시의 노력은 국제적인 협력체계까지 확대되었음에도 불구하고 근본 전제는 식량자급을 위한 다수확에 집중되고 있었다.

이 당시부터 나름대로의 토양 정밀 조사가 이루어져서 시비 합리화 기술이

연구되었고 비료·농약의 실용기술 체계화가 이뤄졌다. 다수성 벼 품종으로 통일형 품종이 육성돼 일반 벼보다 수량이 30% 이상 증대됐고, 식량인 주곡의 자급화 발판을 만들었다.

다른 작물에서도 육종이 선도하는 재배기술 개발로 다수확을 목표로 하는 연구가 진행되었다. 국가적으로 강력하게 추진되었던 모든 연구는 쌀을 중심으로 하는 다수확 일변도로 이끌어 가는 데 재론의 여지가 없었다. 비료나 농약의 사용량도 놀랄 만한 속도로 증가되었지만, 식량자급이나 수입대체라는 과제는 절체절명의 국가적 요구였다.

이후 1980년대와 1990년대에 걸쳐서 수립된 농업과학기술 연구와 지도, 교육의 성과는 실로 헤아릴 수 없이 방대하고 많은 양이었으며, 이 시기의 결과는 상호 중복되거나 상충되는 연구 결과마저도 비일비재했다.

이때는 특히 1970년대 이후로서 보다 진전된 산업화의 영향으로 농촌노동력이 대거 이탈되고 청장년층 인구가 도시로 빠져나감으로써 잡초 방제를 위한 제초제 이용과 농작업 기계화를 강력하게 추진케 됐다. 시험연구의 합리적 재검토와 결과 분석에 따른 계획, 그리고 시책의 수정은 재고할 여지가 없던 형편이었다. 하지만 연구와 실용화 부문에 있어선 급진적인 성과가 있었다.

다만 1990년대 초에 이르러, 우리의 농업 생산 전반에 근본적인 문제가 대두되었다. 국제적인 환경 변화 속에서 국제 경쟁력이라는 벽에 부딪치게 된 것이다. 대내적으로는 양보다 질을 찾고, 먹을거리보다 기능식품적 가치를 찾는 상황이 전개되면서 친환경 농업, 지속 가능한 농업, 유기 농업, 무비료 무농약 재배법 등으로 일컬어지는 기술적 과제에 부딪치게 되어 오늘에 이르고 있다.

2. 고대 중국과 우리 사이의 벼농사 기술 흐름

서론

민족문화, 특히 농경문화는 동서양을 막론하고 제 나름대로 농경양식과 전통문화를 형성하는 데서 비롯되었다고 볼 수 있다. 지리상으로 부여되는 자연여건의 특성에 따라 휴한농법과 중경농법이 성립되고, 이런 과정이 역사 흐름을 따라 서양농법으로 대변되는 조방농법, 그리고 동양농법으로 일컬어지는 집약농법으로 분화되었으며,[1] 오랜 세월을 거치는 동안 목축농과 곡작농은 오늘날의 양대 농법 유형으로 굳어지게 되었다. 결과적으로 지역 간의 농경문화뿐만 아니라 인간생활 유형까지도 진취적 혹은 보수적으로 만들었고 식생활 양식을 동물성 단백질 혹은 식물성 탄수화물 위주로 만들었다고 할 수 있다.[2] 이렇게 농업과 농업생산력은 그 지역사회의 문화와 함께 역사적으로 한 국가의 인구, 재정과 세력, 여망과 성쇠의 기초를 구축하는 근본이었으며, 따라서 '농자 천하국가지대본(農者天下國家之大本)'으로 인식되어 왔음에 틀림없다.

그러나 근세 이후, 수많은 아시아 및 후진국에서 그러하듯이, 우리나라의

---

1) 飯沼二郎(1983), 세계농업문화사, 팔판서방.
2) 이호진・이효원(1985), 사료작물학, 한국방송통신대학.

농업과 농경문화는 일제시대를 전기(轉期)로 하여, 우리 본연의 모습과 방식을 상실한 채, 한때에는 일본 본토의 전쟁을 위한 산미(産米)운동으로 일본식 농법을 직수입하지 않을 수 없었고, 최근에는 민족식량의 자급을 위한 증산정책으로, 그리고 국제경쟁력의 약세에 편승한 농산물 수입에 대응한 생산성 제고 때문에 우리 고유의 농업기질과 선인들의 지혜를 돌볼 여유조차 갖지 못해 왔다. 비록 오늘날의 우리네 농사가 세계적으로 전례가 없을 정도의 집약도 향상에 의한 높은 토지생산성을 구축하기에 이르렀으면서도 토지 요건보다는 노동이 농업생산의 절대적인 제한인자(制限因子)로 부각되고 있기 때문에 고도화된 서구농법의 노동생산성에 밀려 우리네 농업은 존속 자체가 매우 우려되기에 이르렀다.

농업기술은 현대 과학 소산으로서 토지의 단위생산력을 증대시키는 데 일익을 담당하였음에 틀림없으나, 실제로 부존자원과 자연여건이 풍족하지 않은 곳에서는 현대의 고도집약화한 농업생산 체계를 뒷받침하기 위하여 실로 막대한 생물적 대가(Biological cost)를 지불해야 하였다. 더욱이 우리는 이를 위한 엄청난 에너지의 투여를 이미 감수해 왔고, 앞으로도 더욱 많은 투여를 해야만 우리의 농업을 지속할 수 있는 입장에 처하고 있다. 이런 까닭은 각종 시설과 자재의 투여는 물론 각종 기상재해와 생물재해로부터 상당한 보호를 전제로 하여 고도의 생산력이 유지되는 것이 오늘날 우리 농업생산의 한 특성으로 되었기 때문이다.

이와 같은 관점에서 우리나라의 농업, 특히 우리의 주식원인 벼농사의 현실문제는 생산능률면에서 또는 생산생태적 측면에서 재평가되어야 할 시점에 이르렀으며, 이를 위해서는 무엇보다도 우리나라 농업 본연의 특질과 선조들의 사실적 경험 및 지혜를 재투시해 보아야 할 것이다. 비록 많은 부분이 중국 대륙의 그것으로부터 이식되거나 전래된 외래의 것들이라 하더라도 발전과정이 합리적인 결과이었거나 필연적인 소산이었다면 주저 없이 받아들여야 할 것이다. 하나의 지혜가 잉태된 원류를 찾아가서 배경을 이해하고, 지혜가 가르치는바 원리와 섭리를 깨우쳐야 할 것이며 이 속에서 무엇이 어떤 이유로 받아들여졌고 또 그 결과를 어떻게 평가해야 할 것이며, 앞으로의 우리나라 농업에 제시하는 바가 무엇인지를 터득해야 할 것이다.

과학문명이 극치에 이른 것으로 오판이 되기도 하는 것이 오늘 우리네 현실이지만, 농업의 성립과 의의 또는 농업생산력을 좌우하는 우리나라의 근원적인 제약조건들은 거의 변모한 것이 없다. 토지의 기반 조성과 시설, 작업기계와 생산자재, 또는 화학비료와 농약 등의 사용이 가능하게 되었고, 다소의 식물생리적 및 육종적 배경에 대한 이해력이 향상되었다고 하더라도 근원적인 토양과 기상의 문제 및 각종 생물적 재해는 앞선 그 어느 때보다 오히려 날로 늘어나고 있다. 따라서 이들 문제에 대하여 항상 특별한 노력과 대책을 강구하지 않고는 농업생산 자체가 존재하기 어려울 만큼 위기에 처하는 경우가 허다하며, 따라서 오늘의 생산력은 특별한 보호 조건하에서만 성립되는 성격을 지니고 있다고 하겠다.

우리가 옛날 선조들의 지혜를 빌려야 하는 이유가 곧 여기에 있다. 오늘과 같은 문명적 생산여건을 갖추지 못했던 과거에 우리의 농업생산을 제약하는 수많은 문제들을 우리의 선조들은 과연 어떤 이치와 방법으로 대처하며 극복해 올 수 있었던가? 우리에 앞서 농경문화를 형성해 온 중국 대륙의 지혜 가운데서 무엇을 취하여 어떻게 적응시킬 수 있었고, 우리네 실정에 맞도록 수정하고 보완하여 재창출한 기술은 어떤 것이며, 이들 가운데 우리의 오늘과 장래를 위하여 제시될 수 있는 사항이나 교훈은 무엇인지 검토하여 보는 것은 큰 의미를 지닐 것이다.

우리 앞 시대의 농사 지혜를 살펴보는 데에는 여러 가지 방법이 있겠고, 또한 많은 국내외의 학자들에 의하여 이미 조사·연구된 바도 있겠으나, 과거 역사의 과학성과 지혜의 집대성은 무엇보다도 과거의 농서(農書)들을 통하여 합리적으로 수록될 수 있었을 것이며, 또한 농서들은 중국 대륙으로부터의 영향을 연계성 있게 살필 수 있는 편리성을 제시하여 줄 것으로 생각된다.

따라서 조선시대에 편찬된 농서들의 내용 중에 재배기술과 벼의 종류 및 품종에 대하여 고찰할 필요가 있다.

재배기술에 관한 고찰에서는 흐름이 크게 달라진 시대별로 이를 대표할 만한 차이가 있으면서 내용 서술이나 자료 근원에 차이를 보이는 농서로서 『농사직설』(1429), 『농가집성』(1655), 『산림경제』(1682), 『과농소초』(1799) 또는 『천일록』(1800년대 초)과 같은 서책들을 선택하여, 벼 재배 전반에 관한 기록 내용을 비교 · 검토하고 종합 정리 · 고찰할 필요가 있을 것으로 생각된다.

문제의 제기

우리나라는 반만년의 역사를 이어 오면서, 비록 중국의 영향을 절대적으로 받아들이기는 했지만, 우리 나름의 농경문화를 이룩해 왔다. 그러나 역사적으로 반복된 외세침략과 대내적인 당파싸움으로 얼룩져 왔기 때문에 안정적이면서도 지속성 있는 농업생산 기반(시설, 기술, 자재 및 사회여건 등)의 유지 · 발전은 기대하기조차 어려웠다고 보겠다.

오늘날에 이르러서도, 농업은 전반적인 물량과 규모에 있어서 괄목할 만큼 증대되었음에 틀림없지만 실제로 당면하고 있는 문제의 성격은 예나 다름이 없다. 일제강점시대와 6 · 25 동란을 거치면서 농업생산력의 수탈과 파괴의 아픔을 겪게 되었고, 미국의 잉여농산물에 의존할 수밖에 없었던 우리는 한때 세계 두 번째의 쌀 수입국으로 전략하여 허덕이던 적도 있었다. 다만 1970년 대에 들어와 녹색혁명(綠色革命)이라 불릴 만큼 쌀의 생산력을 높일 수 있는 전기를 맞게 되었고, 2010년대 초인 현재에는, 쌀의 자급자족은 물론, 잉여분 쌀의 저장 부담이 가중되면서 벼 생산을 억제해야 한다는 감산설(減産說)이 나 안보적 차원에서의 유지설(維持說), 또는 쌀의 새로운 소비창출론(消費創出論)들이 논의되기에 이르고 있다.

이와 같은 현실은 쌀의 생산력이 향상된 한편으로 쌀의 소비가 감소된 데에 따른 결과이기도 하지만, 다른 한편으로는 가장 안정성 있고 확실한 농가 소득원으로서의 모든 가능한 농경지를 총동원하여 선호성 있게 벼농사[稻作]를 영위하게 되었던 데 따른, 다시 말하면 여타의 전특작물(田特作物)이 도외시되면서 이루어진 벼농사 우선의 결과이기도 하여 문제의 특이성을 나타낸다고도 하겠다.

이런 사유로, 전특작물을 위시한 농산물의 수입요구도는 점증하게 되었고, 특히 국민소득 증대에 따른 식생활 양식의 변화는 새로운 품목, 보다 좋은 품질의 농산물 수입을 요구하게 되었으며, 이에 더하여 농가호당 경지면적이 불과 1.2ha에 지나지 않는 소규모 영농체제의 우리나라 농업에 불원간, 아니 이미 펼쳐진 농산물의 전면 수입개방이 초래하는 새로운 상황은 실로 가공할 만한 것으로 추측될 뿐만 아니라 이미 나타나고 있다고 하겠다.

우리가 당면한 농업생산 구조는 이제 어떤 방법과 내용으로 방향을 설정해 나가야 할 것인가? 또 현재 어떻게 대처하고 있는 것인가?

고대 중국의 벼농사 기술

세계적으로 보아 대부분의 농업문화는 주로 건조지대의 하원(河源)에서 발상하였다고 한다.3) 이집트, 메소포타미아, 서북 인도, 중국 화북, 안데스의 잉카 농업문화 등이 대체로 이와 같은데, 그 이유로서는 토양이 가벼워서 농사도구[耕具]의 이용이 쉽고, 강우로 인한 토양비옥도 손실이 적으며, 잡초 번무의 문제가 적은 동시에 조[粟]나 벼·기장쌀[禾黍]4) 또는 맥류 따위의 식

---

3) 西山武一(1971), アゾア적농법 농업사회, 동경대학출판회, p.453.

4) 萬國鼎(1980), 『汜勝之書』 집석 2팡, 농업출판사, 북경. "禾의 해석으로서 禾는 本是粟的專名이나 後未也用作穀類的共名"이라 하였음.

량곡물의 적응이 가능하였던 데에 있다고 한다.

우리나라의 농업문화가 중국 대륙에서 영향을 받아 직접 유입되거나 다소의 응용 과정을 거치면서 확립되었음은 충분히 짐작될 뿐만 아니라 이미 잘 알려진 사실이기도 하다.5) 중국 농업은 논[畓]이 거의 없는(6% 내외) 화북 고원의 대평원에서 발단되었기 때문에, 우리나라의 고대농업 기술도 결국은 건조지로서 alkali성이 강한 입지하에서 고전(高田)의 벼·기장과 하전(下田)의 맥작을 위주로 하였던 고대 중국 은나라·주나라[殷周]의 농업관과 기술서를 받아들여 가며 형성되었을 수밖에 없었을 것으로 짐작이 된다. 따라서, 기록이 거의 없어서 알 수 없는 우리나라 고려 말까지의 농업기술서 실정을 어림하고, 조선시대의 기술발달 근원 조건을 추정하기 위하여서는 모쪼록 고대 중국의 벼농사 기술 발달의 개요를 살펴야 한다.

고대 중국의 농업기술 발달에 대한 연구는 특히 아마노(天野元之助)6)와 니시야마(西山植一)7) 등에 의하여 잘 정리된 바 있는데, 다소의 견해차는 있으나 고대의 중국은 대체로 3~4단계의 구분을 하고 있다. 첫 단계는 춘추전국 시대인 B.C. 770년부터 B.C. 221년까지, 둘째는 삼국과 진(普) 및 삼북조 시대를 잇는 B.C. 220년부터 A.D. 589년까지, 셋째는 당(唐)과 송(宋)을 잇는 A.D. 618년부터 A.D. 1279년까지, 그리고 넷째는 원(元)부터 명청(明淸)을 잇는 A.D. 1279년부터 A.D. 1900년 전후까지로 본다.

1) 춘추전국(春秋戰國時代) 시대

첫 단계인 춘추전국 시대는 화북지방의 입지조건 때문에 농사의 요령은 우

---

5) 이근수(1981), 한국농업기술의 사적 고찰, 경기대, 한국의 농경문화, pp.109~129.
6) 天野元之助(1962), 중국농업사연구, 어다の수서방.
7) 西山武一(1971), 前掲書.

선적으로 심경(深耕)하고, 제초효율(除草效率)을 높이며, 때를 놓치지 않기 위한 적기(適期) 수확에 힘을 기울였다.[8][9][10] 이런 노력은 철제농구가 출현되고 축력을 이용케 됨에 따라 노동생산성과 단위면적당 수량이 증대되면서 실현될 수 있었으며, 이로써 은(殷)과 주대(周代)에는 집단공동영농에서 개별영농체제로 변화하면서 계급분화가 시작될 수 있다고 한다.[11] 뿐만 아니라 소금밭[鹽地]에 수주객공(水注客工)하여 토지를 개량하고 거름[糞]을 시비하는 화북의 기술과 진(秦)의 수리관개기술이 조화를 이루어 후일 진의 통일국가를 형성하는 데 경제적 기초를 마련케 되었다.

벼는, 당시에 갱(粳, Japonica)을 재배하였고 선(籼, Indica)도 전래되어 있었으며 화북의 걸토(桀土)에서는 alkali성에 강한 품종인 백도(白稻)[12]와 양조용인 갱(粳), 향연용인 향도(香稻),[13] 4월종으로 7월에 성숙하는 조생의 전역도(全域稻), 150일에 수집하는 만도(晩稻)[14] 등의 분화가 있었다. 논농사 기술은 높은 곳의 지천수(地泉水)를 끌어들여 관개하다가 주예대(周禮代)에 이르러서는 지방별로 도인제(稻人制)를 두어서 벼농사 기술교육을 실시하였다.[15] 이 당시의 벼농사는 제초를 위한 휴한전(歲易田) 방식[16]이었는데, 이는 인희지광(人稀地廣 : 사람은 귀하고 땅은 넓은 조건)한 입지에서 조방적

<hr>

8) 『맹자』(심해왕상): "深耕易耨"

9) 『관자』(八觀): "其耕之不深, 芸之不謹… 雖不水旱, 飢國之野也."

10) 『呂氏春秋』(辯土): "五耕五耨 必審以盡."

11) 天野元之助(1962) 前揭書:

12) 『관자』(19지원): "五桀之狀, 甚鹹以苦, 其物爲下, 其種, 白稻長狹."

13) 향도중 소향도(赤芒, 白粒, 其色如玉, 食之香美, 凡亨尊延賓以爲上品 出間中), 전자도(粒長而細, 色白, 味甘, 香稻中上品, 9月熟).

14) 『神農書』(개원정경심): "晩稻…生八十日秀, 七 十日熟, 凡一百五十日成."

15) 齊民要術에 인용된 『주예』지관 도인조에 "稻人, 掌稼下地, 以瀦畜水, 以防止水, 以溝蕩水, 以遂均水, 以列舍水, 以澮寫水, 以涉揚其芟, 作田", 즉 "稻人은 하지에 가장하여 瀦로 수축하고 防으로 水 止하며 溝로 수탕하고 遂로 水를 균분배하며 列로 수시하고 澮로 수를 배출함으로써 涉하고 芟을 양하여 도작한다"고 하였다.

16) 應召力(1955), 『火耕水耨』, 주より견たる후한강관의 수도작기술について, 사림 5, p.5 鄭玄의 주를 빌려 "必於夏六月之時 大雨時行 以水病絕 草之後生者至秋水涸芟之明年及稼"라 하여 벼 성장 중의 작업 곤란 때문에 합리적 제초관리를 위한 휴한이 필수적이라 함.

(粗放的) 농법을 구현하는 방식이었다.

2) 삼국(三國), 진(晉) 및 남북조(南北朝) 시대

둘째 단계인 삼국과 진(晉) 및 남북조 시대에는 진(秦)의 영향을 받아 관중 위수 유역(貫中渭水流域)에 관개농사를 하였던 전한(前漢)의 농사와 회수(淮水), 한수(漢水), 황하(黃河) 중류를 무대로 하여 농사법을 성립시켰던 농서 『범승지서(氾勝之書)』[17][18] 그리고 구래(舊來)의 일년휴한 논벼직파법에 이 앙법과 운누법(耘耨法)[19]을 추가하여 제시했던 최식(崔寔)의 수벼농사법을 결합시켜 서기 530~550년에 출간된 것으로 추정되는 『제민요술』(齊民要術)[20][21]로 집대성된다고 하겠다.

특히 『제민요술』은 고대 중국의 농업기술을 대변하는 농서로서 벼[稻] 13 품종, 차조[秫] 11품종[22]을 비롯하여 품종론을 기술하였고 벼재배에 관해서도 논벼[水稻]와 밭벼[旱稻]로 나누고,[23] 해걸이직파법[24]과 볏모이식법[25]이 구 체적으로 서술되고 있다. 즉, 춘추전국시대의 전쟁을 위한 식량의 중요성을 강조하였던 『여씨춘추(呂氏春秋)』의 유물론적 우주관[26]에서 비롯된 『범승지

---

17) 石聲漢, 岡島秀夫, 志田容子(1986), 『氾勝之書』, 농산어촌문화회.

18) 萬國鼎(1980), 『氾勝之書』해석 삼판. 농업출판사, 북경.

19) 『淮南子』(20 태족훈): "離先稻熟 而農夫耨之 不以小利傷大穫也".

20) 繆啓愉, 교주용(1982) 휴위 가사협저, 『齊民要術』교석. 중국농서총간종합지부, 농업출판사, 북경.

21) 西山武一, 태대행(소화 32)교정역주 『齊民要術』 상, 하. 후위 가사협찬 번역총서 제11호 농업현합연구소.

22) 『齊民要術』(수도 제11): "按今世有黃瓮稻, 黃陸稻, 靑稈稻, 豫章靑稻, 尾紫稻, 靑杖稻, 飛蜻稻, 赤甲稻, 烏陵稻, 大香稻, 小香稻, 白地稻, 菰灰稻(1년재熟). 有秫稻 ; 稻米(일명 糯米:俗云:'亂 米'), 非也. 有九稷秫, 雉目秫, 大黃秫, 秫, 馬牙秫, 長江秫, 惠成秫, 黃殷秫, 方滿秫, 虎皮秫, 荼 奈秫, 皆米也".

23) 『齊民要術』 권제2의 수도 및 한도조.

24) 『齊民要術』(수도 제11): "水稻, 無所綠, 唯歲易爲良… 旋放水, 十日後, 曳陸軸十遍…漬經三宿" 出…傷經三宿, 牙生……一畝三升擲: ……三日之中, 令人驅爲.

25) 『齊民要術』(수도제11): "北土高原…… 納種如前法, 旣生七八寸, 拔而栽之……".

26) 呂氏春秋의 사상 6고론은 사용(학자 태도, 무대(큰 봉사), 상농(관리법과 지식의 바탕), 任地(토지의 용량), 辯土(토지의 작업) 및 審時(계절의 식별)이었음.

서』의 농사기본원리는 "凡耕之本, 在於趣時, 和土, 務糞澤, 早鋤早穫"[27)]이라 하여 그 주명제(主命題)가 계절과 토지생산성을 염두에 두고 사람 자신의 노력을 받쳐 농업을 개량해 가야 한다는 데 있다. 『범승지서』에서 강조되고 있는 농사기술로는 황토의 성질이 점성이 높아 지하수 상승이 어렵고 투수성이 낮으며 저수성이 높기 때문에 경운하여 빗물 · 눈물을 저장하고 녹비를 넣는 땅 갈아엎기 법[28)]으로서 이 또한 『여씨춘추』의 상대성을 응용한 토경원리[29)]에서 유래한다. 따라서 해걸이농법[歲易法: "二歲不起稼 則一歲休之"]을 논리적으로 현실화할 수밖에 없었다.

특히 봄여름철의 중경작업은 급격한 수분증발을 억제하기 위한 풀(잡초)의 피복과 함께 토양공극 파괴를 위하여 강조되고 있었으며, 종자처리법에 있어서도 주관(周官)의 법[30)]에서 가일층 발전하여 보다 다양하게 동물의 뼈를 눈녹은 물로 끓여 종자를 침지한 후 누에똥[蠶糞]을 포함한 세 종류 거름[糞]으로 피복[Paste 狀化]하고 다시 생사(生絲)를 끓인 즙에 침지시켜 파종하도록 권고하고 있다.[31)] 눈물[雪水]은 ion해가 없고 뼈를 끓인 물은 미생물 번식에 최적 배지가 되며, 누에똥은 $CaCO_3$, 철, 인산염, auxin류, vitamin류가 풍부하고 흡습력이 크다고 한다.[32)]

범승지의 또 다른 특징은 구종법(區種法, 구덩이농법)에 있다. 이는 종구양식의 작묘기술로서 대농규모의 조방적 농법보다는 산능지, 경사지나 기타의 쓸모없는 자투리 땅에서 소갈이 대신 수경구(手耕具)로 경반하며 고휴와 저

---

27) 『汎勝之書』(일경조) 前揭書.

28) 『汎勝之書』(일경조) "……和土 務糞 澤……".

29) 『呂氏春秋』(상농조): 力者欲柔 柔者欲力, 息者欲勞, 勞者欲息, 棘者欲肥, 肥者欲棘, 急者欲緩, 緩者欲急, 濕者欲燥, 燥者欲濕.

30) 『齊民要術』에 인용된 주관의 草取役人條(鄭玄注)에 따르면 鄭司農云: 用牛, 以牛骨汁漬其種也, 謂之糞種"라 하여 소뼈 삶은 물에 종자를 침지하여 수분을 공급하였음.

31) 『汎勝之書』(治種條): "馬骨, 牛, 羊, 豬, 麋, 鹿骨一斗, 以雪五三斗, 煮之三沸, 取汁, 以漬附子 ; ……率一 汁一斗, 附子五枚, 漬之五日, 去附子, 擣麋鹿, 羊矢, 等分, 置汁中, 熟撓, 和之, 候晏溫, 又洩曝, 狀如后稷法, 皆洩汁乾, 及止, 苦無骨 煮纏蛹汁和洩".

32) 石聲漢 등(1986) 前揭書.

구를 만들어 매년 교대하면서 구종법 양식으로 휴중조파하거나[上田], 감종법(坎種法) 양식으로 묘상조파[下田]하는 최집약경작을 하되 제한된 구덩이에 한하여서 분양을 대량투여하며 지속적으로 관개를 하는 일종의 채마밭식 농법이다.[33] 구종법은 농지의 상·중·하품에 따라 달리 적용하고, 작물별로도 기술 차이를 두어 설명하고 있는데, 이 또한『여씨춘추』의 이행(점)파종법[34]을 보완 발전시킨 것으로 보고 있다.[35] 그러나 파종일이나 파종방법을 점치듯이 선정하는 복종기술(卜種技術)은 다분히 음양오행설에 입각하여 서술하고 있으며[36] 이는 B.C. 3세기부터 샤머니즘적인 기운이 팽배하던 차에 한무제(漢武帝)의 silk road 개척에 따른 육신의 불사욕(不死慾)이 음양오행설을 발전시켰고, 그 결과 당시에 '참위(讖緯)' 학자들이 등장하였으며 범승지도 이들 가운데 하나였기 때문이라 한다.[37]

한편, 후위(後魏) 말에 이르러 당시까지의 모든 농서들을 총체적으로 망라하고 가감하여 농법을 정리 기술한 것이『제민요술(齊民要術)』이다. 또한『제민요술』에 담고 있는 벼농사 기술은 주로 회(淮) 및 사수(泗水) 유역의 것들이며 화북의 것들은 부수적으로 일부만 게재되고 있다.[38] 이미 언급하였듯이『제민요술』에는 많은 종류의 메벼[粳稻]와 찰벼[稬稻] 품종이 소개되었고 특히 육도와 함께 7월에 성숙하는 메벼[秈] 품종으로 선오도(蟬鳴稻)가 있어서 청조(淸朝) 말까지도 재배되었다고 하며[39] 일년재숙하는 품종도 소개되고 있다.

재배기술로는 첫째, 세역법(歲易法: 해걸이 휴한농법)을 들 수 있다. 즉 "稻無所綠, 唯歲易爲良"이라 하여 큰 관계는 없겠지만 세역해 주면 더욱

---

33)『汜勝之書』(區種條) 前揭書.

34)『呂氏春秋』(辯土篇): "莖生有行, 故速長, (强) 弱不相害, 故速大, 衡行必得, 縱行必術, 正其行通其風, 旣種而無行, 耘而不長, 則苗相 也"라 하여 이미 조점도의 필요성이 잘 설명되고 있었음.

35) 민성기(1973),『『汜勝之書』농법의 -고찰---漬種法의 系譜考--』, 부산대논문집 15(인문사회편), pp.209~233.

36)『汜勝之書』(卜種條) 前揭書.

37) 石聲漢 등(1986) 前揭書.

38) 西山武一(1969) 중국におけ る수도농업의 발달, 농업종합연구 3-1, pp.118~158.

39) 西山武一(1969) 前揭書.

좋다고 하였다. 이는 세역(休閑)으로 잡초를 쉽게 다루는 동시에 이들 유기물을 토양으로 환원시키는 조방적·대면적 재배가 가능해지기 때문이다.40) 이와 유사한 농법이 최근까지도 소련의 일부 지대에서 행해지는 것으로 알려지고 있다.41) 이와 연관하여 『범승지서』보다 발전한 기술로는 화북의 하호수(河湖水)가 강한 alkali성 탁수인 특성을 고려하여 청수(淸水) 관개를 강조했고 ("地無良薄, 水淸則稻美也"), 종자수선법("淨淘種子 浮者不去, 秋則生稗"), 종자침종최아법("漬經三宿, 漉出, 復經三宿, 芽生長二分"), 담수직조파(湛水直條播),42) 적기수확법(適期收穫法 : "霜降穫之, 旱刈米青而不堅, 晩刈零落而損收"), 중간낙수법("耨訖, 決去水, 曝根令堅, 量時水旱而溉之"), 곰방매(曳陸軸)나 낫(鎌) 및 목작(木斫) 등의 농구사용, 볏모이식재배법("……本無陂澤, 隨逐嚷曲而田者…… 納種如前法, 旣生七八寸, 拔而栽之"), 저장법("藏稻必須用簞, 苦欲久居者, 亦如『穊麥法』"), 양곡관리법("春稻必須冬時積日燥曝, 一夜置霜露中, 卽春, 苦冬春不乾, 郞米青赤脈起, 不經霜, 不燥曝, 則米碎矣"), 아랫땅[下田]의 밭볏모[早播] 이앙재배법43) 등을 제시한 데 있다.

3) 당(唐)나라·송(宋)나라 시대

셋째 단계인 당나라와 송나라 시대에는 당대(唐代)의 벼농사 기술을 계제한 한악(韓鄂)의 『사시찬요』(四時纂要) 다섯 권(1590년에 조선 경상좌병영에서 간인되었던 것이 일본에서 최근에 발견됨)과 송대의 벼농사 기술체계를 서술한 진부(陳旉)의 『농서』(1149)로 대변된다고 보겠다. 당대의 벼농사에는

---

40) 『齊民要術』(권2수도 제11조): "旣非歲易, 草, 稗俱生, 芟亦不死, 故須栽而耨之"

41) 福島要(1952) 米, 岩波新書, p.74

42) 西山武一(1969), 『齊民要術』におけろ회역도작의 실체——火耕水耨법급び전식연작법との관계——, 녹이도대학 농학부 학술논설 삼호: "擲, 三日之中, 令人驅鳥"는 담수직파의 근거이고 "稻苗長七八寸, 陳草傷起, 以鎌侵水芟之, 草悉農事, 稻苗漸長, 傷須欲"은 條播되었음을 전제로 하여서만 성립된다고 하였음.

43) 『齊民要術』(권2早稻 제12): "五六月中 任雨時, 拔而栽之, 入八月, 不傷任栽".

깊이를 조절할 수 있는 '반전장상리(反轉長床犁)'가 출현되었고 쇄토와 잡초 제거 및 정지용 harrow에 해당하는 역택(礰礋)이나 육독(磟碡)이 쓰였으며 특히 관개용구인 괄차(刮車: 手廻水車), 번차(翻車: 足踏水車), 우전번차(牛轉翻車), 용골차(龍骨車), 통차(筒車: 自轉水車)가 쓰였던 것으로 보아 당대에는 수전(水田: 논)을 일으키기 위해 수리사업에 힘을 기울여 왔던 것으로 보인다.44)

벼농사 기술을 게재한 한악(韓鄂)의 『사시찬요』[春分 券二]를 통하여 볼 때, 2월 중순에 올벼[早稻]를 심는데, 이때에는 춥고 가물어서 침종할 수 없으므로45) 침종법은 우선 종자를 개구(開口)시켜 누강(耬耩)하고 엄종(掩種)하는 이도노법(二度勞法)으로 하며, 5~6월 장마[霖雨] 때에 뽑았다가 다시 심는 방식이었다.46) 3월에는 벼를 심는데 우선 관수하고 10일 후에 녹축(碌軸)으로 편타(遍打)하며 종자를 3일 침종하고 3일 최아시켜 파종하되 파종량은 비옥도에 따라 조절한다.47) 5월에는 밭벼를 심는데 이는 『제민요술』의 한도[旱播] 제12에서와 같이 비올 때 뽑아 얕게 다시 심는 방식이었다("此月霖雨時 拔而栽之 栽欲淺植 根四散不必須").

다음에 송대에 이르러서는 주희(朱熹)의 『권농문』(1179)과 진부 『농서』(1149) 외에도 『회계지(會稽志)』, 『왕봉지(王蜂志)』, 『임안지(臨安志)』, 『사명지(四明志)』 등의 기록을 통하여 100여 종의 벼품종이 소개되고 있으며,48) 이경[소쟁기갈이]과 파[써레]49)에 의한 이척심경(二尺深耕)이 가능케 됨에 따

---

44) 天野元之助(1962), 前揭書.

45) 『齊民要術』(권2): "苦歲寒早種ㄴ時晚, 卽不漬種恐芽焦也".

46) 『사시찬요』(春令 권2 2월조): "種早稻, 此月中旬爲上時, 先浸令開口, 耬耩掩種而科大…苦春有雨…如槪汚六月中霖雨時, 拔而栽之, 苗長者亦可拔之, 去葉端數寸 勿令傷心".

47) 『사시찬요』(春令 권ㅣ2 2월조): "……先放水十日後, 碌軸打十遍, 淘種子, 經三宿 去浮者漉囊, 又三宿 芽生種之, 每畝下三斗, 美田稀種, 瘠田宜稠矣".

48) 天野元之助(1962) 前揭書.

49) 成淳『勸農文』(1273): "田須熟耙, 牛牽耙索, 人立耙上, 一耙便平, 今撫州, 牛索空耙, 耙輕無力, 泥土不熟矣, 雨農如何不立".

라 가뭄극복과 생산력 증강의 계기를 마련하였다. 또한 냉전(冷田)에의 석탄 사용법[50]과 함께 못자리나 파종논에의 시비[糞壤]법과 파종법,[51] 청수천수(清水淺水)관리에 의한 건묘(健苗)육성법,[52] 농가부산물과 가축분뇨의 관리이용법[53], 인분뇨에 대한 사용주의, 적기의 정조식(正條植) 이앙과 '앙마(秧馬)'의 소개,[54] 품앗이 또는 공동작업방식,[55] 건토(乾土)와 분양을 함께 하는 체계적인 중경제초법,[56] 수확시의 소속입건(小束立乾) 방식[57] [58] 등이 소개되고 있다. 그러나 화북에서는 여전히 흩뿌리기[漫撒播]하는 조방적 농법의 테두리를 벗어나지 못하였고,[59] 제초에 드는 노력[60]과 지력유지 문제[61]는 여전히 남아 있었던 것으로 보인다.

4) 원(元)나라 시대

넷째 단계인 원나라 시대에는 농사기술이 『농상집요(農桑輯要)』[62]와 왕정(王禎)의 『농서(農書)』[63] 및 노명선(魯明善)의 『농상촬요(農桑撮要)』[64]로

---

50) 누씨 『耕織圖』(제7도): "殺草聞吳兒, 麗灰傳自祖, 田田開沃壤, 泫泫流膏乳……".

51) 실희 『勸農文』(1179): "浸種夏秧, 深耕淺種, 趨時早者, 所得亦早, 用力多者, 所收亦多".

52) 진포 『농서』(1149).

53) 정포 『洛水集』(1212): "每見人, 婺之人, 收蓄糞壤, 家家山積, 市井之間, 掃拾無遺, 故土膏肥美, 稻根耐旱, 米粒精壯".

54) 누씨 『耕織圖』(제8도): "……淸晨且拔擢……再櫛根無泥……, 嘯歌揷新秧抛擲不停乎, 左右無亂行, 栽將敎秧馬, 代勞民莫忘".

55) 소동파 『眉州遠景樓記』(1078): "其農夫合耦以相助".

56) 실희 『勸農文』(勸農民耘草糞田榜, 1181): "雨水가 調均해서 田苗가 무성해지면 人戶는 수시로 때를 맞추어 苗耘하여 草根을 拔去해야 하며 차후에 土糞을 다용하면 생육은 倍加한다."

57) 조훈 『松隱文集』(20): "浙西刈禾以高竹又在水田中, 望之如群駝".

58) 방회 『桐江績集』(14): "水田竹架倒抒禾".

59) 팽귀년 『止堂集』(6): "……綠湖北地廣人稀, 耕種滅裂, 種以不蒔, 俗名漫撒, 縱使收成, 亦甚微薄, 每到豊稔之年, 僅足膽其境內".

60) 조훈 『松隱文集』(22, 山居雜詩): "農人作田務, 耘者最辛苦, 肘勝伏泥塗 拔莠連茹取, 所拔隨己多, 悉釀所伏處, 惟糞禾稻肥, 豈問正炎署".

61) 정필 『洛水集』(1212) 전게서.

62) 繆啓愉,(1988)원 大司農司 編纂『元刻農桑輯要校釋』, 중국농서총간종합지부, 농업출판사.

63) 왕정 撰(1313) 欽定西庫全書『農書』(永樂大典本).

집약된다. 『농상집요』는 화북의 고농법인 『범승지서』나 『제민요술』을 대부분 인용하여 편집해 놓은 일종의 관농서(官農書)이며, 『농상촬요』는 벼의 이앙에 앞서 청초를 깔아 주는 절차[65]나 제초의 편리성을 찾기 위해 볏모를 뽑고 제초한 후에 다시 이앙하되 후진식[뒷걸음질]으로 밀식하는 정조식[66]과 건토 효과를 노리는 간단관개법(間斷灌漑法)을 제시하기도 하였다. 무엇보다도 충실하게 집대성된 왕정 『농서』는 벼품종을 강소(江蘇)와 사천(四川) 지역으로 구분하여 대도 16종과 소도 6종 및 나도 9종을 소개한 외에도 신제농구를 축조(軸條), 사전조(沙田條), 등서조(鐙鋤條), 호마조(薅馬條), 철탑조(鐵搭條) 및 수전연마조(水轉連磨條)로 나누어 상세히 기술한 특성을 지니고 있다. 논농사[稻田] 기술에 있어서도 온탕침종법,[67] 비옥도에 따른 파종기조절법(良田晩播, 薄田早播), 니경(泥耕)에 대한 일우일이(一牛一犁)의 간경법(墾耕法), 철탑(쇠스랑)써레질법, 제초와 못자리를 위한 곤축(輥軸) 사용법, 연안논에 감수구(坎水溝)로 빗물을 유입하여 alkali성분을 제거하는 도전법(塗田法), 벼 이식에서의 앙탄(못줄)사용법, 논을 상숙(常熟)시키기 위한 분시법, 즉 답분(구비), 묘분(녹비), 초분, 화분, 니분 등으로 비료체계를 수립[68]하는 등의 기술을 소개하였다. 당시의 시비 필요성은 조자부(趙子頫)의 시(1254~1322) "경일월"(耕一月: 田磽藉人力, 糞壤要鋤理, 新歲不敢閑, 農事自玆始)에서도 잘 나타나고 있다. 또 하나 왕정 『농서』의 내용에는 수전번차(水田翻車)나 우전번차(牛轉翻車)와 같은 새로운 종류와 함께 수많은 종류의 관수용구[69]가 소개되었고, 또한 운탕(耘盪)[70]과 같은 새로운 제초구가 창안되었다.

---

64) 노명선(1330)『農桑(衣食)撮要』墨海全壺本(1808).

65) 『農桑撮要』前揭書(五月雍田條).

66) 『農桑撮要』前揭書; '那一遍', 즉 매 4~5본을 5~6촌 간격으로 6주 심고 한 칸 뗀다.

67) 왕정 『農書』(파종편 제6): "南方水稻……遇陰寒則涸 以溫湯候芽白齊透然後下種".

68) 왕정 『農書』(분양편 제8): "……勻灘耕蓋, 卽地肥沃, 兼可堆糞桑行, 又有苗糞草糞火糞泥糞之 類……".

69) 水柵, 水閘, 破唐, 水唐, 翻車, 노轉筒車, 高轉筒車, 水田筒車, 連車(U字管), 架槽(桶), 戽斗, 刮車, 桔槹, 轆轤, 瓦유, 石籠, 浚, 渠, 陰溝(暗渠), 井, 水箒 등.

70) 목극과 비슷, 길이는 尺여, 闊은 三寸, 밑은 단정 20여 개, 위쪽은 순으로 죽병을 달고 길이는 5척여, 운전 시 농인은 화농 간의 초니를 추탕하며 이를 혼닉하면 전이 정숙케 된다. 능률은 파서를 능가하며 수족의 힘은 줄어 하루 두 배의 일이 가능하다.

당시의 제초노동이 갖는 고통과 효율적 제초작업의 필요성도 또한 조자부의 시 "경유월"("富晝耘水田, 農夫亦良苦, 赤日背慾烈, 白汗瀧如雨, 匍匐行水中, 泥湞及腰")에 잘 묘사되고 있다.

이상의 네 단계, 고대 중국의 벼농사 기술발전은 그대로 우리나라에 유입되어 부분적으로는 적용되었겠지만 많은 부분은 수정·가감되어서 우리의 풍토에 맞도록 변화되어 옴으로써 우리나라의 고대농법 성립에 지대한 영향을 미쳤으며, 이들 결과 가운데 우리나라에서 기술화한 내용들을 수집하고 정리한 것이 곧 우리나라의 최초 농서인 『농사직설』일 것이다.

우리나라 고대농업과 기술을 형성하는 데 직접간접으로 기간(基幹) 역할을 해 왔던 고대 중국의 벼농사 기술은, 이미 한전농법과 농본관(정신)을 기원전에 완성하였으며, 특히 심경과 저수 및 토양비옥도 유지를 위한 경전법을 중심으로 벼농사 기술이 발전되었고, 따라서 이앙법, 정조식 파종법, 철제농기구 사용, 수리(水利)를 위한 파당(陂唐) 축조기술이 앞섰고, 다양한 지역에서 재해를 회피하거나 다양한 용도의 품질공급을 위하여 벼 품종의 분화가 잘 이루어져 왔다. 또한 중국 농업의 발상지가 화북이었기 때문에 인희지광의 특색에 맞는 조방적 벼농사 기술로서 화경수누법(火耕水耨法)과 세역법이 태동되었고, 한무제와 '참위(讖緯)' 학자들의 음양오행설이 농업관과 연계되면서 작종이나 작목선택 방법이 주술적으로 발달한 경향도 있었다.

A.D. 6세기경의 『제민요술』부터 14세기의 왕정 『농서』에 이르기까지 벼농사 기술은 지속적, 상가적(相加的)으로 분화·발달되어 왔으나 원대(元代) 이후에는 정체된 경향이었다. 이 시점에서 우리나라의 여말(麗末) 농업과 『농사직설(農事直說)』 시대가 시작되었다.

우리 농서(農書)들의 특징

　조선시대에 시대상을 달리하여 편찬되었던 대표적 농서들을 중심재료로 하여 당시의 우리나라 농사기술 도입과정과 취사선택 여부 및 우리 고유의 토지에 맞도록 기술된 내용을 상호 간 비교·검토하고, 이들의 현실성과 합리성을 방증하기 위하여 중국의 농서, 조선왕조의 기록 및 현재까지 국내외 학자들에 의하여 연구·조사된 논문들을 참고하여 앞에서 도출·제시하였던 문제구명에 접근할 필요가 있다.

　접근 방법으로는,

　첫째로, 우리나라의 실제적 최초 농서인 『농본직설』에 인용된 중국농서 『제민요술』 및 원나라 시대까지에 간행되었던 농서들의 농사기술 내용, 그리고 이들 기술의 우리나라 적응성 여부를 평가하고, 이들에서 우리나라 당시의 고유기술 내용을 분별하며,

　둘째는, 시대를 달리하면서 편찬된 이후의 농서들에서 『농사직설』의 재인용, 새로운 중국농업기술의 재도입, 독자 기술의 발굴이나 창출, 기술 변천의 일관성이나 합리성, 또는 이들 새롭게 편집된 새로운 기술이 농업사적으로 미치게 된 변화나 그 의미를 찾아보아야 한다.

　셋째는, 왕조 중심의 기록들과 대조하여 현실성 및 사회여건과의 관련성을 검토하여 상호작용 효과를 고찰하는 동시에,

　넷째는, 앞선 농서 편찬자 및 농서 연구자들이 해석 평가한 내용에 대하여 과학성 여부를 판별하고 이를 통하여 진수와 오류를 바로 파악하여야 한다.

　다섯째는, 오늘의 우리나라 농업이 당면하는 유사한 문제성에 대하여 제시하는 바를 도출하여야 하고,

　여섯째는, 각 농서들에서 언급하고 있는 벼 종류나 품종에 대한 특성을 종합 정리함으로써 당시의 다양하고 미개발된 생산 여건하에서, 또는 쌀의 다양한 식품 이용을 위하여 어떻게 품종 취택이 이루어졌으며, 어떤 특성들이 이

들 조건에 잘 적응하도록 취택되고 있었는지를 관련성 있게 살펴야 한다.

일곱째는, 우리나라 고전농서 연구나 고대농업 기술을 연구하는 데 따른 새로운 가설을 도출해 볼 필요가 있다.

농서들 가운데, 본연구의 주제인 벼농사재배기술의 분석 · 고찰에 직접 인용되어야 할 주요 농서에 대하여 보다 상술하면서 새로운 가설로서 도움이 될 것들을 찾아보면 다음과 같다. 이들 결과는 필자의 『온고이지신』(2009, 농촌진흥청) 제1권~제4권으로 게재 · 출판되어 있으니 참고 바라며, 벼농사에 관련된 한두 사례를 끝부분 결론으로 제시하는 데 그친다.

1) 『농사직설』

『직설』은 1429년(세종 11년)에 정초(鄭招)가 왕의 명에 따라 각도 관찰사로 하여금 경험이 많은 농부들로부터 농업기술을 청취, 취합하여 모든 자료를 엮은 농업기술서이다. 『직설』을 편찬하게 된 직접적 동기는 서문에서 밝히고 있는 바와 같이 "풍토가 다름에 따라 작물의 재배법도 마땅히 달라야 하는바 고서(중국농서)의 기록과 우리의 재배법이 모두 같지 않아서"라고 하였다. 정초(鄭招)는 조선 초기의 문신으로 1405년 문과에 급제하여 검열이 되고 1407년 문과중시에 급제하였다. 1419년 공조와 예조 참의, 함경도 관찰사를 거쳐 공조판서를 지냈는데, 『직설』을 엮은 것은 공조판서로 있을 때였다.

우리 농업은 고려시대에 휴한농법이 관행되어 오다가 고려 말, 조선 초에 이르러 연작농법으로 전환되면서 휴한 위주의 화북농법을 다룬 중국농서는 경종면에서나 풍토면에서 우리 농업 현실에 맞을 수가 없음을 알게 되었다. 우리 풍토에 맞는 농서를 만들기 위해서는 우리 풍토에 맞는 농법을 이미 경험한 노농(老農)들에게 물어서 촬요(撮要)할 수밖에 없었고, 세종은 즉위 10년의 4월과 7월의 2차에 걸쳐 삼남(三南)의 각도 감사에게 이와 같은 작업을 지시하고 그 결과를 집성(集成)토록 한 것이었다.

충청, 전라, 경상 등 삼도의 농법을 물은 것은 선진된 삼남의 농법을 서북지방에 보급코자 하는 데 정책적인 뜻이 있었으며, 각도에서 전달된 농서는 그대로 1천부를 인출하여 1429년 반포(頒布)하였으나 내용이 번잡, 소루하여 동년 5월에 정초와 변효문(卞孝文) 등에 명하여 이를 수정케 하고, 익년인 1430년 2월에 이 책을 완성하여 이때 책 이름을 『농사직설』이라 짓게 되었다.

이 『직설』은 당시까지 가장 많이 이용되었던 『농상집요』를 많은 부분 참고하고 있는데, 이 『농상집요』는 1273년 원나라 사농사(司農司)들이 왕명으로 편찬한 7권 3책의 원대의 대표적 관농서(官農書)이다.

그 내용은 권농관을 군읍에 순행시켜 당시의 관행농법을 채록한 것이지만, 그 원본은 6세기의 농서인 『제민요술』을 많은 부분 인용하고 있다. 『직설』과 『농상집요』의 기술내용이나 표현방법이 유사한 곳이 많이 발견되는데, 우리 농법과 중국 화북지방의 농법이 과거 비슷하였으므로 중국농서의 표현을 그대로 인용하여도 무방한 데 연유된 것으로 믿어진다. 그러면서도 『직설』의 표현은 중국 농서와 달리 세부적인 기술적 풀이에서 조금 더 구체적으로 기록하면서도 한국적인 농법을 살리고 있는 점이 특징이라 할 수 있다.

2) 『농가집성』

『집성』은 1655년(효종 6년) 신속(申洬)에 의해 편저된 농림축산에 관한 농업기술서이다. 신속은 조선 선조부터 현종 당시의 문신으로 1644년 영주군수 때 문과에 급제하여 지평(持平), 필선(弼善), 참의(參議) 등을 지내고 승지(承旨) 등 요직의 물망에 올랐으나 1656년 외숙인 김자점(金自點)이 역모로 처형당하자 양주, 공주, 청주목사 등의 외직으로 전전하게 되었으며, 이 『집성』은 공주목사로 있을 때 편저한 것이다.

『집성』은 1655년 왕명으로 교서관(校書館)에서 주자(鑄字)로 발간된 것을 필두로 여러 이판본이 있는데, 여기에서는 이 책이 간행된 다음 해인 1656년 전라도 관찰사 조계원(趙啓遠)이 복간한 것을 20년 후인 1686년(숙종 12년)에 무성(현 전남 영암)에서 재복간된 것을 대본으로 하였다. 첫 머리에 조계원의 복간사와 목록이 기술되어 있으며, 책의 목록에는 상편에 세종 26년의 『권농교문』·『직설』, 주자(朱子)의 『권농문』, 『잡록』으로 되어 있고 하편에는 『사시찬요』와 부록으로 『구황촬요』가 수록되어 있다고 기록되어 있다. 그러나 본문에는 『구황촬요』가 결본된 채, "農家集成書 下編終"이라 기록되고, 신속의 발문 등이 연이어 있는 것으로 보아 복간 과정서 결본된 것으로 추정된다.

내용에 있어 『권농교문』은 농서에 관한 훈시적 내용으로 되어 있고, 『직설』에는 기존의 『직설』에 당시 일부 지방의 관행을 수록한 것으로 믿어지는 증보분이 수록되었다. 주자의 『권농문』은 농민들에게 행정 지시를 주지시키기 위하여 작성된 것으로 『권농문』의 기술수준을 판단하기는 어려우나, 『집성』의 한 부분으로서 『직설』이나 『잡록』의 일부를 보충하는 의미가 있다고 하겠다. 『잡록』은 강희맹(姜希孟)이 퇴관 후 금양(衿陽)에 은거하며 노농 등과의 대화내용이나 농사의 경험을 살려 저술한 것이며, 『찬요초』 부분에서는 당나라 말의 한악(韓鄂)이 쓴 화북지방 중심의 월령식 농서인 『사시찬요』를 강희맹이 초록한 것을 그대로 수록하였고, 초록 당시 한글로 곳곳에 토를 달거나 우리 관행 농법을 부기한 것 등으로 보아 한국화된 내용을 중심으로 초록하였고 『사시찬요』 이외의 농서에서도 부분적으로 초록 삽입하고 있다.

3) 『산림경제』

『경제』는 홍만선(洪萬選)이 지은 종합농업기술서로 저술 연도는 정확하지 않으나 저자의 생존연대로 미루어 17세기 말엽이나 18세기 초엽에 저술된 것으로 볼 수 있다. 홍만선은 1666년(현종 7년) 진사시험에 합격하여 30년간

상주목사(尙州牧士) 등 지방관으로 다니다가 장락원정(掌樂院正)이 되었다. 유성원(柳聲遠)과 동시대 인물로 실용후생의 학풍을 일으켜 실학 발전에 선험적(先驗的) 역할을 하였다.

『경제』는 당초 무슨 동기에서 저술한 것인지 저자의 서문이나 이를 나타낸 글이 전해지지 않아서 자세히 알 수가 없다. 그러나 책 내용과 저자의 처지 등을 중심으로 검토하여 보면 당쟁이 극도로 달하고 있던 당시의 문란한 세태를 보며 시비판단에 유달리 엄격했던 저자는 벼슬을 버리고 은둔하려는 생각을 품었고, 은둔하여 책을 저술한 허균(許均) 등의 전적을 탐독한 것으로 보이며, 따라서 많은 부분 『한정록』을 인용하였던 것으로 생각된다.

이 책은 우리나라의 『직설』, 『집성』, 『잡록』, 『한정록』 등과 중국의 『신은찬요(神隱纂要)』, 『안설(顔設)』, 『음양서(陰陽書)』 등을 참고하여 우리나라 농학의 학적(學的) 체계를 재정립한 귀중한 문헌으로 대부분 각 농서들을 채록하여 인용하고 있다.

4) 『과농소초』

『과농소초』는 1799년(정조 23년)에 박지원(朴趾源)이 지은 농정 및 농업기술에 관한 종합농서이다. 박지원은 당시의 실학자로 『양반전(兩班傳)』 등의 소설을 지어 당시 양반사회의 모순점을 비판적인 시각에서 풍자하였고, 당대의 진보적인 학자들과 교우하며 현실문제 및 학문적인 관심사를 강론하거나 당시의 세도가와 유학자들의 행태 등을 공격 비판하는 등으로 문명(文名)을 올렸으나, 1777년(정조 1년) 권신 홍국영(洪國榮)이 전권을 휘두르게 되자 화를 당할까 우려하여 황해도 금천 연암협으로 은거하게 되었다. 이즈음 연암의 생활은 친구의 도움으로 생계를 유지할 정도로, 은거한 곳에서 농사지을 농토도 없던 형편이라, 오래전부터 관심사였던 중국 및 국내 농서를 두루 섭렵함으로써 후일 『과농소초』를 저술하는 기초를 마련하였던 것이다.

　홍국영이 몰락한 1780년(정조 4년) 이후 5년이 되던 1786년(정조 10년)에서야 그의 첫 관직인 선공감(繕工監) 감역에 임명된 후 사복시 주부(司僕侍主簿), 의금부 도사, 한성판관(漢城判官), 안의현감(安義縣監), 면천군수(沔川郡守)를 거쳐, 1799년 『과농소초』를 완성하여 정조께 올림으로써 양양부사(襄陽府使)로 승진되었다고 한다.

　필자는 1932년에 간행된 박영철본(朴榮喆本)의 『연암집(燕巖集)』 권16에 수록된 것을 최홍규(崔洪奎)가 1987년 국역한 책을 참고하였다.

　농학적인 측면에 있어 『과농소초』는 우리나라와 중국의 농서를 종합, 검토하고 우리 농학의 주류를 계승, 발전시킨다는 입장에서 주체성과 개혁적인 성격을 동시에 보여 주고 있다.

　본책을 저술함에 있어 박지원은 1636년에 중국에서 서광계(徐光啓)에 의해 간행된 『농정전서(農政全書)』를 인용하였는데, 이는 권말에 "臣故曰農政全書固非一人瓶　其私智而是後如有新方妙法雖城眞出於胡狄之中士大夫個矜字遜志願學焉然後農之道始得而公行於國中矣"라 언급한 것으로도 확인할 수 있다. 이 『농정전서』와 한국농서인 『집성』, 『잡록』, 『찬요초』, 『보경제』, 『색경』, 『신서』, 『한정록』 등을 인용하고 실제적인 관찰과 체험을 바탕으로 저자의 의견을 부가하여 당시의 국내 농업기술 현황의 문제점을 검토하였다.

5) 『천일록』

　『천일록』은 1800년대 초(순조 연간) 우하영(禹夏永)이 엮은 경제생활 전반에 관한 책으로, 이 중에 농정 및 농업기술 관계가 수록되어 있다. 우하영은 수원의 한 유생으로만 알려져 있고 국왕의 구언교(求言敎)에 자주 응지(應旨)하며, 판단력 있는 식자로서 국가경제 전반에 걸쳐 그 실상과 개선책을 함께 정리한 사람으로 보인다.

『천일록』은 10책으로 되어 있고, 이 중 농수산 관계는 1책의 『산천풍토관액(山川風土關扼)』, 1책의 전제(田制)와 농정, 8책의 농가총람, 10책의 응지문과 어초문답(漁樵問答)이며, 1804년(순종 4년)에 응지한 원문이 수록되어 있는 것으로 보아 이 책의 편찬이 1800년대 초에 완성된 것으로 보인다.

산천풍토에서는 각 도의 농업 및 부업 상황을 서술하였는데, 여기서 18세기 당시의 농업현황에 관한 지식을 얻을 수 있으며, 전제에서는 조선과 중국의 토지제도를 관찰한 후 대동법(大同法)에 대하여 상술하고 있다. 농가총람에서는 『직설』, 『집성』, 『찬요초』를 대본으로 하여 원문을 앞에 놓고 검토함으로써 저자의 의견과 개선책을 제시하며 농업상의 문제점을 기술하고 있는데, 소규모 농지의 경우라도 집약적으로 경영하여 생산력을 증대시킴으로써 당시의 빈부문제를 해결하려 하였다.

아울러 이앙법과 관련한 경영 확대는 농업경영의 조방화(粗放化)를 가져온다는 점에서 바람직하지 않은 것으로 보았으며, 정전론(井田論) 등 토지개혁은 시세에 어긋난다는 점에서 행할 수 없는 것으로 보았다. 『천일록』은 체제 내에서 농업의 생산기술을 개량하여 생산성을 높임으로써 당시의 농업문제를 해결하려 했다는 점이 특징이라 하겠다.

토의 및 평가

한 나라의 농업생산력을 가늠하게 할 농업에의 지혜, 즉 농업기술론은 단순하게 그 자체로서 파악되거나 다른 것과 비교될 수 있는 것이 아니라 그 농업이 처하고 있는 생산여건으로서의 속성, 다시 말하여 그 나라의 사회, 경제 및 정치 상황과 밀접한 관계하에서 평가되어야 한다. 농업생산력은 곧 국가경제를 밑받침하고, 국가사회는 농업을 새롭게 만들어 가는 상호작용의 원리로 성립되기 때문이다.

중국의 예로 보아도,[71] 춘추전국 시대의 철기문화가 보다 강도 높고 효율 높은 농기구를 출현시켜 농업생산력 향상에 이바지하였기 때문에 농가단위의 개별영농을 가능하게 하였고 진(秦)의 농경수리 관개사업은 후일 천하통일의 경제기초를 만들었다.

우리의 경우는, 이미 고려 말까지 세역농법(歲易農法)을 상경농법(常耕農法)으로 발전시켰고 곡간산지에서 연해안의 저습지까지 개답범위를 늘렸으면서도 농장제(農莊制)의 확대와 토지사유화, 정치 문란 등으로 오히려 국가 패망을 초래하였다. 다행하게도 조선시대 초기에 『농사직설』을 비롯한 농서의 간행과 함께 농지의 외연적 개발 시책의 결과로 농업생산력을 향상시킬 수 있었기에, 이 당시의 찬란한 문화발전을 조선시대의 금자탑으로 남기게 되었다.[72][73]

반면에 임진왜란과 양차호란을 겪고 사색당쟁을 일삼던 조선시대 중기에는 농업생산력이 감퇴되었을 뿐만 아니라 농서의 편찬도 극히 소홀하였으며, 조선시대 말기에는 실학파 학자들에 의한 농업정책론이 분분하였음에도 불구하고 토지와 조세제도의 문란이나 탐관오리들의 노략질이 성행하면서 농업생산력은 극도로 저하하고 결국에는 일인들의 손아귀에 국가운명을 내맡기고 말게 되었다.

뿐만 아니라 공산업을 주축으로 하는 최근의 국가발전 Model을 보더라도, 일본의 예나 우리나라 최근의 사례에서 그러하듯이, 농업의 희생 위에서 국가

---

71) 天野元之助(1962) 前揭書.

72) 宮嶋博史(1977), 李朝後期農書の研究 ─ 商業的農業の 發展と 農奴制的 小經營の 解體をぬぐつて, 人文學報(43) pp.63~102, 京都大人文科學研究所.

73) 위은숙(1988), 12세기 농업기술의 발전, 구대사학(12), pp.82~124.

경제 부흥을 이룩하는 양상이기 때문에, 이 점 역시 또 다른 문제를 제기한다고 하겠다.

오늘날 우리가 당면하는 문제는 생산물 전면 수입개방에 대처하기 위한 토지생산성과 노동생산성의 양면적 향상에 있다. 국민소득 향상에 따르는 새로운 작목(作目)과 높은 품질의 농산물 수요를 이 땅에서 공급하도록 하는 동시에 국민들이 수호하는 우리 고유의 농산품을 언제라도 공급할 수 있도록 주년(周年) 생산하거나 저장할 수 있어야 하며, 이러한 공급체제는 집약적인 영농기술을 적용함으로써만 가능할 것이므로 노동생산성의 측면에서는 현실적으로 불합리한 점을 헤어날 수가 없다.

반면에 국민의 일상식량과 생존을 위해 안보적 차원에서 다루어져야 할 일반농산물 생산에는 저렴한 가격을 보장하도록 대면적에서의 대량생산을 성력적(省力的)으로 이룩해야 하는 것이므로 토지면적을 늘리거나 토지이용도를 제고해야 가능하다. 그런데도 토지생산성의 측면에서는 불합리한 점을 탈피하기 어렵다. 이와 매우 유사한 상황이 조선시대의 중후기 농업에서 이미 재현되었던 사실을 우리는 인정할 수가 있다.

당시의 우리나라 농업기술상으로 보면 조파법(條播法)과 묘종법(苗種法)이 보급되었고 지력유지 증진을 위한 비료 준비 및 시비 요령이 마련될 수 있었으며 작업능률을 높일 수 있는 농기구의 개발, 작부체계의 발달, 생태적으로 합당한 품종의 도입 및 보급이 가능하게 됨으로써 노력을 대폭 절감시키면서도 소출은 배가시킬 수 있게 되었다. 그 결과로 인한 잉여노동력으로 보다 집약적인 영농을 할 수 있었고, 또 다른 한편으로는 광작법(廣作法)이, 대면적 재배법이 성립될 수 있었다.

학자들이나 앞서 기록된 자료에 따라서는 이들 두 가지 형태의 영농방식 가운데 어느 한쪽에 비중을 두고 당시 농업의 속성을 단편적으로 규정하려는 경향이 있다. 조세열[74] 등에 의하면 당시의 벼농사 이앙법이 비록 실현은 되고 있었지만 강우(봄 가뭄 등)나 지력유지상의 제약 때문에 보급에 한계성이 있었다고 하며, 따라서 일부의 부농을 제외한 대부분의 경우에는 여분의 노력을 이용한 다비농법(多肥農法)을 주축으로 하여 집약농 형태의 영농을 하였고, 이런 점으로 미루어 조선시대 후기에는 집약적 소농화 경향이 인정된다고 하였다. 또한 서승환[75]도 이앙법으로 중경제초 효율이 높아지고 시비법 발전으로 답이모작이 가능하게 되었던 점을 들어 광작보다는 집약농법이 발전함으로써 지주제하에서의 소작제가 활발하게 태동되었다고 하였다. 이 점에서는 김상호[76] 등도 같은 견해를 가지고 있어서, 그는 『세종실록지리지』의 기록상에 나타난 논[水田]과 밭[旱田]의 결수 비교치가 27%와 73%이었다고 하였다. 그러나 1905년의 일인들 조사치로는 이들 입지가 75%와 25%로 변화하였으며 이들 변화가 주로 삼남에서 이루어졌던 점을 들어 이앙법은 크게 보급되었지만 여기에서 남은 여력은 산지휴한전이나 화전(火田)의 증대를 통한 작부체계의 발달을 이룩하여 결국은 집약농으로 전환하게 되었다고 한다.

한편, 김용섭,[77][78][79] 송찬식[80] 등은 "이앙농법으로 생곡(生穀)은 배(培)이면서도 공력(功力)은 반"이었다는 정조 23년의 『일성록(日省錄)』을 사례로 들어 결국 이앙법으로는 부익부 빈익빈의 현상이 유발되었고, 이에 대한 찬반론은 조선시대 말기까지 계속되었지만 결국 지주들을 중심으로 하는 세도가들은 몇 배씩의 넓은 토지를 점유하게 되어 광농 경영을 영위하게 되었다고 한다. 그러므로 여기에 주역이었던 지배계급층의 농업사적인 이해 측면은 사

74) 세열 조선후기집약농법의 발전 - 『천일록』의 분석, 경희대학원박사 논문 p.47.

75) 서승환(1988), 『조선시대 농업생산성 발전에 관한 연구』, 경제사, pp.167~173.

76) 김상호(1969), 「이조전기의 수전농업연구 - 조방적농업에서 집약적 농업으로의 전환, 1969년도 문교부 학술연구 조성기에 의한 연구보고서」, 인문학계 1, 서울대 사범대.

77) 김용섭(1965), 「조선 후기의 수도작기술 - 이앙과 수리문제」, 아세아연구 18.

78) 김용섭(1988), 「『농정요지』의 수도건파기술」, 『손보기박사정년기념논문집』, pp.551~574, 지식산업사.

79) 김용섭(1970), 『조선 후기 농학의 발달』, 한국문화연구총서 2, 한국문화연구소.

80) 송찬식(1975), 『조선 후기 농업에 있어서의 광작운동, 한국경제사 논문집 Ⅱ』, 이해남기념사학논총. pp.95~134.

실적으로 평가될 수 있으며, 이 당시의 광농법이 중국에서의 그것과 비교되는 점은 결코 토지생산성을 떨어뜨리지 않는 범위에서 지켜졌던 점에 있다고 『행포지(杏蒲志)』(1825)를 예로 들어 설명하고 있다. 이는 우하영의 『천일록』에 나타난 "今則民皆懶農 專事廣作 雖其可合水種之處 亦皆注秧"이란 대목으로서도 잘 알 수 있다.

반면에 광작을 함으로써 소유농가의 재배면적은 5배로 증대하였지만 노동력은 약 8할이나 감소되었다고 한다.[81] 이런 결과로 실업자와 유랑민이 급증하고 도시로의 이농(離農)현상이 일어나 당시의 사회상을 숙종 20년의 『승정원일기(承政院日記)』에는 "加以數十年間 移秧之法 盛行於諸道 有之(土)者幸皆自耕故 無土者 斷無入作之路 旋聚旋散 終爲矢業之民"이라 처참하게 표현하고 있다. 즉 광작농의 실현은 농학발달상 중대한 의미를 지니긴 하지만 조선조의 멸망은 광작법의 오용으로 빚어진 문란하고 빗나간 사회상에 기인한 것으로까지 해석되고 있다.[82][83]

더구나, 미야지마(宮嶋)[84]는 이에 그치지 않고 부언하되 조선농업의 특성은 상기의 두 가지 가운데 어느 한쪽에 치우친 것이 아니었으며 묘종법과 부종법(付種法), 즉 습윤지농법과 한지농법을 지역적으로 독특하게 융합시켜 이룩하는 데 성공했었던 유일한 Model이었으며, 일제의 식민농업정책에 의해 한지농법이 상대적으로 격차를 나타내게 되었을 뿐 결코 농업 전체의 방향전환이 잘못된 것은 아니었다고 한다.

이 점에서도 명백히 파악해 두어야 하는 것의 하나는, 우리나라 자연입지 위에 세워졌던 농산(農産)형태와 이를 뒷받침한 농업기술, 그리고 이의 발전

81) 송찬식(1975), 前揭書.
82) 송찬식(1975), 前揭書.
83) 宮嶋博史(1977), 前揭書.
84) 宮嶋博史(1977), 前揭書.

방향과 제약요인을 밝히고 오늘의 방향을 투시해 보아야 하는 점이다. 즉 벼농사 기술을 중심으로 하는 우리 농업이 우리나라 입지와 역사적인 사회문화의 흐름 및 농업의 속성을 통하여 중국의 농학을 어떻게 수용하였고, 우리는 독자적인 어떤 농학을 창출하였으며, 이들 전통농학이 어느 시점에서 어떤 형태로 어떤 위치에까지 도달하였고, 이들의 농경문화사적 역할을 어떻게 평가할 수 있으며, 과연 일제의 식민농업기술을 무리 없이 받아들여 소화해 낼 수 있었을까를 되짚어 보아야 한다.

또한 조선시대 후기에는 실학자들을 중심으로 개혁을 주도하였을 뿐만 아니라 또다시 중국의 농학을 재수입하여 우리의 농학을 보강하고자 하였음에도 결과적으로는 일본의 농학을 우리의 전통농법에 접목시키는 데 그치고 말았는데 이렇게 된 원인은 한전(旱田) 조건을 바탕으로 하여 계승된 우리의 집약농법을 말살한 대신에 지주 및 지배층만의 교체를 통한 광작농법의 유지형태이었기 때문에, 보다 손쉬웠던 데 연유하는 것은 아닌가? 이와 같은 이해의 증폭과 함께 우리가 상실한 집약농법(集約農法)의 진수를 역사적 맥락에서 다시 찾아 밝혀야 할 것이다.

미야지마(宮嶋)[85]도 언급한 바 있듯이, 조선에는 왕조기록이 어느 나라보다 풍부하게 많은 반면, 지방이나 촌락에 대한 기록은 거의 없는 형편이며, 따라서 농업생산력을 역사적으로 조감하기 위해서는 소규모 경영의 변천상을 가장 잘 반영하는 시대별 농서를 체계 있게 비교하여야 한다고 한 바 있다. 이제까지 고전농서들을 통하여 밝힐 수 있었던 조선시대 농업기술의 변천요인은 수리여건을 비롯한 생산기반의 제약, 농작업 효율을 좌우하는 농기구의 개발 차이, 제초관리에 투여되는 노동력의 단위 차이, 지력을 유지하고 증진시킬 수 있는 시비원의 확보방안 유무 등으로서 이들은 곧 생산성 변화에 선행되고 있었다.

---

85) 宮嶋博史(1977), 前揭書.

그러나 최근에는 수리시설을 비롯한 중장비 농기계와 고도선택성의 제초제 및 기타 농약들이나, 화학비료 등이 손쉽게 공급되고 있기 때문에 농업기술의 변천을 불가피하게 했던 이제까지의 모든 제약요인들은 많이 해소된 셈이다. 이제 농작물의 수량성(토지생산성) 향상을 위하여 생리생태적으로 합당하고 노동생산성을 제고시킬 수 있는 성력(省力) 재배방식이 성립될 수 있다면 언제라도, 어떤 형태로도 복귀해야 할 좋을 시점에 와 있다.

중국 강남의 원시적 농법을 대표하는 '화경수누법(火耕水耨法)'부터 출발하여[86] 이호철(李鎬澈)[87]이 우리나라 고유의 농경술로 주장하는 '벼직파 연작법'이나 산파에 의한 '균살재배법', 김용섭[88]이 우리나라 기상특성(춘한현상)에 비추어 우리나라 고유기술이었던 것으로 주장하는 '논벼건파법', 조세열[89]이 『천일록』의 주장을 빌어 생산성 높은 기술로 분석했던 '집약적 다비농법' 등까지 재검토하여야 할 것이다.

즉 이들 기술의 과학적 타당성과 경제적 합리성을 평가하고 오늘 우리 농업의 방향을 위해 제시할 바를 터득해야 할 것이다.

또한 노동생산성을 제고하기 위하여 광작농법의 원리를 평가하되 우리나라의 사회구조로 보아 토지소유 규모를 고려한 적정의 한전론(限田論)을 재고해야 하며, 국토 한도를 고려하여 토지생산성을 극대화시키기 위한 작부체계나 작목추가 등의 기술, 즉 토지이용도 제고방안과 소농의 집약농법 기술원리도 찾아야 할 입장에 있다.

논농사는 동아 습윤지 농작물의 가장 대표적인 것으로서 고금을 통하여 국가의 재정과 식량원을 조달하는 주역의 위치를 차지해 왔었다. 또한 이러한 위상은, 물론 동남아 제국을 포함하여, 중국 대륙과 한반도 및 일본 열도로

---

86) 西嶋定生(1951), 火耕水耨について, 和田博士還曆記念, 東洋史論叢, pp.469~487.

87) 이호철(1984), 「조선전기의 수도직법고」, 『동양문화연구 Ⅱ』, pp.73~102.

88) 김용섭(1988), 前揭書.

89) 조세열(1986), 前揭書.

이어지는 지역을 중심으로 기술교류와 이해관계를 맺어 오면서 형성되어 왔음에 틀림이 없다.

특히 우리나라는 지리적 위치로 인하여 더욱 두드러진 교량적 역할을 담당할 수밖에 없었고, 더욱이 문화적 우환은 물론 외침과 내환을 수없이 겪는 동안 농업조건은 개간과 황폐 및 회복을 거듭하였고, 이 위에서 벼농사와 벼농사 기술의 수용 · 발전은 칠전팔기하여 왔음에 분명하다. 그럼에도 불구하고 우리나라 역사는 왕조실록을 중심으로 한 조정의 기록이 얼마든지 많았던 반면에 지방과 농촌의 기록은 지극히 빈약한 것을 특징으로 하기 때문에 벼농사와 벼농사 기술의 변천상을 알 수 있는 길 또한 지극히 제한되어 있었으며, 결국은 조선시대 초기부터 편찬되기 시작했던 농서들을 시대별로 구분하여 검토하고, 다시 종합적으로 비교고찰하면서 맥락을 더듬는 도리밖에 없다.

결론: 온고지신의 지혜의 사례제시[구자옥 등(2008), 고농서의 현대적 활용을 위한 『온고이지신(溫故而知新)』 제3권 작물 편에서]

제1사례: 화누법(火耨法)

화누법은 "화경수누법(火耕水耨法)"의 준말로서 파종 전에 마른 풀을 펴고 불을 놓아 풀을 소각하고 물을 넣어 논을 갈고 볍씨를 파종하거나 또는 파종한 다음에 풀과 벼가 함께 싹터 나오면 마른 짚(불쏘시개)을 펴고 불태워 모든 싹의 잎줄기를 소각한 뒤에 물을 넣으면 잡초종들은 배유가 소진되어 재발아하지 못하는 반면에 벼는 재생하여 벼만 자라는 논으로 된다. 이런 농사법을 화누법이라고 한다.

고대 중국에서는 벼농사를 세역(한 해 휴한하는 법)하면서 쉬는 해에 발생된 잡초에 물을 깊이 대어 호흡을 억제시켜 제초하는 수누경(水耨耕)을 하였다.[90] 이후 세역하지 않고 연작하면서 매년 곤연[輥]으로 바닥짓이기기를 하

---

90) 賈思勰(5세기?), 『齊民要術』 水稻條: "必於負六月之時 大雨時行 以水病絶草之後 生者 至秋水

거나 화경(火耕)하고 수누하는 방식을 구사하게 됨으로써 화누법이 성립된 것이다. 응소(應劭)의 주석에 따르면 화경수누법의 성립이 후한(後漢) 시대의 강회지역 수도작 기술로 성립된 것이라 한다.[91]

우리나라에서는 유진(柳袗, 1582~1635)의 『위빈명농기(渭濱明農記)』와 신속(申洬, 1600~1661)의 『농가집성(農家集成)』에 "화누법"[92][93],4)과 "수누법"[94]이 소개되었고 박지원(朴趾源, 1799)의 『과농소초(課農小抄)』에도 『위빈명농기(渭濱明農記)』에서와 같은 "화누법"이 설명되고 있다. 즉 화누법이란 "볏모가 2~3엽기에 이를 즈음, 먼저 논물을 빼고 마른 풀짚을 모 위에 고르게 편 다음 불을 놓고 곧 이어서 물을 대어 주면 잡초가 쉽게 죽는 반면 볏모는 날로 속히 자라나서 김매기를 하지 않고도 소출은 배가 된다"는 것이었다. 고대 중국의 파종 전 불놓기와는 다르며 진일보한 합리적 방식의 화경수누법을 인용하였던 것이다.

화누법(火耨法)은 "화경수누법(火耕水耨法)"의 준말로서 중국 고대의 강회(江淮; 양자강과 회하) 지방 수도작 재배법이다. 최초의 기록은 전한(前漢) 시대(B.C. 202~A.D. 8)의 사기(史記)인 『평준서(平準書)』에서 발견되지만 재배 방식이 체계적으로 확립된 것은 『주례(周禮)』의 도인조(稻人條)에 곁들인 응소(應劭)와 정현(鄭玄)의 주해, 그리고 가사협(賈思勰)의 6세기 농서인 『제민요술(齊民要術)』의 수도조(水稻條)가 기록된 계기로서 세역직파(歲易直播; 격년 휴한하던 직파)하던 화전식 경작시대의 척박, 저습지 농법이며, 물은 있으나 인력이 모자라던 광작지대 농법이다. 우리나라에서는 확인할 수가 없으나 『위빈명농기(渭濱明農記)』에 한 사람이 무려 5~6섬지기를 이 방

潤 芟之" (구자옥 등, 『역주 제민요술』, 2006, 농촌진흥청).

91) 應劭(後漢代): 『漢書』 권6, 武帝紀: 火耕水耨法(後漢代 江淮域 水耨作技術), 『史林』 1955, 第4號: 8~9.

92) 柳袗(1582~1635), 『渭濱明農記』 火耨法條: "禾苗 至兩三葉 先放水 以乾草量覆苗上 令匀布之 焚後 卽灌水 則雜草盡枯 苗自推出 雖不鋤 所收倍多".

93) 申洬(1600~1661), 『農家集成』 中 『農事直設』 增補分: 上同.

94) 柳袗(1582~1635), 『渭濱明農記』 養秧法條: 세주에 "水耨法也"라 하여 올벼의 수경(水耕) 방법을 일컫고 있다. 중국의 수누법과는 사뭇 다른 방식이어서 단지 화누법에 상대되는 내용을 일컬은 것으로 보인다.

법으로 경작할 수 있고, 화경(火耕)에 앞서 약간의 관수를 해 주면 볏모의 뿌리 손상을 막을 수 있다는 설명을 덧붙이고 있어서, 『농가집성(農家集成)』의 『직설(直說)』에 없던 화누법(火耨法) 부기 내용을 참조한 것으로 보이며, 『과농소초(課農小抄)』 또한 이들 내용을 가감 없이 인용하고 있다.

저습하고 척박한 환경의 논에서는 사초류(방동사니, 골풀 등)의 다년생 잡초가 번무하므로 격년하여 휴한하던 당시의 논농사에서는 휴한년의 이들 다년생 잡초를 우선 갈아엎거나 제초하여 땅 힘을 기르도록 한 다음, 재배년이 되면 파종 후 입모된 벼와 새로 발생된 잡초에 마른 풀집을 불쏘시개로 삼아 불을 놓는다[火耨法]. 그런 다음에 물을 즉시 대어 주면 종자의 크기 차이, 즉 저장 양분이 적은 잡초 종자의 실생은 지상부의 파괴만으로도 쉽게 죽지만 벼의 실생은 충분히 재생하여 신생묘로 자라게 된다. 그 이후로는 벼의 생장 공간 선점현상(先占現象, head-start)이 이어져 벼는 날로 잘 자라고, 확장된 벼의 음지 속에서 파이토크롬의 전환(Pred→Pfarred)이 유도되지 못함으로써 새로운 잡초의 발생과 생장은 억눌려 보잘것없게 된다.

본 기술의 가치는 못자리가 아닌 직파본답으로서 주변 환경이 물은 있지만 인력이 모자라던 광작(廣作)의 저습, 척박한 입지 농법에서 인정된다.

『농가집성(農家集成)』의 소노앙조(蘇老秧條)에 나오는 '이앙 지연에 따른 못자리묘의 파리오줌 무늬(즉 도열병이나 깨씨무늬병) 병발 시에 마른 풀짚을 깔고 불 놓은 다음 물을 대어 볏모 재생을 기다린다'는 기술 표현도 마찬가지의 기술 적용이 가능하다.

시사점을 제안하자면 다음과 같을 수 있다.

① 벼농사의 규모화와 생력재배화가 요구되는 입지에서는 본 기술의 마른 풀집 피복 후 화누(火耨)하던 처리를 접촉형 비선택성 제초제(파라코트나 Protox Inhibitor 계의 제초제)를 대신 처리하고 수누(水耨)하는 방식의 기술 체계화로 목적 달성이 가능할 것이다.

② 특히 친환경적 재배를 전제로 하는 규모화·생력화 재배에서는 제초제 대신에 화염 처리하여 지상부 생장분을 소각하고 즉시 수누(水耨)하여

볏모의 재생을 촉진하고 잡초의 고사와 신생 억제를 유도하는 직파영농이 가능할 것이다.

③ 화경수누(火耕水耨)의 효과로 얻어지는 잡초체의 토양환원으로 제초제의 상호대립억제(相互對立抑制, allelopathy) 효과를 부수적으로 기대할 수 있는 연구가 필요하다.

제2사례: 무논[水耕畓]과 상경화(常耕化)

조선조 초기의 벼농사는 담수직파[水沙彌]·건답직파법[乾沙彌]·모내기법[苗種法] 및 밭벼재배법[旱稻法] 등의 네 가지로 나누어 볼 수 있다.[95] 『농사직설(農事直說)』에서 지칭한 "사미(沙彌)"란 "삶이"의 뜻으로 무논[水耕畓]의 흙을 써레로 썰고 나래로 고르는 "볍씨 파종 준비 작업"을 이르는 말이지만 마른 논[乾畓]에서는 흙덩이를 깨고 고르는 일로서 볍씨의 직파 준비 작업을 이르는 말이다.

고대의 중국 『제민요술(齊民要術)』에서는 "벼는 전후작 간에 특별한 인연은 없으나 오직 해바꿈[歲易] 곧 휴한하는 것이 좋다"고 하였으며, 이에 영향을 받은 우리나라 최초의 수도작 농서인 『농서집요(農書輯要)』에서는 이 내용을 그대로 인용하고 있다.[96] 그러나 조선조에 이르면서 논밭을 한 해도 놀릴 수 없었던 우리에게는 상경(常耕), 즉 연작(連作 ; 최소한 1年 1作)의 필요성이 거의 필연적인 상황이었다.

담수직파는 싹틔운 볍씨를, 건답직파와 밭벼는 마른 볍씨를 파종하고 모내기법은 모를 키워 옮기는 방법이다. 이들 재배법의 분화는 물이 있고 없는 입지조건 차이에 기인한 것이지만, 변화·발달의 동기는 소출의 유리성, 내재해성, 제초 편리성 및 작부체계상의 여유 확보를 통한 상경화[連作化] 등에 있었다.

이런 상황에서 15세기의 우리나라 벼농사가 무논농사법[水田農法]을 확립한 사실은 역사적 의미가 크다.[97] 우리는 논과 밭이라 할 때 논은 예전부터

---

95) 『農事直說』種稻條: "種稻 有早有晩 耕種法 有水耕(鄕名 水沙彌) 牛乾耕(鄕名 乾沙彌) 又有揷種(鄕名 苗種) 除草之法 則大抵皆同."

96) 農書輯要(1273): "稻無所綠 唯歲易爲良."

답(畓)이라는 우리식 한자[韓式漢字]를 만들어 썼고 밭은 한전(旱田)이라 지칭하였다.[98] 또한 수도(水稻)를 수전(水田, 畓)에서 재배하는 방법을 무논농사법[水田農法]이라 부르는 것이며, 무논농사에서는 물이 있고, 지속적으로 물을 끌어들이며 농사를 짓기 때문에 『제민요술(齊民要術)』이나 『농서집요(農書輯要)』에서 휴한(해바꿈)을 권장하던 것과는 달리 그 필요성이 별로 없게 된 것이다. 『농사직설(農事直說)』에서는 논의 연작에 대한 언급이 일체 없다. 이 점은 『제민요술(齊民要術)』에도 어느 정도 인정한 바 있어서 "토양이 걸거나 토박한 것은 별 상관(영향)이 없는 반면에 물이 좋다면 잘 여문다"고 하였다.[99] 즉 토양의 비옥도보다도 물의 비옥도와 역할이 더 소중함을 인정하였던 것이다. 실제로 『농사직설(農事直說)』은 당시까지의 우리나라 벼농사 기술 수준이 중국의 영향을 벗어나서 무논벼농사법을 일반화한 데 이르렀고 모내기법이 도입되기 시작하였음을 전제로 하여 연작의 필요성을 언급하지 않은 것이었다.

우리의 농사가 언제부터, 중국의 가르침(농서 인용에 의한 기술체계)을 벗어나서 세역법을 상경법으로 바꿀 수 있었는지에 대한 의문은 지금도 여전히 남아 있다. 그러나 연작에 기초한 농업생산의 증대라는 과제는 우리에게 필연적인 것이었고, 이 시기는 고려조 후반부터 시작되어 조선조 초기에는 심각한 수준에까지 이르렀던 것으로 보인다. 그 결과가 무논농사법 확대 · 체계화 · 보급에 의한 상경(連作)의 일반화를 가속시켜 왔을 것으로 보는 견해가 일반적이다. 미야자와(宮嶋)는 고려 중기 이후부터 벼농사의 연작법이 보급되었다고 하였으며,[100] 또한 우리나라 수도작은 그 이전 얼마 동안 휴한농법으로 재배해 오다가 오래지 않아서 물대기가 쉬운 곳부터 연작농법을 수용하며 발전된 것이 아닌가 추측하고도 있다.[101]

그와 같은 추측의 근거는 수도작의 특수성 때문이다. 무논벼농사는 다른 밭

---

97) 金容燮(1964~1971): "朝鮮後期의 水稻作技術" 連報文 「亞細亞研究」·「歷史學報」 및 「一潮閣」.

98) 염정섭(2002), 『조선시대 농법 발달 연구』, 태학농서-6, 태학사.

99) 『齊民要術』 水稻條: "地無良薄 水淸則稻美也."

100) 宮嶋博史(1980), 「朝鮮農業史上における15世紀」, 『朝鮮史叢』 3.

101) 宮嶋博史(1980)(宮嶋의 앞 문헌): 元司農司(1273), 『農桑輯要』 水稻條.

작물에 비하여 휴한의 필요성이 생략되는 농사법이다.102) 대기 중에는 약 78%의 유리질소(N_2)가 포함되어 있고 이 유리질소는 빗방울에 질산(NO_3)이 나 암모니아태질소(NH_4)로 녹아서 농업용수를 구성하여 공급되며, 논에 도달하는 과정을 통하여 땅 위의 온갖 유기물과 무기물을 씻어서 무논벼의 영양원으로 공급된다. 빗물의 질소함유량은 장소나 조사 시기에 따라 다를 수밖에 없다. 춘천에서의 조사 결과, 질산과 암모니아태를 합하여 1.4ppm, 삼척의 경우는 2.3ppm이 들어 있었고, 고체인 눈보다는 액체인 비·안개나 이슬에 더 많이 존재하였다고 한다.103)104)105) 더구나 화본과인 벼는 질소요구량이 높고 사치흡수에 의한 흡수력이 뛰어난 작물이다. 벼농사가 밭농사보다 좋은 점의 하나가 이들 천연적 질소공급량을 보다 많이 이용할 수 있다는 데 있다. 1500년 전에 중국의 가사협(賈思勰)이 경험적으로 이 사실을 터득하였던 것이기 때문에 『제민요술(齊民要術)』은 벼에 있어서는 논의 토양보다도 관개수로 공급되는 물이 더욱 중요하고 소중하다는 인정을 하였던 것이며, 이들 사실들을 기초로 하여서 우리의 선조들은 휴한법을 극복하고 무논농사법으로 상경화시키는 데 성공을 이룩했던 것이다.

그럼에도 불구하고, 우리나라 농업의 근현대화 과정을 통하여서 우리는 비료의 제법·이용과 경영기술을 일본인에 의하여 배우게 되었고, 오늘날에 이르러서는 "비료만능"의 농법에 의한 농업생산 경영을 생산량에만 지나치게 급급해하면서 해내며, 비료 또한 적체되어 수출이나 국제적 지원을 해 주어야 하는 나라로 탈바꿈되어 있다. 그 내면에 우리의 농토가 불모화되고 있는 현실을 직시할 수 있다. 비료만능 정신은 농토에 유기물 시용의 필요성을 상실케 하였고 유기물 시용의 단절은 토양미생물(환원기능체)의 쇠락과 감멸현상을 초래하여 자꾸만 농업생산 기능이 약한 토양으로 전락케 한 것이다.

과거 전통적 상경법과 거기에 따르는 시비법은, 비록 효율이 떨어지고 지효

102) 金榮鎭·李殷雄(2000), 『朝鮮時代 農業科學技術史』, 서울大學校出版部.
103) 金光植(1969), 『農業氣象學通論』, 富民文化社: 121.
104) 김문희(1996), 「춘천지역 강우의 화학조성」, 강원대학교 환경학과 졸업논문.
105) 김문희(1996), 「우수의 이온 성분에 관한 연구」, 『한국대기보전학회지』: 23~28.

적이며, 인력소모적인 단점과 불편이 따르기는 하였더라도 모든 천연의 유기물과 생활하수적·부산물적 유기물을 비료원으로 하였던 것이다. 자연의 섭리에 맞는 환경친화적 유기농의 형태를 유지하여 왔던 탓으로 화학비료의 시발이 늦었던 것이다. 결코 잘못 선택되었던 과정이 아니었으나 현재는 그 궤도를 잘못 가고 있는 것이다.

우리의 전통농법에 새로운 접목을 시도하여 우리 미래의 지속적·친환경적 유기농의 기술을 발굴하고 체계화시켜 가는 노력이 필요할 것이다.

제3사례: 조파(條播)에 의한 재식밀도(栽植密度)의 개념(槪念) 인식(認識)

서유구는 그의 저서인 『임원경제지(林園經濟志)』[106]를 통하여 고대부터 체계화되었던 중국의 조파식(條播式) 재식밀도(栽植密度) 개념을 바로 잡고, 그 근본 뜻을 인식시키고자 하였다.[107]

가로세로로 줄지어 법도에 어긋나지 않게 한다. 촘촘하게 심을지 듬성듬성 심을지는 땅의 비옥도에 맞추고, 모 간격은 법대로 한다.

어린 싹 심기는 다음과 같아야 한다. 먼저 한 손가락으로 진흙을 찔러 구멍을 낸 뒤 두 손가락으로 모를 구멍 가운데에 찔러 넣으면, 모 뿌리는 아래를 향하되 위를 향하지는 않는다. 가로세로의 줄을 맞추면 김맬 때 운탕(耘盪)으로 밀기가 쉽다.

듬성듬성 심을지 촘촘하게 심을지는 각각 심을 땅의 비옥도에 맞춘다. 듬성듬성 심는 것은 1묘당 수량이 약 700포기 정도이고, 촘촘하게 심는 것은 1만 포기가 훨씬 넘는다. 땅이 비옥하여 모를 촘촘하게 심으면 듬성듬성 심은 것보다 수확량이 배가 된다.

『농정전서(農政全書)』에서는 '땅이 비옥해도 촘촘하게 심어서는 안 된다',

---

106) 『林園經濟志』: 1827년에 徐有榘가 正祖의 農書綸音에 応旨進하여 저술한 農書로서, 徐光啓의 『農政全書』와 우리나라 古代農書들을 섭렵하여 百科事典式으로 집필한 10分野의 生活書이기도 하다.

107) 『林園經濟志』 4卷: 縱橫成列, 紀律不違. 密(走+瓜+昜)爲儔, 尺寸如范.
【栽苗者, 當如是也. 先以一指搯泥, 然後以二指嵌苗置其中, 則苗根順而不逆. 縱橫之列整, 則易於耘盪. 疏密各因其地之肥瘠爲儔. 疏者每畝約七千二百科, 密則數踰於萬 地肥而密, 所收倍於疏者矣. 農政全書: "地肥更不宜密. 農書曰: '瘠田欲稠'."】

농서에서 이르기를, '척박한 밭에 촘촘하게 심어야 한다'라고 나와 있다.

서유구가 『임원경제지(林園經濟志)』를 집필하던 시기에는 조파(條播)나 정조식(正條植) 이앙이 완전 보편화되지 않았고, 특히 논이 아닌 밭에서는 산파(散播)가 흔히 이루어지고 있었다. 따라서 파종량도 규칙적으로 일정하지가 않았다. 이런 때문에 제초를 하거나 덧거름을 내는 작업도 쉽게 할 수가 없었고 작물의 재배환경을 일률적으로 조절하기가 어려웠다.

서유구가 주장한 내용은 줄을 띄우고 줄사이[列間]와 포기사이[株]를 일정하게 하여 파종하거나 이식을 하되 그 간격, 즉 재식밀도는 땅의 비척에 따라 좁혀서 일파하거나 늦춰서 소파하여야 한다는 것이었다. 이렇게 함으로써 면적당 포기수가 조절되고 생육진전이 균일하며 수광태세나 통풍조건이 좋아질 수 있는 것이었고, 무엇보다도 생육 도중의 각종 작업을 손쉽고 효과적으로 할 수 있었던 것이다.

다만, 재식되는 밀도를 토양의 비옥도에 기준을 두도록 하였으나 비옥도가 높은 곳에서는 밀식하고 척박한 곳에서는 소식을 하는 것이 수량을 배가시킬 수 있는 요령이라는 것이었다.

다만 『농정전서(農政全書)』[108]의 예를 들어서, "비옥한 땅에 밀식하지 말고, 척박한 땅에서 오히려 밀식해야 한다"는 반대되는 가르침을 말미에 부언하고 있다. 다소간에 논리적 혼선을 가져 올 수 있을 언급이지만, 이는 『농정전서(農政全書)』의 경우, "비옥한 곳에서는 너무 밀식하지 말고 척박한 곳에서도 가급적 소식보다는 다소 밀식하는 경향으로 심어서 각각 큰 손실을 보지 않는 동시에 최대한의 지력보상을 받을 수 있도록 면적당 포기수를 확보하는 것이 좋겠다"는 뜻으로 해석해야 할 것이다.

서양에서는 작물의 조파기술이 체계화된 변화를 농업생산성 비약발전의 혁명으로까지 높여 보고 있다. 곧 1700년대 초기에 Jethro Tall이 마경농법(馬耕農法, horse hoeing husbandry)을 주창하면서 노동생산성을 획기적으로 높

---

108) 『農政全書』: 1639年에 中國의 徐光啓가 서구식 과학기술을 수용하여 편찬한 農書로서 우리나라의 農書 가운데 『課農少抄』나 『林園經濟志』・『農政會要』 등에 지대한 영향을 미쳤고 또한 많이 引用되었음.

일 수 있었던 데 근거한다. 그러나 동양에서는 이미 기원전의 농서들(『여씨춘추(呂氏春秋)』·『범승지서(氾勝之書)』 등)에서 조파법뿐만 아니라 점파에 가까운 재식법이 실려 있었기 때문에 서구보다 천 수백 년 앞서서 조파법이 성립되어 있었던 것이다.

다만 우리나라에서는 앉은 작업용의 호미로 제초를 하고, 넓지 않은 뙈기밭에 농사를 짓던 탓으로 조파법보다는 산파법이 보편적이어서 뒤늦은 1800년대에 서유구와 같은 주장을 새삼스럽게 펼칠 수 있었을 것이다.

오늘날에 이르러서는 파종량의 개념만 농업기술로 수용이 되고 조파나 정조식 이식법은 구태여 표준화시키지 않고 있는 경향이다. 모든 재배과정이 기계화되어 있을 뿐만 아니라, 비록 산파를 하더라도 제초나 병해충방제 및 추비작업 등을 약제나 분무기로 쉽게 할 수 있기 때문일 것이다.

그러나 적어도 기계를 조작하기 위한 조파규격이나 포기 수 기준은 제시되어야 할 것이며, 화학제인 농약이나 현재와 같은 비료의 제형을 쓰게 되는 한에는 특히 재식밀도 개념에 대한 연구가 지속되어야 할 것이다.

3. 우리네 전통농업의 현대적 의미*

전통농업의 정의

전통(傳統)에 대한 사전적 정의는 다음과 같다. "계통을 받아 전함" 또는 "이어받은 계통, 관습(慣習) 가운데서 역사적 배경을 가리고 특히 높은 규범적 의의(規範的意義)를 지닌 것"이며, 넓은 뜻으로는 "일정한 집단공동체의 가족·국가·민족 및 지역사회의 단위로서 전해 내려오는 사상·관습·행동 기술 등의 양식인데 때로는 그 문화적 유산 속에서 현재의 생활에 의미, 효용이 있는 인습(因習)이나 습관을 일컬음"이고, 좁은 뜻으로는 "그 양식이나 인습·관습의 핵심이 되는 정신만을 지칭함"으로 되어 있다.

한국의 전통농업(傳統農業)을 정의한다면, 한국민족이 역사적으로 규범을 만들어 영위해 온 농사의 인식·행동과 기술 양식 가운데 특히 한국의 자연 조건에 맞도록 적용·응용·변용하거나 독창적으로 창출하여 계승해 오던 정신·기술·가치관·방식 등을 일컫는다고 할 수 있다. 전통이란 속성으로 볼 때 인종의 "길들여지기 근본성"을 갖는다. 따라서 전통이란 체득되며 편하고

* 이 글은 「韓國 傳統農業의 現代的意義」(Up-to-date Significance of Korean Conventional Agriculture)라는 제목으로 제9차 동아시아 농업사 국제학회(2009. 9)에서 발표된 Keynote Sprrch 원고 내용이다.

독특하며 안정적인 자존감을 가지게 한다. 오랜 세월과 많은 사람을 통하여 simulation된 축적기술이고 가치이므로 이는 최고의 합리적 결산물이며 혼 (魂)과 얼이 된다.

따라서 전통성은 앞뒤가 있고 위아래가 있으며 가설과 결론이 있고, 일관성과 방향성(진화성)·역사성이 있다. 이런 탓으로 농업에 요구되는 조건으로서의 전통성은 곧 경험적 생태성과 응용성·돌발대체성·안정성과 같은 환경친화성을 우선적으로 구비한다고 하겠다. 또한 전통농업과 그 결과물을 먹는 속성은 곧 그 부류의 인간 속성을 드러냄으로써, 전통적인 산물로 지역적(국가적, 민족적)인 것이야말로 가장 세계적이라 할 수 있고, 소량다품목으로 산출되는 이런 것들이 곧 세계적인 명품일 수 있다고 하겠다.

한국농업의 역사적 개관

1) 선사시대(先史時代)

- 고조선: 단군(檀君)신화에서 유래된 자연적 인본관(人本觀)과 농본주의 (農本主義)
- 고대 중국의 신농설(神農說)
- 영고(扶鼓: 稊餘)·동맹(東盟: 高句麗)·무천(舞天: 東濊)·단오(端午, 수릿날: 三韓) 등

2) 삼국(三國)·통일신라(統一新羅)·발해(渤海)시대

- 왕토사상(王土思想)

- 농학원리(農學原理)

- 유교경론(儒敎經論)인 사서(四書) 오경(五經)

- 풍수지리설(風水地理說)

- 지모사상(地母思想)

- 음양오행설(陰陽五行說)

3) 고려(高麗) 시대

- 농정(農政): 사직제(社稷祭)·면포(綿布)생산·상경농(常耕農)·도교설
  (道敎設·占術)·축우(畜牛→環耕·畜肥)

4) 조선(朝鮮) 전반기

- 세종(世宗) 중심:『경국대전(經國大典)』·『농사직설(農事直說)』·『구황
  촬요(救荒撮要)』·『향약집성방(鄕藥集成方)』, 사창제(社倉制),『한글』
- 측우기(測雨器)·연작(連作)·윤작(輪作)·이모작(裏毛作)·다모작(多
  毛作)

5) 조선후반기

- 정조(正祖) 중심:『속대전(續大典)』,『응지진농서(應旨進農書)』, 정밀
  기상관측[日單位氣象豫報], 이앙법[水稻移秧], 건답법(乾畓法), 답전윤
  환법(畓田輪換法), 소주밀식조앙법(小株密植條秧法), 자급자족식(自給
  自足式) 다각경영(多角經營), 계(契: 품앗이, 집단공동체)

6) 일제강점기(日帝强占期)

- 개화(開化: 東洋生氣論+西洋機械論)
- 농업기반조사(農業基盤調査), 근대적 품종과 재배기술 보급
- 양차쌀증산시책(兩次米作增産施策), 남면북양(南綿北羊)시책

7) 대한민국(大韓民國)

- 박정희(朴正熙): 녹색혁명(綠色革命: 統一系 品種)과 식량자급(食糧自給), 새마을운동(集團的自給自足運動), 농공병진(農工竝進)

전통농업적 가치(価値)의 발굴

1) 신화(神話)의 가치

- 단군(檀君) 신화[190]: 자연적 인본주의(人本主義) - 홍익인간(弘益人間),

---

190) 구자옥 · 이도진(2008), 「대한제국과 일제하 농업교육조직」, 『한국농업근현대사』 11권, 농촌진흥청.
어느 민족 국가라도 모두 그러하듯이, 저마다의 전통적인 문화와 정체성, 또는 건국의 이념이 나름대로의 신화와 전설에 뿌리내리고 있다. 우리나라도 인간 삶의 근거가 구석기와 신석기를 아우르는 선사시대부터 발견이 되고 있지만, 기록상으로는 기원전 2333년의 고조선 건국으로 시작이 된다. 고조선이라는 최초의 국가가 세워지면서 이른바 고려의 "일연(一然)"대사가 기록한 우리 민족의 시조이야기는 삼국유사(三國遺事)에 "단군신화"로 등장한다. 이 신화는 『삼국유사』로 비롯되어 고려조의 『제왕운기』, 조선조의 『세종실록지리지』, 『응제시주』, 『동국여지승람』을 거쳐 전수되면서 외적의 침입이나 변란이 있을 때마다 단일민족으로서의 정체성과 긍지, 그리고 저항과 극복의 원동력이 되었으며, 대한제국기에는 하나의 민족신앙으로 창시되어 오늘날의 개천절을 낳게 하였다.
특히 "단군신화"는 내용적으로 환웅 부족이 태백산의 신시(神市)에 내려온 하늘의 지손이라는 긍지를 세우고, 풍백 · 우사 · 운사와 더불어 바람 · 비 · 구름 등의 농경적 요소를 다스림으로써 농경문화를 이룩하였으며, "널리 인간을 이롭게 한다(弘益人間)"는 건국이념을 밝히고 있다는 데 그 뜻이 거룩하다. 뿐만 아니라 반만년의 우리 민족사가 농경문화로 이어져 왔던 것이나 단군의 신화에서 이어져 왔던 것도 단군의 신화에서 유래된 "홍익인간"이라는 건국이념이 면면히 흘러서 현재와 미래로까지 이어지며 꽃피워진 결과로 볼 때, 우리 민족과 우리나라의 전통적인 농업문화 또한 같은 맥락의 이념에 뿌리내리

홍범구주(洪範九疇), 삼강오륜(三綱五倫) 등

- 신농(神農) 신화[191]: 생기론적(生氣論的), 농학원리(農學原理), 농본주
의(農本主義: 중본억말<重本抑末> 철학)

2) 역사적 중심인물(人物)

- 세종(世宗)[192]: "중국과 다른" 우리의 농학(農學) · 향약(鄕藥) · 글(한글)
을 창제(創製)함.
- 정조(正祖)[193]: 우리의 농학(農學) · 실사구시(實事求是) · 경세치용(經

고 있다 할 것이다.

『三國 遺事』, 『將 國佰兩師雲師 而主穀主命 王病主刑 主善惡, …… 凡主人間 三百六十餘事
在世理化……』, 『時在一熊一虎 …… 忌三七日 熊得女身 …… 雄乃 假化而婚之孕生子 號曰
檀君王儉』, 『……桓雄敬意巨下 貪求人世 父如子意 下視太白 可以弘益人間 乃授天符三個遺
往理之確率三千』.

姜舞鶴(1982), 『檀君朝鮮의 農耕門化』, 관악. "弘益人間이란 곧 洪範九疇를 기본으로 하는 정치
의 상징"이라 함.

191) 박준근 · 구자옥 등(2005), 『인류의 식량』, 전남대 출판부.
동양의 농경문명은 중국에서 출발하였다는 의견이 보편적인 것이다. 고대 중국의 북부 고원지대에는 황
하(黃河)가 흐르고 있어서 기름진 점토질 땅과 풍부한 물을 기초로 하고 있었다. 이곳을 무대로 하는 삼
황오제(三皇五帝)의 전설에 농본사상의 실마리가 깃들어져 있다. 즉, 삼황 가운데 하나인 신농(神農) 씨
가 백성들의 먹을거리로 가능한 식물들을 선별하여 오곡(五穀)을 밝혀 심게 하였고(후한대의 白虎通 및
搜神記), 농경의 기반을 확립하여 태평성대를 이루었다는 요순시대(堯舜時代)의 전설(書經), 즉 요임금
은 농사에 기본으로 쓰일 수 있는 절기(節氣) 표시의 농사달력(農曆)을 만들었고, 순임금은 식량정치(食
政)를 모든 통치(八政)의 으뜸으로 근본이 되게 하는 통치체제를 만들었으며, 우(禹) 임금은 농지(農田)
제도를 완비하여 백성들의 경종을 선포하였다는 기록이 있다. 결과적으로는 나라의 통치나 건국이념뿐만
아니라 한 사람의 삶도 농경생활에 근본을 두어야 한다는 농본사상이 진대(晋代) 제왕세기(帝王世紀)의
『격양가(擊壤歌)』에도 나온다(李盛雨, 1978). 주역(周易)에 의하면 신농 씨가 나무를 잘라 농기구의
효시인 보습(따비)과 쟁기를 창제하였다는 전설이 있기도 하다. 여하튼 이와 같은 신화적 전설에서 싹튼
농본사상은 동양철학의 근간을 이루는 음양오행설(陰陽五行說)의 발전과 더불어 형이상학적 농학의 면
모를 갖추게 되었고, 이후에 각 왕조들의 건국이념으로 자리를 굳혀가게 되었다.

192) 조선의 제4대 왕(王)으로서 중국에 의존도가 높아서 실생활에 치명적이던 농사기술. 병 치료방법 및 글
자소통의 문제를 해결하기 위하여 우리 노농에 의한 농사기술법을 『농사직설(農事直說)』로 편찬하여
"王方風土不同 樹芸之法 名有其宣不可盡同古書"라 하였으며, 우리 한약재에 의존하는 『향약집성
방(鄕藥集成方)』을 편찬케 하였다. 또한 우리 글(諺文)인 한글을 창제하여 우리 백성에게 뜻을 쉽고 편
리하게 쓰도록 하였다. 세종을 일컬어 『세종실록(世宗實錄)』 32년 7월 17일 조(條)에는 "해동(海東)의
요순(堯舜)"이라 하였고 율곡(栗谷) 이이(李珥: 1536~1584)는 "우리나라 만년의 운(運)과 기틀을 다
졌다"고 평하였다.

193) 조선 제22대 왕(王)으로서 탕평책(蕩平策)으로 인재등용의 길을 열고, 공리공론(空理空論)뿐인 주자학
(朱子學) 대신에 실사구시(實事求是)의 철학을 바로 세웠으며 우리나라의 새롭고 경험적 · 현실적인 농
사기술을 농가지대전(農家之大典)을 편찬하기 위한 "농정구농서윤음(農政求農書輪音)"을 발포하여 69

世致用)・이용후생(利用厚生)의 실학(實學), 구황방(救荒方), 탕평책(蕩平策)을 선도함.

- 朴正熙[194]: 통일벼 육성으로 녹색혁명(綠色革命)을 유도하고 농촌새마을운동과 농공병진정책(農工竝進政策)으로 농촌근대화(農村近代化)를 이룩함. 대한민국의 경제발전에 초석을 놓음.

이들 역사적인 3인물의 치적을 통하여 도출할 수 있는 공통점은 노농주의(老農主義)・신토불이론(身土不二論)・애향적(愛鄕的) 농촌공동체(農村共同體) 정신을 바탕으로 하는 소농(小農)・소시민(小市民)들의 자주(自主)・자립(自立)・자조(自助) 정신에 있다고 할 수 있다.

3) 전통농업(傳統農業)의 기술(技術)

우리나라의 고유한 전통적 농업기술은 조선시대의 세종조와 정조조를 중심으로 재정비되어 각종 농서(農書)로 기록되고, 지방의 향관(餉官)들을 통하여 보급되어 왔다. 대부분은 고대 중국의 농사기술들이 농서(農書)나 국가 간 교류(國家間交流)를 통한 기술파급을 통하여 입수된 다음, 오랜 세월을 거치면서 시행착오(施行錯誤)와 수정가감(修正加減)・변형(變形) 또는 재창출(再唱出)된 것들이다. 본고(本稿)에서는 이런 것들 가운데, 당시보다는 오늘날 또는 미래지향적으로 우리가 본받아야 하거나 현대적 기술로 재검토・재창출・

권의 『응지진농서(應旨進農書)』를 얻은 채 별세함. 규장각 신하인 김순근의 한전론적(限田論的) 정전제(井田制), 즉 기자정전제(箕子井田制) 주장에 대한 답으로 "옛 제도가 본받을 바 있다고 하더라도 오늘날의 상황이 옛날과 다르다면 성인(聖人)이 다시 돌아와도 시속(時俗)에 따른 다스림을 펼칠 것이며, 통달한 인재(人材)는 옛 제도에 집착하지 않는 법"이라 한 글이 정조의 『홍재전서(弘齋全書)』에 실려 있다.

194) 대한민국 제5대 대통령으로서 통일계 벼품종 육성을 통한 녹색혁명(綠色革命)을 이룩하고 공동체 정신에 따른 새마을운동을 펼쳐 소득증대와 도농격차를 해소하였으며 농공병진(農工竝進)시책에 의한 농업근대화를 이룩하였다. 전반적으로는 국가의 경제발전을 이룩하였던 인물로 그의 정책기조는 1976년 12월 10일의 전국새마을지도자대회에서 훈시한 다음 내용으로 대변된다. "먼 훗날 역사가들이 우리나라 농촌근대화에 대한 역사를 기록할 때에 농촌근대화를 촉진시킨 원동력과 정신적 지주가 무엇이냐 하는 문제를 따지게 될 것입니다. 그때에 후세의 사가들은 반드시 그것을 새마을 정신이었다고 평가할 것으로 나는 확신합니다."

응용할 가치가 있다고 판단되는 것들을 선별하여 이야기하고자 한다.

(1) 노농적(老農的) 농서 『농사직설(農事直說)』의 편찬

『농사직설』은 1429년에 정초(鄭招)와 변효문(卞孝文)이 편찬한 최초의 우리나라 노농식 농서로서, 우리나라 실정(實情)과 경험(經驗)을 살펴서 농사기술의 자주(自主)·자립(自立)·자조(自助)를 도모하기 위하여 써진 책이다. 1655년에 신속(申洬)에 의하여 새롭게 증보(增補)되어 세종(世宗)의 권농교문(勸農敎文)과 함께 『농가집성(農家集成)』[195]으로 재출간되기도 하였다. 우리나라의 풍토(風土)는 중국과 다르므로 중국의 농법을 직용(直用)하기보다는 우리의 현실에 맞도록 바꾸고 현지경험을 통하여 효율성이 인정되는 노농식(老農式) 기술을 발굴함으로써 농사지침으로 삼아 개선하여 활용하도록 엮었던 것이다. 특히 우리나라의 시속(時俗)과 농가경영에 적용할 수 있는 소농적(小農的) 집약재배(集約栽培)의 농사기술로 소화되어 정리된 지침이며, 각급 지방의 수령(守令)들이 숙지하여 농민들을 계도(啓導)하고 감독하도록 활용되었다.

(2) 다모작(多毛作) 기술

북토고원(北土高原)의 고대 중국 농법(農法)에서 유래하는 한전농법(旱田農法)에서는 지력(地力)과 수분(水分)의 제약으로 세역농법(歲易農法: 해거리)에 의존할 수밖에 없었다. 토지이용률(土地利用率)이 반감된 농법이었으나 한말(漢末)에 대전법(代田法)[196]이 고안되어 상경(常耕)이 가능케 되었다. 우리나라는 중국과 다른 토지·강수 등의 농업입지(農業立地)와 거름자원(施肥資源)의 활용법을 살려서 토지이용도를 100% 이상으로 높이는 여러

---

195) 『농가집성』은 효종 6년인 1655년에 공주목사(公州牧事) 신속(申洬)이 『농사직설』을 증보하고 세종의 권농교문, 주자(朱子)의 권농문, 『금양잡록(衿陽雜錄)』, 『사시찬요초(四時纂要抄)』를 합철하여 편찬한 농서이다. 『농사직설』에 기재된 15세기 초까지의 우리나라 농법에 16·17세기의 새로 발굴된 농법을 증보시킴으로써 『농사직설』을 완성한 농서라고 할 수 있다.

196) 代田法: 中國의 漢나라 武帝 말년에, 일정한 간격을 두고 이랑(畦) 골(溝)을 내고 매년 위치를 바꾸어 가며 파종 재배하여 토지이용률을 배증시킬 수 있었음.

모형(摸型)의 다모작법(多毛作法)을 실현시킬 수 있었다.[197]

(3) 혼작법(混作法)

작물 종류를 섞어 파종하는 방법은 중국의 고대 농사기술에서 연유하지만, 우리나라에서는 이에 대한 구체적인 기술이 다면적으로 발달하였다. 혼식(混植)·교작(交作)·혼파(混播)·잡종(雜種) 등의 명칭으로 불리던 파종, 재배 방식이다. 작물이 생장하고 성숙하여 생산케 되는 산물을 가장 극적으로 손실케 되는 현상은 기상적 혹은 생물적 재해에 기인한다. 우리나라는 역사적(조선시대)으로 492년 동안에 238회의 기상재해를 만나서 평균 2년에 한 번 꼴로 재난을 맞았다.[198] 기록이 불충분하지만 충해나 병해도 이에 못지않았을 것으로 짐작되므로 이른바 농업은 가혹한 재해와의 투쟁이라 할 수 있었다.

『농사직설(農事直說)』의 경지조(耕地條)에서는 "녹두를 심어 무성하게 자란 뒤 갈아엎으면 잡초와 벌레가 생기지 않고 척박한 땅이 좋아진다"[199]고 함으로써 잡초, 해충 방제와 비옥도 증진에 대한 재배조치술이 기술되고 있었다. 『농가집성(農家集成)』에서는 "모를 못 내어 모내기가 늦어지면 파리똥 모양 크기의 검은 반점이 생기는데 세속에서는 이를 파리오줌이라 부른다"[200]고 하여 농서 가운데 사상 처음으로 병해(病害) 기록이 보인다. 『농사직설(農事直說)』의 밭벼 재배의 경우, "혹 밭벼2, 피2, 팥1의 비율로 섞어서 파종하기도 한다"고 하였다.[201] 이런 까닭은 "대체로 섞어 뿌림하는 기술은 한수해(재해) 피해가 곡식에 따라서 다르므로 섞어 뿌림하면 모두를 한꺼번에 실농하지는 않기 때문"[202]이라 하였다. 또 『농가월령(農家月令)』에는 기생식물인

---

197) 具滋玉·李殷雄·李秉烈(2008), 「韓國의 稻農事栽培 및 品種變遷史, −近代化過程을 中心으로−」, 第8回 日韓中農業史學會 國際大會 기조연설논문, p.25: 고려시대에 이미 歲易農과 常耕農을 거쳐 二年三作輪栽農이 보급됨

198) 李春寧(1989), 『韓國農學史』, 民音社: 조선조를 통하여 旱害는 89회, 水害는 89회, 風害가 20회, 霜害가 22회, 雪害가 18회, 기록되고 있어서 492년에 238회로 알려짐

199) 鄭招(1429), 『農事直說』, 耕地條: "薄田耕菉豆待其茂盛掩耕則不莠不虫蠻瘠爲良."

200) 申洬(1655), 『農家集成』, 早稻秧基條: 苗種或不則移秧有過時蠅點處(俗謂蠅尿也).

201) 鄭招(1429), 앞의 책 早稻條: "或早稻二分 稷二分 小豆一分相和而種."

202) 鄭招(1429), 앞의 책: "大抵雜種之術 以歲有水旱 九穀隨歲異宜故交種則 不至全失."

새삼을 방제하기 위한 하나의 방책으로 "새삼은 생물체로 그 피해가 더욱 심한데, 콩에 기생하기를 즐기며 팥밭은 선호하지 않는다. 만일 이런 근심이 있으면 콩 한 고랑에 팥 한 고랑씩 서로 사이를 띄워 교호로 파종함이 가하다"[203]고 하였다.

(4) 소농(小農)의 집약농법(集約農法) 확립

인류는 큰 두뇌로 진화하였고, 인간은 생활을 위한 노동을 손으로부터 도구를 만들어 쓰면서 진화하였다. 따라서 노동의 내용과 도구 사이에는 상호 보합적이며, 상조적인 입장에서 변천·발전하였다고 할 수 있다. 또한 농업에 있어서도 노동의 고통과 노동의 필연성은 도구를 만들어내게 하였고, 도구의 창제와 출현은 한 단계 새롭고 발전된 농업노동의 방법과 효율을 낳게 하였다.

문화적 가치를 가지고 계승될 수 있었던 보편적·대표적인 사례들을 들어보겠다.

① 가래

가래는 삼각구도의 원리에 의하여 힘을 분산, 통합하도록 세 명이 협동하여 한 조를 이루지만(외가래) 일곱 사람이 한 조를 이루거나(칠목가래) 두 개의 가래를 연이은 것에 열 사람이 한 조를 이루는 경우(열목가래)도 있었다고 한다.[204] 주로 농경지가 경사지거나 논이 많은 우리나라에서는 가래를 이용하여 논두렁을 만들거나 재정리하는 작업을 하였고, 특히 "화가래"라 하여 가래낫에 70° 정도의 각도로 자루를 박아 만든 가래는 소가 들어가기 어려운 진흙밭이나 물이 나는 논을 갈거나 일구는 데 안성맞춤이었고, 한 조가 협동하여 농사일을 하는 우리 민족에 적격이었다. 1개조의 가래로 하루에 30cm 깊이, 30cm 폭의 개천을 약 160m 정도 굴착하거나 약 1,000m 정도의 논밭 두렁

203) 高尙顔(1619), 『農家月令』 雜令: "兎絲爲物 其害尤甚 喜覃大豆 不喜小豆田 若有此患 則大豆一骨巷 小豆一骨巷 相間落種可也."
204) 정동찬(2001), 『옛것도 첨단이다』, 민속원

을 정리할 수 있다고 한다.[205]

② 호미

호미는 쟁기 다음으로 우리나라 농사일에 중요하게 쓰이며, 일상적으로 대부분의 농사일에 적용되는 전통적 농구이다. 또한 호미는 중국에서도 일찍부터 발달되어 농사의 가장 보편적·실제적 동반자 몫을 하여 왔지만, 우리나라는 중국과 다른 독창적인 호미를 창안하여 쓰기에 이르렀고, 농사일의 상징적 존재로서 우리나라 농경문화의 지표로 기여한 농구이다.

호미의 형태 분화나 농경적 기능에 대한 내용은 김영진·이은웅(2000)의 『조선시대 농업과학기술사』를 인용하여 서술하고자 한다.[206] 박호석은 호미의 어원이 만주어 Homin에서 유래된 알타이어계이며 영어의 Hoe와도 유사하다고 하였다.[207] 호미는 괭이의 변형된 것이겠지만 우리나라에서는 호미의 분화발달이 두드러졌다. 호미는 중경(中耕)과 김매기에 주로 쓰인다. 이춘영(1989)[208] 『한국농업기술사』에 의하면, 이런 방식의 호미 사용이 곧 중국 화북지방의 한지(旱地)농법에서 표출되는 한 특징이며, 한국근원은 만주를 통하여 한지농법이 우리 땅에 영향을 주었던 것 같다고 하였다.

박호석은 "긴 자루 호미"가 서로 비슷한 유형으로 세계의 어떤 지역에서도 발견된다고 하였으며, 실제로 중국에서는 자루가 길고 날이 큰 대서(大鋤)를 써 왔던 반면 우리나라에서는 중국의 대서에 가까운 선호미(立耕)를 평안도 지역에서 쓰고, 남한에서는 자루가 짧은 앉은 식의 소서(小鋤)를 써 왔다. 특히 황해도 이남의 지역에서 쓰고 있는 소서는 우리나라에서만 볼 수 있는 독창적이고 고유한 농구라 하였다.

현대 호미의 구조는 밑이 평평하고 목이 가운데 있지 않으며 한쪽으로 벗어

---

205) 주강현 엮음(1989), 『재래농법과 농기구』 ; 홍희유의 「15세기 이후의 조선농에 대하여」, 『북한의 민속학』, 역사비평가.
206) 김영진·이은웅(2000), 『조선시대 농업과학기술사』, 서울대 출판부.
207) 朴虎錫(1992), 「韓國의 農具 "호미"」, 『연구와 지도』 33-1. 농촌진흥청.
208) 이춘영(1989) 『한국농업기술사』, 한국연구원.

나서 호미를 모로 세워도 쓸 수 있는 평안도 호미가 발달한 것이다. 뾰족한 세 모날의 한쪽에 목이 이어지고 꼽추처럼 휘어져 버리슴메에 짧은 나무자루를 박아 손잡이로 하는데, 그 크기가 아주 작고 가볍다. 쓰임새도 아주 다양해서 뾰족한 날로 땅을 쪼거나 평안도 호미처럼 옆으로 눕혀 긁으면서 김을 매기도 하고 큼직한 날로 내려찍어 당기면서 흙을 뒤집기도 하며, 골을 타거나 감자, 고구마를 캐기도 하고 때로는 날등으로 단단한 물건을 찍어 깨뜨리거나 쪼개기도 한다. 쪼그려 앉아야만 일이 되는 우리나라 호미의 형태적, 기능적 특성은 일어서서 하는 호미보다 더디고 힘들지만 일을 야무지고 옹골차게 하는 노동집약적 특성과 요모조모로 쓸 수 있도록 만든 선인들의 슬기가 이루어져 있다.

③ 낫

낫(鎌)은 황해도 지탑리 원시유적에서 발견된 유물로 볼 때, 철낫에 앞선 시대의 이미 돌낫(石鎌)이 농사일에 쓰이고 있었음을 알 수 있다. 『농사직설』에도 15세기에 이미 일반의 평낫이나 우멍낫에 함께 장병대겸(杖柄大鎌)이라는 특수한 형태의 큰 낫이 있어서 대면적 농경지의 수확이나 곡초의 예취(刈取) 작업에 이용되었다고 한다. 우멍낫은 그 목과 자루가 길고 날폭이 좁으며 끝이 뾰족한 특징을 보이고, 주로 나뭇가지를 작벌하는 데 쓰였다. 평낫은 자루가 짧고 날이 넓은 특징을 지니고 있어서 주로 풀을 베거나 벼·보리·밀, 기타의 곡초를 예취하는데 쓰였으며, 벼 추수에 평낫을 쓰면 하루 한 사람이 약 300평까지 다룰 수 있었다고 한다. 조선낫은 중국낫에 비하여 끝이 뾰족할 뿐만 아니라 그 형태도 중국 것에 비하여 훨씬 세련되고 예리하게 생겨서 그 이용면이나 능률면의 장점이 많은 우리나라 고유의 농구였다고 할 수 있다.

④ 지게

지게는 양다리방아와 더불어 우리나라에서 창안된 가장 우수한 운반도구 가운데 하나이다. 일반적인 지게의 모습은 양쪽의 기둥나무가 되는 새고자리, 두 개의 새고자리를 연결 짓는 세장, 그리고 가지·밀삐·지게작대기로 이루어졌다. 가지가 약간 위로 뻗어난 자연목 두 개를 위는 좁고 아래는 다소 벌어지도록 세우며 그 사이에 세장을 끼우고 탕개로 죄어서 사개를 맞추어 고정시킨다. 탱개와 탱개목은 요즘 사용하는 볼트와 너트의 긴밀성을 유지시키는 와셔의 역할을 한다. 위아래 밀삐를 걸어 어깨에 메는데 등이 닿는 부분에 짚으로 짠 등태를 달았다.

지게를 세울 때는 작대기를 세장에 걸어서 버텨 놓는데 지게가 세워진 모습은 가장 안정된 구조의 하나인 삼각구조이다. 지게가 세워져 있을 때는 무게의 중심을 작대기가 받치고 있다. 하지만 지게를 졌을 때는 허리세장과 등받이줄, 등태가 있는 사람의 등의 무게중심을 받는다. 또한 무거운 짐을 질 경우에는 무게의 중심이 허리에 놓이도록 지게다리가 훨씬 올라간 지게를 사용한다. 무게 중심의 이동을 용이하게 하여 짐을 수월하게 운반할 수 있게 하였다. 지게의 무게는 5~6kg에 지나지 않지만 건장한 남자의 경우, 50~70kg을 가볍게 지고 다닐 수 있다. 지역별로도 경기도의 지게는 세장이 여섯이고 지게몸은 대체로 직선이며, 전라북도에서는 새끼로 등판을 얇게 짜서 붙인 다음 짚을 반으로 접어서 두툼하게 넣는다. 또는 등태를 전혀 대지 않고 세장을 넓게 깎은 경우가 있었다. 평야지에서는 새고자리의 너비가 아주 좁은 반면에 목발 사이를 벌린 지게를 쓴다. 지게 길이가 길어서 짐 진 사람이 몸을 약간만 낮추어도 쉽게 지게를 내려놓을 수 있다. 산간지에서는 지게의 몸이 짧아서 비탈을 거추장스럽지 않게 오르내릴 수 있는 특징을 갖추고 있다.[209] 정동찬[210]에 의하면 짐을 나르는 방식에 따른 인체의 에너지 소비량을 조사한 결과 지게에 비하여 머리에 이는 방식은 3%, 이마에 끈을 걸어 매는 방식은 14%, 한쪽 어깨로 메면 23%, 목도를 이용하면 29%, 양손으로 들면 44%나 더 에너지가 소비된다고 한다. 가장 이상적인 방식이 곧 우리나라 전통적인 남성의 지게와 여성의 머리이기인 셈이니 세계 어느 나라의 방식보다 슬기로웠고 이상적인 것이었다.

---

209) 이종호(2003), 『신토불이: 우리문화유산』, 한문화.
210) 정동환(2001), 『옛것도 첨단이다』, 민속원.

⑤ 농사소[農牛]

우리나라의 소는 비록 육류의 공급을 위한 식용보다는 농사일을 맡기기 위한 농역용(農役用)으로 애지중지하여 사육되었으면서도 언제나 귀했고 충분한 마릿수를 확보하지 못한 채 가난한 농가에게는 그림의 떡 같은 존재였다. 농가에 소가 있고 없는 것으로 농가의 농사 규모나 생활 소득에 격차가 있게 마련이었다. 따라서 소를 잡는 일[殺牛]은 살인(殺人)에 버금가는 죄로 다스렸던 적도 있고, 임금 스스로도 소고기나 우유를 먹지 않겠다고 공포하여 백성들로 하여금 농사일에 대한 소의 고마움을 정서적으로 갖추게 하기도 하였다.211)

소가 농사일에 참여하는 작업은 첫째로 논이나 밭을 쟁기로 깊이갈이(深耕)하는 일이고, 둘째는 논과 밭의 두둑을 만들거나 복돋우기를 위하여 두둑 사이를 얕게 갈아 붙이는 작업이다. 셋째는 갈아엎은 흙덩이를 잘게 부수어 토양을 부드럽게 함으로써 파종, 이앙, 이식을 돕는 써레질이며, 넷째는 농사일 안팎의 짐을 운반, 견인하는 작업을 들 수 있다. 아마도 소를 가까이 사육해오면서 얻게 되는 구비(廐肥: 가축분뇨로 밟혀 만들어지는 유기질 거름)의 생산량이 지대하고, 그만큼 토양비옥도를 높이는 결과가 초래된 것도 상경농법의 실현을 촉진한 아주 중요한 요인의 하나로 인정해야 할 것이다. 특히 우리나라의 전통적인 소[韓牛]는 일제(日帝)가 조선 땅의 풍토와 인물, 그리고 식량의 보고로서 갖추고 있는 실정을 조사한 기록에서도 잘 드러나고 있다.212)

"한우 자체의 능력이 우수함은 물론 백성들도 오래전부터 소 기르기에 대한 천부적인 소질을 가지고 있기 때문으로 믿어졌다"는 것이었다. 한국에는 역사적, 전통적으로 체격이 크고 능력이 우수한 소가 있었다는 뜻이다. 1911년에 코주카(肥塚)213)는 조선 한우의 특징을 다음과 같이 묘사한 바도 있다.

"어느 나라에서나 수소는 성품이 사나워서 사람을 곧잘 뿔로 받는 것으로

---

211) 장동섭·구자옥(1983), 『전남농업의 식산』 전남도청: 박제가의 『북학의』에 "농부들은 소를 가진 자가 극히 드물어 농사에 이웃소를 빌려 쓰기도 힘들게 되고 보니……, 栗谷이 생전에 소고기를 먹지 않고 이르기를 우리가 소의 힘으로 먹으면서 또한 그 고기를 먹는다니 이게 될 말인가?"라고 하였다.: 1663년의 屠牛禁令에는 "殺牛者를 殺人者로 취급한다"고 하였음.

212) 小早川九郞(1994), 『舊朝鮮における日本の農業試驗硏究の成果』熱帶農業硏究センター. 農林省.

213) 肥塚正太(1911), 『朝鮮の産牛.』有隣堂書店.

알려져 있지만 조선의 수소는 전혀 이와 같은 돌출맹성(突出猛性)을 지니고 있지 않은 것으로 보인다. 지방에 있는 소는 물론 서울과 같이 복잡한 도시의 소도 동서남북 각지에서 매일 수천 수백 마리의 수소나 암소가 곡류와 땔감 따위의 물자를 등에 싣고 들어와 시내의 지정된 일정 장소에 잠시 집합되었다가 상담(거래)을 하게 된다. 그러나 상담 장소라는 곳이라 하더라도 소를 세워둘 곳은 넓은 도로 한쪽에 겨우 한 줄의 철사를 지면에 쳐서 구별한 것일 뿐으로 별다른 목책이나 계류용 말뚝을 설치한 것도 아니다. 또한 소의 임자는 소의 고삐도 잡지 않은 채 소는 자유로이 방치된 상태에 있다. 소 몸을 온통 뒤덮을 정도로 많은 양의 등짐을 지고 있는 소들은 좁은 면적 안에서 서로 뿔이 마주 닿고 꼬리와 엉덩이가 마주 닿는데도 서로 충돌을 일으키지 않고 조용히 서 있으니 그 꼴이 참으로 놀랍기 그지없는 일이다. 또한 시골에서는 한 사람의 농민이 여러 마리의 소를 부려 일을 하는데 주인의 말을 잘 듣는다. 달구지를 끄는 것도 대체로 이와 같다. 소들이 지방에서 서울로 상경할 경우 한강에 이르면 강을 건널 때에 많은 짐을 등에 실은 채 축주의 명령에 따라 스스로 승선하는데 한꺼번에 여러 마리가 동승하고 짐을 진 사람들도 함께하는 배 안에서 미두(尾頭)를 반대 방향으로 정렬하여 조용히 한강을 건너고 부두에 도착하면 순차적으로 배에서 내리는 등 그 성상(性狀)의 교묘함과 명령 복종 및 정숙함은 참으로 놀라울 따름"이라는 것이었다.

참으로 한우는 우리 백성을 닮고, 우리 백성은 한우를 닮아 온 게 아닌지? 100여 년 전(1982년), 조선 땅을 둘러 본 프랑스의 두 여행가 샤를 바랄(Charles Varal)와 샤이에 롱(Chaille Long)이 출간한 『조선기행(Deux vogages en Coree)』에는[214] 조선의 한우(韓牛, 황소)에 대한 감탄의 구절이 있어 여기에 소개한다.

"우리는 계속해서 풍성한 수확물들과 듬성듬성한 나무들, 잘 정돈된 전답들로 푸르른 골짜기를 걸어갔다. 바야흐로 추수기였는데 도로 사정상 수레나 자동차가 없었으므로 사료나 건초더미의 운반은 전적으로 황소들의 등짐에 의존하고 있었다. 황소가 지고 있는 짐 안장은 매우 특이하게 생겼다. 높이 2m

---

214) 샤를 바랄, 성귀수 역(2001), 『샤이 에롱의 조선기행』, 눈빛.

정도 되는 네 개의 횃대가 네 개의 막대기로 가로질러 연결되어서 그 위에 얹힌 볏짚의 균형을 유지하여 싣고 가게 되어 있었다. 따라서 황소는 마치 등줄기를 따라 볏짚을 가득 실은 진짜 수레를 짊어진 것처럼 보였다. 이 덩치 큰 반추동물은 거세를 하지 않았음에도 무척이나 온순했다. 알아보니 나무로 만든 고리로 코를 꿰뚫고 그것을 이마 위에서 일종의 매듭으로 붙들어 매 놓아서 극히 미미한 자극만 주어도 주인이 원하는 대로 꼼짝없이 따를 수밖에 없도록 되어 있었던 것이다(놀라운 발견이었다). 나는 문득 프랑스에서도 저런 방식을 배워 들인다면 프랑스의 열심히 일하는 농부들이 농기계에 매어 그토록 숱한 사고와 노동의 고통이라는 불필요한 희생을 치르지 않을 수 있다는 생각이 들었다. 그렇게만 된다면 확신하건대 나의 이 조선 탐험여행이 충분한 보상을 받고도 남을 것이다. 이곳에서는 농사를 짓는 데 황소 하나만 있어도 어려울 게 없다"는 것이었다.

또 다른 외국인의 서울 기행문에서는 "장이 서는 날 빈틈없이 사람들로 비좁게 메워진 길 한복판에 나뭇짐을 가득 진 소를 끌고 와서 소를 세워둔 채 주인은 행방이 묘연하였다. 그런데도 소는 짐을 진 채 꼼짝도 않고 사람들 틈바구니에 서서 주인을 기다리고 있었다. 뿐만 아니라 행인들은 아무렇지도 않게 소를 스쳐 지나다니며 제 갈 길을 걸어 다니는 모습이었다. 어떻게 저런 온순한 모습으로 주인의 지시만을 따르며 순종하는 동물이 있을 수 있다는 말인가?"라는 감탄이었다.[215]

(5) 구덩이농별법[區田別法]과 다랑논[天水畓]

박지원은 "응지진농서"로 『과농소초(課農小抄)』[216]를 나라에 바치면서 "전제(田制)"편의 상소내용에 구종의 별법을 건의하고 있다.

원래 구전법(區田法)은 "은(殷) 나라 탕왕(湯王)" 때에 7년 가뭄의 흉작을 극복하기 위하여 이윤(伊尹)이 이 법을 고안하여 백성에게 보급함으로써 목

---

215) Horace Newton Allen(1908), Things Korean. A Collection of Sketches and Anecdotes, Missionary and Diplomatic. Fleming H. Revell Co. New York.
216) 박지원(1799), 『과농소초(課農小抄)』 田制條.

적을 이룬 농사법인데, 이는 농한기(農閑期)를 이용하여 산언덕·산비탈·언덕이나 성터 또는 제대로 못 쓰고 있는 경사지나 도시의 자투리땅에 구덩이를 파 두었다가 때맞추어 구덩이에만 거름을 내고 물을 주어 작물을 집약재배하는 방식이었다. 경작노동이나 물자·씨앗의 사용을 극도로 절약하고, 간단히 농구만으로 농사를 짓지만 가외소득이 되며, 특히 짭짤한 소출로 흉년을 넘길 수 있는 이점이 있다[217][218]는 것이었다. 박지원이 중국의 전통농법인 구종법에 육부정 세의(陸桴亭 世義)[219]의 평가글을 인용하여 개선의 여지를 피력한 다음, 우리의 별법이라 할 수 있는 방식을 소개하고 있다.

"구전법(區田法)은 반드시 가래나 괭이로 파서 일궈야 하는 것으로서 소나 쟁기를 쓸 수 없는 것이 오히려 단점의 하나요, 반드시 물을 길어다 관수해야 하므로 물두레를 쓸 수 없는 것이 둘이며, 또 밭고랑과 행로가 따로 있어야 하는데 지면의 반을 경지에서 버리고 구종(區種)하면 반 가운데 또 반을 버리는 셈이니 그 셋째 단점이 된다"[220]는 것이었다. 그럼에도 이와 같은 중국 원천의 기술에 대하여 박지원이 내린 기술에 대한 평가는 진일보한 것으로서 "구전법은 유독 메마른 땅에만 적합한 것이 아니라 모든 걸고 기름진 땅에 더욱 좋은 것이다. 또 구태여 한전(旱田)에만 적합하지 않고 또한 논[수전(水田)]이라도 할 수 있다"[221][222]는 것이었다. 이런 견해는 결과적으로 박지원이

217) 氾勝之(B.C. 1~2세기?), 『氾勝之書(具滋玉等 譯, 2007, 농촌진흥청 참조)』.

218) 賈思勰(A.D. 5세기?), 『齊民要術(具滋玉等 譯, 2007, 한국농업사학회 참조)』.

219) 陸世義: 淸나라 초기의 太倉 사람. 明나라 劉宗周에게 배워 居敬窮理에 힘쓰고 躬行實踐하며 虛談을 하지 않았다. 明이 망하자 정자를 짓고 은둔하며 『思辨錄』을 저술하였음. 호는 桴亭.

220) 『區田之法』, "必用鍬钁懇掘 有牛犁不能用其勞一 必擔水澆灌有車戽不能用其勞二 且隔行種 行田去其半 于所種行內隔 區種區則半之中 又法其半且存四之一矣."

221) 『區田之法』, "不獨澆瘠之地宜行也 凡於膏沃之土尤善 不獨旱田爲宜 雖水田亦好."

222) "마침 가을철이어서 수목이 왕성한 상태였으므로, 잡목의 가지를 쳐서 팔뚝만 한 것들로 말뚝 수천 개를 만들어 농토 전면에 고르게 박아 두었다. 이듬해 봄이 되자 그 말뚝을 뽑고 숙토(熟土) 한 줌씩을 뽑은 자리에 채우고 조[粟] 씨를 몇 알씩 넣은 다음 흙을 덮어 두었다가 이것으로 작농(作農)하였더니 가을에 조 50섬[石]을 얻었다. 그것은 말뚝을 땅에 묻어두면 겨울에 빗물과 나무진이 흙에 스며들고 말뚝의 껍질이 썩어서 흙에 거름이 되어 흙이 비옥해지며 부드러워졌기 때문에 곡식을 많이 수확할 수 있었다. 쟁기와 연장을 쓰지 않고도 조그만 방망이와 나무 말뚝만으로 능히 천 말[斗]의 곡식을 얻고 나뭇짐을 지지 않고도 수천 개의 말뚝만으로 삼동(三冬)의 난방을 넉넉히 하였으니 이것이 곧 구종의 별법이요 궁핍한 유생(儒生)이 손수(自手) 곡식을 경작하거나 땔나무를 해결함으로써, 그렇지 못하는 자들을 위한 본보기가 될 것"이라는 내용이었다.

소개하고 있는 상신(相臣) 이상진(李尙眞, 晩菴)의 일화를 곁들인 별법구전(別法區田)에서 유래하는 것이었다. 즉 이상진이 과거 준비를 하는데 집안이 매우 구차하여 친구인 전동흘(全東屹)이 건지산(乾支山) 밑의 반나절갈이 땅을 사서 도와주었을 때의 실증사례였다.

구종별법은 나뭇가지를 쳐서 땅에 박아 둠으로써 이듬해 봄의 파종기까지 주변에 내리는 강수·강설을 모아 수분을 확보케 하고, 나무의 일부가 부패하여 파종구덩이에 밑거름으로 쓰이며, 나머지는 땔감으로 쓰이는 동시에 기본적인 구덩이 재배법을 대신하는 장점이 있는 것이었다고 할 수 있다.

반면에 다랑논[天水畓]은 비단 우리나라에서만 있었거나 있는 것이 아니라 벼를 재배하는 대부분의 나라에 있는 농지이다. 산악지의 논이란 지형과 관수 조건 때문에 대부분 다랑논일 수밖에 없다.

우리나라는 산지가 많고, 산에서 농수(農水)를 얻을 수 있었기 때문에 농사의 시작은 산지농(山地農), 산도(山稻)로 이루어져 점차 평야지로 내려왔다고 한다.[223] 아마도 산곡(山谷)을 흐르는 계곡물 좌우에 다랑논이나 밭을 연이어 내고 물이 필요한 때는 쉽게 계곡물을 이용하여 관개하는 방식이었을 것이다. 『고려도경(高麗圖經)』[224]에도 우리나라의 제전(梯田: 사다리논, 천수답)에 대한 묘사가 잘 되어 있다. 이런 전근대적인 관개법에 의존되는 천수답농사를 일제 및 광복 후에는 많이 개량시켜 사라지고 있지만 조선왕조대까지만 해도 자연친화적으로 천수답 농사를 오히려 장려하고 있었다. 특히 임진란이나 양대 호란으로 피폐해진 농지를 재건하고 확대하기 위하여 가장 손쉬운 방법은 곧 천수답을 여는 것이었을 것이다.

(6) 독특한 작부체계화(作付體系化)

작부체계는 농지의 효과적인 이용도를 높여서 농업생산성을 향상시키려는 토지경영기술이며 재배생산기술이다. 『농사직설(農事直說)』[225]의 파종 및 작

---

223) Ja Ock Guh(1992), Development of Weeding Technology, Proc. 92 FAO/TCDC Plant Protec: 279~293.
224) 『高麗圓經』: "山村의 谷間地에 開畓하여 높은 農地의 모습이 사다리 모양과 흡사하다"고 하였다

부양식을 보면, 벼의 균살(均撒)·기장과 조 및 피의 살척(撒擲)·삼의 살파(撒播)와 같은 흩어 뿌림이 일반적이었고, 혼파(混播)는 생육기간이 같은 작물끼리 섞어 뿌림하는 양식이지만, 보리골 사이에 콩을 심는 경우에는 사이짓기[間作]로서 작물 간에 일정 기간만 생육기간이 겹치는 방식이다. 혼파와 간작 또는 땅을 놀리지 않고 계속 매년 재배하는 이어짓기[連作]에서는 일정한 작부의 체계가 성립되며, 15세기 전후의 대표적인 작부체계는 두 작물이 앞뒤의 그루로 편성되어 1년2작 또는 2년4작하는 형태이었다.

　앞뒤 관계는 앞 작물의 이름을 붙여서 콩그루갈이[大豆根耕] 또는 보리그루갈이[麥根] 등으로 부르는 연작이 많았다. 이는 1년에 2작물(콩+보리, 보리+조 또는 기장)을 재배하는 1년2작의 작부방식이다. 따라서 『농사직설(農事直說)』의 농법은 농지를 계속 한 작물로 재배하는 이어짓기[連作]가 가장 보편적이었고, 예외적으로 해바꿈[歲易]226)하는 휴한농법이 인정되고 있었다. 이는 『경국대전(經國大典)』에서 언급하고 있는 "속전(續田)"227)이나 "진전(陳田)"228)과 다른 형태의 작부양식이다. 휴한은 삼(麻)과 같은 매우 특수한 작물의 재배에 국한되어 적용되었다.229)

　다음으로는 적지적작(敵地敵作)의 전통이 있었다.

『색경(穡經)』230): 지세(地勢)에는 비옥하거나 척박한 곳이 있고, 산택(山澤: 산과 늪지)에는 적당하거나 그렇지 않은 곳이 있다. 비옥한 밭에는 늦은 품종을 심어야 하고, 척박한 밭에는 이른 품종을 심어야 한다. 좋은 밭에는 촘촘히 심어야 하고, 나쁜 밭에는 드물게 심어야 한다. 비옥한 밭은 늦게 심는 것이 좋지만, 일찍 심어도 아무런 손해가 없다. 척박한 밭은 오직 일찍 심는 것이 좋고, 늦게 심으면 반드시 결실을 이루지 못한다.231) 산지의 밭[山

---

225) 鄭招(1429), 『農事直說』(1981. 아세아문화사 영인본『農書』 I).

226) 歲易: 농지를 일정기간 쉬게 하는 것으로 세종 때의 기록에 의하면 "옛날에 한 번 해바꿈, 두 번 해바꿈한다는 농지는 반드시 그 땅 힘을 가히 쉬게 하는 것(古有一易再易之田 必其地力之可休者)"으로 정의된 바와 같다. 즉 한 작물을 재배한 후 1년 또는 2년을 재배하지 않고 땅 힘[地力]의 회복을 기다린다는 뜻이니 역(易)이란 곧 해바꿈을 한다는 뜻이다.

227) 續田: 혹은 갈고 혹은 묵히는 밭. 즉 "或耕或陳田"을 말함.

228) 陳田: 계속 묵고 있는 상태의 농경지를 이름.

229) 『農事直說』 種麻條: "삼의 경우는 섬유 부분이 얇고 마디 사이가 긴 양질의 섬유를 얻어야 하므로 밭이 많은 자에 한하여 밭을 해바꿈(歲易) 곧 휴한하라(田多則歲易 歲易則 皮薄節闊)."

230) 박세당(1676), 『색경(穡經)』(농촌진흥청. 2001. 고농서국역총서-1, 『색경(穡經)』 참조).

田]은 줄기가 강한 씨앗을 심어야 바람과 서리를 견디어 낼 수 있고, 습지의 밭[澤田]은 줄기가 약한 씨앗을 심어도 꽃과 열매를 기대할 수 있다. 날씨의 변화[天時]를 따르고 땅의 이로움을 살피면, 힘을 적게 들이고도 그 효과는 크다. 이와 반대로 하면 힘만 늘고 수확은 없다.232)

자연환경은 지역적으로 어떤 형(型)이 조성되어 있다. 연간변이(年間變異)가 있다고 하더라도 그 형을 크게 벗어나는 것은 아니다. 작물재배는 1차적으로 이런 거시적(巨視的)인 환경조건을 전제로 하여 성립된다. 물론 환경조건은 여러 요인에 따라 국부적으로는 크게 달라지기도 한다. 작물생육은 2차적으로 국부조건에 지배되는 것이 사실이기 때문에 환경조건을 말하자면 거시적인 환경과 미시적인 환경을 함께 고려할 필요가 있다.233)

『색경(穡經)』의 적지적작에 대한 설명은 특히 토양과 지세조건에 따른 알맞은 품종특성, 즉 환경견딜성과 재배특성에 따라 파종기 선택의 중요성을 설명하고 있다. 흔히 토양조건이라 하면 작물생육에 지대한 영향을 끼치며, 토양의 물리적ㆍ화학적ㆍ생물적인 종합조건을 지력(地力)이라 하여 작물의 생산력 지표로 나타내기도 한다. 주로 물리적 지력조건을 토양비옥도(soil fertility)라 하기도 하는데, 『색경(穡經)』의 옛 기술은 토양비옥도에 가까운 개념을 연관시켜서 알맞은 품종이나 재배기술에 대하여 이야기한 것이다. 뿐만 아니라 작부체계는 조파(條播)에 의한 재식밀도(栽植密度)의 기술을 담고 있었다.

서유구는 그의 저서인 『임원경제지(林園經濟志)』234)를 통하여 고대부터 체계화되었던 중국의 조파식(條播式) 재식밀도(栽植密度) 개념을 바로잡고, 그 근본 뜻을 인식시키고자 하였다.235) 가로세로로 줄지어 법도에 어긋나지 않게 한다. 촘촘하게 심을지 듬성듬성 심을지는 땅의 비옥도에 맞추고, 모 간

---

231) "地勢有良薄 山澤有異宜良田宜晚 薄田宜早 美田欲稠 薄田欲稀 良田非獨宜晚早固無害 薄田唯宜於早晚必不成."

232) "山田種强苗能禦霜 澤田種弱苗實 順天時審地利 則用力少而成功多反之 則勞而無穫."

233) 趙載英ㆍ尹象現ㆍ李殷雄(2000), 『新稿栽暗學原論』, 鄕文社.

234) 『林園經濟志』: 1827년에 徐有榘가 正祖의 農書綸音에 應旨進하여 저술한 農書로서, 徐光啓의 『農政全書』와 우리나라 古代農書들을 섭렵하여 百科事典式으로 집필한 10分野의 生活書이기도 하다.

235) 『林園經濟志』, 4卷: 縱橫成列, 紀律不違. 密(走+瓜+易)爲僑. 尺寸如范.

격은 법대로 한다. 어린 싹 심기는 다음과 같아야 한다. 먼저 한 손가락으로 진흙을 찔러 구멍을 낸 뒤 두 손가락으로 모를 구멍 가운데에 찔러 넣으면, 모 뿌리는 아래를 향하되 위를 향하지는 않게 한다. 가로세로의 줄을 맞추면 김맬 때 운탕(耘盪)으로 밀기가 쉽다. 듬성듬성 심을지 촘촘하게 심을지는 각각 심을 땅의 비옥도에 맞춘다. 듬성듬성 심는 것은 1묘당 주수가 약 7,000포기 정도이고, 촘촘하게 심는 것은 1만 포기가 훨씬 넘는다. 땅이 비옥하여 모를 촘촘하게 심으면 듬성듬성 심은 것보다 수확량이 배가된다.

서양에서는 작물의 조파기술이 체계화된 변화를 농업생산성 비약발전의 혁명으로까지 높여 보고 있다. 곧 1700년대 초기에 Jethro Tull이 마경농법(馬耕農法, horse hoeing husbandry)을 주장하면서 노동생산성을 획기적으로 높일 수 있었던 데 근거한다. 그러나 동양에서는 이미 기원전의 농서들(『여씨춘추(呂氏春秋)』·『범승지서(氾勝之書)』 등)에서 조파법뿐만 아니라 점파에 가까운 재식법이 실려 있었기 때문에 서구보다 천 수백 년 앞서서 조파법이 성립되어 있었던 것이다.

다만 우리나라에서는 앉은 작업용의 호미로 제초를 하고, 넓지 않은 뙈기밭에 농사를 짓던 탓으로 조파법보다는 산파법이 보편적이어서 뒤늦은 1800년대에 서유구와 같은 주장을 새삼스럽게 펼칠 수 있었을 것이다.

이상과 같은 원리를 바탕으로, 우리나라에서 독특하게 개발·발전시킨 작부방식으로는 다음과 같은 기술들을 들 수 있다.

① 얼보리에 의한 답중종모법(畓中種牟法: 畓裏作의 서막)

토양의 비배 관리체계와 특히 객토법 및 기비 기준을 마련하면서 상경(常耕) 체계를 이룩하였으며, 논의 이앙법(苗種法, 移秧法)을 수용하면서 답전·후(畓前後)의 작부 가능성을 열게 된 것이다.

1540년, 이징옥(李澄玉)은 문종(文宗)에게 상소를 통하여 "오십일조(五十日租)라는 만파조숙(晚播早熟)의 벼 품종을 논의 보리뒷그루 작물로 재배할 수 있음"을 건의하게 되었다. 당시의 논 이모작으로 보리를 재배하기 위해서는 생육기간이 늦게 시작하여 일찍 등숙하는 벼 품종이 필수적으로 요구되었고, 아마도 이 건의 상소가 답중종모법(畓中種牟法)을 가능케 한 육종적 성과였고 결과적으로 논 이모작(二毛作)의 작부체계[1年 2作], 즉 윤작(輪作)에 의한 생산성 향상의 길을 연 것이었다.

1618년에 편찬된 허균(許筠)의 『한정록(閒情錄)』에는 가장 확실한 논보리 재배의 기술적 풀이와 확증적인 근거가 제시되어 있다.236)237) 즉 "올벼를 거두어들인 후, 논을 갈아 두둑을 짓고 매 이랑마다 도랑을 두어 물이 빠질 수 있도록 한다. 보리를 파종하고 재거름을 덮는다. 속담에 이르기를 '재가 없으면 보리를 심지 말라' 하였다. 재거름은 고르게 주어야 하며 씨앗은 귀리·풀씨·쭉정이 따위를 가려내고 9월에 파종한다. 그 밖의 재배법은 밭보리와 같으나 만일에라도 파종기가 늦으면 갈가마귀가 씨앗을 쪼아 먹어서 씨앗(입모수)이 드물어진다"고 하였던 것이다.

조선조의 종자처리 기술 가운데 백미는 1619년 고상안(高尙顔)이 창안(創案)하였던 보리의 춘화처리기술(春化處理技術)이라 할 수 있다. 238) 그는 산간지대인 문경에 살면서 가을보리를 가을에 파종하면 해에 따라서 월동 중에 어린 보리 싹이 얼어 죽는[秋耕者死不復生] 해가 있고, 그 대신에 봄에 파종하면 보리씨가 저온감응(低溫感應)이 안 되어서 식물체만 자란 채 개화·결실을 하지 못하는 소위 좌지현상(Vernalization)을 일으켜 결국 여물지 못한 채 고사하고 만다. 그러나 어느 해가 월동 중 보리 싹이 얼어 죽는 해인지 미리 예측할 길이 없다. 이런 상황 속에서 고상안은 얼보리239)를 만들어 파종하는 기술을 창안해내었다. 그의 기술 개략을 인용하면 다음과 같다.240) 241)

236) 許筠(1618), 『閒情錄』 治農篇.

237) 金榮鎭·李殷雄(2000), 『朝鮮時代 農業科學技術史』, 서울大學校 出版部.

238) 高尙顔(1619), 『農家月令』.

239) 얼보리(凍麰): 얼보리는 보리의 품종 이름이 아니라 가을보리를 싹 틔워 저온에 얼렸다가 파종하기 때문에 붙여진 이름임

240) 金埰鎭(1998), "17世紀 初 高尙顔의 大麥春化處理에 관한 考察", 『맥류연구』 5. 맥류연구회: 117~124.

241) 洪在杰(1968), "農家月令攷", 『東洋文化』 6-7輯, 영남대학교 東洋文化研: 앞의 金榮鎭(1998)과 같은 내용.

- 음력 10월에 다음 해 봄에 보리씨를 뿌릴 고랑을 미리 지어 놓고
- 음력 12월 대한(大寒: 양력 1월 20일경)에 가을보리 씨를 물에 불리어 움집에 놓아둔다. 이때에 보리씨는 수분을 흡수하고 움집에서 배(胚)가 활동하는 생리작용을 하게 된다.
- 입춘(立春: 양력 2월 4~5일) 때에 물에 담근 보리씨를 꺼내어 음지에 두고 얼린 다음,
- 정월 우수(雨水: 양력 2월 19~20일)에서 경칩(驚蟄: 양력 3월 20~21일) 사이에 얼음이 풀리는 대로 지난 가을에 지어 놓았던 고랑에 이 얼보리를 파종한다.
- 이렇게 얼보리를 파종 처리함으로써 월동 중에 보리 싹의 동사(凍死)를 막고 봄보리 수확 때인 이른 봄에 파종하였던 얼보리를 동시 수확할 수 있다.

② 그루갈이법(根耕法) 확립

『농사직설(農事直說)』은 "보리·밀이 새 곡식과 묵은 곡식을 연결하는 농가의 가장 시급한 식량"이라 정의해 놓고 있다.[242] 논에 보리·밀을 재배하는 답리작(畓裏作, 畓中種牟法)을 현실화하듯이, 보리·밀밭에도 다른 작물을 삽입하여 1년2작하는 작부체계, 즉 보리·밀을 "1년1작(단작)" 재배법과 같이 보고 여기에 일부 요점(要點)을 삽입시켜 설명하고 있다.[243] 즉, "앞그루 작물이 기장·콩·조·메밀일 때, 미리 자루가 긴 큰 낫으로 푸른 풀을 베어다 밭두렁에 쌓아 둔 채, 곡물을 거둔 다음 그 풀을 밭에 두껍게 펴고 불태운 후 보리·밀 종자를 흩어 뿌리는 동시에 재가 바람에 날아가기 전에 갈이(복토)[244]한다. 박전(薄田)에는 풀을 배가하여 펴되 풀베기 전과 같이 분회를 써서 콩·팥의 재배법과 같이 하라" 하였다. 보리·밀의 재배는 1년1작의 상경(連作)법으로 재배하는 데 성공적인 기술 확립과 보급이 이루어졌고, 이들 기술은 시비법 보강과 품종의 역사적인 개발에 힘입어서 지체 없이 1년2

---

242) 『農事直說』種大小麥條: "大小麥 新舊穀聞 接食 農家最急."
243) 『農事直說』種大小麥條.
244) 金榮鎭·李殷雄 (2000), 『朝鮮時代 農業科學技術史』, 서울大學校 出版部: 103

작이라는 이기작(二期作) 또는 근경법(根耕法: 그루갈이재배법)으로 확대발전하게 되었다. 이때에 작부체계의 가능성을 열어 주거나 그 주체가 되었던 작물이 또한 보리·밀이었다. 논의 보리재배법은 비록 벼 이앙법의 국가적인 금지조치와 견제 의견에 밀려서 그 실현이 늦어지긴 하였지만 벼를 이앙재배토록 하고 벼 품종을 만파조숙종으로 바뀌게 하였다.

보리·밀의 재배가 1년1작에서 1년2작의 윤작체계 속에서의 재배법으로 바뀐 것은 이미 『농사직설(農事直說)』의 1년1작 재배법이 고대 중국의 『제민요술(齊民要術)』과 『농상집요(農桑輯要)』를 거의 그대로 인용하여 편찬된 것[245]이지만 무성한 잡초를 갈아엎어서 유기물 시용효과를 얻고, 토양의 풍화작용과 보수력 증진을 기대할 수 있는 합리성이 있었다. 반면에 파종기가 중국의 것보다 10여 일 빠르게 설정되어 있는 것은 우리의 풍토와 토양비옥도에 알맞게 조절된 합리적인 기술이었다. 또한 메마른 땅에서 파종기를 앞당기라 한 기술도 월동 전에 초기생육을 북돋아서 뿌리를 깊이 자라게 하여 겨울의 동한해(凍寒害)를 극복토록 하였다는 합리성이 있었다.

③ 마른갈이법(乾播法)

대표적인 기술로 밭못자리법(乾秧法)과 마른논직파법(乾畓直播法)을 들 수 있다.

벼의 이앙법은 『농사직설(農事直說)』[246]에서도 이미 서술되었듯이 조선조 초기부터 기술개발이 되어 있었으나 물문제가 여의치 않아 시행에 제한이 따랐다. 그러나 숙종조(1698)의 기록으로는, 호조판서였던 이유(李濡)의 말을 빌려 이미 관행의 하나로 보급되어 있었음을 알 수 있다. 즉, "모내기는 일(노력)이 반밖에 안 들지만 공(功)(소출)은 배나 되기 때문에 각 도(道)가 모두 하고

---

245) 『齊民要術』 및 『농상집요(農桑輯要)』의 대소맥조: 양맥을 거두고 6~7월경 밭을 갈아 폭양에 쪼이는 기술 등은 2세기 전후의 후한(後漢) 최식(催寔)이 저술하였던 『사민월령』에서 인용한 기술임. 根耕이란 음력 5월에 맥류를 수확하고 콩·팥은 후작(後作)으로 윤작하던 따위의 1년2作方式을 말한다. 또한 穀根田에 보리·밀을 심는 경우도 이에 포함됨으로써 결과적으로 일 년 재수하는 작농을 이르며, 오늘날 토양비옥도를 증진하기 위하여 묘과류(苗科類)를 넣는 경우도 이에 해당된다.

246) 『농사직설(農事直設)』: 1429년 鄭招와 下孝文에 명하여 노농들의 의견을 청취·수집하여 엮은 우리나라 최초의 종합농서

있어서 이제는 풍속(관행)이 되어 버렸다"는 것이었다.247) 이에 따라 물의 문제해결에 앞서서 모내기법이 확산되면서, 조선조 후기에 이르러서는 물의 의존도를 적게 하려는 다양한 벼농사 기술이 각지에서 시도되기에 이르렀다. 그 가운데 하나의 독특한 기술이 벼못자리 건앙법(乾秧法)이었다고 할 수 있다.

건앙법은 18세기 초에 출간된 『산림경제(山林經濟)』248)에 처음 기록되어 있고, 내용에 가감 없이 『증보산림경제(增補山林經濟)』249)·『고사신서(攷事新書)』250)·『과농소초(課農小抄)』251)·『해동농서(海東農書)』252)·『임원경제지(林園耕濟志)』253)에 인용되어 전승되고 있다. 내용은 다음과 같다. "봄 가뭄으로 못자리 예정지에 물이 없을 경우, 마른 논을 갈고 삶아서 흙덩이가 없도록 다스려 이랑을 짓고 볍씨와 재거름[灰糞]을 섞어 마른 상태로 파종한다. 한 마지기에 볍씨 7말[斗]을 씨 뿌리고 비가 내린 뒤에 뽑아 모내기를 하면 물못자리보다도 낫다"254)는 것이었다.

『농정요지(農政要志)』는 1838년에 발생한 경기 호서 지방의 대한발과 당시 논농사의 무작정에 가까운 모내기법 확산을 염려한 대책으로 평안도 지방의 전통적인 건답직파법을 보급할 목적으로 군왕의 재가를 얻어 이지연(李止淵, 1777~1841)이 편찬한 농서이다.255)

논농사에 가뭄해[旱災]가 빈발하는 것은 농민들이 직파법을 버리고 성력다수(省力多收)가 가능한 모내기법[移秧法]만을 숭상하여 무조건 이를 뒤따르는 때문이었다. 따라서 일부 학자들은 모내기법의 무작정 확산에 제동을 걸지 않으면 가뭄 피해로 인하려 부농층의 부익부(富益富)와 빈농층의 빈익빈(貧益貧) 현상이 극심하게 벌어질 것을 근심하였다. 이지연은 이런 양면의 걱정

---

247) 김용섭(1971), 『朝鮮後期 農業史研究』—潮閣의 재인용: "移秧事半功倍 故諸道無爲之 已成風俗."
248) 『산림경제(山林經濟)』: 洪萬選(1643~1715)이 저술한 종합농서. 17세기 대표적 농서임.
249) 『증보산림경제(增補山林經濟)』: 柳重臨이 1766년에 편찬한 『산림경제(山林經濟)』의 증보판 농서임.
250) 『고사신서(攷事新書)』: 徐命應이 1771년에 지은 종합농서로 『攷事撮要』를 개편한 책임.
251) 『課農小抄』: 박지원이 1782년에 正祖에 대한 『응지진농서』로 쓴 농서임.
252) 『海東農書』: 徐浩修가 1798~1799년 사이에 '한국농서'라는 뜻을 담아 집필한 농서임.
253) 『林園經濟志』: 徐有榘가 1842~1845년 사이에 편찬한 당대 대표적 종합농서이며 생업서임.
254) 『산림경제(山林經濟)』 播種 乾秧法條.
255) 金榮鎭(2000), 『朝鮮時代 農業科學技術史』, 서울대학교 농업개발연구소, 학술총서 제1호 서울대출판부.

을 해소하고 백성들의 식량생산 안정화를 기할 목적으로 마침내 부분적인 모내기와 동시에 부분적인 건답직파 시책을 군왕에게 건의하고 드디어 왕의 재가를 얻었다. 그 내용은 지형상(地形上)으로 모내기를 하지 않을 수 없는 곳이나 수원(水源)이 있는 곳은 모내기를 금지시킬 필요는 없지만, 물이 없는 지역, 즉 이전부터 건답직파를 하던 곳으로서 현재 모내기를 하고 있는 곳, 또는 넓은 들에서 억지로 물을 끌어다 모내기를 하는 곳이나 천수(天水)에만 의존하는 메마른 곳에서는 반드시 건답직파를 하게 한다는 것이었다. 즉 물이 있는 곳에서는 모내기를 하지만 물이 없는 곳에서는 건답직파를 해야 한다는 원칙256)이었던 것이다.

건답직파에서 해결해야 할 문제는 물과 풀에 있었으며, 이지연의 "건답직파법"은 물의 문제가 적습한 시기의 마른갈이[乾耕]와 평후치에 의한 이랑짓기[作畦], 줄세워 파종하기[條播] 및 빗물[天水]가두기로 체계화하였고, 풀의 문제를 예정된 논의 마른갈이[乾耕], 기예[基曳]에 의한 복토 · 진압, 칼게매[刀曳] 및 평후치에 의한 물리적 제초, 그리고 빗물 속에서의 제초와 잡초 재생 억제기술로 일관화시켰다. 마른갈이에 의한 제초 · 관리 및 칼게매 적용 작업 효율의 배가, 물속에서의 호흡 증대로 인한 잡초 재생 억제효과는 현대의 기계화 · 화학제화 농법에서도 그대로 적용되고 있는 기술이다. 예를 들어서 배수한 뒤에 물을 넣어서 논물의 상승과 제초제의 호흡 증대를 유도하여 재생을 막는 기술이다. 또한 조파하여 입모된 후에도 원판 써레(disk harrow) 또는 이와 유사한 중경작업을 하는 방식도 결국은 칼게매로 골 사이의 발생 잡초를 예취하는 바와 다를 바가 없다. 이는 오늘날 현대식 밭농사를 영위하는 서구의 중경제초식 생력재배법과 원리적인 측면에서 하등의 차이를 보이지 않는 생력농법이었다.

④ 답전윤환법(畓田輪換法)

이춘영(李春寧)의 『한국농학사(韓國農學史)』257)에는 아주 진귀한 "윤답

---

256) "水則移之 乾則播之."

(輪畓)”의 이야기가 소개되고 있다. 물이 부족한 함경북도 길주(吉州)에서 물을 절약하여 주민 간에 나누어 쓰면서 벼농사를 위주로 하는 윤환재배법(輪換栽培法)을 성사시켰던 다음과 같은 역사적 사례를 설명한 내용이었다.

길주군의 사례는 400여 년 전의 사례와 마찬가지로 부족한 논물을 마을 전체 농가가 공평하게 나누어 쓰면서 최소한의 벼농사를 또한 공평하게 짓자는 데 목적이 있었다.

이 윤답식에는 분쟁 해결이라는 장점뿐만 아니라 더욱 많은 농학적 이점이 있는 방식이기도 하였다. 첫째, 우선 논을 논 상태와 밭 상태로 교대하며 이용하게 되므로 논에서는 밭에서 발생하는 잡초종, 즉 건생(乾生)의 잡초종을 생태적으로 억제하여 방제하게 되고, 밭 상태일 때에는 주로 논에서 발생하는 잡초종, 즉 습생(濕生)·수생(水生)의 잡초종을 생태적으로 억제하여 방제함으로써 잡초의 발생량 자체를 적게 유도하는 재배법이 된다. 둘째, 일반적으로 논농사는 밭농사보다도 일손이 덜 들고, 밭농사가 비교적 한산한 시기에 논농사의 일손이 집중적으로 소요되는 경우가 많으므로 윤답의 재배 형식은 노동

<표 3> 5년 윤답식(길주군 일원)

분할 \ 연차	1년차	2년차	3년차	4년차	5년차
1구	조	보리+콩	수수	논벼	논벼
2구	보리+콩	수수	논벼	논벼	조
3구	수수	논벼	논벼	조	보리+콩
4구	논벼	논벼	조	보리+콩	수수
5구	논벼	조	보리+콩	수수	논벼

<표 4> 4년 윤답식(길주군 영북면 장백면)

분할 \ 연차	1년차	2년차	3년차	4년차
1구	조	보리+콩	논벼	논벼
2구	보리+콩	논벼	논벼	조
3구	논벼	논벼	조	보리+콩
4구	논벼	조	보리+콩	논벼

---

257) 李春寧(1989), 『韓國農業史』, pp.96~97.

력 배분이라는 점에서 매우 합리적이다. 셋째, 야생벼와 같이 벼와 생리 · 생태적으로 유전근원을 유사하게 하는 잡초종의 방제를 쉽게 하고, 그 발생을 감소시킬 수가 있다. 넷째, 논과 밭의 조건을 교호로 바꾸어 주는 답전윤환(沓田輪換)의 농경지는 토양의 이화학적 성질을 개선시키고 또한 미생물군의 다양한 번식을 유도하는 것으로 알려져 있다. 다섯째, 무엇보다도 이 방식 채택의 원인과 목적이 되는 물 사용을 적극적으로 절감시키는 농법으로서 가히 미래지향적인 방식이라 할 수 있다.

⑤ 돌려짓기[輪作法]

작부체계, 특히 윤작체계는 전통적으로 우리나라에서 잘 발달된 재배기술이었다. 다만 원리적 체계화나 합리적 설명을 하는 데 다소 미비한 것이 흠이었다.

> 『색경(穡經)』258): "삼은 기름진 밭에 심어야 하지만 해마다 (그 밭에) 심을 수는 없다. 왜냐하면 이런 삼으로는 베를 짤 수 없기 때문이다. 메마른 땅은 거름을 주어야 한다. 팥을 심었던 자리에 심어도 된다. 밭갈이는 곱고 부드럽게 할수록 좋다. 밭은 해마다 돌려짓기(윤작)를 해야 한다." 259)

안종수는 『농정신편(農政新編)』260)을 저술하면서 서구적 합리성을 배웠고 이를 다음과 같이 서술하였다.

> "대체로 한 종류의 식물을 해마다 같은 땅에 심으면, 비옥한 성질이 차츰 감소되어 결국은 생장과 성숙을 제대로 하지 못한다. 토지 4분의 1씩 매년 순서를 정해 심는 것은 순무 · 보리 · 거여목 · 밀과 귀리이다. 올해 보리밭의 반에 거여목을 심었으면 다음해에는 잠두 · 완두 · 감자 · 자운영[翹搖] 등을 심는다. 4년마다 다시 그 곡식을 심기도 하고 8년마다 다시 그 채소를 심기도 한다. 순무는 비록 해마다 같은 땅에 심더라도 스웨덴의 황색종자와 백색종자와 같이 번갈아 심으면 된다. 4년마다 대체하여 심는 것이 가장 일반적인 방식이다. 지주가 소작인에게

---

258) 박세당(1676), 『穡經』: 『農桑輯要』(1273)를 底本으로 쓴 종합농서

259) "麻欲得良田 不用故墟 有點葉夭折之患 不任作布故也 地薄者糞之 用小豆底亦得 耕不厭 墊田欲歲易."

260) 『농정신편(農政新編)』: 1881년에 안종수가 일본의 『사토가농서(佐藤家農書)』와 쓰다선[津田仙]의 『농업삼사(農業三事)』를 인용하여 저술한 우리나라 최초의 서구식 농서임.

토지를 빌려줄 적에 자기 생각만 굳게 고집하여 번갈아 파종하지 못하게 하는데, 이것도 일반적인 폐단이라 이에 구애받으면 농사가 잘되지 않는다." [261]

같은 땅에 같은 종류의 작물을 계속하여 재배하는 것을 연작(連作: 이어짓기)이라 하는데, 작물의 종류에 따라서는 연작에 문제가 없거나 혹은 심하게 생육저하를 일으키는 기지(忌地) 현상을 보이기도 한다. 기지현상은 토양비료분의 소모, 토양 중의 염류집적, 토양물리성의 악화, 잡초의 번성, 유독물질의 집적, 토양선충의 만연, 토양전염의 병해 등이 원인으로 작용하게 된다.

본문의 인용문은 이런 메커니즘을 간단하게 약술하고, 결국은 작물의 생장과 성숙을 제대로 못하게 된다고 하였다.

(7) 분뇨(糞尿) 활용법

인간이나 가축의 똥·오줌(糞尿)은 목축을 위주로 하지 않는 동양의 농사에서는 더없이 귀한 거름원이었다. 서유구는 『임원경제지(林園經濟志)』[262]를 통하여 『왕정농서(王禎農書)』[263]나 『농정전서(農政全書)』[264]는 물론 『행포지(杏蒲志)』[265]의 견해와 기술을 인용하여 그 쓰임새와 가치를 강조하였다. 생똥[大糞]은 기운이 왕성하기 때문에, 남쪽지방에서 논밭을 가꾸는 농가에서는 항상 밭머리에 벽돌로 울타리를 만든 구덩이에서 거름을 삭힌 뒤에 쓴다. 『농정전서(農政全書)』에도 "비록 거름을 삭히더라도 논밭에 지나치게 많이 뿌려서는 안 된다. 많이 쓰려면 섣달에 기름을 주어야 한다"라 하였다. 그 밭이 아주 기름지다. 북쪽 지방의 농가에서도 이 방법을 본받아야 할 것이다.[266] 혼분(溷糞)은 사람이나 가축의 똥오줌이다. 마른 흙을 윤택하게 변화

261) 『농정신편(農政新編)』: 耕種交代法.
262) 『임원경제지(林園經濟志)』: 1827년(?)에 서유구가 정조 救農書綸音에 바칠 뜻으로 쓴 종합농서.
263) 『王禎農書』: 1313년에 元의 王禎이 편찬한 농서로 農桑通訣과 함께 農器圖譜와 穀譜가 게재되어 있다.
264) 『農政全書』: 1639년에 徐光啓에 의하여 저술된 당대 최고의 농서.
265) 『杏蒲志』: 1825년에 서유구가 편찬한 농서로서 『임원경제지(林園經濟志)』 속에 本利志 대신 수록되어 있다.
266) 『王禎農書』의 "農桑通訣" 卷3 糞壤條.

시키는 것으로는 사람의 똥만 한 것이 없고, 단단한 흙을 부드럽게 바꾸는 것으로는 마소의 똥만 한 것이 없다. 또 가뭄에 견디는[能] 땅을 윤기 있게 만드는 것으로는 누에똥만 한 것이 없으며, 적은 양으로 많은 양에 맞먹는 데에는 닭똥만 한 것이 없다. 그렇지만 돼지 똥만은 마르고 거칠어 기름지지 않으니 흙과 섞어 열을 내면 꽃나무나 과실나무를 심는 데 쓸 수 있을 뿐이다. 논에 개똥을 많이 북주기하면 강아지풀이나 오독도기가 무성해진다. 닭똥이나 오리 똥은 반드시 물에 담가 덮어놓은 뒤에 죽처럼 묽게 되기를 기다렸다가 재를 섞거나 물을 섞어서 사용한다고 하였다. [267]

서유구(徐有榘)는 『임원경제지(林園經濟志)』[268]를 통하여 여섯 가지의 거름 수거 · 제조 · 갈무리 방식을 설명하고 있다. "거름을 만드는 데에는 답분법(踏糞法) · 교분법(窖糞法) · 증분법(蒸糞法) · 양분법(釀糞法) · 외분법(煨糞法) · 자분법(煮糞法) 등 여러 방법이 있는데, 자분법이 가장 좋다. 옛 선조들은 목축이 적었기 때문이기도 하겠지만 인분뇨를 농경지의 유용한 거름 자원으로 활용하는 지혜를 지니고 있었다."

또 『농정신편(農政新編)』[269]에 이른 바는 다음과 같다.

"인분은 따뜻하고 촉촉한 지방과 휘발하여 날아가 보이지 않는 염분을 함유하고 있기 때문에 양분이 되는 기운이 매우 강하여 초목이 싹트고 생장하는 기세를 대단히 왕성하게 해준다. 재, 흙, 물 등에 인분을 섞어서 회분(灰糞) · 납토(臘土) · 합비(合肥) · 삼화토(三和土) · 수분(水糞) · 수비(水肥) · 하비(下肥) 등의 거름을 만드는데 각각 그 제조방법이 있다. 인분은 지극히 효력이 강한 거름이지만 악취가 나기 때문에 따로 식토(埴土)를 측간에 말려 저장하였다가 국자로 수시로 떠다가 인분을 덮어주면 그 냄새도 방지하고 또 거름으로 쓰기 좋다",[270] "인분(섞여 있는 물질을 제거한 것) 10지게[荷]와 빗물 10지게(도랑물, 빗물, 흐르는 물은 사용할 수 있지만 온천수가 차가운

---

267) 『임원경제지(林園經濟志)』: "溷糞".
268) 『林園經濟志』(임원경제연구원의 역주 『임원경제지(林園經濟志)』. 근간 예정을 인용함)
    "製糞有多術, 有踏糞法 · 有窖糞法 · 有蒸糞法 · 有釀糞法 · 有煨糞法 · 有煮糞法, 而煮糞爲上."
269) 『농정신편(農政新編)』: 1881 안종수가 저술한 우리나라 최초의 서구식 농서.
270) 『농정신편(農政新編)』, 人糞條.

우물은 사용할 수 없다)를 준비하고 위의 인분에서 나온 물[糞水]을 큰 통에 담고(미리 작은 움집을 만들고 그 안에 통을 묻어둔다) 통의 지름은 6자이고 깊이는 3~4자로 만든다. 땅을 파되 너비는 1간(間), 길이는 2~3간, 깊이는 3~4자로 파고, 식토(埴土)와 돌과 석회를 섞어 그 내부를 바르며 수일 동안 볕에 말린 뒤에 그 인분을 저장하는 것인데, 이를 거름웅덩이[糞溜池]라고 한다. 휘저어서 60일간 숙성시키면 인분이 물처럼 녹으며, 그 빛깔은 짙은 청색이 된다. 이것을 숙분(熟糞)이라고 한다. 그런데 만약 다시 반 달 남짓 지날 것 같으면 효과가 없어진다. 그 성질은 식물을 매우 기름지고 윤택하게 하며 그 효과가 아주 오래 간다"271) 하였다.

(8) 소농경영기술(小農經營技術)

여러 가지 원인이 있겠지만, 우리나라는 전통적으로 소농(小農)의 구조를 벗어나지 않고 있다. 그 실상을 세종 8년(1426) 강원도 관찰사가 보고한 도내 계층별 농지점유 규모는 다음 표와 같았다.

세조 4년(1485) 평안도호부사 진차공(陳次恭)의 상소에 따르면 "……우리나라 땅은 편소하여 농지가 없는 백성을 헤아리건대 10분의 3이며"라 한 것으로 미루어 볼 때272) 계층분화는 세종 8년(1426)의 사정보다 더욱 불균형하였던 당시를 짐작할 수 있다.

다음 글은 "짚신삼고 길쌈하여 채소지어 먹고 사는 북곽의 가난한 백성들

계층	경지 규모	호수	비율(%)
대호(大戶)	50결 이상	10호	0.1
중호(中戶)	20결 이상	71호	0.6
소호(小戶)	10결 이상	1,641호	14.2
잔호(殘戶)	6결 이상	2,043호	17.7
잔잔호	5결 이하	7,773호	67.4

271) 『농정신편(農政新編)』, 人糞腐熟釀化法: 人糞腐熟釀化法.
272) 『世祖實錄』 卷3. 世祖 4年 正月 丙子日條: "……我國壤地褊小 無田之民 幾乎十分之三……."

살릴 방도"를 묻는 환공의 질문273)에 관자(管子)가 한 답이다. "청컨대 양식 백종(百鍾)이 있는 부잣집은 짚신을 삼지도, 길쌈을 하지도 말고 양식 천종(千鍾)이 있는 부잣집은 채소를 가꾸지 마라. 시장에서 3백 걸음 안에 사는 사람도 채소를 심지 말라고 금령을 내리십시오. 이러면 일없는 가난한 사람에게 밑천을 공급해 줄 수 있어서 북곽의 가난한 백성이 생산품을 파는 기회가 될 것입니다. 수제품으로 돈을 벌고 채소로 수익을 남기기 때문에 열 배의 이익을 얻을 수 있을 것입니다"274)라 하였다.

박제가는 광작농의 부수적인 폐단의 하나로 면적만 늘리려는 풍토를 꼬집고, 땅의 비배관리가 중요하며, 그 실증사례들을 나열하여 농정의 기초를 바꾸고자 하였다. 박제가의 『진북학의(進北學議)』에 쓰인 그의 지론을 요약해 보면275)

"오늘날 사람들은 누구나 묵정밭은 모조리 개간하고 밭둑길을 전혀 늘리지 않아야만 땅을 완전히 이용하는 줄로 안다. ……농지를 넓게 점유하면 할수록 농사는 더욱 병들고, 힘을 아무리 들여도 증산의 효과는 나타나지 않는다."276)

"배추의 경우, 서울 사람들은 해마다 연경에서 배추씨를 수입하여 쓰는데 그래야만 배추 맛이 좋다. ……중국에서 들어온 배추씨라 하더라도 이를 시골에 심으면 심은 당년에도 서울에 심은 배추 맛이 미치지 못한다. 설마 땅이 달라서 그럴 이치가 있겠는가? 거름을 주는 비배관리가 차이나기 때문에 그런 것이다. 온갖 곡물의 맛과 소출이 모두 마찬가지 아닌 것이 없다."277)

"농사는 농토를 넓게 차지하려고 욕심내는 것을 가장 피해야 한다."278)

"요동의 밭 하루갈이에서는 좁쌀 50~60섬을 수확하는데 그 땅의 넓이는 우리의 반 수준에 불과하다",279) "곡식을 생산하는 방법은 사람에 달린 것이지

---

273) 『관자(管子)』(김필수 등 번역, 2006, 『관자(管子)』, 소나무) 輕重甲편
274) 『管子』 輕重甲편
275) 박제가(1799), 『진북학의(進北學議)』.
276) "今人莫不以 荒田皆墾 阡陌無棄爲盡地利……故占廣而農益病 力疲而功不顯"
277) "卽以菘菜論之 京都之人歲取種於燕京……種之於鄕者當年己不及京市豈 其地之有殊哉 蓋其糞之不若也 百穀莫不蓋然."
278) "農切忌貪多廣占."
279) "遼田耕一日 收粟五六十斛 而地半于我."

결코 토질의 좋고 나쁨에 달린 것이 아님에 분명하다"280)는 것이었다.

우리나라 근대화가 이루어지던 당시에는 헛된 광작농(廣作農)의 폐단이 번지고 있어서 문제가 되고 있었다. 이에 대하여 여러 선현들의 지혜로운 경영관을 수집·제시·충언한 대목이 『임원경제지(林園經濟志)』281)에 수록되어 있다.282)

무릇 사람들이 농사를 지을 때에는 반드시 자신의 노동력을 고려해야 한다. 적은 농사를 잘 짓는 것이 낫지, 많은 농사를 망쳐서는 안 되는 것이다. 제 일을 잘하려면 먼저 연장을 버려야 한다. 아끼는 마음으로 사람들을 부리면 사람들이 힘든 줄 모르고 일한다. 또 농기구를 길들이고 몸에 익혀서 능숙하게 이용할 수 있도록 힘쓴다. 그리고 소에게 꼴을 주어 기를 때에도 항상 살지고 건강하게 해야 한다. 농사짓는 사람을 위로하고 도와주어 항상 기쁘고 만족한 마음을 갖도록 한다. 농사지을 땅의 형세를 살펴 건조하고 습한 상태가 적당히 유지되도록 한다(『제민요술(齊民要術)』).283)

무릇 힘쓰는 일에 종사하는 사람은 모두 힘을 헤아려 일을 해야 한다. 구차하게 많은 땅을 탐하여 소득에만 힘쓰다가 결국에는 되는 일이 없도록 해서는 안 된다. 전하는 말에 "적게 욕심내면 얻고, 많이 욕심내면 미혹된다"라고 했다. 하물며 더욱 힘들고 어려운 농사에 있어서랴! 어찌 자신의 재산이 넉넉한지, 일손이 충분한지를 먼저 헤아리지 않을 수 있겠는가?(『노자(老子)』)284)

유유자적하고 재촉하지 않아도 반드시 효과를 얻을 수 있는 뒤에라야 일을 할 수 있는 것이다. 만약 재산이 넉넉하지 않고 일손도 충분하지 않은데도 많은 땅을 탐하여 소득에만 힘쓰면, 일을 대충대충 조잡하게 하는 폐단에서 벗어나지 못할 것이다. 열에 하나 둘도 얻을 수 없으면서 일의 성공을 바란다면, 그것은 이미 될 수 없는 일임이 뻔하다. 비록 자신의 농지가 많다 해도 이것

---

280) "生穀之道 在人而不在地明矣."
281) 『林園經濟志』: 1827년 徐有榘가 편찬한 백과사전식 大農書로서 近代的 合理性이 충분히 곁들여진 生活書이기도 하다.
282) 『林園經濟志』 卷四.
283) 『齊民要術』: A.D. 530~550(?)에 中國에 後魏의 賈思勰이 편찬한 古代最高의 農事生活書임.
284) 『老子』: 中國 春秋戰國時代의 老子가 저술한 『老子道德經』을 이름.

은 도리어 근심과 해로움이 많아서, 이익을 보지 못할 것이다. 만약 심사숙고
하여 시작을 잘하고 또 그 중간 과정도 잘 해나가면, 끝내는 꼭 일정량의 성
취가 있을 것이다. 어찌 부질없이 한때의 요행만을 바라겠는가? 속담에 "알맹
이 없이 많은 것보다 적지만 알찬 것이 낫고, 넓은 땅 파종보다 좁은 땅 수확
이 낫다"라고 했으니, 어찌 옳은 말이 아니겠는가?(『진씨농서(陳氏農書)』)285)

백성의 가난과 풍요는 게으름과 부지런함에 말미암은 것이지, 오로지 밭의
넓이에 따라 좌지우지되는 것이 아니다. 농지 넓이가 자기 힘에 맞으면 사람
이 모두 부지런히 일할 것이다(『반계수록(磻溪隧錄)』).286) 농사지을 때는 욕
심을 많이 부려 넓은 면적을 차지하는 일은 절대로 하지 않아야 한다. 옛날에
100묘는 농부 한 명이 나라에서 받는 땅인데, 이것은 곧 사방 100보의 땅이
니 지금의 이틀갈이도 안 된다. 그런데도 오히려 위로는 부모님을 섬기고 아
래로는 처자식을 건사할 수 있었다. "뛰어난 농부는 9명을 먹여 살린다"라는
말이 바로 이를 두고 한 말이다.

4) 전통농업(傳統農業) 문화(文化)

(1) 두레문화

사람(人間)이란 생물이므로 먹을거리를 찾아 먹는 일에서 생존이 가능하였
고, 사회적 동물이므로 먹을거리 문제를 혼자가 아닌 남과 더불어 해결하여 왔
으며, 특히 두뇌가 비범히 발달된 지능과 지혜의 소유자이므로 다른 동물과 달
리 저들만의 먹을거리 생활 방식이나 제도, 또는 관습과 전통을 만들어 왔다.

인류는 기능적이며 조직적인 집단생활을 하면서 집단 가운데서 으뜸이 되
는 우두머리를 내세워 통치 형태의 질서 속에서 사회생활을 이룩하고 어떤
형태의 나라(국가)를 세우게 되었다. 우두머리는 통치를 통해서, 그리고 원만

---

285) 『陳氏農書』.
286) 『磻溪隧錄』: 1690年에 柳馨援이 편찬한 政策提示로서의 濟世救民論的 저술서

한 사회의 유지를 위하여 생명에 대한 이해와 우주·자연의 섭리에 대한 인식, 그리고 농사의 본질에 대한 해명이 되면서 신화(神話)나 자연현상에 의존하는 형이상학적 논리를 만들게 되었고, 이를 지배와 통치의 원리로 삼게 되었다. 즉 농사를 건국의 기틀로 삼아서 백성을 다스리고 일깨우며 삶의 가치를 구현케 하는 농본주의(農本主義)를 싹틔우게 되었다.[287]

중국의 농본사상은 신농(神農) 씨가 백성의 먹을거리 해결에 최우선의 정치를 하고, 원시농구인 보습(따비)과 쟁기를 창제하여 개개인 백성부터 나라에 이르기까지 모든 삶의 근본을 농경(또는 농사)에 두어야 한다는 생각(이념)이었던 것이었다. 이들 근거는 기원전 1세기와 서력 530~550년의 『범승지서(凡勝之書)』나 『제민요술(齊民要術)』에 잘 나타나 있다. 범승지 이전의 사상은 "자연의 섭리에 순응하여 땅과 곡식의 조화를 유도하는 농민의 태도(근면·지혜·겸손 등)와 계절의 법칙성에 의하여 농사가 이루어지며, 농사로 나라의 근본을 삼는다"[288]는 농업생산 중시사상이었다.

백성들의 일상생활 속에서도 농본사상은 형태를 달리 하여 뿌리내리게 되었다. "두레"[289] 형식의 농사일 처리 방식이 재난이나 관혼상례에서 계를 만들어 상부상조하는 풍속으로 발전하였고, 농경의 순리에 맞도록 체계화된 육례(六禮)를 백성에게 가르치며 이의 일환으로 성장한 것이 농악과 가무, 여인네의 길쌈행사이다.

본질적으로 농사일은 농산물을 경제적으로 생산하기 위한 인간활동으로서 농업기술적 차원의 단계이지만, 놀이란 일상적인 활동의 구속을 벗어나서 재미를 느끼며 즐기기 위한 자발적 행위를 가르친다. 따라서 일(노동)과 놀이란 상호간에 대조, 대칭적 속성을 띤다고 하겠다. 일상적인 대규모 농사일인 벼농사에서는 동시적인 단체 작업이 불가피하며, 놀이를 결합한 노동이 현실적이다.[290]

---

287) 박준근·구자옥 등 (2003), 『인류의 식량』, 전남대학교 출판부.
288) 『以農爲國本』
289) 우리나라 농촌에서 서로 협력하여 공동작업을 하는 풍습이나 이를 위하여 마을이나 동·리(洞里) 단위로 구성되는 협동조직을 의미한다.
290) 배영동(2002), "농경생활의 문화읽기", 민속원

(2) 경천행사(敬天行事)

『관자(管子)』291)에 이른바 "사시(四時)를 알지 못하면 나라의 기틀을 상실한다. 오곡(五穀)이 자라는 법칙을 알지 못하면 나라가 쇠약해진다. 따라서 성인이라면 천도(天道)를 정확히 알고 지도(地道)를 정확히 깨달아 사시(四時)를 정확히 인식하는 법이다"292)고 하면서 "정령(政令)을 반포하여 시행할 때에는 시령(時令)에 맞추어야 한다"293)고 하였다. 관자(管子)는 봄, 여름, 가을, 겨울의 4계절에 따라 하늘의 뜻(天時)을 인식하고 이에 따라 시행해야 할 정사(政事)와 호령(號令)이 따로 있어야 한다는 생각을 정리한 것이었다. 즉 정사를 펼 때에는 때에 맞추어 명령해야 하는즉, 사계절에는 각각 시행할 고유한 할 바가 있다고 생각한 것이었다. 특히 벌[刑]과 돌봄[論] 및 상(償)을 사시의 운행질서에 적합하도록 하면 복이 생기고 어기면 화(禍)가 생긴다는 생각이었다. 더욱이 이들 모든 상벌형론[賞刑論德]이 농사의 성패나 풍흉으로 해석이 되는 까닭은 하늘의 뜻이 만물의 생육, 성장, 수확과 저장으로 표현되는 농사일로 비롯되기 때문이었다. 이런 인식은 자연현상과 사회규범을 연관시켜 유추하는 데서 유래한 사상이며, 인간사(人間事)가 자연현상과 서로 영향을 주고받는다는 "계절별(季節別) 천인감응(天人感應)의 사상"으로 하나의 문화적 물줄기를 이루어 오늘날로 전승된 것이라 할 수 있다.

즉 인과응보(因果應報)의 사상에 따른 농민들의 마음과 행동은 군왕의 경천의식(敬天儀式)을 통하여 잘 나타난 바 있다. 군왕의 친경의식과 왕비의 친잠의식은 고려 성종 2년(982)에 이미 시작되었고294) 이를 답습하여 조선조에 이르러서도 시행되었다. 군왕이 만조백관과 왕세손을 더불어 동적전(東籍田)에 나가서 친히 밭을 가는 친경의식을 거행하거나, 또는 왕비가 내외명부와 더불어 채상단(採桑檀)에 나가 뽕잎을 따고 어친잠실(御親蠶室)에 나가 친잠을 하였다.295) 『태종실록』에 "친경의식은 신명(神命)을 공경하고 농업을

---

291) 『管子』(김필수 등, 2006, 『관자(管子)』 번역판, 소나무 참조).
292) 『管子』 四時편: "不知四時, 乃失國之基 不知五穀之故, 國家乃路故天曰信明, 地曰信聖,四時曰正."
293) 『管子』 四時편: "領有時".
294) 천봉규(1978), 『한국농업경제사연구』, pp.71~124.

중히 여긴다"296)고 하였다. 그래서 세종조(1437)의 기록297)에 보면, 친경의식의 효험을 나타내는 표현으로 "왕궁 후원에 시험 삼아 밭을 갈고 사람의 할 바를 다 하였더니 가뭄조차도 재해를 못 미치고 벼가 잘 여물었으니 이는 곧 사람의 정성(人力)으로 구한 것"이라 한 바도 있다.

1474년에 편찬된 『국조오례의(國朝五禮儀)』를 보면 "봄과 가을 및 동지 후의 셋째 술일(戌日) 또는 납일(臘日)에 토신(土神)인 국사(國社)와 곡신(穀神)인 국직(國稷)을 제사지내는 사직제(社稷祭)가 있다. 풍작과 안녕을 비는 제례 행사로서 국사에는 후토 씨(后土氏), 국직에는 후직 씨(后稷氏)를 제사하되 군왕, 시신(侍臣), 왕세자 등이 참석하여 거행하였다.298) 또 신농 씨(神農氏)와 후직 씨를 제사하는 선농제(先農祭), 잠신(蠶神)인 서능 씨(西陵氏)를 제사하는 선잠제(先蠶祭), 왕마지정(王馬之政)을 맡는 천사성(千駟星), 가뭄에 비를 기원하는 기우제(祈雨祭), 기나긴 장마에 비를 멎게 해달라고 비는 기청제(祈晴祭), 납일(臘日)까지 천지가 하얗게 눈이 세 번[三白] 내려서 흉작을 면하게 해달라고 눈[雪]을 비는 기설제(祈雪祭)" 등의 제사가 있었다.299)

(3) 음양오행설(陰陽五行說)

농경행사를 주축으로 하면서 만든 『세시기(歲時記)』나 『농가월령(農家月令)』은 통치자의 연중행사와 백성들의 민속행사, 권농행사, 제천행사를 총괄하였다. 더욱이 5행설(五行說)300)의 주체가 천지(天地)를 가름하는 음양의 대자연이 물(水), 불(火), 식물(木), 철(金), 흙(土)의 다섯 요소로 만들어져서

---

295) 金榮鎭, 李殷雄(2000), 『조선시대 농업과학기술사』, 서울대학교 출판부.

296) 『太宗實錄』, "耕籍之禮 所以敬神明 而重農業也".

297) "丁巳於後園 試治田極人力 果遇旱不能爲災 禾頗稔熟 是則耳 以人力而可求也".

298) 許稠 等(1474), 『국조오례의(國朝五禮儀)』, 1~2卷. 吉禮條(金榮鎭, 1982: 農林水産古文獻備要. pp.282~283).

299) 『春官志』卷之一 "亨祀總裁"(金榮鎭, 1982. 같은 책. pp.284~285).

300) 우주 간에 운행하는 天氣로서 만물을 낳게 한다는 5원소로서 金, 木, 水, 火, 土를 들고 있다. 오행설의 주창자는 전국시대의 추연(騶衍)으로서 오행의 德을 帝王朝에 적용하여 虞(우)는 土德,夏는 木德, 殷은 金德, 周는 火德으로 왕이 되었다는 설을 내세웠다. 이후 漢代에 이르러 음양오행설이 성행하여 오행을 우주조화의 면에서 해석하고 또 일상의 人事에 응용하면서 일체 만물은 오행의 힘으로 생성된 것이라 하였다.

음행의 섭리를 만들고, 그 표상이 농경이라고 생각하는 철학이었으므로 이 또한 얼마나 중농사상을 굳건히 버티게 하였는지를 잘 말해 준다.

이러한 우리네 전통적인 음양설(陰陽說) 또는 음양오행설(陰陽五行說)이 오늘날의 우리에게 대중적으로 전승된 슬기를 되짚어 볼 필요가 있다. 마치 아인슈타인이 발견한 상대성 원리를 우리네 조상들은 앞서 터득하여 삶 속에서 몸소 실천하였던 바와 다를 바 없다. 남(男)과 여(女)의 양성(兩性)이 상대적인 기능으로 조화를 이루어 삶이 이어지고 성쇠를 자아낸다. 삶이란 생(生)과 사(死)의 상대적 현상 위에서 조절되고 표현이 되며 하늘(天)과 땅(地)의 순환 법칙과 주기성에 맞추어 삶의 주기가 이어지고, 농사를 지어 거두어들이는 이 모든 형태가 음양론으로 해석이 된다. 물레가 돌고, 즐거움과 슬픔이 교차하여 봄과 가을이, 여름과 겨울이 교차하고, 밤과 낮이 순환하며 각각의 성질이 강약과 고저를 달리하며 순환됨으로써 이 세상의 순환원리가 성립된다.

따라서 음양론은 양구론으로도 통하고, 우리네 조상들이 일찍이 밝혔듯이 태극론으로도 설명이 된다. 이는 곧 불교의 『반야심경』에서도 밝혀지듯이 "色卽是空(색즉시공)"이며 "空卽是色(공즉시색)"인 경지의 철학이기도 하다.[301] 그래서 상대적인 두 기능은 서로가 상보적인 힘을 가지므로 어느 하나의 완전함은 존재하지 않지만 모든 조합의 상보는 서로 다른 세기의 생존을 가능케 하며, 그 가능성을 순환의 원리 속에서 실현한다는 것이다.

우리나라의 태극기(太極旗)는 곧 음양오행의 원리를 상징하여 그리는 홍범구주의 기본 강령을 나타낸 것이다. 상고시대 이래로 궁전이나 호족들의 솟을대문에 그렸던 해와 달의 순환 유적이 곧 해(太陽)와 달(太陰)의 순환이며, 8괘도 주역 유래가 아닌 홍범구주의 바탕이다.[302]

오행은 수(水), 화(火), 목(木), 금(金), 토(土)로서 우주를 감싸는 하나의 기운, 즉 태극이 변화해 가는 과정을 나타내며, 그 변화 속에서 서로 화합하고 갈등하는 삶의 모양을 규명해 놓은 것이다.

목화금수는 동서남북의 네 방향이고, 토는 중앙이다. 오행은 각각 시고(木), 쓰

301) 김용태(1995), 『마음으로 보는 민속문화기행』, "옛살림 옛문화 이야기" 대경출판.
302) 姜舞鶴(1982), 『三國史記』에서 새로이 발견 단군조선의 농경문화, 향가의 기원 홍익인간 도서출판 관악.

고(火), 달고(土), 맵고(金), 짠(火) 맛이며, 인체의 간장, 심장, 비장, 신장 따위의 오장이기도 하다. 이는 곧 항상 부드럽게 낮은 곳으로 흐르는 물(水), 불길이 되어 위로 솟구치는 불(火), 곧은 것이 때에 따라 굽는 나무(木), 뜻대로 변화시켜 만들 수 있는 쇠붙이(金), 그리고 곡식을 심어 거두는 흙(土)인 것이다.[303]

또한 오행은 두 기운이 서로 상생(相生)하거나 상극(相克)하는 관계로서, 상생은 목생화(木生火), 화생토(火生土), 토생금(土生金), 금생수(金生水), 수생목(水生木)의 사이로서 나무는 서로 부딪혀 불이 되고, 불탄 재는 흙이 되며, 쇠붙이는 흙 속에 있고, 쇠붙이는 대기의 물을 먹어 물방울을 맺으며, 나무는 물이 있는 데서 살아난다는 자연의 섭리를 이른다. 반면에 수극화(水克火), 토극수(土克水)는 상극의 관계로서 물로 불을 끄고, 불로 쇠붙이를 달구어 녹이며, 쇠붙이(도끼)로 나무를 찍어내고 나무로 흙을 뒤덮으며, 둑(흙)을 쌓아 물의 흐름을 막는 자연의 섭리를 또한 나타낸다.

(4) 온돌(溫埃)의 생활문화(生活文化)[304]

온돌은 처음 겨울철 한랭한 지방에서 난방을 하기 위해 발명되어 초기에는 주로 하층의 민간에서 주로 사용된 듯하다. 온돌의 기원을 밝히는 유적 역시 겨울철이 한랭한 지역에서 출현하고 있다. 대체적으로 춘추전국시대부터 흉노, 중국의 동북부와 알래스카 등지에서 동시에 등장하는 것을 보면 유목, 수렵민이 정착해 가는 과정에 독자적으로 개발했을 가능성이 크다. 하지만 현재 한반도의 온돌보급에 결정적인 영향을 준 것은 고구려였다고 볼 수 있을 것이다.

초기의 온돌은 흙바닥 위에 자리를 깔아 침실로 이용되었다면, 『고려도경(高麗圖經)』에는 좌탑(坐榻: 걸터앉는 평상)을 놓고 그 위에 좌식(座式) 생활을 하는 단계로 발전하였다. 고려후기 사원이나 사대부들을 중심으로 전면온돌이 점차 보급되고, 조선초기에는 유생들이나 지배층의 건강을 목적으로 온돌이 이용되면서 점차 온돌방의 개념이 성립되었다. 온돌방에 등을 붙이고

---

303) 李盛雨(1978), 『高麗 以前의 韓國食生活史研究』 鄕文社, pp.462~465.
304) 최덕경(2008), 「온돌의 구조 및 보급과 생활문화에 끼친 영향」, 『농업사연구』 7-2: 33~67, "맺음말".

휴양과 치료를 한 것을 보면 흙바닥 위에 그대로 누웠을 것으로 짐작된다. 그 때문에 15~16세기부터 온돌방에 장판지를 바르고 벽에 도배를 한 것을 보면305) 온돌바닥 전체가 가용면적으로서 침실뿐 아니라 다용도의 좌식생활 단계로 접어들었음을 알 수 있다.

온돌은 고려 말 사대부들에게 확산되었으며, 조선시대 초기에는 주로 궁전과 관사(官舍)에 온돌이 설치되기도 하였다. 특히 조선시대의 온돌 보급은 유교로 무장한 학자층들이 중요한 역할을 했다는 점이 초기 북부지방의 온돌과 다른 점이라 할 수 있다. 그리고 이미 고려 이전부터 남쪽지역의 민간에 보급되기 시작했던 온돌이 17세기를 전후하여 재차 위에서 아래로 확산되었다. 당시 엄격한 유교적인 영향 때문에 남쪽의 온돌은 북쪽 평안도 함경도와 같이 이적(夷狄: 북방오랑캐)의 풍속 대신 풍화(風化)가 상당한 수준에 도달한 모습을 통해서 민간에서의 온돌 풍습을 엿볼 수 있다. 이러한 엄격한 유교적 가치 아래 보급된 온돌은 조선의 독특한 좌식 생활문화를 배태했던 것이다. 게다가 온돌의 설비로 한반도의 전통주택은 새로운 모습을 갖추게 되었으며, 그로 인해 근본적으로 중국과는 다른 주택구조가 생겨나게 되었다. 뿐만 아니라 온돌은 식사, 접객 및 취침의 통합공간이었기 때문에 가족생활과 온돌은 분리될 수 없었다. 때문에 한국인만의 독특한 안방문화가 등장하게 되었던 것이다.

온돌방에서 식사는 물론이고 가족 및 이웃의 대소사가 논의되었으며, 공동체문화가 뿌리내리게 되었다. 그리고 온돌 위에서는 모두 가부좌로 앉아 생활했기 때문에 좌식문화와 생활습관이 형성되었던 것이다. 이런 좌식 문화 때문에 전통적인 의례 및 예법이 생겨나고, 그에 걸맞은 생산도구나 예술형태가 등장하였다. 나아가 생산력을 제고시키는 데도 크게 기여했다는 점에서 온돌문화가 한민족의 삶을 형성하는 데 불가분한 작용을 했다고 볼 수 있다. 그리고 이러한 삶의 습속은 생태환경과 밀접하게 관련되어 나타났던 것이다. 그런 점에서 한민족에게 있어 온돌은 이 땅에 맞는 생산과 삶의 습속(習俗)을 창출한 공간이었다.

---

305) 『中宗實錄』 卷63, 23년(1528) 10월 28(丙寅)일

최근 좌식이 입식생활로 바뀌고 개인주의가 강조되면서 온돌의 양상은 많이 변화되었다. 그러나 온돌의 원리는 그대로 한민족 속에 계승되어 다양한 형태로 표현되고 있다. 오늘날 한국의 문화풍속도 중에 온돌방은 계속 유지·발전되고 있으며, 우리나라 사람들 중에 상당수가 온돌형식의 찜질방에서 피로를 풀고 여가를 보내고 있다. 이것은 사회가 발전하고, 주택의 구조가 바뀌었지만 온돌의 문화적 습속이 그대로 남아 형태를 달리하면서 발전하고 있음이다.

(5) 발효(醱酵)음식 · 조화식단(調和食單) 및 밥상(飯床)

① 대표적인 한식(전통향토음식)

- 쌀을 중심으로 하는 오곡밥과 떡류
- 장류(간장, 된장, 고추장)
- 전통주류(탁주, 약주, 청주, 소주 및 각종 민속주와 농민주)
- 김치를 중심으로 하는 담금채소(김치, 깍두기, 동치미 등)
- 조리법에 따른 음식(비빔밥, 쌈밥)

② 한식의 우수성 인식[306]

- 계절에 따라 식재료와 조리법이 조화되는 자연음식
- 다양한 식재료와 발효법을 활용한 깊은 맛
- 영양학적으로 균형을 이룬 건강식
- 발효식품의 항암 등 우수한 기능성
- "김치" · 세계 5대 건강식품 중 하나로 선정(Health지)
- 비만 예방적 영양적 균형식의 모범음식(영국 '파이낸셜타임'지)
- 영양적 최적음식, 환자메뉴로 제공(미국LA '굿사마리턴' 병원)

역사적으로 볼 때 최덕경[307]은 우리의 밥상식단을 지니는 식생활이나 발효성

---

306) 김행란(2009), 농식품산업 정책과 연계한 전통식품, 한식의 연구방향. 녹색기술과 농업문화 발전과정 심포지엄.–전통식품의 역사, 문화적 고찰–. 한국농업사학회, 농촌진흥청

전통을 갖는 음식구조가 온돌문화와 깊은 관련을 갖는다고 하였다. 온돌은 약초나 목재를 건조시키거나, 식품을 보온하고, 얼지 않게 각종 식품을 저장하는 기능도 하였다. 특히 양조하여 적당한 온도에서 발효시키는 데도 온돌은 효과적이었으며, 적당한 온도가 요구되는 양잠(養蠶)의 공간으로서도 널리 활용되었다.

온돌구조로 인해 한국 특유의 식생활문화가 생겨났다. 온돌은 대개 취사 열기를 이용하여 난방을 하기 때문에 연료의 소모가 많지 않다. 그 때문에 센 불에 급하게 익혀내는 요리법보다는 난방용 열기로서 밥하고 국을 끓이는 문화가 발달했다. 취사 후 남은 화기를 이용하여 숭늉을 끓여 마시는 풍습도 온돌문화와 관련 깊다. 그리고 온돌의 열기보전을 위해 한옥(韓屋)의 지붕을 낮추었기 때문에 방 안의 높이가 낮아져 식탁보다 항탁(炕卓: 구이판)과 소탁(小卓) 같은 이동식(移動式) 밥상문화가 발달하게 되었다. 한대(漢代) 화상석(畫像石)에도 이동식 1인용 밥상 문화를 볼 수 있지만, 이것은 당, 송대(唐, 宋代) 이후 식탁과 의자문화가 발달되기 이전의 양상이고, 온돌과는 무관하다.

이처럼 온돌이 보급되면서 식생활문화에서 한국은 중국과 점차 차이를 드러내게 된다. 다만 주목되는 것은 온돌은 바닥 난방이기 때문에 등과 엉덩이에 비해 배는 상대적으로 차갑다는 점이다. 그 때문에 소화기 계통이 온도차로 인해 문제가 생겨, 두꺼운 솜이불을 사용하거나 식생활에서 자연 자극성 있는 음식을 추구하게 되었다고 한다.

결론적으로 우리나라는 선사시대부터 일찍이 농경을 시작하여 다양한 식품 재료를 이용한 음식 문화가 발달했으며, 인접국가인 중국, 일본과 차별화된 독특한 문화를 형성하였다. 또한 산맥이나 바다 등 지형적인 영향으로 지역마다 생산되는 특산물이 달라서 다양한 조리법과 맛을 지니고 있다. 외국인들에게 잘 알려진 김치의 종류도 수십 가지에 이르며, 같은 종류의 김치도 사용하는 젓갈이나 양념에 따라 다양한 맛을 낸다. 이런 연유로 최근 우리 음식이 세계적으로 "건강식", "장수식"으로 인정받고 있으며, 새로운 가치창출을 위한 자원으로 부각되고 있다.308)

---

307) 최덕경(2008), 앞의 문헌 115와 같음.
308) 김행란(2009), 앞의 문헌 117)과 같음.

전통농업 기술과 문화의 본질성(本質性)

1) 역사적 발전과정

우리나라의 농업문화 발전과정은 크게 나누어서, 대체로 고려 말까지는 고대 중국의 농업기술과 문화를 도입, 또는 공유하던 시대와 그리고 조선왕조 이후의 우리식 고유한 농사기술 및 문화 발굴, 창출의 시대로 구분지어 볼 수 있다.

물론 고려 이전시대의 기술과 문화가 이후 오늘날까지도 바뀌지 않고 전승되는 것들이 많다. 신화(神話)를 비롯한 경천의례(敬天儀禮) 사상이나 음양오행(陰陽五行) 및 유교(儒敎)의 질서사상이 그렇고 한전집약적(旱田集約的) 농법과 구덩이농법[區田農法]이나 발효식 음식과 농기구의 많은 것들이 그렇다. 중국과 농사입지나 생활여건이 유사한 경우에 공통된 기술과 문화를 계승할 수밖에 없다. 그러나 앞 절(節)에서 선별하여 제시한 내용들은 대부분 독창적이거나 중국과 공유하던 것에 독창성을 가미하거나 변형하였으며, 발전적으로 재창출한 것들이 대부분이다. 따라서 이런 후자의 것들을 중심으로 우리나라의 미래지향적 가치를 도출하고, 그 공통적인 본질성을 정리해 보면, 대략 다음과 같이 말할 수 있을 것이다.

시대를 달리하였던 세종(世宗), 정조(正祖), 박정희(朴正熙)를 막론하고, 이들이 나라를 융성하게 다스릴 수 있었던 근본성은 국력을 모아 주도력을 백성들의 민생복지(民生福祉)에 두었다는 점이다. 무본억말(務本抑末)을 기치로 내세웠던 유교(儒敎)의 사상이 그렇기도 하였겠지만, 백성들의 실체를 국가의 근본으로 설정하고 이들의 생업(生業)을 농사에 두었던 것이다. 약육강식(弱肉强食)의 적자생존론(適者生存論)을 주장하였던 다윈(Darwin)[309]과는 달리, 인류의 진화는 강자와 약자가 서로 도우며 살도록 상황을 이끌어 가는 지혜를 가진 자, 특히 그 어느 쪽도 아닌 평균(平均) 주위의 가장 큰 무리가 결정적인

---

309) Charles Robert Darwin: 영국의 생물진화론자, 『종의 기원』으로 자연선택론을 발표(1858).

번영과 풍요를 이루며 진화하게 된다는 Kropotkin의 이론[310]에 진배없다. 민심(民心)을 천심(天心)으로 보는 중용론(中庸論)이었던 셈이다.

또한 이네들은 우리에 맞는 우리의 방식을 찾고 우리가 책임을 질 수밖에 없다는 자주(自主), 자조(自助), 자립(自立)정신을 일깨워 새 세상을 만들고자 하였다. 세종은 우리의 글(한글)과 우리의 농사(『농사직설』), 우리의 의약(『향약집성방』)을 독자적으로 체계화하고 확립시키며, 정조는 『농가지대본(農家之大本)』을 편찬하기 위한 정구농서윤음(正求農書綸音)을 반포하거나 실사구시(實事求是)의 실학(實學)을 선도하였다. 박정희 대통령은 경제발전을 위하고 농민의 삶을 구축하기 위하여 주곡(主穀)의 자급화와 농촌근대화를 위한 "새마을운동"을 전개하였던 치적을 쌓았다. 비록 우리네 백성이 소시민이고, 소농민이기는 하였지만, 이들을 위하여, 이들을 따르게 하고, 그렇게 집단화시켰던 힘은 실로 위대하였다. 동서고금(東西古今)을 통하여 공동체(共同體)는 실제적인 하나의 우주이며 그 자체로서 하나의 완벽한 세계, 즉 공산체(共産體: mir)인 예술이다.

2) 전통농업기술의 본질성

역사적으로 우리나라의 농업기술은 중국의 고대농법, 즉 북토고원지(北土高原地) 농법인 한지농법(旱地農法)의 영향을 받아 유래하였다. 그러나 우리나라의 농업입지(農業立地)는 풍토적(風土的)인 것부터 민족적(民族的)인 것까지 근원적인 차이를 지니고 있었다. 이런 점에 기인하여 중국의 것을 그대로 직수입하여 쓸 수 없다는 결론에 이르렀고, 이른바 세종이 우리말의 "한글"을 창제하고 우리식의 농사법전인 『농사직설(農事直說)』을 편찬하였으며[311] 우리의 농사여건을 알기 위한 측우기(測雨器)를 발명하고 우리 백성을 돌보기 위한 약전(藥典)으로서 『향약집성방(鄕藥集成方)』, 『식료찬요(食療纂要)』, 『구황벽곡방(救荒壁穀方)』을 편찬하게 되었던 것이다.

농법에 있어서는 『농사직설』을 사례로 하여 보더라도, 우리의 노농(老農)

---

310) Pyotr Alekseevich Kropotkin(1842~1921): 러시아의 무정부주의자, '상호부조진화론' 발표.
311) "五方風土不同 樹藝之法 各有其宜 不可盡同古書".

들이 체험을 통하여 결론짓는 생생한 기술을 토대로 정리하여 출간하였다. 이를 이어받아 『농가집성(農家集成)』과 『산림경제(山林經濟)』, 또는 『금양잡록(衿陽雜錄)』이나 『천일록(千一錄)』 등이 같은 취지로 편찬되었고, 정조의 "정구농서윤음(正求農書綸音)"에 대한 『응지진농서(應旨進農書)』 들이 또한 그러하였다.

결론적으로 우리의 전통농법은 고대중국의 생기론적(生氣論的) 한전농법(旱田農法)과 수전농법(水田農法)의 조화를 바탕으로 하는 우리나라 독자적 생태농법(生態農法)을 성립시켰다[312]고 할 수 있다. 『농서집요(農書輯要)』[313]에 이르러 회환농법(回還農法: 畓田輪煥栽培法)이 등장하면서 논을 필요 이상 넓히지 않는 대신에 천수답에 적응하고, 또는 답전윤환을 개척하게 된 것도 이와 같은 결과에 따른다고 하겠다. 일본의 경우에도, 경험론에 따른 고대농법이 기계론에 의한 서구농법으로 바뀔 때에 수많은 시행착오를 범하였고, 이를 다시 일으켜 세울 때에, 이른바 일본 최초의 과학적 농업사를 집필하였던 우치다(內田和義 : 2004)는 당시 일본의 노농이었던 후나즈(船津傳次平)의 가르침을 받들어 "본서(本書)가 세상의 찬사를 받게 된 것은 노농 후나즈의 가르침(경험적) 덕분"이라고 하였다.[314] 우리와 비슷한 경우라 하겠다.

여하튼 노농들에 의하여 성립되었던 우리 전통농법은 타카하시(高橋昇)[315]의 전문가적 의견으로 볼 때도, 이처럼 성립된 조선의 작부체계는 단위면적당 생산물량이 높고 연차 간 단위면적당으로 향상성이 있으며, 토지생산성이나 자급자족 경제성에 있어서도 식료공급, 연료공급, 퇴비공급면에서 탁월하고 자력유지는 물론 노동의 생산성에서 뛰어난 농법이라 하였다.

우리나라의 전통농법은 근원적으로 소농한전집약농법(小農旱田集約農法)이었다.

---

312) 이호철(2004), 「조선전기농법의 전통과 변화」, 『농업사연구』, 3-1: 25~48.

313) 『農書輯要』(1414), 태종의 어명으로 향언(이두)에 의하여 주해를 빌체 수록한 농서.

314) 內田和義(2004), 「재래농법과 근대농학」, 『농업사연구』 3-1: 129~140 및 (2001) "農學者 酒句常明と老農 船津傳次平", 2001年度 日本農業經濟學會論文集: 178~183.

315) 高橋昇(1998), 『조선반도의 농법과 농민』, 미래사[구자옥, 이도진 등의 번역판 〈농촌진흥청, 2008〉 참조], 德永光俊(2006)은 조선의 전통농법을 재발견한 공로로 타카하시를 일본의 역사적 인물로 평가한 바 있다.

운명적으로 소농(小農)이었던 이유를 흔히 농토가 제한된 반면 인구는 증가하였던 탓에 노동집약적인 농사를 영위하였던 것으로 오해되고 있다. 그러나 정조가 지적하였듯이, "옛 성현이 주장하였더라도 오늘날의 사정[時俗]에 따라야 하며, 기자정전법(箕子井田法)이 옳다 하더라도 우리네 실정과 같이 산지가 많고 평야가 적은 경우에는 실현키 어렵다. 우리의 실정을 알지도 못하면서 옛 성현의 생각만을 주장하여 농정을 하려는 것은 망발"이라 하였던 바를 다시 되뇌어야 한다. 우리네 농사규모는 정조가 보았듯이 경지이용 조건이 여의치 않았고 또한 벼농사를 일반화하게 됨으로써 표출된 노동집약 요구도에 의하여 소농체계를 벗어날 수 없었다. 뿐만 아니라 두레 제도와 같은 협업적 공동체의 필요성이 컸던 데에도 있다. 이런 이유로 광작의 상업적 이득보다는 소농의 협업, 집약적인 농사의 토지생산성을 높이는 이득에 집착할 수밖에 없었던 것이다.

따라서 벼농사법은 그 자체대로 건경법을 비롯한 건답법, 윤답법, 답전윤환법 등으로 집약도를 높여 왔고 한전농법(밭농사)은 나름대로 조파법, 윤작법 등으로 집약도를 높여 오며 벼농사법과의 조화를 이룸으로써 논과 밭의 복합화에 의한 다모작체계 및 혼작체계와 잡초, 병, 충 방제농으로의 집약농체계를 이룩하였다. 즉 벼농사는 노동집약적이므로 노동생산성을 향상하는 방향으로 발전시켜 왔고, 밭농사는 다양복합적인 작부체계로 복합경영을 하는 농사체계로 토지생산성을 높이게 되었다. 이것이 곧 소농시장경제의 체계화에 밑거름이 되었던 것이다.[316]

작부체계에 있어서도 우리의 전통농업이 이룩한 성과는 실로 놀라운 바가 있다고 하겠다. 이를 위하여 독자적으로 창안, 개선시켰던 농기구를 출현시켰다. 특히 지게나 농우(農牛)의 출현은 절대불가결한 결정요소를 해결하는 실마리 역할을 하였던 것으로 보인다.

우리나라뿐만 아니라 다른 나라의 경우에도 유사하겠지만, 전통농업은 대체로 친환경적인 지속농(持續農)이면서 생태농(生態農)의 자체적인 최선책이었다.

---

316) 이호철(2004), 한국농업의 세계사적 의의, 『농업사연구』 3-2: 133~148.

분뇨(糞尿)는 애지중지하여 거름원으로 사용하였던 것도 소농 가족체제의 농업에서는 더할 나위 없는 지혜의 하나였다. 목축(牧畜)이 많지 않았던 동양권의 농사에서 인간이나 가축의 분뇨는 거의 유일한 거름원이며 자원 순환적인 생태농의 기초자원이었다. 서유구가 『임원경제지』에서 거론하고 있는 여섯 가지의 거름 수거, 제조, 갈무리 방식은 그 백미(白眉)라 할 수 있다.

특히 구덩이재배법(區田法)이나 다랑논 재배법은 가장 농사에 의한 자연파괴를 하지 않고 그 여건에 맞추어 농업생산을 해내는 지혜였으며, 혼작법 또한 여러 종류의 작물을 섞어 파종함으로써 언제라도 최소한의 작물을 생물적 재해나 자연재해를 피하여 거둘 수 있는 지혜의 하나였다. 우리나라와 같이 산간 계곡지가 많고 자연재해가 빈번하게 발생하며, 거름자원이나 노동력이 제한된 곳에서는 이와 같은 농법이 최선의 보장책을 수반하는 농법이었을 것이다.

무엇보다도 분명한 우리네 농산의 보편적 본질성은 소농적 경영에 있다고 할 수 있다. 과거는 물론 현재와 미래를 예측하더라도 손쉽게 벗어나기 힘든 우리네 농사의 제약성이라고도 말할 수 있다. 1426년에 조사된 호당경지면적(戶當耕地面積)으로 볼 때 5결(結) 이하의 잔잔호(殘殘戶)가 전체의 67.4%에 이르렀으며, 1458년에는 아예 농지가 없는 농가도 30% 전후에 이르렀다고 한다. 이처럼 농지가 극소한 농민들이 대부분이었기 때문에 농지경영은 초집약적(超集約的)인 기술(특히 작부체계)에 의존하지 않을 수 없었고, 박제가(朴齊家)도 "곡식을 생산하는 방법은 사람에 달린 것이지 결코 토지의 크기나 토질의 좋고 나쁨에 달린 것이 아니다"라 하였다. 뿐만 아니라 1829년에 서유구(徐有榘)가 편찬한 『임원경제지』에는 광작농(廣作農)을 하려는 당시의 세태에 고대 중국의 농서에 이른 바를 예를 들어 일침을 가하기까지 하였다.

"농사는 자신의 노동력을 고려하여 짓되 땅이 적더라도 곡물 한 포기 한 포기에 정성을 기울여 지으면, 한 사람의 노력으로도 농기구에 길들고 몸에 익혀 능숙하게 지으면 아홉 명을 먹여 살릴 수 있다"는 것이었다. 즉 "농지가 좁아도 알뜰하게 건지는 농사가 오히려 넓은 땅에서 대충대충 빈속을 건지는 농사보다 좋다"는 것이었다. 『반계수록(磻溪隨錄)』에 이른 바도 "백성의 풍요와 가난은 농부의 부지런함과 게으름에 말미암을 것이지 결코 밭의 넓이에 따라 좌지우지 되는 것이 아니다. 농지 넓이가 자기 힘에 맞으면 누구라도 부지런히 일할 수밖에 없을 것"이라 하였다.

반면에 농가마다 짓는 농사가 서로 다르고, 또한 곡식마다 때를 지켜 일해주어야 하는 내용이 서로 다르다. 다만 농사는 제각각 필요한 일거리가 제때에 이루어져야 하는 것이기 때문에 가가호호는 일손을 가장 시급히 필요로 하는 농가에 모아주어 협동적으로 돌려가며 농사일을 해주게 되었다. 이것이 곧 "품앗이"였고, 이것이 "두레농사"나 "두레문화"로 발전되었던 것이다. 농사일에 쓰이는 개개인의 작은 손을 가장 효율적으로 쓰는 최선의 수단이었고, 모두가 최선의 결과를 얻는 요령이었으며, 공동의 삶을 통한 문화적 가치의 추구 방법이었다고 할 수 있다.

3) 전통농업 문화의 본질성

소농규모와 농사방식에서 비롯하는 우리의 전통농업문화는 농사효율을 극대화하기 위한 집단노동(集團勞動)에서 유래하는 것이 한 특징이다. 농본주의에서 발전하는 향(鄕)과 계(契), 그리고 독특한 우리의 두레문화를 들 수 있다. 물론 개개인이 이루는 가족과 씨족, 그리고 가정과 마을, 지역사회를 거쳐 나라를 세우는 이들 과정이 곧 집단화하는 생태적 특성에 기인한다. 농본주의는 곧 이렇게 형성된 집단의 우두머리가 원만한 집단생활과 국가의 체제유지를 위하여 신화(神話)나 자연현상에 대한 형이상학적 통치철학으로 만든 것이며, 곧 모든 백성의 삶을 농경에 뿌리내려 영위하도록 만든 사상이다.

특히 우리나라는 이런 농본주의에 바탕을 두고 통치하였을 뿐만 아니라 농민들 스스로는 농사일(밭의 김매기나 벼농사의 여러 과정)과 일상생활을 통하여서도 농본사상의 형태를 달리하여 "두레"라는 집단화 양식을 만들어 내었다. 즉 농사일 처리 방식에서 운영되던 것이 그 기능을 확대, 발전시켜서 각종 재난이나 관혼상제를 통하여 계를 만들어 상부상조(相扶相助)하는 풍속을 만들었다.

또한 농경이 순리적으로 이루어지도록 육례(六禮) 문화를 체계화하여 백성들 속에서 일상화시켰고, 이런 일환으로 농악이나 가무, 여인네들의 길쌈행사를 만들기도 하였다. 이렇게 발전된 두레문화 속에서는 농사일 자체가 본질적으로 농산물을 경제적으로 생산하는 인간활동임에 틀림없으며 함께 어울려 노는 놀이는 재미를 느끼면서 즐기는 일임에 틀림없지만 이들 두 가지 대조, 대칭적 속성의 행위를 일상적인 대규모 농사일인 밭의 제초작업이나 벼농사 작업에 결속시켜 발전시키는 데 성공하였던 것이다. 즉 놀이를 동반한 노동행위의 주체로 집단화 문화를 창출한 것이다.

이런 문화는 오늘날의 월드컵 축구 경기장에서 나타났던 "붉은악마"의 응원문화로 재창조되었고, 여기에 고추 맛 같고 된장 맛 같은 전통음식문화와 예능적 재주, 또는 유교적 질서와 젊은 세대의 발랄한 사상들이 결합된 새로운 문화가 창출되어 한류(韓流)라는 바람을 일으키게 되었다.317) 여기에 바탕이 되는 문화적 질서는 하늘의 뜻을 받들고 하늘에 교감하여 길흉화복(吉凶禍福)을 빌어 제사하는, 즉 자연현상과 사회규범을 연관시켜 유추하는 데서 유래한 사상적 결실이다. 인간사(人間事)가 자연현상과 서로 영향을 주고받는 다는 천인감응(天人感應)의 사상으로 하나의 문화적 물줄기를 이루어 오늘날로 전승된 것이라고 할 수 있다. 그 밖에도 경천의식으로는 친경의식(親耕意識)이나 사직제(社稷祭), 또는 기기제(祈氣祭)를 들 수 있을 것이다.

뿐만 아니라 우리네 전통 문화적 질서의식을 구성하는 또 다른 요소로 음양오행설(陰陽五行說)을 들 수 있다. 남녀, 천지, 생사나 해와 달의 경우와 같이 모든 성분의 상대적 양극상태가 순환법칙과 주기성에 따라 운행된다고 생각하는 천리(天理)이다. 이들 주 기능은 서로가 상보(相補)적인 힘을 가지므로 어느 하나의 완전함은 존재하지 않지만 모든 조합의 상보는 서로 다른 세기의 생존을 가능케 하므로 상대적인 순환의 원리 속에서 실현된다는 것이었다. 또한 오행은 수(水), 화(火), 목(木), 금(金), 토(土)로서 우주를 감싸는 하나의 기운, 즉 태극이 변화해가는 과정을 나타낸다. 오행은 동서남북과 중

317) 구자옥(2008), 3. 농사일 유래의 문화사례(事例). 우리나라 농사일(農務, 農耕)문화의 성립, 전개 및 연구, 『농업사연구』 7-2: 1~32.

앙의 표시이고, 시고(木) 쓰고(火) 달고(土) 맵고(金) 짠(工) 맛이거나 간장, 심장, 비장, 신장 따위의 오장을 뜻한다. 이들 오행의 다섯 요소는 서로 상생(相生)하거나 상극(相剋)하는 관계로서 살고 죽거나 성(盛)하고 쇠(衰)하는 질서적 섭리를 빚어낸다.

또 다른 하나의 농업전통적 문화를 구성하는 주류를 온돌(溫突)을 중심으로 하는 좌식문화(座式文化)318)와 이로써 비롯되는 음식문화로 구분된다. 온돌의 난방체계는 우선적으로 부엌과 방을 비롯한 주택구조를 변화시켜서, 내부적으로는 한 장소(공간)에서 손님을 맞고 먹으며 자는 일체의 생활을 작게 하나로 모으고, 안방이라는 가족의 중심권과 사랑방이라는 외부교류의 중심권을 좌식 문화(座式文化)로 바꾸어 놓았다. 제각각 앉는 자리는 윗목, 아랫목의 구분이 있어서 상호 간의 절차와 질서가 지켜지고 여기에서 돈독한 일체감과 함께 예법과 의례를 찾아 세우는 동방예의지국(東方禮儀之國)으로서 면모를 갖추게 되었다.

이런 공간문화는 여성들에게 오순도순 손을 모아 함께하는 수공예나 양잠, 길쌈의 생업을 일으켰고, 남성들에게는 호미, 낫, 지게와 같은 소규모 영농도구를 통한 좌식(座式) 소규모(小規模) 정밀농업(精密農業)을 성립토록 하였다. 또한 부엌과 온돌방에서는 오늘날 세계적으로 우수성이 인정되는319) 메주콩이나 술을 띄워 빚는 각종 장류(醬類)의 음식이나 막걸리, 약주와 같은 전통주류(傳統酒類)를 만들게 하였다. 뿐만 아니라 부엌에서 끊임없이 나오는 재(灰)를 모아 영농을 일으키게 하였다.

가정(家庭)에 대한 이 같은 가치관(價値觀)과 구수한 음식문화, 그리고 아래로부터 은근하게 체온을 지켜주는 온돌의 따스함은 독특한 우리네 향토적(鄕土的) 풍격(風格)을 심어 주었다. 가족과 이웃을 최고의 맛과 멋으로 알게 하여 서로 뭉치고 상부상조하는 농촌지역사회를 이루어 살게 되었다. "이웃사촌, 즉 먼 친척보다 가까운 이웃(遠親不如近隣)"을 앞세우는 문화를 이른다.

이런 정신은 오늘날까지 우리에게 전승됨으로써 국가와 농촌의 근대화를 성공

318) 최덕경(2008), 앞의 문헌
319) 김행란(2009), 앞의문헌

적으로 이끌었던 "새마을운동"으로 떨쳐졌고, 온돌 체계는 오늘날의 최첨단 아파트 시설에 기본적으로 깔리며, 건강을 이끄는 찜질방으로 애용되는 현실이다.

유럽의 선진문명과 문화도 중세기 길드의 찬란한 문화를 연계시켜 창조케 하였던 실체는 토지를 씨족 중심으로 경작하거나 공동윤작(communal rotation)을 성사시키며 통합가정(joint family)을 이루어 농업공동체를 이루거나 부족연합체(tribal confederation)를 구성할 수 있었던 데 기인하였다고 한다.[320]

현대농업의 딜레마와 탐구 대상의 과제

우리나라의 농업사에 있어서도, 근대화가 시작될 무렵부터 광작농(廣作農)과 상품농(商品農), 그리고 자본형성에 의한 시장경제의 싹이 트게 되었다. 이런 틈바구니 속에서 박제가(朴齊家)의 『진북학의』나 유성원(柳聲源)의 『반계수록』, 또는 서유구(徐有榘)의 『임원경제지』가 출판되어 광작농에 대한 허구나 반대론이 열화처럼 제기되기도 하였다.

농학의 근대화는 전통농법의 생기론(경험농학)에 서구농법의 기계론(실험농학)이 융합되는 과정으로서 오랜 시간과 많은 시행착오를 통하여 충격 없이 이루어져야 할 것임에도 불구하고, 실제의 경우에는 융합이 아닌 대체식으로 진전되는 실태였다. 일본의 경우에도 대체의 과오를 융합의 순리로 바로잡으면서 농학원리의 수순을 천리(天理) - 학리(學理) - 실험(實驗) - 현지적용(現地適用)의 순위로 보되 천리와 학리 사이에 도리(道理)라는 단계를 삽입시켜야 원만하고 순리에 맞는 새로운 농학을 만들 수 있다고 하였다.[321]

320) 구자옥, 김휘천 역(2008), 『상호부조진화론』[Mutual Aids: a factor of Evolution, 크로포트킨 원저(1915)], 학술정보㈜.

321) 德永光俊(2006) 17-20, 世紀における 日本の傳統農學と西洋農學による變容,そして再興, 『農業史研究』 5-2: 197~212.

그러나 일제를 통한 식민지농정은 미곡증산을 위한 벼농사 확충에 두어졌고 쌀 전업농의 육성, 수출을 위한 상품농의 육성, 증산을 위한 화학비료의 사용, 지주제 파급에 의한 규모화 경영체계의 확대 따위의 현상을 일반화시켰다.

광복과 6·25전란을 거치면서 피폐해진 농업생산의 바탕은 더욱 비료와 농약의 사용을 진작시켰고, 이후의 복구 과정에서는 농촌기계화와 더불어 대규모화, 기계화, 단락화가 추진되었다. 특히 이들 분야에 대한 정부의 보조금제도가 활성화되면서 전업농육성이라는 정책기조는 이런 현상을 더욱 급진전시킴으로써 우리의 전통적인 복합경영 풍토는 파괴되었다.

뿐만 아니라 드디어는 농민이나 국민들의 농업인식 속에서 우리의 전통농업을 근본적으로 망각하거나 매도하게 하였다. 그 결과로 빚어진 농업생산 현장의 실정은 지력감퇴, 잡초나 해충 증가, 농약공해, 쌀 증산, 콩이나 잡곡 감소, 농산물 수입 증대, 곡물 자급도 하락, 농업포기가 점증일로에 처해지게 되었다.[322]

반면에 오늘의 우리나라 현실적 농업을 가로막고, 부정하며, 미래를 위하여 던져지는 과제는 이른바 농약·기계에 의존하는 대규모 전문화 농업생산 체계를 벗어나서 지속적·생태적·친환경적으로 건강하게 생산되는 녹색기술적 농업체계를 구축해야 한다는 것이다. 그런 조건하에서도 농가소득을 향상시키고, 노동의 고통을 벗어나야 하며, 지역환경 개선에 앞장서는 농법이어야 한다는 것이다. 또한 국제경쟁력이 있을 만큼 생산성이 획기적으로 높아서 자급도를 높여야 하고, 가장 독특한 것이어서 가장 세계적인 것일 수 있도록 품질이 뛰어난 소량다품목적 농산물을 생산해야 한다는 것이다. 과연 이처럼 터무니없이 많고 어려운 조건을 만족시킬 수 있는 농업체계가 우리에게 존재할 수 있는 것일까?

---

322) 이호철(2004), 한국농업의 세계사적 의의, 『농업사연구』 3-2: 133~148.

결론

반만년 역사를 살아온 우리네 백성들은, 비단 농촌에 사는 농민뿐만 아니라 장차 귀농(歸農)이나 지방에 낙향(落鄉)하여 살고자 하는 수많은 사람들에 이르기까지, 비록 돈을 벌어 복을 누리며 살고자 하는 궁극적 목표 자체는 아니겠지만, 그네들은 농촌의 실정에 맞추어 서로 돕고 의지하여 정(情)을 나누는 안온(安穩)한 삶을 원하는 것이 대부분이다. 사람답게 분수에 맞추어 근로하며 가족을 돌보고 평화와 평등의 세상사를 감사하며 살고 싶은 인생관을 갖는다. 이네들에게 우리의 전통가치와 자긍심 있는 생업을 되돌려 줄 수는 없는 것인가?

현대농법이 지나치게 잘못 내달려 온 사실은 이미 지나칠 만큼 여러 차례 강조하여 사례를 들었다. 또한 오늘의 농업에 대한 문제점이나 우리가 되돌려 새롭게 나가야 할 길(과제)에 대한 토론도 충분히 하였다. 비료·농약·대형 농기계에 의한 폐단, 소농들의 집단화 문화를 해체시키는 자본주의적 대규모 농법의 폐단, 전업농 체제가 빚어내기 시작하는 생태순환 농업체계의 말살로 도래하는 문제점들, 그래서 드디어는 농사를 포기하게 되는 좌절감들을 재고해야 한다. 오늘날 우리의 과제가 곧 지속적·생태적·친환경적 녹색기술 농사체계의 구축에 있지 않은가? 또한 도농(都農) 사이의 경제적·문화적 격차를 좁히고 균형발전을 시켜서 평등하고 평화로운 삶의 터전을 이룩하자는 것이 아닌가?

농촌지역은 농업생산을 하는 공간인 동시에 농촌지역민이 삶을 영위하는 생활공간이다. 그래서 국가는 농사를 포기해서도 안 되고 농촌을 망가뜨릴 수 없는 것이다.

농업은 농민의 생업(生業)이다. 농민이 결코 자원봉사자(自願奉仕者)들이 아니므로 그들은 농사를 통하여 삶을 영위할 수 있어야 한다. 소농(小農) 일백 명을 이출(移出)시키고 대농(大農) 한 명을 이입(移入)시켜 국가대계인 농업을 존속시킬 수는 없다. 또는 소농 일백 명을 내몰고 하나의 골프장이나 리조트, 또는 자동화된 공장을 유치할 수도 없는 일이다.

그렇다고 지금 이대로 더욱 방치해 둔다면, 더 이상은 돌이킬 수 없을 만큼 벗어난 농업을 국가인들 어떻게 할 도리가 없을 것이다.

이호철은 "세계화하는 사정 속에서 농업의 진로는 추구되어야 한다. 그러나 각 나라와 지역의 농업적 특수성과 역사적인 발전단계상의 차이에서 유래하는 농업의 다양성(多樣性)과 지속성(持續性)은 반드시 존중되고 배려된 상태에서 양립되게 해야 한다." 따라서 "자연생태계를 보존하여 인간회복을 도모하려는 새로운 대안농업(代案農業)의 지혜만은 결코 바깥세상에서 배워 들여야 할 것이 아니라 오히려 자체의 역사적인 농업전통을 회복하는 지혜로 찾아야 할 것"이라 하였다.[323]

그리고 대략 200년 전쯤의 정조대왕 시절이나 조선왕조 말기쯤으로 생각을 되돌려 일본의 노농(老農)이었던 고시(古市與一郎)가 지론하였던바 "식물의 재배에는 천리(天理)에 종(從)하고 지리(地理)에 응(應)하며 천지(天地)의 화육(化育)에 따라 수확의 증대를 꾀하는 것이 농민의 직분(職分)이다. 직분만을 다하려 하기보다는 반드시 학리(學理: 서양론)를 연구하되 학리 위에 도리(道理: 동양론)가 있음을 알아야 한다. 천혜(天惠)·천성(天性)·천연(天然)에 감사하며, 모든 농법은 실증적(實證的)인 이해를 전제로 해야 한다"는 것이었다.

21세기 일본농학을 회복시킨 4대 요소로 ① 민간농법(民間農法), 즉 노장(老莊) 사상과 음양론(陰陽論) 및 고대 중국의 사상을 접용(接用)한 에도(江戶)시대의 농법을 꽃피우는 일, ② 토지에 상응(相應)하는 인과응보적(因果應報的) 원리를 인정하여 생태적·환경보존적 순환계를 존중하는 일, ③ 백성을 위한 전통적 백성학을 살려 천혜(天惠)를 감사히 받는 일, 그리고 ④ 과학적인 농학과 농민들의 지혜를 주객(主客)이 일치하도록 결합하여 일본농

---

323) 이호철(2004), 조선전기농법의 전통과 변화, 『농업사연구』 3-1: 25~48.

학을 회복하려는 새로운 자연관(自然觀)과 농업관(農業觀)을 수립하는 일을 설정하여야 한다고 하였다.[324]

중국의 경우, 중국 농민들에게는 유교를 바탕으로 하는 전통적 문화풍격(文化風格)이 있어서 가정적 가치관이나 가족주의·절대평등주의와 지역연고적인 향토관이 있는데, 정책·제도적으로 3농(농업·농촌·농민)에 대해 관심이 이탈됨으로써 전통문화와 사회경제발전의 상호관계가 불균형해졌으며, 이기주의를 수반하는 무조건적 집단주의(크다고 반드시 좋은 것은 아님)보다는 소농의식이 있는 평균주의의 공동체 회복이 바람직하다고 하였다.[325]

우리나라에는 우리 스스로가 자긍심을 가지고 지켜갈 수 있는 수많은 전통 기술적·문화적 요소가 있다. 우리 환경과 우리 백성에 알맞으면서 독특하게 개발된 우리의 역사적 가치들이다.

단군과 중국의 신농으로 이어지는 농본주의적 신화(神話)가 있고, 이를 현실적으로 실현 가능케 하였던 역사적 인물들이나 우리네 고대농서들이 즐비하다.

우리의 전통농사 기술로 독창적이며 재창출의 씨앗이 되는 것들로는 다모작(多毛作)기술·혼작법(混作法)·좌식(座式)의 소농한전집약농법(小農旱田集約農法)을 가능케 하였던 도구들로 가래·호미·낫·지게·농삿소 따위가 있다. 구덩이농법(區田法)과 다랑논에 친숙했고, 이모작·그루갈이·마른갈이·논밭윤환법이나 윤작을 우리식으로 해내는 작부법(作付法)이 있었으며, 온돌 아궁이에서 나오는 재와 분뇨를 기본적·생태적 거름자원으로 쓰고, 분수에 맞도록 소농을 경영하는 철학이 있었다.

뿐만 아니라, 전통적인 농업문화로서 하늘의 뜻을 받들고 음양오행의 순리에 따라 삶을 꾸려 가며, 우리네의 독창적인 발효적 먹을거리를 만들어 내었고, 이런 모두를 통하여 가족이나 씨족, 그리고 마을 단위의 집단을 이루며

---

324) 德永光俊(2006), 앞의 문헌
325) Zhou Xiao Qing(2003), Modern Agricultural Evolution in Change from the Farmer's Values. K. J. of Agric. History. 2-2: 163~179.

오순도순 상호 부조하는 즐거움으로 사는 삶의 문화를 이루었다.

서로 간의 경쟁을 통하여 약육강식하고 이렇게 적자(適者)가 되어 진화하는 것은 사람의 도리(道理)가 아니다. 결코 경쟁이란 하나의 법칙일 수 없다. 최선의 삶이란 상호 부조와 협력을 한 수단으로 하여 경쟁요소를 추방(Elimination of competition)해 감으로써 참다운 진화의 면목을 이루는 것이다. 중세기 길드에 의하여 그 위력을 보여 주었던 바와 같다.

오늘날 우리의 농업체계를 하루아침에 일백 년 전의 상태로 되돌릴 수는 없다. 그러나 오늘의 문제를 해소하고 새로운 길을 찾는 지혜를 찾는 일은 더 이상 지체할 수 없는 심각한 국면에 있다.

되돌려 농심과 농법을 회복하는 데 따르는 일차적인 희생의 몫은 삼농(농사 · 농촌 · 농민)에 이를 것이 자명하지만 갈 길이라면 가는 도리밖에 없다. 다만 농업은 생업이고 농민은 경제를 획득하는 직업인이다. 따라서 농업이 파국적 국가 사회를 전제할 수 없는 바라면 우리나라 모든 국민의 결심이 인류 진화의 최초 시원(始原)까지 거슬러 올라갈 수 있는 상호 부조를 실현하겠다는 데 있어야 한다. 그래서 우리네 윤리개념의 기운은 긍정적인 것임을 의심조차 할 수 없음을 알아야 한다. 우리네 백성들의 역사적 윤리발달 과정에서는 상호 부조하는 정신이 상호경쟁을 해소하여 주도적 역할을 하여 왔음을 알아야 한다.

오늘의 우리네 농업적 국면을 과감히 진화시키는 가능성은 윤리적 차원만이 최선의 보람책일 것이다.

4. 서둔벌의 근대농학 교육과 상록(常綠)정신

서둔벌 농학의 성립 배경

서둔벌이 자리하고 있는 수원은 지정학적으로 우리나라의 3남(南)인 충청·전라·경상을 연결하는 교통과 상업의 중심지이며, 풍수상으로는 "용이 날고 봉황이 춤추는 명당이다." 일찍이 반계(磻溪) 유성원(柳聲袁)이 국방상의 이유를 들어 "수원에 성을 쌓을 필요성"을 주장한 바도 있었던 곳이다.

18세기 후반 들어 38세의 정조가 효(孝)의 정치를 표방하고 스스로 앞장서서 사민(士民)의 뒷받침으로 황막하던 수원 벌판에 야심찬 백성의 나라를 건설하려 했던 곳이 곧 수원부(水原府)였다. 즉 종전의 양반국가를 뛰어넘어 백성을 포용하면서 외래의 기술문명을 접착시킴으로써 부강한 나라를 만들겠다는 국가근대화의 시도였던 것이다.

정조는 수원부를 유수부(留守府)로 승격시켜서 개성·강화·광주(廣州)와 함께 4유수체제를 확립하고 나라의 근본을 도덕성과 농업생산에 두도록 원칙을 정하였으며, 사색당쟁을 다스리기 위하여 남인들로부터는 왕권강화론과 중농사상(重農思想)을 수용하고 노론에게서는 이용후생론과 과학기술 및 상공업의 중요성을 받아들였다. 특히 정조가 가장 고심하며 중요성을 부여한 곳이 수원 유수부였고 농업생산을 진흥하기 위한 권농정치의 강화를 의도하였던 곳이다.

실제로, 정조는 1795년에 수원의 장안문 북쪽 들판에다 만석거(萬石渠)라는 수리시설을 축조하고 대유둔(大有屯), 일명 북둔(北屯)을 조성하였으며, 1796년에는 만안제(萬安堤: 현 안양시)를, 1798년에는 만년제(萬年堤: 현 화성시 안령리)를, 그리고 1799년에는 축만제(祝萬堤: 현 수원시 서둔동, 일명 西湖)를 축조하여 동서남북의 들판을 수리(水利)가 가능한 옥토로 만들었다. 서둔벌의 축만제는 232 석락(石落)을 파종하는 몽리답으로 개답되었고, 이곳 서둔(西屯)은 그 옆에 논 83섬 15말을 파종하는 서둔벌을 이른다. 이로써 서둔벌은 우리나라 굴지의 시범적인 농업도시 한가운데 위치하게 되어 백성들을 수탈하지 않고 유지되는 미래지향적 자급도시의 한 축으로 성립된 곳이었다.[1]

그러나 정조의 급서로 인하여 수원부 권농과 시범농업의 꿈은 중단되었고 한 세기에 걸친 형식적이며 지리멸렬한 농정(農政)과 사회혼란이 계속되었다. 비로소 1895년에 이르러 실용(實用)·근검(勤儉)·노작(勞作)을 지표로 하는 교육(敎育)의 필요성이 고종에 의하여 다음과 같은 칙서로 유고(諭告)되었다.[2]

> "世界의 形勢를 보건대 富强하고 先進한 諸國들은 國民이 모두 開明하였다. 무엇보다도 盧名과 實用을 分別하여야 할 것이다. 讀書 習字로 古人들의 찌꺼기나 줍고 時勢大局에 어두운 자는 비록 文章이 古今을 능가하는 자일지라도 쓸모없는 書生에 불과한 것이다. 이제 내가 앞날의 敎育이 지향할 바를 明示하여 盧名을 이에 버리고 實用을 이에 쓰게 하노니 뜻있는 자는 深察하라. 權儉과 勞作을 주장하고 怠情과 安逸을 貪하지 않으며 德養과 知養에 힘쓰고 事物의 理致를 알도록 힘써 앎을 끝까지 하라."

고종은 1899년에 다시 실과교육의 필요성에 대한 칙서를 내리게 되었는데 일부를 소개하면 다음과 같다.

---

1) 韓永愚(2005), 正租의 華城建設과 "華成城役義軌" 京畿道.
2) 李殷雄·李春寧(1976), 『水原農學七十年』 Ⅱ, 農商工學校의 創立과 農學의 胎動.

"學校를 設立하고 人材를 구함은 知見을 넓히고 進益을 求하며 物을 열어 業을 이루고 用을 이롭게 하여 생을 두텁게 하는 基本을 삼으려는 데 있다. 우리나라에 人材가 없는 것이 아니라 힘써 가르치는 이가 없었으므로 百姓들의 知見이 열리지 못하고 農桑工業이 일지 못하여 民産이 날로 줄고 國計도 날로 주니 진실로 한심스러운 일이다."

두 번째의 실업교육을 강조하는 고종의 칙서가 내리자 그때의 각료들은 비로소 실업교육을 위한 교육기관을 설립하였으니 바로 이것이 1899년의 상공학교였고(그림 14 참조) 다시 1904년 6월 8일에 농과를 증설하여 농상공학교로 창건되었으니 이것이 바로 농학교육 태동의 기반이 된 동시에 서울대학교 농과대학, 즉 농생명과학대학의 모체에 대한 설립 근거가 되었다(그림 14 참조).3)

이와 더불어 농과 실습을 위해 1905년 12월 29일 칙령 제60호로 '농상공학교 부속 농사시험장관제'를 발포하고, 그 실습농장을 뚝섬[纛島]에 설치하였다. 이때 한국정부가 농사시험장을 설립한 목적은 농상공학교에 부속하여 필요한 농사시험을 시행하려고 하였던 것이다. 또 나아가 이를 통하여 근대적

그림 14. 서울수진방 재용감(숙명여고 구내)의 최초 농상공학교 모습

3) 李殷雄・李春寧(1976), 앞의 책

농사기술을 도입하고자 하는 목적이었다. 이에 따라 농사시험장은 서울 동대문 밖 뚝섬에 480정보를 선정하고, 학생들의 실습을 겸하여 각종의 농사시험을 행하게 하였다.4)

그러나 1906년 통감부와 이사청(理事廳)의 관제를 발포하고 이토[伊藤博文] 통감이 부임하게 되었다. 통감은 조속한 조선의 경제력[富力] 증진상 농업의 개량발달을 도모코자 그 첫걸음으로 지도기관의 설치에 뜻을 가져 당시 동경제국대학 교수인 농학박사 혼다(本田幸介)로 하여금 조선 각지를 조사케 하였다. 이 결과에 따라 경기도 수원에 권업모범장을 설치하기로 결정하고 1906년 4월26일 칙령 제11호에 의거 통감부 권업모범장 관제가 발표되었다.5)

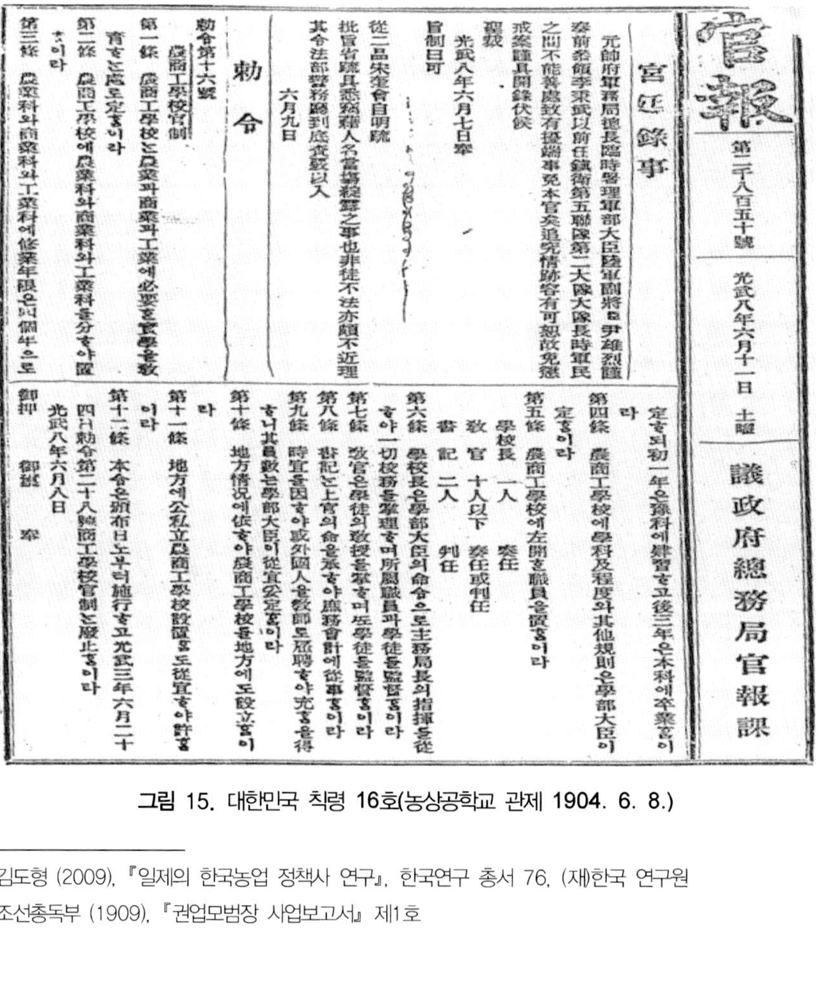
官報 第二千八百五十號 光武八年六月十一日 土曜 議政府總務局官報課

宮廷錄事

元帥府軍務局總長臨時署理軍部大臣陸軍副將 尹雄烈謹
奏前參領李秉武以前任鎮衛第五聯隊第二大隊大隊長時軍民之間不能善處致有援端事免本官矣追究情跡容有可恕故免懲戒案謹具開錄伏候
聖裁
光武八年六月七日奉
旨制曰可

從二品朱定會自明疏
批旨省疏具悉窮籍人名官爲變之事也非徒不法亦頗不近理其令法部覈務爾到底査鞫以入
六月九日

勅令

勅令第十六號
農商工學校官制
第一條 農商工學校는農業과商業과工業에必要혼實學을敎育호는處로定홈이라
第二條 農商工學校에農業科와商業科와工業科를分호야置홈이라
第三條 農業科와商業科와工業科에修業年限은四個年으로定호되初一年은豫科에肄習호고後三年은本科에卒業홈이라
第四條 農商工學校에學科及程度와其他規則은學部大臣이定홈이라
第五條 農商工學校에左開혼職員을置홈이라
學校長 一人 奏任
敎官 十人以下 奏任或判任
書記 二人 判任
第六條 學校長은學部大臣의命令을承호야主務局長의指揮를從호야一切校務를掌理호며所屬職員과學徒를監督홈이라
第七條 敎官은學徒의敎授를掌호며또學徒를監督홈이라
第八條 書記는上官의命을承호야庶務會計에從事홈이라
第九條 時宜를因호야或外國人을敎師로延聘호야充홈을得호니其員數는學部大臣이從宜定홈이라
第十條 地方情況에依호야農商工學校를地方에도設立홈이라
第十一條 地方에公私立農商工學校設置홈도從宜호야許홈이라
第十二條 本令은頒布日로부터施行호고光武三年六月二十四日勅令第二十八號商工學校官制는廢止홈이라
光武八年六月八日
御押 御璽 奉

그림 15. 대한민국 칙령 16호(농상공학교 관제 1904. 6. 8.)

4) 김도형 (2009), 『일제의 한국농업 정책사 연구』, 한국연구 총서 76, (재)한국 연구원

5) 조선총독부 (1909), 『권업모범장 사업보고서』 제1호

대한제국 정부가 주도하는 농사모범장 설치 노력이 좌절된 이후 일제의 통감부는 1906년 4월 '권업모범장관제(勸業模範場官制)'를 발포하고, 6월 15일 경기도 수원에 권업모범장을 개설하였다.

통감부시기에 창설된 권업모범장의 규모는 총면적 87여 정보, 그중 밭 28정보는 민유지이고, 논 59정보는 궁내부(宮內府) 소속지를 임차한 것이며 민유지(民有地)를 매수한 것이다. 1906년 10월 정리사업의 설계를 마치고, 11월 2일 공사에 착수하였다. 이어서 신축공사를 하고 수원정거장으로부터 권업모범장에 이르는 도로 및 논밭 27정보에 경지정리사업을 하는 등 1906년 말까지 시설과 설비를 완성하였다.

권업모범장에 대한 공사가 진행되던 1906년 10월 26일 한국정부에서는 권업모범장을 이양해 줄 것을 통감부에 조회(照會)하였다. 이러한 요구에 따라 그 해 11월 통감부는 종래 경영방침을 변경하지 않겠다는 등의 여러 조건을 붙여 한국정부에 이양하였다.

권업모범장을 이양받고 3월 22일 한국정부의 '권업모범장관제'가 황제의 재가를 얻어 공포되었다.[6]

때를 같이하여 1906년 8월 27일 대한제국 칙령 16호(농상공부소관농림학교 관제)로서 농상공학교의 공과(工科)는 "경성공업전수학교"로 분리되었고, 특히 "농림학교"는 이듬해인 1907년에 교사를 수원의 신축지로 옮겨서 오늘의 서울대학교 농생명과학대학 전신으로 태어나게 되었다.[7][8]

6) 김도형(2009), 앞의 책.

7) 장권열 · 강재혁(1989), 『농업교육사』, 경상대학교.

8) 구자옥 · 이도진(2008), 대한제국과 일제하 농업교육조직, 『한국농업근현대사』 4권: 219.

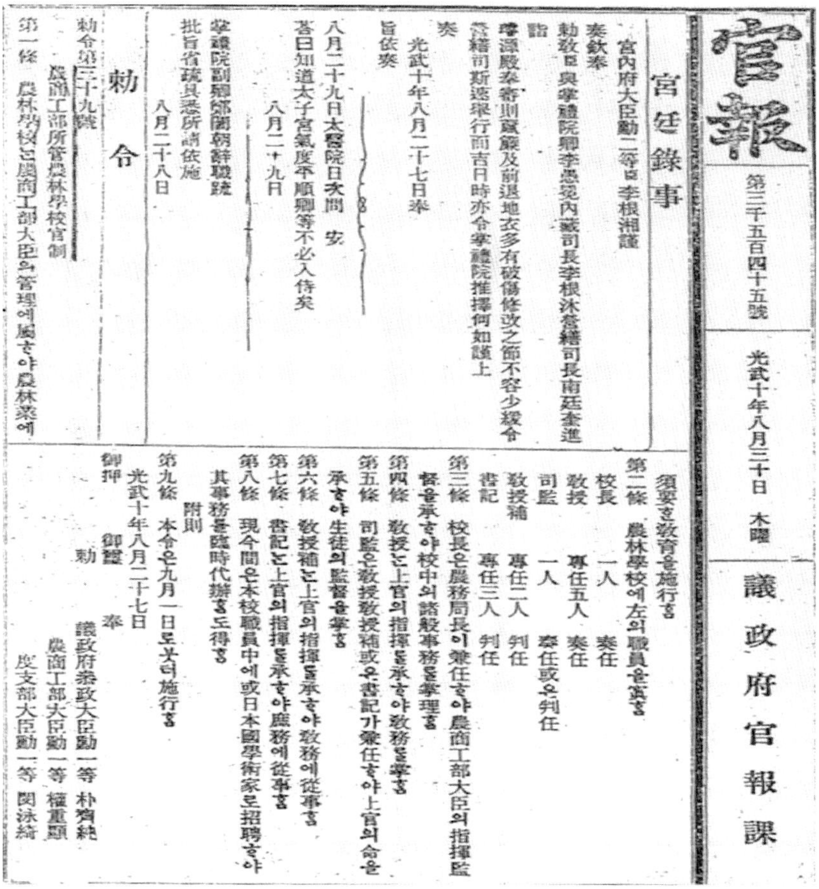
官報

第三千五百四十五號

光武十年八月三十日 木曜

議政府官報課

宮廷錄事

宮內府大臣勳二等臣李根湘謹

奏欽奉

勅敎臣與掌禮院卿李愚冕內藏司長李根沐奎章院典祀長南廷奎進

詣

璿源殿奉審則寢簾及前退地衣多有破傷修改之節不容少緩令

奎籍司斯速擧行而吉日時亦令掌禮院推擇何如謹上

奏

光武十年八月二十七日奉

旨依奏

八月二十九日太醫院日次問 安

答曰知道太子宮氣度平順卿等不必入侍矣

八月二十九日

掌禮院副卿鄭閣朝辭職䟽

批旨省䟽具悉所請依施

八月二十八日

勅令

勅令第三十九號

農商工部所管農林學校官制

第一條 農林學校는農商工部大臣의管理에屬ᄒᆞ야農林業에

須要ᄒᆞᆫ敎育을施行ᄒᆞᆷ

第二條 農林學校에左의職員을寘ᄒᆞᆷ

校長 一人 奏任

敎授 專任五人 奏任

司監 一人 奏任或은判任

敎授補 專任二人 判任

書記 專任三人 判任

第三條 校長은農務局長이兼任ᄒᆞ야農商工部大臣의指揮監督을承ᄒᆞ야校中의諸般事務를掌理ᄒᆞᆷ

第四條 敎授ᄂᆞᆫ上官의指揮를承ᄒᆞ야敎務를掌ᄒᆞᆷ

第五條 司監은敎授敎授補或은書記가兼任ᄒᆞ야上官의命을承ᄒᆞ야生徒의監督을掌ᄒᆞᆷ

第六條 敎授補ᄂᆞᆫ上官의指揮를承ᄒᆞ야敎務에從事ᄒᆞᆷ

第七條 書記ᄂᆞᆫ上官의指揮를承ᄒᆞ야庶務에從事ᄒᆞᆷ

第八條 現今間은本校職員中에或日本國學術家로招聘ᄒᆞ야其事務를臨時代辦ᄒᆞᆷ도得ᄒᆞᆷ

附則

第九條 本令은九月一日로봇터施行ᄒᆞᆷ

光武十年八月二十七日

御押 御璽 奉

勅 議政府參政大臣勳一等 朴齊純

農商工部大臣勳一等 權重顯

度支部大臣勳一等 閔泳綺

그림 16. 1906년 8월 27일 대한제국 칙령 39호(농상공부소관농림학교 관제)

대한제국 서둔벌의 농업교육

대한제국의 뜻이 실려 개설되었던 "상공학교"(1899. 6. 24. 개설) · "농상공학교"(1904. 6. 8. 개설)는 짧은 뚝섬의 인연을 끝으로 일생을 마치고(1907. 3. 26. 칙령 제14로), "농림학교"로 개편되어 수원의 서둔벌에 자리하게 되었다.

수원의 농림학교는 수업연한을 본과 3년과 연구과 1년의 4년으로 하고 본과에 80명, 연구과에 40명의 학생을 두었으나 속성과의 정원은 일정치 않았다. 1년 3학기로 편성하여 본과에서는 농학대의(農學大意)·토양과 비료·작물·축산·양잠·농산제조·임학대의(林學大意)·조림학 등을 가르쳤고, 연구과에서는 토양학·비료학·식물병리학과 작물병해충·축산학·양잠과 제사·농산제조학·농정학 등을 가르쳤다.

농림학교의 교직원은 교장 1인과 전임교수 5인, 교수보 2인, 사감 1인, 서기 2인이었으며, 교장은 농상공부 농무국장이 겸임토록 하였으나, 초대 서병숙, 2대 정진홍 교장을 끝으로 이 제도는 1908년 1월 1일의 농림학교 관제개정[9]에 의하여 폐지되고 혼다 고노스케 권업모범장이 신제 농림학교의 초대교장으로 겸직토록 처리했다.

당시의 학생은 전원 관비에 의하여 교육받고[10], 주로 기숙사비·제복비·실습복비·수학여행비·학용품비 등으로 충당되었다. 연구과의 경우에는 본과를 졸업한 자에 한하여 1년 과정으로 더 깊은 전문연구를 할 수 있도록 한 과정이며 속성과는 당시 농촌에서 당장 요구되는 기술자를 양성·배출하기 위하여 1906년 10월부터 학생을 모집하였던 과정으로서 1907년 4월에 12명의 첫 졸업생을 배출시켰다.

한국중앙농회보 제2권 제10호에 실린 "황제행차[皇帝行次]"라는 기사에 의하면, 1908년 10월 2일에 한국 황제가 수원 권업모범장을 방문하는 도중에 잠시 농림학교 부근에서 멈추고 이교영 칙사를 통하여 별도의 칙지를 내려 농림학교의 교육에 대한 깊은 애정과 기대를 표명하는 동시에 일금 일백오십원을 학교에 하사하였다고 한다.

---

9) 구한국관보(1908. 1. 13.) 칙령 제79호.

10) 매월 1인당 5원이었으나 1908. 3월의 관제개정에 의하여 6원으로 인상됨

<표 5> 농림학교 본과 교과과정 및 주별 수업시간표[1]

교과목	1학년		2학년		계
	시간 수	과정	시간 수	과정	
수신	1		1	대수·기하·측량	2
일어	6		4		10
수학	3	필산(筆算)·주산(珠算)	3		6
이학 및 기상	3	물리·화학·기상	—		3
박물	3	동물·식물	—		3
농학대의	2		1		3
토양 및 비료	—		2		2
작물	2	작물재배	2	작물재배·원예	4
축산	—		1		1
양잠	1		1		2
농산제조	—		1		1
임학대의	3		1		4
조림학	—		3		3
수의학대의	—		3		3
경제 및 법규	—		1		1
계	24		24		48
실습		무정시(無定時)		무정시(無定時)	

<표 6> 농림학교 연구과(농학전공) 교과과정 및 주별 수업시간표

교과목	시간 수	교과목	시간 수
토양학	2	비료학	4
식물생리학 및 작물병해충	3	축산학	3
농산제조학	1	양잠 및 제사	3
농정학	2		
실습	무정시	계	18

1909년 6월에는 농림학교 규칙을 개정하였다.[11] 주요 개정 내용은 수업연한을 2년에서 3년으로 연장하고 교과목과 주당 수업시수를 늘렸을 뿐만 아니라 본과의 학생정원도 80명에서 120명으로 증원하는 것이었다.

---

11) 農商工部令 第2號 官報 (1909. 6. 3).

또한 입학자격도 보통학교 졸업 이상의 학력조건이 새롭게 부가되었고 학비를 지급받는 기간의 2배 기간을 의무적인 복무기간으로 설정하였다. 특히 학업성적이 우수한 학생은 표창하는 한편으로 학교의 풍기를 문란케 하는 학생은 징계하는 규정 등을 신설한 것이었다. 이와 같이 1909년에 이르러 농림학교 규칙의 개정에 의하여 종전보다 질적이거나 양적인 면에서 농림학교 교육이 한 단계 높아지도록 향상될 수 있었을 것으로 추정된다.[12)]

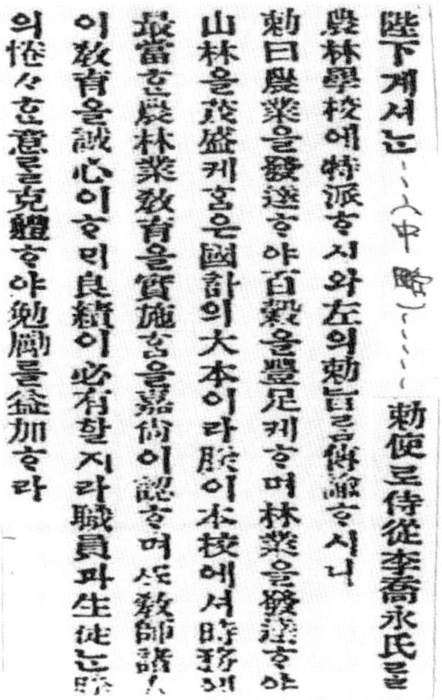
陛下게서는、、(中略)、、、、勅使로侍從李喬永氏를
農林學校에特派ᄒᆞ시와左의勅旨를傳諭ᄒᆞ시니
勅曰農業을發達ᄒᆞ야百穀을豐足케ᄒᆞ며林業을發達ᄒᆞ야
山林을茂盛케ᄒᆞᆷ은國計의大本이라朕이本校에서時務에
最當ᄒᆞᆫ農林業教育을實施ᄒᆞᆷ을嘉尙이認ᄒᆞ며또教師諸人
이教育을誠心이ᄒᆞ미良績이必有할지라職員과生徒는時
의惓々ᄒᆞᆫ意를克體ᄒᆞ야勉勵를益加ᄒᆞ라

그림 17. 순종황제의 칙서 기사(1908. 10. 2.)

일제강점기의 농업교육

일제강점기를 통한 당시 사정을 살피건대, 농업적 측면에서는 한 마디로 식민지 한반도가 일제에게는 최적의 식량 공급기지였기 때문에 1910년에는 수탈이나 착취를 위한 토지조사사업을 펼쳤고, 1920년대에는 산미증식 계획을 현실화하였으며, 1930년대 이후 광복기까지는 전쟁준비와 식량조달을 위한 병참기지화함으로써 "남면북양(南綿北羊)" 정책을 통하여 중일전쟁을 지원하는 인적 · 물적인 "국가총동원"정책, 그리고 1941년 이후의 태평양 전쟁을 지원하는 "공출 · 정벌" 정책이 이어졌다.

이와 같은 시대 상황 속에서 1923년 1월, 서울에서는 조선물산장려회가 전

12) 洪德昌(1988). 大韓帝國時代의 實業教育에 관한 研究. 中央大學校 博士學立論文.

국적 조직체로 탄생되어 "조선인은 조선에서 만든 것을 입고, 먹고, 쓰자"는 구호 아래 민족자본 육성을 위한 민족운동이 전개되었다. 이네들의 궐기문은 다음과 같은 것이었다.[13)

> "내 살림 내 것으로!
> 보아라. 우리의 먹고 입고 쓰는 것이 거의 다 우리의 손으로 만든 것이 아니었다.
> 이것이 세상에 제일 무섭고 지극한 일인 줄을 오늘에야 우리는 깨달았다.
> 피가 있고 눈물이 있는 형제자매들아! 우리가 서로 의지하며 살고 볼 일이다.
> 입어라. 조선 사람이 짠 것을!
> 먹어라. 조선 사람이 만든 것을!
> 써라. 조선 사람이 지은 것을!
> 조선 사람! 조선의 것!"

이 일에 앞서서, 대한제국의 농림학교는 39명의 졸업생을 배출하고 1907년 1월 부임한 2대 교장 정진홍 농무국장을 해임한 다음 권업모범장장인 혼다 고노스케(本田幸介)를 신제 초대교장으로 부임시켰다.

이로써 1909년의 학교규칙개정 및 1910년의 한일합방과 더불어 "조선총독부 권업모범장"의 개칭과 "조선총독부 농림학교"의 개칭이 이루어졌다.

당시의 학생 실정을 코바야카와(小早川九郎)[14)와 서울대(1976년)의 『수원농학 70년』[15)에서 근거하여 기술하면 다음과 같다.

학생의 입학자격은 4년제나 3년제 보통학교 졸업자로 하고, 교유(敎諭)로 불렀으며, 교육내용은 큰 변경을 가하지 않았으나 학내행사는 우리 고유의 것이 아닌 일본의 것으로 바꾸었다.

특히 초창기의 학교로서 웃지 못할 애환이 많았던 점은, 학생들이 소수의 선발된 자격자였지만 나이의 차이나 학력의 차이가 극심했으며, 제1회 본과의 경우는 입학생 33명 가운데 21명이 상투를 틀고 있는 기혼자로서 단발령이

---

13) 구자옥·이도진(2008), 앞의 책
14) 小早川九郎(1944), 『朝鮮農業發達史』(政策編).
15) 서울大學校 農科大學(1976), 『水原農學 七十年』.

내리자 이들의 저항이 완강하였다. 때문에 학생들을 예고 없이 교실에 몰아넣고 문을 잠근 다음 교관이 강제로 삭발할 수밖에 없었다고 한다.

또 다른 문제는 일본교관의 강의가 언어문제로 소통되지 않아서 특히 생소하던 자연과학의 교실에 임기응변적 통역이 있는 경우도 있었으나 대체로는 손짓 발짓을 동원하는 경우가 허다하여서 실제의 학생들 교육성과는 낮을 수밖에 없었다고 한다.

입시과정에서도, 우선적으로 일어·한문·수학을 통하여 50여 명을 선발하고, 다시 2차 시험에서 29명을 선발하는 따위의 복잡한 절차를 거쳤지만, 대리시험과 부정행위에 속수무책이었다고 한다.

그러나 3년 과정을 졸업한 다음에는 관립고등보통학교 졸업자와 대등한 자

〈표 7〉 조선총독부 농림학교 본과 교과과정(1910년)

과목 \ 학년	주당시간	1학년	주당시간	2학년	주당시간	3학년
수 신	1	인륜도덕	1	좌동	1	좌동
국 어	6	독서, 작문, 회화, 서취	6	좌동	5	좌동
수 학	3	수학	–	–	–	–
이 과	2	물리, 화학	1	무상	–	–
박 물	3	동물, 식물, 광물	1	인체생리	–	–
토양학	2	토양학	–	–	–	–
토지개량학	–	–	1	토지개량론	–	–
비료학	–	–	2	비료학	1	좌동
도구론	3	농구론	–	–	–	–
작물론	3	보통 작물론	3	원예작물론	2	공예작물론
축산학	–		1	축산학	2	
잠사학	1	잠체해부 및	1	사육법 잠체병리	1	재상법, 제사법
농산구조학		생리사육법	–	제종법	2	농산제조학
작물병충학	1		2	–	2	작물병리학
임학통론	1	작물해충학	–	좌동	–	–
삼림생산학	2	임학통론	4	–	1	조림학
		조림학, 보호학		조림, 이용학		
삼림경영학	–	–	–	임산제조학	3	측수학, 경리학 임가산법
수의학대의	–	–	2	–	–	
측 량	–	–	2	수의학대의	3	좌동
경제법규	–	–	–	측량	2	경제 및 법규
계	26		27		25	
실습	부정시		부정시		부정시	

격을 주어 판임문관(判任文官) 자격을 주었고, 1913년 이후에는 조건을 강화하여 견습시험 합격과 1년 이상의 행정사무 견습과정을 이행토록 하였다.

또한 이전의 대한제국 농상공학교 때부터 지급되던 급비제(給費制)를 폐지하려는 의도로 1914년부터 지원자의 자격에 전답 2정보 이상을 소유한 집안의 자제라야 한다는 제한을 함으로써 지원제의 마지막 해였던 1915년에는 602명이나 지원하는 쇄도현상이 있었다. 그러나 합격자는 고작 7%인 40명에 그쳤다. 일제는 지원자가 얼마든지 많기 때문에 학자금지원제를 폐지한다고 기록하고 있으나[6] 그 이듬해인 1916년의 입학시험 응시자는 모집자 189명 가운데 140명에 지나지 않았다[7].

당시의 사정을 장면(張勉) 박사의 회고로 참고하면,[18]

"농림학교를 지원하는 수험날이 되어 수원에 가 보니 불과 40여 명밖에 안 뽑는다는데 지원자는 무려 수백 명이 운집하여 굉장하였다. 우리 수험생들은 고등촌 작은 마을에서 자게 되었는데 수백여 명이 갑자기 모여들었으니 집집마다 방이 차고 한 칸 방에도 7~8명씩 끼어 자게 되었다. 나는 한 칸 방의 8명에 끼어 자게 되었는데 이들 모두가 20대 장정들이라서 담배 연기가 방에 가득하였고, 아직 쌀쌀한 날씨인데도 불도 안 때 주는 실정에서 고성잡담은 밤새도록 그칠 줄을 몰랐다. 나는 한 밤을 뜬 눈으로 새우다시피 하고 이튿날 학과시험을 치르러 갔다. …… 중략 …… 그때는(입학 후) 전교생에게 관비(官費)로 5원씩 매달 지급해 주었는데 당시의 물가는 지금의 학생들이 상상하기도 어려울 정도로 값싸서 5원을 받으면 기숙사비 3원 50전을 제한 1원 50전만으로도 용돈을 쓰게 되니 절약만 한다면 넉넉히 지낼 수 있었다. …… 중략 …… 지금 학생들은 다른 학교와 마찬가지로 여름방학을 즐길 수 있는 모양이지만 그때의 우리는 여름방학이란 게 거의 없었고, 여름철이면 실습으로 농작물을 가꾸기에 더 한층 바쁘고 힘들었다. …… 후략 ……."

한편으로, 조선의 젊은이들을 방치하면 항일투쟁이나 조선독립운동에 빠지고 게으르게 노는 경향이 있거나 실업을 무시하며 비분강개하는 성격자가 양산되기 때문에 교육입국의 식민정책이 필요하다거나[9] 조선경제의 부흥을 위

---

16) 小早川九郎(1944), 『朝鮮農業發達史』(政策編).

17) 서울대학교 농과대학(1976), 『水原農學 七十年』.

18) 張勉 박사는 대한민국 부통령과 국무총리를 역임함. 당시 1915년도 입학생이었음.

한 교육의 양질화를 부르짖으면서 교장이었던 혼다(本田) 박사[20]는 "조선에 보통학교 이상의 수준급 농림학교가 있어서 응용시험을 맡는 권업모범장에 쌍벽을 이루는 응용학문의 전당을 이룰 필요가 있음"을 역설하였다.

일본의 전문학교나 대학에 상응하는 고차원의 학교 설립이 당시의 조선에 있어야 하며, 또한 농림학교의 수준을 격상시켜서 고등교육의 임무를 수행하는 동시에 당시 졸업생의 현실적인 진로확대와 향상을 기하게 해야 한다는 점은 당시 조선인 사회에서도 요구가 강력한 실정이었다.

이와 같은 상황 속에서, 일제는 공립농업학교가 15개로, 공립 간이농업학교가 57개로 늘어난 추세에 맞도록 조선의 고등전문적 학술을 연마하여 농업지도자로 나설 많은 인력을 양성시킨다는 목적으로 1917년 3월에는 총독부령인 "조선총독부 농림학교 전문과 규정"을 발표하게 되었다. 농림학교에 전문과를 설치하고 수업연한을 3개년으로 하며, 중학교나 고등보통학교 졸업자에 상응하는 자제들을 수용한다는 것이었다. 즉 사회적 요구에 부응하여 애당초에는 농림학교의 조직을 변경하여 농림전문학교를 개설할 계획을 제출하였고 제국의회는 이미 개선조치로 1918년에 "조선총독부 전문학교 관제"를 공포하였으며, "조선총독부 농림전문학교"는 이 결과로 당년 4월 15일에 개교식을 거치면서 실현된 것이었다.[21]

1918년 4월 5일에 전문과 학생의 입학식이 거행되었을 당시에 전체 응시자 143명 가운데 일본인이 7명이었다. 이렇게 농림전문학교는 일본인과의 공학제가 되었다.[22]

1918년에 "농림학교"를 "농림전문학교"로 승격시켜 4월 15일 오전 10시에 역사적인 개교식을 거행한 일은 비록 동상이몽이긴 했지만 일제의 의도와 조

---

19) 俵孫一(1910), 韓國實業學校の施設, 韓國中央農會報 4-2: 1~3.

20) 本田幸介(1914), 農業敎育者の責務, 韓國中央農會報 9-1: 1117.

21) 1918년 3월 30일 勅令 제648호: "朝鮮總督府專門學校" 공포.

22) 서울대학교 농과대학(1976), 『水原農學七十年』.

선인의 요구 사이에 맞아 떨어진 목표이기도 했다. 조선의 일개 전문학교 개교식이었음에도 불구하고 당시의 나카야카와(長谷川) 총독을 비롯한 이완용(李完用) 조선농회 회두, 이상택(李相澤) 자작, 카와우에(川上) 동양척식대표 등이 참석하여 축사를 하였다. 이는 농림전문학교의 개교가 대내적으로 농업생산의 기반조성을 위한 제2단계의 시발점에 서게 되었음을 알리는 것이었기 때문이었다.

농림전문학교는 개교와 동시에 권업모범장 소관에서 총독부 학무국으로 이관되었지만 교장은 그대로 유임되었으며, 기존의 졸업학년 학생을 졸업시키기 위한 1년간의 농림학교과정을 부치고, 신입생을 새로 뽑았다.

학교 자체가 승격되었으나 교육환경과 공간은 그대로 승계되었으므로, 비록 인근에 권업모범장과 잠업시험소가 있었다고 하더라도 부족한 것이 태반이었다. 새로워진 시설은 1918년에 개관한 일본인 학생을 위한 기숙사(虹寮, 西寮) 1동, 1921년에 운동장을 없애고 세워진 동식물 실험실 97평, 화학실험실 99평을 위시한 양잠실 · 부장(釜場) · 돈사 · 계사 및 빙고(氷庫) 등을 들 수 있다. 이로써 각 교실과 실험실 · 준비실에 강당 · 교장실 · 사무실 · 표본실 · 제도실과 농장 시설물 · 기숙사 · 관사 등의 32동 건물들이 세워졌다.

교지도 약 24정보로서 4정보에 달하는 시설 · 건물 부지와 기타 20정보에 이르는 학습 · 실습원이 갖추어졌으며, 면적이 큰 연습림은 별도로 1919년도에 전북도에서 국유림 2,916정보를 인수받고 민유지 4정보를 매수하여 산림 묘목을 생산하고 학생들의 임업실습에 공여할 수 있었다.[23]

학사의 체계는 전문학교 수준의 틀을 갖추어서 기초과목으로서 어학(일어 · 한문 · 영어 · 조선어), 수학(대수 · 기하 · 삼각 · 미적분), 물리학 · 기상학 · 화학(유무기학)과 제조 등을 이수케 하였고, 전문과목으로는 다음 <표 10>에 나타낸 바와 같이 세분된 과목을 이수케 하였다.

---

23) 全北 全州郡 所陽面 大光里 소재의 成鳳山 국유림 2,916 정보 7단 7묘의 크기였음.

<표 8> 농림전문학교 학년별 교과목 및 주당 전후학기 통산) 수업 사수

교과목	1학년 시간수	1학년 과정	2학년 시간수	2학년 과정	3학년 시간수	3학년 과정
수신	2	수신요지	2	좌동	2	좌동
국어	4	독, 해석, 화학	4	좌동	4	좌동
조선어	4	서취, 암송, 작문	4	좌동	4	좌동
영어	(6)	영어	(4)	좌동	(4)	좌동
수학	8	실용수학				
물리학 및 기상	6	물리				
화학	6	무기화학	4	유기화학		
작물	4	작물통론 및 보통작물	4	보통작물	4	보통작물 및 특용작물
원예			2	범론	4	채소
비료			4	범론 및 각론		
축산			2	범론	4	각론
잠사	4	재상 및 사육	4	잠체해부, 생리, 원리	2	제종 및 제사
농업공학					4	농구, 토지개량
농업경제 및 법규	4				4	농업경제
					4	조림각론
조림 및 삼림보호	4	조림범론	6	조림각론 및 삼림보호		
삼림수학 및 삼림경리			4	삼림수학	4	삼림경리
삼림이용 및 임산제조	2	측량 및 제도	4		6	삼림이용, 임산제조
	2	지질	4	좌동		
측량 및 제도				토양		
지질 및 토양	4	식물	4		4	발효화학
농산제조	4	동물	4	식물병리		
식물 및 식물병리				곤충	2	물리, 생리화학
동물 및 곤충					2	가축사양학
식물생리화학					2	세균학
가축사양학	38		38		38	
세균학	2	체조 교련	2		2	
실습 및 실험				좌동		좌동
체조						
계	90 (6)		92 (4)		92 (4)	

이와 같은 원칙과 환경 속에서 우리나라 농학의 최고 교육기관으로서의 농림전문학교가 취택하였던 교육요강은 대략 다음의 다섯 가지로 말할 수 있다.

첫째, 전문교육을 통하여 농림업 개발에서 요구되는 기술자와 교육자를 양성하는 데 목적을 둔다.

둘째, 국가 부강을 좌우할 각종 산업의 원천으로서 농림업을 새로운 학리와 기능 적용으로 개량 · 진보케 한다.

셋째, 가르치는 데 있어 이상에 치우치지 않는 학리에 기초하고, 항상 기예(능)의 습득과 실제 체험을 중시하여 실리실익을 도모케 한다.

넷째, 농업에 충실 · 검소한 자세로 임하도록 교육시켜서 건실한 실업가의 소질을 함양시킨다.

다섯째, 고등학술과 기능을 교육받는 학생으로서 본분에 맞는 행실로 자중하고 국민의 모범이 되게 한다.

재학생에게는 징집유예의 특전(징병령 제13조 의거)이 있고, 학년별로 우수 · 우량한 학생을 특대생(特待生)으로 뽑아 장려금을 지급하였으며, 실습에 따르는 여비보조를 하는 경우가 많았다.

전문학교 졸업자에게는 1918년 문무성고시 제208호 문관임용령(文官任用令)에 의하여 판임문관(判任文官) 임용자격을 주었다.

첫 졸업생 18명이 1920년 3월25일에 1회 졸업생의 자격으로 배출되었다. 한인 11명에 일인 7명이었으며, 농업종사 4명, 회사원 5명, 관리 7명으로 취업자가 많았고, 2회 졸업생은 한국인 5명, 일본인 4명의 총 9명으로서 실업 2명, 회사 2명, 관리 4명으로 나뉘어 진출하였다.

학교 정원은 학년별로 40여 명씩이었으나 실제의 2학년생은 14명(한인 5명, 일인 9명)으로서 전교생도 69명에 지나지 않았는데 아마도 1919년의 기미만세사건이나 고종황제 국장에 영향되었던 것으로 보인다.

이런 상황 속에서 교육은 안정을 찾지 못하고, 입시생이나 재학생들이 줄어들며, 헌병과 순사들의 감시와 경계태세는 언제나 강화되고 있었다. 당시는 1918년부터 1926년 사이에 추진되던 제1차 산미증식계획의 수행기관이 곧 농림전문학교이었으며, 진정한 농업교육에 의한 지도층의 투입이 없거나 통찰에 의한 경찰력의 강요만으로는 결코 달성할 수 없다는 점을 일제는 너무나도 잘 파악하고 있었다.

　조선의 교육령을 전면적으로 재검토하고 수정 · 정리하여 개정할 필요가 있었고, 바로 그 때가 온 것이었다. 1922년 3월 31일부터 칙령(勅令) 제151호로 "개정조선교육령"을 발포하고, 농림전문학교를 "조선총독부 고등농림학교"로 개칭하여 새롭게 문을 열었다.

　"조선교육령"의 전면적인 개정과 함께 "고등농림학교"가 개명 · 개교케 된 것은 당시 총독들의 식민정책사상과 일제에 항거하는 불온운동(삼일만세사건이나 고종황제 국장, 또는 각급 학교에서 은밀하게 결성되어 자라나는 불온그룹의 싹)을 미연에 방지하고, 제1차 산미증식계획을 완수하려는 의도에 따라 불가피하게 취해진 조치였을 것이다. 일본의 수많은 식자층들도 결코 조선을 총칼의 강권력으로 다스려서는 안 되며, 문화적 회유책과 고급두뇌의 개발을 위한 상위층 교육기관을 개설하는 일 따위를 비판 내지는 건의하고 있었다. 그간에 엄청난 숫자로 불어난 각급 학교들과 여기에서 수행되어야 할 실업교육, 특히 농업교육을 담당하고 가르쳐야 할 지도자가 공급되지 못하고 있었던 터이었다.

　입학자격은 5년제 고등보통학교 또는 중학교 졸업자로 하고, 종래에는 단과제였으나 개교와 더불어 농학과 및 임학과의 2과로 나누어 모집하였다. 원래관비학교였던 것을 자비학교로 바꾼 이래 학생수가 매우 줄었으며, 별수 없이보결생까지 뽑아서 농학과 25명에 특과 5명, 그리고 임학과 17명에 특과 5명을 보탠 총 52명의 학생으로 학교가 출범된 것이었다.

　학교 초창기에는 한국인 위주의 학교였으나 점차 일본인 학생의 비율이 커져서 한인과 일인의 구성비율은 25~40%:60~75%에 머물렀다. 이러한 숫자는곧 조선에서 필요한 농림업 관련의 지도층 인력을 한국인보다 일본인들이 많게 차지할 수밖에 없었음을 뜻하는 것이기도 하였다.

　실제로 졸업생에게 조선의 사립학교 교원자격증을 주었기에 졸업생 가운데 농학과 출신은 사립의 고등보통학교나 여자고등보통학교의 동물·식물·화학·농업을, 농특과 출신은 농업·식물·수학을, 임특과 출신은 동물·식물의 교원자격을 받았고, 이전의 농림학교 졸업자는 보통학교 4학년급 이하의 교원자격을 받았다.

1922년 2월의 조선교육령으로 전문학교 졸업자는 문관임용령(文官任用令) 제6조 제1호에 따라 판임문관(判任文官)의 자격이 인정되었고, 1925년 3월 19일에는 고등농림학교가 무시험검정학교로 지정되어 졸업생은 무시험으로 중등학교 농학과에 한한 교원 자격을 받았다.

당시에 농학과와 임학과에 개설하였던 교과목과 과목별 배정시수를 살펴보면 다음과 같았다.

〈표 9〉 한인과 일본인 졸업생 비율

연도		농학과	임학과	계	비율(%)	연도		농학과	입학과	계	비율(%)
1923	한	6	–	6	43			–			
	일	8	–	8	57	–		–			
1924	한	16	–	16	53	1934	한	9	8	17	29
	일	14	–	14	47		일	27	14	41	71
1925	한	7	15	22	37	1935	한	9	–	–	–
	일	21	16	37	63		일	28	17	45	–
1926	한	12	3	15	31	1936	한	9	–	–	–
	일	19	14	33	69		일	28	19	47	–
1927	한	10	6	16	29	1937	한	8	6	14	24
	일	22	17	39	71		일	29	14	43	76
1928	한	18	8	26	48	1938	한	13	4	17	27
	일	15	13	28	52		일	25	20	45	73
1929	한	7	6	13	33	1939	한	14	9	23	39
	일	14	13	27	67		일	23	12	35	61
1930	한	16	4	20	41	1940	한	11	6	17	29
	일	17	12	29	59		일	28	14	42	71
1931	한	13	4	17	37	1941	한	12	3	15	27
	일	16	13	29	63		일	23	18	41	73
1932	한	14	6	20	35	1942	한	11	5	16	29
	일	22	15	37	65		일	26	13	39	71
1933	한	10	10	20	33	1943	한	10	7	17	28
	일	21	19	40	67		일	23	20	43	72
전문학교						전문학교					
1944	한	12	4	16	25	1945	한	9	5	14	31
	일	33	16	49	75		일	19	12	31	69

<표 10> 고등농림학교의 교과목 일람(1928)

① 농학과

학과목 \ 학년 매주교수시수	1학년		2학년		3학년	
	전학기	후학기	전학기	후학기	전학기	후학기
수신	1	1	1	1	1	1
국어	3	3	2	2	–	–
영어	4	4	3	3	2	2
물리학 및 기상학	2	2	–	–	–	–
화학	3	3	1	–	–	–
동물학 및 곤충학	2	2	2	2	–	–
식물학 및 식물병리학	3	3	2	2	–	–
지질학 및 토양학	3	3	–	–	–	–
비료학	–	–	2	2	–	–
농구론	1	1	–	–	–	–
농업공학	–	–	2	2	2	1
작물학 및 육종학	2	2	2	2	2	2
원예학	–	–	2	2	2	2
양잠학	2	2	2	2	–	–
축산학	–	–	2	2	2	2
실험유전학	–	–	2	–	–	–
농산제조학	–	–	–	–	2	2
법학통론	–	–	–	–	2	2
경제학	–	–	2	2	–	–
농학경영학	–	–	–	–	2	2
농정학	–	–	–	–	2	2
체조	3	3	3	3	3	3
(세균학)	–	–	–	–	(1)	(1)
(생리화학)	–	–	–	–	(2)	(2)
(가축사양학)	–	–	–	–	(2)	(2)
(수의학대의)	–	–	–	–	(1)	(1)
(임학대의)	–	–	–	–	(2)	(2)
(식민학)	–	–	–	–	–	(2)
(교육학)	–	–	–	–	(1)	(1)
(행정법대의)	–	–	–	–	(1)	(1)
(독일어)	–	–	–	–	(4)	(4)
(토지개량학)	–	–	(1)	(4)	(8)	(8)
(수학)	–	–	(1)	(1)	–	–
계	29	29	30(2)	27(5)	22(22)	21(24)
실험 및 실습횟수	4	4	4	4	4	4

② 임학과

학과목 \ 학년	1학년 전학기	1학년 후학기	2학년 전학기	2학년 후학기	3학년 전학기	3학년 후학기
수신	1	1	1	1	1	1
국어	3	3	2	2	1	1
독일어	4	4	3	3	3	3
수학	4	4	–	–	–	–
물리학 및 기상학	2	2	–	–	–	–
화학	3	3	1	–	–	–
지질학 및 토양학	3	3	–	–	–	–
동물학 및 곤충학	2	2	2	2	–	–
삼림식물학 및 수병학	2	2	2	2	–	–
경제학	–	–	2	2	–	–
법학통론	–	–	–	–	2	2
임정학	–	–	–	–	2	2
삼림법률 및	–	–	–	–	3	3
삼림관리학	2	2	2	2	–	–
삼림측량	–	–	–	–	3	3
삼림토목 및 치수학	1	1	2	2	2	2
조림학	–	–	2	2	–	–
삼림보호 및 수렵술	–	–	3	3	–	–
삼림이용학	–	–	2	2	–	–
임산제조학	–	–	2	2	1	1
삼림수학	–	–	–	–	3	3
삼림경리학	3	3	3	3	3	3
체조	(2)	(2)	(2)	(2)	–	–
(영어)	–	–	–	–	(3)	(3)
(농학대의)	–	–	–	–	(1)	(1)
(재정학)	–	–	–	–	–	(2)
(식민학)	–	–	–	–	(1)	(1)
(교육학)	–	–	–	–	–	–
계	30(2)	30(2)	29(2)	29(2)	23(5)	23(7)
실험 및 실습횟수	4	4	4	4	4	4
삼림연습	–	–	–	–	–	–

(이 科程은 1922年 勅令 52號로 定하고 1928年 9月令 6號로 改正된 高等農林學校 課程 및 規則에 依함)

즉 학과목의 세분화 경향은 크지 않았지만 "국어시간"에 일인은 조선어를, 한인은 일어를 배웠으며, 2차 대전 종료 무렵에는 조선어가 삭제되었다.

일제강점기의 서둔농학애국운동 및 독립항쟁

일제강점기의 고등농림학교에서 펼쳐졌던 서둔농학의 애국운동과 독립항쟁이란 당시의 청년학생들이 지성인으로서의 사명감과 애국심으로 식민지배하의 민족을 구해야 한다는 의지로 표출된 일련의 애국운동이며 항일독립운동이었다.

각종 동맹휴교 · 비밀결사 · 학생단체조직활동이나 계몽활동은 곧 일제의 식민지정책에 항거하는 운동인 동시에 민족정신을 고취시켜 독립운동으로 승화시키려는 의도였다. 동시에 학문연마와 체력단련에 주력하며 심신을 수양하고 민중으로 하여금 민족의식을 깨우치게 하고 곧바로 항일운동에 동참토록 하려는 뜻이었다.

농학에 바탕을 두었던 이들 일련의 애국 · 애족 운동의 근간을 이루었던 정신을 "상록수운동의 정신" 또는 "수원고농항쟁의 정신"으로 대변될 수 있었으며, 그 개요를 살펴보면 다음과 같았다.[24]

그림 18. 한인학생들의 등교모습

24) 본문은 李殷雄 · 李春寧(1976)의 『水原農學七十年』(서울大學校 農科大學)과 서울大學校 生命科學大學의 농학교육 100년 편찬위원회(위원장 이용한: 2006)의 『농학교육 100년: 1906→2006』의 내용을 인용하여 구성한 글임.

가. 상록정신

고등농림학교의 상록수운동은 일제하 민족독립의 방향을 농촌계몽·농민결사에 두었다는 데에 역사적 의의가 있다. 또한 농촌계몽운동을 통한 항일투쟁정신은 재학생과 졸업생이 연대하여 그 정신을 면면히 이어왔다는 점에서 한국청년학생운동사에 높이 평가받고 있다.

고등농림학교는 광무 8년(1904) 고종의 신교육령에 따라 근대교육기관으로 출발하였다. 그러나 1910년 한일합방 이후 식민지 지배체제에 흡수된 이래 일본의 국책에 맹종하는 어용학교로 전락시켰다. 또한 3·1만세운동과 6·10만세운동을 거치면서 조선인 학생들을 경계하기 시작한 학교 당국의 방침에 따라 조선인 학생들의 입학은 갈수록 어려워져 대부분 일본인 학생들이 주를 이루었고 조선인 학생은 전교생의 4분의 1에 불과하게 되었다. 조선인 직원 또한 단 한 명이었으며, 교육은 철저한 식민지배 정책에 따른 황국신민화 교육이었다. 그럼에도 불구하고 고등농림학교의 조선인 학생들은 학교 당국의 감시와 탄압 속에서도 굴하지 않고 항일 농촌계몽운동을 지속적으로 전개하였다.

① 애국정신의 근간 "동료정신"

"동료정신"은 일제하 고등농림학교의 민족정신과 애국정신의 근간이었다. "상록정신"이라 불리는 동료정신은 "동료(東寮)"에서 출발한다. 일제하의 고등농림학교는 학생 전원이 기숙사 생활을 하였는데, 조선 학생과 일본 학생을 분리 수용하여 조선 학생 기숙사를 동쪽 건물이란 뜻으로 동료, 일본 학생 기숙사를 서쪽에 있다 하여 서료(西寮)라 불렀다.

동료는 고등농림학교에 재학 중인 조선 학생들의 구심점이자 모든 민족적 행사와 운동이 시작되는 중심이었다. 또한 졸업생과 재학생의 항일운동을 연결하는 끈끈한 연대의 장이자 상록수운동이 시작되는 출발점으로서, 학생들은 이 동료를 통해 민족정기를 선양할 수 있었다.

동료에는 일제의 황민화교욱에 반대하는 조선 학생들만의 정신행동통일 방안이 세 가지 있었다.

첫째, 농촌지도를 위한 '새벽사람'이요, '여명의 아들'이라는 긍지를 품는다.

둘째, 한인 학생만의 기숙사인 동료취사부(東寮炊事部)를 자치제로 운영한다.

셋째, 한인 선수만으로 구성한 축구부를 두어 한인 학생 전원이 부원이 된다.

이러한 동료정신에 따라 동료생들은 매년 신입생을 맞을 때마다 환영회를 해 주었다.

신입생 환영회에서 선배들은 후배들에게 '동료'로 상징되는 조선인 학생들의 전통에 대하여 들려주었다. 선배들은 고등농림학교의 창립 역사부터 일본에 나라를 빼앗겨 주객이 전도된 학내 현실 등을 교육하고 조선인 학생들의 정신행동통일과 생활방식에 대하여 가르쳤다.

② 살아 있는 동료정신의 결정체 "건아단(建兒團)"

건아단은 민족사회에 이바지할 길을 모색하기 위해 조직된 동료의 항일결사였다. 농민대중을 계발하여 신사회(新社會) 건설을 목표로 조직된 건아단은 농촌사회의 계발이 곧 독립운동의 기초가 된다고 보았다. 건아단원들은 그들의 전문지식을 바탕으로 농민을 계몽지도하는 데 힘을 쏟았으며, '민족농장(民族農莊)' 건설이라는 원대한 꿈을 가지고 있었다.

졸업생들은 졸업 후에도 끊임없이 동료 자치운영비를 내놓았다. 졸업생들이 내는 10원씩의 기금은 동료의 '한글연구회'를 통해 농촌계몽운동 자금으로 쓰였다. 또한 동료생들은 농민대중에게 독립사상을 주입하고 적극적인 농촌계몽운동을 벌이려면 졸업 후 교편을 잡는 것이 가장 효과적인 방법이라는 인식 아래 졸업 후 학교 현장에 들어가 농촌계몽운동에 주력하였다. 이는 새로운 이상사회를 건설한다는 건아단의 목표를 지속적인 운동으로 구체화한 것이었다.

동료생들은 일경에 의해 3차에 걸쳐 비밀결사하였던 실체가 발각되어 조직원들이 구속되고 동료생들에 대한 학교 당국의 감시와 방해, 탄압이 극에 달했을 때도 결코 굴하지 않고 1945년 광복 때까지 졸업생과 연계하여 지속적인 항일투쟁을 전개하였다.

동료의 밀약은 결코 일본에 질 수 없다는 조선인 학생들의 굳은 결의이자 민족혼을 지키지 위한 투쟁이었다.

첫째, 조기회에 빠짐없이 참석한다.

둘째, 강의시간 외에는 일본어를 사용하지 않는다.

셋째, 축구부 이외의 운동부에는 가입하지 않는다.

넷째, 경어를 쓴다.

다섯째, 게다나 조리를 신지 않는다.

여섯째, 규정된 석차 내에 반드시 든다.

동료의 밀약은 '조기회(早起會)'를 통하여 구체적으로 실천되었다. 조선인 학생들은 매일 이른 새벽에 조기회라는 이름으로 전원이 운동장에 모여 하루 일과를 시작하였다. 여명이 밝아오는 이른 새벽 동료생들은 '동료의 노래'를 합창하며 민족정신을 가슴에 새겼고, 덴마크 체조에 우리말 구령을 붙여 운동을 하였다. 그리고 3km 거리의 삼각지를 구보로 다녀와서 냉수마찰을 하며 심신을 단련하였다. 또한 등산대, 도보여행단 등의 세부단체를 조직하여 평소 심신단련을 부단히 하였다.

동료정신은 곧 항일 독립정신이었다. 동료생들은 3·1절과 개천절 등에는 학교 당국의 감시를 피해 동료 내에서 비밀리에 기념식을 거행하였고, 모임이 있을 때에는 반드시 '동료의 노래'를 합창하며 끈끈한 연대감과 정신적인 교감을 나누었다. 또 명사를 초청하여 강연회와 간담회를 가지고 스스로의 민족혼을 일깨웠으며, 독서와 민족사상 통일에도 힘을 기울여 도서관을 자치적으로 설치하고 당시 한글로 간행되는 일간신문과 잡지 등을 거의 빠짐없이 비치하여 운영했다.

③ 농민대중을 일깨운 야학운동

농촌계몽부는 건아단의 설립 취지와 목적을 실현하기 위해 학교 인근의 농촌에 야학을 개설하고 조선인 학생 전원이 참여하여 운영하였다. 대표적인 야학은 서둔, 고색, 동마을, 야목리 등에 만든 야학이었는데, '서둔야학'의 경우는 광복 후인 1980년대까지 이어져 활발하게 운영되며 동료의 야학정신을 이어갔다.

야학의 목적은 농민대중을 깨우치고 건전한 생활기풍을 계몽하는 것이었다.

동료생들은 매일 순번제로 야학에 나가 한글과 수학 등을 가르치는 한편, 우리 역사에 대한 공부와 사상 강연을 병행하며 농민대중을 계몽하는 데 심혈을 기울였다. 그리고 야학에 대한 일제의 탄압이 거셀 때는 고색, 야목리 등 현지 부락에서 야학 교사를 뽑아 활동을 보조토록 하였으며, 신교육을 받은 뜻있는 젊은이들로 하여금 야학을 운영하도록 적극적인 지원을 하였다.

상록수 운동의 하나로 전개된 야학운동은 민족의 독립을 이루기 위해서는 국민의 절대다수인 농촌과 농민대중의 단결과 항쟁에 중점을 두어야 한다는 결론에서 나온 것이었다. 이를 실천하기 위해 동료생들은 졸업생과 하나로 힘을 모아 동지 수합과 조직 결성에 주력하였다.

동료생들은 체력단련에도 모든 노력을 다하였다. 동료생들은 동료의 밀약대로 모두가 축구부 활동을 하였다. 축구부 활동은 단순한 운동부 모임이 아니었다. 축구를 통한 신체적 단련과 정신적 단결을 이룸은 물론, 항일운동에 대한 토론과 소식을 나누는 비밀집회 성격이었다. 여기에는 어떤 일이나 경쟁에 있어서도 일본 학생들에게 지는 것은 결코 있을 수 없다는 강한 동료정신이 깔려 있었다. 공부든 운동이든 정신력이든, 모든 것에서 일본을 이겨야만 민족의 독립을 이룰 수 있다고 스스로 무장하였던 것이다.

④ 불사조와 같은 정신

일제는 또한 창씨개명령 등 조선어말살정책을 추진하여 민족혼을 말살하려 하였다. 그러나 동료생들은 일제의 조선어말살정책에도 불구하고 전시 중인 1943년까지도 우리말을 사용하며 민족혼을 일깨웠다. 동료생들은 일제의 탄압이 아무리 극심하여도 이에 아랑곳 않고 신입생들이 들어오면 선배들이 일어 사용을 금지하며 우리말을 사용하게 하였다. 당시 선배들은 신입생이나 조선인 학생이 일어를 사용하면 바보 취급을 할 정도였다.

그럴수록 동료생들에 대한 학교 당국의 탄압은 날로 극심해져 갔다. 그러나 1944년에 이르러서는 동료생들도 일어 상용을 강요받아 이에 따르지 않을 수 없게 되었다. 오로지 선배들만은 학교 당국의 감시를 피해가며 후배들과 함께 연습림을 산책하는 등의 방법으로 일본말을 하지 말 것, 게다와 조리를 신지 말고 반드시 짚신이나 고무신을 신고 다닐 것 등의 정신지도를 꾸준하게 하며 학교 당국에 저항하였다. 이렇듯 동료생들은 학교 당국의 철저한 감시와 행동의 부자유 속에서도 비밀 모임을 그치지 않았고, 이를 통해 더욱 단결된 양상을 보이며 드러나지 않게 일제에 항거하였다.

고등농림학교의 동료정신은 불사조와 같았다. 동료를 중심으로 하나로 굳게 뭉친 조선인 학생들은 동료생 전원이 축구부 활동을 하면서 정신적 사상적으로 결집하였으며, 조기회의 신체단련과 심신수련을 바탕으로 독서회, 비밀결사, 농촌계몽운동 등 농민대중을 계도하며 나라의 독립과 새로운 이상 사회를 건설하기 위하여 끊임없이 노력하였다. 이는 한국청년학생운동사에서 유래를 찾아볼 수 없는 활동이자 운동이었다.

나. 고농항쟁

이와 같은 학생결사는 3·1만세운동 이후 대표적인 항일학생운동으로서, 학생들은 이를 통해 사상운동을 전개하면서 조직적인 반일투쟁에 나섰다. 그 대표적인 비밀결사 중 하나는 고등농림학교의 '조선개척사(朝鮮開拓社)'였다. '건아단(建兒團)', '계림농흥사(鷄林農興社)'를 거쳐 조직된 조선개척사는 3차에 걸친 '수원고농항쟁'의 중심이었다.

고농항쟁은 일제강점화된 국내에서 조직되었던 전문학교급의 비밀결사 사건으로는 최대 규모의 유일한 반일항쟁이었다. 또한 전문학교급 학생의 비밀결사로는 한국 최초로 평가되고 있다.

또한 지역적으로 보더라도 수원에서는 구한말부터 국권회복운동과 애국계몽운동이 활발히 전개되고 있었다. 수원을 중심으로 한 항일세력은 일제의 무단통치 감시망을 피해 비밀결사를 조직하고 활발한 대일투쟁을 전개하고 있었는데, 혈복단(血復團)과 구국민단(救國民團)은 그 대표적인 것이었다.

혈복단은 3·1만세운동 이후 전국의 지방에서 조직된 최초의 학생비밀결사 조직이었다. 이를 바탕으로 구국민단이 조직되었으며, 1920년대에는 고등농림학교의 학생운동으로 계승·발전되면서 건아단, 계림농흥사, 조선개척사 등으로 이어지는 비밀결사의 원동력이 되었다.

고등농림학교의 학생운동은 남다른 의의를 지닌다. 상록수 운동을 통한 농촌계몽운동과 새로운 이상 사회 건설이라는 뚜렷한 목적으로 전개된 고농항쟁은 다른 단체나 조직, 비밀결사와는 다른 수원고농만의 민족운동을 형성하며 자연스럽게 발전·계승되어 나갔다.

① 제1차 고농항쟁(일명 조선개척사사건, 동료사건)

1923년 동맹휴학 사건 당시 동아일보의 수원고농 맹휴 보도를 보면 이 같은 상황을 확연히 알 수 있다.

"수원고등농림학교에서는 지난 3일부터 조선인 학생 전부가 동맹휴교를 하고 학교 편에 7가지 요구 조건을 제출하여 그 승낙이 있기까지 동맹휴교를 계속하리라는데, 본래 고등농림학교 조선인 학생 간에 여러 가지 비판과 불평이 많던 중이었다 하니 필경 사건은 확대되기 쉬울 터이라더라."(1923년 5월 6일 동아일보)

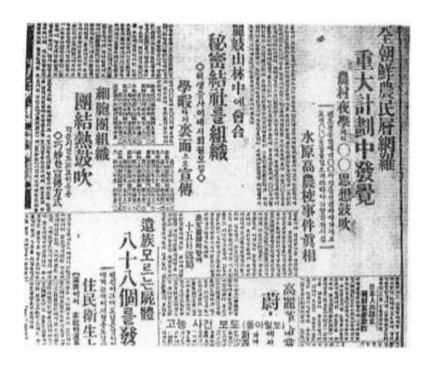

한인 학생 기숙사인 동료를 중심으로 전개된 맹휴는 이후 동료정신을 바탕으로 비밀결사 '건아단' 결성으로 이어졌다.

항일학생결사 건아단은 1926년 여름, 고등농림학교 뒷산인 여기산(麗妓山)에서 뜻을 같이하는 동료생들이 모여 조직하였다. 결성 당시 단원들은 김찬도(金粲道), 권영선(權永善), 김봉일(金奉日), 고재천(高在千), 육동백(陸東百), 백세기(白世基), 남영희(南榮熙), 우종휘(禹鍾徽), 김익수(金益洙), 황봉선(黃鳳善), 김민찬(金玟贊) 등 모두 11명이었다.

건아단은 농촌사회의 계발이 곧 독립운동의 기초가 된다고 보았다. 그리하여 농학도의 전문지식을 바탕으로 농민을 계몽지도하는 데 모든 힘을 쏟았다. 수원군 안룡면(安龍面) 고색리를 비롯한 인근의 여러 마을에 농민야학을 설립하여 농민의식과 민족의식을 고양하는 정열적인 활동을 전개하는 한편, 연호를 단군연호로 사용하는 등 철저한 민족주의 계몽운동을 전개하였다.

건아단은 이후 동료정신을 기반으로 간담회를 수시로 열어 맹휴를 선도하는 한편, 농촌계몽운동에도 더욱 박차를 가하였다.

건아단의 실체가 일경에 포착된 것은 1928년 6월 조선농우연맹에 가입한 직후였다. 일본 도쿄에 본부를 둔 조선농우연맹(朝鮮農友聯盟)은 '조선인에 의한 조선농촌개발'을 목표로 한 단체였다. 이런 목표는 다각적인 농민운동을 전개하고자 하는 건아단의 이상과도 합치하는 것이었고, 건아단은 보다 적극적이고 활발한 활동을 위해 이 단체에 가입을 하였다.

건아단은 일제의 탄압을 피하기 위해 계림농흥사로 급히 명칭을 변경하여 위장 활동을 하기에 이른다.

이후 계림농흥사는 1928년 조선개척사로 다시 명칭을 변경하여 조직을 재정비하고 본격적인 농촌계몽운동에 뛰어들었다. 목표 또한 지속적인 농민운동과 계몽에서 한 단계 더 나아가 농민봉기를 통하여 민족의 자유와 정치적 독립을 획득하자는 것으로 진일보하였다.

1927년 고농 제6회 졸업생인 김성원은 졸업 후 김해공립농업학교 교사로 재직하며 조선개척사 정관을 기초하는 등 조직 건설의 중심 역할을 담당하고 있었다. 당시 김성원은 1928년 5월 1일 김해 지방 각 사회단체 공동주최로

열린 어린이날 축하대회에서 내빈으로 초청을 받아 축사를 하였는데, 민족의
식을 고취하는 축사의 내용이 문제가 되었다. 재학 시부터 민족주의자로 분류
되어 일경의 감시를 받았던 김성원은 졸업 후에도 요시찰인물로 검시를 받고
있었는데 이 축사 내용으로 일경에 걸려들었던 것이다.

원대한 뜻을 품었던 조선개척사는 그러나 김성원(金聲遠)의 구속으로 실체
가 드러나면서 1928년 9월 1일 관련자 11명 전원 구속과 동시에 조직이 와
해되고 말았다.

당시의 동아일보에 게재된 기사는 다음과 같았다.

"고등농림학교 학생을 중심으로 농민에게 독립사상을 계몽하기 위해 비밀결사인 조선개척사
를 조직하고 농촌에 야학교 또는 조합과 같은 세포단체를 설치하여 독립운동에 힘써 오다
가 지난 9월 1일 수원서에 체포되어 오늘 다음과 같은 11명의 학생이 경성지방법원 수원
검사국으로 송치되다.
처음 동교 한국인 학생들은 제작년 서울 경운동에 있는 모사(某社)의 지부를 학교 안에 두
고 지부장 김찬도, 간부 권영선 등은 동교 학생 다수를 권유, 가입케 하여 종래부터 운영해
오던 농촌 야학생들에게 민족의식을 계몽해 왔다. 이것이 발전하여 건아단이라는 비밀결사
가 조직되어 농민 대중개발, 신조선 건설을 목적 강령으로 하고 단군 연호를 사용하여 단원
모집에 힘써 오던 중 도쿄에 본부를 둔 조선농우연맹이야말로 그 뜻이 같다 하여 이에 가
맹한 후 그 지부를 두었다. 지부대표 임과 2년생 한전종이 동연맹의 순회 강연회에서 연설
한 것이 불온하다 하여 학교로부터 무기정학 처분을 받고 이 사실이 발각되자 그들은 학교
기숙사 안에서 감시를 피해가며 계림농흥사라는 비밀결사를 조직하고 농민 교양에 힘써 오
던 중 한국의 광대한 개간지를 개척하여 이상촌을 만들고 이곳을 기반으로 조선독립운동을
하자는 취지하에 조직을 변경하여 조선개척사라는 비밀결사를 조직하였다. 동교 출신이며
김해공립농림학교 교원인 김성원이 학생에게 독립사상을 고취하였다는 혐의로 체포된 것이
발단이 되어 탄로 난 것으로, 전문학교 학생의 비밀결사로는 이것이 한국 최초의 것이
다."(1928년 9월 16일 동아일보)

조선개척사사건에 연루되어 수원경찰서에 감금되어 취조를 받던 재학생들
은 1928년 9월 3일 모두 퇴학처분을 받았다. 그리고 검거된 학생들은 서대문
형무소 미결감에서 2년 이상의 예심을 받으며 모진 고문을 받았다.

당시 이 사건은 34세의 청년 변호사 이인(李仁)이 자진하여 변호를 맡았다.

그는 "양부모(일인)의 학대에 대해 친부모(한국)를 그리워하는 것은 양자(고농학생)의 심리와 동일하다"고 비유하며 일본의 식민지정책을 비판하면서, 자유와 독립을 원하는 것은 인간의 심리이며 배고프면 밥을 원하고 속박을 당하면 자유를 원하는 것은 인간의 본능이라며 장장 한 시간 동안 열변을 토하고 변호하였다.

② 제2차 고농항쟁

1935년의 제2차 고농항쟁은 독서회(讀書會) 활동을 중심으로 꾸준히 전개되었다. 동료생들은 학교 당국의 집중적인 감시를 받고 있는 상록수운동을 없앤 것처럼 위장하고는 류달영(柳達永), 김종수(金鐘壽) 등을 중심으로 매주 한 번씩 동료회를 여는 등 독서회 활동을 전개하며 일제의 감시를 피해 나갔다.

일제강점기에서 가장 우선적인 목표는 독립이며, 독서회 운동은 민족의 독립이라는 목적을 달성하기 위한 투쟁의 한 방법이었다.

고농독서회 또한 이러한 맥락에서 독서회 활동과 상록수운동을 병합하였다. 독서회는 동료정신을 바탕으로 정신행동통일 방안을 세웠다. 또 기숙사 회비를 모아 농촌계몽기금을 만들어 문맹퇴치와 항일의식 고취를 목표로 하는 야학과 상록수운동에 매진하였다. 정신·체력·단결을 삼위일체로 한 축구부 활동은 비밀모임이 되었고, 민족의 독립을 회복하려면 농민의 단결과 봉기에 중점을 두어야 한다는 결론 아래 졸업생과 재학생이 합심하여 조직 건설에 최우선을 두었다.

제2차 고농항쟁인 독서회 사건은 1935년 7월 졸업생 이용필의 검거로 드러났다. 이용필은 수원고농 졸업 후 재학생과 긴밀한 연락을 취하는 가운데 조국재건협의회 김천그룹과 연계하여 항일투쟁에 주력하고 있었다. 당시 이용필은 김천고보 맹휴사건을 배후에서 조종하고 있었는데, 이것이 일경에 의해 발각되었던 것이다.

이에 따라 이치락(李致樂), 최태희(崔泰熙), 손창규(孫昌圭), 신근철(申瑾徹), 류달영(柳達永) 등 민족주의 계열의 학생들은 옥고를 치르고 나왔다. 그러나 류달영은 후일 다시 투옥되었다.

③ 제3차 고농항쟁

제3차 고농항쟁은 두 차례에 걸친 고농항쟁의 항일정신을 계승하여 동료 안에 비밀리에 '한글연구회'를 조직하면서 시작되었다.

동료생들은 일제의 탄압에 조금도 굴하지 않고 동료정신으로 더욱 하나가 되었다. 동료생들은 1939년 '한글연구회'를 비밀리에 조직하여 제2차 항쟁으로 위축된 독서회 활동을 계승하였고, 신입생을 중심으로 우리의 말과 글을 갈고 닦는 일에 더욱 정진하였다. 한글연구회는 우리 국사와 전통을 공부하여 항일 독립정신을 함양하고 민족문화를 계승한다는 목적으로 비밀학습을 하는 한편, 동료 자치운영비로 마련한 자금으로 농촌계몽과 농민들에 대한 독립사상 교육을 더욱 비밀리에 전개하였다.

야학운동이 활발하게 전개될 즈음인 1935년, 동아일보사는 창간 15주년 기념으로 그 당시로서는 거금인 500원의 현상금을 걸고 농촌계몽에 관한 소설을 공모하였다. 당선작은 심훈(沈熏)의 '상록수'로, 이 작품은 당시 인기리에 동아일보에 연재되었다. 일제강점기의 농촌계몽운동과 민족주의를 다룬 '상록수'는 당시의 야학과 농촌운동에 대하여 상세하게 다루고 있다.

이 작품에 등장하는 주인공 '채영신'은 실제 인물이 모델이었다. 그리고 채영신과 사랑을 나누는 '박동혁'은 고등농림학교 학생으로 등장한다. 농촌계몽운동에 참여한 채영신과 박동혁의 사랑과 민족애를 다룬 '상록수'는 박동혁이 참혹한 현실 속에서 채 사랑도 꽃피우지 못하고 죽은 채영신을 떠나보낸 뒤 농촌을 위해 몸 바칠 것을 다짐하는 내용이다.

소설에 채영신으로 등장하는 최용신(崔容信)은 신학교 재학 중에 참여한 농촌실습에서 민중의 비참한 실상을 접하고는 학업을 포기한 뒤 YMCA 농촌지도교사로 변신, 경기도 화성군 샘골(현 안산시 상록구 본오동)에서 농민운동에 전력을 기울였다. 최용신은 문맹퇴치를 위한 한글강습과 산술·재봉·수예·가사 및 농촌생활에 필요한 상식과 기술, 애국심과 자립심을 북돋우는 의식계몽 등에 모든 힘을 기울였는데, 당시 자금 사정이 매우 어려워 농민운동에 상당한 고통을 겪고 있었다.

이 같은 처지의 최용신을 적극 지원한 것이 고농의 동료생들이었다. 특히 류달영은 최용신의 어려운 사정을 알고는 동료생들을 규합하여 모금운동을 벌여 교과서와 자금을 지원하며 최용신과 함께 활발한 농촌계몽운동을 펼쳤다. 이후 류달영은 졸업 후 본격적인 농민운동에 투신하여 농민대중의 민족의식을 일깨우는 사업에 매진하였다. 그러나 류달영은 1942년 고농 스승인 김교신이 발간하는 '성서조선'에 민족혼을 불러일으키는 글을 실었다는 빌미로 이른바 '성서조선사사건'에 연루되어 김교신, 함석헌, 장기려, 류영모 등과 함께 서대문형무소에 투옥되었다.

제3차 고농항쟁의 특징은 1, 2차 항쟁과는 달리 교내 중심에서 졸업생 중심으로 농촌계몽운동을 추진하였다는 데 있었다. 재학 중 한글연구회 회원으로 활발한 활동을 하였던 김중면(金重冕)은 졸업 후 함경남도 갑산농학교(甲山農學校)에서 독서회를 조직하여 학생들에게 한글을 교육하면서 항일 독립정신을 고취시켰고, 이 밖에도 다수의 졸업생들이 전국 각지에서 독서회 활동과 상록수 운동을 꾸준히 전개하였다.

제3차 고농항쟁이 발각된 것은 김중면의 검거에서 비롯되었다. 갑산농학교 교사인 김중면을 지속적으로 감시해 오던 경찰은 김중면의 검거를 시작으로 1941년 선배들의 항일운동을 계승하여 실천해오던 이병형 등 다수의 학생들을 검거하였다. 이와 함께 재학 시 중심인물이었던 임봉호(林鳳鎬), 박도병(朴道秉), 정주영(鄭周永) 등도 차례로 검거되었다.

이 사건으로 임봉호, 박도병 등은 징역 1년 6개월을 선고받고 서대문형무소와 신의주형무소에서 복역 후 출옥하였고, 김중면은 함흥형무소에서 3년간 복역하였다.

다. 심훈(沈熏)의 소설 『상록수(常綠樹)』

일제강점기의 농촌계몽운동과 민족주의를 다룬 『상록수』는 당시에 고농의 동료생들이 펼치던 항일투쟁의 한 방편, 즉 야학과 농촌운동을 모델화하여 상세하게 다루고 있다고농의 상록수운동은 농촌야학을 중심으로 전개되었다. 문맹퇴치, 영농지식 보급 등 농민대중의 개발과 항일독립사상 고취에 목적을 둔 상록수운동은 동료를 중심으로 재학생과 졸업생이 일치단결함으로써 불꽃처럼 활발하게 전개되었다.

> "우리들은 민족운동의 중심을 농민운동에 두었으니 재학 중의 농민운동으로는 농촌계몽만이 가능하다는 견지에서 계몽사업에 착수하여 우선 학원에서 제일 가까운 서둔과 고삭 두 부락에 야학을 설치하고 순번으로 나가서 선생이 되며 글을 모르는 농촌의 청년들과 아동들에게 우리 국문과 산수와 한국 역사를 가르쳐 주었다. 때로는 농촌 인사들을 모아서 민족의식을 고취시키는 한편 진실로 그들 속에 내제하여 눈물과 웃음을 마음으로 나누었던 것이다. 그리하여 계몽사업의 성격도 알려서 널리 동리에 선전하고자 농촌야학전람회를 열었던 것이라 하였다."

건아단 활동을 하며 야학에 깊이 관여한 김찬도의 회고 내용이다. 여기에서도 알 수 있듯이 상록수운동에는 동료생 전원이 참여하였다. 야간에는 주로 우리말과 글, 민족사상을 가르치는 교육과 영농에 관한 새로운 지식의 보급에 주력하였으며, 주간에는 '야학전람회'를 열어 농가의 수입증대에 노력하기도 하였다.

종합결론

1) 수원 서둔벌 위치선정의 배경

서둔벌에 위치하고 있는 수원땅[水原府]은 풍수적으로 "용이 날고 봉황이 춤추는 명당"으로서, 지정학적으로도 충청·전라·경상의 3남을 잇는 교통과 상업의 중심지이다. 18세기 후반에는 38세의 젊고 패기 어린 정조가 효심(孝心)을 앞세우고 외래의 기술문명을 접목시켜서 문명되고 부강한 백성의 나라

[민주국가]를 세우려는 국가근대화의 꿈 서린 땅이었다. 더욱이 사색당쟁의 폐단을 혁파하기 위하여 국가근대화의 기본골격을 남인의 중농사상(重農思想)과 노론의 이용후생(利用厚生)·과학기술(科學技術) 및 중상공론(重商工論)들로 형성하였고, 그 중심지를 수원 유수부(水原留守府)에 두었던 것이다. 이런 맥락에서 수원의 동서남북에 대유둔(大有屯)을 두고 각 곳에 만석기(萬石渠: 1795)·만안제(萬安提: 1796)·만년제(萬年提: 1798)와 서둔벌을 끼고 있는 축만제(祝萬堤: 1799)를 축조하여 원천적인 농사 기반시설을 하였던 역사적 배경은 수원이라는 땅과 농사라는 산업을 숙명적으로 인연 맺게 하는 일이었다고 할 수 있다. 축만제[西湖]가 축조된 서둔벌에 농촌진흥청의 전신인 권업모범장과 서울대학교 농과대학의 전신인 대한제국의 농림학교가 자리를 차지하게 되었던 것은 지극히 당연한 결과이며, 이로써 이들 두 국가기관의 기능이 더욱 효과적으로 농업과학기술 및 농업교육문화를 창출하여 국가 농업·농민·농촌건설에 이바지할 수 있었을 것이다.

다만 이들 두 기관의 수원 유치에 대한제국 측과 일제 통감부 측 사이에 이견이 있었으며, 결과는 '한국토지농산보고'(1904~1906)를 조사하였던 혼다[本田幸介]의 의견에 따랐다고 하는데 그의 보고서에 따르면 수원부가 항만을 쉽게 접할 수 있는 교통편리성, 소나무가 울창한 어료림(御料林)의 특성, 경기도 관찰부 소재지, 넓은 농경지, 경부 철도역 근거리, 저수지 시설이 있는 관배수 조건과 인구가 밀집되어 있다는 장점이 있다는 정도였다. 한국중앙농회보 제1호(48~49면)의 수원 유치에 대한 기사나 이은웅(2001)의 심포지엄 자료에도 비슷한 사유가 설명되어 있을 뿐이다.

이렇게 볼 때, 일제로서는 식민정책 수행을 위하여 가장 근본이 되는 농업 분야의 두 기관 선정에 대한 필연적이며 당위적인 사유설명을 하는 데 충분한 합리성이 없고 다소의 미흡한 점이 있어서 비록 정조의 역사적인 의도와 맞아떨어지는 점이 있었다고 하더라도, 일제로서는 정략적인 의도를 가지고 있었던 것으로 보인다.

2) 대한제국의 농업교육 태동

본격적인 한국의 근대농업교육 시작은 1895년 2월에 고종이 하교하였던 "교육조서"에서 시작되었고, 구체적으로는 1899년 6월 상공학교 관제 공포로 태동하게 되었다.[25]

이때의 상공학교는 예과와 본과를 두었고 가르치는 과목은 농업·상업·공업이었으므로 농업교육의 효시는 이때를 기점으로 볼 수 있다.[26] 다만 관제상으로 1904년 6월 8일이라는 날짜는 "농상공학교"[27]가, 그리고 1905년 12월 29일에는 그 부속으로 "농사시험장"이 설립되도록 공포하였던 때일 뿐이다.[28] 따라서 오늘날 수원의 서울대 농생대가 정통성을 두고 있는 것은 1895년이나 1899년이 아니며 1904년에 설치된 대한제국의 농상공학교라고 할 수 있다.

이것이 일제의 거센 간섭과 식민정책적 의도로 1907년에 장소가 뚝섬에서 수원으로 옮겨진 것이며, 이 또한 농상공학교의 명맥을 이어 오면서 곧 오늘날 서둔벌에서 성장하여 우리나라 농학을 이끌어내게 되었던 서울대학교 농과대학(농생명과학대학)의 모체였던 것이다. 여기에 1908년 10월에 순종(純宗)이 수원 서둔벌을 거둥하며 농림학교에 깊은 애정과 기대감을 표명하면서 일금 백오십 원을 하사하였다(李교영 칙사편에 내린 勅旨는 본문 참조). 비록 일제의 장소(수원 유치) 결정에 억눌린 바 있긴 하지만 이로써 고종의 교육조서(1895. 2.)와 상공학교 관제(1899. 6.)와 맥락을 같이하여 "서둔벌 농학교

---

25) 구자옥·이도진(2008), 『한국농업근현대사』 11: 218.

26) 1899년(광무 3년)의 실과 기술교육 강화를 위한 勅書 내용 요약: "학교를 설립하고 인재를 교육함은 知見을 넓히고 進益을 구하며 物을 열어 業을 이루고 用을 이롭게 하며 生을 두텁게 하는 基本을 삼으려 하는 데 있다. 또한 格致의 학문에 종사하고 물리의 현상을 연구하고 풀이하여 치밀한 것을 구하고 기계가 교묘할수록 더욱 새로운 것을 내야 한다. 우리나라에 인재가 없는 것이 아니라 힘써 가르치는 이가 없었으므로 백성의 지견이 열리지 못하고 농상공업이 일지 못하여 文具가 될 따름이나 뜻있는 자는 진리를 분별하고 개진하는 功이 있도록 期하라."

27) 官報(광무 8년 6월 11일 토요일), 勅令 제16호 農商工學校官制: 각 과의 수업연한은 4년으로 하되 1년은 예과, 후 3년은 본과로 하여 졸업시킨다. 지방정황에 따라 지방에도 설립할 수 있으며, 학교장 1인, 교관 10인 이하, 서기 2인을 둔다.

28) 官報(광무 9년 12월 19일), 칙령 제60호 농상공학교 부속 농사시험장 관제: 필요한 농사시험을 행하며, 장장 1인, 기사 4인, 기수 및 사무원 수시 증감. 장장은 학교장이 겸임하며 외국인을 보충하도록 한다. 장소는 뚝섬이었으며 1906년 5월 31일에 칙령 25호로 관제가 폐지되고, 동년 8월 9일에 농상공부 원예모범장 관제로 공포되어 기관이 바뀌었다.

육"(농림학교)의 국가적 정통성이 세워졌던 것이라 할 수 있다. 뿐만 아니라 "권업모범장"이라고 하는 농업과학 기술 연구·시험·지도의 총산본이 세워진 터이기 때문에 학문연마와 인재육성이라고 하는 교육의 본산이 가깝게 자리한다는 것은 매우 능률적이고 합리적인 결과였다고 할 수도 있다.

농림학교의 교직원은 교장 1인에 교수 5인, 교수보 2인, 사감 1인의 불과 9명으로 시작하였고 당시 사정은 불과 3년(80명)에 연구과 1년(40명)을 보태는 관비 4년제로서 빈약하기 그지없었으나 당시 대한제국의 실정으로서는 이런 정도만으로도 기대하기 어려운 특단의 조치였다.

서둔벌에 세워졌던 농림학교의 농업교육은 어렵게 태동되어 국가민족적 농학교육의 정통성을 이어온 것이다.

3) 조선총독부의 식민지 농업교육

1909년의 학교규칙 개정과 1910년의 한일합병으로 새롭게 태어난 조선총독부 농림학교는 격동하는 사회·정치적 혼란과 일제의 식민통치 제도하에서 끊임없는 변신의 강요를 받게 되었다. 교장을 맡고 있던 혼다 코노스케(本田幸介)는 동경대학 교수로서 대한제국 말년에 이미 방대한 분량의 "한국토지농산조사"를 보고하였고 이토 총독의 한 팔 노릇을 하던 참모로서 초대 권업모범장 장장을 겸하고 있었다. 혼다 교장은 조선경제의 부흥을 위하여 교육의 양질화를 주장하면서 농업분야에서도 응용학문의 전당이라 할 수 있는 수준급의 농림학교가 있어야 응용시험을 관장하던 권업모범장과 쌍두마차적인 쌍벽을 이룰 수 있다고 생각하였다. 교육의 양질화·전문화는 조선인 식자들의 공통된 요구사항이기도 하였다. 1918년 4월 15일에 농림학교가 "조선총독부 농림학교"로 승격되어 개교식을 가지게 되었던 배경이다. 학교의 시설과 교과과정은 고급화·전문화로 이에 걸맞게 확충되었다. 학생에게는 징집유예의 혜택과 특대생에 대한 장려금지급, 그리고 졸업자에게 판임문관(判任文官)의 임용자격도 주어졌다. 그러나 일본인 학생의 입학이 가능한 공학제가 허용되면서 점차 한인학생에 대한 일인학생의 비율이 높아져 가게 되었다.

결과적으로 한인학생의 차별대우에 대한 반발이 커지고 이는 민족적 갈등을 부추기는 동기가 형성되면서, 드디어 1922년 3월 31일에는 칙령 151호로 농림전문학교는 "조선총독부 고등농림학교"로 변신케 되었다. 또한 그 뒤(1944)에 변신된 "조선총독부 농림전문학교"로의 변신도 유사한 이유와 배경에서 이루어진 결과였다. 고등농림학교 시절이나 농림전문학교 시절을 통괄해 볼 때 일인학생의 비율이 늘어가면서 한인학생의 나라와 민족 갱생에 대한 저항은 동료(東橑: 한인학생 기숙사)정신·상록수정신·고농항쟁의식·야학운동·독서회운동 등등의 형태를 빌어 불길처럼 번지게 되었던 것이다. 이와 같이, 농림학교의 양질화, 고급화, 전문화 변신은 일제의 의도로 빚어진 것이었던 것이었지만 공교롭게도 이 같은 내용의 변신은 한국인 사회의 기대나 요구내용과 최선으로 부응했던 결과를 도출시킨 것이었으며, 오히려 결과에 있어서는 일제의 기대를 저버린 최악의 골칫거리 사건들만 도출케 하였던 꼴이었다. 일본인 학생과의 공학제 허용으로 일인학생의 비율을 높여 갔던 교육제도상의 차별적 정책 실마리는 이렇게 양극을 달리하는 결과를 초래하고 말았던 것이다.

4) 서둔(西屯)농학의 얼과 상록수운동

고등농림학교나 그 후속인 농림전문학교의 청년학생들은 고즈넉이 책 속에 묻혀 주어진 시간을 보낼 수는 없었다. 일인학생으로부터의 차별과 농촌지역에 즐비하게 펼쳐져 있는 일제의 만행과 동족의 애절한 사정을 못 본 체할 수 없다는 지성인으로서의 양심이나 사명감과 애국심이 있었던 것이다. 학내적으로는 동맹휴교·비밀결사·학생단체조직 활동을 벌이고 학외적으로는 계몽활동과 야학운동을 펼쳐가며 민족정신을 고취시켜 독립운동으로 승화시켜 가려는 의도를 드러내게 되었다. 그러나 학생으로서 학문연마와 체력단련에 주력하며 심신을 수양하고, 그럼으로써 준비된 민족적·국가적 독립을 맞으려는 희망적 처신을 하였다. 이런 일련의 상태를 일러 "서둔벌 농학의 얼"이나

"상록수정신(운동)"이라 할 수 있을 것이다. 광복 이후에도 서둔의 야학이 서울대 농대생 선후배 간에 지속적으로 이어졌고, 농대의 기숙사 명칭이 상록사(常綠舍), 상록회관(常綠會館)이었으며 재학생들의 행사 때에는 항상 "상록(常綠)의 아들"이라는 노래로 합창되는 전통이 이어져 왔다.

이들 애국 · 애족정신의 근간을 이루었던 요인은 한인학생들이 기거하였던 기숙사 동료(東寮)에 있었으므로 이를 일러 동료정신이라 부른다. 이로써 비롯된 결정체는 건아단(健兒團)으로서 이들은 전문지식을 바탕으로 농민을 계몽하고, 비밀결사를 조직하여 민족혼을 지키기 위한 항일투쟁을 전개하였다. 다른 한편으로는 농민대중을 정치적 · 사회적으로 일깨우고 문명의 실마리를 넣어 주기 위하여 야학운동을 하면서 상록수정신을 태동시켰다. 심훈의 소설 '상록수'가 구체적인 실태를 잘 반증한다.

특히 1 · 2 · 3차에 걸친 고농항쟁은 항일투쟁을 보다 적극적이며 거국적으로 시도하였던 역사기록을 남겼다. 재학생과 졸업생들이 연계하여 같은 맥락과 조직적 계획 속에서 추진하였던 일종의 독립운동이었다. 물론 여기에 주축이 되었던 조직은 계림농흥사 · 조선개척사 등의 별칭으로 변신하며 유지되었던 건아단이라고 할 수 있다. 전문학교 수준으로서의 이런 비밀결사 조직으로는 한국 최초의 역사성이 있는 것으로 평가된다. 당시의 동아일보 기사(본문 참조)에는 그 정상이 잘 묘사되어 있다.

다른 한편으로 제2차 고농항쟁(1935)은 지식인으로서의 품격을 지니며 펼쳐졌던 독서회활동을 통한 항쟁이었다. 이 운동은 점진적으로 상록수운동의 한 축으로 발전하였다. 또 제3차 고농항쟁은 조직과 활동범위를 거국적으로 확대하며 졸업생들이 주도하던 운동으로서 한글연구회를 조직하고 나라의 역사와 전통을 공부시켜 독립정신을 함양하고 민족문화를 계승시키는 운동이었다. 여기에 농촌계몽과 농민들에 대한 독립사상교육의 기능을 발휘하였던 것이다. 이런 일련의 과정이 심훈의 소설 '상록수'에 잘 묘사될 수 있었던 것은, 비록 소설이면서도 주인공인 채영신이라는 실제 인물의 모델이었던 탓이며, 또한 1935년에 동아일보가 창간 15주년 기념으로 모집하여 당선시킨 뒤 신문에 연재했던 탓도 있다.

제3편

우리의 농사일(農務) 문화

우리의 농사일 문화

서언

　사람(人間)이란 생물이므로 먹을거리를 찾아 먹는 일에서 생존이 가능하였고, 사회적 동물이므로 먹을거리 문제를 혼자가 아닌 남과 더불어 해결하여 왔으며, 특히 두뇌가 비범히 발달된 지능과 지혜의 소유자이므로 다른 동물과 달리 저들만의 먹을거리 생활 방식이나 제도, 또는 관습과 전통을 만들어 왔다. 의식주(衣食住) 자급을 위한 이런 일련의 과정과 그 문화를 묶어서 농사일 또는 농무(農務)·농경(農耕) 문화라 일컫는다.

　아마도 과거는 물론 현재와 미래를 통하여 사람이 산다는 것은 농사일의 문화적 출생으로 시작하여 농사일의 문화적 사망으로 끝내는 과정이라 할 수도 있다. 그래서 농사(農事)는 단순한 생존 수단이나 벌이의 행태가 아닌 생업(生業)이며, 또한 "무본자생(務本資生)"[1]하는 "국가지대본(國家之大本)"이라 했을 것이다.

　서양의 농사 또는 농경이라는 라틴어 유래의 영어 단어 "Agriculture"도 결국은 이러한 의미를 담고 있어서 땅(흙)이라는 "ager"와 갈이(耕: 재배) 또는 문화(文化)라는 "culture"의 합성어로 되어 있다. 농경은 땅에서 흙을 갈고

---

[1] "務本(인간이 모름지기 할 바를 앞세움은 資生(삶을 일으키고 늘려 번성케 하는 일, 즉 농사일'이라는 뜻

무엇인가를 키우는 일이고, 거기에 바탕을 두고 삶을 만들어내는 일이었으니, 이를 일컬어 "문화"라 부르는 데 이론이 없다.

배(裵: 2002)[2]는 농업(농경)을 두고 "절대적인 생명선이라 할 삶은 전통인 동시에, 다양한 얼굴을 하고 있어서 이는 노동이면서 기술이며, 예술이면서 주술이고 또한 사회제도이자 경제"라 하였다. 특히 우리나라는 한 세기 이전까지만 하더라도 세계열강의 후기 산업사회적 신문화와 경제력에서 소외된 채 농사일에만 매달려 먹고 살았던 농경민족의 나라였고 농경문화를 우리의 얼굴과 운명으로 여기며 살아왔던 나날이었다. 따라서 세계화하는 정보·문화의 시대에 진입하는 입장에서도 우리가 우리를 알고, 남에게 우리를 알리며, 우리가 당당하게 살아가기 위하여서는 우선적으로 필요한 것이 우리의 전통이던 농경문화를 되짚어 함께 인식하며, 함께 나누는 일이라 하겠다. 그럼에도 불구하고 우리나라 안에서도 우리 국가의 사회와 경제를 앞서 이끄는 갖가지 생업 가운데서 농사는 뒷전에 밀리고 또는 바닥에 떨어져 소외되고 있어서 자칫 우리 민족의 본질이나 본바탕을 잃거나 그릇되게 오판할 우려가 있다.

문화는 그 자체가 역사를 통하여 유동적(dynamic)으로 모습을 달리 바뀌어 나타나고, 그 손길의 강도(强度)를 달리 주지만, 그 실체는 항상 계승되고 반복·진화되는 것일 뿐이다. "콩 심은 데 콩 나고, 팥 심은 데 팥이 나는 법"이다.

반만년이 넘도록 우리네 조상이 심어온 콩밭에 보다 크고 알찬 새로운 콩이 나기를 기다릴 순 있어도 팥이 나기를 기다리는 무모는 헛된 망상일 뿐이며, 새로운 미래의 우리를 위해서라도 우리네 전통문화이며 생업문화였던 농사일 관련의 농경문화를 지혜롭게 계승·발전시킬 방도를 연구할 일이다.

한 차원 높은 경제, 즉 소득창출이 되는 속에서 친환경적이고 생태적·유기적 농사가 이루어질 우리 미래의 농사체계 속에서 우리네 전통적 농사가 어떻게 변신해 가며 계승·발전할 수 있는지를 알아내는 것보다 더 시급하고 중대한 일이 없을 것이다.

---

2) 배영동(2002), 『농경생활의 문화읽기』, 민속원, p.4~5.

1. 신화로 태어난 농경문화

다윈의 진화론 가운데 가장 걸출한 결론의 하나는 "모든 생물은 하나의 공통된 선조를 갖는다"는 점이다. 요즈음 생명공학의 영역에서 흔히 시도하는 "이종 생물 간의 유전자 조작"을 두고 인간의 존엄성을 해치는 행위로 우려하거나 생명 윤리적 차원에서 논란하고 있지만, 모든 생물이 하나의 공동선조 아래서 태어난 서로 다른 자손으로서의 "생물 사이"라 인정한다면 이런 기우는 한낱 이기심(만물의 영장이라 자부하는 인간집단 이기심)이거나 미지의 세계(만일의 경우)에 대한 두려움이라 할 수도 있다.

그럼에도 농사에서 얻어지는 삶의 원천, 즉 먹을거리 생산물들은 누구에게나 언제나 가장 소중한 것이면서도 제각각 하늘과 땅, 그리고 때를 달리하며 주어지기 때문에 자기만의 것, 자기들만의 것에 특히 애착과 자존심을 지키고자 한다. 심지어는 자기 것과 다른 것에 배타심을 가지거나 경멸·혐오감을 나타내기도 한다. 자기·자기들만의 먹을거리, 예를 들어 쌀이나 보리, 또는 밀이나 올리브, 옥수수나 감자 따위의 지역적 주식물(主食物)을 배타적으로 지키고 그 긍지를 드러내기 위하여 나름대로 저들의 농산물을 저들의 하느님이나 신(神)에게서 비롯되었다는 식으로 신화(神話)를 만들어 치켜세우고 있다. 저들만이 소중하게 여기는 곡물들의 시원을 사실적으로 설명할 수는 없는 노릇이겠지만 별수 없이 다윈의 공통조상설(또는 진화론)과 같은 곡물의 공통신에 두고 미화 내지는 신앙무속화시킨 것이라 하겠다.

희랍의 데메테르 여신이나 로마의 세레스 여신이 곧 그네들 나름의 농사신(農事神)으로서 최초의 씨앗과 밭갈이할 쟁기를 만들어 베풀어 주었으며, 농사 방법을 가르쳐 주었을 뿐만 아니라 때에 따라서는 풍흉의 운명을 저울질하기도 한다고 말한다. 농사의 신이 여성이었던 것은 생식과 잉태의 여성적 기능과 생리에 암시적으로 연관된 것이겠다.

이런 사례는 가까운 일본의 경우3)에도 마찬가지이다. 즉, 일본의 고사기에 따르면 "제국을 지키는 태양여신인 Amateras Omikami가 손자인 Ninigi-no Mikoto에게 벼 이삭을 주어 땅에 내려 보냈고, 그는 오곡의 씨앗을 두 곳의 하늘벌판(Takamagahara, 高天原)에 심게 하였다는 것이다. 이 신령이 죽어서 복부로부터 쌀, 이마에서 조, 눈에서 피, 음부에서 밀과 콩이 쏟아져 나왔으며, 그래서 쌀이 나왔던 복부는 특별히 의미가 있는 곳으로 할복자살을 명예롭게 생각하는 전통이 만들어졌다고 한다.

중국의 경우는 농사신의 출현을 전설 속의 3황(三皇) 가운데 한 사람인 신농(神農)4)으로 삼았다. 그는 쟁기(耒耜)를 만들어 세상에 도움을 주고, 요(堯)와 순(舜) 및 우(禹)를 통하여 제각각 농사력(農事曆)과 식정(食政) 및 토전경작(土田耕作)을 제도화하여 명실공히 백성의 생업인 농사를 일으키는 도화선 노릇을 하였다고 전한다.5)

우리나라의 경우, 조선왕조 이후에야 농사에 대한 기록과 농서의 편찬이 이루어졌는데, 유교를 국교로 삼았던 탓에 공맹(孔孟)의 가르침과 함께 삼황오제의 전설을 농사의 근원으로 삼고 있는 중국의 신농(神農)을 그대로 우리네 원조(元祖)로 삼았던 경향이 강하였다. 그러나 우리의 역사에서 밝히고 있는 우리네 농사신의 역할은 단군을 중심으로 풀어갈 수 있다.

물론 우리나라에서의 농사(農事) 자체는 구석기와 신석기를 함께 특징짓던

---

3) 구자옥 · 이도진 · 정선요 역(2004), 『자신으로서 쌀』, 전남대학교 출판부(원저: Emiko Ohnuki-Tierney의 『Rice As Self』).

4) 神農은 중국 전설의 3황 가운데 한사람으로서 성은 姜이고 사람 몸에 소의 머리를 한 모습이며, 火德에 기인하여 "炎帝"로도 불린다. 농사 · 의료 · 약제의 神이고 易의 神이며 또한 주조와 양조 및 상업의 神으로서 120년간 재위한 것으로 전해지고 있다.

5) 賈思勰(A.D. 500~600, 後魏)의 『齊民要術』 序文: 구자옥 · 홍기용 · 김영진 공역, 2006, 제민요술/농촌진흥청.

선사시대부터 이미 실존하고 있었지만, 기록상으로는 B.C. 2333년에 세워진 고조선의 건국으로 비롯된다. 즉 고조선이라는 최초의 나라가 세워지면서 이른바 일연(一然) 대사가 기록한 우리 민족의 시조(始祖) 이야기, 『삼국유사(三國遺事)』의 "단군신화(檀君神話)"로 등장한다.6)

이 신화는 『삼국유사』로부터 유래되어서 고려조의 『제왕운기』와 조선조의 『세종실록지리지』, 『응제시주』, 『동국여지승람』을 거쳐 전수되었다. 또한 이 신화는 외적의 침입이나 변란이 있을 때마다 단일민족으로서의 정체성과 긍지, 그리고 저항과 극복의 원동력이 되었으며, 한말(韓末)에 이르러서는 하나의 민족신앙으로 창시되어 오늘날의 국경일인 개천절로 기념케 되었다.

특히 "단군신화"는 내용으로 보아서, 환웅 부족이 태백산의 신시(神市)에 내려온 하늘의 자손이라는 긍지를 세우고, 풍백(風伯) · 우사(雨師) · 운사(雲師)와 더불어 바람 · 비 · 구름 따위의 농경환경적 요소, 즉 천기를 다스림으로써 주곡 작물의 재배를 통한 농경문화(農耕文化)를 일으켰다. 또한 "널리 인간을 이롭게 한다는 홍익인간(弘益人間)의 건국이념"을 밝히고 있다는 데 그 뜻이 거룩하다.7)

뿐만 아니라 반만년의 우리 민족사가 농경문화로 이어져 왔던 것도 단군의 신화에서 유래된 "홍익인간"이라는 건국이념이 면면히 흘러서 현재와 미래로까지 이어지며 꽃피워진 결과라 하겠다.8) 따라서 우리 민족성은 물론 우리나라의 전통적인 삶과 그 사조 또한 같은 맥락의 문화에 뿌리내려 이루어진 것이라 할 것이다.9)

단군 신화에 따르면, 고조선은 하늘의 자손인 환웅(桓雄)이 "아사달(阿斯達)"에 신(神)의 도시인 신시(神市)를 정하고 곡식(먹을거리)의 농경을 일구

---

6) 李載浩 역주(1967), 一然의 『三國遺事』.
7) 『三國遺事』: 「將風伯雨師雲師 而主穀主命 主病主刑主善惡……凡主人間 三百六十 餘事, 在世理化……」, 「時有一熊一虎……忌三七日 熊得女身……雄乃假化而婚之 孕生子 號曰 檀君王儉」, 「……桓雄, 數意天下, 貪求人世. 父知子意, 下視太伯, 可以弘益人間 乃授天符印三個 遣往理之 雄率徒三千」
8) 姜舞鶴(1982), 『檀君朝鮮의 農耕文化』 관악: 弘益人間이란 곧 "洪範九疇를 기본으로 하는 정치사상의 상징"이라 함.
9) 黃雲性(1967), 『韓國農業敎育史』 大韓出版社.

며, 또한 그 아드님이신 단군(檀君)에게 물려주어 만백성을 잘 살게 한다는 "홍익인간"의 이념을 세우고 조선(朝鮮)이라는 국호로 나라를 세웠던 데서 유래한다.10)11) 따라서 바람·비·구름의 농경생산 환경요소적 조화와 더불어 삼라만상의 운행을 자연 섭리적이면서 인본주의적인 농경으로 다스렸기 때문에 하늘(천기)과 땅(풍토)을 받들어 알며, 근면·검약하는 모습으로 삶을 함께 나누는 순백의 농경문화를 이 땅에 싹틔웠을 것이다.

단군 신화에서 비롯되는 우리의 농경문화는 자연에 순응하고 극복하는 섭리에 있었으며 그 속에서 함께 삶을 보장받는 행위였던 탓으로 그 조직적인 전통의 계승·발전은 어른(선조)에게서 아이(자손)들로 자연의 물처럼 면면히 흐르는 모습이었다. 고조선의 농경문화에 바탕을 두고 만주 송화강 유역의 부여에서는 "영고(迎鼓)"라는 제천의 감사제가, 졸본에서는 다섯 부족의 연맹체인 고구려가 주도하던 "동맹(東盟)"이라는 농경제천의 의식이 행해졌고, 강원 북부에서는 동예국의 "무천(舞天)" 행사가 지켜졌다. 한강 이남에서도 삼한(三韓)의 연맹국이 있어서 "천군"이라는 제사장이 "소도"라는 신성지에서 농경과 신앙을 다스리는 제례를 주관하는 동시에 5월의 "수릿날(단오제)"과 10월의 "계절제(상달제)"를 연례적으로 성대히 치르고 있었다.

단군 신화와 그 건국의 정신에서 비롯하여 그 후손들이 뒤를 잇던 이들 열국(列國)의 농경행사는 오늘의 추수감사제인 추석 명절로 이어지면서, 조상과 고향을 찾는 민족최대의 연례행사인 명절로 모습을 바꾸며 계승·발전된 것이다.

아무리 세월이 흐르고 세상이 바뀐다고 하더라도 단군의 신화에서 발원한 우리의 전통적 농경문화와 그 정신은 순진무구하게 사는 어진 모습의 삶과 하늘(천기와 풍토)에 감사하며, 농경을 주도하는 농민을 위로하고 거기에서 비롯된 농산물을 함께 나누며 우리 모두가 남들과 더불어 생태적이며 친환경적으로 공존 공영하는 원천의 문화를 이루어내는 모체를 우뚝 세워야 할 것이다.

---

10) 『三國遺事』: 「……有壇君王儉 立都阿斯達 開國號以朝鮮」

11) 李丙燾: 『韓國史』 古代篇에 王儉은 "엉-음"·"움굼"·"울굼"의 對譯으로 大人 또는 神聖人의 뜻이라 함

2. 농본사상의 계승

인류는 기능적이며 조직적인 집단생활을 하면서 집단 가운데서 으뜸이 되는 우두머리를 내세워 통치 형태의 질서 속에서 사회생활을 이룩하고 어떤 형태의 사회집단(나라)을 세우게 되었다. 우두머리는 통치를 통해서, 그리고 원만한 사회의 유지를 위하여 생명에 대한 이해와 우주·자연의 섭리에 대한 인식, 그리고 농사의 본질에 대한 해명이 되면서 신화(神話)나 자연현상에 의존하는 형이상학적 논리를 만들게 되었고, 이를 지배와 통치의 원리로 삼게 되었다. 즉 농사를 건국의 기틀로 삼아서 백성을 다스리고 일깨우며 삶의 가치를 구현케 하는 농본주의(農本主義)를 싹틔우게 되었다.[1]

우리 민족은 기원전 4000년 즈음에 중국 대륙의 서쪽에서 한반도로 유입된 예맥(濊貊) 퉁구스(Tungus)인으로서,[2] 이춘영(1964)에 의하면 이 시기가 원시농경을 이루던 때이므로 이들 종족의 이동과 함께 작물종이나 원시도구 및 생활방식이 섞여 들어왔을 것이라 하였다. 여하튼 종족의 이동이 이루어진 이후로 우리나라에서 형성된 농경문화나 농본사상은 중국의 영향을 직접적으로 받아 가며 이루어졌을 것이다.

중국의 농본사상은 신농(神農)씨가 백성의 먹을거리 해결에 최우선의 정치

---

1) 박준근·구자옥 등(2003), 『인류의 식량』, 전남대학교출판부.
2) 퉁구스 족은 만주족이 근간이 되고 거기에 몽고족과 한족의 피가 섞였으며 문헌상으로는 한(韓)·예(濊)·맥(貊)족으로 파악된다.

를 하고, 원시농구인 보습(따비)과 쟁기를 창제하여 개개인 백성부터 나라에 이르기까지 모든 삶의 근본을 농경(또는 농사)에 두어야 한다는 생각(이념)이었다. 이들 근거는 기원전 1세기와 서력 530~550년의 『범승지서(氾勝之書)』와 『제민요술(齊民要術)』에 잘 나타나 있다. 범승지 이전의 사상은 "자연의 섭리에 순응하여 땅과 곡식의 조화를 유도하는 농민의 태도(근면 · 지혜 · 겸손 등)와 계절의 법칙성에 의하여 농사가 이루어지며, 농사로 나라의 근본을 삼는다"[3]는 농업생산 중시사상이었다.

이러한 정신문화적 배경은 한 문제(漢文帝)[4]가 B.C. 178년에 처음으로 농사일의 모범을 백성들에게 보이기 위한 친경 · 권농행사로서 적전(籍田)을 세우고 "농천하지대본(農天下之大本)"이라 한 말에서도 잘 알 수가 있다. 반면에 『제민요술』에 인용한 이전의 농본사상은 『시경(詩經)』의 『관자(管者)』[5][6] · 『시전(詩傳)』[7] · 『논어(論語)』[8][9] · 『중장자(仲長子)』[10] 등으로서, 대표적인 예를 들면 다음과 같다.

 - 농부가 농사일을 게을리 하면 백성 가운데 굶주리는 사람이 있게 마련이고, 부녀자가 길쌈을 게을리 하면 백성 가운데 헐벗는 사람이 있게 마련이다.
 - 곡간이 채워져야 비로소 예절을 알게 되고, 먹을거리와 옷가지가 넉넉해야 비로소 염치를 알게 된다.
 - 삶의 근본은 근면에 있기 때문에 부지런해야 궁핍하지 않게 된다.

---

3) 「以農爲國本」.
4) 漢의 文帝가 유학자인 賈誼 진언을 받아들여 최초의 籍田을 설치 · 시행하였다. 그때에 "農天下之大本"이라 하였던 말이 오늘날 "農者天下之大本"으로 알려지게 되었으며 그 근거는 『사기』 孝文本記 "上曰 農天下之大本 其開籍田 聯親率耕 以給宗室廟粢盛"에 있음.
5) 「一農不耕民有饑者 一女不織民有寒者」
6) 「倉稟實知禮節 衣食足知榮」
7) 「人生在勤 勤則不匱」
8) 「力能勝貧 謹能勝禍」
9) 「故田者不彊因倉不盈 將相不彊功烈不成」
10) 「天爲之時而我不農穀亦不可得而取之 靑春至焉時雨降焉始之耕田終之簾簋惰者釜之勤者鍾之 矧夫 不爲而尙食也哉」

- 부지런하면 가난을 이기고, 신중하면 화를 입지 않는다.
- 농부가 부지런하지 못하면 곡간을 채울 길이 없고, 장상은 노력하지 않는 한 공적을 쌓을 것이 없다.
- 하늘이 네 계절을 운행하여 주더라도 우리가 농사에 힘쓰지 아니하면 곡식을 거둘 수가 없다. 봄이 와서 비가 내리면 밭가는 일부터 시작하여 드디어 가마니에 담는 일로 매듭짓는다. 이때에 게으른 농사꾼은 거둠이 1부(金: 6말 4회)에 지나지 않겠지만 부지런한 농사꾼은 1종(鍾: 10부)에 이른다. 하물며 어찌 일하지 않고 먹을 것을 바랄 수가 있겠는가?

그러나 이러한 중국의 사상을 소화해내면서 우리 민족은 농경의 정전제(井田制)에서 유래하는 향(鄕)의 문화나 생활, 그리고 농경제도, 율력(律曆)이나 십이지(十二支)·오행(五行)·향당(鄕黨)과 점무복술(占巫卜術)을, 또는 홍익인간(弘益人間)의 기치를 구성하는 우리 나름의 농본사상적 문화를 독자적으로 태동시켰다고 한다.[11] 뿐만 아니라 24절기를 가장 정확하게 밝혀서 이에 따른 농사일의 분화체제가 월령가나 세시기(歲時記)의 형태로 발전시킨 문화를 우리는 가지게 되었던 것이다.

백성들의 일상생활 속에서도 농본사상은 형태를 달리하여 뿌리내리게 되었다. "두레"[12] 형식의 농사일 처리 방식이 재난이나 관혼상제에서 계나 상부상조하는 풍속으로 발전하였고, 농경의 순리에 맞도록 체계화된 육례(六禮)를 백성에게 가르치며 이의 일환으로 성장한 농악과 가무, 여인네의 길쌈 행사를 이끌어내었다. 뿐만 아니라 농사의 율력(律曆)에서 나온 율악(律樂)은 병사들이나 선비를 키워내는 데 필수적인 가무악(歌舞樂)으로 되어 가르쳐졌다. 김대문(金大門)의 화랑세기(花郞世紀)에 "뛰어난 장수나 병정은 물론, 어진 재상이나 충성스런 신하들도 농경지 정전제(井田制)에 기초하는 신라의 화랑, 고구려의 선(仙), 백제의 향(鄕) 제도에서 키워졌다"고 하였다.[13]

---

11) 姜舞鶴(1982), 앞의 책

12) 우리나라 농촌에서 서로 협력하여 공동작업을 하는 풍습이나 이를 위하여 마을이나 동·리(洞里) 단위로 구성되는 협동 조직을 의미한다.

특히 농경행사를 주축으로 하여서 만든 세시기(歲時記)나 농가월령(農家月令)은 통치자의 연중행사와 백성들의 민속행사·권농행사·제천행사를 총괄하였다. 십이지(十二支)[14]의 동물상이 산이나 바다가 아닌 초원이나 농경, 또는 사육(飼育)과 관련된 12동물로 되어 있어서 길흉화복을 점치거나 기원하는 일로부터 출생과 사망 또는 이사하거나 입신양명하는 일의 운명결정에 기초자료가 되는 것으로 삼았다. 더욱이 5행설(五行說)[15]의 주체는 천지(天地)를 가름하는 음양의 대자연이 물(水)·불(火)·식물(木)·철(金)·흙(土)의 다섯 요소로 만들어져서 오행의 섭리를 이루고, 그 표상이 곧 농경이라고 생각하는 철학이었으므로 이 또한 얼마나 중농사상을 굳건히 버티게 하였는지를 잘 말해 준다.

이러한 우리네 전통적인 음양설(陰陽說) 또는 음양오행설(陰陽五行說)이 오늘날의 우리에게 대중적으로 전승된 슬기를 되짚어 볼 필요가 있다. 마치 아인슈타인이 발견한 상대성 원리를 우리네 조상들은 앞서 터득하여 삶 속에서 몸소 실천하였던 바와 다를 바 없다. 남(男)과 여(女)의 양성(兩性)이 상대적인 기능으로 조화를 이루어 삶이 이어지고 성쇠를 자아낸다. 삶이란 생(生)과 사(死)의 상대적 현상 위에서 조절되고 표현이 되며 하늘(天)과 땅(地)의 순환법칙과 주기성에 맞추어 삶의 주기가 이어지고, 농사를 지어 거두어들이는 이 모든 행태가 음양론으로 해석이 된다.

물레가 돌고, 즐거움과 슬픔이 교차하여 봄과 가을이, 여름과 겨울이 교차하고, 밤과 낮이 순환하며 각각의 성질이 강약과 고저를 달리 하며 순환됨으로써 이 세상의 순환원리가 성립된다. 따라서 음양론은 양구론으로도 통하고, 우리네 조상들이 일찍이 밝혔듯이 태극론으로도 설명이 된다. 이는 곧 불교의

---

13) 姜舞鶴(1982), 앞의 책

14) 십이지의 열두 동물은 일직선 위에 있지 않아서 호랑이나 용 따위의 지배현상에 매이지 않고 12번을 돌면 다시 제자리로 온다. 이는 시간과 공간이 함께 어울려 둥글게 돌아가는 순환을 뜻하며 子(쥐)·丑(소)·寅(범)·卯(토끼)·辰(용)·巳(뱀)·牛(소)·未(양)·申(원숭이)·酉(닭)·戌(개)·亥(돼지)의 순에 따른다.

15) 우주 간에 운행하는 元氣로서 만물을 낳게 한다는 5원소로 金·木·水·火·土를 들고 있다. 오행설의 주창자는 전국시대의 추연(騶衍)으로서 오행의 德을 帝王朝에 적용하여 虞(우)는 土德, 夏는 木德, 殷은 金德, 周는 火德으로 왕이 되었다는 설을 내세웠다. 이후 漢代에 이르러 음양오행설이 성행하여 오행을 우주조화의 면에서 해석하고 또 일상의 人事에 응용하면서 일체만물은 오행의 힘으로 생성된 것이라 하였다.

'반야심경'에서도 밝혀지듯이 "色卽是空(색즉시공)"이며 "空卽是色(공즉시색)"인 경지의 철학이기도 하다.16) 상대적인 두 기능은 서로가 상보적인 힘을 가지므로 어느 하나의 완전함은 존재하지 않지만 모든 조합의 상보는 서로 다른 세기의 생존을 가능케 하며, 그 가능성을 순환의 원리 속에서 실현한다는 것이다.

우리나라의 태극기(太極旗)는 곧 음양오행의 원리를 상징하여 그려진 것이며 홍범구주의 기본 강령을 나타낸 것이다. 상고시대 이래로 궁전이나 호족들의 솟을대문에 그렸던 해와 달의 순환 유적이 곧 해(太陽)와 달(月)의 순환이며, 8괘도 기실에는 주역 유래가 아닌 홍범구주의 바탕이다.17)

오행은 수(水)·화(火)·목(木)·금(金)·토(土)로서 우주를 감싸는 하나의 기운, 즉 태극이 변화해 가는 과정을 나타내며, 그 변화 속에서 서로 화합하고 갈등하는 삶의 모양을 규명해 놓은 것이다. 목화금수는 동서남북의 네 방향이고, 토는 중앙이다. 오행은 각각 시고(木), 쓰고(火), 달고(土), 맵고(金), 짠(火) 맛이며, 인체의 간장·심장·비장·폐장·신장 따위의 오장이기도 하다. 이는 곧 항상 부드럽게 낮은 곳으로 흐르는 물(水), 불길이 되어 위로 솟구치는 불(火), 곧은 것이 때에 따라 굽는 나무(木), 뜻대로 변화시켜 만들 수 있는 쇠붙이(金), 그리고 곡식을 심어 거두는 흙(土)인 것이다.18)

또한 오행은 두 기운이 서로 상생(相生)하거나 상극(相克)하는 관계로서, 상생은 목생화(木生火)·화생토(火生土)·토생금(土生金)·금생수(金生水)·수생목(水生木)의 사이로서 나무는 서로 부딪혀 불이 되고, 불탄 재는 흙이 되며, 쇠붙이를 품고, 쇠붙이는 대기의 물을 먹어 물방울을 맺으며, 나무는 물이 있는 데서 살아난다는 자연의 섭리를 이른다. 반면에 수극화(水克火)·토극수(土克水)는 상극의 관계로서 물로 불을 끄고, 불로 쇠붙이를 달구어 녹이며, 쇠붙이(도끼)로 나무를 찍어내고 나무로 흙을 뒤덮으며, 둑(흙)을 쌓아 물의 흐름을

---

16) 김용태(1995), 『마음으로 보는 민속 문화기행』·"옛 살림 옛 문화 이야기", 대경출판.

17) 姜舞鶴(1982), 『三國史記』에서 새로이 발견한 단군 조선의 농경문화 향가의 기원·홍익인간, 도서출판 관악.

18) 李盛雨(1978), 『高麗 以前의 韓國食生活史研究』, 鄕文社: 462～465.

막는 자연의 섭리를 또한 나타낸다.

오늘날에도 큰일에 나서려고 출사표를 던지거나 혼사를 이룰 때, 또는 이사를 할 때에 생시·출시·향방의 오행을 짚어 길흉화복을 점치는 사례가 비일비재하다. 특히 사람의 도리를 오륜, 즉 인(仁)·의(義)·예(禮)·지(智)·신(信)으로 나타내어 한 집안이 아버지의 의지, 어머니의 자애, 형의 우애, 아우의 공경, 자식의 효도를 주축으로 하되 그 수순은 인의예지신이었던 것이다. 그 밖에도 현재에 이르기까지 우리네 생활 속에 남아 있는 다섯 요소로서의 오행과 서로의 조화를 이루는 양극 또는 태극의 원리는 화랑의 "세속오계", 생활인의 "삼강오륜", 풍류를 읊는 "오언절구"의 시(詩), 넉넉한 마음 여유의 "오십보백보", 다양한 빛깔의 "오색영롱"이나 "오방색(청·적·황·백·흑)" 따위를 거론할 수 있다.

세상만사의 성립과 변화, 그리고 성과와 가치체계를 음양오행의 이치에 두고 생활화하였던 우리네 조상의 슬기는, 오늘날의 태극기가 보여 주듯이 참으로 아름답고 완벽한 것이었다. 서양의 기계론(mechanical theory)에 밀려서 기계의 부품을 갈아 끼우듯 생명을 다루는 의술보다 오장의 상생과 상극 원리로 새로운 기(氣)를 다스리는 생기론적 의술이 우리네 선조들의 슬기였다. 시집이나 장가를 파격적으로 잘 가서 팔자를 고치려는 꿈보다는 평생의 몸가짐·마음가짐을 잘 다스려서 팔자를 이룩해내려는 생각이 우리네 선조들의 슬기였다.

3. 농본통치관: 권농의 의지

　『삼국사기』에서 발견되는 홍범구주의 제3강에는 농용팔정(農用八政)이라는 통치자의 할 바에 대하여 설명하고 있다. 8정의 첫째가 식(食)으로서 나라의 정치나 인간의 삶에는 병장기(兵仗器)보다 식생활이 최우선으로 중요하며, 그 근간(根幹)으로서의 농사가 무엇보다 철저하게 지켜져야 한다는 것이었다. 공자도 『논어』에서 이를 지지하였는데 이는 곧, 식(食)과 농사(農事)가 먹을거리와 그 생산적 기능으로서 삶을 실존시키는 모든 것이라는 자연적 현상이었기 때문이다.[1]

　후위(後魏)의 고양 태수(高揚太守)였던 가사협(賈思)의 『제민요술(齊民要術)』에는 중국의 신화였던 신농(神農) 이래의 명군(明君)들이 식정(食政), 즉 식생활과 농사에 관한 정치를 어떻게 펼쳐서 백성을 배부르게 다스리고 국가를 여유롭게 이끌었는지에 대하여 사례 설명을 하고 있다.[2]

　일례로, 이회(李悝)[3]는 땅의 힘(地力)을 다하는 방법을 구사하여 나라를 부강케 하였고, 『회남자(淮南子)』[4]라는 책에는 "위로 천자(天子)부터 아래로 서민(庶民)까지 누구를 막론하고 사지를 움직여 일하며 마음을 거듭 다잡아야 만족스런 성취를 이룬다. 따라서 농부가 강인하게 일해야 곳간을 채울 수

---

1) 姜舞鶴(1982), 앞의 책
2) 구자옥 · 홍기용 · 김영진(2006), 해역 『제민요술』, 농촌진흥청.
3) 李悝는 戰國時代의 魏나라 사람.
4) 『淮南子』는 淮南의 왕인 劉安이 편찬한 21권의 老莊道書.

있다"고 기록되어 있다. 또 중장자(仲長子)는 "구차하게도 우모(羽毛)가 없으면 옷감을 짜지 못하여 따뜻할 수 없듯이, 들판의 풀을 베어다가 삶아 먹는 일로 배를 채울 수 없는 이상, 밭을 갈지 않으면 먹을 수가 없다. 어찌 스스로 힘들여 농사짓지 않고 편안히 지낼 수가 있으랴?"라 하였고, 조착(晁錯)은 "윗자리에 성왕(聖王)이 있다는 뜻은 결코 백성들이 알아서 농사짓고 길쌈한다는 말이 아니라 군왕이 백성들에게 생활 자재와 재화를 얻도록 길을 열어 꿈을 이룬다. ……백성에게는 주옥금은(珠玉金銀)이 있어도 먹고 입지 못하는 무용지물(無用之物)이지만 속미포백(粟米布帛)은 단 하루라도 있어야 주리지 않고 떨지 않게 하는 것이니 명군(明君)이라면 오곡(五穀)을 귀히 여기고 금옥(金玉)을 천하게 여긴다"고 하였다.

더욱이 "조과(趙過)가 발명한 소쟁기(牛耕)기술5)은 이전의 신농이 창안한 쟁기보다 뛰어나고, 채윤(蔡倫)의 종이는 이전의 비단보다 편리하며 경수창(耿壽昌)의 상평창(常平倉) 제도6)는 국익과 백성들의 삶에 더없이 유익하다. 따라서 우(寓)나 탕(湯)의 지혜에 버금간다고 하더라도 실제의 농사와 식생활에 도움이 크게 되는 경작기술에 견주겠는가?"라 하면서 실용기술 개발과 농사일 자체의 수행 가치를 높여 부여하였다.

이러한 모든 이야기는 통치자가 본받아 실행해야 할 권농의 의지, 즉 농본의 통치관이었다. 『서경(書經)』에서는 "농사일은 하늘의 가르침(天道)을 받들어 따르는 것이고, 땅의 이로움(地利)을 좇아 행하며, 부지런히 몸을 놀리는 일이니, 모름지기 씀씀이를 줄여서 부모를 봉양하는 데 뜻을 두어야 한다"고 하였다. 또한 『논어』에서도 "백성의 생활이 풍족하지 못하다면 군주인들 누구와 더불어 풍족할 수 있겠는가?"고 하여서 농사의 중요성을 강조한 바 있다. 특히 공자는 "한 집안을 다스리는 이치가 그대로 나라를 다스리는 이치로 옮겨 쓸 수 있는, 즉 집안이 어려울 때일수록 어진 아내를 바라게 되듯이 나라가 어지러울수록 훌륭한 통치자와 재상을 바라게 된다"고 하였다. 올바르

---

5) 한무제 때에 고안된 三犁共一牛식의 쟁기기술.

6) 西漢宣帝 때에 시행된 제도로서 곡물이 흔할 때에 비싸게 사서 축적했다가 귀할 때에 싸게 방출하는 곡가 조절 정책

고 어진 통치자의 농본적 통치관이 필요하며, 이런 마음을 지닌 통치자가 요구된다는 뜻을 주장한 말이라 하겠다.

우리나라의 농본적 통치관도 고조선의 태극 오행적 농업관과 계나 향으로 이어지는 상부상조적 농사관에 힘을 실어 통치가 이루어져 왔다. 또한 농사를 위한 오곡의 씨앗부터 농기구나 농사방법이 중국의 영향 속에서, 혹은 독자적으로 구현되면서 고려조에 이르게 되었고, 그때의 우리네 사료는 충분치 않으나 기록을 통하여 통치자의 농본관을 유추해 볼 수가 있다.

우선 고려조의 건국이념으로 제시되었던 중농주의의 교시[7]를 보면 다음과 같다.

"……그러하므로, 만백성을 어루만져 그 의지함을 받아 주자면 밭 갈고 김매고 추수해 들이는 일을 방해해서는 안 되며, 이제 전국의 수령 · 방백에게 명령하여 모든 잡역(雜役)으로부터 백성들을 헤어나게 하고 오로지 권농(勸農)에 힘쓸지니, 장차 사람을 보내어 논밭과 들판이 풍요한지 황폐하였는지 조사하고 수령 · 방백들이 권농에 힘썼는지 게을렀는지 알아본 연후에 그 결과에 따라 상도 내리고 벌도 주리라."

다분히 단군의 홍익인간적 사상과 고대 중국의 중농주의적 사상을 결합시켜서 통치관을 내보인 사례라 생각되며, 이후 조선조에 와서도 역대 왕들의 사상으로 변함없이 계승되고 있었다. 고려 원종(元宗) 14년인 1273년에 우리나라에서 최초로 판각되어 농사와 농정의 지침서로 활용하였던 중국 원나라 대사농사(大司農司)의 『농상집요(農桑輯要)』[8]에도 "영원히 백성들의 기한(饑寒: 굶주리고 헐벗음)에 대한 근심을 덜기 위하여 편찬한다"는 서문의 내용과 농사의 기원[農功起本], 잠업의 기원[蠶業起本], 농업 철학[經史法言], 선현들의 농사 전훈(典訓), 그리고 농정의 지침(耕墾)으로 책머리 부분인 제1권을 편찬한 것으로 보아, 이에 영향을 받았던 우리나라 통치자들의 농정관이 중농주의에 흘렀을 것은 자명한 일이다.

---

7) 『고려사』 성종 5년조.

8) 具滋玉, 洪起瑢(2008) 譯解, 『元刻 農桑輯要』, 農村振興廳.

조선왕조에 이르러서는, 건국의 핵심설계자이었던 정도전(鄭道傳: 1337~1398)이 왕도정치와 민본주의 실현이라는 유가(儒家)의 정치철학으로 나라의 정치·경제·사회·군사 등에 걸친 제도개혁에 착수하였고, 조선은 기자조선(箕子朝鮮)을 계승하며, 왕은 인정(仁政)을 통치의 기본 방향으로 삼도록 하였다. 왕도정치는 백성의 의식(衣食)을 충족시키기 위한 농업을 우선하는 데서 비롯되고 이를 위해서는 농민의 수와 토지면적의 확대를 이루는 반면에 상공업을 억제하는 데 있다는 생각을 하였다.9) 맹자(孟子)의 이론에 맞추어10) 토지를 국유화하고 관리들에게 과전(科田)을 지급하며 경자유전(耕者有田)의 정신으로 병작반수(竝作半收)를 금하고 경작농지의 매매와 증여를 금지하며 10분의 1세 원칙을 세우는 시책을 내세웠다. 또한 왕의 친경·권농을 위한 적전(籍田)을 세우고 흉년의 대책을 수행하기 위한 의창(義倉)·사창(社倉)이나 혜민전약국(惠民典藥局)을 개설하였다. 태조 3년인 1394년에『경제육전(經濟六典)』이 만들어져서 태종 때에『속육전(續六典)』으로 개정되었고, 이후 세조 때부터 대폭적인 수정을 거쳐서 성종 16년인 1485년에『경국대전(經國大典)』으로 통치지침서가 완성되게 되었다. 이에 따르면 농정업무는 주로 호조(戶曹)가 담당하였고, 농정 자체는 다원화시켜 추진되었다. 농정관료의 품계와 직명을 예시하면 다음 표에 나타낸 바와 같다.11)

〈표 11〉 조선조 농정관료의 품계와 직명(경국대전)

堂上官	正一品大匡輔國崇祿大夫·輔國崇祿大夫(삼정승)
	從一品崇祿大夫·崇政大夫(의정부의 좌·우찬성)
	正二品正憲大夫·資善大夫(각조의 판서와 한성판윤, 의정부의 좌·우참찬)
	從二品嘉政大夫·嘉善大夫(각조의 참판, 각도관찰사, 부윤)
	正三品通政大夫(각조의 참의, 대도호부사, 목사)
堂下官	正三品通訓大夫[사복시의 정(正)]
	從三品中直大夫·中訓大夫[도호부사, 사복시의 부정(副正)]
	正四品奉正大夫·奉列大夫[광흥고의 수(守)]
	從四品朝散大夫·朝奉大夫(군수, 사복시의 첨정)

---

9) 정도전은 조선의 개국직후에『朝鮮經國典』·『經濟文鑑』 등을 지어 태조에게 바치고, 새 정부의 각종제도 개혁이나 내용·이유를 상세히 밝혔다. 즉 조선의 모든 관제를 六典體制로 편제하였는데 이는『周禮』에 따르고 또한 漢·唐 등의 제도를 가미한 조선 실정 적용책을 논한 것이었다.

10)『孟子』梁惠王 上 및 離婁 上·下.

11) 金榮鎭, 李殷雄(2000),『조선시대농업과학기술사』, 서울대학교 농업개발연구서 학술총서 제1호, 서울대학교출판부.

參上官	正五品通德郎·通善郎(각조의 정랑) 從五品奉直郎·奉訓郎(평시서의 영(令), 각도의 도사(都事), 현령,사복시의 판관) 正六品 承議郎·承訓郎[각조의 좌랑, 사포서의 사포(司圃), 장원서의 장원(掌苑)과 별제, 각도와 사복시의 판관] 從六品宣敎郎·宣務郎[호조의 산학교수, 별제, 전생서의 주부(主簿),사축서의 사축(司畜), 각도의 판관, 각목장의 감목관, 현감. 장원서의 신화(愼火), 사복시의 주부, 마의(馬醫), 안기(安驥)]
參下官	正七品務功郎 從七品啓功郎[호조의 산사, 장원서의 신과(愼果), 사복시의 조기(調驥)] 正八品承仕郎[장원서의 신금(愼禽)] 從八品承仕郎[호조의 계사, 장원서의 부신금, 사복시의 이기(理驥)] 正九品從仕郎[호조의 산학훈도와 회사, 장원서의 신수(愼獸)] 從九品將仕郎[각도의 심약과 검률, 사복시의 보기(保驥)]

지방의 농정기구로는 각 도(道)에 종2품의 관찰사가 있고, 종5품의 도사(都事), 종6품의 판관(判官), 종9품의 심약(審藥)과 검률(檢律)이 각각 있어서 보좌토록 하였다. 또 각 면(面)에는 그 크기에 따라 한 둘의 권농관과 양잠관이 있어서 수령의 지휘를 받들게 하였다. 그러나 기술자는 도제식·세습적으로 확보되는 낮은 품계의 인물이었고, 오히려 농사와 이율배반적 위치에 있던 사대부 출신자이거나 또는 노농(老農)들이 더욱 큰 영향력을 발휘하였기에 진정한 의미의 발전은 기대하기 어려웠을 것이다.

세종 11년인 1429년에는 왕명을 받은 정초(鄭招)가 각 도의 관찰사들 협력으로 수많은 노농들의 지혜와 기술을 청취하고 정리하여 우리나라 독자적인 최초의 농사기술서『농사직설(農事直說)』을 편찬하게 되었다.[12]

신속(申洬)이『농사직설』을『농가집성』으로 묶었던 책에는 1444년에 세종이 내린 권농교문이 들어 있어서 당시 통치자로서의 농본주의적 통치 이념을 알 수 있게 한다.

---

12) 농촌진흥청(2004),『농가설』·『위빈명농기』·『농가월령』·『농가집성』· 고농서국역총서7. 농촌진흥청: 1655년에 申洬이『권농교문』과『농사직설』및『권농문』·『사시찬요초』등을 종합정리·합본하여『農家集成』으로 출간함. 신속의 농사에 대한 사상은 "政事가 하늘의 태양과 같은 것으로서 백성에게는 지켜야 할 도리를 지키는 것과 다를 바 없으니 곧 농사에서 밭 갈고 거두는 일과 무엇이 다르겠는가? 따라서 세종의 敎文을 책머리에 밝혀 장차 聖朝를 주나라의 重農詩(書)와 같이 삼고자 하였으니 이는 주나라가 천하를 얻음이 실로 농사에 힘썼던 데 바탕할 수 있었다. 이로써 오늘날에 徵驗할 수 있으리라"는 것이었다.

"나라는 백성으로서 근본을 삼고, 백성은 식량으로서 하늘을 삼나니, 농사는 의식(衣食)의 근원인지라 왕정(王政)의 우선되는 바이다. 생각하건대 그것은 민생(民生)에 대한 천명(天命)이니 이로써 천하백성의 지극한 노고에 보답함이다. 윗사람으로서 성심껏 앞서 준행하지 않는다면 어찌 능히 백성으로 하여금 농사에 힘써서 생(生)을 이어가는 즐거움을 다하게 할 수 있으리오. 태고에 신농(神農) 씨가 쟁기와 보습을 만들어 천하를 이롭게 하고 소호(少昊) 씨가 구호(九扈)에게 명하여 농사를 관장하게 함은 성신(聖神)이 하늘의 뜻을 이어 인륜(人倫)의 근본이 되는 백성의 길을 세움으로써 억조창생을 온전하게 하기 위함이다. ……태종 대왕께서는 매양 뭇 신하들에게 이르시되 식량이나 의류생산을 영위함에 있어서 농사철을 잃지 않도록 하는 것을 근본으로 삼으라 하셨으니 얼마 안 되는 30전(錢) 값어치의 쌀 한 말(斗)을 생산하는 효과 밖에 안 된다고 하더라도 어찌 이를 실천하지 않을 것인가? ……태종께서는 파종하고 거두는 일에 부지런할 것을 언제나 말씀하시고, 특히 우매한 백성이 작물을 재배하는 방법에 어두움을 걱정하시어 유신(儒臣)에게 명하여 방언(方言)으로서 농서(農書)를 번역하고 국내에 널리 배포함으로써 후세에 전하도록 하시었다. 과인이 왕위에 오르고 이른 아침부터 늦은 밤까지 두렵고 근심하는 바는 선대(先代)를 우러러 못 미칠까 염려되는 점이다. ……대개 범인의 심정은, 통솔하면 스스로 힘쓰게 되지만 그대로 놓아두면 게을러질 따름이다. ……먼저 농가에서 하는 일은 절기(節期)에 따라 이르며, 소득 또한 그 절기를 어기지 않고 품을 아끼지 않아야 할 따름이다. ……다만 백성이 근로하고자 하나 권농(勸農)함이 충실하지 못하면 그 힘의 베푼바 실효가 없다고 하였다. ……각자가 진심으로 유의하여 백성을 인도하되 농사에 힘써 들일에 열심히 종사하고 위로 부모를 섬기며 아래로 처자를 보살피게 하면 나의 백성을 오래 살게 할 것이며, 또한 나라의 기틀을 굳건히 지켜서 집집마다 살림이 유족하고 일품이 넉넉하여 예의와 겸양의 기풍을 크게 떨침으로써 세월이 태평하고 풍년이 들어 태평성대의 즐거움을 함께 누릴 수 있으리라."

이 권농교문[13]은 세종이 "오방(五方)의 풍토가 같지 않아서 작물 재배도 각각 그 알맞게 심고 기르는 것이 다르니 고서(古書)와 같을 수 없다 여기시고, 여러 도의 관찰사에게 나이든 농부들을 방문하여 이미 경험한 기술이 무엇인지 알아보도록 명하시었다. 또한 이들의 보고문을 정리하여 설명을 붙이라고 명령하시었다. 책을 완성한 다음에 책명을 농사직설(農事直說)로 붙여 주시고, 또한 권농교문을 내리어 중외(中外)에 널리 반포하신 것"으로서 후세에까지 전하여져서 누구나 볼 수 있게 된 것이다.

『농가집성』에는 1176년과 1179년에 쓰인 주자(朱子)의 권농문(勸農文)[14]

---

13) 『농가집성』 발문에 『농사직설』의 편찬 연유와 하명의 근거를 밝히고 있음.
14) 주자의 권농문은 주자가 知南康軍(현재 江西省 星子縣) 일대의 수령으로 있을 때 지은 것으로 농학에

이 세 편 수록되어 있는데, 이는 조선조 초중기의 우리나라 통치관과 함께하는 내용이어서 널리 읽히도록 권장하는 뜻이었을 것이다.

내용 속에는 "……농상(農桑)에 힘쓸 바는 지나치게 많은 것은 아닌데……향토의 풍속은 서로 간에 저절로 같지 않은 데가 있으므로 오히려 몸소 가보지 않은 데가 있을까 두려우니 널리 묻고 두루 찾아서 삼가 본분을 지키고 힘써 행하도록 하라. 다만 근로에 지나침은 허물이 아니지만 나태함은 옳지 못하다. 민생(民生)은 부지런함에 있으니 부지런하면 궁핍하지 않은 것인데, 게으른 농민은 스스로 어리석지 않다고 자처하며 힘들여 일하지 않다가 마침내 논밭에 곡식이 없게 된다"는 성현의 훈계를 인용하고 있었다.

또는 "지어미와 자식에게 음식을 먹이며 배를 두드리게 해서 다시금 춥고 굶주리며 떠도는 환고가 없게 한다면 성천자께옵서 백성을 애육(愛育)하고자 노심초사하시며 불쌍히 여기어 슬퍼하시는 뜻에 부응할 수 있다"는 내용이나 "근심스러워 생각해 보니 생민(生民)의 근본은 족식(足食)이 우선이므로 국가가 농사에 힘쓰고 곡식을 중히 여기는 것이며, 따라서 주현(州縣)의 원으로 하여금 모두가 권농으로 직책을 삼게 해야 한다"는 내용이었다. 세종의 권농교문과 뜻을 같이하였던 것임을 알 수 있다.

이와 같은 통치자의 농정관은 조선조 후기에 와서도 거의 바뀐 것이 없다. 다만 『경국대전』에는 "수령(外官)의 경력이 없는 자는 4품(品) 이상의 품계에 오를 수 없으며 병조라도 마찬가지이다"[15]라는 인사원칙이 있어서 농사가 대부분의 민생이며 국가경제였던 당시에 향리를 우선적으로 알도록 하였던 통치자의 인사원칙은 철저한 지방존중과 농사중시의 사상에 두고 있었음을 알 수 있게 한다. 더욱이 1744년에 완성한 『속대전(續大典)』에는 "도사(都事)나 수령(守令)으로서 농촌의 잔박(殘薄)한 일거리를 싫어하여 그 자리를 면하고자 부임하지 않는 자나 또는 부임한 뒤에도 그 자리를 기피하여 교체

대한 그의 성찰은 "내가 만일 비탈밭 3백 묘(畝)만 빌릴 수 있다면 푸른 등 켜놓고 밤새워 농학을 공부하겠다(乞得山田三百畝 靑燈徹夜課農書)"고 한 七言詩로 짐작이 간다.

15) 「非經守令者 不得陞四品以上階, 兵曹同」

를 도모하는 자는 각각 그 지역에 3년 기한으로 정배한다"는 규정16)이 추가
되고 있어 농사현장의 경험은 출세의 전제로까지 강화되고 있었다.

아울러서, 조선조 후기로 오며, 임진란 후유증을 벗어나지 못하였던 나라의
재정은 날로 궁핍하였던 데 기인하여 통치자의 중농주의는 국가의 재정을 확
보하려는 목적으로 강화되기 시작하였다. 토지의 결수나 소출을 과민하게 따
지고, 토지를 개간하여 넓히려는 노력에 몰두하였다.

앞의 사례 가운데 하나로, 각 고을의 농지대장을 만들 때, 반드시 해부인
(解負人)17)의 성명을 기재케 하여 후일에 누락 또는 허위기재가 되었을 때
책임을 물어 단죄케 하였다. 특히 잘못된 일에 연루된 관리는 정3품 이하(당
하관)일 경우에 수령이 독자적으로 벌을 주지만 정3품 이상인 당상관(통정대
부)일 경우는 수령이 임금에게 보고하여 논죄케 하였다. 중농에 대하여 서슬
이 퍼런 통치관이 아닐 수 없었다. 그런 한편 뒤 사례 가운데 하나로, "모든
황무지는 개간한 사람이 주인"이도록 규정18)하거나 "묵은 농지를 개간한 곳
은 세를 반으로 줄인다"는 규정19)을 반포하였다. 그러나 산의 중턱 위쪽을 개
간하거나 모경(冒耕)20)을 하는 것은 엄히 금하여서 언제라도 물난리가 나거
나 가뭄이 나는 것을 미연에 방지케 하였다.

농사에 대한 왕의 교문이나 윤음(綸音)21)도, 조선조 전기에 태조·태종·
세종이 각각 『신편집성마의방』과 『농서집요』 및 『양잠경험촬요』, 그리고 『농
사직설』을 통하여 발포하였듯이 정조 22년인 1798년에는 "권농정구농서윤음
(勸農政求農書綸音)"을 발포하였다. 이는 전국의 실학자 유생들에게 새로운
농법이 반영된 농서를 지어 올리라는 하명이었다. 다음 해인 정조 23년에는
마침 선왕(英祖)이 적전(籍田)을 두고 몸소 친경(親耕)을 하였던 지 60주년

---

16) 「都事守令之厭避殘薄 規免不赴者 赴任後厭避圖遞者 各其地限三年定配」
17) 계산 전문가로서 結負를 계산하는 일을 함.
18) 「續大典」 田宅條, "凡閑曠處 以起耕者爲主".
19) "陳田起墾處……減半稅".
20) 허락 없이 남의 땅에 농사짓는 不法耕作, 또는 가뭄으로 물이 마른 저수지 바닥에 농사짓는 행위.
21) 勸農政求農書綸音: 金榮鎭·李殷雄(2000), 앞의 책 재인용.

이 되는 해로서, 정조는 이를 기념하여 재차 농서를 구하는 윤음을 발포하였다. 조선조 후기에 중농주의 통치관을 가장 적절하게 나타낸 획기적인 윤음이어서 여기에 부기한다.22)

"농본지국으로서 백성이 굶는 것은 그 책임이 농사에 있는데, 만일 농사일에 근면하지 못한다면 가을이 되어 농민에게 농사가 있었다고 말할 수 있겠는가? 농사는 비록 천시(天時)에 따라야 하지만 마땅히 그 지리(地利)를 이용해야 한다. 그러나 지리를 이용해야 하더라도 인사(人事: 사람이 해야 할 바)를 다스려야 하나니, 농사일에는 거름 주는 일, 물대는 일, 김매기, 논밭 가는 일, 파종, 북주는 일, 들밥 내가는 일, 가축 사육하는 일, 농한기에 해야 할 일, 수확하는 일, 타작하는 일 등이 있다. 일은 백성이 하지만 일을 지도하는 자는 관리(官吏)이다. 백성이 일하는데 관리가 감히 놀 수 있겠는가? 우리나라는 산으로 덮여 있고 바다를 끼고 있으며 들은 비옥하여 평소에 의식지향(衣食之鄉)으로 불리는데 잡일(공사) · 잔치 · 태만 등에 습관이 되어 농부가 직업을 잃고 권농하는 관리들이 때를 어겨 한 번 수한(水旱)이 들면 땔나무까지도 없어진다. 이러한 것은 한 마디로 말하면 인사(人事)가 제대로 다스려지지 못하고 지리(地利)를 다 이용하지 못했기 때문이다. 농지본(農之本)은 근면과 힘써 일함에 있는데 그 요체(拗體)는 흥수공(興水功) · 상토의(相土宜) · 이농기(利農器)이다. 수공(水功)으로 말하자면, 제언(堤堰)이 오랫동안 파기되어 모경(冒耕)이 계속되는데 호남의 벽골(碧骨), 호서의 합덕(合德), 영남의 공검(恭儉: 상주), 관북(關北)의 칠리(七里), 관동(關東)의 박지(薄池), 해서(海西)의 남지(南池), 관서(關西)의 황지(潢池)는 나라의 대제(大堤)인데 때맞추어 물이 제대로 괴지 못해 매년 풍작을 이루지 못하고 있다. 현재는 대제(大堤)보다 급한 일이 없다. 또 토의(土宜)는 수공(水功)과 더불어 행해져야 하는데, 건조한 땅과 습한 땅, 밭두렁과 두둑 등을 엄밀히 (측량하여) 경계 짓고, 늦벼와 이른벼, 기장과 조 따위의 성질을 가려서 가꾸

---

22) 求農書綸音[정조 23년: 金榮鎭 · 李殷雄(2000)], 앞의 책 재인용.

고, 좁고 넓은 땅에 농작물을 적절히 가려서 이용하여야 한다. 또한 이농기(利農器)에 있어서는 가뭄에 대비한 수차(水車)·역차(役車), 곡식 저장을 위한 구루(篝簍), 곡식을 찧기 위한 대확(大確) 등을 갖출 일이다. 조정 안팎으로 모든 사람들은 각각 장소(章疏)나 부책(簿冊)으로 만들어 서울은 묘당(廟堂)에, 외방인(外方人)은 감사(監司)에게 이속(異俗)과 고방(古方)에 얽매이지 말고 가감하여 농가의 대전(大全)으로 삼을 것이다"라 하였다.

이러한 정조의 뜻에 따라서 윤음 발포의 다음 해인 정조 23년 6월까지 도합 69건의 상소문이 접수되었다. 그 가운데 42건은 농서(農書)로, 나머지 27건은 정책적 건의문 형식으로 올려진 것이었다. 이들 농서를 묶어서 『응지진농서(應旨進農書)』[23]라 하며, 이는 농촌 현장에서 농사를 경험하였던 내용을 모아 임금의 뜻(王旨)에 맞도록(応) 제출한(進) 농서라는 뜻이다.

그러나 통치자의 권농의지 가운데 빼놓을 수 없는 사항의 하나는 사직제(社稷祭)에 있었다고 할 수 있다.

고려 성종(成宗) 때인 서기 983년에 기록상 최초의 기곡(祈穀) 적전의식(籍田儀式)을 시작함과 동시에 사직단(社稷壇)을 세우고, 3분취1(三分取一)의 세제, 상평창(常平倉) 제도, 무기(武器)의 농기화(農器化), 의창(義倉)에 의한 흉년의 진휼제(賑恤制), 재해 감세(災害減稅), 제언(堤堰) 수축·보완, 관우(官牛) 대여제 등의 권농제도가 시행되었다고 한다.

특히 사직(社稷)이란, 오늘날에도 한 나라(王朝)의 흥망을 가리는 국운(國運)을 일컫는 말로 "종묘사직(宗廟社稷)"에 쓰이는 바와 같다. 서울의 조선왕조대 왕궁의 좌우에 종묘(현재 종로구)와 사직단(현재 사직동)을 두고 종묘에서는 선조(先朝)를 모시고 제사하며, 사직단에서는 농사의 신(神)에게 제사하며 왕과 왕비가 각각 친경(親耕)하거나 친잠(親蠶)하면서 농사의 모범을 보임으로써 백성들로 하여금 농사에 매진토록 권농하였다. 선조를 받들고 농사일인 권농에 진력하는 것만이 임금의 가장 큰 할 일이었고, 이야말로 나라의 존립을 결정짓는 중대한 일이라는 뜻에서 국운을 "종묘사직"이라 하였던 것이다.

---

23) 農村振興廳의 국역총서 사업 일환으로 2006년에 출간될 예정임.

이런 농경지를 적전(籍田)이라 하는데, 친경의식(親耕儀式)의 한 행사로 선농단에서 배고픈 백성들에게 "고기국밥"을 한 그릇씩 나누어 주었는데, 여기에 유래하여 그 음식의 명칭을 선농탕, 즉 설렁탕이라 부르게 되었다는 이야기도 있다.[24] 조선조에 이르러서도 친경의식은 답습되었는데 동적전과 서적전을 합치면 경지 면적이 100결(結)에 이르러서 결국은 농민들이 동원되었다고 한다.

이에 대한 보다 상세한 기술을 하면 매년 연초(年初)가 되면, 고려 성종 2년인 982년에 비롯되었던 친경의식을 본떠서 군왕이 만조백관 및 왕세손과 더불어 동적전(東籍田: 선농단)에 나가 제사함과 함께 친히 밭을 가는 친경의식을 거행하거나 왕비가 내외명부(內外命婦)와 더불어 채상단(採桑壇)에 나가서 뽕잎을 따고 어친잠실(御親蠶室)에 나가 친잠을 함으로써 왕실부터 몸소 권농의 시범을 보였다.

"태종실록"에 이른바 "친경의식은 신명(神明)을 공경하고 농사를 중히 여긴다"라 함으로써 적전의 뜻을 밝혔으며,[25] 세종 19년(1437)의 권농교문에는 "왕궁 후원에 시험 삼아 밭을 갈고 인력을 다하였더니 가뭄도 재해를 일으키지 못하고, 벼가 잘 여물게 되었으니 이는 (농사를) 사람의 힘으로 구해낸 것이다"[26]라 함으로써 군왕이 실천을 통하여 몸소 권농의 시범을 보인 것이다.

양잠에 있어서도 세종 이전부터 이미 궁중에 어친잠실(御親蠶室)을 두어 중전과 세자빈이 누에치는 공(功)을 익히고 백성의 모범을 보이게 하였을 뿐만 아니라 서울 동쪽 아차산 밑에 동잠실과 현재 연세대 구내에 서잠실을 두어 누에씨를 연계시켜 생산토록 하였다. 정종 2년인 1400년에도 정종은 최초로 선잠제(先蠶祭)를 지냈다는 기록이 있다. 이를 이어받은 태종은 공상잠실법(公桑蠶室法)을 반포하고 국영잠실인 잠실도회(蠶室都會)를 설치·운영하

---

24) 또는 몽고의 유사한 음식인 "슐루탕"에서 유래하여 설농탕·설렁탕이 되었다는 설도 있다(이춘영).

25) 『태종실록』: "耕籍之禮所以敬神明 而重農業也"

26) 『세종권농교문』(1437): "丁巳於後園 試治田極人力 果遇旱不能爲災 禾頗稔熟 是則耳 以人力 而可救也"

였으며, 태종 16년(1416)에는 조종(朝宗)을 포함한 7개소에 국영잠실을 설치하여 궁중의 비단실수요를 충당하기 위한 뽕나무 묘목과 잠종의 증식 및 양잠시범을 왕실 스스로 해내는 모범을 보였던 것이다.

적전(籍田)은 단순한 권농의식이나 궁중의 자급을 위한 장(場)일 뿐만 아니라 새로운 품종의 다수성 여부나 예상외의 문제 발생 여부를 시험처리해 보는 시험장 구실도 하였다.[27] 다수성 검은 기장의 씨앗 증식이나 묵은 보리·밀 종자의 파종에 따르는 문제를 시험했던 사례가 그것이다. 세종실록의 세종 21년인 1439년 7월조를 보면, 장단의 이길(李吉)이 묵은 밀씨의 파종에 문제가 없다는 주장과 노농(老農)들의 문제 제기 사이에 결론을 얻기 위한 상소기록이 있다. "이제 노농에게 물어서 경험 있는 자가 있으면 밀의 사례에 따라 묵은 보리씨를 나누어 파종해 보도록 명하시고, 만일 경험자가 없으면 적전(籍田)에 명을 내리셔서 직접 시험케 하소서"라는 상소였다.[28] 오늘날의 농사시험장이 가지는 기능을 군왕의 준엄한 감시 아래서 적전의 엄격한 규율로 대행되고 있었음을 뜻있게 살필 수 있다.[29]

황운성(黃雲性)[30]에 의하면, 적전(籍田)에서는 9곡(穀)으로서 벼(稻)·고량(粱)·수수(黍)·기장(稷)·당수수(唐黍)·팥(小豆)·콩(大豆)·보리(大麥)·밀(小麥)을 친경하면서 백성의 견학을 유도하였다고 한다. 이에 대한 정도전(鄭道)의 뜻풀이는 "농사는 만사의 근본이며 적전(籍田)은 권농의 근본이다. 임금이 스스로 적전을 갈아 농사를 앞세운다면 어찌 백성이 농사에 근면하지 않겠는가?"라는 것이었다.[31]

---

27) 세종대왕기념사업회(1971), 『세종장헌대왕실록』 12권, "이제 한 해에 두 번 익는 기장씨를 나누어주니 檄樹芸法에 따라 기름진 땅에 심어 시험하라. 대개 일찍 되는 것은 풍성하지 않고 비료 주는 일만 허비하므로 백성들이 좋아하지 않지만 이것은 한 해에 두 번 익는다고 하니 첫여름의 양식이 곤란할 때 요긴하다."

28) 『世宗実錄』 券86(世宗21年 7月條): "……今訪諸老農 有経験者則依小麥例 分給耕種 如無経験者 則令籍田試之".

29) 李圭泰(1989), 『先農祭壇』(韓國農業教育史 再引).

30) 黃雲性(1967), 『韓國農業教育史』, 大韓出版社.

31) 『태조실록』 7년조, 鄭道伝.

이런 적전제의 기능은 조선왕조 후기에 이르러서도 변함이 없었던 것으로 보인다. 우선 1785년에 반포된 『대전통편(大典通編)』에 따르면, "매년 연초에는 군왕의 권농유음이 반포되니 고을의 수령은 이를 각별히 유의하여 권농에 힘써야 한다"고[32] 기록되어 있다.

구한말에 이르러서도, 비록 일제의 의도적인 계획과 권유에 의하여 유도되었을망정 군왕의 친경이나 친잠의식을 함으로써 백성들의 농사를 권장하는 깊은 뜻이 실렸다.

일례로, 1895년 1월에 "황제홍범 14조"가 선언되면서 왕과 왕세자가 종묘에 제례하면서 농민과 농사의 중요성을 세워주기 위한 각종 시책의 개혁과 보호를 위한 서약식이 있었다. 1907년 10월에는 황제의 칙명으로 "농사를 장려하고 이와 함께 상공을 일으켜서 국가를 부강토록 그 기초를 다진다"는 뜻을 피력하였으며, 1908년 10월에는 황제가 수원의 "권업모범장"을 친히 방문하여 농학의 연구·교육·지도에 매진토록 격려한 일이 있었다. 1909년 4월에는 황제가 서울의 동적전(東籍田)에서 친경의례(親耕儀禮)를 거행하고, 황후는 친잠의식(親蠶儀式)을 거행하였으며, 같은 해 6월에는 황후가 친히 권업모범장에 행차하여 친잠(親蠶) 행사를 거행하면서 전국적으로 백성들에게 양잠(養蠶) 장려의 뜻을 반포하였다.[33]

광복 이후에도, 최근에 이르기까지 나라에서 지정한 "권농일(勸農日)"이 있었다. 대통령과 삼부요인이 대거 수원의 농촌진흥청에 모여서 기념식과 함께 인근의 시험포장에 내려가 "모심기"를 상징적으로 하고, 참석자 모두가 함께 어울려 들판 잔치를 하였다. 때에 따라서는 장소를 농촌현장으로 바꾸어 시행한 사례도 있었다. 뿐만 아니라 가을철 추수감사제를 겸하여 농촌의 일손을 거드는 동시에 농민들의 한 해 수고로움을 위로하고 또한 백성들에게 농사의 고마움과 중요성을 일깨우기 위한 "벼베기" 행사가 있었다. 다만 "벼베기" 행사는 국가의 지정된 날은 없었다. 민간에서는 추수감사제를 추석으로

---

32) 『대전통편』 戶典條: "……一遵歲首勸農綸音該守令另行勸農."
33) 小早川郎(1944), 『朝鮮農業發展史』(政策篇), 朝鮮總督府.

하여 거국적으로 치러지고 있기 때문이었다.

　"모심기" 행사나 "벼베기" 행사는 각국 직장이나 학교별로도 시행되고 있었다. 국가적인 권농의 의식 고취와 함께 "먹을거리 존중"의 의식 거양 및 자체 집안의 친목과 위로를 겸한 행사로 치러졌던 것이다. 그러나 은연중에 이들 권농의식은 자취를 감추게 되고 국가지정의 "권농일"도 사라지고 있다. "친환경"이나 "생명존중"의 미래 건설을 부르짖고 있으면서도 한 나라 역사·문화이고 전통이며, 경제·사회의 근간을 이루는 농촌·농사·농민 존중의 문화를 해체시켜 가는 오늘의 세태는 안타깝기 그지없는 현상의 하나이다.

4. 농사 일거리의 변천

　농사의 일거리, 즉 노동의 문화를 되짚어 보기 위하여 필요한 일은, 역사적으로 어떤 종류의 일거리가 어떤 방식으로 전개되었는지를 밝히는 데에서 시작되어야 할 것이다.

　모름지기, 농사 방법 가운데서도 기술이라 할 수 있는 과학적 방법은 시대의 흐름과 외부로부터 유입되는 영향에 따라 끊임없이 유입되게 마련이고, 유입된 기술은 새롭게 수용되면서 지속적으로 쌓여 갈 뿐으로, 결코 사라져 없어지는 것은 없다. 즉, 새로운 기술은 언제라도 받아들여져서 현실적으로 이용되다가 국면이 새로워지면 새로운 필요성에 따라 끊임없이 창조·창출되게 마련이다. 다만, 그 이용성이 줄거나 증가되는 현상이 있을 뿐으로 영원히 사라지는 법이란 없다.

　예를 들어서 제초(除草)를 하는 기술의 처음은 손가락으로 뽑아내는 것이었지만 그 뒤로는 호미로 매거나 쟁기로 갈아 써리는 방식, 또는 제초제를 뿌려 없애거나 방사선 처리를 하는 등으로 지속적인 변화·발전을 하여 왔다. 따라서 가장 발달된 방법을 묻는다면 그 답은 제초제 처리나 방사선 처리이겠지만, 집안 창가에 올려놓은 화분속의 잡초 한 그루를 처리하는 방법은 아마도 가장 원시적이던 "손제초"일밖에 없다. 과학기술이나 기술수단이란 이런 속성이 있어서 결코 가장 좋고 나쁘다거나 가장 앞서거나 뒤처진 방법의 척도로 다루어질 것이 아니다.

그러나 문화라고 하는 것은, 이보다 훨씬 더 사람들의 생활과 정신 속에 남아서 기억되고 계승되며, 오히려 역사적 전통으로 오래 지켜 온 것일수록 강렬하고 선명하게 단순화되어 존속될 수 있을 것이다. 또한 많은 것들은 직접적으로 변질 없이 계승되어 가겠지만, 또 다른 많은 것들은 모습과 실체를 바꾸어 가면서 그 기본 정서와 취지·의지 및 창조특성을 계승·발전시켜 존속되게 마련이다. 따라서 농사법이나 농사 기술 또한 대략 어느 때부터 시작되었는지를 가늠할 수는 있더라도 언제까지 존속하거나 언제쯤에 사라지는지를 말할 수는 없다. 아마도 유입되거나 시작된 이후에는 현장에서 실제적으로 공존하거나 문화적으로 공존하는 것으로 보아도 좋을 것이다.

우리나라의 경우, 논농사와 밭농사로 나누어, 고조선 전후의 선사(先史) 및 초기 국가시대(B.C. 2333~.A.D. 53), 삼국사회의 상고(上古)시대(A.D. 53~918), 고려 시대(A.D. 918~1392), 및 조선시대(A.D. 1392~1910)의 네 단계로 나누어 개략적인 농사기술 수순을 나타내면 다음 두 그림과 같이 요약할 수가 있겠다.[1]

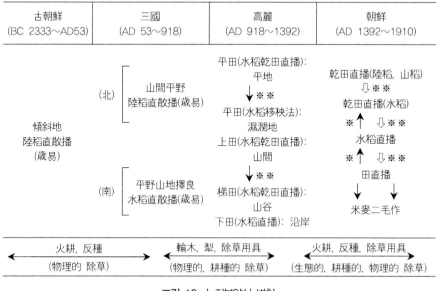

그림 19. 논작부양식 변천

---

1) 具滋玉(1990), 「韓國에서의 除草技術 展開와 作付樣式」, 『植物保護研究』 5, 湖南植物保護研究會

古朝鮮	三國	高麗	朝鮮
傾斜地	山間	丘陸地 平野	山耕(火田輪栽)
田散播	田散播 / 散播	旱田農法	丘陸地 旱田歲易 → 輪作 ⎫
(歲易法)	(歲易法)	點播 / 散播	⎬ 連作, 多毛作
		(歲易輪栽法)	平地 旱田 → 根耕, 間作 ⎭

畓裏作

畎種(壠種) —→ 代田(畎種)
糞種法 —→ 糞田法
座式短鋤 —→ 立式長柄鋤
手鋤式農具 —→ 畜力式農具
直散播 —→ 條播·苗種法

그림 20. 한전(旱田) 밭농사작부양식 변천

　즉 삼국사회의 상고시대 이전까지는 우리나라 최초의 국가형태적 사회(Primitive state stage)로서 촌락사회를 벗어나기 시작하여 신석기·청동기 문화를 만들던 때였을 것이다. 이때는 산간(경사지) 농사(山間農耕)를 시작하여 밭벼를 비롯한 조·피·수수·기장·보리·콩 따위의 농사를 지었으며, 초기의 원시 농경 단계이었기 때문에 농사수단이었던 도구로는 나무나 돌로 만든 굴봉(掘棒)을 비롯하여 따비·괭이·도끼·보습·초보형쟁기 등이었을 것으로 추측된다. 물론 출토되는 사료(史料)에 의하면 중국의 문물 유입에 따른 철기문화가 싹트고 있어서 철제농기구의 사용이 가능하였을 것이기도 하다.

　이때에는 산간의 경사지나 일부 산간계곡 주변의 평지에서 기존의 식생(잡초나 잡목)을 제거하고 땅을 골라 구멍을 뚫어 가며 씨를 심는 농사였을 것이다. 또한 땅표면(表土)에 씨를 흩어 뿌리고 흙이나 풀, 마른 덤불을 흩뿌려 덮는 농사를 했을 것이다. 우리나라의 농사는 이렇게 시작되었을 것이다.

　이후의 상고시대, 즉 삼국사회시대에 이르러서는 중국 대륙의 농경문물(農耕文物)을 본격적으로 받아들여서 농사의 입지 선택이 정밀해지고 규모가 확대되었으며 철제 농기구가 이용되었다. B.C. 100년경에 쓰이던 철제호미날·

철도끼 · 철칼 · 철낫 · 철괭이 따위가 북한강 변과 김해 · 진해 · 부산 · 경주 등지로부터 출토됨으로써 북한지역보다는 남한지역에서 농사의 규모나 농기구 사용 수준이 일찍 발달하였던 것으로 보인다.

대표적 농기구로 따비(未耟)가 나오는데 이는 굴봉(未: digging stick)과 보습(耟)의 결합된 형태로서 주로 개간지의 잡목 제거부터 파종에까지 쓰이던 농사일 용구였다.[2] 이 무렵부터 괭이농사가 서서히 따비농사로 변모하였고 남쪽의 넓은 들판에서 논농사(畓作)가 분화 · 발전하며 본격적인 쟁기농사를 태동시켰던 것으로 보인다.[3] 따라서 이때에 벼농사는 북쪽의 밭벼(陸稻)와 물벼(水稻)로 분화가 이루어지고, 남쪽의 물을 쓰는 벼농사는 물자체의 제초력(除草力: 풀을 억제하고 벼를 북돋우는 힘)으로 인하여 북쪽에 비할 바 없이 일취월장으로 발전해 갔을 것이다.

남쪽의 쟁기 쓰는 논농사는 당시에 구축되었던 김제의 벽골제, 밀양의 수산제, 제천의 의림지, 상주의 공검지, 의성의 대제지 등으로도 충분히 유추할 수가 있다. 다만 이때까지는 토지의 비옥도를 유지 · 관리하지 못하고 수탈식으로 곡물을 재배 · 수확만 하였기 때문에 부득이 휴한농(休閑農), 즉 세역(歲易: 한 해씩 걸러 가며 농사짓기와 농사 거르기를 하던 농사)을 할 수밖에 없었다. 이런 특성은 밭농사에서 두드러진 현상이었고, 논농사의 경우에는 논물을 통하여 자연 공급되는 무기성분의 영양화로 세역의 필연성을 쉽게 탈출할 수 있었다. 이는 통일신라기에 이르러 철제농기구가 축력으로 쓰여서 논의 깊이갈이(深耕)를 가능케 하였던 쟁기가 발달하였고 이는 세역을 벗어나게 한 중요한 요인이었다. 대표적인 당시 사례의 하나로 무논의 양식이 존재하였던 근거, 즉 담양군의 "휴전(畦田)"을 들 수 있다.[4] 또한 당시까지의 농기구는 그 기능적 · 형태적 모양세가 오늘날에 볼 수 있는 것과 거의 흡사한 정도까지 발달하였으며[5] 이들 농구의 변천사항은 대략 <그림 21>과 같이 요약될 수 있다.

---

2) 『三國遺事』, 儒理王條: 문헌상최초의 것으로 "製犁耟及藏氷庫 作車乘" 등의 표현이 되었음

3) 『三國志』, 魏志 東沃沮傳, "又有櫨置米具中 編縣之於櫨戶邊", 同書 弁辰傳: "土地肥美 宜種五穀 及稻"

4) 李泰鎭(1978), 『畦田考』, 韓國學報 10.

5) 農村振興廳(1989), 『韓國犁圖』, 展示館.

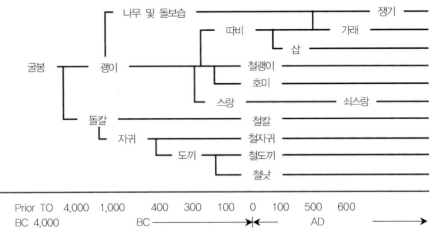

```
            나무 및 돌보습 ─────────────── 쟁기 ────
          ┌─── 따비 ──────── 가래 ────
          │         └── 삽 ─────────
굴봉 ─┬─ 괭이 ─┤         ┌─ 철괭이 ──────
     │         │         호미 ────────
     │         └── 스랑 ──────── 쇠스랑 ───
     │
     └─ 돌칼 ─────────── 철칼 ──────────
          자귀 ─┬──────── 철자귀 ────
                └── 도끼 ─┬── 철도끼 ────
                          └── 철낫 ────
```

```
Prior TO  4,000  1,000    400   300   100   0   100   500   600
BC 4,000                  BC ────────►◄──────── AD ─────────►
```

그림 21. 우리나라 원시농기구의 변천

고려조에 이르러서는 건국 초부터 유민(流民)들의 귀향[6]에 연계시켜 경지 확장 및 전시과의 실천으로 구호시설을 확장해 왔다.[7][8] 즉 축력이용에 의한 깊이갈이가 가능했고 수리(水利)에 의한 산곡지(山谷地)의 논(梯田: 산지논) 및 세역하지 않는 상경답(常耕畓)이 생겼다.[9] 이런 결과와 또한 원나라의 영향으로 당시 중국의 농사기술[10]이 과감하게 직수입되면서 평전(平田: 평야지의 不易田)의 상담건전직파법(常湛乾田直播法)에 의한 논농사(畓作)와 일부 묘종법(苗種法)에 의한 이앙법 농사(移秧農)가 시작되었으며, 산곡(山谷)의 상전(上田)에는 밭벼 재배로 분화가 이루어졌다.[11] 2년3작식의 한전농사(旱田農)와 채소류·섬유류의 수박 및 면화(棉花) 재배도 이때에 비롯되었다. 특히 고려 말에 이르러서는 빈번한 원의 침입과 무인(武人)들의 반란을 거치면서 지방관의 토지 착취와 사전화(私田化)에 따른 전호제(佃戶制)의 농장

---

6) 農村振興廳(1989), 『韓國犁圖』, 展示館.

7) 『高麗史』, 食貨二: "太祖卽位初 首詔境內放子年田 勤課農桑與民休息", 顯宗3年條: "西北州鎭自 經兵難 良乏資糧 今當豊作之時以墾植".

8) 『高麗圖經』, 成宗六年條: "收州郡兵鑄農器".

9) 『高麗圖經』 卷23 雜俗2: "治田多於山間 因其高下耕墾甚力 遠望如梯磴".

10) 例: 元의 『王禎農書』에 나타낸 移秧法, 條播法, 農器圖譜 등

11) 李春寧(1989), 『韓國農業技術史』, 韓國研究院.

(農莊)이 생겨나서 심한 경우에는 1,000여 명의 노비를 거느리는 사례도 있었다고 한다.12)

이들 대면적의 논밭은 전문적인 농업 생산체제로 변모되어 노동력의 집약화와 단위생산력(單位生産力)의 증대가 강요되었다. 그 결과로 농민에 대한 수탈·착취는 커져만 갔겠지만 외형적인 특성으로는 농지가 평전(不易田)은 물론이고 산전(山田: 대체로 一易 또는 更易田)으로까지 확대되었으며, 휴한세역전은 상경전(常耕田)으로, 그리고 수리시설·종자도입·분시비법(分施肥法)과 제초노동의 부담을 줄일 수 있는 논이앙법이 도입되기에 이르렀던 것이다.13)

조선왕조에 이르러서는, 우선 건국 초기의 100여 년 사이에 토지 소유의 평등화에 따른 농장(農莊)의 폐지, 수리와 개간을 통한 연안(沿岸)의 하전(下田) 확장(농경지를 160만 결로 배가), 직전제(職田制)를 통한 조세 조치, 사직단(社稷壇) 설치와 농서(農書)를 통한 노농(老農)의 농사기술 지도 등의 중농정책(重農政策)을 펼쳐졌다. 이런 결과로 벼농사의 경우는 수경법(水耕法: 무삶이, 直播法), 건경법(乾耕法: 건삶이, 乾畓法), 묘종법(苗種法: 모내기, 移秧法), 산도법(山稻法: 旱播法, 陸稻法)으로 분화시켰고, 휴한(歲易)을 탈피하기 위한 시비법(施肥法)을 체계화시켰으며, 농사일은 축력과 인력을 조화롭게 구사하도록 일관화시켰다.14)

이때에 습지나 황무지를 개간하는 기술로 화경법(火耕法)이나 윤목(輪木)이라는 독창적인 제초장비를 만들어 썼으며, 윤목은 따비와 소갈이(牛耕)로 이어지는 연차별 경운체계 위에서 적용되었다. 특히 볍씨의 발아 직후에 솎기(間引)를 하거나 흙돋우기(土寄) 및 섬세한 풀매기에는 우리나라에 독특하게 창안·이용되던 호미가 있어서 성공적이었다.15) 중국 『제민요술(齊民要術)』의 농사(제초)와 달랐던 독창성이 호미에 근거하였던 것으로 보인다.

12) 宋炳基(1969), 『高麗時代의農莊. - 12世紀 以後를中心으로-』, 韓國史研究 3, 1~38.
13) 魏恩淑(1988), 『12世紀 農業技術의發達』, 釜山大史學У 12, 81~124.
14) 『農事直說』, 種稻條.
15) 李春寧(1965), 『朝鮮農業技術史』, 韓國研究院.

또한 밭농사에 있어서는 고려의 집약농 전통을 이어받아서 한전다모작(旱田多毛作)을 이루어내었고 비료 재료를 다양화시켜서 기존의 분종법(糞種法: 종자 대상)을 분전법(糞田法: 밭토양 대상)으로 바꾸어 생산성을 높였다. 특히 콩과(荳科類)의 녹비(綠肥) 재배를 통하여 중국과 다른 평전의 1년1작, 그루갈이(根耕)의 1년2작 또는 돌려짓기(輪作)를 통한 2년3작, 소면적 재배를 위한 사이짓기(間種作)의 1년2작법과 산전(山田)의 세역법이 창안될 수 있었다.16) 미야자키(宮嶋, 1980)17)는 조(粟)와 보리(麥) 및 콩(豆)을 연계시킨 한국의 윤작법은 중국과 달리 독창적인 방식이었다고 하였다. 이와 같은 왕조 전기의 변화는 조방농업(粗放農業)에서 집약농업(集約農業)으로 바뀐 변화를 의미한다.18)

그러나 왕조의 중기(中期)라 볼 수 있는 A.D. 1495~1725년까지의 기간은 무오·갑자사화(士禍)와 임진왜란(壬辰倭亂), 이괄(李适)의 난(亂)과 정묘·병자호란(胡亂)에 이은 1670년대의 여러 해 계속된 흉년(凶年)으로 인위적·자연적 재난(災難)이 겹쳐 점철되던 때였다. 건국 초기의 집약농 체제가 농지 황폐화와 농민이탈로 무너지고 민전소작제(民田小作劑)가 40% 이상으로 확대되면서 지주(地主)에 의한 광작농(廣作農)19)의 확대현상이 빚어졌다. 따라서 지력을 보강하기 위한 예부농법(刈敷農法: 서양의 삼포식 농업과 비슷)·견종법(畎種法: 畎間播種法)·이앙법(水稻苗種法)·이식법(移植法: 田作移種法)·조파법(條播法)·심경법(深耕法)의 기술이 요구되었다.

결과적으로 여기에 호응하는 농서 『한정록(閑情錄)』이나 『농가집성(農家

---

16) 李鎬澈(1986), 『朝鮮前期 旱田農法의 展開와 그性格』, 慶北大 論文集, 人文社會科學 v 41, 1~17. 1년작법으로는 기장·조·두류·보리에 각각 청량조·밀보리·姜稷(메기장)·참깨를 연결하는 방법이 있었고 돌려짓기 윤작법으로는 기장이나 조 또는 콩이나 팥에 밀보리를 연결하고 다시 청량조·팥이나 콩을 연결하며 이에 더하여 휴한하거나 밀·보리를 연계하는 방식을 제시하였음.

17) 宮嶋博史(1980), 『朝鮮農業史上における十五世紀』, 『朝鮮史叢』 3, 3~83.

18) 李泰鎭(1981), 『15-16世紀 新儒學定着의 社會經濟的 背景』, 奎章閣, 1~17.

19) 金玉根(1981), 『朝鮮時代의小作制와農莊』, 『經濟史學』 3, 1~42. 광작농(廣作農)의 실제적인 다른 지칭으로 竝作·竝耕·借耕·佃作·賭地制 등을 들 수 있다고 하였다.

集成)』·『산림경제(山林經濟)』 또는 『색경(穡經)』 등이 출현하였다.20) 이들 농서와 함께 실현할 수 있었던 농사기술의 면모는 벼농사에서 제초 효율과 편리성을 위한 정조식 이앙법(正條植移秧法), 토지생산성 향상을 위한 2년3작(早播+麥畓裏作+晚播) 및 2년4작(稻+麥裏作+稻+麥裏作), 즉 최초의 답2모작(畓二毛作), 초관(草冠, canopy) 형성에 작물의 우위성(優位性 先占現象, head-start)을 살리는 채소류의 아종법(芽種法: 육묘이식법), 뽕잎 따기의 편리성을 위한 왜성수형조절법(矮性樹型調節法), 둔차(屯車)를 이용한 생력복토법(省力覆土法) 등에서 잘 나타나고 있었다.

『농가집성』도 농지확대를 통한 농업생산력 회복을 위한 농사 기술로서, 비료분을 다량 투입하는 것 못지않게 소의 쟁기력을 빌린 깊이갈이(深耕)를 주장하였고, 고대 중국의 광작농사 기술인 화누법(火耨法)과 반종법(反種法)을 제시하였다.21) 화누법은 벼와 잡초가 함께 발생되면 논물을 빼고 불을 놓은 다음 관수함으로써 씨앗의 배유가 적은 잡초는 재생하지 못하지만 벼는 재생하는 성질을 이용한 제초법이며, 반종법은 벼만을 뽑아 따로 놓고 잡초는 완전히 갈아엎은 다음 벼를 옮겨 심는 제초법을 이른다. 또는 사이짓기(間作)를 하지 않는 단작형(單作型)의 전업농법(專業農法)을 강조하였다.

『산림경제』에서도 반종법·화누법·우경제초법·퇴비이용법이 강조되어 제시되었고, 특히 오늘날의 밭못자리법(育苗垈法)과 유사한 건앙법(乾秧法)에 의한 답2모작(畓二毛作: 畓中種牟法)을 확립시켜 논농사의 노동과 토지생산성을 향상시키게 되었다. 이들 모든 기술은 곧 소규모 경영생산 양식을 경영형 부농적 생산양식으로 변화시킴으로써 상품농(商品農)이나 전업농(專業農)의 광작농업 사회를 태동시킨 요인으로 작용하였다.22)

박세당(朴世堂)의 『색경』은 비교적 교과서적인 농작업 능률론의 시각을 형성케 하였다. 한 예로 "토지를 3도(三盜: 세 도적)에 빼앗겨서는 안 된다"고 하면서, 3도적이란 첫째가 "이랑보다 밭두렁을 크게 함으로써 땅 면적을 낭비

---

20) 宮嶋博史(1980), 「李朝後期における朝鮮農法の發展」, 『朝鮮史研究會論文集』 18, 64~94.

21) 福井捷郎(1980), 「火耕水耨の論議によせて. -ひとつの農學的見解-」, 『農耕の技術』 3, 28~61.

22) 徐昇煥(1988), 朝鮮時代 農業生産力 發展에 關한 研究. 『經濟史學會』.

하게 되는 땅의 도적(地竊)"이고, 둘째는 "작물을 너무 밀식(密植)하여서 종내경합(種內競合)으로 소출을 잃게 되는 싸움도적(相竊)"이며, 셋째는 "잡초를 충실히 김매지 않아서 생기는 종간경합(種間競合) 결과로서의 풀도적(草竊)"을 일컫는다고 하였다.23) 그 밖에도 조선조중기의 탁월한 변천상 가운데 하나는 시비법 보강에 의한 다모작농법(多毛作農法)의 실현과 땅을 적게 가진 농가를 위한 사이짓기 농사법 및 소 두 마리가 끄는 쟁기, 즉 이두견(二頭牽, 겨리)의 등장을 들 수 있다.

마지막으로 조선왕조 후기(A.D. 1725~1850)에 이르러서는 영조(英祖)와 정조(正祖)의 탁월한 중농정책과 통치철학으로 잠시 문란해졌던 사회분위기를 안정시키고 영농에 근면하는 풍토를 이끌어 내었다.

벼농사의 경우, 그 전에는 이앙법의 금지를 원칙으로 하였으나 농사의 노동력·소출·이모작 및 대면적 관리의 불가피성 때문에, 찬반양론 가운데서도 숙종 24년에는 직파법(付種法)과 이앙법의 양면정책을 수용하였다. 결과적으로 순조때에는 삼남(三南) 논의 9할, 북부 논의 5할이 이앙재배를 하기에 이르렀다. 또한 조선조 후기에 농사기술의 변화를 유도한 몇 몇의 실학자로는 우하영·박제가·박지원·서유구 등을 들 수 있으며 이들은 각각 『천일록(千一錄)』·『북학의(北學議)』·『과농소초(課農小抄)』 및 『임원경제지(林園經濟志)』를 저술함으로써 당시 농사의 면모를 바꾸는 데 기여하였다. 우하영(1741~1812)은 농지의 토질에 따라 농종법(壟種法)을 견종법(畎種法)으로 바꾸고 추경 중심의 깊이갈이 및 춘경조화론, 뒤집어갈기(翻耕)와 베게지어갈기(和耕)에 의한 시비법을 주장하고, 제초를 위한 도사리(手鋤)·화누법(火耨法)·후치법(後痔法)과 정리된 농기구모양을 제시하였으며, 파종법으로 혼파·화종(和種: 足種·點播) 및 사이파종(間種: 代複法)을 제안하였다.24)

박제가는 "하늘과 땅 및 사람의 기능을 잃지 않고 농기구의 이점이나 농지 경영의 합리화 및 유통의 묘를 잃지 않아야 하고", "백성의 업을 상공업으로

---

23) 朴世堂의 『穡經』: 농촌진흥청농서국역총서1호.
24) 朴齊家: 『進北學議』, 車條 "萬物以載 利暮大焉".

분화·발전시키며", "농지를 탐욕의 대상이 아닌 합리적 생산의 대상으로 보아야 한다"고 역설하면서 '수레'의 농업적 이용과 견종법의 수용 및 농기구 규격화를 제안하였다.25)

박지원은 선비들의 농상공적 역할을 강조하면서 제초를 위한 선호미(長柄鋤·立鋤) 사용과 견종법의 수용을 제안하고 농지 확대보다는 비료시용의 강도를 높이는 농법을 주장하였다.26) 서유구(1764~1845)는 남달리 "집약적 영농법에 의한 광작농"을 주장하였다. 이에 따라서 벼농사의 이앙법과 깊이갈이에 의한 지력 보완책을 제안하고 농기구의 개량과 보리 추비법(追肥法) 및 인분의 이용도를 높이기 위한 "저분6도(儲糞六道: 여섯 가지 道理)"를 제안하였다.27)

결론적으로 조선조 후기에 이르러, 농사기술적 측면에서는, 벼 직파법이 이앙법으로, 견전묘종법(畎田畝種法)이 견종법(畎種法)으로, 부분적 휴한법이 연작(連作)이나 2모작(二毛作)으로, 협소농이 광작 및 광농으로, 소농의 가족운영 체제가 부농의 경영농 체제로 변화하였고, 이로써 노동생산성이 다섯 배 정도 증대되기에 이르렀다.28) 그러나 실제에 있어서는, 18세기 후반부터 제초기술과 생력농사 기술에 의존하는 광작(廣作) 및 다모작(多毛作) 기술과 시비(施肥) 기술 개선에 의한 집약영농 기술의 개발로 오히려 농민의 복지보다는 지주(地主)들에 의한 광작체제 확립의 계기를 조성하도록 돕게 되고 말았다.29)

25) 朴花珍(1981), 『千一錄』에 나타난 禹夏永의 農業技術論. 『釜山大史學』 5, 121~151.

26) 宮嶋博史(1977), 『朝鮮後期農書の研究. - 商業的農業の發達と農奴制的小經學の解體めてつて -』 京都大學 人文科學D研究所 人文學報 43: 36~102.

27) 『林園經濟志』, 本刊志 4. 第1卷.

28) 宋贊植(1981), 「朝鮮後期農業에 있어서의 廣作運動」, 『李海南博士華甲紀念史學論叢』 95, 134.

29) 沈翼雲의 『百一集』, 論政 富民條, "今之貴臣近辛 鄕相富貴之家 園田遍一國"

5. 월령(月令)으로 본 24절기의 농사일

　　조선조 전기까지는 농사에 관한 매사의 통치 사항이 양반과 관리를 통한 한문(漢文)으로 된 것이었고, 특히 관선(官選)이거나 중국의 것을 복간(復刊)한 농서(農書)들이 그러하였다. 그림의 떡인 셈이었다. 그러나 다행스럽게도 훈민정음이 반포된 이래로 각종언해본(諺解本)들이 간행되어서 실무적으로 농사 현장의 사정에 근접할 수가 있게 되었다. 양반이나 관리들에 의하여 한문자로 주도되던 농사일의 기록 이외에 민간의 농민 계층에서 입으로 전하여 내려오던 농요(農謠)나 농가(農歌)는 가장 현실적이며 생동감 넘치는 기록이라 할 수 있어 그 문화적 가치가 높다. 이런 것들은 농민들에 의하여 농촌 현장에서 농사를 위하여 골라 만들어지고 농사 속에서 계승·수정되었으며, 전해지는 때까지는 적어도 살아 숨 쉬는 현실이었기 때문이다.

　　일찍부터 중국에서는 기원전의 춘추전국시대의 많은 문인(文人)들이나 사상가·철학자·통치자들에 의하여 농촌생활의 활력소나 생산활동의 정경과 정서가 상세히 기록되고 시가(詩歌)로 지어져 내려오고 있어서 그 역사적 정황을 살필 수가 있다. 일례를 들어서 주례(周禮) 때부터 춘추 시대까지의 벼농사를 나타낸 『시경(詩經)』의 글로는 당풍오익(唐風鴇羽)[1]·빈풍칠월(豳風七月)[2]·소아포전(小雅甫田)[3]·백화·주송풍년(白莪周頌豊年)[4]·노송필

---

1) 「王事靡監 不能藝稻粱」

2) 「十月種稻 爲此春酒 以介眉壽」

궁(魯頌閟宮)5)과 같은 시가(詩歌)가 있고, 건륭제(乾隆帝)의 "포앙(布秧: 씨뿌리기)"이라는 시(詩)6)에는 농사작업도와 함께 두 농부가 어울려 논에 씨뿌리는 정경을 잘 나타내고 있다. 본논(本畓)에 둑을 바르는 농사일(作埂)에 관한 작경가(作埂歌)도 있어서 "둑바르기가 힘들지만 진흙을 여러 차례 발라서 쌓고 윗면을 평탄하게 다져 바르면 비바람이 쳐도 무너지지 않는다(田家作埂用幸勤, 泥覆高雄漸漸成, 作得埂頭平似坻, 住地風雲不能浸)"고 하였다.7) 특히 논에 이앙을 한 다음 김매기(耘田)하는 데 대한 2운(二耘)과 3운(三耘)의 모습을 나타낸 시(詩)가 각각 "무릎을 꿇고 천천히 기듯이 해야 풀싹을 잘 볼 수 있다(徐進行以膝, 熟親俯其道)"라거나 "운을 일러 흙돋우기라 하는, 즉 호미로 세밀하게 작업하면서 묘의 뿌리를 흙으로 돌아 준다(三耘諺曰壅加細復有籽, 漚泥培苗根)"고 하여 농사방식을 잘 나타내고 있다. 무릎으로 기는 정경을 나타내는 말로 운전마(耘田馬) 또는 누마(耨馬: 김매는 말)가 있어 재미있다.

우리나라에서도, 비록 일상적으로 중국처럼 많은 것은 아니었지만, 농사의 사계절 정경이나 작업요목을 나타낸 시가(詩歌)나 월령가(月令歌)로는 이율곡(李栗谷)의 『전원사시가(田園四時歌)』, 고상언(高尙諺)의 『농가월령(農家月令)』, 정철(鄭)의 『권민가(勸民歌)』, 김형수(金廻洙)의 『월여농가(月餘農歌)』 및 정학유(丁學遊: 茶山의 子)로 알려진 『농가월령가(農家月令歌)』가 있다.8) 또 박세당의 『색경(穡經)』 안에 월령(月令)이 있어서, 비록 중국 『예기』의 인용 부분이 있지만, 17세기의 농사 면모를 참고할 수가 있다.9) 이들 월령(月令)이나 월령가(月令歌)는 대체로 월별(月別) 또는 24절기(節氣)를 구분하여 농사일을 표현한 것이다.

---

3) 「黍稷稻梁 農夫之慶」

4) 「農年多黍 多稌」

5) 「有稷有黍 有稻有秬 奄有下土 纘禹之緖」

6) 『중국농학유산선집』: 稻(상편) 「浸穀出諸甬 欲坼甲始肥, 在腕挾竹筐, 撒種石手揮, 一畝率三升, 均均布淺漰 新秧雖末形, 苗秀從期」.

7) 『致富奇書廣集』, 種植篇 農耕歌(天野元之助의 『中國農業史研究』: 1962에서再引用).

8) 李春寧(1964), 『李朝農業技術史』, 韓國研究叢書(農業), 韓國研究院.

9) 박세당(1676), 『색경』(농촌진흥청의 농서국역총서 번역본 참조).

원천적으로 중국이나 우리나라 농민들의 일상생활과 농사일은 음력생활로 24절기를 엮어서 이루어져 왔다. 소위 중국문화권에서는 오랫동안 태음태양력(太陰太陽歷)[10]을 긴밀하게 연관시켜 살아왔던 것이다. 태음태양력이란 태양과 달의 운행을 긴밀히 연관시킨 것으로서, 우선 태양의 운행을 정확하게 계산하여 한 해(歲, 年)의 길이를 정하고, 이것을 24등분하여 24절기(節氣)를 잡았으며 동지(冬至)를 시작점으로 하여 각 분점(分点)을 순서대로 중(中)·절(節)·중절(中節)로 불러 절기의 명칭을 붙였다. 즉 정월절(正月節) 입춘(立春), 정월중(正月中) 우수(雨水), 2월절 경칩(驚蟄), 2월중 춘분(春分)과 같은 식이다. 이와 같은 24절기에는 농사일에 필요한 계절 변화를 지표로 제시하였는데, 다른 한편으로는 달이 차고 기우는 것을 정확히 제시하여 일자를 정하게 되므로 초하루(1日)는 반드시 신일(新日)이 되고 보름(15日)은 만월(滿月)이 되게 된다. 또 한 절기(節氣)는 세 후(候)로도 나누므로 한 후는 5일, 한 절기는 15일의 길이를 갖게 된다.

이와 같은 24절기의 구분은 태양의 운행에 기초한 것이어서 각 절기의 날짜는 현행 양력의 월일(月日)로 거의 일정하다(해에 따라 1일 정도의 차이가 생길 뿐이다). 또한 모든 월령(가)의 기초가 되므로 다음의 『오주행문(五洲行文)』에서 고증한 절기명의 뜻을 옮겨 보면 다음과 같다.[11]

① 소한(小寒): 이날부터 추위가 본격적으로 시작된다.
② 대한(大寒): 추위가 절정에 달한다. 다만 소한의 얼음이 대한에 녹는 해(年)도 있다.
③ 입춘(立春): 봄이 시작되는 날로서 이때부터 입하(立夏) 앞날까지를 봄이라 부른다.
④ 우수(雨水): 눈이 비로 바뀌고 얼음이 녹아 물이 된다.
⑤ 경칩(驚蟄): 겨울잠을 자던 동물들이 날씨가 풀려 땅위로 나타난다.
⑥ 춘분(春分): 태양의 황경(黃經)이 0°이고 낮과 밤의 시간(길이)이 같은 날이며 이때부터 기온이 상승한다.
⑦ 청명(淸明): 봄이 되어 만물이 맑고 밝아지며 활기에 찬다(黃河의 물이 가장 맑다).
⑧ 곡우(穀雨): 여러 가지 곡식을 뿌려 적시고 싹트게 하는 봄비가 온다.
⑨ 입하(立夏): 이날부터 여름이 시작된다.

---

10) 李春寧(1989), 『韓國農學史』, 民音社.
11) 李春寧(1989), 앞의 책

⑩ 소만(小滿): 양기(陽氣)가 충만하게 채워지기 시작한다.

⑪ 망종(芒種): 보리나 벼와 같이 까끄라기(芒)가 있는 곡식(보리)을 거두거나 모(벼)를 낸다.

⑫ 하지(夏至): 낮 시간이 가장 긴 여름이 왔음을 알린다(황경이 90˚).

⑬ 소서(小暑): 차츰 더워지는 기준일자를 나타낸다.

⑭ 대서(大暑): 더위가 절정에 달한다.

⑮ 입추(立秋): 가을이 시작되지만 장소·지역에 따라 꼭 일치하는 것은 아니다.

⑯ 처서(處暑): 더위가 멈추기 시작하는 기준일자를 대신한다.

⑰ 백로(白露): 가을의 느낌(기운)이 감돌며 풀에 맺힌 이슬이 하얗게 보인다.

⑱ 추분(秋分): 태양의 황경이 180˚에 이르며 춘분으로부터 반 년 주야의 길이가 다시 같아진다.

⑲ 한로(寒露): 이슬에 찬 빛이 돈다.

⑳ 상강(霜降): 서리가 내린다.

㉑ 입동(立冬): 겨울이 시작된다.

㉒ 소설(小雪): 차츰 눈이 내리기 시작한다.

㉓ 동지(冬至): 태양의 황경이 270˚로서 낮 시간이 가장 짧은 날이며, 겨울 추위도 차츰 심해진다.

이 태음태양력을 이용하여 만들어진 가사의 사례를 들어 보자.

고상안(高尙顏)의 『농가월령(農家月令)』

고상안(1553~1623)은 경상도 문경의 지역 노농(老農)에게서 농사를 배워 1619년(광해군 11년)에 월령식 농서인 『농가월령』을 편찬하였다. 오늘날의 마른밭 재배법과 같은 건앙법(乾秧法)을 곁들이는 무논농사(水田農), 사이짓기(間作)와 그루갈이(根耕)를 곁들인 한전(旱田) 밭농사, 그리고 기비(基肥) 중심의 시비법을 기술하고 있다. 언해본(諺解本)을 병행 출간한 것으로 알려지고 있으나12) 확증이 없다.

---

12) 농촌진흥청2005), 『농가설』·『위빈영농기』·『농가월령』·『농가집성』, 고농서국역총서 7. 『농가월령』 서문에 "또한 언문(諺文)으로 번역하여 어리석은 지아비와 지어미들모두로 하여금 쉽게 알 수 있게 하였다"고 하였지만 아직 발견되지 않음.

- 1월절(正月節) 입춘(立春): 섣달에 담갔던 보리씨를 밖에 내어 얼린다. 이엉을 엮고 새 끼꼬며 집을 수리한다. 농기구(쟁기 · 보습 · 볏 · 쌍가래 · 쇠스랑 · 괭이 · 써래 · 번지판) 를 준비한다.
- 1월중(正月中) 우수(雨水): 비온 뒤에 도롱이를 만들 띠(帶)와 솔새를 벤다. 집 안팎의 잡초를 태워 재(灰)를 만들고 대소변과 섞어 재거름을 만들어 봄갈이 보리밀에 쓴다. 농사 철에 쓸 잡목을 베어 얹고 해동에 앞서 얼보리(凍麰)를 파종한다. 소나무를 옮겨 심는다.
- 2월절 경칩(驚蟄): 봄갈이에 앞서 재를 뿌리고 절기 내에 봄보리를 재거름하여 늦지 않 게 파종한다. 콩을 사이짓기할 밭에는 보리줄 사이를 쇠스랑 아닌 목려(木犁)로 갈아 들 깨 · 수수 · 삼을 파종하고 쇠스랑으로 복토한다. 메주를 햇볕에 말려 장을 담근다. 이 달 보름 이전에 과일 및 잡목을 심는다. 삼과 잇꽃을 비옥한 땅에 우마분(牛馬糞)을 많이 넣고 파종하며, 담배씨를 오줌에 충분히 적셔서 흙에 붙여 말린 다음 파종한다.
- 2월중 춘분(春分): 채소 · 쪽 · 창포(물이 있고 기름진 곳)를 파종하고 묵은 밭(陳田 : 아 주 오래 묵은 곳은 목화 · 메밀)에는 기장 · 조를 파종한다. 닥나무는 얕게 심으며, 호미와 삿갓을 사 놓는다. 얼보리를 김매기하고 그 양쪽으로 조 · 콩 또는 팥을 낙종한다.
- 3월절 청명(淸明): 마른 땅에 올조와 올기장을 파종한다. 누에씨를 양지에 놓고 누에가 뽕잎보다 먼저 깨면 지난해 뽕잎가루를 먹인다. 다북쑥과 참깨 껍질을 대소변에 묻혀 무 논에 넣거나 또는 풀싹이나 어린 버들가지 및 할미꽃을 대소변이나 마구간에 썩혀서 넣 고 올벼를 파종한다. 묵은 밭은 갈아엎고 목화를 파종하며 보리밭 김매기를 한다.
- 3월중 곡우(穀雨): 마른 밭에 거름을 많이 내고 목화 또는 참깨 간작을 한다. 낮고 습한 땅에 율무를 파종한다. 지난해의 갈대와 물억새로 잠박(蠶箔)을 만들어 습기가 없게 한다.
- 4월절 입하(立夏): 들깨를 적정밀도로 파종하되 목화밭 고랑이나 빈 땅, 보리밭 고랑도 가능하다. 중생벼(次稻)를 풀베어 숙치시킨 뒤의 논에 파종한다. 등어리꽃이나 창포를 외 양간에 넣었다가 부숙시키고 그 위에 파종해도 된다. 보리밭을 김매기하되 밀식된 곳은 생략한다. 천수답에 비가 안 오면 건답직파(밀달조)한다. 즉시 시비(柴扉)를 복토 위로 끌 어 흙을 굳힌다. 습기 찬 뽕잎은 마른 뽕잎가루를 뿌려 먹인다.
- 4월중 소만(小滿): 서둘러 늦벼를 파종하고 올벼를 모내기하거나 건삶이를 한다. 목화밭 과 올조 및 올콩을 김맨다. 천수답에 유모왜조나 홍도 품종의 늦벼를 파종한다. 여름철에 는 청개구리가 있는 수수밭 근처에서 소를 풀 뜯기지 않는다. 목화는 마른 채 그냥 두고 조를 파종한다. 김매기 때 목화 뿌리를 배토하면서 조를 복토한다. 목화와 조는 서로 해 치지 않는다.
- 5월절 망종(芒種): 도리깨를 수리하고 조밭을 기경하며 목화밭을 맨다. 왕골을 베고 중 생벼를 이앙한다. 본답이 남으면 밀달조를 파종하고 비온 뒤에 담배모를 이식한다.
- 5월중 하지(夏至): 보리를 수확하고 타작부산물을 태워 재를 내서 거름재를 만든다. 그 루갈이를 하는데 우선순위는 콩 · 팥 · 기장 · 조 · 녹두이다. 녹두는 가뭄에 강하고 땅을 비옥케 한다. 들깨모를 그루갈이밭에 재거름으로 주고 이식한다. 늦벼를 이앙하고 목화밭 을 김매기한다. 얼보리가 수확된 뒤라면 콩과 조를 김매기한다.

- 6월절 소서(小暑): 잡초·버들가지를 베어다가 구비를 만들어 가을보리 파종에 거름재로 쓴다. 얼보리를 수확한 곳을 분경(分耕)하며 콩·조의 뿌리를 덮어 준다. 비온 뒤에 돌삼(山麻)을 베어 껍질로는 끈을, 속으로는 광주리·상자를 짠다. 목화밭의 네 번째 김매기를 한다.
- 6월중 대서(大暑): 올기장·올조를 수확한다. 그루갈이로는 메밀을 뿌리지만 녹두를 무성할 때 갈아엎고 가을보리를 파종하는 편이 유리하다.
- 7월절 입추(立秋): 띠와 물억새를 갈아엎고 메밀을 파종하거나 흙살이 많으면 무를 파종한다. 삼 재배지에도 무를 파종하며, 얼보리 뒤의 그루갈이 콩과 조밭을 두 번째로 맨다.
- 7월중 처서(處暑): 올벼를 수확하여 널어 말린다. 풀방석을 짤 띠풀을 벤다. 뽕잎으로 가루를 내어 음건하고 종이포대나 항아리에 저장한다. 잡초와 버들가지를 베어 외양간에 밟힌다. 일곱 번째 목화밭의 김매기를 손으로만 한다. 참깨를 베어다 처마 밑에 거꾸로 세우고, 마르면 씨를 턴다(잔사물은 올벼의 거름으로 쓴다).
- 8월절 백로(白露): 배추·상추를 파종한다. 산 속의 잡초나 떡갈나무 가지를 베어다 겨울·봄의 외양간 짚깔이로 쓴다. 부들을 베어 토막 쳐서 말린다. 다북쑥을 베어 비를 피해 말린다(이듬해 올벼 거름으로 쓴다). 모자란 뽕잎가루를 넉넉히 준비한다.
- 8월중 추분(秋分): 가을밀·보리를 파종하며 그루갈이밭의 수확이 미진하면 "골고리", 즉 얼보리 재배와 같이 한다. 중생벼를 수확하고, 띠풀을 베어다 펼쳐 서리를 맞춘다.
- 9월절 한로(寒露): 골풀을 베어다가 겨울철 사료로 쓴다. 잡초와 떡갈나무를 더 보충하여 베어 들인다.
- 9월중 상강(霜降): 들깨를 베어 턴다. 칡넝쿨을 베어 밧줄을 만든다(한 줄기를 네 가닥으로 나누어 만든다). 닥나무를 베어다 삶고 껍질을 벗겨 종이를 만든다. 늦곡식을 수확한다.
- 10월절 입동(立冬): 움집(土室)을 만들고 울타리·담장을 보수한다. 문틀과 벽을 수리하고, 갈대·물억새를 베어다 잠박 만들 준비를 하며 메주를 만든다.
- 10월중 소설(小雪): 도리깨질을 하여 볏단과 나머지 곡식을 타작하고 잔사물을 사료로 한다. 땔감을 준비한다. 논에 가래풀이 많으면 갈아엎는다. 밭을 갈고 작은 골을 타서 얼보리 파종 준비를 한다. 억새풀로 이엉을 만들고, 숯을 만들어 땅에 묻는다. 비온 뒤에 목화밭을 갈아엎는다.
- 11월절 대설(大雪): 인축을 보살피고 물고기·소금을 거래하여 겨울철 먹을거리에 대비한다. 비온 뒤에 띠풀과 솔섶을 베어들이고 땔감을 준비하여 쌓는다.
- 11월중 동지(冬至): 움집을 만들고 멍석을 짜며 이엉을 엮는다.
- 12월절 소한(小寒): 동지와 같다.
- 12월중 대한(大寒): 추경한 보리의 동사에 대비하여 가을보리 대신에 얼보리를 준비한다. 납일에 쥐를 잡는다. 마분(馬糞)을 긁어모은다. 눈 녹은 을 모아 두고 봄에 보리씨를 적셔 파종하여 황무(黃霧) 피해에 대비한다. 이 물은 두진(痘疹)이나 염병(染病)의 열을 내리는 데도 쓴다.

월령에 덧붙여 쓰인 잡령(雜令)에는 농사 이외의 생활주변이나 농가생활에 필요한 여러 가지 주의사항이나 현명한 생활방식이 부기되어 있다.

박세당(朴世堂)의 전가월령(田家月令)

서계(西溪) 박세당(1629~1703)은 1676년에 『색경(穡經)』, 즉 "거두는 것", "수확하는 것"에 관한 글로서의 농서를 집필하였다. 그 가운데 농가의 월중행사를 적은 『전가월령(田家月令)』이 포함되어 있다. 그는 홍문관 재직 때 응구언소(応求言疏)를 올려서 양반 지배세력의 붕당정치로 인한 폐해와 그들의 착취로 인한 백성들의 비참한 생활상, 그리고 무위도식하는 사대부를 고발한 적이 있다. 당시 백성 가운데 공사천민(公私賤民)이 60%, 평민이 20%, 사대부 양반이 20%인데 사대부의 80~90%가 놀고먹으니 이는 봉록(俸祿)만 받아먹는 나라의 좀도둑이라는 것이었다.[13]

그는 특히 1273년 원(元)나라가 편찬한 『농상집요(農桑輯要)』를 주로 인용하여 『색경』의 본문을 썼지만 『전가월령』은 『예기(禮記)』의 "월령"을 인용하였다. 『전가월령』의 매절기 서두에는 중국의 절기에 대한 기후적·농학적 특성을 인용·서술하고 우리나라 농가에서 할 바를 나열하였다. 또한 24절기로 나누지 않고 12월로 나누어 월령(月令)을 나열하였으므로 여기에서는 『예기』의 월별 계절특성을 생략하고 월령만을 요약한다.

- 1월: 울타리 보수, 밭에 거름내기, 잠옥(蠶屋) 수리, 잠박(蠶箔) 짜기, 상궤(桑机)짜기, 쌀 찧기, 과일 접붙이기, 3년 이상 된 복숭아나무의 껍질을 벗기고 4~5개 정도의 나뭇가지 꽂기, 뽕나무 가지정리 및 거름주기, 농기구 수리, 지붕 손질, 팥 섞어 장 담그기(요령을 상세히 설명함)
- 2월: 오이씨·기장·산초나무·수박과 가지 등속의 박과채소·연·대추·무·홍화(잇

13) 농촌진흥청(2003), 서계 박세당의 『색경』, 고농서국역총서 1.

꽃)·댑싸리·차조기·아주까리·밤나무·은행·훼나무·오동나무·파초·구기자·결명자·깨·토란을 심는다. 과일 묘목을 토란에 꽂는다. 뽕나무 가지를 휘묻이하고 포도나무를 꺾꽂이하며 기타 과일나무를 접한다. 과일나무 씨맨 곳을 풀고 포도 시렁을 설치한다. 베를 짜고 겨울옷을 세탁하며 복숭아·자두나무를 이식한다.

- 3월: 은행꽃피기를 기다려 콩을 심고, 못자리를 준비하여 올벼를 청명절 이전에 침종하고 늦벼는 곡우 뒤에 침종한다. 침종은 납설수에 담갔다가 꺼내어 말린다. 산약·모시풀·찰기장·아욱·전(靛)·생강·녹두·돌참깨·치자나무·지황·청수세미·박·쪽·토란·차조기·목면·삼씨를 심는다. 면화는 물에 담갔다가 재에 무려 싹틔워 심는다. 도랑·담·집을 수리하여 장마에 대비한다. 가지 모종을 낸다. 참외는 씨를 물에 씻고 소금물에 적셔 씨뿌리고 거름한다. 꽃이 핀 치자를 옮겨 심고, 매화와 살구를 접붙인다.

- 4월: 순무·무·파를 베어 말리고 씨를 따 항아리에 갈무리한다. 오디·죽순을 베고, 파를 호미로 캔다. 나무를 베어 좀먹지 않게 하고 제방을 수리하여 물길을 탄다. 집을 수리하여 장마에 대비하고, 참깨와 녹두를 심는다. 하지 10일 이전에 삼을 심고 치자나무를 꺾꽂이한다. 여름무·배추·차조기를 심고 꿀벌을 거둔다.

- 5월: 깃털 나부랭이를 재에 묻고 누에씨를 거둔다. 망종 전후에 모를 내고 뽕나무 줄기를 쳐서 뿌리에 거름을 한다. 오디씨·홍화·쪽을 거두고 마늘·회나무·쪽·양귀비·무·도꼬마리 따위의 씨를 받는다. 복숭아·자두·매실·은행을 심고 대나무는 13일에 심는다. 늦콩을 심고, 반쯤 익은 밀을 거둔다. 논거름은 풀을 진흙에 밟아 넣는 식으로 한다.

- 6월: 보리밭을 갈고, 녹두심은 밭은 7월에 간다. 산초·삼·차조기·앵두꽃을 거두고, 밀을 말리며 녹두·늦오이·순무·마늘·실파·삼·배추·자두·이른무를 심는다. 논을 매고, 토란은 새벽 이슬녘이나 비온 뒤에 김맨다. 대나무를 베고, 양탄자·요·서책·모피를 볕에 말린다.

- 7월: 7일에 갖은 옷을 말리고 잣을 따며 쪽·대나무·산초·차조기·오이·쑥을 베어들인다. 입추 전후에 메밀을 밀파하고 순무·마늘·무·붉은 팥·생강·겨자·부추·늦은 삼을 심는다. 닥나무씨·참외꼭지를 받는다. 묵은 옷을 세탁하여 갈무리하고 칠기를 닦아 둔다. 채소밭을 간다.

- 8월: 보리·밀·파·마늘·모과·지총이·빙정총·모시풀·모란·작약·조매(早梅)·홍화를 심고, 대나무·율무·호두·대추·참깨·차조·왕골·갈대를 거둔다. 토란의 뿌리를 흙갈이하여 돋우고 꿀통을 열며 유의(油衣)와 겨울옷을 짓는다.

- 9월: 모시풀·밤·가지·오곡·조협(皂莢)·모과를 거두거나 채종하며, 콩대를 모아 사료를 준비한다. 생강 갈무리에는 겨나 쪽정이에 섞어 묻는다. 닭의 씨를 받고, 산초·수유·지황·마늘·겨자·납매·국화를 심거나 이식한다. 돼지를 사고 참기름을 저장하며, 각종 월동대비의 갈무리를 마친다.

- 10월: 동아·꿀·콩·팥·토란·산약·뽕잎·훼나무씨·지황·우슬 및 각 곡식의 씨앗을 거둔다. 구비나 쌀겨·쪽정이 등으로 모시풀을 거름하고 보리밭을 맨다. 돼지 씨를 거두고 소의 옷을 입히며, 외양간·마구간·집안 안팎을 수리한다. 땅굴을 파고 채소를 저장

하며 과일나무를 접한다. 뽕나무 가지를 휘묻이하고 섬(薦)을 엮으며 포도넝쿨을 묻는다.
- 11월: 소나무·잣나무를 춘사(春社) 이전에 심고 땔나무·솜·집기·농기구를 준비하며 울타리를 손질한다. 쑥·가시나무를 거두고 일년초를 유휴지에 쌓는다. 유채를 김매고 배토한다.
- 12월: 대나무를 베고 삼을 비옥지에 심는다. 마른 뽕잎 가루를 준비하며, 꽃씨와 뽕을 심거나 휘묻이한다. 뽕나무를 배토하고 누에씨를 목욕시키며 눈 녹은 물을 저장한다. 거름을 내고 가시나무를 베어들이며 농기구를 만들고 쇠똥을 긁어모은다.

이상의 내용으로 보아 계절의 특성이나 농사일의 종류가 다소간에 우리나라의 실정과 차이를 보이지만 전체적인 농가생활이나 농사일의 흐름에는 크게 다를 바가 없다.

『월여농가(月餘農歌)』 및 『농가월령가(農家月令歌)』

이춘영(李春寧)에 따르면,[14] 『월여농가』는 헌종(憲宗) 때 사람인 김형수(金迥洙)가 철종 12년인 1860년에 내놓은 책인데, 그는 자서문(自敍文)을 통하여, 원래에 저자 미상인 『언전농가(諺傳農歌)』가 있어서 이에 첨삭·보강하고 정리하여 한문으로 번역해 놓은 것이 이 책이라 하였다. 원본인 『언전농가』, 즉 『농가월령가』는 정다산(丁茶山)의 아들인 정학유(鄭學遊: 1787~1859)의 작품이라는 설도 있으나 불확실하며, 이들 두 사람의 시대가 거의 비슷하고 원천적으로 저서가 아니라 구전되어 내려오던 것이라 하여 따로 설명할 필요가 없다. 내용상으로도 거의 비슷한 당시 우리나라 전통농가의 농사일을 월력으로 나타낸 농가(農歌) 또는 농요(農謠)이다.

- 음력 1월: 입춘·우수
  농기를 다스리고 농무를 살펴 먹여
  재거름 재와 놓고 일변으로 실어내어
  맥전에 오줌 누기

---

14) 李春寧(1989), 앞의 책.

낮이면 이엉엮고 밤이면 새끼꼬아
때맞추어 집 이우며
실과나무 버곳깎이 가지사이 돌끼우기
정조날 미명 시에 시험조로 하여 보세
- 음력 2월: 경칩 · 춘분
살찐 밭가리 어서 춘모(봄보리) 많이 갈고
면화밭 되어주어(되갈이하여) 제때를 기다리소
담배모와 잇심으니 이를수록 좋으니라
원림을 장점(매만짐)하니 생리를 겸하도다.
일분은 과목이오 이분은 뽕나무라
뿌리를 상치말고 비 오는 날 심으리라
- 음력 3월: 청명 · 곡우
물꼬를 깊이 치고 드렁 밟아 물을 막고
한편에 모판하고 그 남아 살미(삶이)하니
약한 싹 세워낼 제 어린아이 보호하듯
포전에 서속이오 산전에 두태로다.
들깨모 일찍 붓고 삼농사 하오리라.
울밑에 호박이오 처맛가에 박을 심고
담 근처 동아 심어 가지하여 올려보세
무우 배치 아욱 상치 고초 가지 파 마늘을
외밭은 따로 하여 거름을 많이 하소
한식 전후 삼사월에 과목을 접하나니
단행 이행 울릉도며 문배 참배 능금사과
엇접 피접 도마접에 행차접이 잘 사나니
청디의 청능금매는 고사에 접을 붙여
- 음력 4월: 입하 · 소만
면화를 많이 가소 방적의 근본이니
수수 동부 녹두 참깨 부록을 적게 하소
잘 꺾어 거름할 제 풀 비어 섞어 하소
무논을 쓰을리고 이른모 내여 보자
한잠 자고 이는 누에 하루도 열두 밤을
- 음력 5월: 망종 · 하지
문 앞에 터를 닦고 타맥장 하오리라
도리깨 마주서서 짓내어 두드리니
잠농을 마를 때에 사나이 힘을 빌어
누에섭도 하려니와 고치나무 장만하소

오월오일 단오날에 물색이 생신하다.
외밭에 첫물따니 이슬에 저졌으며
모찌기는 자네 하소 논심기는 내가 함세
들깨모 담배모는 머슴아이 마타내고
가지모 고추모는 아이딸 너 하여라
맨드람 봉선화는 네 사천 너무 마라.

 - 음력 6월: 소서 · 대서
봄보리 밀귀리를 차례로 비여내고
늦인 콩 팥 조 기장을 뷔기 전 대우 드려
이슬 아적 외따기와 되약볕에 보리 널기
그늘 곁에 누역치기 창문 앞 노꼬기와
남북혼 협력하여 삼구덩이 하여 보세
삼대를 비어 묶어 익혀 쩌 벗기리라

 - 음력 7월: 입추 · 처서
골 거두어 기음매기 벼포기에 피 고르기
자채논에 새보기와 오조밭에 정의아비
김장할 무우 배추 남 먼저 심어 놓고
면화밭 자로 살펴 올다래 피였는가.

 - 음력 8월: 백로 · 추분
백설 같은 면화송이 산호 같은 고초다래
처마에 너렀으니 가을볕 명랑하다
뒷동산 밤대초는 아이들 세상이라
알암모아 말되여라 철대어 쓰게 하자
참깨 들깨 거둔 후에 중오려 타작하고
담배밭 녹두밭을 아쉬워 작전하랴

 - 음력 9월: 한로 · 상강
무논을 비어 깔고 건답은 비두리려
오늘은 정근벼라 내일은 사발벼요
밀따리 대초벼와 동트기 경상벼라
이삭으로 먼저 잘라 훗씨 따로 거더 두소

 - 음력 10월: 입동 · 소설
무우 배추 캐어 돌여 김장을 하오리라
앞내에 정히 씻어 염탐을 맞게 하소

 - 음력 11월: 대설 · 동지
새책력 반포하니 내년절후 어떠한고

 - 음력 12월: 소한 · 대한

특히 『월여농가』는 왜 쉬운 우리말을 어려운 한문으로 구태여 번역까지 해야 했는지 이해하기 어려우나 당시의 보편적인 농가월령을 중심으로 하여서 "중형(仲兄)의 서(序)"·"자서(自序)"·"범례(凡例)"·"월별농가(月別農歌)"와 부록으로서 "종서(種薯)"·"전답잡록(田畓雜錄: 附穀名)"·"속언자해(俗言字解)"·"전가락이수(田家樂二首)"·"양잠일수(養蠶一首)"·"종면일수(種綿一首)"·"의귀농이수(擬歸農二首)"·"발(跋)"로 책의 체제를 갖추어 출간한 것이었다.

문학사적으로나 농업사적으로 뜻이 있을 뿐만 아니라 세시풍속을 세밀히 그린 대목에 이르러서는 문화사나 민속사적인 가치도 크게 인정할 수 있는 책이다. 우선 정월조를 보면, 우리말인 『농가월령가』에 한층 더 세밀한 표현을 가하여서 "남자는 도르레를 돌리고 여자는 널을 뛰며 윷놀이와 먹국(猜枚: 주먹 속에 든 것 알아맞히기 놀이) 같은 소년놀이가 있고, 방 안에서는 돈을 던져 길흉을 점치며 초하룻날 밤에 암쾽이에 대비하여 신을 감춘다는 등의 풍습이 소개되어서 12개월을 통한 당시의 농촌 민속을 재미있게 살필 수 있다.

오늘날에 이르러서도, 일제시대의 대민사업 방식을 답습하여서 각종 "농촌지도사업"의 인쇄된 자료집에나 농사전문의 월간지, 또는 농촌 대상의 신문 등속에는 "이 달의 농사", "이 달의 농가메모", 또는 이와 유사한 칼럼이나 지면을 설정하여 주기적으로 농가의 월령사항을 전해 주고 있다. 쓰임새가 얼마나 큰지는 모르겠으나 이런 것들은 일제의 관치농정(官治農政) 방식에 유사하여서 딱딱하고 사무적이며 흥미를 유발키 어렵다.

우리네 옛 월령은 쉽게 바뀌지 않는 원론적인 내용으로 국한시켜 단순화하고, 또한 시문학적·운율적인 표현을 함으로써 여유롭고 따스한 정감이 깃들어 있다. 지금 후리 후손들도 좀 더 연구하여 선조들처럼 구수하고 여유로운 농촌의 다감성을 살리고, 노랫말처럼 내용을 외워지게 할 수는 없는 것인가? 독도에 대한 "한·일 관계"가 첨예하게 솟구치던 때, 우리에게는 "독도는 우리 땅"이라는 대중적 가요가 있어서 국민 누구라도 "독도는 우리에게 어떤 섬이며, 이 섬을 일본이 넘보는 것은 언어도단"이라는 국민적 감성과 교양·지식을 일깨우게 하였다.

농사에 있어서도 최소한 벼 품종의 특성과 명칭, 쌀은 우리 민족에게 어떤 먹을거리인지를 알고 느끼며, 그래서 사랑하게 하는 농요(農謠)가 있다면, "쌀개방 협상 반대 시위를 하는 농민들의 처참한 모습을 우리나라 안팎에서는 물론 홍콩에서까지 가서 보여 주지는 않았을 것이다.

6. 농사일의 도구[農器具]

인류는 큰 두뇌로 진화하였고, 인간은 생활을 위한 노동을 손으로부터 도구를 만들어 쓰면서 진화하였다. 따라서 노동의 내용과 도구 사이에는 상호 보합적이며, 상조적인 입장에서 변천·발전하였다고 할 수 있다. 또한 농업에 있어서도 노동과 노동의 필연성은 도구를 만들어 내게 하였고, 도구의 창제와 출현은 한 단계 새롭고 발전된 농업노동의 방법과 효율을 낳게 되었다.

농사일에 있어서 그 적절하고 필연적인 도구는 농사꾼에게 애물단지인 동시에 불가결한 존재라 하겠다. 그러나 이들 관계가 한 흐름의 문화로 발전, 계승되기 위해서는 농사일의 종류나 거기에 따른 농구가 특별히 희귀성을 띠거나 특수한 것이 아니어야 한다. 해당된 범위란 대다수이고, 보편타당성이 있어야 한다.

따라서 우리나라에 전래되거나 이 지역에서 창제된 농기구는 수없이 다종다양하고 많았겠지만 여기에서는 이들 가운데 문화로 계승될 수 있었던 대표적인 것들에 국한하여 기술하고자 한다.

동서양을 막론하고 인류 최초의 농구는 따비(耒)로 알려져 있다. 이에 덧붙여서[1] 이춘영[2]은 "최초의 따비는 굴봉에 가깝고, 이 굴봉이 발달하여 더 능률적인 괭이나 또는 발로 눌러 흙은 파는 삽 또는 가래가 나타나고, 이것이

---

1) 홍희윤(1959), 「15세기의 조선농구에 대하여」, 『문화유산』, '59-5.
2) 이춘영(1989), 앞의 책.

또 한 단계 발전하여 인력이나 축력, 동력으로 끄는 쟁기(犁)가 되었다"고 풀이하였다. 즉 괭이농경에서 쟁기농경으로 발전되는 단계에서 삽형농구(鍤型農具)의 농경단계가 있었다는 뜻이 된다.

우리나라의 경우, 『삼국유사』 유리왕조(儒理王條)에 "쟁기와 따비 및 얼음저장고를 만들고"라는 첫 기록이 있고, 이는 곧 『농사직설』에 나오는 "지보(地寶)"와 같다고 한다.3)

1970년에 출토된 대전(大田)의 방패형 청동기는 기원전 3세기 이전의 것으로서 "따비"로 밭을 가는 모양과 괭이로 흙을 파는 모양이 새겨져 있고, 1927년에 평북 용연 유적에서는 청동으로 만든 명도전(明刀錢)이 철제로 된 괭이, 삽, 도끼, 낫, 칼 따위와 함께 출토되어 적어도 기원전 1세기의 사정을 유추할 수 있게 한다. 또한 그 이후의 철기시대를 반영하는 쇠보습, 쇠괭이, 쇠낫, 쇠도끼가 고구려의 것으로, 쇠보습, 쇠괭이, 쇠낫, 쇠도끼가 백제의 것으로, 그리고 쇠괭이, 쇠스랑, 가래, 쇠낫이 신라의 것으로 밝혀진 바 있다.4)

15세기에 이르러서는, 호미(鋤), 괭이(卦伊), 따비(耒), 쇠스랑(鐵齒擺, 手愁音), 쟁기(犁), 써래(木斫), 끌개(曳撈), 번지(板撈, 翻地), 밀개(把撈, 推

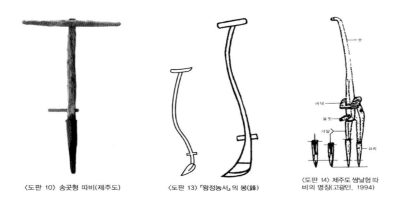

〈도판 10〉 송곳형 따비(제주도)   〈도판 13〉 『왕정농서』의 봉(鋒)   〈도판 14〉 제주도 쌍날형 따비의 명칭(고광민, 1994)

그림 22. 우리나라의 재래따비5)

3) 金榮鎭·李殷雄(2000), 『조선시대농업과학기술사』, 서울대출판부 製犁耜藏氷庫.

4) 최상준 외(1996), 조선기술발전사(김영진·이은웅) 2000에서 재인용.

5) 朴虎錫(1994), 한국 따비에 관한 考察, 『韓國의農耕文化』 第4輯, 경기대학교.

介), 곰방매(橚木, 古音波) 등의 농구가 등장하였고, 낫(鎌), 벌낫(長柄大鎌), 도리채(栲"栳, 都理鞭), 키(箕), 공석(섬: 空石, 藁), 절구(舂), 절구대(杵), 체(篩), 되(升), 말(斗), 구유(木槽), 망구(網口), 거적(笘蓋, 笘草), 작도(錯刀), 자귀(斫耳), 도롱이(蓑衣), 접목칼(대나무, 接木刀), 윤목(輪木: 제주도에서는 남태) 등의 용구가 등장하여 총 28종이 선을 뵈었다.[6] 또한 1618년의 허균이 쓴『한정록』에는 요라(料羅: 씨 뿌릴 때 담고 다니는 종다래끼), 뒤웅박(瓠: 바닥에 작은 구멍을 뚫어서 씨를 담고 밭고랑을 따라 가며 두드리면 씨가 한 알씩 떨어짐), 돈차(砘車: 파종 후, 복토와 다지기를 하는 기계)가 나오고 1619년 고상안(高尙 諺)의『농가월령』에서 농기구를 찾아보면 중쟁기(中犁), 극쟁이(小犁: 보습만 있고 볏이 없음), 보습(犁吸), 볏(景鐵), 가래(大鍤), 작두(虎齒), 쇠스랑(把鏵), 거름통(尿桶), 써래(泛羅), 번지판(翻地板) 등이 기록되어 있고, 그 외에도 운반용구인 지게, 방아, 물지게 등을 손꼽아 볼 수 있다.

이들 농구를 종합적으로 분류하여 용도별로 제시해 보면 다음과 같다(단, [ ] 안의 농구는 추정되는 농구명임).

① 경운 및 제초용구 - 쟁기, 극쟁이, 따비, 삽, 가래, 쇠스랑, 괭이, 호미, 종가래 [살포]

② 땅고르기 및 진압용구 - 써레, 곰방매, 밀개 또는 고무래, 번지, 끌개, 돈차, 남태

③ 파종용구 - 뒤웅박, 요라 [다래끼, 삼태기, 씨망태]

④ 양수용구 - [두레, 맞두레, 용두레, 무자위]

⑤ 수확·탈곡용구 - 낫, 벌낫, 도리깨, 키, 공석 [개상, 탯돌, 갈퀴, 넉가래, 부뚜]

⑥ 운반용구 - [지게, 발구, 거지게, 발채, 달구지]

⑦ 도정용구 - 절구통, 절구공이, 체, 맷돌, 매통, 물레방아

⑧ 계량용구 - 되, 말, 저울, 자

---

6) 金榮鎭·李殷雄(2000), 앞의 책.

⑨ 기타용구 - 거적, 작두, 자귀, 도롱이, 용기, 구유, 접목칼, 망구, 도끼, 거름통, 끌 등이다.

이들 공구 가운데 우리 선조농민들의 애환이 실린 전통농구의 대표적인 것들을 살펴보면 다음과 같다.

따비, 쟁기

박지원도 말하였듯이,[7] 인류 최초의 농구는 "뒤지개에서 비롯된 따비(耒耜)로서 신농(神農)씨가 만들어 보급한 것"이라 한다. 뒤에 삽이나 쟁기, 극쟁이로 발전한 것으로서, 서양은 서양대로 농사의 신인 데메테르나 세레스가 만들었다는 신화를 그 기점(起点)으로 한다. 우리나라도 최초의 농기구는 기원전 1세기에 사용되어 밭을 개간하는 "따비질"의 원시적인 농구였다. 뒤지개(굴봉)와 달리 아래 부분에 보습을 끼워서 발로 누를 수 있는 발판이 있고 앞쪽으로 휘어진 손잡이가 있어서 발로 밟고 손잡이를 당기면 지렛대의 원리로 쉽게 땅을 일굴 수 있었다. 모양에 따라 말굽쇠형, 주걱형, 코끼리이빨형, 송곳형 등으로 분화되어 있어서 지역이나 토양에 맞추어 쓸 수 있었다.

쟁기가 이와 다른 점은, 따비가 철제 혹은 목제의 보습만을 갖추고 있는 데 반하여 쟁기는 철제의 보습(錢)과 볏(鐴)을 갖추고 있다는 점이다. 특히 쟁기는 몸체의 부분인 술을 단단한 박달나무나 참나무로 지면과 45° 정도의 각이 되도록 만들고 여기에 철제의 삽날 끝으로 보습을 끼운다. 그 위에 뒤틀린 볏을 달아서 볏밥인 흙이 한쪽으로 나가도록 하며, 술의 중간 앞쪽으로 뻗힌 성에는 가축의 힘을 전달하는 "한마루"로 술에 고정시켜 방향키의 역할을 겸한다. 한마루에는 갈이깊이를 조절하는 나사가 있고, 술 뒤에 작은 손잡이가 있어서 쟁기질에 방해물이 땅속에 있을 경우, 살짝 들어서 피해 갈 수 있도록

---

7) 박지원, 『과농소초』, "朱耜神農氏之遺制也 其田器鼻祖乎".

한 것이 우리나라 쟁기의 독창적인 구조라 한다.8)

따비와 쟁기의 기능을 나누어 본다면『농사직설』에 설명하였듯이,9) 저습한 황무지를 개간할 경우, 우선 윤목(輪木)을 써서 거칠게 얽혀 발생한 무성한 풀을 짓이겨 죽이고, 둘째 해에 따비를 써서 아직 남은 풀을 방제하는 동시에 필요한 잔이랑을 내며, 셋째 해부터 비로소 쟁기를 사용하여 기경지처럼 논으로 간다고 하였다. 통상적으로는 포전(圃田)을 깊게 기경하는 데 쟁기가 쓰이는 반면, 따비는 주로 파종하기 위하여 포전에 잔이랑을 내거나 또는 고랑을 갈라 후치질하며 제초작업을 하는 데 이용되었다.10)

원래 쟁기는 소(牛)에 메워 쓰지만, 소가 부족한 곳에서는 만여(挽犁)로 쟁기를 대신하여 아홉 명의 사람이 끌었던 경우도 허다하였다.11) 또한 쟁기의 종류는 매우 다양하며 이춘영12)의 기술에 의하면, 우리나라의 쟁기가 실제로는 술, 볏의 유무나 동력원에 따라 다음과 같이 분별된다고 하였다.

- 술과 볏이 없는 것(無床無)
  극쟁이(홀칭이): 강원, 경북
  후치(轅이 分板): 골타기와 이랑짓기용으로 평안, 함경, 강원
  가대기: 홈치기용[쪽가대기: 사람이 끈다. 외가대기(單牛), 쌍멍에 가대기
　　　　　(겨리)]으로서 함경
- 마른 논(乾畓用)
  연장(술과 볏이 없는 겨리쟁기와 볏이 있는 연장이 있음)
  평후치
  메후치
- 볏이 있는 것(有鐴)

---

8) 정동찬(2001),『옛것도 첨단이다』, 민속원.

9) 촌진흥청(2004),『농사직설』,『농가집성』내, 고농서국역총서7.

10) 주강현 엮음(1989),『재래농법과 농기구』, 홍희유의 "15세기 이후의 조선농에 대하여", 북한의 민속학역 사비평사.

11) 농촌진흥청(2004),『금양잡록』『농가집성』내, 고농서국역총서7.

12) 이춘영(1989), 앞의 책.

보연장

평보: 평북(술이 있음)

호리: 볏과 술이 있지만 없는 것도 있음.

- 동력원(動力源): 말이 끄는 제주도의 경우도 있었음.

만여(挽犁): 사람이 끈다.

겨리: 소 두 마리가 끈다.

호리: 소 한 마리가 끈다.

삽, 가래

삽(臿)은 중국과 우리나라에 기원전 1세기 이전부터 쓰였고, 우리 민족의 최초 사용은 연나라 동북의 조선열수(朝鮮洌水)지역에서 "鍫"으로 불리며 쓰였다는 기록에 근거한다.[13] 이후 15세기에는 신숙주의 『보한재집(保閑齊集)』에 "……우물을 만들기 위하여 가동(家僮)에게 삽태와 삽을 가지고 파게 하였다"는 기록이 있고, 권근의 『양촌집(陽村集)』에는 "당연이 베어내야 할 풀은 삽(鍤)으로 밀어야 하며, 당연히 깎아낼 나무가 있으면 낫으로 깎아내야 한다"고 기술한 표현이 있어서 삽이 제초용구로 쓰였음을 알 수 있다.[14] 그러나 삽은 토양이 부드러운 숙전에서 기경용구로 중요하게 쓰일 수 있고, 규모가 작은 울안의 채마밭 등지에서 잘 쓰일 수 있으면서도, 논밭의 도랑을 쳐내거나 땅을 파 엎는 데 자주 이용되었다.

반면에 가래(枚)는 우리나라가 독창적으로 삽에 새로운 변화를 시도하여 창안한 정지용구이다. 중국의 "쇠칼가래(鐵刃枚)"와 달리 그 형태가 가지잎(茄葉)처럼 끝이 뾰족한 쇠날을 끼우고 3m 이상의 긴 자루가 있으며 가랫날 양쪽에는 사람이 당길 수 있도록 동아줄 구멍이 나 있다. 물론 『산림경제』에

---

13) 揚雄: 『方言』, "師古日 鍫也 所以開渠者……方言云燕之東北 朝鮮洌水之間 謂之鍫……."

14) 주강현 엮음(1989), 앞의 책 재인용.

따르면 끈이 있는 가래(枚子)가 일반적이지만 또한 끈이 없는 가래(無嬰枚子)나 손가래(手枚子: 종가래)도 있었던 것으로 보인다.

가래는 삼각구도의 원리에 의하여 힘을 분산, 통합하도록 세 명이 협동하여 한 조를 이루지만(외가래) 일곱 사람이 한 조를 이루거나(칠목가래) 두개의 가래를 연이은 것에 열 사람이 한 조를 이루는 경우(열목가래)도 있었다고 한다.[15] 주로 농경지가 경사지거나 논이 많은 우리나라에서는 가래를 이용하여 논두렁을 만들거나 재정리하는 작업을 하였고, 특히 "화가래"라 하여 가래낫에 70° 정도의 각도로 자루를 박아 만든 가래는 소가 들어가기 어려운 진흙밭이나 물이 나는 논을 갈거나 일구는 데 안성맞춤이었고, 한 조가 협동하여 농사일을 하는 우리 민족에 적격이었다. 1개조의 가래로 하루에 30cm 깊이, 30cm 폭의 개천을 약 160m 정도 굴착하거나 약 1,000m 정도의 논밭 두렁을 정리할 수 있다고 한다.[16]

써레, 소시랑, 윤목

그 밖의 정지(整地)를 위하여 15세기 이전부터 쓰여 왔던 농구로는 써레, 소시랑, 곰배, 윤목, 밀개, 끌개, 번지 따위가 있으나 대부분의 경우, 정확한 구조나 쓰임 요령을 확인할 수 없다.

써래는 "木斫" 또는 "所乙羅"로 표기되며[17] 왕정의 『농서』나 서광계의 『농정전서』에 의하면 현재 조선의 농촌에서 쓰이는 써래는 중국의 것과 동일한 것이었음을 알 수 있다. 즉 전체가 목재로 되어 있으며, 써렛발(木齒)은 밤나무나 상수리나무 같은 단단한 목재로서 3m 길이의 굵은 가름목(橫木)에 25cm 가량의 나무살을 간격으로 두고 박아 양 끝에 50cm 가량의 선대(立木)를 세

---

15) 정동찬(2001), 『옛것도 첨단이다』, 민속원.

16) 주강현 엮음(1989), 앞의 책.

17) 『농사직설』: "以木斫(鄉名所乙羅及鉎齒擺(鄉名手愁音) 熟治使平後 足踏均密播種."

우고 손잡이를 만들었다. 주로 논흙을 뒤섞어 깨뜨리며 정지하는 농구로서 한전(旱田)에서도 이용되었다. 또는 써렛발에 긴 판자를 대어 "나래"를 대용하여 지면을 고르는 데도 쓰였으나 주로 논의 교반용이었다. 써레는 한두 마리의 소로 끌렸는데, 한 필의 경우에 하루 1,800평 정도의 논을 정리할 수 있었다.

소시랑은 "鐵齒擺" 또는 "鐵搭"으로 표기되다가 15세기 무렵부터는 우리말인 "소시랑(小時郎)" 또는 "수수음(手愁音)"으로 불렸다. 연암 박지원의 관찰에 따르면 우리나라의 소시랑은 살(齒)이 3개인 데 반하여 중국의 것은 4~6개로 차이가 있으며 능률이나 이용성은 중국에 못지않고(적응성이 뛰어나며), 살이 두 개인 일본의 것보다는 훨씬 우수하였다. 소시랑은 기경하는 농구로서 괭이처럼 쓰일 수도 있고 퇴비를 펴거나 흙덩이를 깨는 파토작업에 적격이었다. 퇴비 작업에 쓴다면 하루에 한 사람이 2.5톤을 나를 수 있었다.

윤목(輪木)은 『농사직설』에 설명되기를 1.5m 가량의 단단한 나무에 5개의 예우(銳隅)를 내고 양 끝에 나무고리를 꿴 다음 노끈을 맨다. 소나 말에 안장을 메우고 아이들을 태워 노끈을 안장복지(鞍後橋) 양쪽으로 연결시키고 소, 말을 빠르게 몰면 윤목이 회전하면서 잡초를 제거하며 흙덩이도 깨는 기계였다.[18] 물이 고인 저습한 황무지의 넝쿨성 다년생 잡초를 제거하고 지면을 정리하는 개간지의 1차적 작업을 하는 데 적격이었으며, 이미 남방계 중국에서 쓰던 장타원형의 나무에 많은 모진 모서리를 회전시키던 육록과 매우 흡사한 기계였다. 지금은 모습이 사라졌다.

괭이

괭이는 축력이 없고 경지면적이 좁은 우리나라 소농가에서 쟁기 못지 않게 요긴하였던 농구이며, 한자의 음(音)이나 뜻(訓)을 빌어 "卦伊·錁伊·光伊·猫伊·廣耳" 등으로 표기해 왔다. 그러나 우리나라의 괭이는 끝이 넓고 장

---

18) 『農事直說』: "其輪木之制……牛馬行則 其輪 木五銳隅自回轉殺草破塊".

방형인 중국의 것과 달리 일반적으로 날이 뾰족하고 날카롭게 만들어져서 오히려 호미의 원리를 이용해 만든 특징이 있다. 사용 역사도 기원전 2천년 경의 석기시대에 돌괭이가 평남 군산리에서 출토되었다.[19]

『훈몽자회』에도 "鋤"를 "호미서", "(钁)"를 "호미확"이라고 구분하였지만, 괭이를 지역 방언의 하나로 "호맹이"라 부르듯이 (金+钁)를 "호맹이 확" 또는 "괭이곽"으로 구별하는 것이 합리적일 것이다. "곽"은 어쨌든 규모가 큰 호미의 일종이며 입식 도구이지만 "서"는 규모가 작고 한 손을 쓰는 좌식 도구임에 틀림없다. 따라서 괭이는 작은 포전(圃田) 정도를 파 일구며 황무지를 개간하는 데 적절히 쓰이고 정지작업에도 적절히 쓰인다. 실제로 괭이의 형태나 명칭 표기도 다양하여서 경기지방의 것은 끝이 뾰족하고 나뭇잎이나 고양이턱 같아서 "茄葉鍬"나 "猫伊"로 표기함이 적절하고 남선의 것은 넓은 장방형이어서 "廣伊"로 표기하는 데 무리가 없어 보인다. 특히 괭이자루와 날의 각도가 제각각이고 크기에도 크고 작은 차이가 많아서 산천의 다양한 경지 입지에 적응시켜 쓸 수 있도록 독창적으로 창안되어 발달하였다. 노동능률은 혼자 하루에 150평의 논을 기경할 수 있다고 한다.

호미

호미는 쟁기 다음으로 우리나라 농사일에 중요하게 쓰이며, 일상적으로 대부분의 농사일에 적용되는 전통적 농구이다. 또한 호미는 중국에서도 일찍부터 발달되어 농사의 가장 보편적·실제적 동반자 몫을 하여 왔지만, 우리나라는 중국과 다른 독창적인 호미를 창안하여 쓰기에 이르렀고, 농사일의 상징적 존재로서 우리나라 농경문화의 지표로 기여한 농구이다.

호미의 형태 분화나 농경적 기능에 대한 내용은 김영진·이은웅(2000)의 『조선시대농업과학기술사』를 인용하여 서술하고자 한다.[20]

---

19) 주강현 엮음(1989), 『북한의 민속학』, 역사비평사.

박호석은 호미의 어원이 만주어 Homin에서 유래된 알타이어계이며 영어의 Hoe와도 유사하다고 하였다.[21] 호미는 괭이의 변형된 것이겠지만 우리나라에서는 호미의 분화발달이 두드러졌다. 호미는 중경(中耕)과 김매기에 주로 쓰인다. 이춘영[22]은 이런 방식의 호미 사용이 곧 중국 화북지방의 한지(旱地) 농법에서 표출되는 한 특징이며, 만주를 통하여 한지 농법이 우리 땅에 영향을 주었던 것 같다고 하였다. 박호석은 "긴자루 호미"가 서로 비슷한 유형으로 세계의 어떤 지역에서도 발견된다고 하였으며, 실제로 중국에서는 자루가 길고 날이 큰 대서(大鋤)를 써 왔던 반면에 우리나라에서는 중국의 대서에 가까운 선호미(立鋤)를 평안도 지역에서 쓰고, 남한에서는 자루가 짧은 앉은식의 소서(小鋤)를 써 왔다. 특히 황해도 이남의 지역에서 쓰고 있는 소서는 우리나라에서만 볼 수 있는 독창적이고 고유한 농구라 하였다.

현대 호미의 구조는 밑이 평평하고 목이 가운데 있지 않으며 한쪽으로 벗어나서 호미를 모로 세워도 쓸 수 있는 평안도 호미가 발달한 것이다. 뾰족한 세모날의 한쪽에 목이 이어지고 꼽추처럼 휘어져 버리슴메에 짧은 나무자루를 박아 손잡이로 하는데, 그 크기가 아주 작고 가볍다. 쓰임새도 아주 다양해서 뾰족한 날로 땅을 쪼거나 평안도 호미처럼 옆으로 눕혀 긁으면서 김을 매기도 하고 큼직한 날로 내려찍어 당기면서 흙을 뒤집기도 하며, 골을 타거나 감자·고구마를 캐기도 하고 때로는 날등으로 단단한 물건을 찍어 깨뜨리거나 쪼개기도 한다.

쪼그려 앉아야만 일이 되는 우리나라 호미의 형태적, 기능적 특성은 일어서서 하는 호미보다 더디고 힘들지만 일을 야무지고 옹골차게 하는 노동집약적 특성과 요모조모로 쓸 수 있도록 만든 선인들의 슬기가 어우러져 있다.

20) 김영진·이은웅(2000), 앞의 책, 103~105.
21) 朴虎錫(1992), 「韓國의 農具 "호미"」, 『연구와 지도』 33-1, 농촌진흥청.
22) 이춘영(1989), 앞의 책.

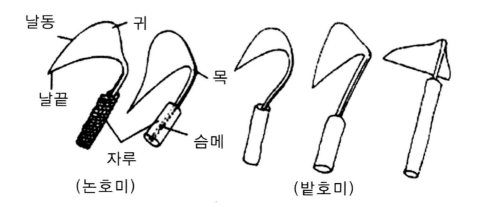

그림 23. 우리나라 호미의 종류

호미는 크게 나누어서 논호미와 밭호미가 있다. 논호미는 지방에 따라 생김새의 차이가 없이 날과 자루 사이가 가깝고 오그라진 모양을 하고 있으며 가장 긴 것은 30cm, 날의 길이는 20cm, 등 쪽의 폭이 10~15cm로 어깨에 메기보다 허리춤에 차고 다닌다. 일반적으로 논호미는 밭호미보다 무겁고 날이 크며 길고 뾰족하다. 또한 휘어진 목의 끝인 슴메에 나무자루를 박거나 물 묻은 손에도 잘 잡히도록 가는 새끼줄을 감아 자루로 한다. 밭호미는 그 종류와 모양이 지역에 따라 아주 다양하지만 전형적인 것은 목이나 자루가 길어서 어깨에 멜 수 있는 북한의 것을 빼고는 작고 가벼운 것이 특징이다.

함경도, 평안도의 것은 전체길이가 50~60cm로 크지만 남쪽으로 내려올수록 그 크기가 작아지는데, 제주도의 경우는 전체길이가 30cm 정도이고, 날의 길이는 10cm, 폭은 3cm 남짓으로 작다. 다만 중부지방에서는 논호미와 밭호미의 구분이 없이 남부지방의 논호미보다 약간 작은 것을 써 왔다.

북한과 강원도 지방의 호미는 날의 귀가 양쪽으로 벌어진 양귀호미와 한쪽으로 있는 외귀호미가 있는데 모두 논호미보다 크고 투박하다. 그리고 목이 거의 없이 박힌 자루가 길며, 날은 크고 밑이 넓어 긁고 북을 주는 데 편리하다. 이와 반대로 황해도 이남지역의 호미는 일반적으로 작고 가벼우며 목이 긴 대신 자루가 짧다. 그리고 세모진 날은 흙을 쪼아 땅속 깊이 박힌 뿌리를

그림 24. 호미의 모양과 그 분포

캐기에 알맞도록 뾰족하다.

　끝으로 첨부하여 삼국시대의 농기구 발굴 조사보고서에서 밝힌 김광언의 "안압지 출토 호미"를 소개한다.[23] 현재 남부의 호미 모양으로서 자루에 삽입되는 부분에 일단의 턱이 있어 구분되고 몸체는 "ㄱ"자로 휘어서 사용되는 날을 넓게 처리한 낫형 호미였다.

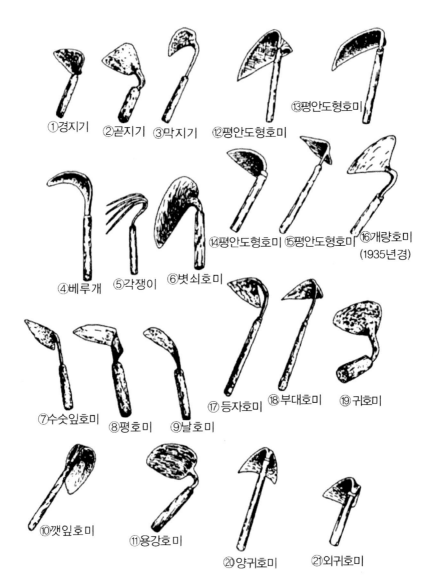

①경지기 ②곧지기 ③막지기 ⑫평안도형호미 ⑬평안도형호미

④베루개 ⑤각쟁이 ⑥볏쇠호미 ⑭평안도형호미 ⑮평안도형호미 ⑯개량호미 (1935년경)

⑦수숫잎호미 ⑧평호미 ⑨날호미 ⑰등자호미 ⑱부대호미 ⑲귀호미

⑩깻잎호미 ⑪용강호미 ⑳양귀호미 ㉑외귀호미

그림 25. 우리나라(북한) 호미의 종류와 모양

23) 김광언(1988), 「신라시대의 농기구」, 『민족과 문화』 I, 정음사[배영동 (2002)의 재인용].

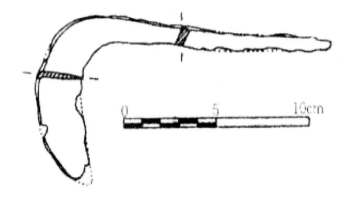

그림 26. 안압지출토 호미

낫

낫(鎌)은 황해도 지탑리 원시유적에서 발견된 유물로 볼 때, 철낫에 앞선 시대에 이미 돌낫(石鎌)이 농사일에 쓰이고 있었음을 알 수 있다. 『농사직설』에도 15세기에 이미 일반의 평낫이나 우멍낫과 함께 장병대겸(仗柄大鎌)이라는 특수한 형태의 큰 낫이 있어서 대면적 농경지의 수확이나 곡초의 예취(刈取) 작업에 이용되고 있었다고 한다. 우멍낫은 그 목과 자루가 길고 날폭이 좁으며 끝이 뾰족한 특징을 보이고, 주로 나뭇가지를 작벌하는 데 쓰였다. 평낫은 자루가 짧고 날이 넓은 특징을 지니고 있어서 주로 풀을 베거나 벼·보리·밀, 기타의 곡초를 예취하는 데 쓰였으며, 벼 추수에 평낫을 쓰면 하루 한 사람이 약 300평까지 다룰 수 있었다고 한다.

조선낫은 중국낫에 비하여 끝이 뾰족할 뿐만 아니라 그 형태도 중국 것에 비하여 훨씬 세련되고 예리하게 생겨서 그 이용면이나 능률면의 장점이 많은 우리나라 고유의 농구였다고 할 수 있다.[24]

---

24) 주강현(1989), 앞의 책.

도리깨

도리깨는 "拷" 혹은 "都里鞭"으로 한자표현이 되며, 중국에서는 "連枷"라 표기된다. 원래 도리깨는 보리·밀·콩·팥, 기타 잡곡의 탈곡용구로 이용되는 것이었지만 『농사직설』에서는 살초와 탈곡의 양용으로 쓰인다고 하였다.[25] 도리깨의 최초사용은 알 길 없으나 고려 초에 이색의 "도리깨 시"가 있어서 14세기 훨씬 이전부터 쓰였음을 유추할 수 있다. 도리깨의 구조는 자루 끝에 연결되어 있는 타곡부(도리깨 아들)가 세 개의 물푸레나무를 새끼나 노끈으로 납작하게 엮어 만들었으며 약 3m에 달하였다. 4~5개의 나뭇가지를 가죽끈으로 엮었던 중국의 것에 비하여 견고성이 떨어졌지만 우리나라의 그 어떤 탈곡구 가운데서도 발전한 형태의 도구였다. 콩 탈곡에는 하루 한 사람이 8말까지 처리하고 보리나 밀은 14말까지 다룰 수 있었다고 한다.

방아와 연자매

방아는 우리나라에서 5세기 이전의 고대부터 이용되던 도정용구로서 쌍갈래진 큰 나무 밑동에 공이(杵)를 장치하며 그 밑에 돌절구(石臼)를 묻고 쌍갈래진 곳에 지주를 세운 다음 2~3명의 부녀자들이 한 발로 방아다리를 내려딛으며 도정일을 하였다. 공이 끝에는 무수한 돌기가 있는 철제를 장치하여 효율을 높이도록 개선되기도 하였다. 방아는 주로 알곡을 도정하는 데 쓰였지만 때로는 제분용구로도 이용되었다. 특히 방아는 5~6명 또는 7~8명이 공동노력으로 협동하여 쓰는 농구로서 흔히는 부락의 공동소유로 되어 있었다. 7~8명이 한 조로 벼를 도정하면 약 2섬의 백미를 얻을 수 있었다.[26] 연자매는 연

---

25) 『農事直說』: "用拷(鄕名都里鞭) 殺草下種".
26) 주강현(1989), 앞의 책.

자마(研子磨)라고도 부르며 물레방아(水磨)의 뒤를 이어 18세기 이후에 일반
화한 것으로 보인다. 이는 둥글게 만든 매판 중앙에 밑매(下臼)를 놓고 중앙
에 세운 지주를 중심으로 축력을 적용하여 윗매(上臼)를 회전시키는 도정 방
식을 유도하였다. 소 한 필을 붙여서 벼 60말을 백미로 얻는 효율이 있어서
크게 보급되었다.

키 · 붓구 · 풍구

우리나라의 대표적인 곡물 정선풍구는 키(箕) · 붓구(簸席) · 풍구(颺扇) 등
이었다. "키"는 야생의 버들가지를 엮어 만든 정선용구로서 중세기의 천민층
이었던 재인(才人) · 화척(火尺)들이 만든 민간 수공예품이기도 하였다

붓구는 짚을 짜서 만든 길이 약 3m, 넓이 약 40cm의 긴 자리(席) 일종으
로서, 그 사용은 붓구 복판을 한 발로 디디고 양 끝을 두 손으로 잡은 다음
마치 날갯짓하듯이 바람을 일으켜 잡티를 날리는 방식이었으며 2명 1개조로
약 30석의 알곡을 정선하였다.

18세기 이후에는 중국의 풍구가 보급되어 능률적인 진보가 이루어졌다. 드
디어는 우리나라 자체의 풍구를 개량 · 발전시켜 일반화하는 데 성공하였던
역사가 있다.

지게

지게는 양다리방아와 더불어 우리나라에서 창안된 가장 우수한 운반용구
가운데 하나이다. 지게는 기록상 최초로 나타난 때가 마한(馬韓) 때임을 황운
성(黃 雲性)[27]은 그의 저서인 『한국농업교육사(韓國農業敎育史)』에서 밝히

고 있다. 다음으로는 숙종 16년인 1690년의 『역어유해』에 나타나는데 이 책에서는 지게의 뜻을 풀어서 "배협자"라는 한자로 적었으며 영조 24년인 1748년의 『동문유해』에도 이를 따랐다. 1766년에 간행된 『증보산림경제』에는 "부지기(負持機)"란 용어로 표시하였는데 이는 "지기"에 "진다"는 뜻의 부(負)를 합한 명칭이었다.28)

일반적인 지게의 모습은 양쪽의 기둥나무가 되는 새고자리, 두 개의 새고자리를 연결 짓는 세장, 그리고 가지·밀삐·지게작대기로 이루어졌다. 가지가 약간 위로 뻗어난 자연목 두 개를 위는 좁고 아래는 다소 벌어지도록 세우며 그 사이에 세장을 끼우고 탕개로 죄어서 사개를 맞추어 고정시킨다. 탕개와 탕개목은 요즘 사용하는 볼트와 너트의 긴밀성을 유지시키는 와셔의 역할을 한다. 위아래 밀삐를 걸어 어깨에 메는데 등이 닿는 부분에 짚으로 짠 등태를 달았다.

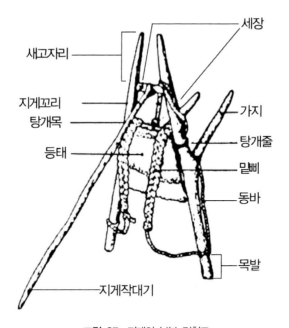

그림 27. 지게의 부분 명칭도

---

27) 黃雲性(1967), 『韓國農業教育史』, 大韓出版社: 『魏志』, 馬韓條 기록으로 "皆發育皮 以大繩貫之 又以丈許木鍤 之"라는 표현이 곧 "지게"를 나타낸 것이라 주장함.
28) 농촌진흥청(2004), 『증보산림경제』, 고농서 국역총서 4-6.

지게를 세울 때는 작대기를 세장에 걸어서 버텨 놓는데 지게가 세워진 모습은 가장 안정된 구조의 하나인 삼각구조이다. 지게가 세워져 있을 때는 무게의 중심을 작대기가 받치고 있다. 하지만 지게를 졌을 때는 허리세장과 등받이줄, 등태가 있는 사람의 등이 무게중심을 받는다. 또한 무거운 짐을 질 경우에는 무게의 중심이 허리에 놓이도록 지게다리가 훨씬 올라간 지게를 사용한다. 무게 중심의 이동을 용이하게 하여 짐을 수월히 운반할 수 있게 하였다.

지게의 무게는 5~6kg에 지나지 않지만 건장한 남자의 경우, 50~70kg을 가볍게 지고 다닐 수 있다. 지역별로도 경기도의 지게는 세장이 여섯이고 지게 몸은 대체로 직선이며, 전라북도에서는 새끼로 등판을 얇게 짜서 붙인 다음 짚을 반으로 접어서 두툼하게 넣는다. 또는 등태를 전혀 대지 않고 세장을 넓게 깍은 경우도 있었다. 평야지에서는 새고자리의 너비가 아주 좁은 반면에 목발 사이를 벌린 지게를 쓴다. 지게 길이가 길어서 짐 진 사람이 몸을 약간만 낮추어도 쉽게 지게를 내려놓을 수 있다. 산간지에서는 지게의 몸이 짧아서 비탈을 거추장스럽지 않게 오르내릴 수 있는 특징을 갖추고 있다.[29]

정동찬[30]에 의하면 짐을 나르는 방식에 따른 인체의 에너지 소비량을 조사한 결과, 지게에 비하여 머리에 이는 방식은 3%, 이마에 끈을 걸어 메는 방식은 14%, 한쪽 어깨로 메면 23%, 목도를 이용하면 29%, 양손으로 들면 44%나 더 에너지가 소비된다고 한다. 가장 이상적인 방식이 곧 우리나라 전통적인 남성의 지게와 여성의 머리이기인 셈이니 세계 어느 나라의 방식보다 슬기로웠고 이상적인 것이었다. 지게의 원리는 현대의 등산용 배낭이나 아기들의 멜 때에도 원용되고 있으며 일본의 대마도에 도입된 지게는 원음을 그대로 살려서 "지케" 또는 "지케이"라 부른다고 한다.

---

29) 이종호(2003), 신토불이 『우리 문화유산』, 한문화
30) 정동찬(2001), 앞의 책

7. 농사일 유래의 문화

 우리나라 오늘의 문화를 농경문화(農耕文化)라 부를 수 있으니 농사와 관련된 문화를 일일이 열거할 수는 없다. 우리의 의식주 생활이 모두 그러하며, 의례제반의 정서가 모두 그러하다. 여기에서는 농사일과 관련된 부분만으로 제한하고, 그 가운데서도 계승·발전의 실제가 대표적인 것들만 선별하여 이야기하고자 한다.[1]

오곡(五穀)과 쌀(稻)

 "오곡백과(五穀百果)가 만발한다"는 표현은 인간이 가꾸는 모든 식물의 총체적인 성사(成事)를 뜻한다. 특히 오곡이란 농사와 생활의 양측을 연계하는 "먹을거리", 즉 곡식을 의미하며, 따라서 민속·세시·신앙과 문화·예술 및 사회적 정체성을 인식케 하는 관념을 가지게 한다. 배영동에 의하면, "곡식"은 일상적 먹을거리로서의 곡식, 신앙의 대상으로서 섬기는 곡식, 의례에 바쳐지는 곡식 등으로 상황적 분류가 되기도 한다고 하였다. 그래서 분류적 상황에 따라 삼곡·오곡·육곡·팔곡·구곡·백곡 등의 용어가 만들어져 쓰여

---

1) 배영동(2002), 『농경생활의 문화읽기』, 민속원

왔으며, 우리네는 오곡이나 백곡의 용어가 가깝게 쓰였다. 삼곡(三穀)이란 양(粱: 黍稷類 총칭) · 도(稻: 粳種類 총칭) · 숙(菽: 豆類 총칭)으로 각각 20종씩 총합 60종에 이른다.

반면에 오곡은 물론 중국의 『周禮』에서 비롯하지만, 우리 민족과 관련된 표현도 『삼국지』(魏書 東夷傳 夫餘條)에 "土地宜五穀 不生五果", "土地肥美 宜種五穀及稻", 『後漢書』(변진전)에 "土地肥美 宜種五穀", 『晋書』(진한전)에 "土宜五穀", 『魏書』(백제전)와 『隋書』(백제전)에 "有五穀", 『周書』(백제전), 『北史』(백제전)에 "五穀雜果蔬菜", 『南史』 · 『梁書』 · 『北史』 · 『隋書』의 신라전에 "土地肥美 宜植五穀" 또는 "五穀果菜"란 표현이 나타나고 있었다. 이들의 경우, "黍 · 稷 · 菽 · 麥 · 麻", "稷 · 菽 · 麥 · 稻 · 麻", 또는 "黍 · 稷 · 菽 · 麥 · 稻"로서 구체적인 5종을 의미하거나 중요한 다섯 종류, 또는 모든 곡식을 지칭하는 개념으로 쓰였다.

특히 곡식을 상징적으로 다룬 궁중의 각종 의례나 적전(籍田) 친경(親耕)의 곡물명은 또 다른 의미를 지닌다. 주요 곡식의 집합 개념으로 구곡(九穀)이란 용어가 쓰이기도 하였다. 일례로 『고려사』(권62 예지4 적전조)에는 의례에서 청상(靑箱)이라는 씨앗 상자를 사용하는데 "청상제도는 보통상자와 다를 게 없지만, 뚜껑이 없고 양편 머리에 손잡이가 달렸으며 청색으로 칠이 되었고 그 안은 9칸으로 나누어 9곡을 담았으며 푸른 휘장으로 덮는다"[2]고 함으로써 9곡의 내용은 알 수 없으나 이들 9곡을 친경하였던 것으로 알 수 있다. 다만 이후의 『고려사』 기록에는 "稻와 粱을 담아 왼쪽에 진설하고 粱은 稻 앞에 차리며 黍와 稷은 오른쪽에 진설하되 稷을 黍 앞에 놓는다"고 함으로써 9곡 가운데 稻 · 稻 · 稷 · 黍가 포함되었을 것으로 생각할 수 있다.

조선조에 이르러서 각종 왕실의 의례에서 사용하였던 곡물의 종류를 분류 · 제시하면 다음 표와 같았다.

---

2) 배영동(2002), 앞의 책 재인용.

기록상 일자	의례명	사용 곡식
세종 4년 5월 14일(경오)	殯	黍, 稷, 稻, 梁
세종 20년 12월 24일(갑술)	臘享	黍, 稷, 稻, 梁
세종조 吉禮시	薦新	5월: 大麥, 小麥 7월: 기장(黍/梁), 稷, 粟 8월: 稻
세종조	宗廟薦新儀	중하: 大麥, 小麥 맹추: 黍, 稷, 粟 중추: 稻
성종 6년 1월 25일(을해)	享先農儀	黍, 梁, 黍, 稷
영조 45년 9월 13일(임진)	親耕수확물 봉납	大麥, 小麥, 黍, 稷, 粟, 稻

의례 \ 곡식	大麥	小麥	黍	稷	粟	稻	梁
				사용 곡식			
薦新	O	O	O	O	O	O	
親耕	O	O	O	O	O	O	
殯			O	O		O	O
祭享			O	O		O	O

그러나 일상적 농사에서 통용되었던 9곡의 명칭을 『농서』에서 발췌해 보면, 박홍생의 『촬요신서』에는 "禾(메조)·稻·麻·黍·秫(찰기장)·小豆·麥·大麥·大豆"의 9곡이었고, 허균의 『閑情錄』에는 "黍·稷·秫·稻·麻(삼)·大麥·大豆·小豆"를 기록하고 있다. 또한 『임원경제지』에는 정중(鄭衆)의 생각을 옮겨서 "黍·稷·秫·稻·麻·大豆·小豆·大麥·小麥"을 들고 있다.

여기에서 짚고 넘어야 할 문제는 "稻"를 온갖 곡식의 개념인 오곡에 넣느냐 또는 빼느냐 하는 데 있다. 오곡에서 벼(稻)는 빠져 있고, 또한 빼야 한다는 설명을 『임원경제지』는 분명히 하고 있는, 즉 "그간의 모든 서책이나 이를 간행한 성현들이 서북지방 출신이었기에 현실적으로 벼는 빠지게 되었던 것이며, 비록 『周禮』에서는 '稻人'이라는 관직명이 있었지만 이때의 '稻'는 '밥'이나 '먹을거리', '식량'의 의미로 쓰인 것이며, 그 당시의 실제 곡식은 제사를 위한 "黍"와 "稷", 그리고 먹을거리를 위한 "菽", 밥을 짓기 위한 "苴"이 있었을 따름이다. 벼나 쌀로서의 "稻"는 사람들에게 지극한 맛을 주었지만 상하의 계층이 두루 재배하거나 먹는 곡식이 결코 아니었다. 그래서 오곡에서는 "稻"를 넣지 않은 것이라는 해석이었다.

그러나 『세종실록지리지』를 검토한 이호철3)은 최세진의 『훈몽자회』와도 같이 우리나라의 오곡은 "기장(黍)·피(稷)·벼(稻)·콩(菽: 大豆·黃豆) 및 보리와 밀을 지칭함으로써 중국 서북과 달리 벼의 재배와 이용이 큰 비중을 차지하고 있었기 때문에 넣어야 한다"고 하였다. 우하영의 『천일록』에서는 "五穀 稻黍稷麥菽"이라 하여서 오히려 오곡의 첫째 순위에 벼를 들고 있기까지 하였다.

여하튼 오곡은 실용적 가치뿐만 아니라 추상적 상징성마저 갖추고 있어서 그 신화적 사례로 이규보의 『동명왕편』을 짚어 보고자 한다(배영동의 『농경생활의 문화읽기』 인용).

"주몽이 어머니와 작별할 때 차마 떠나지 못하니 그 어미가 말하기를 '어미 걱정 말아다오' 하고는 오곡의 종자를 싸 주었다. 주몽은 생이별하는 아픔으로 애끓다가 그만 보리씨를 잃어버렸다. 주몽이 큰 나무 밑에서 쉬고 있는데 한 쌍의 비둘기가 날아들었다. 주몽이 말하기를 '이는 틀림없이 어머니가 심부름꾼을 시켜 보리씨를 보내 온 것'이라 하고는 활을 당겨 쏘니 한 살에 다 떨어졌다. 비둘기 목을 열어 보리씨는 꺼내고 비둘기 몸에 물을 뿜자 다시 살아서 날아가더라"고 하였다.

여하튼 오곡은 어떠한 곡식을 구체적으로 지칭하더라도, 그것은 시대적 농사의 변천이나 곡물의 이용에 대한 중요도 차이와 변화에 기인한 것으로서, 그 의미는 곡물과 곡물 농사의 중요성을 총체적으로 나타내기 위하여 쓰였던 개념이라 하겠다. 구태여 내용상의 변천상을 문헌(농서 등) 기록과 문화적 행사에서의 실체로 보아 정리하면 다음 표와 같이 정리될 수 있다.

---

3) 이호철(1986), 『조선전기농업경제사』, 한길사.

<표 13> 오곡의 내용구성

곡종		문헌 기록				문화현상				
		세종실록지리지	임원경제지	천일록別誰	불복장(경전)	오곡밥	남원의禾竿	造山	밀양백중놀이	불복장유물
黍(기장)		O	O	O		O(혹차조)		O	O	
稷(피)		O	O	O	O					O
菽	菽(콩)	O	O	O		O	O	O	O	
	두름콩							O		
麥	麥	O	O	O						
	보리	(O)	(O)	(O)	O	(O)			O	
	밀	(O)	(O)	(O)						O
稻	稻(벼)	O		O	O		O		O	O
	찰벼					O				
麻	麻(깨)									
	麻子(깨)				O					O
麻子(삼씨)										O
수수						O	O		(O)	
조	조					O		O	O	
	차조					O(혹차조)				
팥						O	O	O		
녹두										O

　이 표에서 나타나는 현상으로는, 때에 따라 벼가 찰벼로 인식되었던 의례적 상황을 차치한다면, 벼는 어느 경우에도 오곡의 중요한 곡물로 인정되고 있었다는 점이다. 반면에 오곡밥, 화간, 조산에서는 팥이, 오곡밥·화간·밀양백중놀이에서는 수수가 오곡에 포함되어 이들 팥과 수수의 의례적 의미 확장이 이루어졌던 것을 알 수 있고, 피나 깨는 배제되는 위치에 있었음을 알 수 있다. 또한 현실성이 적으면서도 곡물의 숫자를 다섯으로 구태여 정의하려는 생각은 다분히 오곡이란 개념 속에 내재시키려는 문화적 규율을 암시한다고 하겠다. 특히 문헌상으로 소위 지식층이 말하는 오곡은 중국의 현상을 따르려는 경향 때문에 변화가 적으나 일반 백성들이 행사를 통하여 일상적·관습적 문화 현상으로 손꼽는 오곡은 내용상 편차가 크다는 점을 간과할 수 없다.

〈표 14〉 찰밥, 약밥, 오곡밥의 관계

명칭	찰밥	약밥	오곡밥
재료	찹쌀, 팥, 밤, 대추, 곶감	찹쌀, 팥, 밤, 대추, 곶감, 꿀	찹쌀, 팥, 수수, 차조(기장), 콩
전승지역	경북일 원	경제력이 있는 집	충청, 경기, 강원, 전라 등

일반 백성들 사이에서 하나의 민속적 전통적으로 표현해 왔던 문화현상으로서의 오곡을 몇 사례로 짚어 보고자 한다(배영동:『농경생활의 문화읽기』 인용).

첫째, 대보름 오곡밥의 오곡으로서,『삼국유사』·『동경잡기』·『경도잡기』·『동국세시기』에도 기록되었던 바 있는데 배영동이 33개소를 조사한 결과는 위 표와 같았다.

둘째, 대보름 화간(禾竿)의 오곡은 풍년을 기원하기 위하여 긴 장대에 오곡의 이삭을 매달아 세우는 풍속에 연유한다.『동국세시기』를 빌면,[4] 화간의 풍속은 다음과 같이 설명되고 있다.

"시골 농가에서는 대보름 하루 전에 짚을 묶어 큰 깃대 형상으로 만들어 그 안에 벼, 기장, 피, 조 이삭을 넣고 목화를 매달아 장대를 세운다. 이것을 집 곁에 세우고 새끼를 늘어뜨려 고정시키는데 이를 노적가리(禾積)라 한다. 그해의 풍년을 비는 풍속이다. 산간지방에서는 대보름 하루 전날에 가지가 많은 나무를 골라서 외양간 뒤에 세우고 곡식의 이삭과 목화를 걸어둔다. 동네 아이들이 보름날 아침 해가 뜨기 전에 일어나서 세워둔 나무를 둘러싸고 서서 돌며 노래를 부르고 풍년을 기원하는데 해가 뜨면 그만둔다. 조선조에 전해 오는 옛 행사로는 정월 대보름날 대궐 안에서『시경(詩經)』궁중편의 '빈풍 7월'에 묘사된 밭 갈고 수확하는 모습을 보면서 좌우 양편으로 편을 갈라 승부를 가르는데 이것 또한 풍년을 기원하는 뜻이다. 이삭을 달아 맨 볏가리 대(禾竿)를 세우는 일은 이것과 같은 것이다."

이와 달리, 전북 남원의 성산리에서는 곡식 이삭을 매단 "솟대"를 정월 대보름에 대문 어귀쯤 세우며, 내거는 곡식은 자기네가 생산하는 주요 곡식의 대부분이었다고 한다.

---

4) 임동권(1976),『한국세시풍속』, 서울문고(배영동, 2002 재인용).

셋째, 마을공동체 의례의 오곡으로서, 이 동제는 마을의 안녕과 풍요를 기원하는 목적으로 행해지며 내용에 따라 서낭제, 산제, 당산제, 거리제, 장승제 등으로 불리고 있다. 따라서 동제에 읽히는 축문에서도 "五穀豐登", "五穀豐稔", "豐登五穀" 등의 내용이 등장한다. 경우에 따라서는 마을 단위의 공동체 신앙물로서 오곡 항아리를 묻고 돌탑을 쌓거나 조산(造山)을 만들기도 하였는데, 이때 항아리 안에는 쌀과 오곡을 천으로 싸고 실로 묶어 넣었다고 한다. 이 오곡단지는 풍농의 의미였을 것이다.

넷째, 음력 7월 보름의 용날(龍日)에 오곡의 풍년을 기원하는 농신대, 즉 겨릅으로 몸체를 만들고 정상에 수숫대를 꽂은 농신대에 여인들이 "각색(各色)" 주머니를 달아 주는 밀양의 백중놀이 사례가 있다. 옛날에는 꼼베기 참놀이라 하였다 한다. 이때 주머니에는 각각 오곡, 동전, 지폐, 소원문을 함께 넣었다. 또한 농신대를 겨릅으로 만드는 것은 많은 제비를 불러 모으고 벌레를 잡아먹게 함으로써 풍년을 부르는 뜻으로 통하였다.

이상에 든 사례들은 구체적일 뿐만 아니라 상징적인 집합개념으로서 "오곡"이라는 "다섯"의 숫자를 표현하고 있다. 이는 "5"라는 숫자가 갖는 통합성과 완결성에서 그 의미를 찾을 수 있다고 한다. "五行사상"에서의 5는 "木, 火, 水, 金, 土"라는 다섯 요소를 담으며, 인체(人體)에서의 '5脂'(다섯 손가락, 발가락), "5官(눈, 코, 입, 귀, 피부)", 五臟(폐, 심장, 비장, 간장, 신장), 방위(方位)에서의 "五方(동, 서 , 남, 북, 중앙)", 색깔에서의 "五彩"나 "五色(청·백·흑·적·황)", 맛에서는 "五味(단맛, 쓴맛, 매운맛, 신맛, 짠맛)", 행복지표에 따라 "五福(壽·富·康寧·條好德·考終命)", 그리고 유교의 "五倫", "五常", "五服"과 불교에서의 "五慾", "五道" 등에서 그 사례를 찾아볼 수 있다. 우리가 일상적으로 키워 가꾸고, 먹어 자양을 만드는 곡물이나 먹을거리의 통합개념이면서 완결성을 부여하기 위하여 다섯의 표현을 쓰는 "오곡"이란 얼마나 그 인식을 중요한 것으로 삼았는지 알 수 있게 한다.

축력과 소(牛)

인류가 농사일에 축력을 이용하게 되었던 사건은 가히 혁명적이라 할 수 있다. 비록 나라마다 주로 이용하는 축력은 여러 가축들로 차이가 나겠지만 농업의 노동생산성 향상과 함께 경작면적의 확대 및 기술심도 향상에 의한 토지 생산성 증대에 절대적인 계기를 마련케 하였던 것이다.

우리나라 농사일에 있어서는 축력원이 소(牛)였다. 소가 언제부터 농사일을 함께 하였는지 알기 어려우나 기록상으로는 "쟁기보습(耜)"을 만들었다는 신라 유리왕 5년(A.D. 28), 소달구지(牛車) 만드는 법을 가르쳤다는 눌지왕 33년(438), 그리고 소갈이(牛耕)를 시작했다는 지증왕 3년(502)을 근거로 삼을 수 있다.[5] 또한 고구려 고분벽화로서 357년에 축조된 황해도 안악 3호 고분의 벽화(외양간에서 누렁소, 검둥소, 얼룩소가 통나무 구유의 여물을 먹고 있는 모습), 4~6세기 조성된 중국 길림성의 무용총 벽화(코를 뚫어 고삐를 맨 소) 등으로 미루어 소갈이(牛耕)의 시작은 고구려로서 늦어도 4세기경에는 이루어졌던 것으로 보인다.[6]

그러나 우리나라의 소는 비록 육류의 공급을 위한 식용보다는 농사일을 맡기기 위한 농역용(農役用)으로 애지중지하여 사육되었으면서도 언제나 귀했고 충분한 마릿수를 확보하지 못한 채 가난한 농가에게는 그림의 떡 같은 존재였다. 농가에 소가 있고 없는 것으로 농가의 농사 규모나 생활 소득에 격차가 있게 마련이었다. 따라서 소를 잡는 일(殺牛)은 살인(殺人)에 버금가는 죄로 다스렸던 적도 있고, 임금 스스로도 소고기나 우유를 먹지 않겠다고 공포하여 백성들로 하여금 농사일에 대한 소의 고마움을 정서적으로 갖추게 하기도 하였다.[7]

---

5) 김동희 · 김성호 등(1972), 『한우사육의 사적 고찰과 경제성 분석』, 농림부 농업경영연구소
6) 배영동(2002), 앞의 책
7) 장동섭 · 구자옥(1983), 전남농업의 식산, 전남도청: 박제가의 『북학의』에 "농부들은 소를 가진 자가 극히 드물어 농사에 이웃소를 빌려 쓰기도 힘들게 되고 보니……, 栗谷이 생전에 소고기를 먹지 않고 이르기를 우리가 소의 힘으로 먹으면서 또한 그 고기를 먹는다니 이게 될 말인가?"라고 하였다.": 1663년의 屠牛禁令에는 "殺牛者를 殺人者로 취급한다"고 하였음.

소가 농사일에 참여하는 작업은 첫째로 논이나 밭을 쟁기로 깊이갈이(深耕)하는 일이고, 둘째는 논과 밭의 두둑을 만들거나 북돋우기를 위하여 두둑 사이를 얕게 갈아 붙이는 작업이다. 셋째는 갈아엎은 흙덩이를 잘게 부수어 토양을 부드럽게 함으로써 파종, 이앙, 이식을 돕는 써레질이며, 넷째는 농사일 안팎의 짐을 운반·견인하는 작업을 들 수 있다. 특히 농사일에서는 축력용 쟁기나 훑챙이, 써레를 메워서 작업을 하게 되지만 운반용일 때에는 '지르매(길마)', '걸옹구(걸채)', '재옹구(옹구)'가 부착되었다. 지르매는 곡물 가마니를 싣고 끈으로 단단히 묶어 운반하는 도구이고, 걸옹구는 지르매에 얹혀져서 옹구채 양쪽으로 걸농구 망(網)을 달아 베어 들이는 벼, 보리, 밀, 조, 콩 목화 따위를 나를 때 쓴다. 재용구는 옹구채 같은 섬의 적재설비를 갖추지만 아래쪽을 개폐식으로 만들어 주로 재, 거름, 흙, 무, 배추 따위를 싣는 데 쓰였다. 또는 거지게를 달아 다목적의 운반을 시키기도 하였다.[8]

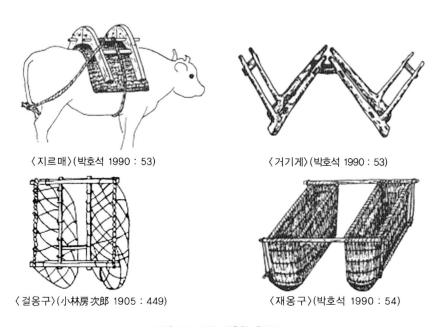

〈지르매〉(박호석 1990 : 53)   〈거기게〉(박호석 1990 : 53)

〈걸옹구〉(小林房次郎 1905 : 449)   〈재옹구〉(박호석 1990 : 54)

그림 28. 소를 이용한 운반구

---

8) 배영동(2002), 앞의 책(재인용).

여하튼, 소를 농사일에 이용하면서부터 기존에 사용하던 인력의 농기구는 소의 체형과 노동능력에 맞도록 개량되어 새로운 축력농기구로 만들어지게 되었다. 논밭갈이를 위해서는 기존의 따비가 훑챙이나 쟁기로 분화·발전케 되었고, 써레에 있어서도 인력의 나무스랑을 스랑의 개수를 늘리고 길이를 키워 두 개의 날장으로 조정할 수 있도록 찔꺼이와 짭주지를 박아 축력 등의 써레로 바꾸었다. 드디어는 축력농기구의 계승·발전함과 함께 공이·써레 같은 새로운 형태를 갖추게 되었다.

우리나라에서 소가 가지는 농사일에서의 기능과 힘은 가히 소를 인간의 윤리적, 신앙적 동반자 정도의 위치로까지 인식시키기에 이르렀다. 소의 존재가 농사일에서 보이는 작업능률의 차이를 사람에 의한 농사일에 비하여 지수로 판단하면 다음 표에 나타낸 바와 같다.

〈표 15〉 출력 농사일 작업능률 지수 비교표

인축력구분 / 농기구 / 작업		인력 노동 (성인 남자 1명)		축력노동(큰 수소 1마리+성인 1명)
		인력농기구 사용 시	축력농기구 사용 시	축력농기구 사용 시
갈이	논갈이	1.00	2.14	17.10
	밭갈이	1.00	2.28	16.00
	평균	1.00	2.21	16.55
골타기	논골타기	1.00	5.00	20.00
	밭골타기	1.00	3.75	15.00
	평균	1.00	4.38	17.50
썰기	논썰기	1.00	2.20	11.00
	밭썰기 공이써레질	1.00	1.11	6.67
	밭썰기 쪽써레질	(밭)1.00	2.77	8.33
	평균	1.00	2.03	8.67
운반	운반	(지게)1.00	×	(지르매)1.60
				(걸옹구)1.60
				(재옹구)3.00
				(소달구지)10.50
	평균	1.00	0	4.20
총평균		1.00	2.75	10.07

한 사람이 인력농기구로 일할 때에 비하여 소를 끌어들임으로써 성취해내는 것이 10.07배나 능률적이라는 점은 우리 농사와 농업생산성 향상에 더없이 중요한 몫을 한다는 것이었다. 뿐만 아니라, 소를 농경에 활용함으로써 우선 농토의 깊이갈이가 가능해졌고 부차적으로는 누차심경(累差深耕, 累差反耕)이 가능해졌다. 이런 결과는 땅 힘(地力)을 증진시켜서 농토의 비옥도(肥沃度)를 높임으로써 3년1작이나 2년1작을 하던 휴한농법(休閑農法)을 1년1작이나 1년2작의 상경농법(常耕農法)으로 바꾸는 데 한몫을 하였다. 아마도 소를 가까이 사육해 오면서 얻게 되는 구비(廏肥: 가축분뇨로 밟혀 만들어지는 유기질 거름)의 생산량이 지대하고, 그만큼 토양비옥도를 높이는 결과가 초래된 것도 상경농법의 실현을 촉진한 아주 중요한 요인의 하나로 인정해야 할 것이다. 특히 우리나라의 전통적인 소(韓牛)는 일제(日帝)가 조선 땅의 풍토와 인물, 그리고 식량의 보고로서 갖추고 있는 실정을 조사한 기록에서도 잘 드러나고 있다.9)

"한우 자체의 능력이 우수함은 물론 백성들도 오래전부터 소 기르기에 대한 천부적인 소질을 가지고 있기 때문으로 믿어졌다"는 것이었다. 한국에는 역사적, 전통적으로 체격이 크고 능력이 우수한 소가 있었다는 뜻이다. 당시에 한우를 육우로서 찬양했던 기록도 있는, 즉 일본 고배(神戸) 시장에 나타난 한우는 일본에 수입되었던 한우 암소로서 몇 개월만 농가에서 잘 키우면 영양 상태가 극히 불량하던 것도 회복이 빠르고 지방이 고르게 침착되어 훌륭한 비육우가 되며, 일본 소보다 체격이 대형이고 육질도 섬세, 치밀, 유연하며 적육(積肉)비율도 높은 편이었다.

자타가 공인하는 한우의 특성을 정리해 보면 다음과 같다.

① 성질이 온순하여 역축으로 이용하기 쉽다.
② 영리하여 명령에 잘 복종하므로 사역을 탁월하게 해낸다.
③ 체격이 크고 체질이 강건하여 질병이 별로 없는 편이다.

---

9) 小早川九郎(1944), 『旧朝鮮における日本の農業試験研究の成果』, 熱帯農業研究センクー, 農林省.

④ 추위, 더위에 저항력이 강하다.

⑤ 조식(粗食: 거친 먹이)에 잘 견디기 때문에 사양관리가 경제적이고 쉽다.

⑥ 생산비가 적게 들며 소 값이 싸다.

⑦ 체력이 강하고 네 다리가 튼튼하여 힘을 크게 쓰는 일(경운 등)에 알맞다.

⑧ 비육성이 좋아서 비육사업에 알맞다.

⑨ 수태율(受胎率)이 높다.

⑩ 경운능력과 부중력(負重力)이 크고 보행(步行)이 빠르다.

⑪ 유용우(乳用牛)로 개량할 수 있는 유전적 소질을 지니고 있다.

⑫ 한우 송아지는 두묘(痘苗) 제조용으로 가장 적합한 체질을 지니고 있다.

1911년에 코주카(肥塚)[10]는 조선 한우의 특징을 다음과 같이 묘사한 바도 있다.

"어느 나라에서나 수소는 성품이 사나워서 사람을 곧잘 뿔로 받는 것으로 알려져 있지만 조선의 수소는 전혀 이와 같은 돌출맹성(突出猛性)을 지니고 있지 않은 것으로 보인다. 지방에 있는 소는 물론 서울과 같이 복잡한 도시의 소도 동서남북 각지에서 매일 수천 수백 마리의 수소나 암소가 곡류와 땔감 따위의 물자를 등에 싣고 들어와 시내의 지정된 일정 장소에 잠시 집합되었다가 상담(거래)을 하게 된다. 그러나 상담 장소라는 곳이 넓은 도로 한쪽에 겨우 한 줄의 철사를 지면에 쳐서 구별할 뿐으로 별다른 목책이나 계류용 말뚝을 설치한 것도 아니다. 또한 소의 임자는 소의 고삐도 잡지 않은 채 소는 자유로이 방치된 상태에 있다. 소 몸을 온통 뒤덮을 정도로 많은 양의 등짐을 지고 있는 소들은 좁은 면적 안에서 서로 뿔이 마주 닿고 조리와 엉덩이가 마주 닿는데도 서로 충돌을 일으키지 않고 조용히 서 있으니 그 꼴이 참으로 놀랍기 그지없는 일이다. 또한 시골에서는 한 사람의 농민이 여러 마리의 소를 부려 일을 하는데 주인의 말을 잘 듣는다. 구루마(달구지)를 끄는 것도 대체로 이와 같다. 소들이 지방에서 서울로 상경할 경우 한강에 이르면 강을 건

---

10) 肥塚正太(1911), 『朝鮮の産牛』, 有隣堂書店.

널 때에 많은 짐을 등에 실은 채 축주의 명령에 따라 스스로 승선하는데 한 꺼번에 여러 마리가 동승하고 짐을 진 사람들도 함께 타는 배 안에서 미두(尾頭)를 반대 방향으로 정렬하여 조용히 한강을 건너고 부두에 도착하면 순차적으로 배에서 내리는 등 그 성상(性狀)의 교묘함과 명령 복종 및 정숙함은 참으로 놀라울 따름"이라는 것이었다.

따라서 한우의 성질은 그 온순·영리함이 세계 제일이란 말이 있는 것도 결코 우연이 아니다. 천성이나 조선의 자연(기후풍토)에 적응하여 스스로 터득한 삶의 능력, 그리고 사양관리에 스스로 어려움을 인내하면서 따르는 특색 있는 품성을 갖추게 되었던 것으로 판단된다. 그러나 극히 드물게는 다소 포악한 것이 있게 마련이어서 이들을 끌고 가는 데는 일종의 포승제어법(밧줄로 코를 결박하거나 가슴·배·엉덩이 등을 긴박·보정하는 기술)을 쓰기도 한다. 대체로 이런 소들은 가급적 앞세워 도살하기 때문에 이런 성질은 현실적으로 꾸준히 도태시킨 결과에 이른 것으로 판단할 수 있을 것이다.

참으로 한우는 우리 백성을 닮고, 우리 백성은 한우를 닮아 온 게 아닌지?

100여 년 전(1892), 조선 땅을 둘러 본 프랑스의 두 여행가 샤를 바라(Charles Varal)와 샤이에 롱(Chaille Long)이 출간한 『조선기행(Deux vogages en Corée)』에는[11] 조선의 한우(韓牛, 황소)에 대한 감탄의 구절이 있어 앞절 농사소[農牛](본 책 209~210면)에서 이미 소개한 바 있다.

또 다른 외국인의 서울 기행문에서는 "장이 서는 날 빈틈없이 사람들로 비좁게 메워진 길 한복판에 나뭇짐을 가득 진 소를 끌고 와서 소를 세워둔 채 주인은 행방이 묘연하였다. 그런데도 소는 짐을 진채 꼼짝도 않고 사람들 틈바구니에 서서 주인을 기다리고 있었다. 또한 행인들은 아무렇지도 않게 소를 스쳐 지나다니며 제 갈 길을 걸어 다니는 모습이었다. 어떻게 저런 와중에도 온순한 모습으로 주인의 지시만을 따르며 순종하는 동물이 있을 수 있다는 말인가?"라는 감탄이었다.[12]

---

11) 성리수 역(2001), 샤를바라, 샤이에롱의 『조선기행』, 눈빛.

12) Horace Newton Allen(1908), 『Things Korean. A Collection of sketches and Anecdotes, Missionary and Diplomatic』, Fleming H. Revell Co. New York.

한국의 소(韓牛)는 그 본성과 함께 길들여지는 결과에 따라 외국인의 눈에는 신비할 정도로 온순하고 참을성이 있으며 주인에게 순종적인 농부들의 동반자였던 것이다.

실제로 소를 사육하는 우리나라 농가나 농민의 사양·관리의 실태 또한 소를 단순한 가축이나 소득을 불리기 위한 수단으로만 취급하지는 않았다. 소를 키우기 위하여 송아지를 사들일 때에도 마치 집안의 며느리를 맞아들이기 위하여 선을 보듯이 하였다. "송아지 못된 것이 엉덩이에 뿔난다"는 속담이 있듯이 좋은 소의 요건은 송아지 때에 이미 선별이 되며, 좋은 송아지 고르는 요령13)은

- 아래그루(발굽)가 둥글고 곧추설 것
- 목이 굵을 것
- 엉덩이 부분의 척추가 곧게 빠지고 엉덩이가 넓은 것
- 앞쭉지(앞다리와 척추의 연결 부위)가 두껍고 튼튼할 것
- 가지(갈비뼈)가 옆으로 넓게 벌어져야 할 것
- 주둥이가 뭉툭할 것 등이었다.

뿐만 아니라 송아지의 자세나 태도 또한 눈여겨 살펴야 할 대상이었다.

- 걸음걸이가 반듯하고 건실할 것
- 사람의 접근이나 통제에 잘 응할 것
- 서 있을 때나 이동 시에 고개를 등마루 높이로 들고 있을 것 등이었다.

또한 소는 그대로 먹이고 재우는 것으로 사육하는 것이 아니라 청소년을 가르치고 훈련하듯이 동물로서의 거친 야생성을 다스리고 사람의 의도대로 길들어지기를 철저히 하였다. 수송아지는 생후 7~8개월, 암송아지는 10~11개월부터 코를 뚫고 코뚜레를 끼우며 '굴레(목둘레줄)'의 고삐를 매어서 품성을 다스리게 하였다.

---

13) 『林園經濟志』, 佃漁志 券第一 牧養下(牛).

먹이에 있어서도 한우가 원천적으로 조악한 거친 사료에 잘 적응하지만 이에 더하여 사람들이 먹다 남은 찌꺼기나 농가부산물 또는 들풀을 먹임으로써 사람이 먹어야 할 먹이에 경쟁관계를 맺지 않게 하였다. 따라서 소의 먹이 구성이나 조달체제에서 볼 때 열악한 어떤 환경의 농가에서도 사육이 가능하며 이는 우리의 농업체계나 자연생태계를 파괴하지 않는 생존과 기능발현을 가능케 하는 것이었다.

농가에 따라서는 외양간을 사람이 사는 가옥 안에 배치하거나 사랑채 옆에 두어서 기온변화에 침해받지 않게 할 뿐만 아니라 되도록 청결하고 편안하게 환경을 조성해 줌으로써 소의 성장과 건강을 잃지 않게 하였다. 또 소를 귀찮게 하는 각종 요소를 퇴치하고 질병에 감염되면 마치 사람처럼 약을 사 먹이거나 의사를 왕진시켜 치료케 하였다. 소의 병이나 치료는 사람과 다를 게 없다는 생각으로 우리 선조는 일찍부터 수의학을 발전시켜 온 역사를 가졌던 것이다.[14] 이와 같은 소에 대한 관심과 그 비중은 얼마나 소를 귀하게 여기는 지를 여실히 반영하는 것으로서 소를 인간과 동등한 차원에서 보호하거나 심지어는 소를 생구(生口)라 하여 가족(食口)의 한 성원으로까지 취급하기도 하였다.

이런 결과로 2000년 이상의 세월 동안에 우리 민족은 비단 농민이나 농촌 생활 또는 농사일을 벗어나서도 소와 동거를 하며 많은 교감을 하여 왔다.

소는 우직하고 온순하며 인내하는 모습의 교훈적 삶을 우리 민족의 상징이나 목표처럼 내보이는 존재였다. 소의 일생은 인간을 위하여 뼈 빠지게 일하면서도 불평 한 마디 없이 죽어서는 전신을 어느 하나 버릴 것 없이 인간을 위하여 바치는 고마운 은인 같은 존재이다.

"인간의 멍에를 진다"는 표현이 바로 그러하고 한때는 한 정당이 소를 상징동물로 하여 민심을 모으던 적도 있다. 한우는 그 자체로서 우리 민족의 삶과 애환을 그려내는 문화이고 역사이며 전통이고 자랑이며 긍지인 셈이다.

---

14) 金榮鎭·李殷雄(2000), 『朝鮮時代 農業科學技術史』, 서울대출판부.

논매기 문화복합 행사

우리나라 농사의 대종이며 대표적인 벼농사나 밭농사의 "논매기 작업"은 농학·농업사·농업경제학·문화인류학·민족학 등의 영역에서도 함께 추구하여 연구해야 할 대상이다. 그런 속에서 우리의 농경문화가 옳게 조명될 것이기 때문이다.

대개 논매기는 "손모아주기", "손모으기"라고 표현되는 독특한 협업노동의 관행으로 처리되었다. 적게는 20~30명, 많게는 40~50명이 공동으로 일하는 이 노동관행은 품앗이와 고지·놉이 혼합된 협업노동 형태이다. 50여 마지기 이상을 소유하는 대지주와 20~30여 마지기 이상을 소작하는 대소작인을 지칭하여 대농이라 하는데 이런 집에는 보통 2~3명, 많으면 6~7명의 머슴들이 있었고, 이 머슴들은 '손바꿈(품앗이)'으로 다른 대농의 논매기에 참여했으며 토지소유가 적었던 대부분의 농가는 대지주의 농토를 소작하면서 대농의 논매기에 참여했다. 이들이 모두 손을 모아 주는 주체였다.[15]

논매기는 단순한 농사 노동만으로는 성립되지 않는다. 노동의 고통과 양식을 생산한다는 사회적 중요성의 인식, 어려움을 함께 나눈다는 공동체 의식, 노동을 제공하는 사람들의 규모와 기술, 그리고 작업을 뒷받침하는 음식물과 농요 및 풍물, 서로가 주고받는 위로의 덕담과 그 밖의 의례적 조치들이 한꺼번에 결합되어 수행되는 문화복합체적 행사이다. 배영동은 이런 문화복합체적 구조를 다음 그림과 같이 제시하였다.[16]

배영동의 제시에 따라 논매기 효율증대를 위한 유희와 음식, 그리고 종료를 자축하는 의례의 요소들을 소개하면 대략 다음과 같다.

---

15) 배영동(2002), 앞의 책

16) 배영동(2002), 앞의 책: 필자는 안동 풍산읍 소산마을을 배경으로 조사연구를 하여 구조를 제시했지만, 보다 보편적으로 본다면 논매기뿐만 아니라 모내기, 거두어 들이기(수확) 작업에서도 오히려 문화복합체적 특성은 더욱 강하게 나타날 수도 있고, 다소 다른 구조로 변형되어 수행될 수도 있을 것이다.

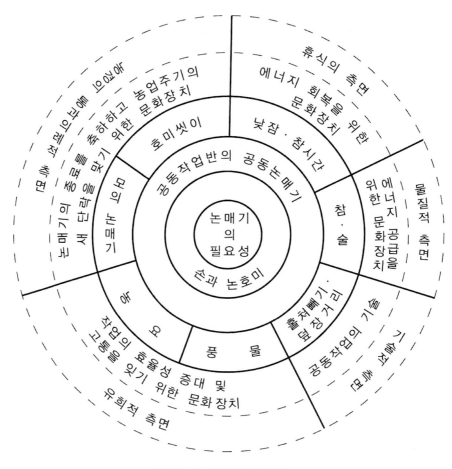

그림 29. 논매기 문화복합체의 구조

1) 농요(農謠)

비교적 규모가 있는 공동논매기에서 볼 수 있는 요소이다. 조동일[17]에 의하면 "속도가 빠르고 힘이 많이 들며 행동의 통일이 필수적인 노동을 하면서 부르는 민요는 노동에 밀착되어야 한다. 이와는 달리 속도가 느리고 힘이 적게 들고 행동의 통일이 필수적이지 않은 경우에는 민요가 노동에 밀착되지

---

17) 조동일(1977), 『경북민요』, 형설출판사.

않는다"고 한다. 논매기 소리에는 "노세", "진소리"(전·후반부), "방해야"라는 서로 다른 박자의 세 가지가 있다. "노세"는 느린 선소리와 뒷소리, "진소리"는 더욱 느린 선소리와 뒷소리로 만들어졌고, "방해야"는 선소리와 사설이 짧고 박자가 느린 뒷소리로 구성된다. "노세"는 전적으로 논매기의 노래지만 진소리는 선소리 때에 김매기를 하고 뒷소리 때에 허리를 펴서 소리와 함께 춤을 추면서 쉰다. 그러나 중간의 참을 먹고 나서는 노세를 부른다. 끝으로 막바지에 이르면 방해야를 시작하여 노래의 빠른 박자에 맞추어 경쾌하게 일을 마치게 된다. 이렇게 논매기 소리는 일의 고통을 신명으로 바꾸고 선후창의 속도·힘·행동을 통한 일체화로 안전사고의 예방을 기하며 노동의 효율을 높이는 문화적 장치라 할 수 있다.

2) 풍물(굿)

풍물은 축원(祝願)풍물·노작(勞作)풍물·걸립(乞粒)풍물·연희(演戲)풍물로 나뉘는데 논매기에서의 풍물은 노작풍물에 해당된다. 풍물은 농기·징·메구·북·장구 등으로 융통성 있게 구성되며, 참 먹는 시간 전후나 점심과 낮잠 사이, 그리고 일의 종료 후에 친다. 풍물의 문화적 가치에 대하여 신용하[18]는 다음과 같이 체계적으로 설명한 바 있다.

- 농악은 공동노동에 리듬을 주어서 노동을 율동화시켜 능률을 높인다.
- 공동노동에 음악을 결합시켜 즐거움을 창출함으로써 노동의 고통을 즐거운 운동으로 전환시킨다.
- 공동노동에 전투적이고 장쾌한 음악과 율동을 공급함으로써 농민의 사기를 진작시킨다.
- 공동노동을 하는 농민에게 자부심과 긍지를 배양시킨다.
- 공동노동에 오락과 단결을 촉진시켜 노동의 재창조 바탕을 제공한다.

18) 신용하(1984), 두레공동체와 농악의 사회사, 『한국사회연구』 2, 한길사(배영동 재인용).

3) 참과 낮잠

공동노동의 마당에 제공되는 음식은 단순한 끼니가 아니라 푸짐하고 격식을 갖추는 먹을거리이다. 잘 먹고 한숨 돌려 오수를 즐길 수 있도록 짜인 시간이다. 술과 담배가 곁들려서 멋들어진 휴식으로 이루어지는 프로그램이다. 또한 뜨거운 더위를 살짝 피하여 오후의 노동을 신선하게 하는 에너지 회복의 문화적 장치인 셈이다.

4) 마당매기

공동모내기를 끝낸 다음, 주인집 마당에 함께 모여 주인을 맞는다. 이를 "마당매기", "마당노매기" 등으로 부른다. 대체로 두벌매기를 끝내고 일꾼들이 주인에게 청하여 베풀어지며, 마당에서 호미매기 시늉을 하고 논매기 소리를 재연하며 한바탕 신명나게 놀며 즐기는 행사이다. 호미씻이라 부르는 "풋굿"과 비슷하지만 풋굿은 마을 전체의 행사인 데 반하여 마당매기는 한 농가단위의 중간단계 약식 잔치이다.

5) 호미씻이(풋굿)

마을 전체의 세벌매기까지 종료된 뒤에 치루는 농경의례이다. 이 행사는 일꾼들이 주축이 되어 음력 7월 보름에 마을 청소까지 겸하여 끝내며 술과 안주를 곁들여 차리고 한바탕 즐겁게 노는 잔치이다. 지역에 따라서 풋굿(풀굿)·백중놀이·호미씻이·머슴놀이·농연(農宴) 등으로 불린다. 대체로 "두레"라는 크고 적극적인 공동노동 집합체와 함께 이루어지며, 모내기 이전에 공동체를 결성하는 "호미모둠" 의식이 있고, 그해 작업종료 직후에 공동체를 해산하는 형식의 의례가 "호미씻이"이기도 하다.

이러한 일련의 문화복합체적 농사일의 프로그램은 논매기보다 규모나 노동 심도에 다소 차이가 있긴 하지만 모심기에서도 거의 유사하게 진행되고 있다. 다만 모내기가 가족 중심의 소규모 작업으로 이루어지기 때문에 모내기소리나 풍물이 동원되지 않는 것이 일반적 사례이다. 그러나 일이 끝나거나 참시간 사이에 별도의 정성 어린 푸짐한 음식과 술·담배가 곁들어지고 주인네가 베푸는 주안에 놀이가 있을 수 있는 점에서는 상호 간에 성격상 차이가 없다. 모내기에는 품앗이 형식의 소극적인 집합체 특성이 나타나는 경우도 많다.

또 다른 의미를 결부시켜 보자면, 마을이나 부락, 또는 규모를 적게 하여 이해관계를 가까이 하는 농민들의 공동작업과 그에 따른 문화복합체적 놀이·휴식·작업 행사는 농민 상호 간이나 일꾼 상호 간의 친목도모, 의리확인, 정보교환 등의 기회로 삼는 데 큰 의의가 있을 것이다. 최근에는 논매기와 달리, 파종작업이나 이앙작업, 중간평가회나 수확작업으로 이들 형식을 옮기고 있는 경향이다.

공동체(두레)의 농사일과 놀이

본질적으로 농사일은 농산물을 경제적으로 생산하기 위한 인간활동으로서 농업기술적 차원의 단계이지만, 놀이란 일상적인 활동의 구속을 벗어나서 재미를 느끼며 즐기기 위한 자발적 행위를 가르친다. 따라서 일(노동)과 놀이란 상호 간에 대조, 대칭적 속성을 띤다고 하겠다. 고도의 기술 전문성과 경제지향성을 띤 농사 과정에서는 이들 배타적인 두 요소가 결합되기 어렵다. 아무리 농사일의 규모가 크더라도 온실 농업이나 기계화 농사 등에서는 놀이를 곁들인 농사일을 상정할 수가 없음과 같다. 그러나 일상적인 대규모 농사일인 벼농사에서는 동시적인 단체 작업이 불가피하며, 놀이를 결합한 노동이 현실적이다.

이들 두 요소의 결합 및 분리 형태에 따른 노동 양상을 나누어 보면 다음과 같다.

1) 놀이 연계형 노동

반드시 놀이가 노동에 수반될 필요는 없지만 최소한 노동의 효율면에서 나쁠 것은 없는 정도로, 부분적, 소극적인 놀이가 곁들어지는 노동이다. 이때의 놀이란 "농요"의 특성이 대부분이다. 군대의 사열식이나 행군에 군악대의 음악이 곁들여져서 행군자의 발을 맞추게 하고 피로를 잊게 하는 효과가 있는 바와 같다. 모심기에서 부르는 노래는 모를 꽂는 많은 손들의 손놀림에 박자를 맞추게 하고 허리의 피로를 풀게 하여 일의 진도를 맞추게 한다. 이때 모심기 소리는 음악적으로 노래이지만 심리적으로는 노동에 대한 자위적, 율동적 행위이며, 노동적 측면에서는 공동협업의 노동생산성을 증진시키는 농사기술이기도 하다. 보리타작이나 도리깨질에서도 같은 효과를 거양할 수 있을 것이다.

2) 놀이 중첩형 노동

농사일과 놀이(소리와 춤)를 밀착 중첩시켜서 일과 놀이를 구분하기 힘들게 이끌어가는 수단이다. 노동은 놀이를, 놀이는 노동을 더욱 신명나게 하여 혼연일체화시킨다. 마치 고도의 무용과 음악을 결합시킨 발레와 같은 경지라 하겠다. 그러나 이런 형태의 프로그램에는 일정한 요건이 전제되게 마련이다. 즉 놀이 중첩형 노동은 노동공동체와 놀이공동체의 동일성, 노동의 공동협업성, 노동 공간의 자유로움, 동질 노동의 대량성, 장시간 노동의 중압성, 노동 적기의 엄숙성, 농기구의 소형성, 음식물의 풍부성 등을 그 요건으로 한다.19)

3) 노동 분리형 놀이

시기적으로 보아서 농번기보다는 농한기에 이루어지는 놀이로서 농업생산

---

19) 배영동(2002), 앞의 책

을 기원하거나 한 해 농사일의 어려움을 위로하는 행사를 말할 수 있다. 예를 들어 줄싸움, 볏가리쌓기, 농기싸움(고싸움), 호미씻이, 마당논매기 같은 일이고, 넓은 의미에서는 추수감사제도 이 부류에 드는 행사이다. 오페라에서 본 막을 올리기 전에 서곡을 연주하여 분위기를 띄우는 바와 흡사하다.

4) 놀이 분리형 노동

"피아노 독주연"이나 "무반주 첼로 연주회"처럼 다른 악기의 조화가 없이 단독 악기만으로 연주하는 바와 같다. 농사일에 놀이나 놀이적 요소가 전혀 곁들여지지 않고 행해지는 프로그램으로서 "놀이 중첩형 노동"과는 대조적인 농사일이다. 개별노동 또는 가족노동일수록, 매우 안전하거나 또는 위험한 농사일수록, 농기구가 대형일수록, 농사일의 적기가 느슨할수록, 단시간에 마무리되는 농사일일수록, 소량의 노동일수록 이런 형태가 취해진다. 도랑치기, 논둑바르기, 못자리만들기, 물대기, 거름주기, 객토하기, 노적가리 쌓기 따위를 이 부류의 예로 들어도 무방할 것이다.

결론적으로 말하면, 농사일과 놀이를 곁들여 문화 복합체적 프로그램을 만들어야 하는 이유는, 공동체적 방식의 농사일이 취해져야 경영적 이점이 있는 경우에 관하여, 농업생산적 상보(mutual aid) 논리를 세우는 데 있다. 이런 상보성의 노동 과정에서 기대되거나 농업주기상으로 기대되는 경우를 찾아볼 수 있다.

① 노동과정에서의 상보성

첫째는 일꾼이 동시 놀이꾼인 경우, 농사일과 노래부르기는 동시에 진행될 수 있지만 풍물은 낄 수 없는 소규모로 흐른다. 밤새워 삼실을 뜨는 아낙들이 일터에서 돌아가며 소리를 함으로써 피곤과 시간의 흐름을 잊는 경우가 여기 해당되며, 또는 모내기판에서의 일꾼인 소리꾼이 부르는 노래는 손놀림 속도를 맞추는 동시에 피곤을 잊게 한다. 즉 노동과 놀이 상호 간에 고통과 고통의 해소, 더 나아가서 재미와 재미의 확산 과정을 거치게 하는 이점이 있다.

둘째는 일꾼과 놀이꾼이 서로 다른 경우, 역할이 분담되므로 놀이에는 소리와 함께 풍물이 곁들여질 수 있으며 일꾼에게는 고통과 고통해소를, 놀이꾼에게는 재미와 재미의 확산을 병력적으로 조합시키는 이점이 있다.

여하튼 양자가 서로 같거나 다르더라도 농사일과 놀이를 별개의 문화현상이 아닌 복합적 문화 현상으로 만들어 "노동은 놀이로, 놀이는 노동으로" 끊임없이 변환되면서 상호 보완작용을 하게 된다.

② 농업주기상의 상보성

농한기(연초)의 놀이는 그해 농사일의 성과를 향상시키려는 목적이므로, 다소 간에 주술적인 느낌이 있겠지만, 실제적으로는 생산활동에 상보적인 관계를 맺는다. 결국 농사일에 있어서 노동과 놀이는 엄격히 분리되지 않은 채 변환적인 총합을 이루어 성과를 지향하게 되며, 이런 인식은 경제적 차원에서도 노동 및 토지생산성을 제고시키고, 관념적 차원에서도 노동의 숙명성과 고통을 놀이라는 자발성과 재미로 중화시키는 융합의 생활관을 반영한다. 즉 "노동이 놀이로 되게 하고, 놀이가 노동으로 되게 하여 일하면서 놀고 놀면서도 일하는 관습"을 만들 뿐만 아니라, 농번기에도 농한기처럼 여유롭게 즐기고 흥미롭게 일하며, 농한기에도 농번기의 실제적인 농업생산 활동에 풍성한 성과를 기대하도록 확신을 심어 준다. "놀듯이 신나게 일하고, 일하듯이 힘차게 노는" 방식의 노동과 놀이의 상호결합, 그리고 농한기의 놀이와 농번기의 노동이라는 시간배치는 노동과 놀이를 변환적으로 융합하는 생활관을 만들었다. 현대에 맞도록 계승, 발전시켜야 할 진정한 전통문화의 한 변모라 하겠다.

8. 붉은 악마들의 한류(韓流)

갑오농민전쟁: 농민 · 농촌 · 농업의 반란

1800년대 중반에 평양에서 있었던 "홍경래 농민의 난(亂)"은 일장춘몽의 꿈으로 사라졌지만, "홍경래 불사설(不死說)"과 함께 조선왕조의 부정부패에 대한 원혼은 10년을 떠돌았다. 꿈은 여전히 희망의 사신으로 농민들의 가슴속에 살아 있었던 것이다. 1802년(철종 3년), 전국 방방곡곡의 농민들은 정상, 비정상적으로 미친 듯이 부과되는 조세와 관리들의 착취에 수없이 토지를 잃고 농촌을 떠나는 실정이었다.

같은 해 정월에는 경상남도 진주 부근의 "안성"이라는 작은 마을에서 심상치 않은 농민들의 분위기에서 낌새를 채고 달아나던 현감 임병욱이 농민 손에 잡혀 오는 일이 벌어졌다. 이것이 기폭제가 되어 2월 6일, 진주의 수곡장에 농민들이 몰려들었고, "여러분! 모두 손에는 몽둥이를 들고 머리에는 흰 수건을 두른 다음에 나를 따르시오!"라고 외치며 군중을 이끈 두 사람, 유계춘과 이계열이 있었다. 이 불길은 경상도, 전라도, 충청도의 71개 이상 지역에서 농민항쟁으로 불붙게 되었다. 이는 지주전호제의 모순과 세도정권 이래의 삼정물란에 대한 농민, 농촌, 농업의 반봉건 항쟁인 셈이었다. 항쟁은 주로 지방의 서리를 대상으로 하는 공격이었지만, 전국적인 현실은 뿔뿔이 흩어진 이들의 조직으로 감당키가 어려웠다. 더구나 농민군은 지방 수령조차 왕이 임명한 관원이라는 나라님의 명분 때문에 고작 각 읍의 경계 밖으로 내쫓는 정도밖에 처리하지 못하였다. 차마 왕에 대한 도전만은 생각조차 할 수 없었던 충성심이 그네들의 철칙 같은 정서였기 때문이다.

결국, 국운은 이들의 미력한 충성심을 차츰 잊어 갔고 또다시 탐관오리들의 부정부패와 외세의 침략적인 접근 · 간섭이 되살아났고, 드디어는 나라를 지킬 계층이 조선에는 농민밖에 없는 지경으로 1894년(갑오년)을 맞게 되었던 것이다.

서정주 시인이 읊었던 동백꽃 핀 선운사의 바위재에 새겨진 거대한 미륵불상 앞에서 "녹두장군"의 전설이 피어났다. "1894년 봄, 전봉준이 미륵불을 마주하고 앉아 수많은 농민들의 고통을 생각하며 앞일을 걱정할 때, 갑자기 미륵보살의 배꼽이 열리고, 서책 하나를 내보인 것이었다. 서책을 읽은 전봉준은 비로소 농민군을 이끌고 봉기하겠다는 약속을 했다"는 것이었다.[1]

미륵불은 말세에 나타나 꽃가루를 뿌리며 새로운 이상 사회를 만든다는 메시아적 미륵불이었다. 아마도 농민군의 봉기가 "하늘의 뜻"이라는 필연적 운명성을 강조하기 위한 전설이었을 것이다. 농민들 대부분은 전통적이고 유교적이며 순진한 마음의 소유자들이었기 때문에 다른 어떤 이유로도 봉기를 해내기 어려웠을 것이다. 갑오농민 봉기를 "동학란"으로 부르며, 그 근원이 "시천주조화정(侍天主造化定) 영세불망만사지(永世不忘萬事地)"라는 글귀의 종이를 태워 재를 물에 타 마심으로써 농민의 염원을 이룬다고 설교하던 동학교에 있다고 보는 견해가 있지만 갑오농민봉기는 전혀 의도와 방법이 이와 같지 않았고, 또한 전봉준 자신도 동학에서 버림받은 신분이었기에 더욱 그런 논리는 서지 않는다.[2]

전봉준은 미륵보살의 배꼽에서 나온 비서에 따른다는 결심 포고와 함께 농민군 천여 명을 이끌고 고부 관아를 습격하여 조병갑을 구금하고, 곡식 창고를 열어 백성들에게 분배하는 10여 일의 전투로 농민 전쟁을 시작하였던 것이다.

농민군은 재무장한 1만 3천여 명으로 늘면서 3월에는 전주에 입성했고 전세는 승승장구였다. 드디어 정부의 제의가 있어서 "농민군의 요구를 모두 수

1) 김윤희 · 이욱 · 홍준화(2004), 『조선의 최후』, 다른세상.
2) 김윤희 · 이욱 · 홍준화(2004), 같은 책.

용하겠다"는 요청이 있었고 전봉준은 정부와 화약을 맺는 것으로 사태를 수습시켰다. 그의 생각으로도 여러 가지 의심과 다른 방도가 있었겠지만, "서울은 왕이 계신 곳인데 만약 서울까지 입성한다면 나라(왕)에 대한 불충일 수밖에 없다"는 생각에는 어쩔 도리가 없었던 것이다. 더 이상의 전쟁을 키우지 않고 점령지에서 5개월간의 집강소 활동을 통하여 지엽적인 개혁활동을 한 것이 고작이었다.

그 무렵, 일본에 구금된 고종과 일본 세력에게서 제거된 대원군은 밀지를 보내 전봉준에게 농민군을 재봉기시켜 일본을 물리치고 나라를 구해 달라는 요청이 있었던 것이다. 전봉준은 더 이상 생각할 여지가 없는 지령을 받고 농민군을 재봉기시켰다. 그러나 일본군은 이미 이들 농민군이 상대할 적수가 아니었다. 우금치에서 일본군에게 처절하게 패하고 전봉준이 체포됨으로써 농민전쟁은 사실상 종결되고 말았던 것이다.

비록 뜻을 세우지는 못했지만, 이들 농민군들은 정부가 화의를 요청했을 때에도 왕을 믿고 따랐으며, 왕이 일본에 구금되었다는 소식에도 오직 왕을 구하고 나라를 구해야 한다는 충성심으로 일어섰던 것이다. 농민군에게는 자신이 받는 모든 고통을 깨끗이 해결해 줄 수 있는 유일한 존재가 바로 "왕"이었고 미륵보살을 통한 "하늘"이었던 것이다. 그래서 충성심은 좌절되었지만 이네들이 가꾸어 왔던 꿈은 절대로 죽지 않은 채 살아 있다가 오늘날 후손들의 희망으로 피어난 것이다. 이것이 곧 "꿈은 이루어진다"는 '붉은 악마(Red Devils)'들의 한여름 밤 한류(韓流)였던 것이다.

붉은 악마

2002년 여름, 월드컵 축구가 열리기 전에는 어느 누구도 상상조차 할 수 없었던 일대 사건이 정작 뚜껑을 열면서 단 며칠 사이에 벌어지고 말았다. 고추장에 박았던 장아찌 꼴의 한국 팀이 포르투갈, 이탈리아, 스페인 팀을 차례로 격파하고, 2002년 6월 25일에는 세계적 강호 독일 팀과 준결승을 치르기에 이르렀던 것이다. 세계의 눈은 지칠 줄 모르는 한국 팀의 체력과 필승의 의지, 그리고 붉은악마들의 함성에 모아졌었다. 우리 민족에게는 고질적인 신체적 열등감과 패배주의를 말끔히 씻고 자신감, 즉 "꿈은 이루어진다"는 진실의 얼굴을 볼 수 있게 되었다는 점이었다.

준결승 때에 서울의 심장부 광화문과 시청 앞 광장에 모여든 인산인해의 붉은 악마들이 무려 140만이었다고 하니, 그 밖의 서울 어느 장소라도 모인 응원단의 규모는 서울 시민의 4분의 1이 넘는 250~300만 명에 달하였고, 이들이 붉은 악마의 셔츠를 입고 손에 태극기를 든 채 "대~한민국!"과 "오! 필승 코리아"를 합창으로 외쳐댔다는 사실은 인류역사상 처음이자 다음이 있기 힘든 사건이 아닐 수 없다. 그리고도 깨끗하게 뒤처리를 하고 질서정연하게 해산하는 모습 또한 누구인들 상상이나 했겠는가?

통계는 6월 25일, 한국의 각 광장과 거리에 모여 응원했던 시민이 약 800만 명에 이르렀다고 한다. 전 국민의 17%에 해당하며, 이들이 발산한 에너지를 수치로 계산해 보면, 5억 kcal이고, 이를 태양집열기로 모으려면 시설비가 무려 8,000억 원을 호가한다고 한다. 그러나 인간이 음식을 먹고 만들어야 하는 열량이므로, 음식을 환산하면 달걀로는 66,667,000개, 자장면으로는 11,363,000그릇, 황소로는 9,328마리, 돼지로는 무려 23,640마리를 먹을 양에 해당된다고 한다.3)

'붉은 악마'의 응원단이 내린 상징의 설명으로는 "'붉은 악마'는 치우천왕(일명 자우지 환웅)의 상징이며, 치우는 환인이 다스리던 환국의 뒤를 이어, 환웅천황이 건국했던 배달국(倍達國)의 14대 천왕으로서 동이족(東夷族)이며, 그의 근거지가 고대 고조선의 영토였다. 특히 치우천왕은 고대 중국의 중원에서 군신(君臣), 병주(兵主)로 추앙되었으며 그 이름 자체가 승리를 상징하는 인물이었기 때문"이라 하였다.4)

중국의 역사서인 사마천의 『사기(史記)』, '오제본기' 제1편에 따르면 치우천왕은 기원전 2707년부터 2598년까지 109년간 전쟁에 나가서 단 한 번도

3) 이종호(2003), 『신토불이』, "우리문화유산", 한문화.
4) 이종호(2003).

패한 적이 없는 불패신화의 조선 군신(君臣)으로서 천하융사지주(天下戎士地主)라는 명성을 얻었다고 하며, "중국의 헌원황제 때에 치우가 가장 난폭한 이민족이어서 능히 정벌할 수가 없었다"는 기록과 함께 다음과 같은 주문(註文)이 달려 있다.

- 치우는 옛 천자의 신분이었다.
- 치우는 노산의 금으로 오병을 만들었으니 분명히 사람은 아니다.
- 헌원황제의 시절, 형제가 81명이었다는데 그 가운데 짐승의 몸이면서 말을 하고, 구리머리에 쇠이마를 했으며 모래를 먹고 칼, 창, 활 등의 무기를 만들어 그 위엄이 천하에 떨쳤다.
- 구려(句麗)의 임금을 치우라 불렀다.
- 치우의 무덤이 동평군 수장현에 있다.

미국의 시사주간지인 New York Times에서도 기술되었던바, "한국인들은 월드컵을 통하여 혁명적인 의식의 변화"를 겪었다.[5] 대한민국은 역사 이래로 전쟁과 피난, 민주화의 시위와 항거식 데모는 얼마든지 있었지만 이처럼 전국민을 들뜨게 만들고 즐겁게 만든 축제는 없었다"는 것이었다. 우리 국민이 받은 월드컵의 여파는 아마도 이보다 훨씬 크고 깊고 절대적인 것이었다. 그래서 "꿈은 이루어진다"는 진리의 얼굴을 한풀이로 지새우던 국민들 가슴에 새겨 놓았던 것이다.

'붉은 악마'는 반만년 우리 역사 속의 농민·농촌·농업이 겪었던 실망과 좌절, 그리고 꿈으로 지켜져 내려오던, 언젠가 한 번 반드시 필승을 다져서 우리의 꿈을 펼쳐 내리라는 각오와 다짐의 얼굴이었고, 세상에 한껏 내보이고 싶었던 순백하고 대담한 희망의 표정이었을 것이다.

그래서 우리의 한을 문화적 상징으로 삼아서 월드컵의 상징으로 '붉은 악마(Red Devils)'를 내세웠던 사건은 참으로 옳았고 잘 되었던 일이며, 또한 지극히 당연한 운명적 결론이었다고 말할 수 있다.

---

5) New York Times(2002).

한류(韓流)의 열풍(熱風)

　고대 중국에서 아라비아로 향하고, 베니스에 이르는 "비단길(Silk Road)"이 열렸듯이, 21세기 한국에서는 일본 열도를 거쳐 태평양으로 뻗는 한류(韓流)와 중국 대륙을 휩쓸고 인도차이나의 여러 나라로 뻗어 가는 "한류의 길"이 열렸다. 한류의 파도는 "쓰나미 지진파"를 방불하거나 능가하는 핵폭탄처럼 퍼져 나가면서 지금도 계속되고 있다. 1988년의 세계올림픽이나 2002년의 월드컵 축구대회 때와 마찬가지로 우리나라의 "붉은 악마"들은 한류의 거센 물결을 타고 이웃의 장벽을 차례로 무너뜨려 가고 있는 것이다. 탄탄대로를 물밀 듯 밀고 나가는 한류의 열풍은 거침이 없는 듯이 보인다. 이 또한 아무도 그렇게 기획하여 만들어낸 것이 아니었다. 이 바람은 정체가 무엇이며 어떻게 가능했던 일인가?

　물론 한류 또한 하루아침에 한두 배우나 가수들에 의하여 만들어진 것은 아니었다. 다만 기폭제 역할을 한 것이 있었다면, 일본 쪽으로는 "겨울 연가"라는 드라마를 타고 배용준(욘사마)이라는 배우가 파고들었던 데 있었고, 중국과 동남아 열도 쪽으로는 "대장금"이라는 영화와 이영애라는 여배우가 그 자태를 내보였을 수 있다는 데 있었다. 이들 모두가 현실적으로 존재할 수 없는 스토리의 드라마였고 남달리 뛰어난 용모와 미모의 주연급 남녀 배우에 기인하였으며, 드라마 자체가 훌륭한 작가, 감독에 의하여 재미있게 구성되고 촬영기술도 정상에 가까운 탁월한 수준에 있었기 때문이기도 하였다. 그러나 일본의 기술이 그에 필적하지 못할 정도로 떨어지는 것도 아니고 중국의 인구 속에 이네들만 한 용모나 미모의 배우가 없었던 것이 아니다. 그렇다면 도대체 무슨 까닭이었을까? 한류는 어떻게 가능한 것이었을까?

　오늘날 첫 관문을 여는 한류의 주인공은 2002년의 월드컵을 승리로 이끌었던 한국의 붉은 악마들, 즉 젊은 패기(자신감)와 꿈을 이루어 내려는 5000년 역사의 응어리, 즉 어려운 난국 때마다 의병이 되어 싸우고 농민군이 되어 항쟁하던 한민족의 꿈과 좌절에서 재기시켜 온 열망(필승)이었던 것이다. 이는 곧 칠전팔기하고 백절불굴하며 지켜 온 농민과 농촌의 농사일문화에서 유래한 한민족의 민족성이며 역사적 전통성이었다.

우리 민족이 역사적으로 일본과 중국의 수없이 번복된 외침(外侵)을 받았고, 근대화 100년의 오래지 않았던 시기에도 사대(思大)와 식민(植民)의 파도에 올려져서 한 잎 낙엽처럼 유랑하던 쓰라림을 겪었다. 뿐만 아니라 미국과 러시아, 프랑스에서 불어닥친 서양문물에 가감 없이 내던져져서 동서의 문화, 문명 충돌에 의한 열병으로 만신창이가 되어 생명을 부지해 왔다. 그 속에서 세상을 몸으로 체득하여 살아 나왔고, 그러면서도 갑오농민전쟁을 치렀던 농민군처럼 일어섰으며, 비록 몸은 패전해도 결코 정신으로는 질 수 없는 운명을 지켜 왔던 것이다. 조선왕조 500년을 살면서도 조상들이 계승·발전시키던 유교의 전통적 생활관과 삼강오륜의 생활 철학을 면면히 지켜 왔고, 국운과 함께 깨끗하고 순박한 인간 본연의 순수성을 잃지 않았던 것이다. 이런 바탕에서 내보일 수 있었던 두 드라마가 한국의 오늘, 새로운 이미지로 한류의 바람을 일으켰다.

일본은 서양문물에 대하여 일찍 개화를 했고, 대범하게 제2차 세계 대전을 일으킨 주역이 되었으며, 폐허로 바뀐 전후의 패전국 신세를 일으켜 경제대국의 위치에 올랐다. 전통적인 국수주의로 아직도 천황을 받들며 살아온 쇼비니즘의 국민성을 지녀 왔던 기성세대는 경제건설의 동물처럼 인성(人性)을 희생하고 살아왔던 것이다. 거기에 새로운 젊은 세대들은 사회의 주역으로 등장하여 모든 패권을 휘두르지만, 이들 새로운 세대란 세계적(특히 서구적)인 대중문화에 물들어 커 나온 세대들이어서 실리우드(실리콘 밸리와 할리우드의 합성어), 즉 디지털 기술에 의한 대형 폭력물이나 자극적인 대중문화가 주류를 이루는 세태를 맹목적으로 뒤따르고 있다.

기존 사회를 메마르고 육감적이며 탈전통, 탈문화, 탈인간성 현상으로 대체시키는 풍조가 만연하고 있다. 이런 사회적 분위기 속에서 지고지순하고 깨끗하며 순박한 한 쌍의 한국 남녀 배우가 연기해낸 첫사랑의 순진동화 이야기가 특히 지난 세월을 잃고 살던 일본의 40~50대 또는 그 이상 연배의 주부들에게 폭탄처럼 떨어져서 히로시마의 원자탄보다도 더 강렬하게 핵분열을 일으키며 터져 나갔을 것은 명약관화한 것이다. 잃어버린 세월과 그 속에 감추어졌던 소녀적 꿈과 사랑, 그리고 순수한 인간으로서의 갈망과 그리움, 마치 고향 같고 어머니 같은 그 무엇이 갈망의 눈물샘을 터뜨린 것이다. 후지산에 쉬고 있던 휴화산이 용암을 내뿜으며 활화산으로 터져 나왔던 것이다. 누구와 맞설 수 있고 어떤 힘으로 막을 수 있었겠는가? 보도된 바도 있지만, 남편이 보는 앞에서도 욘사마(배용준)의 먼발치 그림자일망정 느껴보려고 미친 듯 열광하는 주부들이 넘쳐나지 않던가?

이런 현상을 우리나라 초대 문화부장관이었던 이어령은 다음과 같이 해석하였던 바 있다.6)

"물론 (일본에서의 한류는) NHK라는 전국적인 미디어의 역할이 절대적이었다. NHK는 일본 사회의 트렌드를 바꾸고 새로운 현대의 신화를 만든다. 우리나라에선 TV드라마 자체로 끝나지만 NHK는 TV드라마를 기폭제로 만들어서 국가 전체의 커다란 흐름을 바꾼다……."

NHK가 한국의 드라마 "겨울 연가"를 방송함으로써 사회변화에 적극성을 잃고 꼼짝없이 물 위에 떠있던 섬 같던 주부들의 감성과 본능을 자극하여 폭발시킨 것이다.

(일본에서는)오마쓰리, 즉 축제문화라 할 수 있는 계기가 있어서 누군가 "오미코시"를 메고 흔드는 것을 보면 누구나 최면에 걸리고, 거기 휩쓸리면 "나"라는 것이 없어지며 집단 속에 완전히 몰입된다. 그 밑에 있는 감상주의가 집단 히스테리처럼 나타나면 군국주의가 되고, (쇼비니즘이 되며) 그때부터는 사실과 픽션이 혼동된다. 또한 "축소지향의 일본인"이란 글에서 얘기하였듯이 일본에선 무엇이든지 일본화해서 받아들인다. 뭐든 작은 한 점에 모든 정신을 집중시켜 모든 사람이 같은 분위기에 맞춰 호흡을 한다. 욘사마에 대한 관심이나 열정도 그렇다. ……언젠가의 보상을 위하여 한 생전 남편과 아이들 뒷바라지로 희생하였던 여성들을 "겨울 연가"라는 한국적 가상현실이 16세 소녀의 가슴 속으로 되돌려서 잊혀졌던 여성성과 사랑을 일깨운 것이다.

---

6) 이어령(2005), "빛보다 빨리 비상하는 한 해가 되길 바란다", 서울대 동문회보(제322호).

……그래서 생기를 잃고 있던 아내들이 신혼 때처럼 다시 부드럽고 생기가 돌며 삶에 반짝이는 모습으로 돌아왔으니. …… "남편들인들 나쁠 게 없는 일"이라는 것이었다.

그러나 중국이나 베트남 · 동남아를 연결하는 지역에서의 한류는 또 다른 종류로서의 특성을 지니고 있다. 일본의 경우와는 달리, 중국에서는 자유롭고 발랄한 대중가요나 "대장금"과 같이 음식, 궁중생활, 남녀 유별한 유교적 사회의 전통을 대상으로 하였던 영화가 한류의 특성이었다. 이들 사회는 오랜 공산주의의 폐쇄사회이고 경제력이 뒤떨어지지만 최근에 사회를 자본주의적으로 개방하며 필연적으로 충돌해 오는 미국이나 유럽식 문명, 문화를 거부할 수 없는 입장에 있는 것이다. 중국과 동남아의 젊은이들은 자유롭고 밝은 한국의 대중음악에 한류를 느끼고 기성세대들은 오랜 역사와 유교적 농경문화 바탕을 지니고 있는 "대장금" 드라마에 윤리관이나 도덕적 문화적 배경에서의 안정감 그리고 드라마 스토리에 내포된 동양 의학적, 식품적 내용들이 어필하여 한류를 느꼈을 것이다. 서구 문명 충돌에서 비롯된 소외감과 경제적 한계성, 그리고 통제사회에서의 속박감과 21세기의 실리우드(silli-wood)적 문명에서 표출되는 불안감이나 거부감에 대하여 남녀노소를 막론하고 이보다 더 따뜻하고 안정적인 탈출감을 만끽할 수는 없을 것이다. 아마도 한류의 실체와 가치는, 우리조차 명확히 규명하지 못하고 있지만 우리만이 역사적으로 갖추고 갈등을 통하여 창출할 수 있는 그 무엇일 것이다.

그러나 "유리구두"에 나오듯, 이런 한류의 꿈이, 환상의 마차조차 호박으로 되는 실망으로 되어서는 안 될 것이다. 현재의 한류에서 그네들이 보는 것은 환상일 것이다. 한때 불어 가는 바람일 수도 있다. 이들을 한낱 흘러가는 뜬구름으로 보내고 말아서는 안 되며, 우리들의 전통적이며 필연적인 문화로 초석을 마련하여 신화(神話)로써 그네들에게 흘려보내야 할 것이다. 그런 의미에서 대중의 가요나 영화는 soft-ware적인 존재이고 응용분야(applied field)의 콘텐츠에 해당되는 것이라 한다면, 우리는 하루 빨리 이들의 hard-ware적인 기초분야(Basic Field)의 체계적 주축을 이룩해 내어야 할 것이다.

우리에겐, 이미 앞에서 기술하였듯이, 농경의 홍익인간적 신화와 건국이념이 있었고, 탁월하고 변함없는 농경 위주(인본주의 위주)의 통치 이념이 있었으며 동양(특히 중국대륙)의 사상과 철학 및 불교와 유교문화를 계승·발전시켜서 이를 실행에 옮기며 시행착오(simulation) 과정을 거쳤다. 즉 고려왕조와 조선왕조를 거치면서 시련의 갈등을 감수하고 가치 창출을 하였던 역사가 있다. 또한 서구 문명을 한 세기에 걸쳐서 강도 높게 받아들여 이를 소화해 내었던 근대화 과정의 체험 역사가 있다. 1세기 앞서서 갑오농민전쟁을 농민군의 힘으로 치러 뼈저린 실패의 결과를 고통으로 감수하였고 동족상잔의 6·25를 치렀으며, 끊임없는 민주화 저항운동을 거쳐서 이제는 당당히 OECD국가의 대열에 세워졌다. 또한 1988년 세계올림픽과 2002년 월드컵 축구대회를 통하여 결집된 국민의 성원, 그리고 "붉은 악마"와 같은 젊은이들의 자연발생적 애국심이나 패기에 찬 자신감이 "우리에게 꿈을 이룰 수 있는 계기"를 마련해 주었다. 여기에 던져진 새로운 과제는 두 계열의 한류(?) 열풍을 어떻게 잠재우지 않고 신화로 지속시켜, 거기에 영생의 생명을 불어넣느냐 하는 것이 남겨져 있다. 다행하게도 세계가 이구동성으로 공인하는 대한민국은 미래의 정보, 문화시대를 선도할 IT 산업과 BT 과학의 최강국이고 세계적 선도자라는 점이다.

결론적으로 이런 말이 있다. 자연과학에 바탕을 두고 진정한 인문학이나 예체능을 하는 과정이 이상적이고, 인문학이나 예술적 가치관에 바탕을 두고 이루어 내는 자연과학이 진정한 과학이며, 항구적인 발전을 약속할 수 있다고 한다. 우리의 두 갈래 축으로서 농경문화는 첨단과학에 의하여 끊임없이 계승·발전되어야 하며, 첨단의 IT나 BT와 같은 미래의 과학기술은 농경문화의 배경 위에서 인본적이며 안정적으로 추구되어야 할 것이다. 이 길이 우리의 진정한 미래, 즉 정보 문화의 시대를 발전적으로 엮어 가게 하는 길일 것이다.

또한 대승적으로 이웃나라들과 어깨를 나란히 하면서 한류(韓流)의 빛을 비춰 주는 원천을 이룩할 수 있는 길일 것이다.

A small painting with the intricacies of a larger one: Time 2005~08.

제4편

이 사람들!

1. 사카노우에 노보루(坂上 登)와 조선인삼

조선인삼 최초의 기록

"조선 인삼(朝鮮人蔘)"이라는 말은 곧 우리나라[國家]를 상징한다. 그런 만큼 우리의 나라 이름은 곧 인삼을 자연스럽게 연상(聯想)시켜 떠올리게 할 만큼 그 명성과 함께 운명적 인연을 맺고 있어서 인삼은 곧 우리나라의 천부적 영약식물(靈藥植物)이라 할 수 있다.

"인삼의 의치효능(醫治效能)은 고래(古來)로부터 신앙적으로나 체험적으로 매우 귀중하게 여겨져서 신비적 영약으로 인정되고 있지만 유감스럽게도 그 과학적 연구가 아직껏 그 신비(神秘)의 옷을 벗기지 못하고 있다." 이것은 1939년에 조선금융조합 연합회장이었던 마쓰모토[松本誠]가 『인삼사(人蔘史)』[1] 서문으로 썼던 말이다. 그는 여기에 덧붙여서 "조선에는 인삼에 관한 전설(傳說)이 풍부하고 또 문헌(文獻)도 적지 않다. 따라서 이 문헌을 조사·연구하면 그 과학적 실체 규명에 유력한 길잡이가 될 것"이라고도 하였다.

---

* 본문은 2008년과 2009년에 농촌진흥청에서 출간한 필자 등의 우리말 번역서 『인삼보』·『조선인삼경작기』·『화한인삼고』의 각 해제를 종합 정리한 글이다.

1) 인삼사: 1936년부터 1941년에 걸쳐서 조선 역사 사료연구전문가인 이마무라(今村鞆)가 집필한 인삼 관련 최고의 서책으로 8권의 방대한 인삼의 역사 및 문화 백과전적 서책이다.

그러나, 이즈음에 이르러 우리나라 인삼의 원류적 기록을 뒤져 보면『삼국사기(三國史記)』에 성덕왕 22년(723), 성덕왕 33년(734), 효성왕 3년(739), 소성왕 원년(799)에 인삼을 당나라에 공물(貢物)로 보냈다는 기록이 있고, 고려시대에 이르면 전라도 화순군 동복면과 경기도 용인군에서 최초로 산삼을 재배화하였다는 기록이 있으며, 조선왕조의 『증보문헌비고(增補文獻備考)』에도 강계(江界)를 비롯한 전국 각지에서 삼(參)을 징세하였다는 기록과 함께 "다섯 잎사귀 삼(蔘)" 가운데 상품을 어약(御藥)으로 바치거나 해마다 원(元)의 황제가 조선의 인삼을 최고품으로 인정하며 징발해 갔다는 등속의 기록이 보인다. 또한 『고려도경(高麗圖經)』(1123)에는, 한낱 중국인 서극(徐棘)의 기록이지만 춘천인삼이 가장 좋은데 기실은 더덕[沙參]이거나 잡삼이라는 기록도 있다. 그러나 인삼의 재배·가공에 관한 내력을 찾아보면, 고작 조선왕조의『삼기소지(蔘芪小識)』, 즉 영조(英祖)가 1770년에 "삼기성편 대소선심(蔘芪性偏 大小宣審)"이라는 8글자를 친서하여 내의원(內醫院)에 내리고 다시 그 뜻을 부연하여 "소지(小識)"를 부찬함으로써 이것을 홍봉한(洪鳳漢)에게 필사(筆寫)·각본(刻本)케 하고 간행한 책이 발견될 뿐이다.

삼기(蔘芪)의 삼(蔘)은 인삼을 이르고 기(芪)는 황기(黃芪)를 이른다.『약성가(藥性歌)』에서도 "人蔘味甘 大補元氣 止渴生津 調榮衛 黃芪性溫 收汗固表 托瘡生肌 氣虛莫少"라 하였듯이, 인삼은 왕(王)을 뜻하며 힘을 내는 약이고 황기는 신(臣)을 뜻하며 힘을 도와 악(惡)을 멀리하는 약이다. 따라서 일반적으로 인삼을 처방할 때에는 황기를 병용하여 양자의 효력을 증강시킴으로써 조화를 꾀한다는 것이었다. 그러나 이성우[2]에 의하면 이 글이 뜻하는 바는 곧 영조가 당쟁의 폐단을 막기 위하여 대소신료(大小臣僚)를 경계하고 이 점을 부연하는 데 뜻이 있었지 결코 인삼의 실체를 기술한 것이 아니라 한다.

반면에 일인(日人)이었던 사카노우에 노보루[坂上 登]에 의하여 편찬된『인삼보(人參譜)』나『조선인삼경작기(朝鮮人參耕作記)』, 그리고『화한인삼고(和

---

2) 李盛雨, 1981,『韓國食經大典』, 鄕文社.

漢人蔘考)』는 각각 이보다 수십 년이 앞선 1737년과 1747년에 쓰였으며, 현재까지 우리가 찾아볼 수 있는 최초·최고의 조선인삼 관련 기록이다. 더구나 조선의 인삼을 배우기 위하여 조선의 인삼에 관한 실체와 그 과학기술을 기록한 책이어서 놀랍기 그지없다. 우리의 기록을 모두 분실하여 보전하지 못한 오늘날 우리의 처지에는 이 또한 천만다행한 일이라 할 수 있다. 우리의 인삼에 대한 내력과 역사적 실상을 복원하여 찾는 데 귀중한 자료가 된다.

물론, 1450년에 출간된 전순의의 『산가요록(山家要錄)』에는 산삼떡[山蔘餠]이나 산삼자반[山蔘飯] 등의 음식에 관한 기록이 있으나 이는 더덕의 이야기이며, 1798년의 『해동농서(海東農書)』와 1827년의 『임원경제지(林園經濟志)』에야 비로소 인삼의 과학기술적 언급이 비로소 나타난다. 그러나 원천적인 조선인삼의 복원된 과학기술 내용과는 그 거리가 너무나 멀다.

저자에 관한 약력(略歷)과 기록(記錄)

1938년 1월, 조선총독부(朝鮮總督府)의 전매국(專賣局)은 우리나라 인삼에 관한 모든 정보(情報)를 조사·정리하고 당시의 과학기술적 합리성에 따른 인삼의 생산을 체계화하기 위하여 『인삼고전총간(人蔘古典叢刊)』을 발행하였다. 그 사업의 첫 작품으로 선정되었던 책이 곧 사카노우에 노보루[坂上登]의 『조선인삼경작기(朝鮮人參耕作記)』였다. 여기에 당시 전매국의 촉탁(囑託)이었던 이마무라[今村鞆]가 이 책의 해제(解題)로 쓴 글 속에 저자(著者)의 약력이 소개되어 있다.

저자의 성(姓)은 사카노우에[坂上], 이름[名]은 노보루[登], 자(字)는 원웅(元雄), 호(號)는 현대(玄臺)로 불리었고, 그 뒤 세월이 흐르면서 성을 다무라[田村]로 바꾸어 불리게 되었지만 그 연유(緣由)는 상세히 알 길이 없다.

성을 다무라로 바꾼 뒤부터는 호(號) 또한 란스이[藍水]로 부르게 되었다.

그의 집안은 대대로 에도[江戶]의 이름난 의술업(醫術業) 종사자들이었으며, 부친 사카노우에[坂上 儞豊]는 자(字)를 종선(宗宣)이라 불리었던 명사(名士)로서 상고기전학(上古紀傳學)에 밝아 이 분야의 많은 저술(著述)을 남긴 장본인이었다.

사카노우에 노보루[坂上 登]는 1718년[京保三年]에 태어나서 에도시대[江戶時代]를 살다가 1776년에 세상을 떠났다. 그의 한 평생을 이야기하자면, 우선적으로 그가 본초학(本草學)에 매진하면서 이나휴[稻生若水]의 가르침을 받아 가며 본초학의 큰 흐름[系統]을 전수받았다는 점을 밝혀야 할 것이다. 또한 아베[阿部反之進]에게서 영향을 받았던 탓으로 학문 자체를 실지연찬(實地研鑽)하는 방식으로 주로 자기계발(自己啓發)하는 데 두었던 것이다.

그는 세의(世醫) 집안 출신이었기 때문에 어린 시절부터 본초학에 취미를 가졌을 뿐만 아니라 집안 환경적으로 약초재배(藥草栽培)나 가공·이용에 대한 많은 견문과 체험을 쌓을 수 있었으며, 특히 인삼(人蔘)의 재배·저장·가공에 대한 다년간의 독자적 관찰과 시험·연구를 할 수 있어서 남다른 깊은 조예(造詣)를 가질 수 있었던 것으로 보인다.

그의 학문적 탁월성은 특히 인삼에 관한 식물학적 분류, 재배기술, 제조기술을 다년간에 걸쳐 열심히 쌓은 데에 바탕을 두었던 것으로 이룩된 것이었으며, 한 마디로 일컬어서 그는 이 세상 우주만물(宇宙萬物)의 오온이치(奧蘊理致), 즉 색온(色蘊)·수온(受蘊)·상온(想蘊)·행온(行蘊)·지온[織蘊]의 극(極)을 통달하였던 당대 최고의 제일인지라 알려져 있다.

1759년(寶歷 8)에 막부(幕府)의 어용계(御用係)에 임용(任用)되어 인삼에 관한 재배·제조의 기술을 일목요연하게 체계화시킴으로써 니코산[日光山] 아래에 막부가 관영(官營)하는 인삼시작장(人蔘試作場)의 감독 겸 시험제조 담당관으로 활동하게 되었다. 이듬해까지 두 차례를 니쾨[日光]에 머무르다가 1764년에 막부의 명에 의하여 인삼거리[人蔘座], 즉 관영판매장(官營販賣場)을 강호(江戶)인 신전감옥정(神田紺屋町)에 설치하여 널리 인삼을 사서 모으는 일을 하게 되었다. 노보루[藍水]는 이들 인삼의 제조이용에 관련된 업무를 흔쾌히 맡아 보았고 그 일로 관제인삼(官製人蔘)의 원료를 사들이는 과정에서 도후쿠 지방[東北地方]의 여러 곳을 일일이 답사 출장하게 되었던 것이다.

1776년(安永 5) 3월 26일에 57세를 일기로 삶[生]을 마감하고 아사쿠사 [淺草] 키다지마찌[北寺町]의 진용사(眞龍寺)에 안치되기까지, 그는 원료인 삼을 찾아 각지를 여행하면서 수많은 연구·저술활동을 하였다.

저서로는 『인삼보(人蔘譜)』와 『조선인삼경작기(朝鮮人蔘耕作記)』와 『화한인삼고(和漢人蔘考)』 이외에도 『약사인삼류집(藥肆人蔘類集)』·『삼제비록(蓡製秘錄)』·『죽보(竹譜)』·『감자(사탕수수)제조전(甘蔗製造傳)』·『유구물산지(琉球物産誌)』·『목면배양전(木綿培養傳)』·『일본제주약보(日本諸州藥譜)』·『예천상서설(醴泉祥瑞說)』 등이 있고 백하부자(白河附子)·백우락(白牛酪)·망초화완포(芒硝火浣布)·면양(綿羊) 등에 관한 시험·관찰·연구 기록들이 있다.

『인삼보(人參譜)』

『인삼보(人參譜)』란 글자 그대로 인삼의 계보(系譜)에 대한 저술을 뜻한다. 따라서 사카노우에 노보루[坂上 登]의 『인삼보』는 1700년대에 이르기까지 사람들의 입에 오르내리거나 『화한삼재도회(和漢三才圖會)』라 일컫는 본초도감(本草圖鑑)에 기재되어 있던 인삼 종류의 식물학적 구분과 종류, 생김새, 크는 모양, 이용도 따위를 총망라하여 기술하고 서로 간의 차이를 따져 기술한 책(冊)임을 의미한다.

필자에 의하여 우리말로 옮겨진 이 책3)은 세 가지의 서문(序文)이 첨부되어 있는 자생약실(資生藥室)의 소장본(所藏本)이다. 첫 서문은 1738년에 요

3) 구지옥 등 옮김(2008), 『인삼보』(人蔘譜, 坂上 登 원저), 농촌진흥청.

시다키[吉瀧]가 쓴 것이고 둘째는 1755년에 야나기하라[柳原]가 쓴 것이며, 마지막에 편집한 서문은 1737년에 써진 저자 자신의 글로 되어 있다. 이로 보아, 본 책의 집필 연대는 1737년이고, 발간 연대는 1738년이거나 1755년이 었을 것으로 추정된다. 따라서 어느 연대로 보거나 우리나라의 최초 기록으로 남겨져 있는 영조 편찬(1770)의 『삼기산지(蔘芪山識)』, 즉 『어제삼기산지(御製蔘芪山識)』보다는 빠른 것임을 알 수 있다. 물론 저자 자신의 피력에 의해서라도 "당시에 그가 기록하는 인삼 이야기가 그 이전에 밝혀져 체계화되어 있던 조선 인삼의 재배·제조 요령과 같았다"고 기록하였던 것으로 미루어 볼 때 이 책이 쓰이기 이전에 조선의 인삼 이야기가 어디인가는 기록되어 있었음을 뜻한다. 또한 『인삼사(人蔘史)』의 저자인 이마무라[今村]가 기술했던 바(1939), "조선 하면 인삼을 연상할 정도로 조선에는 인삼에 관한 전설이 풍부하고 문헌 기록 또한 적지 않다"라고 한 말을 통해서도, 필시 우리나라의 무수한 기록이 있었으나 세월과 환란을 더불어 소실되었거나 국외로 반출되었음을 짐작할 수 있다.

여하튼 사카노우에의 『인삼보』는 저들 세 사람의 서문을 분별하건대, 저술에 관한 다음 사항을 인정케 한다.

첫째, 저자의 서문에 밝히고 있는바, 이 책은 이 세상의 대부분 약료적 기능 물질이 식물류에 담겨져 있다는 사실에서 출발한다.

둘째, 이들 약물의 실체를 분별하기 위해서는 동명이물(同名異物)이거나 이명동물(異名同物)로 혼란스럽게 알려지고 있는 식물학적 계보(系譜)를 분명히 나누어 알고 체계화해야 한다는 필요성이 있었다는 점이다.

셋째, 비록 완성은 못할지라도 공자(孔子)의 학문하는 자세에 의하여 혼신의 노력을 바쳐서 하나라도 확실하게 터득하는 것을 무엇보다 중요하며 뜻이 있는 일로 여겼다는 것이다.

넷째, 특히 인삼의 경우, 의원들조차 확실히 깨우치지 못하고 있는 실정이어서 죄 없는 환자, 백성들을 그릇되게 치료할까 염려되어 쉽게 그림까지 첨부해가며 이 책을 저술했다는 것이다.

마지막으로, 집필에 부족하거나 의문이 생길 수 있는 여지는 혹문(或問)을 통하여 답해 보거니와, 이는 인삼에 관한 진실에 대하여 후학의 노력으로 완성되기를 바란다는 것이었다.

이렇게 해서 쓰인 『인삼보』의 원고를 1738년에 일별하였던 요시다키[吉瀧]의 글이나 1755년에 일별하였던 야나기하라[柳原]의 서문들은 각각 사카노우에가 이룩한 치적(治績)에 놀라움을 금할 수 없다는 찬사와 저술의 의의(意義)를 치하하는 것이었다. 특히 요시다키[吉瀧]는 『인삼보』 5권(卷)이야말로 이 세상의 농사를 처음으로 일으켰다는 중국의 전설적 인물인 신농 씨(神農氏)에 필적하는 위업(偉業)으로서, 이는 본초설(本草說)을 따르는 의학계(醫學界)의 새로운 빛[光明]이며 또한 국가적 영광이라는 찬사를 그의 서문에 적고 있다. 또한 야나기하라[柳原]는 『인삼보』를 저술한 사카노우에의 업적이야말로 당대까지 혼미한 상태에서 의원들의 지침 역할을 해 왔던 『화한삼제도회(和漢參製圖會)』 책의 76종으로 대별되는 모호성이 실제 지침(實際指針)에 힘입어 비로소 살아 있는 지침서로 완성될 수 있게 되었다는 저술의 역사적 의미에 대해 주목하고 있다.

사카노우에의 『인삼보』는 서문 3편과 부록, 즉 "인삼혹문(人參或問)"을 포함하는 다섯 권으로 쓰였다. 1권에는 진삼류(眞參類: 진짜 삼 종류) 15종, 2권에는 가삼류(假參類: 가짜 삼 종류) 11종, 3권에는 모삼류(冒參類: 속임 삼류) 5종, 4권에는 속삼류(俗參類: 명칭에만 삼이 붙어서 그렇게 부를 뿐인 삼류)로 해삼(海參)을 별도로 한 36종이 언급되어 있고 5권에는 이들 인삼의 번식·재배·수확·제조·저장·삼고르기 요령 및 총론이 기술되었다.

특히 인삼의 종류를 계보화한 1~4권의 내용은 각 인삼의 명칭(名稱)과 여러 가지 다른 이명(異名)을 명기하였고 종류별 성상(性狀)과 재배·수확·제조·이용에 관하여 기록하고 있다. 뿐만 아니라 사카노우에가 기록한 업적의 하나는 깊이 관찰하고 모양을 그림으로 옮겨 싣고 있는 데 있었다. 또 하나의 백미(白眉)는 5권 말미에 일어(日語)를 섞어 표기한 "인삼혹문(人參或問)"으로서, 이는 읽는 이들이 가질 수 있는 일반적인 의문 사항을 예상하여 미리

도출한 후 제시하고 이에 대한 답변을 알기 쉽게 기술하여 제시한 데 있다고 하겠다. 여기에는 이미 객관화된 답변과 함께 그동안의 체험과 견문을 통하여 유추할 수 있는 저자 자신의 의견도 있다.

우리나라의 삼(參)과 관련하여 이 책에 기록된 바를 일별해 보면 대략 다음과 같다.

제1권 진삼부 15종에는 백제삼(百濟參)·신라삼(新羅參)이 있고, 요동삼(遼東參)으로 불리는 고려삼(高麗參), 조선의 품종으로 밝히고 있는 신주인삼(信州人參), 어약원인삼(御藥園人參)의 재료로 쓰인다는 고려삼(高麗參)이 언급되고 있다. 이는 진짜 인삼의 대종이 우리나라의 삼 종류였고, 이를 표준으로 하여 진짜 삼의 분별과 약효를 판단했던 것으로 보인다.

제4권 모인삼(冒人參)에 "인삼이 아닌데도 시골사람들이 도라지 비슷한 것을 금강산인삼(金剛山人參)이라 하는데 이는 약이 못 된다"고 하였다. 이는 조선 인삼을 추종하던 당시 일본인들의 마음가짐에서 비롯된 조선 인삼의 영약성을 일컫는 것으로 판단된다.

제5권의 인삼 총론에는 고려삼 이야기가 자주 등장한다.
인삼 기르는 법[養參之法]에는, "고려인(高麗人)들이 지어 부르는 『인삼찬(人參讚)』에 이르기를 '가장귀[椏]가 셋[三椏]이고 잎이 다섯[五葉]이며 양(陽)을 등지고 음(陰)으로 향하는 것이 진짜 삼이다. 우리에게 와서 가목(椵木: 유자나무의 일종으로 남쪽에 심어 주면 넓은 잎을 드리워서 땅 위를 촉촉하고 따뜻하게 하여 인삼의 무더위 피해를 덜어줄 수 있다)을 찾아 구한다. 가(椵)의 음은 가(賈)이다. 가(椵)는 오동나무[桐]와 비슷하여 그늘이 아주 크고 넓어서 인삼이 많이 번져 흔히 자란다'"고 하였다. 이 내용으로 보아 우리나라의 인삼 기록은 이미 고려조에도 있었을 것으로 기대된다.
5권의 인삼 제조법[製人參之法]에는 필자가 일찍이 『삼전(參傳)』을 읽은 적이 있는데 거기에는 "조선 인삼(朝鮮人參)과 당산 인삼(唐産人參)의 제조법이 따로 기록되어 있었다"고 하였다. 일인들에게 조선 인삼이 뜻하는 바가 무엇이었으며, 이미 집필 당시 이전의 조선 인삼에 대한 기록이 『삼전』으로 남아 있었음을 알게 한다. 또한 "흔히 고려삼이라 부르는 것은 진짜 삼이 아닌 것들"이라 하여, 고려삼이나 조선삼의 가치가 얼마나 높았던 것이기에 가짜로 만들어 팔리거나 처방되었던 가를 짐작케 한다.

"인삼총론편"에서는 『엽성찬요(葉性纂要)』에 기재된 고려삼의 품질을 소개하기도 하였다. "고려에서 나는 삼은 색이 희고 바탕에는 밝은 기운이 돈다. 그러나 멀리 요동에서 나는 것은 질박하고 무거우며 맛이 탁하다. 겨울에 캔 것은 힘이 있으나 그 밖의 때에 캔 것은 여리고 힘이 약하다"고 한 것이 곧 그 내용이다.

이 밖에도 인삼을 약제로 처방하는 처방전은 당시 이전의 의료책에서 여러 군데 나타나고 있음을 사례로 들어 설명하고 있다. 그러나 인삼의 번식·재배·수확·제조나 종류에 대한 체계화가 약료 이용보다 뒤늦게 정리되었고, 그 발단은 1700년대에 비로소 사카노우에 의하여 시작되었던 것으로 보인다.

『조선인삼경작기(朝鮮人參耕作記)』

책명(冊名)이 최초에 사카노우에 노보루[坂上登]가 썼던 바(1747)로는 『인삼경작기(人參耕作記)』로 되어 있었지만 최초본이 소실(1761)되고 1763년에 저자가 증보(增補)한 내용은 후쿠야마[福山舜調]와 나카자와[中澤養亭]에 의하여 교정되고 재간행(再刊行)되었던 "백화가장판(百花街藏版)"이며, 여기에는 『조선인삼경작기(朝鮮

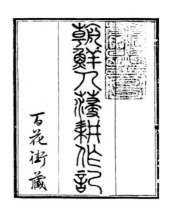

人參耕作記)』로 제명(題名)되어 있다. 조선의 인삼에 관한 기록임을 밝혔던 사실은, 물론 초판(初版)인 『인삼경작기』의 의관(醫官) 후지[藤 立泉] 서문이나 저자의 자서(自敍)에도 제기되어 있다. 또한 조선총독부(朝鮮總督府)의 전매국(專賣局)이 "인삼고전총간(人蔘古典叢刊)"의 제1호로 발행하였던 책명도 『조선인삼경작기』로 되어 있다. 필자가 출간한 번역본4)은 바로 1747년에 써진 초판을 증보·교정하여 1763년에 재간행하였던 『조선인삼경작기』의 "백화가장판"을 대본으로 하였음을 밝혀 둔다.

본책의 저술 경위는, 사카노우에가 젊었던 시절 일본(日本)이 인삼재배를 여러 차례 시도하였으나 매번 실패를 거듭하여 우리나라와의 교역 단절에 의한 인삼 수입의 차단이 크게 우려되던 실정에 있었던 데서 발단된 것이다.

이 무렵인 1728년에 일본의 막부(幕府)는 조선의 인삼종자를 니코[日光]의 산지밭[山間田]에 심어서 드디어 첫 성공사례를 거두게 되었다. 이때에 사카노우에는 막부의 어용계(御用係)에 임용되어 매년 두어 차례에 걸쳐서 니코의 관영(官營) 인삼시작장(人蔘試作場) 현지 포장에 머물며 인삼에 대한 본격적인 관찰·시험·연구를 하게 되었다. 특히 이와 같은 사카노우에의 체험적 지식과 함께, 1763년 이래로 막부의 신전감실정(神田紺室町)에 설치하였던 "인삼좌(人蔘座)", 즉 인삼수집·판매장의 업무차 수행되었던 동북지역 현지출장에서 수집할 수 있었던 확증자료의 정보가 증보됨으로써 본책의 체계적 정리·집필이 가능케 되었던 것이다.

『조선인삼경작기』의 초판본인 『인삼경작기』는 1747년에 저자인 사카노우에 노보루[坂上 登]에 의하여 집필이 완성되었다. 이듬해인 1748년에 초판본이 출간되기에 이르렀으나 1761년(寶歷 10), 불행하게도 화재(火災)를 만나그 원본이 소실되었다. 그러나 저자는, 자신의 다년간 경험을 통하여 터득하였던 인삼의 재배법이나 약제제조법(藥劑製造法)을 보다 쉽고 실용적인 글로

---

4) 구자옥 등 옮김(2009), 『조선인삼경작기』(朝鮮人參耕作記, 坂上 登 원저), 농촌진흥청

써서 전문의(專門醫)나 취급상(取扱商) 및 재배농(栽培農)과 제조기술자(製造技術者)들에게 일반화시키고 보급을 촉진하려는 의도를 되살려 증보판을 쓰기에 이르렀다.

사카노우에가 스스로 밝히고 있는바, 일본으로서는 조선과 달랐기 때문에 모든 지식과 기술을 스스로 실험하여 알아내는 도리밖에 없는 것으로 고심하였으나 경험으로 알아낸 바는 결국 조선의 재배법과 다를 것이 없었다는 것이었다. 즉 조선의 전통기술이 최선일 수밖에 없음을 알게 되었던 것이다. 인삼의 생장특성이 "조선의 고려인들이 『인삼찬(人參讚)』을 지어 되뇌던바, 인삼은 활엽수의 넓은 잎 그늘과 낙엽 환원지(還元地)에 잘 번식·성장하는 데 있음"을 알게 되었다.

중국 도홍경(陶弘景)의 『신농본초경집주(神農本草經集註)』에 소개된 고려인의 "인삼찬(人參讚)"은 다음과 같다.

"세 가지에 다섯 잎이
양지를 등지고 응달로 향했구나.
나를 얻고 싶어 이곳에 오려거든
유자나무(椴木) 밑에 찾아와 주려무나."

고려인삼의 정통성이 일본인삼의 설립을 위한 전제조건일 수밖에 없었던 이유가 여기에 있었고, 이런 사실을 배경으로 하여서 사카노우에의 저술이 성립될 수 있었던 것으로 보인다.

이런 사정을 배경으로 불타 없어졌던 원본은 다시 증보판의 모습으로 새로운 출판의 계기를 찾게 되었으며, 실제로 재간행이 되었던 판본은 사카노우에의 학통을 물려받았던 두 사람, 즉 후쿠야마[福山舜調]와 나카자와[中澤養亭]의 교정을 거쳐서 완성되었던 것이다. 이 재간본(再刊本)은 저자가 살았던 저자의 옛집, 백화가(百花街)에 소장되어 전승되다가 조선총독부 전매국의 『인삼사(人參史)』 편찬사업의 하나로 권두(卷頭) 부분을 증보하여 300본의 영인본(影印本)으로 출간되기에 이르렀다.

조선총독부의 영인 간에 의한 편찬사업의 의도는 "선인(先人)들이 고심하며 연구하였던 발자취를 찾아서 후세(後世)에 전승시키고 또한 온고지신(溫故知新)의 지혜를 발굴·유지하는 데 있다"고 하였다.

재간행된 책에는 1748년에 써진 의관(醫官) 후지(藤 立泉)의 "인삼경작기서(人參耕作記序)", 1764년에 쓰여진 후쿠야마[福山舜調]의 "인삼경작기서", 1763년에 쓴 저자 자신의 "자서(自序)"가 권두언(卷頭言)으로 증보되었고, 권말(卷末)에는 1763년에 저자 자신이 쓴 제미(題尾), 같은 해에 써진 다무라(田村善之)의 "인삼경작기 후서(人參耕作記後序)"가 첨부되어 있으며, 조선총독부에서 영인한 책에는 1939년에 조선총독부의 전매국 촉탁이었던 이마무라[今村]의 "인삼경작기 해제(人參耕作記解題)"가 증보되어 있다.

내용적으로는 종수집[種收方]·씻기[洗滌方]·심기[蒔方]·뿌리나누기[屋根掛]·이식밭벌채법[移植畑拵方]·토양종류가리기[土種類撰別]·해충의 형태와 피해상황[害蟲形態被害狀況]·해충예방방제법[豫防除却方]·비료[肥料]·경엽제거[莖葉除却]·뿌리형상구분[根形狀區別]을 알기 쉽게 기록하고 있다. 이들 내용을 면밀히 살펴보면, 인삼의 포장(圃場) 주변에는 활엽수(闊葉樹)를 심은 모양이 주목된다. 그 외에는 전체적으로 조선의 재배법과 모두가 일치한다.

저자 또한 막부의 시험포에 심어져 있는 삼이 조선삼과 결코 손색이 없을 정도로 가치가 있어서 어느 날에라도 국교가 단절될 경우에 대비할 수 있음을 이르고 있다. 또 요동산(遼東産), 즉 만주인삼(滿洲人參)과 조선인삼(朝鮮人參)의 그림은 각각 그 특이성(特異性) 있는 형태를 가려내서 완성시켰으며, 저자가 백화가(百花街)라 불렀던 신주쿠[新宿]의 집 안에 스스로 키워내었던 28년 된 뿌리의 그림을 그려내기도 하였다. 실제로 1738년(元文 3)에 저자는 막부의 어종인삼(御種人參) 28립(粒)을 하사(下賜)받아 백화가의 시작포(試作圃)를 만들었던 것이어서 저자 자신이 인삼 연구에 얼마나 진지하였고 열성적이었던지를 능히 짐작하게 한다.

결과적으로 『조선인삼경작기』의 인삼재배법은 당시 우리나라의 경작법과 거의 같았음을 확인할 수 있기 때문에 당시 일본은 우리나라를 통하여 인삼의 재배법과 제조법을 배워 갔음을 알 수 있고 다른 한편으로는 그 당시 우리나라의 인삼재배와 제조기술 실상을 복원시킬 수 있는 자료로 쓸 가치가 있음도 알 수 있다.

본책에 수록된 많은 정보 가운데 수많은 도판(圖版)은 매우 진귀한 가치를 지닌 것으로서 다음과 같은 것들이었다.

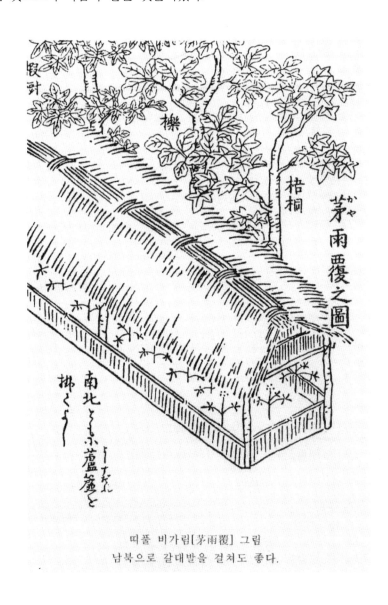

띠풀 비가림[茅雨覆] 그림
남북으로 갈대발을 걸쳐도 좋다.

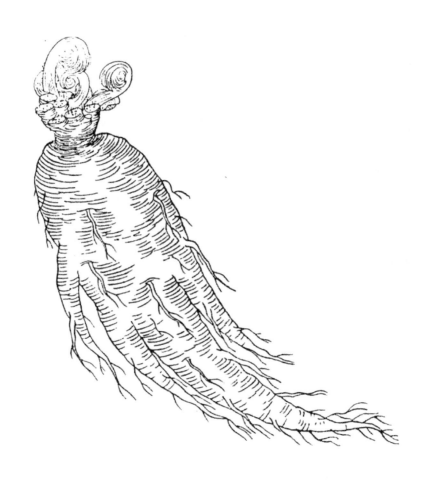

28년생 그림[二十八年生之圖]

일년생 그림[一年生之圖]

이년생 그림[二年生之圖]

삼년생 그림[三年生之圖: 二莖五葉之圖]

사년생 그림[四年生之圖: 紅實, 三椏五葉之圖]

화단토존지도[花壇土拵之圖]

침금충(針金蟲)

사충(絲蟲)

근유충(根油蟲: 다른 이름 根虱)

면충(綿蟲)

사율충(似栗蟲: 다른 이름 肉裏蟲)

목절충(目切蟲: 다른 이름 根切蟲)

강충(穅蟲: 다른 이름 粉蟲)

적의(赤蟻)

삼흡충(參吸蟲: 다른 이름 三吸蟲)

토치장 그림[土置場之圖]

근면(筋綿)

흰 곰팡이[白癬]

평옥근우복 그림[平屋根雨覆之圖]

띠풀 비가림 그림[茅雨覆之圖: 梧桐·櫟·椴樹]

조선종인삼법제 그림[朝鮮種人參法製之圖: 肉折人參之圖·細鬚人參法製之圖]

야주도하군일광산의 인삼[野州都賀群日光山之人參]

불가근(不可根: 다른 이름 不形)

거근(居根: 다른 이름 溜根)

상품인형근(上品人形根)

중품인형근(中品人形根)

하품인형근(下品人形根)

구흉양인형근(龜胸樣人形根)

요동종인삼 그림[遼東種人參之圖]

조선종인삼 그림[朝鮮種人參之圖]

28년생 그림[二十八年生之圖]

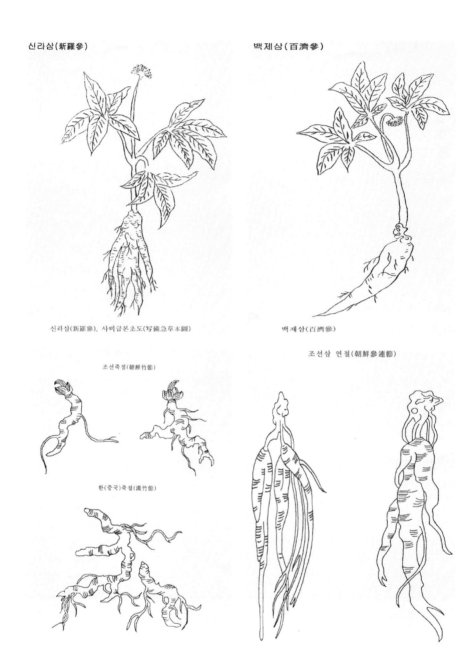

신라삼(新羅參)

백제삼(百濟參)

신라삼(新羅參), 사비급본초도(寫備急本草圖)

백제삼(百濟參)

조선삼 연절(朝鮮參連節)

조선죽절(朝鮮竹節)

한(중국)죽절(漢竹節)

『화한인삼고(和漢人蔘考)』

1938년 3월, 조선총독부(朝鮮總督府)의 전매국(專賣局)은 우리나라 조선삼에 관한 모든 정보(情報)를 조사·정리하고 당시까지의 과학기술적 배경을 밝히고 합리성에 따른 조선삼의 생산을 체계화하기 위하여 『인삼고전총간(人蔘古典叢刊)』을 발행하게 되었다. 이 사업의 일환으로 조선삼의 원류적 정보를 탐색하기 위하여 선정·출간한 책 가운데 하나가 가토(加藤忠懿), 즉 사카노우에 노보루[坂上　登]의 『화한인삼고(和漢人蔘考)』였다.

이 글은 본책 조선총독부 판의 해제를 썼던 이마무라(今村鞆)의 글을 참고하였다. 그는 조선고사(朝鮮古事)의 사료연구 전문가로서 조선삼을 주대상으로 하는 『인삼사(人蔘史)』 8권(1936~1941)과 『인삼신초(人蔘神草)』(1934) 등을 집필하는 데 그의 인생을 진력한 학자였다.

또한 『화한인삼고』의 저자인 가토 타다나오[加藤忠懿]는 이름을 줄여서 충의(忠懿)라 쓰기도 하였고 『인삼보(人蔘譜)』에서는 성(姓)을 사카노우에[坂上], 이름을 노보루[登], 자(字)를 원웅(元雄), 호(號)를 현대(玄臺)라고 썼으며, 그 뒤 세월이 흐르면서 성을 다무라[田村]로 바꾸어 썼고 자(字)는 현순(玄順), 호(號)를 독제(篤齊)라 하였으며, 인삼하독제(人三河篤齊)로 불리기도 하였다.

그 연유(緣由)는 상세히 알 길이 없다. 성을 다무라[田村]로 바꾼 뒤부터는 호 또한 란스이[籃水]로 부르게 되었다.

『화한인삼고』에 연유하여 그의 부친인 가토 타다미수[加藤忠實]가 등장하는데 그는 자(字)를 위우(衛愚), 호(號)를 겸제(謙齊)라 하며 1669년에 출생하였으며 삼하국반(三河國飯) 서부가 출생지인 사람이다. 오와리(尾張)에게 와서 단수(丹水)의 문인(門人)으로 절자(節子)에 사사(師事)받아 의학을 연구하였다. 원록계년(元祿季年)에 교토(京都)로 와서 살며 의업(醫業)을 생업으로 하면서 『의자작(医者雀)』, 『병가시훈(病家示訓)』, 『겸창실기(鎌倉實

記)』 등의 저서를 남기고 1724년에 56세를 일기로 생을 마감하였다.

『화한인삼고』는 집필을 아들인 가토 타다나오[加藤忠懿]가 하였지만 조선의 사신들과 면담을 통하여 밝힌 조선삼 실체의 파악과 그 내용을 기록으로 남긴 사람은 바로 겸제(謙齊)였기 때문에 그의 약력을 밝힌 것이다.

『화한인삼고』(和漢人蔘考)의 내용을 개략적으로 기술하면 다음과 같다.

이 책은 초판부터 4판에 걸쳐 4종으로 출간되었다. 초판은 『치리경험부 화한인삼고(治痢經驗附 和漢人蔘考)』로 명명하여 출간한 책으로서 그 내용은 인삼에 관한 내용을 아버지인 겸제(謙齊)가 1720년에 일본으로 파견되었던 조선신사단(朝鮮信使団)의 수행의관(隨行醫官)과 문답하였던 내용에 아들인 독제(篤齊)가 설명을 보충하여 탄생시킨 것이다.

문답식 질의를 한 요령은 초판의 경우, 죽절인삼(竹節人蔘)이 진인삼(眞人蔘: 朝鮮蔘)인지 또는 아닌지를 밝히는 것이었다. 2판은 1748년(延享 5년) 3월에 오사카(大阪)에서 판행(板行: 목판에 새겨 출간함)한 것으로 초판(初版)에 설명이나 해석을 더하여 가토(加藤懿之)가 서장차(西章次) 부자(父子)의 『인삼고(人蔘考)』 사본에 기술된 원리[說]를 추장(推奬)한 책이다. 따라서 여기에는 가토의지(加藤懿之)의 논리[說]가 가미된 것이라 할 수 있다. 제3판은 1774년(安永 3)에 다시 가필(加筆)하여 1716년(享保元年)에 나가사키(長崎)의 지방선비(隱士)와 교토(京都)의 겸제(謙齊)가 인삼에 대한 이야기를 문답식으로 하고 그 내용을 초고(草稿)로 싣고 있다. 4판은 1784년(天明 4)에 3판을 보정(補正: 보충하고 바로잡음)한 것이라 할 수 있으며, 필자의 번역본은 여기 4판에 의하여 편집한 것이다.

본책의 내용은 앞서 설명한 바와 같이 복잡한 경과를 거쳤기 때문에 각각 당시에 거론되던 학자들의 인삼에 대한 생각 여하나 인식태도를 탐구한 결과를 다루었으며, 또한 옛 명칭에 따른 정보를 얻었던 것으로서 결코 인삼에 대한 지식을 위축시켜 작게(點<勘少) 하지는 않았다. 특히 그림 설명(圖書)은 그 형태를 가장 잘 묘사하고 있다. 양각삼(羊角蔘)·양각삼연절(羊角蔘連節)·조선

삼(朝鮮參)의 3장은 어쨌든 조선산 산인삼(山人參)이 가장 뛰어나다는 것을 실제로 보고 그려 낸(寫生) 것으로서 오늘날(1900년대 초)에 이르러도 일천금의 가치를 지닌다. 옛적(昔時)에 어떤 방도로 걸출한 인삼을 많이 내는 조선으로부터 이들 인삼을 일본으로 건너오게 할지를 궁리한 것이다.

이네들 사이에 오고 간 문답(問答)의 내용은 주로 조선과 중국의 인삼 생김새와 일본 삼의 감정(鑑定), 채취시기, 『증류본초(證類本草)』의 그림 평가와 가토 현순(加藤 玄順)의 대담(對談)에 대한 평가가 실려 있다. 또 인삼포[人參圃]의 설치에 대한 생각과 필자의 해석이 기재되어 있다.

본책의 후편(後篇)으로는 중국의 『본초강목(本草綱目)』을 인용하고 『인삼고(人參考)』를 집필한 서장차(西章次) 부자(父子)의 글을 인용하여 당시의 일본삼과 당(唐)인삼의 분별, 연절(連節)과 죽절(竹節)의 분별, 장사배(商船)의 팔고 사는 실태, 소인삼(小人參)과 사츠마인삼(薩摩人參) · 양각삼(羊角參)의 실체 비교와 주요 삼의 각론으로 사츠마인삼(薩摩人參) · 인삼잎(人參葉) · 해아삼(孩兒參) · 어물삼(御物參) · 광동삼(廣東參) · 탕삼(湯參) · 생옥삼(生玉參) · 화삼(和參: 日本參) · 살주(薩州=薩摩) 일종에 대한 대체적인 규격규정과 이들에 대한 12장의 그림설명을 곁들였다.

끝으로 서정차(西章次) 부자가 집필하였던 서책 『인삼고(人參考)』에 대한 보충설명과 바로잡기의 글을 추가로 써서 덧붙였다.

1737년에 사카노우에[坂上 昇], 즉 필자 자신이 출간한 『인삼보(人參譜)』와 1747년에 출간한 『조선인삼경작기(朝鮮人參耕作記)』는 필자가 연구하고 터득한 조선인삼의 분별요령과 실체 그리고 이들의 재배요령에 대하여 그림까지 곁들이면서 집필한 책이다. 이들 두 책은 인삼 가운데 가장 뛰어난 걸물이 조선삼이며 일본이 필요로 하는 진삼(珍參)도 곧 조선삼이고, 일본에서 생산해야 할 일본삼도 곧 조선삼과 같아야 한다는 소신(所信)을 확고히 가진 상태에서 써진 책들이다. 그러나 『화한인삼고(和漢人蔘考)』는 앞의 두 책이

가지는 타당성과 그 의의를 확실히 밝히기 위하여 일본에서 인삼에 대한 인식을 설정하는 경과과정을 설명하고 앞서 출간된 서장차(西章次) 부자의 『인삼고(人參考)』에 대한 보완교정의 내용을 밝히며 중국 이시진(李時珍)의 『본초강목(本草綱目)』 인삼조(人參條)와 조선의 『동의보감(東醫寶鑑)』에 대한 진위 확인 과정을 자신의 소견과 함께 서술하여 정리한 것이다.

이들 자료는 필자 자신의 앞선 서책 『인삼보(人參譜)』와 『조선인삼경작기(朝鮮人參耕作記)』를 더욱 분명히 이해하고 수용하는 데 절대적인 보조자료가 된다. 동시에 우리나라 입장에서는 당시까지 인삼, 특히 우리나라 조선삼에 대한 체계적 연구실적이나 기록이 없던 때이기 때문에 우리나라 인삼에 대한 올바른 인식과 다른 나라 인삼에 비교되는 조선삼의 우수성, 그리고 그 학문적 기초로 쓰일 수 있는 귀중한 사료가 된다. 뿐만 아니라 중국이나 일본이 왜 조선삼을 획득하기 위하여 상상 이상의 노력을 하였는지에 대한 상황 이해에 더없이 좋은 자료가 된다.

2. 쓰다센(津田僊)과 『농업삼사(農業三事)』*

1800년대의 아시아 및 일본 농학

한국·일본을 비롯한 대부분 아시아 나라들의 농학은 적어도 3000여 년의 실제 역사를 거쳐 다듬어진 중국(中國)의 농학기술과 과학·문화를 수용하여 이루어진 것이라 할 수 있다. 기원전 여불위(呂不韋)의 『여씨춘추(呂氏春秋)』[1]가 담고 있는 농업의 철학과 범승지(氾勝之) 『범승지서(氾勝之書)』[2]에서 발원하여 서기 500년대의 가사협(賈思勰)에 의한 『제민요술(齊民要術)』[3]로 재정리·집대성되기에 이르렀고, 이후의 수많은 중국 농학은 물론이거니와 우리나라와 일본의 고농서(古農書) 및 농업기술도 이를 바탕[底本]으로 하여 자체의 농학을 수립시켜 왔던 것이다.

오랜 세월을 이런 바탕에서 지내게 되었으나 16세기에 이르면서 한 나라의 안팎은 서로 다른 나라들의 물결이 마주치는 충돌을 피할 수 없게 되었고 세상은 급변하게 되었다.

---

* 본문은 농촌진흥청이 출간한 필자 등(2009)의 번역책 『농업삼사(農業三事)』의 해제글을 수정하여 『농업사 연구』 9-1호에 게재한 내용이다.

1) 『呂氏春秋』: 중국 秦나라 呂不韋가 학자들에게 편찬케 한 史論書 「呂覽」이라고도 부름.

2) 『氾勝之書』: 기원전 100~200년 사이에 氾勝之가 편찬한 최초의 農書.

3) 『齊民要術』: 서기 500~550년간에 후위의 가사협이 편찬한 종합농서.

1) 중국의 경우

중국에서는 명나라 말기에 이르러 관료이며 대학자인 서광계(徐光啓: 1562~1633)[4]가 출현하였다. 이 시기는 안으로 봉건 왕조의 수탈에 항거하는 농민기의(農民起義)가 일어나고 밖으로는 동남해안의 왜구가 기승을 부리며 변방[만주]에서는 후금(後金)이 발흥하여 전면적인 대치상황을 전개하고 있었다. 따라서 시대를 염려하는 학자들은 경세치용(經世致用) · 경세적용(經世適用) · 명체달용(明体達用)과 같은 구호를 주장하는 분위기였다. 이들 가운데서도 정치 · 외교 · 군사 · 과학 · 종교 및 농학 전반에 단연코 두드러진 활동을 한 사람이 곧 서광계(徐光啓)였다.

그는 1607년에 부친의 복상(服喪)으로 3년간을 향리인 상해(上海)에 내려와 집안의 농장에서 직접 고구마 · 순무 · 면화의 재배 · 실험 · 관찰을 한 끝에 기후가 맞지 않는다고 했던 복건성(福建省)을 주산지로 만들었고 1608년에는 『감저소(甘藷疏)』를 저술하여 그 기술을 일본과 조선에까지 파급시켰다. 1609년에는 추운 지방의 원산인 순무를 강남(江南)에 파급하면서 『무청소(蕪菁疏)』를 저술하였다. 또 고향의 면화를 양자강 삼각주에서 보리나 녹비작물과 윤작재배하도록 성사시키고 『길패소(吉貝疏)』를 저술하였다. 그 외에도 경제작물인 당광나무와 닥나무 재배기술을 널리 보급시켰다.[5]

특히 상해에 살고, 한림원(翰林院)에 복직되는 사이에도 그는 쉬지 않고『농정전서(農政全書)』를 집필하는 데 몰두하고 있었다. 그의 관심은 남방의 벼와 구황작물의 생산을 북경 주위의 북방으로 끌어 올리는 데 있었으며, 그런 이유로 둔전(屯田)을 설치하고 제방(堤防)을 쌓아 수해(水害)를 막았으며 수리(水利)로 땅의 소금기를 제거하기에 이르렀다. 수많은 고농서(古農書)를 섭렵하고 노농(老農)들에게 자문을 받거나 기독교 선교사들을 찾아가 서구의 농정 · 수리 · 기구제작의 새로운 기술을 습득하는 일이 다반사였다. 이런 내

---

4) 徐光啓: 中國 明나라 학자 · 정치가(1562~1633). 農學者로 저서에 『農政全書』가 있음.
5) 金亨錫(1995), 「明末의 輕世家 徐光啓 硏究」, 慶熙大學位論文.

용을 1614년에는 『선간령(宣墾令)』, 『북경록(北耕錄)』의 주 농서로 저술하고 1627년에는 마침내 중국 농학사의 큰 획을 긋는 『농정전서(農政全書)』를 완술하기에 이르렀다.

『농정전서(農政全書)』[6]는 1637년에 진자룡(陳子龍)에 의하여 60권의 책으로 정리·편찬되었는데, 편찬자는 이 책의 범례에서 "서광계는 평생토록 학문을 널리 하늘과 사람의 이치탐구에 두고 실용(實用)을 위주로 하였다. 농사에 이르러서는 심혈을 기울이지 않은 곳이 없었으며 모두 솔선하여 백성들의 가르침에 근원이 되었는데 이는 국가부강의 근본이기 때문이었다. 고로 몸소 기구를 제작하고 작물의 맛을 직접 체험해 보며 수시로 채집하고 겸하여 방문하여 그 결과를 글로 써서 책을 이루었는데 그 속의 내용이 무척 정성스럽게 꾸며져 있다. ……내용은 매우 넓게 포괄되어서 농업과 이에 관계되는 제도·문물·지식·기술에 관하여 있어야 할 것 가운데 빠진 것이 없다"[7]고 하였다. 즉 『농정전서』는 중국의 역대 농학을 집대성하여 전통적 농사기술을 총정리하였을 뿐만 아니라 농정·경영·수리·기계기구 등의 분야에서는 서양과학기술과 농학원리 및 방법을 이용하고, 새롭게 변형·응용하여 중국의 것으로 발전시켰다는 면에서 그 우수성과 역사성을 인정받게 되었다.

『농정전서』를 통한 서광계의 농학사상은 이전까지의 농학을 뛰어넘어 새로운 국면(局面)을 열었고, 조선 및 일본의 농학을 새롭게 이끈 역사성을 지닌다. 첫째, 농업의 영역을 임업·잠업·목축업, 가내수공업과 수리·농기계기구·토목으로까지 포괄시켰다. 둘째, 서구의 농업과학과 기술적 지식을 받아들이면서도 현지의 환경과 실정에 맞도록 시험·재배하여 적용함으로써 실용성을 구현하였다. 셋째, 관련된 산업과 관계 속에서 농(農)만을 앞세우지 않고 농(農), 상(商), 공(工)의 균형발전을 강구하였다. 넷째, 농촌의 빈곤문제를 논하면서 생산력 증대와 함께 사회구조적 모순을 지적하면서 조운(漕運)과 인

---

6) 『農政全書』: 1617년 출간된 徐光啓의 農書로서 中·韓·日의 農業技術 近代化를 이끌어 냄.
7) 陳子龍의 『農政全書 凡例』: 燕羽 p.270에서 重引함.

구문제의 해결안을 제시하였다.

2) 조선의 경우

조선왕조 후기에 이르면서 실학(實學)의 학풍이 성숙되어 감에 따라 실학
자들의 농정론(農政論) 또한 농업기술론과 병행되어 강력히 대두되기에 이르
렀다. 18세기에 접어든 영·정조(英正祖)시대에는 소위 북학파(北學派)라 일
컬어지는 학자들에 의하여 중국과의 교류가 빈번해지고, 과학 기술을 수반한
농학기술에 특히 큰 영향을 받게 되었다. 이 가운데서도 가장 큰 영향을 끼쳤
던 것의 하나가 곧 중국의『농정전서(農政全書)』였다고 할 수 있다.

더욱이, 정조는 권농책의 하나로 전국에 널리 농서를 구하는 "구농서윤음(求
農書綸音)"을 발표하자 곧 응지진농서(應旨進農書)들이 바쳐지게 되었다. 이
에 따라서 서명응(徐命膺: 1916~1787)[8]은 세종조의『농사직설(農事直說)』
(1429)에『농정전서』의 내용을 합쳐서『동방농서집성(東方農書集成)』을, 박
제가(朴齊家)는『북학의(北學議)』(1778)[9]를, 박지원(朴趾源)은『과농소초(課
農小抄)』(1799)[10]를 지어 바치면서 농업기술론을『농정전서』에서 상세히 인
용하였다.

결과적으로 조선의 농학은 이들 실학자들이 중국 서광계의『농정전서』를 수
용하면서 서구의 농학사상과 기술을 받아들이게 된 결과를 빚었다. 이들 결과
는 서호수(徐浩修: 1735~1799)의『해동농서(海東農書)』[11]를 거쳐 서유구(徐
有榘: 1764~1845)의『임원경제지(林園經濟志)』[12]로 집성되었다. 뿐만 아니
라 농학기술이 아닌 농학이론[13]이나 농기구제작법[14]·농지제도[15]에 이르기까

---

8) 서명응(1716~1787): 조선 정조 때 홍문관 대제학. 수어사 지냄. 북학파 시조로『동방농서집성』 집필함.
9)『北學議』(1778): 박제가가 청나라 풍속과 제도를 시찰하고 쓴 책
10)『課農小抄』(1799): 박지원이 중국의 기술을 도입하여 농업기술화 정책 개혁을 주장한 책
11)『海東農書』(1778): 서호수가『농가집성』,『산림경제』를 저술하여 농업을 재정리한 책
12)『林園經濟志』: 조선 현종 때 서유구가 펴낸 농서.『임원경제십육지』라고도 함.
13) 徐浩修에 의하면 우리나라의 기후·풍토가 남북 간에 차이가 있지만, 韓半島의 남·북이 중국의 남·
　　북과 각각 同一 高度上에 위치하고 있음을 들어,『農政全書』에 나타나 있는 緯度別 작물재배법을 조

418　우리 농업의 역사 산책

지 『농정전서』는 우리의 농학기술과 농촌현장에 적용되었으며, 그 대표적인 사례 가운데 하나는『농정전서』의 내용을 서유구가 인용하였던 종면이론(種棉理論) 및 목화 파종기에 지역분류를 적용한 사례16)에서 볼 수 있다.

한편 조선 후기에 계속되는 흉작은 식량정책에 심각한 영향을 끼쳐 여러 가지 구황서적(救荒書籍)이 간행되었으며, 1763년 조엄(趙曮: 1719~1777)17) 이 일본으로부터 고구마를 들여온 뒤에는 고구마의 재배·저장·가공의 연구가 여러 학자들에 의하여 이루어졌다. 강필리(姜必履)의 『강씨감저보(姜氏甘藷譜)』18)(1766)·김장순(金長淳)의 『감저신보(甘藷新譜)』19)(1813)·서유구(徐有榘)의 『종저보(種藷譜)』(1834)20) 등이 그 예이며, 따라서 서광계의 『감저소(甘藷疏)』21)는 이 같은 연구의 기본교재(教材)로 활용되었다.

최한기(崔漢綺: 1803~1879)22)의 『농정회요(農政會要)』·『수차도설(水車圖說)』을 비롯한 북학파(北學派) 이후 실학자들의 농학가 역시, 서양의 문물이 다분히 가미된 중국의 농서들인『농정전서(農政全書)』·『태서수법

　　선에 적용하려 하였다. ―『海東農書』 凡例 5, 『農書』 9, 10 : 金容燮, 앞의 책, p.330에서 重引.

14) 朴齊家는 『北學議』에서, "農具는 반드시 『農政全書』에 의거하여 제조하고, 좋은 쇠를 사용하여 제조하라"고 강조하고 있다. ―(『進北學議』) 鐵, 『農書』, 6, p.89 : 위의 책 pp.299~300에서 重引.) 한편 徐有榘도 농지제도의 개선에는 반드시 농기구의 개량이 필요함을 주장하였는데, 우수한 농기구의 보급을 위해 『林園經濟志』를 저술하면서, 『農政全書』의 『農器圖譜』를 그대로 轉載하였다. ―(『林園經濟志』 本利志 10·11 『農器圖譜』: 위의 책, p.389에서 重引)

15) 朴齊家와 徐有榘는 농촌문제를 해결하기 위한 종합적·현실적 방안으로 서광계의 屯田論을 참고한 그들의 둔전론을 구상하였다. ― 위의 책 p.395 : 金容燮, 『朝鮮後期農業史研究』, p.133 : 『徐光啓集』 卷5, 『屯田疏稿』 墾田 및 『農政全書』 卷9, 『農事開墾』 下 參照.

16) 서유구는 『林園經濟志』에서, "徐光啓가 말한 緯度上의 氣溫差를 기준으로 우리나라의 種棉適期를 따진다면, 영·호남의 해안지방은 비교적 조정이 가능한 지대로서 3월 3일의 淸明 전후에, 호서와 한강 이남의 경기지방은 3월 중순의 穀雨 전후에, 漢北과 海西·關西지방은 4월 초의 立夏 전후가 알맞은 種棉期가 된다"고 하여, 서광계의 농업이론을 조선에 처음으로 응용하여 이론화하였다. ― 위의 책 『農功志』 卷3, 種棉條.

17) 趙曮(1719~1777): 조선 영조 때 이조판서로 1761년 일본에서 고구마씨를 도입함.

18) 『姜氏甘藷譜』(1766): 현재 사라져서 원본은 없으며, 저자 미상이나 경험자 말을 모은 탓으로 오류가 많다고 함.

19) 『甘藷新譜』(1813): 金長生·宣宗漢 공찬으로 宣이 구해온 고구마의 利点이 많아서 전파를 주장함.

20) 『種藷譜』(1834): 서유구가 中國이나 日本에 대비한 의견을 곁들여 적음.

21) 『甘藷疏』: 徐光啓 撰, 胡道靜校韓 참조.

22) 최한기(1803~1879): 식령 최씨로 과학에 관심을 두고 『농정회요』, 『육해법』, 『수차도설』 등을 집필함.

(泰西水法)』, 『천공개물(天工開物)』을 많이 참고하고, 또 실제로 중국농업을 견문한 경험에 입각하여 논술을 펼치고 있다. 이렇게 살펴볼 때, 『농전전서(農政全書)』는 조선 후기 농학발전과 농사기술의 향상에 많은 영향을 끼친 하나의 이정표(里程標)였다고 할 수 있다.

그 뒤인 1876년, 일본과의 수호조약이 체결되면서 1880년 4월 10일부터 윤7월 2일까지의 약 4개월에 걸쳐서 신사유람단(紳士遊覽團)의 이름으로 비공식적인 일본시찰단이 일본으로 파견되기에 이르렀다. 이들 신사유람단은 첫째로 새로운 문물의 도입을 중국에서 일본으로까지 다변화하고, 둘째로 이들에 대한 파견의지가 우리 정부의 독자적이며 적극적인 구미문화 도입에 있었으며, 셋째는 파견·수행된 모든 인원이 양반 출신으로 신문물에 대한 안목을 넓혀서 영향력을 크게 하고자 하였던 것이다.

이때에 진사(進士)였던 안종수(安宗洙)[23]가 함께 수행하여 일본의 신진농학자인 쓰다센(津田僊 : 1837~1908)을 만났고, 그것이 인연으로 결실을 맺어서 쓰다센의 『농업삼사(農業三事)』를 비롯한 일본 사토(佐藤) 가문(家門)[24]의 『토성변(土性辯)』·『배양비록(培養秘錄)』·『십자호분배례(十字號糞培例)』, 그리고 중국 호병추(湖秉樞)[25]의 『다무첨재(茶務僉載)』를 저본(底本)으로 하여 우리나라 최초의 신농학서(新農學書) 『농정신편(農政新編)』을 저술하게 되었던 것이다.[26]

안종수의 『농정신편』에 대한 우리나라의 역사적 의의나 그 내용에 대한 기술은 뒷부분에서 재론할 것이다. 여하튼 우리나라 농학의 서구화나 근현대화 시발점은 이렇게 형성되었고, 특히 우리나라의 경우에는 서구농학과의 직접 참여나 우리나라 사람의 서구현지 직접 체험에 의하여 유도되기보다는 중국

---

23) 安宗洙(1859~1895): "신사유람단" 이름으로 일본에 파견되어 津田仙을 만나고, 그의 영향으로 우리나라 최초의 서구식 농서인 『농정신편』을 집필함.

24) 佐藤信淵(1769~1850): 집단 대대로 농학을 지켜서 가계를 이룸. 토성변·배양비분 등 『초목육부경작법』 집필

25) 湖秉樞: 중국의 농학자로서 『茶務僉載』 집필

26) 農村振興廳(2002), 古農書國譯叢書 2, 『農政新編』 가운데 "解題" 安宗洙 著.

서광계나 일본 쓰다센 등의 영향을 통한 간접적 과정을 통하여 처음으로 발달되었던 특색을 지닌다.

3) 일본의 경우

일본의 문화와 문명이 근현대화한 계기는 메이지(明治: 1868~1912)에 성립되었다고 할 수 있다. 메이지유신(明治維新)의 치적은 전반기(前半期)의 3시기, 즉 제1기는 1880년을 중심으로 한 시기로 일본의 실정을 무시한 채 외국의 선진문명만을 적극 도입·수용하던 시기, 제2기는 1887년을 중심으로 하여 외국기술을 불신하는 대신 자국의 전통농학 연구결과를 되찾고 노농(老農)을 존중하게 되었을 시기, 그리고 제3기는 1893년을 기점으로 하여 농상무성(農商務省) 농사시험장을 설립하고 일본의 전통농학과 서구의 신진농학을 접목하여 일본의 신농학을 구축하던 시기로 나뉜다.

실제로, 일본 농학의 근현대화는 명치유신의 기본사상과 더불어 유래하고 전개되었다. 또한 교육제도의 전개와 더불어 추진되어 왔다고 할 수 있다.

일본의 명치유신은 농업생산과 지세(地稅)가 국가재정의 대부분이던 1868년에 별수 없이 농지의 대내적 개척과 농사개량이라는 한 마리의 토끼를 쫓겠다는 이념으로 출발되었다. 1869년에는 민부관(民部官)을 설치하여 개간물산에 관한 공무(公務)를 개시하고 목초·사탕무·순무의 미국 종자를 도입·배포하기 시작하였으며, 1870년에는 민부관을 민부성(民部省)으로 개칭하면서 잠종제도 및 개간규칙을 공포하였다. 1871년에는 수도인 도쿄(東京)에 서양농구치장(西洋農具置場)을 두고 일반 시민들에게 관람케 하였으며, 1872년에는 동경 신주쿠(新宿)의 95,000평 땅에 내무성의 권업요출장소(勸業寮出張所)를 두어 농사시험장 구실을 하면서 각종 도입작물과 과수종을 시험·증식·배포케 하였다. 1873년에는 인접된 79,000평의 땅을 매수하여 통합·확장하고 1874년에는 미타(三田)의 4만평에 부속시험지를 설치하였다가 그 뒤 곧 미타육종장(三田育種場)으로 개칭시켰다. 1875년에는 시모우사쿠니(下總國) 미사토쓰카(三里塚[치바현])에 목양장(牧養場)을, 1879년에는 고베(神戶)에 포도원을, 그리고 1880년에는 히메지(姬路[효고현])에 올리브원을 설치하여 일본농업의 구조와 내실을 개선해 왔다.

이렇게 얻어지는 일본 신농업(新農業)의 과학과 기술은 교육제도를 새롭게 만들고 확장해 가며 보급하게 되었다.

1872년에는 호카이도(北海道) 개척을 위하여 도쿄시바(東京芝) 증상사(增上寺)에 "호카이도 농업교육 가학교(假學校)"를 설립하였다가 1875년에 삿포로(札幌)에 건물을 신축하고 개교하여 삿포로학교(札幌學校)로 개칭하였으며 1876년에 삿포로농학교(札幌農學校)로 개칭하여 현재의 호카이대학 농학부로 발전하였다.

뿐만 아니라 1874년에는 신주쿠(新宿)의 내무성(內務省) 권업료(勸業寮) 신주쿠출장소의 농학궤(農學掛)에 각종 농산물의 수집과 농학실험을 수행하는 농사수학장(農事修學場)을 설치하고 선진국의 교사(敎師)를 초청하는 동시에 학생을 모집하는 절차를 밟았다. 이 수학장은 곧 코마바(駒場)로 옮기고 1878년 1월에 메이지천황(明治天皇)의 명분으로 개교하여 "코마바농학교(駒場農學校)"로 개칭하였다. 현재의 도쿄대학(東京大學) 농학부로 발전하였다.[27] 학교의 개교 때에는 내무경(內務卿)인 오쿠보(大久保利通)에 의하여 천황에게 헌정되는 절차를 밟았을 만큼 중요하게 다루어졌다. 이 학교는 2개 년분의 상전록금(賞典祿金) 5,423원을 기금화하여 외국교사의 초청지원 및 학생들의 장학금으로 이용하였다.

1875년 이후 1881년까지 여러 공사립의 농학교들이 설립되었으며 1883년의 농업학교 설립·운영 실태는 다음 표와 같았다.[28]

---

27) 矢島祐利, 野村兼太郎 編(1954), 『明治文化史』 第5卷 "學術編"의 明治前期勸農事蹟輯錄(1939) 인용문 내용.
28) 日本 交部省(1882): 『文部省第十年報』.

공·사립별	학교명	소재부·현	창립	연한제	수업일수	교원수	생도수
공립	新潟勸農場	新潟	1875	3	252	4	19
	農業傳習所	石川	1877	3	254	9	43
	岐阜農學校	岐阜	1878	4	244	9	36
	農學校	広島	1879	3	209	5	32
	福岡農學校	福岡	1880	3	252	7	38
	郡山農學校	福島	1880	3	251	3	22
	農學校	鳥取	1882	2	264	1	19
	農事講習所	山梨	1882	3	216	5	15
사립	學農社農學校	東京	1875	5	252	8	80
	獸醫學校	東京	1881	3	268	8	13
	大張野農學校	秋田	1881	2	210	1	12

※ [자료] 『文部省第十年報』(1882)

설립 당시의 이들 학교 교육은 외국의 선진된 농학기술을 신속히 가르쳐서 일본의 신기술로 대체하기 위한 데 있었다. 그러나 이들 학교의 농업기술은, 특히 코마바(駒場) 및 삿포로(札幌)농학교의 외국인 교사에 의한 교육에 근본적인 결함이 있었다. 일본농업의 바탕을 이루는 벼농사에 대하여 아는 선생도 없었고, 그래서 실제적으로는 책상공론(机上空論)에 그치고 말았다. 유일하게 도작(稻作)을 강의한 선생은 Gastaus라는 영국인이었는데, 그의 도작지식은 일본으로 오는 도중에 열대지방의 미작(米作) 현장을 며칠 시찰한 것이 고작이었는데도 그것을 기초로 하여 일주일에 3~4시간을 강의한 것이었다. 삿포로농학교에서는 1888년에 이르러서야 일본인 교사(南鷹次郎 박사)에 의한 "일본농학(日本農學) 강좌"가 처음으로 시작된 지경이었다.

전통적으로 일본의 농사현장에서는 노농(老農)의 존재를 높이 받드는 관습이 팽배해 있었고 전대(前代)에도 천하 3노농(天下三老農)이라 불리는 나카무라(中村直上)·후나쓰(船津傳次平)·나라(奈良專二)라는 독농가가 잘 알려져 있었으며, 당시에는 그 가운데 나카무라(中村直上)의 제자들은 임원리(林遠里)에서 스승의 기술을 계승하고 노동사상을 보존하며 각지의 수도작 교사로 채용되어 활약하고 있었다. 따라서 정부는 코마바(駒場) 및 삿포로(札

幌)농학교를 제외한 모든 농학교를 폐지하는 대신에 전국농담회(全國農談會)를 조직하고 노농들에 의한 강연회를 개최토록 하였다. 이때에 강연된 내용은 속기록되고 이를 『농사연설필기(農事演說筆記)』라는 인쇄물로 전국 각지에 보급토록 조처하였다.

사립대학교로서는 설립연대(1875)가 가장 앞서고 수업연한(5년)이 길어서 철저한 교육훈련을 시켰으며 학생의 숫자(80명)도 다른 공·사립농학교(12~43명)의 2~6배에 달하여 가장 적극적인 인재배출을 하였던 학교가 곧 쓰다센(津田僊)이 설립하였던 가쿠노샤농학교(學農社農學校)였음을 앞의 표를 통하여 알 수 있다.

이 학교는 일본 역사상의 문예부흥기라 할 수 있는 메이지유신의 초창기(명치 8년)에 세워져서 한때는 도쿄의 4대 사립학교 가운데 하나로 위치가 부상되었고 1882년도에는 전교생이 175명에 달하였으나 일본인 가운데 기독교 선교사나 서양농학을 선도하던 외래교사들에 대한 철저한 양이사상(攘夷思想)과 폭도적 반발, 그리고 일본식 전통농학과 노농숭배사상(老農崇拜思想)에 충돌되어 정부의 교육폐지 정책이 발표되었고, 드디어 1884년에 폐교(廢校)되는 운명을 맞았다.

이런 경과 속에서 메이지유신 전반기의 제1차 발동기(發動期)인 외국의 선진농학기술 도입·수용·직용(直用)체제는 무너지게 되었다. 그러나 코마바(駒場)와 삿포로(札幌)의 농학교에서는 외국의 선진농학을 수정하여 존속시키면서 일본화·현지화하는 사업을 지속케 하였다. 즉 도쿄의 코마바농학교 영국인 교사들은 3년의 계약임용을 마친 뒤 연장하지 않고 그 대신에 독일의 교사들로 대체되었는데, 이들은 우선적으로 일본 현지의 작물과 토양, 비료를 적용하는 체험과 연구를 하였기 때문에 매우 새롭고 긍정적인 평가를 받게 되었다. 특히 수의학의 Janson은 1880년부터 1902년까지, 농예화학 Gerner는 1881년부터 1892년까지, 지질학의 Fesca는 1882년부터 1894년까지 장기간에 걸쳐 코마바농학교에서 연구와 교육에 전념하였다. 반면에 홋카이도의 삿포로농학교는 축산과 임업에 집중하여 개척농사를 일으켰기 때문에, 비록 미국계 선진농업기술이라도 일본 전통농법과의 충돌이 상대적으로 적었다고 할 수 있다.

당시에 후쿠오카(福岡) 현립농학교(縣立農學校)에서 교두(敎頭)로 근무하던 요코이(橫井時敬) 박사는 서구의 농학과 일본의 전통농학, 그리고 이론과 실제를 융합시키는 데 전념하였던 몇 사람 가운데 대표적인 인물이었다.

그의 회고담에 의하면, "많은 농학교를 세워 교육함으로써 일본농업은 실제로 엄청나게 진보하였음에 틀림없다. 다만 국가 당국이나 농민들이 새로운 서양 농업기술에 기대하던 바가 마치 도깨비방망이[鬼金棒]라도 되어서 원하는 대로 생산과 풍년을 이룰 것이라 하였던 데 대한 실망이 문제였다. 당국이나 보수적 전통사상에 젖어 있던 농민은 물론 학생들까지도 불신·실망과 비판에 빠져 이들 학교교육을 등한시하고 배척한 성급한 태도 때문에 서양식 농학은 성공할 수 없었다"는 것이었다.

이런 입장에서 코마바·삿포로농학교의 졸업생이나 요코이(橫井) 교수 같은 엘리트들은 서양의 농학이론과 일본의 재래기술(수도작 포함)을 융합시키는 데 고전분투(苦戰奮鬪)하였으며, 이들에 의하여 메이지유신 전반기의 두 번째 전개기(展開期)가 지탱되었고, 드디어 세 번째 결실기(結實期)가 이루어질 수 있었다.

요코이(橫井) 박사의 제자인 하시모토(橋本伝衛門)의 당시 회고에 따르면, "당시의 일본에서는 한쪽으로 막부시대(幕府時代)부터 이어져 온 재래농법(在來農法) 배후에 노농(老農)들이 버티고 앉아 서양농학을 무시하고 있어서, 적어도 농학 분야에 있어서만은 결과적으로 학리(學理)와 실제(實際)가 마치 물(水)과 기름(油)의 관계와 같아서 융합하는 일 자체가 쉬울 수 없었다. 학리와 실제를 하나로 융합시키는 데는 촉매(觸媒)의 기능을 더해야 하는데, 이들 촉매는 신식교육을 받은 농학도(農學徒)들일 수밖에 없으며, 이들은 결국 논밭의 진흙땅을 갈고 가축을 사양하는 엄청난 분량의 실제수련을 쌓아야 그 기능을 갖출 수 있는 것이었다. 이 역할을 가장 선도적으로 해낸 인물이 곧 요코이(橫井) 박사이다.

이에 연유하여 그는 과학적 농학자(科學的農學者) 혹은 일본적 농학자(日本的農學者)로 불리는 사람이 되었다. 또한 1888년에 그의 친구인 사카와(酒勾) 코마바농학교(토쿄농림학교) 교우는 『개량일본미작법(改良日本米作法)』을 출판하고 이듬해인 1889년에는 요코이(橫井)가 『도작개량법(稻作改良法)』을 출판하였는데, 이들 두 교과서는 서양농법과 일본농법을 융합하여 새로운 일본농학의 탄생을 예고하는 동기를 만들었다. 이와 때를 같이하여 1895년에는 농상무성(農商務省) 농사시험장이 신농학의 센터 구실을 하도록 신설이 됨으로써 일본에서는 노농시대의 농학이 완전히 문을 닫게 되었다.

쓰다센[津田 僊(仙)]의 약력[29]

쓰다센(津田仙)은 역사적으로 일본의 메이지유신 초창기의 일본농학을 뒤흔들며 정신적인 희망과 인재육성이라는 실제에서 엄청난 변화를 몸소 일으켜 세운 인물이며, 또한 우리나라의 안종수(安宗洙)[30]를 통한 신농학 전파와 이수정(李樹廷)[31]을 통한 기독교 전파에 동기가 되었던 인물이다.

---

29) 金文吉(2003): 『津田仙と朝鮮』- 朝鮮キリスト敎受容と新農業政策, 世界思想社.

30) 安宗洙(1859~1895): 우리나라 최초의 서구식 신농학 교재인 『農政新編』을 저술(1881)하였다. 이때에 중국의 호병추(湖秉樞)가 저술한 농서 『다무첨재(茶務僉載)』와 일본 사토신엔(佐藤信淵: 1769~1850)의 『土性辯』 및 쓰다센(津田仙)의 『農業三事』를 저본으로 삼았다.

31) 李樹廷: 1882년 9월 조선에서 일본으로 파견된 수신사와 함께 궁정역사가의 신분으로 수행하여 津田仙에게서 기독교의 복음을 받고 세례 받은 뒤에, 성경의 마가복음을 우리말로 초역하였을 뿐만 아니라 언더우드 선교사와 아펜젤러 선교사에게 우리말과 조선사정을 가르쳐 우리나라에 기독교를 전파하는 데 결정적 역할을 함.

쓰다센(津田仙)은 1837년(天保)에 녹봉(祿俸) 120섬의 사쿠라(佐倉)무사(武士), 즉 치바현(千葉縣)에 있던 번사(藩士)의 집안에서 태어났고 어릴 때 이름은 "千弥"이었으나 뒤에 "仙"으로 개명하였다. 1844年에 한코[藩黌東西塾(小學校)]에, 1848年에 온고당(溫古堂)에 입학하여 한학(漢學)을 배웠고, 15세에 "사쿠라이가(櫻井家)"로 입양되면서 에도(江戶)의 난학숙(蘭學塾)과 영숙(英塾)에 입학하여 양학(洋學)을 배우게 되었다. 1861년에는 쓰다(津田榮七)의 서양자(婿養子)로 입적(그의 次女인 津田初子와 結婚)하면서 외국어 전문의 막부관료로 일하고 6, 7월간 미국에 체류하였다가 귀국하면서 일본 최초의 하이칼라 두발을 선보인 인물로 유명해지기도 하였다. 1867년(慶應 3年)에 31세가 되었을 때에 막부의 요원인 오노(小野友五郎)의 수행원 자격으로 미합중국에 부임하여 3년간 머물었고 미국의 문명과 특히 대규모 농업과 경영실태에 큰 감명을 받고 귀국하였다. 실제로 1871년에는 1년 9개월간 (1871. 12. 23.~1873. 9. 3.) 100여 명의 구미시찰단에 낌으로써 앞의 반년 미국 체류를 포함한 외에도 구라파에 파견되어 서구의 문물을 둘러보는 기회가 있었다.

이들 과정 속에서 1973년 6월에는 오스트리아 비엔나에서 개최되었던 만국박람회(萬國博覽會)에 사노(佐野常民)를 수행하여 일본의 사무관 자격으로 참가할 기회를 가졌다. 그곳에서 네덜란드의 원예가(園藝家) 다니엘 호이브렌크[Daniel Hooibrenk(荷衣伯連)]를 만날 수 있었고 반년간 함께 머물며 신기술을 배우고 귀국하였다. 그 이듬해(1874) 5월에는 호이브렌크의 저서명『Method of Cultivation, Explained by Different Processes』과 같은 이름의『농업삼사(農業三事)』라는 두 권의 신농학 농서를 집필하였다.

같은 해인 1874년 월에는 일본농업의 발달을 희구하던 동지들 8명과 함께 도쿄 마자부(麻布)에 가쿠노사(學農社)를 설립하였으며 이듬해인 1875년에는 미국 조지와싱톤의 어구인 "Agriculture is the most healthful, most useful, and most noble employment of man"을 슬로건으로 내걸고 같은 장소에 농학교를 설립하였으며 1876년에는 월간지(月刊誌)인 '농업잡지(農業雜誌)'를 창간하였다.

가쿠노샤농학교는 예과(豫科) 2년에 본과(本科) 3년의 5년으로 하되 별과(別科) 2년제를 병설하였다. 예과에서는 보통학(普通學) 과정으로서 주로 영어(英語)에 치중하였고 영어에 숙달되도록 하였다. 서양농법은 수도작을 중심으로 하여 집약적인 소농경영(小農經營)을 주제로 하던 일본농업의 실태에 비추어 볼 때 너무 조방적이고 대규모 경영원리를 좇았기 때문에 일본에서의 적용에 어려움이 있었다. 그러나 원예 분야의 발달에는 영향을 미친 바가 컸던 것이 사실이다. 결과적으로 원예에 치중하던 쓰다센의 농업교육에는 시설비가 많이 들면서도 많은 학생들을 수용하기가 곤란하였으며, 때마침 국·공립농학교를 재정비·축소하던 차에 결국은 폐교될 수밖에 없었다. 그렇더라도 가쿠노샤 자체는 농학교의 폐교 후에도 농업관계의 도서를 출판하고 농원을 경영하며 종묘나 농기구 판매 등을 통하여 기본정신에 따른 사업은 지속되게 되었다.

그 뒤, 쓰다센은 1897년에 사업을 차남에게 넘기고 1908년 4월 24일에 딸의 가옥 신축연에 참석하였다가 귀가하는 열차 속에서 급성뇌일혈로 71세를 일기로 사망하였다. 또한 가쿠노샤는 1917년에 폐쇄되었고 '농업잡지(農業雜誌)'는 1920년에 폐간되었다.

다른 한편으로, 쓰다센은 당시 8세밖에 안 되었던 때에 최연소자로 미국 유학을 시켰던 그의 딸 쓰다우메코(津田梅子)를 통하여 일본의 유명한 여자대학교인 쓰다쥬쿠대학(津田塾大學)을 창립하여 현재까지도 그 명맥을 유지하고 있으며, 살아생전에는 일본에 기독교를 받아들이는 데 고심하여 아오야마가쿠인(靑山學院)의 원류라 할 수 있는 여자초등학교와 코우쿄우가쿠사(耕敎學舍)라는 두 학교의 창립을 이끌어 내었던 인물이다.

1881년 4월에는 우리나라에서 파견하였던 신사유람단(紳士遊覽團)의 박정양(朴定陽) 일행에 섞여 조병직(趙秉稷: 1833~1901)의 세관담당 진사(進士)로 안종수(安宗洙)가 참여하였다. 쓰다센은 안종수를 통하여 그가 배우고 체계화시킨 서구의 농학신기술을 전수시키고 조선에 파급시킨 엄청난 영향을 미쳤다. 또한 1882년 9월에 조선이 파견한 수신사(修紳士), 즉 궁정역사가의 한 사람으로 이수정(李樹廷)이 파견되었는데 쓰다센은 그녀를 통하여 최초의 한글판 마가복음서를 번역케 하고, 조선에 기독교를 전파하였던 언더우드 및 아펜젤러에게 조선말을 가르쳐 기록하고 복음을 현실화하게 하였다.

『농업삼사(農業三事)』의 농업과학사적(農業科學史的) 의의

일본의 근대화 역사에 있어서 문명의 꽃이라 불리는 메이지유신(明治維新)의 농정사상을 열었던 것은 대내외적으로 농학에 몰두하여 저술활동을 하였던 선구자들에 의하여 발원한다.

그 첫째로 꼽을 수 있던 인물은 일본의 에도(江戶)시대를 통하여 4대째 대를 물려가며 농학을 연구하던 사토가(佐藤家)의 사토신엔(1769~1850)으로서 그가 저술(1874)하였던 『토성변(土性辨)』, 『배양비록(培養秘錄)』, 『초목육부경종법(草木六部耕種法)』을 들 수 있다. 그는 할아버지 때부터 집안에 전래하던 농사원리를 체계화하여서 토양의 성질에 따른 분류기준을 마련하고 작물의 생육에 부합되도록 운영(경영)케 하였으며, 실제로 일본식의 토양성질·분류·토양개량·지력배양(비배관리)의 상호연관성을 밝혔다.

그리고 영국의 Stephen이 저술한 것을 오카타(岡田好樹) 등이 번역한 『사씨농서(斯氏農書)』(1875~1876), 영국의 Wagiruson이 저술하고 오카다가 번역한 『영국농업론(英國農業論)』(1878), 또는 카와노(河野剛)의 『농가비요(農家備要)』 전편(1870)과 쓰다센(津田僊)의 『농업삼사(農業三事)』(1874) 등으로, 이 무렵에 서양農學을 소개하는 책들이 쏟아져 출판되었다.

그러나 이런 신농서(新農書)들의 독자들은 일반 농민들이 아니라 농업에 관심을 가지고 있는 지식인층이었을 뿐이다. 당시의 일반농민들이 대상으로 찾고 즐겨 읽던 농서는 『농업왕래(農業往來)』[32]라 하는 계보의 책들로서, 에

도시대부터 서민교육의 교과서로 인정되던 인쇄물들이었다.33)

1874년에 출간된 쓰다센(津田仙)의 서구식 신농업기술서 『농업삼사(農業三事)』는 주로 ① 기통법(氣筒法), 즉 암거(暗渠)를 토양 속에 묻어서 배수(排水)와 산소(酸素, 大氣) 공급을 편리하게 해 주는 농사 기술, ② 언곡법(偃曲法), 즉 식물의 가지(枝)를 구부려 주어서 결실(結實)을 촉진시키는 농사기술, 그리고 ③ 매조법(媒助法), 즉 꽃가루[花粉]의 교배(交配)를 도와서 결실을 돕게 하는 농사기술 등의 세 법을 기술한 책이다. 이들 세 원리는 서양농업 기술을 간결하고 선별하여 소개한 내용으로서 널리 환영을 받았을 뿐만 아니라 실제 농가의 참고서였고 또한 초등학교[小學校]의 교과서에까지 채택·게재되어 수만 부의 판매가 되기에 이르렀다.

쓰다센(津田仙)이 새로운 재배원리를 터득하여 배워 들일 것으로 주장하였던 주요 포인트는 다음과 같은 내용들이었다.

첫째는 기통(氣筒)을 땅속에 묻어서 배수(排水)를 원활히 해주어야 한다는데 있었다. 원천적으로 배수를 하는 목적은 홍수·침수에 의한 파괴적인 재해를 방지하고 농경지의 수분조절, 토양침식의 방지, 제염을 하려는 것이다. 배수를 제대로 하면 이런 목적 달성과 함께 건토효과(乾土效果)34)를 통하여 지력증대, 토양물리성 개량, 토양온도 상승, 지내력(地耐力) 증진, 답전윤환식 이용도 증대 효과를 가져와 농업생산성을 높이게 된다. 본문에 인용된 내용에도 이들 내용을 문제점으로 들어 설명하면서 배수의 필요성을 제기하고 있다. 뿐만 아니라 배수를 위한 지표배수시설로서 경지의 경사도 구배에 따른 도랑파기와 그 밑에 배수통을 깔아 배수하는 지하(암거)배수 요령을 설명하고 있다.

---

32) 『○○往來』의 往來란 왕복하는 手紙(편지, 문서)의 뜻에서 유래한다. 南北朝時代에는 『庭訓往來』, 『喫茶往來』 중의 手紙体裁 인쇄물이 있어서 서민들에게 요구되는 가르침을 수록한 교과서 구실을 하였다. 잠시 중단되었다가 다시 明治代에 이르러 성행케 되었다.

33) 都田農三郎(1972), 『津田仙』 - 明治の基督者 傳記農書.

34) 乾土效果: 토양을 볕에 말리거나 태워서 무효태 무기물의 흡수·이용을 활성화시킴으로써 작물의 생육이 촉진되는 효과.

지하배수는 논을 많이 가지고 있는 우리나라의 경우, 경지정리사업에 의하여 논의 구획이 커지는 데 따라 배수로까지의 거리가 멀어지게 되고 논바닥의 균평도(均平度)가 나빠지기 쉬워서 논에 담수된 물의 빠른 배제가 곤란한 문제가 되며, 지하배수에 대한 관심을 가지게 된다. 또한 약제살포를 위한 낙수나 중간낙수 등의 물관리 신속조절이 요구되고 논밭의 윤환능력 도입에 따른 낙수조절 능력이 요구된다. 우선적으로 갖추어야 할 배수시설은 지표배수의 완비에 있다고 할 수 있다. 그러나 지하배수는 지표배수만을 배제할 수 없는 지표잔류수와 땅속의 중력수(重力水)를 신속하게 배제하여 지하수위를 낮출 필요가 있을 때에 시설된다. 뿐만 아니라 점질토인 논에서는 지표잔류수가 오랫동안 소멸되지 않아서 농작물 재배관리에 지장을 초래하는 일이 많기 때문에 특히 지표잔류수를 흙 속으로 일단 침투시켜서 이를 포장 밖으로 배제하게 된다. 이를 지하배수라 하며, 흔히 암거배수에 의하는 예가 많다.

본문의 배수통 설치는 곧 지하암거배수의 사례를 요령 있게 제시한 것으로 배수통 안에 나무뿌리나 껍질을 놓아서 오랫동안 부패하지 않고 견디며 망을 형성케 함으로써 배수기능이 무너지지 않도록 배려하고 있다. 또한 본문에는 배수조절을 통한 땅의 개량, 흙 속 물리성 개량, 토성의 변화유도에 의한 제초, 경운작업의 용이성 증대효과, 비료효과의 활성화, 재해예방효과 등을 강조하고 있다. 현대 농법에 이르러 토양진단이나 시설자재 및 작업의 기계화로 일을 능률 있게 할 수 있도록 바뀌었을 뿐, 배수에 관한 필요성, 목적, 원리 및 효과 등은 이미 완벽하게 터득하여 기술화하고 있었던 것으로 평가된다.

둘째는 나뭇가지를 구부려서 식물을 기르는 기술로서 이는 나뭇가지의 유인 기술을 이른다. "무릇 식물의 가지를 구부려 주면 그 가지는 활력(活力)이 줄어드는 반면에 줄기[幹]는 굵어지고 새로운 싹을 틔우며 꽃이나 열매도 많이 맺게 된다"는 것이었다. 이는 식물 눈(芽) 사이의 정아우세현상(頂芽優勢現象: apical dominance)35)을 설명한 것으로서, 특히 과수학에서는 열매를

---

35) 頂芽優勢現象: 가장 윗부분의 눈(芽)에 호르몬 효과로 영양세력이 집중되어 생장현상이 가장 두드러지게 되는 현상.

얻기 위한 가지 유인 기술로 매우 중요하게 정착된 요결의 하나이다. 이는 체내 호르몬 작용을 곁들여 설명되어야 할 사항이지만 당시의 사정으로 기대하기 어렵다. 그러나 가지를 유인하는 처리로 변화가 야기되고 이 결과가 과수나무의 생장·결실·과실 생산과 연결 지어 일어나는 생산성 변화에 대한 관찰에는 하등의 부족함이 없었다. 다만 나무의 나이테 숫자나 나뭇결의 모양과 연관 지어 해석한 대목에는 이상이 있었다. 여기에 나무줄기를 동여매어 생장의 차이를 유도하는, 즉 환상박피적 처리(Girdling)[36]는 매우 놀라운 관찰결과라 할 수 있다. 또 이런 현상을 보리밟기의 월동효과가 아닌 현상으로 긍정적인 해석을 내리는 대목으로 발견된다. 쓰다센의 관찰력이나 응용력은 실로 놀라운 바 있어서, 이들 가지나 줄기의 만곡도를 유도하여 과수목처럼 뿌리의 비대생장을 촉진시키려는 착상은 매우 기발하다고까지 말할 수 있겠다.

셋째는 꽃의 암술과 수술을 인위교접시키는 매조법(媒助法)을 응용하는 인공교배법이다. 과수나 채소류에 있어서는 곤충이나 바람에 의하여 수분(授粉)이 되어야 하는데 이런 조건이 불비한 경우에는 인위적으로 수분을 해 주어야한다. 이를 인공수분[人工媒助]이라 하는데, 쓰다센의 책에는 이 원리를 이용한 벼나 보리, 밀과 같은 자가수정작물에 대한 인공수분 기술까지 쓰여 있다.

"모든 꽃에는 암술[雌蕊]과 수술[雄蕊]이 있고, 암수가 서로 만나서 교배한 뒤에야 열매를 맺을 수 있다. 벼꽃이 처음 필 때에 그 꽃가루가 바람에 날려가거나 비에 손상되면 열매에는 쭉정이가 많이 생기고 결국에는 흉작에 이르게 된다. 그래서 인공수정이 필요하다"는 것이었다.

그 방법은 삼끈[麻索, 굵기는 가는 나뭇가지만 하게 한다]으로 굵은 버팀줄을 만들고, 양털을 꼬아 가는 실을 만들어 버팀줄에 연결하여 아래는 늘어뜨리는데 그 길이는 1자 정도로 한다. 또 작은 대나무 줄을 이용하여 콩만 한 크기의 납구슬 1개씩을 아래에 매달아 양털실 밑에 붙이며 반드시 4~5치의 거리를 띄워서 납구슬 1개를 매단다. 그 버팀줄이 길면 1~2개 혹은 10여 개

---

36) 환상박피적 처리: 과수나 임목의 아래 둥지의 겉둘레를 따내주거나 동여매어서 지상부의 영양 이동을 막음으로써 수세를 보강하는 기술.

를 매달기도 한다. 버팀줄이 짧은 것은 한 두 사람이 다루고, 긴 것은 십여 사람까지도 다룬다. 갓 떠낸 굴[生淸]을 가져다가 얼음과 잘 섞어서(농도가 알맞으면 아교처럼 손에 붙는다) 양털실에 살짝 발라 부드럽고 촉촉하게 한다. 두 사람이 각기 버팀줄의 한 끝을 잡고 한낮에 벼이삭 위로 골고루 흔들어대어 아직 피지 않은 꽃들이 서로 교배되도록 다그쳐서 열매가 빨리 맺히도록 한다. 그러나 이 방법은 비가 내려 습기가 있거나 바람이 불 때에 사용하게 되면 아무런 효과가 없다. 벌꿀은 꽃술의 영양분이다. 따라서 반드시 갓 따낸 꿀을 써야 좋다. 납구슬은 벼이삭을 건드려서 점액을 전달한다. 인공수정을 시행하기 위하여 만든 실은 다 쓴 뒤에 바로 맑은 물에 깨끗이 빨아서 따로 둔다는 것이었다.

이 방법은 처음에 네덜란드의 농학박사인 호이브랜크(Daniel hooibrenk) 씨가 보리이삭에 사용한 뒤로부터 세계 여러 나라가 이를 본받았으며, 일본 가쿠노사(學農社)의 쓰다센[津田仙]이 가져다가 벼꽃에 사용하였는데 조화를 돕는 좋은 방법이라고 말할 수 있다. 이 방법은 알곡의 무게와 크기를 증가시키고 또 영양분을 배가시키기 때문에 자력도 증진된다. 실제로 쓰다센은 1877년에 아카사카궁전의 천황 거처에서 천황·황후·황태자가 참석한 가운데 매조법 농사를 시연하고 융숭한 칭찬의 대접을 받기도 하였다. 벼와 보리 이외에도, 또 먼지털이를 이용하여 옥수수[玉蜀]·기장[黍]·메밀[蕎麥]·유채꽃[油菜花]·포도(葡萄) 및 여러 과일나무에 이 방법을 쓰게 되면 모두 좋은 효과를 볼 수 있다고 하였다.

모든 꽃이 암수 수술을 수분케 하여 교배가 된 이후에 결실하는 점에 차이가 없다. 그런데 안종수가 일부를 인용하였던 『농업삼사』의 저자 쓰다센[津田仙]은 자가수분과 타가수분의 차이, 그리고 화곡류의 경우에는 자가수분을 하는 구분을 미처 알지 못하였던 것으로 이해된다. 자가수정을 하는 식물은 벌레나 바람의 매조가 없이도 수정, 결실하기 때문이다. 그러나 포장 상태에서 버팀줄을 이삭 위로 끌거나 양털실을 흔들어 끄는 요령 자체는 참으로 훌륭하고 독창적인 것이었다고 할 수 있다. 본 인용문에도 이 방법은 오스트리아의 호이브렌크가 보리밭에 적용한 기술을 일본의 쓰다센이 벼꽃에 응용한 것이라 소개하고 있다. 이 서술에는 사례가 잘못 전해졌거나 시행결과의 평가가 부풀려졌을 것으로 보인다. 부기하기를, 먼지떨이로 옥수수, 기장, 메밀, 유채, 포도 등에 인공수분시켜 좋은 효과가 있었다고 한 부분에도 작물사례 전달에 다소 오류가 있었을 것으로 짐작된다.

인공수분은 벌을 방사하거나 수분수(授粉樹)를 심는 따위의 처리로, 대개는 과수나 과채류(수박, 호박 등)의 포장에서 권장되고 있는 기술이다. 두과류작물[주로 화기 구조상 용골변이 있어서 곤충의 비래(飛來)에 의한 Tripping[37]이 되어야 하는 클로버 종류 사례]에서도 채종을 위하여 필요하다. 다만, 이런 원리를 이용하여서 작물의 임실과 등숙을 촉진시키려 했던 의도나 포장의 특성에 맞도록 고안하였던 버팀줄, 털실줄, 먼지떨이 등의 사례는 독특하고 창의적이었던 것으로 가치가 있다.

넷째, 『농업삼사(農業三事)』에는 외국의 재배 사례를 소개하기도 하였다. 즉, 삼의 비배관리 요령에 대하여도 프랑스, 폴란드, 프로시아의 사례가 있다.

"프랑스에서는 삼을 심을 때 거름은 구비나 검불더미 또는 칠면조의 깃털을 섞어 쓴다. 그러면 특별히 자양하지 않아도 그 실은 매우 광택이 난다. 또 동물의 뿔, 발굽, 털가죽은 따뜻하고 부드러우므로 기계로 잘게 썰어 거름으로 사용한다.

폴란드 사람들은 보통 죽은 말로 거름을 만들어 짐승의 뿔과 섞어 쓴다. 대개 가축으로 만든 거름 중에서 양과 말 두 종류는 그 효과가 가장 오래간다. 거름은 분량을 정해 그 반은 가을갈이 즈음에 뿌려 밭을 갈고, 나머지 반은 봄에 다시 밭 갈 때 사용한다.

프로시아 사람들은 흙덩이를 부수고 60일간 내버려 둔다. 만일 잡초가 자라면 거름 정량의 반으로 콩을 심고, 그것이 자라면 밭을 갈아 묻는다. 다시 거름의 나머지 반을 섞어 삼씨를 파종한다. 대개 곡류의 씨앗을 건조한 곳에 저장하면 10여 년이 지나도 전혀 손실될 염려가 없다. 그 반대로 삼씨는 상하기 쉬우므로 토기 속에 넣어 시렁 위에 놓아두어야 한다. 숫줄기[雄莖]는 비

---

37) Tripping: 알팔파 등의 두과류 교배 시 벌 따위가 날아와 꽃의 용골변에 앉아야 그 무게로 용골변이 밑으로 쳐지고 가운데 주두와 수술이 접촉되어 교배를 이루는데, 이런 현상을 일컬음.

교적 빨리 자라지만, 암줄기[雌莖]는 숫줄기가 발산한 화분(花粉)을 받아 열매를 맺은 후에나 자라게 된다. 만약 동시에 수확하고자 한다면 숫줄기는 벌써 시들어 버릴 것이다"라 하였다.

또 삼대 물담그기에 대한 이탈리아의 사례는 "이탈리아 사람들은 따로 만든 못이 있는데 돌로 쌓거나 목판으로 만든다. 젖은 조짐이 있는지 살펴본다. 매번 5~6일째가 되면 못물에 갑자기 따뜻한 기운이 생기고 약간 끓어올라 발효가 된다. 이것은 줄기가 다 젖었다는 징조이다. 또 줄기와 잎이 아직 덜 자란 삼은 아주 빨리 젖고, 그 실은 선명하고 희고 밝으며 섬세하고 광택이 있다. 흐르는 물에 담그고 나뭇가지로 동바리를 엮어 물살이 옆으로 흐르게 한다. 삼 줄기가 물에 젖을 때 증발되는 냄새는 독이 있다. 그 더러운 물이 흘러 닿는 곳의 물고기와 새우는 다 죽어버리고, 만약 사람이 호흡하면 곧 졸도해 버린다. 파리 사람들이 이 때문에 사망하는 경우가 허다하다. 프랑스에서는 법으로 정하여 못에 삼 담그는 것을 금지시킨다고 하였다.

삼 껍질 벗기기는 러시아의 예를 들어 "삼 껍질을 벗기는 방법으로 러시아에서는 옛날부터 눌러 벗기는 기계가 있어 삼 줄기를 벗길 때 껍질이 손상되지 않아 아주 편리하다. 대게 일찍 파종하고 속히 수확하면, 삼 줄기가 부드러워 꺾이어 손상될 걱정이 없고 또 충해도 면하게 된다. 러시아에서는 1866년 3월 19일 처음 삼씨를 파종하여 6월 13일에 수확하고, 같은 달 15일에 또 같은 밭에 파종하여 9월 상순에 수확한 두 번의 파종의 예가 있었다"고 하였다.

삼의 작부체계로서는 "폴란드에서는 봄에 삼을 심고, 다음에 호밀[來麥]을 심으며, 그다음에 보리[牟麥]와 거여목[苜蓿]38)을 심는다. 이것을 첫째 방법이라 한다. 둘째 방법으로 처음에 삼을 심고, 다음에 순무를 심으며, 그다음에 호밀을 심는다. 러시아에서는 처음에 삼을 심고, 다음에 호밀을 심으며, 그다음에 감자를 심고, 그다음에 보리를 심는다. 일반적으로 거름은 적당히 잘 썩혀서 쓰면 벌레가 생기지 않는다"고 하였다.

비배관리에 있어서는 구비, 칠면조털, 말의 사체나 뿔과 같은 활물(活物)을

---

38) 거여목[苜蓿]: alfalfa, 개자리.

쓰는 요령, 녹비로 콩을 심어 갈아엎는 방식 등을 과감히 받아들이고 있었다. 섬유의 윤기가 섬유강도, 마의 크기생장 등과 관련 있는 것으로 판단하였던 것이다.

별도의 격리된 못에서 삼을 물에 담가 불리고 발효시키는 요령이나 그 담근 물의 독성에 따른 못물 사용금지 사유를 평가한 부분 또한 냉철한 과학적 시각을 가지게 되었던 징표라 평할 수 있다.

삼을 벗기는 데 사용되는 기계와 기계적 편리성이나 능률을 깨닫게 한 대목은 가히 선식농법의 지침서로 훌륭한 가치를 지닌 것으로 보인다.

일본의 농서인 『농업삼사(農業三事)』는 일본의 농학자인 쓰다센[津田僊]이 출간(1874)한 일본 최초의 서구식 농학서이면서 동시에 우리나라의 안종수가 편찬한 『농정신편』의 저본으로 활용되었던 책이다.

본래 『농업삼사』란 화란의 농학자 Hooibrenk(荷衣伯連) 씨가 농업에 관하여 다년간 시험을 거쳐 최근에 발명한 세 가지이다.

이 방법은 모두 초목(草木) 배양에만 그치지 않아 매우 유익한 사항이 많으므로 이를 행하는 것도 또한 매우 용이하다. 이 방법을 습득하여 사용하면 수배의 이익을 얻는 것에 조금도 의심이 없다.

호이브렌크(荷衣伯連) 씨는 이 방법을 통해 세상 명예를 얻을 수 있었다. 그 하나의 증거로 프랑스황제 나폴레옹(拿破倫) 3세 시절 특별히 사리[理事]의 모든 관원에게 명령하여 실제 시험을 시키고 그 발명된 농학에 큰 득이 있음을 칭찬하여 7년간 황제 자신이 몸에 지녀 왔던 장식을 벗어 친히 호이브렌크(荷衣伯連) 씨의 가슴에 걸어주고 그 공을 Region d'noneur 훈장으로 표했다고 한다.

이와 같은 농학의 세 가지 원리는 당시의 세상 사람들에게 기독교와 같은 종교의 새로운 모습만큼이나 놀랍고 생소하며 믿음이 가지 않던 이야기였을 것이다. 그러나 책의 서술 방식이 이론적이기보다는 현장의 구체적인 Manual 로 쓰여 있고, 단기간에 그들 기술을 실증적으로 보여 줄 수 있었기 때문에 쉽사리 믿음을 얻었고 보급될 수 있었다.

서구농업의 길라잡이: 일본의 『농업삼사(農業三事)』와
우리나라의 『농정신편(農政新編)』

『농업삼사』는 일본의 농학자 쓰다센(津田仙: 1837~1908)이 화란의 농학자인 Daniel Hooibrenk의 가르침을 받아 저술한 일본 최초의 서구식 농학서(農學書)라 할 수 있다. 책이 담고 있는 "농업의 3대 원리"를 저자는 자신의 서문을 통하여 잘 요약하고 있다.

"올 정월에 나는[津田仙] 영광스럽게도 오스트리아 빈(비엔나)에서 개최된 박람회에 파견되어 그 나라의 만국심사관 자리에 끼었다. 그 때 오스트리아의 유명한 농학연구자 호이브렌크[荷衣伯連(Hooibrenk)] 씨와 친분을 쌓았다.

이분이 최근에 발명한 삼대법(三大法)을 나는 운 좋게도 대략 파악하는 기회를 얻었다. 원래 이 분은 수십 년에 걸쳐 부지런히 연구한 저력으로 이전의 현자들이 발견하지 못한 묘리(妙理)를 발명하여 자기 나라(오스트리아)에 큰 득이 되고 사람들에게 널리 이로움이 되게 하였다. 농학현장에서의 일대 공덕을 펼친 일이라 해야 할 것이다."

삼대법(三大法)의 첫째는 기통(氣筒, atmospheric pipe)이라 부른다. 벽돌로 만든 통(筒)을 땅속에 조용히 통하게 하여 대기를 땅속에 흡입시킨다. 지질을 비옥하고 기름지게, 가볍고 푸석푸석하게 함으로써 식물의 생육을 돕는다. 이는 초목의 거름[糞]을 흡수하게 하여 대개의 공용(功用)에 의존하지 않을 수 없다. 그런데 보통 대기가 땅속으로 흡입되는 것은 약 1자 5치보다 깊게는 다다르지 못하여 지금 이 통(筒)을 설치하여 대기의 침입을 촉진함으로 깊게 얕게 자유자재로 거름(糞料)의 양분을 닿게 하여 경작의 수고를 덜게 한다.

둘째는 나뭇가지를 구부림[incline]이라 한다. 나뭇가지[樹枝]를 구부려서 본가지[本幹]의 생명력을 증대시킨다. 이것은 나무뿌리[樹根]가 흡입하는 곳의 가스(gas)는 본가지[幹]로부터 가지 끝에 도달하여 잎사귀 밑에서 흡수하는 탄소와 배합됨으로써 그 역할을 다하는 것이다. 이 '구부리는 법(偃曲法)'에 의해 이미 흡입하여 저장하고 있던 양분으로 본가지[幹]를 장대(長大)하게 하고 꽃과 열매를 증식시키며 지엽(枝葉)을 우거지게 한다. 이 모두 사람이 원하는 대로 되지 않는 것이 없다. 흡사 인공적으로 초목의 생명을 지배하는 것과 다르지 않다.

셋째는 매조법(artificial fertilization : 인공적으로 풍성하게 숙성시킨다는 뜻)이다. 과실의 증숙(增熟)을 돕는 법이다. 대체로 꽃술이 열릴 즈음에 마음대로 꽃가루의 배합을 매개하여 그 결과를 크게 또 많게 한다. 이것을 곡류에 적용하면 알이 크며 양 또한 무겁고 수확 또한 많다. 나(津田仙)는 오스트리아 비엔나 외곽에 있는 보리밭에서 호이브렌크(荷衣伯連) 씨 및 박람회의 일등사무관인 다나카요시오[田中芳男]와 함께 이 방법을 설치하여 수확기에 이르렀는데, 보통 성숙된 보리와 비교하니 정말로 두 배의 양을 얻었다.

나(津田仙)는 또 비엔나 시에서 포도나무로 시험하니 한 그루 나무(6년 전 척박한 땅에 심은 것)로 3백 3십여 송이의 열매를 얻었다. 호이브렌크 씨와 함께 이것을 박람회 과실진열장에 가지고 갔더니 보는 사람들이 모두 그 배양의 효험을 경탄하지 않는 이가 없었다. 부언하자면, 올 7월 때마침 프랑스의 신문을 보자니 작년에 포도주 5병을 수확한 나무에 이 방법을 적용해서 올해는 105병이나 얻었다는 기사였다. 이러한 것이 어찌 그 명백한 증거가 아니겠는가?

이는 자고(自古)로 유럽의 석학들이 대를 거듭하며 경쟁하여 학예의 진보를 도와 경세제민(經世濟民)의 진일보를 가져왔다. 물리학에서 여러 가지 공예(百工技藝)에 이르기까지 모두 정성을 쏟아 왔다. 무릇 증기와 전신, 의학이나 화학과 같은 분야는 사람의 생명을 구하고 행복과 이익을 제공한다. 모두 크고 넓어서 문물창명(門物昌明)의 결정체라 할 만하다. 단지 농업 한 분야에서는 겨우 간편한 기계사용법 같은 것들이다.

선구자의 도움이 없다 할 수는 없지만 그 시행가치에 관해서는 고금에 일찍이 특별한 차이가 있다는 말을 듣지 못했다. 하물며 천연배합(자연배합)을 매작(媒妁)하고 천조(天造)의 영고성쇠를 돕는 것에 있어서는 어쩌겠는가?

아! 아~ 호이브렌크씨의 3대 발명에 의해 유한한 인력, 유한한 토지로 모든 한계를 없앤다. 이로 인해 이것을 보고 호이브랭크씨는 번뇌한다. 농학현장에 중요한 덕을 베풀 뿐 아니라 거의 천기(天機)를 인간에게 누설하여 자연이치의 기교를 빼앗았다고 할 수 있을 것이다. 지금 이것을 조, 차, 쌀과 보리, 산림, 과수들에 실시하면 그 넓은 이익이야 이루 헤아릴 수 없다. 나는(津田仙) 바라건대 지금 이 방법을 천하에 전파하면 몇 년 지나지 않아 위로는 정부 세입(歲入)을 증가시키고 아래로는 백성들의 재산을 증식시켜 귀천 없이 하늘이 부여한 행복을 누리기를 바란다.

따라서 나는(津田仙) 호이브렌크씨에게 들은 삼법(三法)을 필술(筆述)하여 남김없이 널리 세상 사람들이 볼 수 있도록 제공하고 또 천하에 큰 보람이 되기를 바란다."

이상은 『농업삼사』를 집필하면서 토를 달았던 쓰다센(津田仙)의 글이다.

새로운 문명을 대하는 마음가짐은 언제 어디서나 필요한 일이다. 과학인 경우에는 놀라움과 불신을 수반할 수 있지만 신속히 실증되어 믿음을 만들어 내기 마련이다.

농학자가 아니었던 우리나라의 안종수가 쉽게 신식농학서인『농정신편』을 썼던 것이, 비록 매국노로 오인되어 참살된 뒤에, 머지않아 각종 신식학교에서 교재로 채택되어 가르쳐지게 되었던 사례와 흡사하다.

『농업삼사』는 비록 일본의 책이었지만 우리나라의 농사를 근현대적으로 바꾸어 놓을 수 있었던『농정신편』의 저본책자였다는 점에서 농업사학적 사료로 가치를 인정케 한다.

김영진의 다른 책 해제글39)에서 안종수의『농정신편』에 대한 내용을 인용한다.

『농정신편』은 안종수(安宗洙: 1859~1895)가 1881년 말에 편찬을 완료하여 1885년 여름에 출판한 우리나라 최초의 구미(歐美)식 농학서이다.

이 책에 서문을 쓴 시강원문학(侍講院文學) 신기선(申箕善)의 문장에 "이 농법은 서양인의 법에서 나온 것이 많다. 서양인의 법이라면 예수의 가르침이고 그 법을 본받는다는 것은 그 가르침에 복종하는 것이다. 그러나 이는 도(道)와 기(器)의 구분을 알지 못하는 말이다. 도는 만고에 바꿀 수 없어도 기는 때에 따라 바뀌어 일정하지 않은 것이다. 비록 오랑캐의 것이라도 백성에게 이롭다면 시행할 수 있는 것"이라 하였다.

1882년 8월,『우두신설』로 유명한 지석영(池錫永)은 "우리나라 국민을 개화시키는 데 도움이 되는 10개의 서적 가운데『농정신편』을 포함시켜서 하루속히 이 내용을 교육시켜야 한다"고 고종에게 상소하기도 하였다.

1885년 광인사(廣印社)에서 4백 부를 인쇄하고 전국에 보급하였고 1905년에는 박문사(博文社)에서, 그리고 1931년에도 조선총독부에서 식량증산의 일환으로 한글판 1권을 인쇄, 보급한 바 있다.

제1권인 원(元)에서는 서두에 22면에 걸쳐 소황태(燒蝗台)가 현미경으로 본 벼꽃과 보리꽃, 벼꽃매조도, 온도계, 농기구 등 종래의 농서에서 볼 수 없

---

39)『농정신편』, 농촌진흥청(2002). 해제/김영진: 5〜13.

는 70여 종의 도해(圖解)가 들어 있고, 이어서 본문의 순으로 되어 있다. 본문에서는 토양의 종류와 성질을 풀이한 『토성변(土性辨)』과 작물의 배양법(培養法)이 풀이되고, 제2권인 형(亨)에서는 거름의 종류를 풀이한 『분자법(糞苴法)』에 이어 거름의 처방격인 『분배방(糞培方)』을 풀이하였다.

제3권인 이(利)에서는 『육부경종(肉部耕種)』이 풀이되고 있는데 육부란 각종 작물을 부위별로 나누어 뿌리작물, 줄기작물, 껍질(섬유)작물, 잎작물, 뿌리, 줄기, 껍질, 잎작물을 풀이하였고, 제4권인 정(貞)에서는 화훼류와 열매작물을 다루었는데 열매작물에는 곡류, 채소, 열매작물을 풀이하고 있다.

이 분류방식은 일견 그럴듯하나, 꽃 작물에 꽃이 아닌 목화가 포함되거나 옻나무가 열매작물로 분류되는 등 다소 혼란스러운 감이 있다. 이와 같은 작물의 분류방식은 인용문헌과 관련이 깊다.

안종수는 『농정신편』을 편찬함에 있어 세 가지 농서에서 초록하고 있다. 첫째는 일본 사토가[左藤家]의 농서이며, 둘째는 중국 호병추(湖秉樞)가 저술한 『다무첨재(茶務僉載)』, 그리고 셋째로 쓰다센의 신농서인 『농업삼사(農業三事)』 등이다.

그 첫째인 사토가는 본래 대대로 의업을 하다가 사토신게이(佐藤信景: 1769~1850)의 고조부 때부터 농학으로 바꾸어 계속 농학을 가학(家學)으로 삼은 가계이다. 『농정신편』 제1권에 나오는 『토성변(土性辨)』은 사토신게이의 조부 사토신엔[佐藤信淵]이 저술한 것을 사토신게이가 다시 증보한 『토성변』으로서 한문으로 초록한 것이며, 『농정신편』의 배양법은 사토신엔의 『배양비록(培養泌錄)』 권1의 7장과 8장에서 초록한 것이다. 『농정신편』 제2권의 분자법(糞苴法)은 전기 『배양비록』 권2, 권3, 권4, 권5 등에서 초록하고, 『농정신편』 제2권의 『분배방(糞培方)』도 사토신엔의 『십자호분배례(十字號糞培例)』에서 초록한 것이다.

또 『농정신편』 3권과 4권에 나오는 『육부경종(六部耕種)』은 사토신엔의 『초목육부경종법(草木六部耕種法)』을 한문으로 초록한 것이다. 다만 『농정신편』 제3권에 나오는 잎작물 중 차(茶)에 관한 풀이는 사토신엔의 초목육부경종법의 해당부분을 초록하면서 중국의 호병추가 저술한 『다무첨재(茶務僉裁)』를 일본인 죽첨광홍(竹添光鴻)이 일어로 번역한 책을 참고한 것이며, 『농정신편』 제1권에 나오는 차의 제조와 관련된 그림 4쪽은 죽첨광홍(竹添光鴻)의 번역본 뒷부분에 수록된 그림을 모사한 것이다.

구미농학의 풀이는 여러 곳에 분산되어 기술되고 있다. 이를 예시하면 다음과 같다. 첫째로 『농정신편』 제1권에 나오는 벼꽃과 보리꽃을 현미경으로 본 그림, 벼꽃이 핀 논의 매조도(媒助圖), 각국의 농기구(러시아, 폴란드, 이탈리아 등), 온도계 등이 그것이다.

둘째로 『농정신편』 제1권의 『토성질론(土性質論)』과 『토질해석법(土質解釋法)』 등이다. 여기에는 토양성분을 화학면으로 풀이하고 있는데 포타시움, 소디움, 규산, 산화철, 산화망간, 유산, 인산, 마그네이사, 클로르, 브로미움, 아이오딘, 플로오린(불소) 등의 원소명을 그런대로 한자(漢字)나 영어식으로 표기하였다. 또 『초목성질(草木性質)』, 『작물생리(作物生理)』, 『배수술(俳水術)』, 『토지휴한법』, 『경종교대법(Crop Rotation)』도 구미농학을 인용한 『농업삼사』에서 초록하여 『농정신편』 제1권에 편입한 것이다.

셋째로 『농정신편』 제3권은 껍질작물 중의 프랑스종마[佛國種麻], 프로시아종마[種麻]법 등도 『농업삼사』에서 인용된 구미농학이며 『농정신편』 제4권의 2쪽에 걸친 벼꽃의 매조법(媒助法)도 『농업삼사』에서 인용한 구미농학이다. 또 밀재배에 있어서 스코틀랜드나 런던의 품종을 든 것도 『농업삼사』에서 인용된 것들이다.

이렇게 볼 때 『농정신편』의 구미농학은 일본농서를 초록하는 사이사이에 안종수가 필요하다고 생각하는 부분만을 초록하여 넣은 것이다.

『농정신편』의 편찬자인 안종수는 진사 출신으로 영농경험이나 농학의 원리를 익힐 기회가 없었으나 다행히 일어를 해독할 능력이 있어 『농정신편』을 엮을 수 있었다. 『농정신편』의 내용을 농업사적 관점에서 평가하면 다음과 같다.

첫째로 『농정신편』은 최초로 구미농학을 우리나라에 소개한 책이다. 화학용어를 도입하였다거나 작물의 생장을 식물생리학적 인과관계로 풀이하였다거나 작물의 생식생리를 밝힌 것 등은 이 시기에 우리가 미처 몰랐던 내용들이다.

둘째로 『농정신편』은 농학뿐 아니라 당시의 우리 과학 전체 중에서도 가장 먼저 구미의 과학을 도입한 선구적인 과학서였다. 그 후 1887년 정병하(鄭秉夏)는 『농정촬요(農政撮要)』를 썼고, 1888년 지석영(池錫永)이 『중맥설(重麥說)』을 써 구미과학 도입에 농학이 선도적 역할을 굳힌 것이다.

셋째로 『농정신편』은 일본을 통해 구미문물을 도입한 결과가 되며 이때까지 청나라 일변도의 새 문물수입에서 그 대상이 이원화된 것이다.

당시의 사정으로 볼 때, 어떤 점에서는 천주교와 연루되었던 17세기 중국의 서광계(徐光啓)나 기독교 전파와 관련이 깊었던 19세기 일본의 쓰다센[津田仙], 그리고 같은 시대의 우리나라 안종수(安宗洙)가 공통적으로 기독교 전래와 연관이 있으면서도 각각 제 나라의 전통농업 터전 위에 서구의 새로운 농학기술을 도입·체계화·보급하였던 장본인이었다는 점이 특이하다. 따라서 경위는 다르지만, 서구인을 끌어들이고, 그네들의 종교에 따르며, 전통을 탈피한 새로운 서구문명을 끌어들였기 때문에 수많은 사회적 배척과 오해 및 편견의 박해를 받았다고 할 수 있다. 특히 지식층들 속에서도 도(道)와 기(器)가 충돌하는 사상적 갈등이 있게 마련이었다. 이 문제를 가장 잘 표현하고 대응사상을 정리하여 제시한 내용이 안종수의 『농정신편』에 제시되어 있어서 당시대의 이해를 위하여 참고로 제시한다.

『농정신편(農政新編)』의 서문은 1918년에 신기선(申箕善)이 쓴 글이다. 개화기를 맞아서 옛것을 버리지 못하고 새것을 받아들이지 못하는 우리네 선비들의 고루한 생각을 개탄하며 쓴 글이다.

"차라리 수양산(首陽山)에 들어가 고사리를 캐먹다 굶어 죽을지언정 어찌 배부르고 따뜻한 것에 눈이 팔려 이방(異邦)의 법을 모방하겠는가? ……(중략)…… 아! 이는 도(道)와 기(器)의 구분을 알지 못하는 것이다. 대체로 아득한 옛날부터 우주 끝까지 가도 바꿀 수 없는 것을 도(道)라 하고, 때에 따라 변하고 바뀌어 일정하지 않은 것을 기(器)라고 한다. 무엇을 도라고 하겠는가? 삼강오륜(三綱五倫)과 효제충신(孝悌忠信)이 이것이니 요임금과 순임금[舜] 주공(周公)과 공자(孔子)의 도는 해와 별처럼 빛나서 비록 오랑캐[蠻貊] 땅에 가더라도 버릴 수 없는 것이다. 무엇을 기라고 하겠는가? 예악(禮樂)과 형정(刑政), 복식(服食)과 기용(器用)이 이것이니 당우(唐虞: 요순의 나라)와 하은주 삼대(三代) 때에도 오히려 덜고 보탬이 있었거늘 하물며 수천 년 뒤인 오늘 날에 바꾸는 것쯤이겠는가? 진실로 시대에 합당하고 백성에게 이익이 된다면 이것이 비록 오랑캐[夷狄]의 법일지라도 시행하지 못할 바가 무엇이겠는가."

"대개 중국 사람들은 형이상학(形而上學)에 밝은 사람들이므로 그들의 도는 천하에 홀로 존귀하다. (반면에) 서양 사람들은 형이하학(形而下學)에 밝은 사람들이므로 그 기가 천하에 상대할 자 없다. 중국의 도를 가지고 서양의 기를 받아 시행한다면 지구 위의 오대주(五大洲)는 평정할 거리도 못 된다."

1800년대 후기, 즉 개화기 동서양 문명 충돌현상에서 빚어지는 한 사조(思潮)를 이르는 이야기다. 이 시기는 많은 실학자(實學者)들이 출현하여 "실사구시(實事求是)"의 처신을 치켜세우며, 여러 서양의 나라들에게 문호를 개방하던 때였다. 이때를 통틀어 개화기라 하는데, 개화(開化)란 말 또한 『주역(周易)』에 나오는 "개물성무(開物成務) 화민성속(化民成俗)"의 두 문자 첫 글자를 따서 만든 용어이다. 즉 서양의 과학기술을 도입하여 국가를 부강하게 하자는 자강정책(自强政策)의 뜻을 함축하여 치켜든 기치라 하겠다.

『농정신편』의 저자인 안종수는 1881년 4월 10일부터 7월 2일까지의 4개월 간에 신사유람단(紳士遊覽團)의 일원으로 일본에 파견되었다가 일본의 선진 농학자인 쓰다센[津田仙: 1837~1908]을 만나 그의 사상을 배우고, 그의 저서인 『농업삼사(農業三事)』를 구해 왔다. 이를 기초하여 안종수는 『농정신편』이라는 우리나라 최초의 서양농학적 신농서(新農書)를 쓰게 되었고 이를 발판으로 서양의 실험론적 농학기술과 사상이 우리나라에 소개된 것이다. 우리나라 종래의 전통, 경험적 농학기술이 받게 되었던 충격은 이루 말할 수 없는 것이었다.

본문에 인용된 신기선(申箕善)의 서문은 안종수의 『농정신편』이 생소한 서양의 기계론적, 실증적 농학기술과 사조, 그리고 동양의 전통적 종교인 유불선에 대하여 새로운 정서의 기독교적 문명에 연루된다는 데 배척하는 기존

선비사상과 태도를 개탄한 사연이다. 또한 이들에 대한 일단의 대응논리였던 것이다. 물론 안종수가 쓰다센 자택을 방문하여 벽걸이로 걸려 있던 기독교의 산상화훈(山上華訓)의 한 구절을 보고 유심한 흥미와 관심을 보였으며 이들 친구인 이수정(李樹廷)에게 소개했던 것은 사실이다.

이런 논리는 한 세기 앞선 때부터 바람 불던 실학이나 실사구시적 논리와 일맥상통하는 것이었지만, 안종수가 배척받았던 근원에는 기독교에 대한 연루성과 무관하지 않은 듯하며, 결국 안종수는 무관한 죄명으로 유배생활을 하다가 풀려나 나주참서(羅州參書)로 재직하던 중 군중들에게 맞아 죽고 말았다. 그의 죽음에 대하여 김윤식(金允植)이 속음청사(續陰晴史)에 쓴 내용은 "南嶺南之義域守 爲暴徒所害羅州參書安宗洙 亦爲暴徒 所害云云" 하는 것이었다. 그의 저서는 신기선, 지석영의 지지와 광인사(廣印社)의 도움으로 세상에 출간의 빛을 보게 되었던 것이다.

이 책은 1905년에 박문사(博文社)에서 재출간되고 1931년에 조선총독부에서 한글번역판으로 보급된 바 있으며, 개화기의 서양식 최초학교들에서 교재로 채택되어 가르쳐지기도 하였다. 2002년에는 농촌진흥청에서 『고농서국역총서』 2권으로 번역, 출간되기도 하였다.

이러한 일련의 고난을 통하여 서구문명의 충격은 해소의 실마리를 찾게 되었으며, 이 매듭의 실마리를 신기선은 "도(道)와 기(器)"의 개념 분별과 융합 원리 및 사상(思想)으로 풀었던 것이다.

당시 우리나라의 역사적 문제는 고루한 전통문명에만 발목이 잡혀서 세계 열강 가운데 버림받을 것이 아니라 동양의 형이상학적 도(道)와 서양의 형이하학적 기(器)를 분별 있게 모두 받아들여 이를 융합하는 지혜를 창출해 내어야 한다는 뜻이었다.

중국을 바탕으로 하는 진리는 동서고금을 통하여 어느 경우에도 틀리지 않는 형이상학이며, 여기에 서양의 진리인 언제 어디서라도 끊임없이 개선되고 바뀌어야 하는 효율(생산성) 위주의 형이하학을 접목하는 지혜를 이른 것이었다. 오늘날에도 인문(人文)과 과학(科學)이 조화롭게 어우러져야 함을 밝히고 있다. 또 과학(科學: Science)과 기술(技術: Technology)이 그러하고, 동양의 생기론(生氣論)과 서양의 기계론(機械論)이 그러하며, 기초(基礎: Basics)와 응용(應用: Application)의 절차가 또한 그러하다. 남(男)과 여(女)가 그렇고 정신과 육체가 그러하며 양(陽: positive)과 음(陰: negative)이 그렇다.

이런 두 성분 간에는 획일이 없고 주부(主副)가 없으며 다소가 없고 고저가 없다. 마치 바늘과 실처럼 서로의 형상과 기능은 천차만별로 다르지만 이들 둘은 하나로 융합되어 함께 쓰일 때에 비로소 바느질이라는 소중하고 위대한 역사적 실체를 창조하는 것이다.

하물며 세계열강 속에서 뒤처지고 멸시받으며 구걸에 가까운 어두운 삶을 지탱하던 당시의 우리나라 처지에 이런 지혜는 더 이상 재론할 여지조차 없었을 것이다. 우리나라의 산업사회화는 한 세기 뒤늦었던 역사를 갖는다. 이유를 따질 필요가 구태여 없다.

더욱이 우리에게는 반세기 가까운 일본의 식민주의적 간섭이 있었고 광복 이후 1970년대에 이르기까지 20여 년 이상에 걸친 6 · 25 동란 및 그 후유증의 세월이 있었다. 이런 속에서도 30여 년 가까운 짧은 세월 동안에 사회적 민주화와 경제적 산업화가 이루어졌고 2000년대 이래 과학, 정보, 지식사회에 이르는 길목에서는 세계 10여 째의 경제대국으로 발판을 굳히기에 이르렀다. 세계가 놀라고 역사가 부러워하는 시대에 진입하고 있게 된 것이다.

그러나 이제부터는 문화의 시대가 도래하고 있으며 우리는 또 한 번 긴장과 혼란에 빠져들게 되었다. 지난 수십 년간에 오직 경제 제1주의적 삶에 몰두하여 기(器)에 빠져 있었고, 이에 걸맞은 도(道)의 병행을 할 겨를이 없었던 탓이다. 과거 우리의 전통적 문화와 가치관을 돌보지 않아서 너무나 많은 것을 잃고 손상시키며 함부로 취택하면서 획일적 삶을 살아왔기 때문이다.

쌀을 제외한 거개의 먹을거리가 값싼 중국, 동남아 또는 미국, 호주 등속의 나라에서 무차별로 수입되고 있다. 그러나 이런 환란을 일으켜 정리할 대책을 우리는 찾지 못하고 있으며, 그 가능성의 불빛을 보지 못하고 있다.

먹는다는 것, 즉 농업이라는 본질은 국가라는 나무가 뿌리를 내릴 땅이며 그 뿌리가 먹을 물인 것이다.

3. 혼다 고노스케(本田幸介)와 『한국토지농산조사보고(韓國土地農産調査報告)』(1904~1905)*

한말(韓末)의 국내외 정세

우리나라의 근대화 시점은 견해에 따라서 1776년부터 시작된 정조대왕의 혁신적인 집정기부터로 보거나[1][2] 또는 1863년 고종의 즉위, 즉 흥선대원군의 쇄국주의적 집정과 더불어 시작된 것으로 보기도 하지만, 서구문명의 영향으로 비롯한 기계론적 과학기술의 근대화시기를 1905년에 일본과 체결하였던 을사보호조약 및 1910년의 한일합병으로 본격화하기 시작한 때로 보기도 한다. 따라서 이때로 비롯된 36년간의 일제강점기, 즉 광복을 맞게 되었던 1945년까지의 시기를 아우른다. 당시대에는 파란만장한 국내외 정세에 휘말려 국권을 유린당하던 시기였을 뿐만 아니라 나라의 재정이 오직 농업에 얽매어 있었고, 대부분의 백성이 농민이었기 때문에 우리나라 농업과 농업기술, 그리고 농민의 사정은 필설로 다하기 어려운 충격과 변화의 시련을 맞았던 시기였음에 틀림없다.

---

* 본문은 필자 등(2009)의 번역판으로 농촌진흥청이 출간한 『한국토지농산조사보고』의 해제를 정리한 내용이다.
1) 유봉학 (2001) 정조대왕의 꿈. - 개혁과 갈등의 시대. 신구문화사.
2) 농촌진흥청 · 서울대 농생대(1999), 한국농업연구 200년. - 전통과 계승방안. 행정간행물 등록번호 31200-51800-77-9948.

한마디로 19세기 후반부터 이어졌던 우리나라의 근대화 역사는 파란만장한 격동의 시대였다고 말할 수가 있다. 대내의 정치사적으로는 흥선대원군의 개혁정책이 구가되면서 때를 같이하여 대외적으로는 강화도조약을 필두로 하는 세계 열강국들과의 개방조약, 즉 영국(1882), 독일(1882), 러시아(1884), 프랑스(1886)와의 조약을 체결케 되었다. 뿐만 아니라 이런 와중의 정세는 중국의 청나라나 일본에게 근본적인 진출 계기를 내어주게 됨으로써 임오군란과 갑신정변이 있었고 봉건주의적 탐관오리들의 부패된 세태에 대항한 동학농민이 회오리바람을 일구었으며 드디어 민중에 의한 독립협회의 출범을 일으키기에 이르렀던 것이다.

사회적 관점에서는 갑신정변이 백성들의 평등권과 외국(청)의 간섭배제라는 명분으로 시작되었고, 동학농민운동은 토지소유의 불평등이나 노비제도의 불합리, 그리고 일본의 간섭침투에 대한 항거로 이어졌다. 갑오·을미개혁도 결과적으로는 위의 모든 시대적 요청을 대변하는 움직임이었고, 이들 사회적 변혁의 요구는 독립협회의 자발적인 결성으로 이어져서 민권이나 애국계몽의 새로운 의식으로 싹트게 된 것이다.

반면에 이러한 격동의 틈바구니에서도 과학기술의 새로운 수용체제가 만들어졌고 교육의 근대화나 국학에 대한 연구가 싹트기 시작하였으며 또한 새로운 바람의 문예부흥이나 종교적 터전이 수용·정비·정착케 되었다. 다만 경제적 측면에서, 일본의 상인들에게 거류지가 점령되고 무역실권을 주도·독점할 빌미를 줌으로써 다른 열강국들의 경제침투를 가능케 하였다. 이때부터 일본의 토지약탈과 식민지화의 의도가 본격화하게 되었고, 이에 대응하는 조선왕조의 토지조세제도의 빈번한 개혁과 민중 차원에서의 항거운동이 계속된 것이다. 다른 한편으로는 새로운 시각의 대내적 자본성장 계기가 마련되기도 하였으나 세력 균형적 안목으로는 외세에 비할 바가 못 되었다.

이상과 같은 여건 속에서 일제의 한국농업 기술변혁과 기술대체는 거침없이 현실화하며 전개과정을 거치게 되었다. 당시에 조선의 농업은 역사적으로 빈번하게 도래하는 각종 재해와 대지주들의 봉건적 수탈, 탐관오리들의 문란한 시책집행이나 조세착복 행태가 극도에 달하였고, 반면에 백성들은 호구지

책을 해결하기 어려울 정도의 소면적 또는 소작의 가족 농체제에서 헤어나지 못하던 실정에 있었다.

일본 명치유신 시대의 정한론(征韓論) 사상가였던 요시다 쇼인(吉田松陰)에 의하면 일본은 1855년에 미국·러시아와 앞서 화친조약을 체결하였던 바 있으므로 이들과의 약조를 지키는 데서 잃는 것, 즉 무역역조에서 비롯되는 손실을 조선·만주·중국의 정복과 교역으로 채우고, 러시아에게 잃게 되는 손실은 조선과 만주에서 점령하게 되는 토지로 보상받아야 한다는 생각3)4)이었다.

뿐만 아니라, 일인들이 합리화시키고 있는 과거사에서는 조선의 당시 사정이 농업기술의 근대화를 이끌어 내는 데에서 과학기술적 수준이 낮고 선구자적 인물이 없었으며, 투자할 자본이 형성되어 있지 못하였기 때문에 일인에 의한 자본투자와 일본식 기술이전이 불가피한 것이었다고 한다. 그러나 광복 이후의 우리나라 역사가들이 밝혀낸 역사적 사실에 따르면, 조선후기에 이르러 농업기술면에서의 이앙법(移秧法)·견종법(畎種法)·광작법(廣作法) 경영기술이 이미 싹트고 있었으며, 도고(都賈)에 의한 대규모 자본의 형성과 시장권 확대가 이루어지고 있어서 근대적 자본주의로 이행될 수 있는 충분한 요건을 갖추고 있었다고 한다.

실제로 거슬러 올라가 보면, 1884년에 농무목축시험장, 잠상(蠶桑)공사, 1900년에 잠업시험장이 세워졌고 새로운 농업교육과 농사시험연구를 위한 기능으로서 1883년에 원산학사, 1904년에 농상공학교, 1906년에 수원의 농림학교가 세워지기도 하였다. 1906년에는 비록 일제의 입김이 미쳤지만, 권업모범장이 세워져서 농사시험의 과학화가 시도된 것도 이미 한국이 갖추었던 농업근대화의 한 기틀이었다. 이와 때를 같이하여 근대과학적 농업서적으로 『잠상실험서』·『잠업대요』·『양계신론』이 출간되었고, 이 당시에 벼, 보리는 물론 사과와 잠종, 그리고 소, 면양, 닭을 비롯한 수많은 가축 품종과 목초 종자까지 도입되어 시험·보급되기에 이르렀음이 일인들의 보고5)에서도 밝혀지고 있다.

---

3) 趙璣濬(1977), 韓國資本主義 成立史論, p.97.
4) 吉野誠(2004), 東アジア史のなかの日本と朝鮮.

한말의 농사시험연구 기능6)

한국에는 1900년 이전까지 농사에 관한 시험연구기관이 별도로 없었으며 그것들은 독농가, 선각자 또는 독학자 등 농업에 관심이 깊은 소수의 사람들에 의하여 경험, 관찰, 연구된 기술을 편찬한 책들로 농민을 교도해 온 것에 지나지 않았다. 그리고 조선시대 그 당시 문(文)을 숭상하고 선비를 높이는 풍조가 사회 주류로 되어 있었던 만큼 실과(實科), 즉 직업교육을 위한 정부의 노력은 문과(文科)에 편중되고 실과는 매우 열위에 있었다. 또한 "농자는 천하지대본"이라고 하는 것도 농민교화를 위한 구호에 불과하였다. 성균관(成均館)에서는 실과교육이 전혀 이뤄지지 않았으며 그 후일 일부 향교(鄕校)에서 농업 특히 잠업에 관한 교육이 약간 있었을 뿐이었다.

뒤늦게나마 고종(高宗)은 이를 회복시키려 하였으니 1900년(光武 4년) 농상공부(農商工部) 소속하에 잠업시험장(蠶業試驗場)을 한성(현재의 서울 필동)에 설립하여 수업연한(修業年限)을 2년간으로 하는 잠업기술을 전습케 하였다.

또한 1904년(光武 8년) 대한국학부가 1899년에 창립하였던 상공학교(商工學校)에 농과(農科)를 증설하여 학부직할의 농상공학교로 설립하였으며 초대교장에는 당시 농무국장이었던 서병숙(徐丙肅) 선생이 겸임(1906~1907)하였다. 교사는 서울 중부 수진동(壽進洞 – 후일 壽松洞)에 두었으며 부속 농사시험장을 뚝섬에 설치하여 운영하게 됨으로써 현대식 농사시험기구의 발족을 보게 되었다.

또한 1905년에는 한국정부 원예모범장(園藝模範場)이 뚝섬에 설립되어 현대식 시험연구가 비로소 이루어지게 되었다.

1906년(光武 10년) 농상공학교의 각 과를 분리하여 농과는 농림학교(農林學校)로, 공과는 경성공업전수학교로, 상과는 선린상업학교로 독립시켰다. 농

---

5) 小早川九郎(1944), 朝鮮農業發達史, 發達編, 朝鮮農會.
6) 이은웅(1999), Ⅱ 농사시험연구와 농업교육, 「한국농업연구 200년 전통과 계승방안」, 농촌진흥청/서울대학교 농업생명과학대학.

림학교는 1907년 1월 수원 서둔동에 교사를 신축하여 이사하였다.

또한 농업기술의 근대화 과정을 살펴보면 대략 다음과 같이 요약해 볼 수 있을 것이다.[7]

구한말기의 나라 사정은 한마디로 경제파탄과 과학기술 정체기였다고 말할 수 있었기에 당시의 실학자들이 생각할 수 있었던 것은 농업을 통한 기아의 해결, 산업화를 위한 재료의 공급, 시장 활성화를 통한 경제력 구축 등의 가능성에 있었다. 백업(百業)의 근본책으로서 농업 이외에 다른 길이 없었기 때문이다.

1880년대에 이르기까지는 비록 강력한 실학적 주장과 논리가 백출하였지만 실제의 농업과 농촌, 그리고 농산 실정에 이렇다 할 변화가 일어나지는 않았다. 정체 상태에 머물고 있었던 것이다. 그러던 차에 비록 성공적인 결과로 이어지진 않았더라고 서구식 과학기술과 합리성에 발맞춘 새로운 시도가 있었다. 1881년에 청국의 제도를 본떠서 통리기무아문(統理機務衙門)을 정부 조직으로 설치하여 6사(司)에 농상(農桑) 기능을 편제케 했던 일과, 1894년 갑오개혁 때에 6조(曹)를 개편하여 농상아문을 신설함으로써 농업분야에 개화의 길을 열었던 일이 그 하나이다.[8]

같은 해에 안종수(安宗洙, 1859~1895)가 신사유람단의 일원으로 일본에 파견되어, 네덜란드 농학자 Hooibrenk, D로부터 서구식 농법을 전수받은 일본의 신진농학자 쓰다센(津田仙, 1837~1908)를 만날 수 있었고, 그와의 인연으로 우리나라 최초의 서구식 농서인 『농정신편(農政新編)』을 편찬하여 나라 안에 보급시켰던 일이 또 다른 하나이다.[9]

뿐만 아니라, 1884년에는 보빙사(報聘使)의 일원으로 최경석이 미국의 농업을 보고 돌아와서 우리나라 최초의 농무목축시험장(農務牧畜試驗場)을 설

---

7) 구자옥(2008), 『한국농업의 근현대사』 제1권 제8장, 농촌진흥청, pp.508~509.

8) 김영진 · 이은웅(2000), 조선시대 농업과학기술사, 서울대.

9) 농촌진흥청(2002), 농정신편 번역서 및 Tsuda, S.(1874): Daniel Hooibrenk's Method of Cultivation, Explained by three Different Processes Tokyo.

치하였을 뿐만 아니라 젖소·말·조랑말·돼지 따위의 종축과 양배추·셀러리·비트·케일 따위의 작물 종자를 80여 종 345품종이나 도입하여 전국 305개 시군에 보급하였던 사례가 또한 괄목할 만한 시도였다.[10]

『한국토지농산조사보고』(1904~1905)

오페르트의 『조선기행(Ein Verschlossenes Land, Reisen Nach Korea)』[11]에 따르면 "조선의 인구는 실제로 1,500~1,600만이지만 정부 통계로는 750~800만이며, 비단은 있으나 백성의 옷감은 성긴 삼베였고 모직은 알지조차 못한다. 일부다처제로서 소고기를 먹지 않으며 다른 먹을거리는 중국과 비슷하다. 특히 농업의 가능성이 큰데도 적극성이 없고 화훼, 목축에는 무관심하며, 좋은 것으로는 남부의 황칠, 포도, 목화, 인삼이 있다. 수탈 때문에 생산이 방치되고 있어서 질식할 지경에 있다"는 것이었다. 또한 그의 결론은 이러한 조선 농촌의 참상이 "흥선대원군으로 비롯한 쇄국주의의 후유증"이라는 것이었다.

이런 실정에 임오군란과 동학란이 일어나서 백성들은 갈팡질팡하게 된 운명을 맞게 되었다. 또한 이런 소용돌이 속에서도 중국 청나라나 러시아와의 전쟁을 승리로 이끌었던 일본은 때를 맞추어 조선과 강화도조약을 이끌어 내게 되었고, 일제식민을 위한 전초전으로 조선 땅에 중상주의적 통치의 뿌리를 내리기 시작하였다.

일본은 당시 만성적인 흉작으로 식량문제가 야기되고 있었으며, 더구나 1890년에는 병해충의 만연으로 유사 이래의 흉작을 맞아 조선으로부터 식량을 수입함으로써 겨우 기근을 면할 수 있었던 실정에 있었다. 당시의 조선반도는 인구가 1,200만 명(일인들의 산정치) 미만인데 미곡 생산량은 수준이 낮았음에도 1,200만 섬을 웃돌고 있었기 때문에 침투의 매력이 충분한 곳이었

---

10) 이준영(1987), 『한국농업사』, 민음사.
11) 韓㳙劤譯(1974), 『에른스트 오페르트의 朝鮮紀行』, 一潮閣.

다. 조선반도의 논 생산성이 흉년의 일본에 비하여 50%에도 미치지 않았으니 조선의 잠재적 인구부양력이 그들에게는 절대불가결한 침투의 대상이었다.

이를 뒷받침하는 하라다(原田)와 고마츠(小松: 1913)의 노골적인 기록[12]에 의하면 "일본은 인구 증식률이 매우 왕성하여서 이미 5,000만 명을 상회하게 되었고 국토의 면적에 비하여 오히려 과잉인구를 가지게 되었다. 따라서 한정된 농산물 공급력만으로는 이를 충족시킬 방도가 없다. 이런 실정에서 조선반도로 일본의 과잉된 인구를 이출하는 동시에 반도의 농업을 발달시키게 되면 일본의 부족함을 보충할 수 있을 것이다. 이야말로 일본제국의 가장 이상적이면서도 불가피한 정책일 것"이라는 것이었다. 또한 뒷날에 조선반도 식민침탈의 합리적 이론을 주장하였던 요시다(吉田松陰)의 괴변[13]은, 즉 "미주 열강과의 화친조약으로 손해를 보게 되는 무역역조를 조선이나 만주 · 중국의 영토 점령과 식민통치로 보상받아야 한다"는 명치유신 사상과 일맥상통하는 귀결이었다.

우리나라를 통째로 식민화하려는 일본의 야욕은, 앞서 언급하였듯이, 명치유신 때의 사상가였던 요시다 쇼인(吉田松陰)의 일반론[14]에서 드러나고 있는 바와 같이 다양한 명분과 구실을 앞세워 조선영토에 대한 수많은 조사와 평가사업을 벌여 왔고, 당시에 자국 안에서 빈발하던 흉년 및 식량부족의 갈등을 겪으면서 조선침탈의 의도를 여론화시켜 왔다. 쓰네야(恒屋)는 1900년에 이미 조선개화사(朝鮮開化史)[15]를 출간하면서 조선의 지리적 모습과 인종적 특질을 이렇게 객관화시키고 있었다.

"조선은 길게 누워 있는 일본의 가슴팍에 비수를 겨누는 모습이지만, 이들을 합병하면 오히려 영웅호걸이 잠들어 있는 상을 이룬다." "조선사람은 스스로 하늘이 내린 인종(天降人種)으로 생각하는 강용 · 쾌활하고 문물이 출중한 존재이지만, 성격이 우물쭈물(首鼠兩端)하고, 맺고 끊음이 불명(優柔不斷)하

---

12) 原田彦能 · 小松天浪(1913), 『朝鮮開拓誌』, p.102.
13) 趙璣濬(1977), 『韓國資本主義 成立史論』, p.97.
14) 趙璣濬(1977), 『韓國資本主義 成立史論』, p.97.
15) 恒屋盛服(1900), 『朝鮮開化史』, 東亞同文會, p.540.

며, 당장의 편함을 찾고(姑息偸安), 교활하게 헐뜯으며 분별없이 남을 따르고(陰獪苟合), 눈치 보아 이득을 좇는(現勢取利) 식으로 살아간다"는 것이었다. 일본인들이 얼마나 당당하고 자신 있게 조선의 식민사관을 도출했는지 잘 알 수 있는 대목이라 할 수 있다.

물론 합병 이전에 구한말의 농정은 비록 일제의 식민의도적 합병의 의도하에서 영향을 받는 가운데 새로운 각성을 하면서 농정의 근대화를 꾀하기에 이르렀고, 이에 따른 토지조사, 농공은행의 설립, 관립농업교육의 시행, 미질 개선을 수반하는 쌀 수출의 활로 개척, 육지면 재배의 장려, 잠상시험장의 개설, 가축위생검사의 제도 확립과 농민단체나 조합의 자생유도를 이루어 내는 일련의 시도를 하여 왔다고 하더라도 국제적인 대세는 일본 쪽으로 기울고 있었다.

이런 바탕 위에서 1902년에 기시(岸秀次)[16]가 피력한 바는 조선농업 침투 방침은 우선 자본을 요하는 사업으로서 하기 쉽고 단기성장이 기대되는 사업에 착수하되 보덕주의(報德主義)라는 명분을 앞세워야 한다는 것이었다. 사업, 예를 들면, 일본의 아오모리현에서 이루어지고 있는 축란·저란·계란저금회와 같은 모임을 만들어 공동판매조합을 만들도록 유도하고 3~5년을 한 회기로 삼아 농업보습교육을 실시하면서 기술을 전수시키고 개량종을 보급하는 방식을 생각할 수 있다는 것이었다. 당시 일본의 스파르타식 청년회 운동을 몇몇의 관립 및 사립 농림학교에 파급시키며[17] 이들 모임의 운동을 이용·유지할 방안을 제시한 사례들[18]이 속출하였다. 또는 조선의 풍토가 일본과 크게 다를 것이 없으니 일본식 기술적용을 값싸게 할 수 있고, 판로가 용이하므로 최적의 생산품목[19]과 우량품질의 다수성 작물이나 가축을 찾아야 한다[20]는 주장이 제기되고 있었다.

이런 정황 속에서 일제는 식민지화할 한반도의 농업기술연구에 착수할 농

---

16) 岸秀次(1909), 農村の研究(一), 韓國中央農會報. 3-10: 1~6.
17) 岸秀次(1909), 農村の研究(二), 韓國中央農會報. 3-11: 3~6.
18) 岸秀次(1910), 農村の研究(三), 韓國中央農會報. 4-3: 1~5.
19) 中村彦(1908), 日韓農業觀, 韓國中央農會報. 2-8: 1~5.
20) 本田幸介(1907), 朝鮮農業改良の第一步, 韓國中央農會報. 1-2: 1~2.

정 전반을 구상하겠다는 전제로 1904년에 일본 농상무성이 주관하여 한반도 전체에 대한 토지농산조사를 실시하였다. 결과적으로 매우 귀중한 기본 자료를 얻게 되었고, 이들 자료를 기초로 하여 한반도의 실체를 구체적이고도 실제적으로 파악하였으며, 이후의 한반도 식민농정을 펼칠 수 있었던 것이다.

한국토지농산 조사사업은 한국에 통감부(統監府)가 설치되기도 전인 1904년도에 일본 농상무성이 당시 일본의 제1급 농업기술연구원들을 동원하여 수행한 것이다.

조사의 담당자, 기간, 대상지역 및 본 보고서의 책수, 분량을 일목요연하게 나타내어 보면 다음 표와 같다. 전체 분량은 2,000페이지에 달하는 것으로서 당시의 한반도(조선왕조 말기) 실태를 구체적이고도 적나라하게 조사해낸 것이며 당시까지도 우리 스스로가 갖추지 못하였던 자료이기 때문에 이들의 조사 결과는 역사적으로도 매우 귀중한 문헌(자료)이라고 판단된다.[21]

〈표 16〉 한국토지농산 조사사업의 개요

책수 (번호)	조사 대상지	면수	조사기간 (연도, 개월수)	주 조사자	
				농산	토지
1	함경도	183	1905 (수개월)	本田幸介○△	鴨下松次郎●
	(부)간도	13		原凞○	
2	평안도	198	1905. 4. (수개월)	本田幸介○△	鈴本重礼○
3	황해도	196		原凞○	
4	강원도 경기도 충청도	747	1905. (3~11월)	中村彦△	小林房次郎●
5	경상도 전라도	566	1904. 12. (수개월)	有働良夫△	三成文一郎●
	(부)노상 개관	약 90		有働良夫△	染谷亮作● 松岡良藏●

(비고) ○ : 동경대 교수·조교수. ● : 농사시험장 기사(1부기수), △ : 농상무성 기사

21) 구지옥 등 번역(2009), 『한국토지농산조사보고』, 일제 농상무성(1905) 원판.

1976년도에 일본 농무성의 열대농업연구센터가 기술한 당시의 조사과정 설명에는 다음과 같이 저들의 사정을 설명하고 있다.[22]

조사 내용으로는, 토지반(土地班)과 농산반(農産班)으로 나누어 구성하였는데 토지반은 주로 기본적인 입지조건, 즉 기상, 토지, 교통, 운반에 관련된 사항을 조사하였다. 조사와 더불어 토지별로 주요 농경지의 토성을 조사·분석하였다. 당시까지 여기저기에 널리 분산되어 있는 미경지(未耕地)에 대하여 특히 관심을 가지고 조사에 임하였다. 그 이유는 차후에 농지개발을 의도하여 조사가 필요하였던 것으로 판단된다.

농산반의 조사 경우에는 농업의 사회 경제적인 여러 가지 사항과 영농의 실태를 주 관심 대상으로 하였으며, 영농실태에는 작물의 품종과 재배실태에 관한 사항이 많이 포함되도록 조사하였다. 당시까지도 쓸 만하고 신빙성이 있는 통계자료를 갖추지 못하고 있던 한반도에서는 토지면적의 측정에 어려움이 많았다. 결국은 개략적 수치를 "도측평량방법(圖測枰量方法)"으로 전체 도(道)의 실정을 요량할 수밖에 없었다.

조사가 이루어지는 동안에 깊은 감심(感心)을 가졌던 것은 조사를 맡아 수행하는 담당자 가운데 전문적인 연구자들도 포함되어 있었어야 하는데 단순한 전공영역만을 생각하여 인원을 구성함으로써 각 지역의 전반을 제대로 파악하지 못하지 않았을까 우려가 되는 점에 있다. 그러나 오늘날을 살고 있는 사람들이 볼 때는 일본의 당시 학문적 분야가 제대로 전문화되지 않았던 점을 지적하기 쉽겠지만 오히려 요즈음의 기술연구자들이 종합적인 판단력을 가지기 어렵다는 문제점이 더욱 크다고 할 수 있다. 다만 이 조사는 오늘날 상상하기도 어려운 노고가 대단히 클 수밖에 없었다는 것을 감안할 필요가 있다.

1904년에는 일로전쟁이 끝나지도 않았고 통감부의 설립도 되지 않은 시점이었기 때문에 한반도를 외국인의 자격으로 들어가 조사하는 처지에 있었다. 조사 대상지가 무려 54,400㎢에 달하는데도 불행히 육지, 바다 모두에 교통 기관이 없었고, 어떤 공공기관에도 기록이나 각 가호의 문서가 불비하였으며

---

22) 일본 농림성 열대농업연구센터(1976), 『구조선에 있어서 일본의 농업시험 연구성과』

대화의 내용도 애매모호하여 믿기 어려운 바가 컸다. 또한 깊은 산간지역에는 산도적이 자주 출몰하여 지역에 따라서는 총을 지참한 호위가 있어야 하는 곳도 있었다. 강원도·경기도·충청도의 조사가 특히 힘들었던 이유이다.

본 조사보고에는 앞서 한반도로 이주해 온 일본인들의 농업경영 실정을 포함하였다. 이 보고서는 그 중요성에 비추어 방대한 것이지만 이들 내용을 요약하여서 『한국에 있어서의 농업조사』라는 책명으로 거듭 출판함으로써 그 활용도를 높이게 되었다.

본 보고에 포함된 내용 목록을, 경상도 및 전라도편만으로 사례를 들어 보면 다음과 같다.23)

내용의 서술요식을 살펴보면, 지리의 설명에 교통·운송을 위한 거리를 비롯하여 도로면의 상태와 물자·인력수송을 위하여 가능한 수단을 제시하였고 지질이나 토성은 농업생산 특성(관배수·비옥도 등)을 곁들여 설명하고 있다. 대부분 조사지역에 대한 토양시험분석결과표가 제시되어 있어서, 이는 아마도 우리나라 건국 이후 최초의 실적일 것이다. 마찬가지로 농경지에 대한 기록에서도 면적이나 경사·고도에 덧붙여서 가뭄과 수해에 따른 영향을 상술하여 두었다. 특히 중점의 하나로 조사한 사항은 미경지(산간계곡 및 하천변, 둔치 등) 파악에 있으며, 이는 장차 농경지 확보나 값싼 매입 및 목적하는 농산물 생산기지화의 가능성을 탐색케 하는 자료였다.

농민편의 조사는 농가호수, 남녀비율, 노동인력, 농가경영특성별 분류, 농가당 가족구성, 농사일의 과정, 생계[가옥 실태와 가구·의복에 먹을거리·연료·등유나 위생상태와 생활지출의 규모와 구성에 사회생활(이웃, 친족 간)], 생계비 구성과 지출 규모, 생활습관이나 풍속, 질병, 사람간의 생존경쟁특성(도박이나 음주가무 등), 저축심과 부채 현실에 대하여 면밀히 조사하였다. 사회생활에서는 어른을 공경하고 상부상조하며 오락을 즐기는 관습이 기술되었고, 이해 안 되는 일로는 묘지관리, 처녀매장이나 천연두 피해, 조혼·허례 습성 그리고 저축심이 없는 대신 부채를 지는 장래성 없는 하루살이 생활태도를

---

23) 구자옥 등 번역(2009), 일 농상무성 『한국의 토지농산조사』 5, 경상도·전라도, 농촌진흥청

제4편 이 사람들! 457

서 언

기후 및 토지
기후
토자~지리, 지질 및 토성, 경자(면적 및 분포, 주요 경지), 미경자(면적 및 종별 분포, 주요 미경지),
산악 및 삼림, 하천
농민
주민과 농민의 호구
농민의 종류
농가호당 인구 및 노동자
노동 과정
생계~가옥, 가구 및 의복, 먹을거리·연료·등유 등, 사교, 생계비, 습속, 생존경쟁 저축 및 부채
교육

농업에 관한 제도
정치와 농민
토지에 관한 제도~토지 소속, 전제(田制), 소유권 및 이전, 수용, 관가의 부책(簿冊)
조세~지세, 호수세, 잡세
도량형

수송·교통 일반
도로
항만

농업경영실태
경자~분배, 농가호당 경작면적, 구획·형상·휴반·경작도, 매매가격
관개배수~관개, 배수
노동력~노동자 고용방법 및 노임, 공동노동
농업자본~농가, 농구, 역축 ; 비료, 종자, 사료
금융~통화, 대부차용, 금리
농업조직 및 농가 연중행사~유래, 화전, 묵힌 밭, 방목, 연중행사
소작제도
농산의 생산
작물~보통작물, 특용작물, 원예작물, 잡류
가축 및 가금
누에 및 양봉
부산물
농산의 판매~시장, 가격, 이출(수출)
농가의 이익

일본인의 농업경영 실태
경영실태
농업에 관한 단체

제주도
부록: 도내 개관

기록하고 있다. 또 교육은 서당을 중심으로 한 빈약한 설비·제도와 내용의 전근대화를 들고 있다.

농업제도에 대한 조사는 잘못된 정치와 관리제도 때문에 도처에 도사리고 있는 탐관오리의 횡포, 사기죄, 세금관리, 농지제도(소유권 및 토지매수에 대한 내용은 일인들의 정책을 위하여 손해 보지 않을 수 있는 거래·계약요령까지 상술함), 도량형제도 시행의 무분별성 따위의 평가까지 곁들여 서술하고 있다. 농경지의 매수를 위한 조사기록에는 소작제나 배분, 노동고용 조건과 농경지 주변의 관배수 조건 및 노동고용 조건을 사전에 실수 없이 알도록 주의사항까지 곁들여 친절하게 설명하고 있다. 일인들의 원만한 정착을 위하여 필요한 사항이었을 것이다.

농경지 비옥도 관리나 농구의 유치성 개량을 위한 일본농구의 비교, 비료의 제조기술, 축산을 일으키기 위한 사료원의 탐색과 재래기술 평가가 서술되고 있다. 당시의 한반도에서 생산되는 각종 농산물의 생산액·단위생산성·가격과 소비처까지의 유통을 작물별로 제시하며 기술개량에 따른 생산성 증대의 가능성을 제시하였다. 특히 이를 위한 농촌자본의 형성이나 이에 따른 어려움, 그리고 일본자본의 활용을 위한 주의사항과 실익요령을 제시한 점이 눈에 띈다.

근원적으로는 혼다(本田幸介) 일행의 본 조사사업이 한반도에 대한 일제의 침투와 식민지화를 겨냥한 것임에 틀림없다. 따라서 본 보고서가 한반도의 일제침투와 식량기지를 목표로 한 식민지화에 무엇보다도 충실하고 중요한 기초자료로 쓰였음에 재론할 여지가 없다. 1904년 이전까지 이미 한국으로 들어와 살고 있는 일본의 농업경영자나 새롭게 한국으로의 이전을 의도하고 있는 일인들을 위하여 상세한 승산정보(勝算情報)를 제시하고 있는 점으로 미루어, 비록 의도는 일제의 야욕에 있었던 것이기는 하겠지만, 본책의 자료는 당시의 현실을 거짓 없이 적나라하게 조사·보고한 것으로 보여서 사실적 가치를 지니는 것으로 판단할 수 있다. 이렇게 볼 때, 당시까지 근대화된 조사방식이나 표현방식을 이용하여 조사·보고된 바 없던 한국의 입장으로서는 초유의 가치를 지니는 역사적 자료라 할 수가 있을 것이다. 또한 일본의 한일합병 의도나 조선총독부의 식민농정 의도를 확연히 알 수 있는 증거물이 되기도 한다.

오늘날 한일관계의 정리를 올바르게 유도하고 제시하기 위하여서라도, 본책의 자료를 면밀히 검토하고, 이들 자료를 올바르게 활용할 필요가 있을 것이다.

권업모범장(勸業模範場) 설치 및 혼다 고노스케(本田幸介)

1) 권업모범장 설치

권업모범장의 설치과정은 김도형(金度亨: 1995)의 박사학위 논문인 「日帝의 農業技術 機構와 植民地 農業支配」에 상세히 기술되어 있어서 이를 인용한다.

일제는 갑오 이후 한국에서 미곡을 안정적으로 공급받기 위해 식민지화를 추진하여 갔으며[24], 그런 가운데 1903년 일본 농상무성(農商務省)에서 제일급의 농업기술 연구자들을 동원하여 한국 전토(全土)에 대한 '토지농산조사(土地農産調査)'를 실시하면서 한국의 농업 전반에 걸쳐 조사와 연구를 시작하였다. 이를 통해 일제는 한국농업에 대한 기초자료를 수집할 수 있었으며, 농업에 대해 극히 중요한 자료를 얻을 수 있었다. 나아가 앞으로 한국을 식민지화하였을 때 식민지 농업수탈의 기반을 마련할 수 있었다. 그러나 한국의 미곡생산을 확대하고, 미질의 품위를 높이기 위해서는 근본적으로 한국농업 전반에 대한 개량이 필수적이었다. 이에 일본인 미곡상이 중심이 되어 이른바 농사시험장(農事試驗場)의 설립을 주장하게 되었다. 즉 1903년 '재조선 일본인 상업회의소연합회(在朝鮮日本人商業會議所聯合會)'가 당시 일본공사 하야시 곤스케(林權助)에게 '한국농사개량(韓國農事改良)에 관(關)한 다음과 같은 청원서(請願書)'를 제출하였다.

"농사시험장이 농업국(農業國)에 필요하다는 것은 말할 필요도 없다. 여기에서 그 점을 말하는 것은 오로지 한국은 농본주의(農本主義)로서 차제에 우

---

24) 岡田重吉, 『朝鮮輸出米事情』, 同文館藏版, 1910, 105~106.

선 한정(韓國政府)으로 하여금 추요(樞要)의 토지에 농사시험장을 설치하게 하는 것이 시의에 합당한 것임을 믿는 동시에 이 뜻을 한정에 권고하고자 하는 점은 각하(林權助)께서 본회(在鮮日本人商業會議所聯合會) 미지(未知)의 어떤 곳을 양찰(良察)하여 속히 한정에 권고하여 주십시오."25)

즉, 한국에 거주하던 미곡무역상들이 처음으로 농사시험장의 설치를 주장하였다. 물론 일본인 미곡무역상들이 이때 최초로 하여 농사개량을 주장한 것은 아니다. 이보다 앞서 목포 일본인 상업회의소에서도 1901년 8월 26일에, 그리고 부산 일본인 상업회의소는 1903년 6월 25일에 모두 벼농사의 습관개량을 한국정부에 권고할 것을 하야시 곤스케 공사에게 청원하였던 바 있었다.26)

그러나 일제가 실질적으로 한국에 농사시험장 설치를 획책한 것은 앞에서 살펴본 '한국토지농산조사' 결과에 의해서였다.27) 즉 일본 본토의 농사시험장장 후루아리(古在吉直)가 한국에 와서 농사시험장을 설립하고자 당시 재정고문인 메가다(目賀田種太郎)에게 두 가지 안을 제출하였다. 이에 메가다는 한국의 한 두 지역에 농사시험소를 설치하고자 하여, 1905년 11월 24일 '농사시설에 관한 상신서(上申書)'를 본국에 발송하였다.28) 이후 일본 농상무성에서는 '한국토지농산조사'를 기초로 농사시험장 설립계획을 수립하여 1906년에 이미 8만 원의 창설비와 8만 원의 경상비를 만들어 두고 있었다.29)

한편 한국정부에서도 1904년 10월 농·상·공의 실업에 관한 학술 및 기능을 가르칠 목적으로 농상공학교(農商工學校)를 서울에 설립하였다. 이와 더불어 농과실습을 위해 1905년 12월 29일 칙령 제60호로 '농상공학교 부속 농사시험장관제'를 발포하고, 그 실습농장을 뚝섬[纛島]에 설치하였다.30) 이때 한국정부가 농사시험장을 설립한 목적은 "농상공학교에 부속하여 필요한

---

25) 小早川九郎 編著, 『補訂 朝鮮農業發達史』 政策篇, 友邦協會, 1959, 35.

26) 小早川九郎, 補訂 朝鮮農業發達史』 政策篇, 友邦協會, 1959, 40.

27) 『日韓外交資料集成』 6(下), 巖南堂書店, 1964, 200.

28) 「農事施設二關スル目賀田顧問上申書進達ノ件」, 『日本外交文書』 38-1, 1978, 874.

29) 「大臣會議筆記: 韓國施政改善二關スル協議會第三回」 明治 39年 4月 9日(『日韓外交資料集成』 6(上), 巖南堂書店, 1964), 175~177.

30) 『高宗實錄』 광무 9년 12월 29일.

농사시험을 시행"[31]하려고 하였던 것이다. 또 나아가 이를 통하여 근대적 농사기술을 도입하고자 하는 목적이었다. 이에 따라 농사시험장은 서울 동대문 밖 뚝섬에 밭[畑地] 480정보를 선정하고, 학생들의 실습을 겸하여 각종의 농사시험을 행하게 하였다. 여기에는 농업기술을 관장할 장장 이하 기사 4명, 기수와 사무원 약간명을 두었다.[32]

또 한국정부의 농업 시험·연구를 위한 사업은 농상공학교 부속 농사시험장뿐만 아니라, 1906년 초에 농상공부 주관하에 농사모범장(農事模範場)을 만들 계획을 수립하였다. 그래서 한국정부에서는 부지를 물색하고 예산을 확보하여 갔다. 그러던 중 이 계획은 일본의 간섭으로 곧 좌절될 수밖에 없었다. 즉 러일전쟁 이후 한국에 대한 본격적인 식민지화를 추진하던 일본은 강제적으로 '을사조약'을 체결하면서 실제적으로 한국을 지배할 통감부를 설치하였다. 이처럼 한국이 일본의 준식민지가 되었던 상황에서 일본은 한국정부의 농사모범장 설치계획은 그 위치가 적당하지 않고, 설계에도 결점이 있다는 이유를 들어 계획의 폐지를 요구하였다. 더구나 통감부는 농상공학교 부속의 농사시험장도 1906년 5월 31일자로 폐지시켰다.[33] 1906년 4월 9일에 열린 '한국시정개선(韓國施政改善)에 관한 제3회 협의회(協議會)'에서 통감 이토 히로부미(伊藤博文)는,

> "일본정부는 금년도(1906)에 약 60만 원의 경비를 주어 수원에 권업모범장을 설치할 예정이다. 그런데 한국에 있어서도 동일한 계획이 있고, 일본에 있어서는 예산 등 이미 의회를 통과하여 5, 6인의 기사를 채용하였다. 한국에 서도 또한 대략 같은(同樣) 규모에 의한 것 같다. 과연 똑같이 일한(日韓) 양국의 모범장을 병립(駢立)하는 것은 어리석은 것으로 믿어진다. 고로 나의 생각으로는 한국 측의 계획은 본 연도에 추진을 중지하고, 일본정부로 하여금 모범장을 설립하게 하며, 명년도에 이르러서는 이들 모두를 한국정부에 인도하려 하는데 한국 농상공부대신의 의견은 여하한가."[34]

---

31) 「農商工學校附屬農事試驗場官制(광무 9년 12월 29일 勅令 第60號)」『韓末近代法令資料集』 Ⅳ, 大韓民國國會圖書館, 1971, 452~453.

32) 「農商工學校附屬農事試驗場官制(광무 9년 12월 29일 勅令 第60號)」『韓末近代法令資料集』 Ⅳ, 大韓民國國會圖書館, 1971, 452~453.

33) 『高宗實錄』 광무 10년 5월 31일 ; 「農商工學校附屬農事試驗場官制廢止(광무 10년 5월 31일 칙령 제25호)」, 『韓末近代法令資料集』 Ⅳ, 大韓民國國會圖書館, 1971, 583.

라고 하여 일본이 주도가 되는 농사모범장 설립을 주장하였다. 이에 대해 농상공대신 권중현(權重顯)은 경기도 수원이 아닌 경북 대구(大邱)에 한국정부 주도로 농사시험장을 설치할 것을 주장하였으나, 이것도 또한 이토에 의하여 거부되었다.[35] 이처럼 한국정부의 반발이 있자, 이토는 기무라(木村重四郎) 농상공부 총장(總長)으로 하여금 농상공부대신 권중현을 설득하여 한국정부 주도의 농사모범장 설치계획을 그만두게 하였다. 이어서 5월 31일 농상공학교 부속 농사시험장마저도 폐지하고 말았다.[36] 실질적으로 일본이 목적으로 하는 식량공급지로 기능할 수 없게 될지도 모른다는 우려에서 한국정부 주도의 모범장 설치를 막았던 것이다. 그리고 이때 통감부가 한국농업에 대한 소위 농업진흥(農業振興)의 대안목(大眼目)과 실시(實施) 4대 요강(大要綱)에서 밝힌 실행계획을 요령있게 하여 비용의 지출이 없게 하거나 소액으로 한다는 방침에 따른 것이라고도 볼 수 있다.[37]

아무튼 일제는 한국정부의 농사시험장 설립계획을 좌절시키고, 이미 폐지된 농상공학교 부속 농사시험장 용지에 미곡과 전혀 관계가 없는 원예(園藝)만을 시험하는 원예모범장(園藝模範場)을 설치하게 되었다. 그리고 1906년 8월 9일 '농상공부(農商工部) 소관(所管) 원예모범장관제(園藝模範場官制)'가 발포되었다.[38] 원예모범장은 농상공부에 속하게 하고, 장장 이하, 기사 2명, 기수 3인, 서기 2명

---

34) 「大臣會議筆記: 韓國施政改善ニ關スル協議會 第三回」 明治 39年 4月 9日(『日韓外交資料集成』 6(上), 巖南堂書店, 1964), 175~177.

35) 「大臣會議筆記: 韓國施政改善에 關한 協議會 第4回」 明治 39年 4月 13日(『日韓外交資料集成』 6(上), 巖南堂書店, 1964, 196).

36) 「農商工學校附屬農事試驗場官制廢止(광무 9년 12월 29일 勅令 第60號)」, 『韓末近代法令資料集』 Ⅳ, 大韓民國國會圖書館, 1971, 583.

37) 1906년 일제가 한국농업의 기조로서 '農業振興의 大眼目과 實施 4大要綱'을 발표하였다. '農業振興의 大眼目'이란 "조선의 농업에 대한 과제는 궁핍한 선내의 식량을 충실하게 하고, 아울러 농가경제를 향상시키는 것이다. 이를 위하여 ① 食糧品의 생산을 증식할 것 ② 輸移出 農産物에 대해서는 될 수 있는 한 그것의 지급을 도모할 것 ③ 內地 및 隣接國에 대한 輸移出이 가능한 産物은 힘써 생산의 改良增殖을 도모하고, 一面 鮮内의 소비를 절약하여 輸移出額을 증가하는 것이대[朝鮮總督府, 『朝鮮の農業』(1942年版), 1]. 그리고 그 실행의 '4大要綱'이란 ① 장려사항이 多岐에 걸치지 말 것 ② 그 실행 간이하게 하여 비용의 지출이 없게 하거나 또는 소액으로 할 것 ③ 그 효과가 적확하게 할 것 ④ 실행에 대해서 구체적으로 지도할 것(『小早川九郎, 補訂 朝鮮農業發達史』 政策篇, 友邦協會, 1959, (政策篇), 49~50).

38) 「農商工部所管園藝模範場官制(광무 10년 8월 9일 勅令 第37號)」, 『韓末近代法令資料集』 Ⅴ, 大韓民國國會圖書館, 1971, 61~62.

의 직원을 두게 되었다.39) 그것을 위해 4,726원을 예비금에서 지출하였으며,40) 건축비·토지구매·물품구매를 위해 7,344원을 예비금에서 지출하였다.41)

그 후 통감부는 1906년 4월 '권업모범장관제'를 발포하고, 6월 15일 경기도 수원에 권업모범장을 개설하였다. 권업모범장에는 장장 이하 기사(전임 6인)·기수(전임 8인)·서기(전임 4인)를 두었으며, 면화재배협회의 위촉에 의해 목포에 출장소를 두어 면화재배사업을 감독하게 하였다. 원래 일본이 한국에 농사모범장을 설치하고자 할 때 '한국농사모범장설치이유서(韓國農事模範場設置理由書)'에는,

"한국의 부원을 개발하여 피아(彼我)의 무역(貿易)을 발달시킬 방법으로 최급무(最急務)가 되는 것은 농사의 진흥이다. 한국의 농산은 농경·축산의 개량, 황무지의 이용, 수리시설 등을 통하여 다대(多大)한 증식을 기할 수 있다. 그러나 이 목적을 달하는 것은 농사모범장의 설치로써 최첩경(最捷徑)이 된다."42)고 하여, 피아의 무역을 목적으로 농사시험장을 설치할 필요가 있다고 하였다.

이러한 목적에 따라 권업모범장이 창립되었을 때 '권업모범장관제(勸業模範場官制)'에는 그 업무를 한국산업의 발달 개량을 돕기, 모범 및 시험, 한국물산의 조사와 아울러 산업상 필요한 물료(物料)의 분석 감정, 종묘·잠종·종금·종돈 등의 배부, 산업상의 지도·통신 및 강화를 담당한다43)고 하였다. 그러나 일본은 한국에서 모범이라는 명칭이 보여 주는 것과 같이 농사시험이 아닌 권업모범을 보여 주기 위한 목적이 있음을 말하는 것이라고 할 수 있다. 이처럼 권업모범장이라는 명칭이 사용된 것은 통감 이토 히로부미와 초대장장 혼다 고노스케(本田幸介)의 한국 농업관을 반증한다고 할 수 있다. 즉 권업모범장이라고 명명해서 내지류(內地類, 일본농법)의 농업방법을 이 권업모범장에서 실행해 보고 그것을 조선인에게 보여서 개량에 노력하게 한다44)는 것이다.

---

39) 1908년 현재 園藝模範場 직원으로는 場長에 기사 久次米邦藏, 기수 吳仁東·林彌作·松田敏勝, 서기 日野收이 있었다(「附錄」, 『韓國中央農會報』 2-12, 1908. 12, p.8).

40) 『高宗實錄』 광무 10년 9월 24일.

41) 『高宗實錄』 광무 10년 10월 16일.

42) 「韓國農事模範場設置理由」, 『日本外交文書』 38-1, 1978, 877.

43) 統監府, 『明治 39·40年韓國施政年報』, 23.

이때 창설된 수원 권업모범장의 규모는 총면적 87여 정보로서 그중 밭 28 정보는 매수한 민유지이고, 논 59정보는 궁내부(宮內府) 소속지로서 임차한 땅이었다. 민유지(民有地)를 매수한 것이다. 1906년 10월 정리사업의 설계를 마치고, 11월 2일 공사에 착수하였다.[45] 이어서 신축공사를 하고 수원정거장부터 모범장에 이르는 도로 및 논밭 27정보에 경지정리사업을 하는 등 1906년 말까지 시설과 설비를 완성하였다.

권업모범장에 대한 공사가 진행되던 1906년 10월 26일 한국정부에서는 모범장을 이양해 줄 것을 통감부에 조회(照會)하였다. 이러한 요구에 따라 그해 11월 통감부는 종래 경영방침을 변경하지 않을 것 등 여러 조건을 전제하여 한국정부에 이양하였다. 비록 통감부 지배하에 있는 것이지만 한국정부가 권업모범장의 양도를 요구한 것은 당시 고종의 의사도 상당히 작용한 것으로 보인다. 즉 황제는 1907년 3월 14일 조칙(詔勅)에서,

"위로 역사를 살피고 옆으로 세계를 돌보건대 무릇 흥리(興利)·족민(足民)하는 일은 농·상·공 삼자에 벗어나지 않는 것이다. 근자 부(部)를 설치한 이래 당국(當局) 유사(有司)에서 전심(專心)하여 종사(從事)하였으나, 아직도 실효(實效)를 보지 못하고 있으며, 만근(挽近)에 농장(農場)·공소(工所)·은행(銀行)·회사(會社) 등 종종의 사업을 초초(稍稍)히 설립하긴 하였으나, 대개가 관(官)에서 건설한 것이어서 합력(合力) 성취(成就)하자면, 인민(人民)의 힘을 입어야 하는 것이다. 오직 관민(官民)들은 동심(同心) 합력(合力)하여 재부를 축적하고 자본을 만들어 힘써 실업(實業)을 도모한다면 내정(內政)의 수거(修擧)와 외채(外債)의 청상(淸償)을 가히 날짜를 정하여 이룰 수 있을 것이다.[46]"

라고 하여 각종 산업시설이 통감부의 지배에서는 실질적으로 실효를 거두지 못함에 따라 한국정부가 주도하면 그 성과를 올릴 수 있고, 나아가 국권회복을 꾀할 수도 있다는 판단에서 권업모범장의 주권을 주장한 것으로 보인다.[47]

---

44) 加藤茂苞,「元勸業模範場の改名と農事指導に對する用意」,『朝鮮農會報』4-8, 1930. 8, 3쪽.

45) 정리된 지구는 北, 西湖로부터 남, 신설된 도로에 이르러 東, 철도에 한해서 西, 서호천에 접한 內, 田 22反 9畝 餘步, 烟 5町 3反步, 沼田 9反 1畝步로서 폭 30間 도로, 용수로·배수로를 만들었다(統監府,『明治 39年, 明治 40年 韓國施政年報』, 1908, 224~225).

46)「實業을 勸奬하는 件(광무 11년 3월 14일)」『韓末近代法令資料集』Ⅳ, 大韓民國國會圖書館, 1971, 457~458.

47) 1907년 7월과 8월의 헤이그밀사사건에 이은 고종퇴위·정미조약·군대해산 등의 결정적 亡國事態로

곧바로 같은 해 3월 22일 '권업모범장관제'[48]가 고종의 재가를 얻어 발포되었다.[49] 관제 제2조에서는 권업모범장의 사업을 다음과 같이 정하고 있다.

① 산업의 발달개량에 자(資)할 모범조사(模範調査) 및 시험
② 물산(物産)의 조사와 산업상 필요한 물료(物料)의 분석 및 감정
③ 종자 · 종묘 · 잠종(蠶種) · 종금(種禽) 및 종축(種畜)의 배부
④ 산업상의 지도 · 통신 및 강화(講話)

이상의 권업모범장이 설치되던 애초부터의 의도와 설립단계부터 끝까지 그 주력을 맡아 주도해 왔던 장본인은 결국 도쿄제국대학의 교수였던 혼다 고노스케(本田幸介)를 빼어 놓고 달리 설명할 수가 없다.

2) 혼다 고노스케(本田幸介)

혼다 고노스케(本田幸介) 장장의 개인 약력에 대한 내용은 별로 상세히 알려진 바가 없다. 일찍이 동경제국대학 농과대학에서 축산학을 강의하던 농학박사급의 교수로서 일로전쟁의 막바지인 1903년 일본 농상무성과 농사시험장의 혼성 요원으로 구성된 한국조사단의 책임자로 임명되어 동년에 황해도 · 평안도 · 함경도의 농업 및 농촌 실태를 조사하였고, 1905년에 재차 같은 지역의 농산조사를 하게 되면서 한반도에 눈을 뜨고 인연을 맺게 되었다. 이때에 비로소 그의 한반도에 대한 소신, 특히 농사개량과 농업정책에 대한 견해를 확고히 하였던 것으로 보인다.

결국 1906년 4월 26일에 칙령 제11호로 통감부 권업모범장의 관제를 포고하게 하였고 이토 통감의 간청으로 혼다 교수는 5월 12일에 초대 장장으로

인식되기 이전까지 대한제국은 그들의 주권이 어느 정도 있었고, 그에 따라 국권회복도 꾀하고자 하였다고 보인다.

48) 「勸業模範場官制(광무 11년 2월 9일 勅令 제17호)」, 『韓末近代法令資料集』 IV, 大韓民國國會圖書館, 1971, 472~473.
49) 『高宗實錄』 광무 11년 3월 22일.

부임하여 1919년 12월 10일, 지병으로 한국을 떠나 일본의 고향(東京市 小石川區 駕籠町 204 자택)에 귀착하기까지 총체적으로 15여년을 봉직하였다.

그러나 권업모범장의 창업 완성과 더불어 그 일체를 한국정부에 이관하고 동시에 1908년 5월 15일을 기하여 개장식을 거행케 되었으며, 이제까지 업무를 관장하던 일본인 요원들은 앞서 동년 1월 1일자로 미리 한국정부의 임명 절차를 받아 두었던 터였다. 권업모범장의 출범은 애당초 일본인의 권유에 따라 자체의 농사시험장을 뚝섬에 개장하여 업무를 보던 도중에 만들어졌기 때문에 고종황제의 강력한 요구로 이렇게 한국정부로 이관 통합된 것이었지만 결국 한일합병으로 모든 것은 일제의 통치하로 되돌려졌던 것이다.

일본 농림성이 1976년에 "열대농업연구센터"를 통하여 출간하였던 『구조선(舊朝鮮)에 있어서 일본의 농사시험연구보고』에는 혼다(本田幸介) 교수가 한반도에 권업모범장(勸業模範場)을 설치하면서 기초 자료로 활용하였던 그의 '한국토지농산조사'의 결과나 본 조사를 주도하였던 그의 생각이 어떠하였는지에 대하여 서술하고 있다.

"1906년 4월에 통감부의 권업모범장이 창설되는 과정에 있어서, 이미 그에 앞서 한반도 각지의 상세한 실사(實査)를 행한 바 있어 한반도의 사정에 통달하고 있던 동경제국대학 혼다 고노스케(本田幸介) 교수를 초대 장장(場長)으로 임명함으로써 그의 철학에 의한 한반도의 농사개량과 지도 및 시험기관 사업이 시작되었다"는 것이었다.

따라서 권업모범장의 업무는 조선산업의 발달 개량에 초석이 될 모범이 되는 조선물산의 조사와 아울러 산업상 필요한 물자의 분석감정, 종묘·잠종·종금·종돈을 배부하고 산업의 지도·통신 및 강연을 장악하는 것으로 정해졌다.

이토 통감은 애당초 부임과 더불어 나름대로 학식과 덕망을 겸비한 농업통이며 한국 사정에 밝은 인물로 당시 궁중고문관(宮中顧問官)이며 동경제국대학 농학부의 축산학 교수였던 혼다 고노스케(本田幸介) 농학박사를 한국농업개발 총수로 영입하였고, 임무를 수행할 기관의 터전을 수원(水原)으로 정하도록 부탁받았던 장본인도 결국 혼다(本田)로서 그의 안목을 기대하였던 것이다.[50]

또한 "권업모범장(勸業模範場)"이라는 명칭을 붙이게 된 것도 그 기관의 성격을 잘 드러내도록 표현한 것으로서, 당시의 일본에는 "농사시험장(農事試驗場)"이라는 명칭을 붙여 일반화시키고 있었으나 조선에서는 이런 일반명칭을 피하고 조선에서의 특수임무적 기능을 배려하여 붙였던 것이다. 이 명칭은 결국 이토(伊藤) 통감(統監)과 혼다(本田) 장장(場長)이 뜻을 투합하여 결정한 것으로서 당시의 시국적 식민통치 의도에 대한 뉘앙스를 잘 드러낸다.

혼다(本田) 장장은 당시의 조선에 있어서 농업지도 진영의 중심인물로 확고한 위치를 점하고 있었다. 그의 외형적 신분은 권업모범장의 일개 장장에 지나지 않았으나 실체적으로는 조선의 농업정책을 추진하는 마당에 있어서 기본방침을 수립하던 최고책임자 입장에 있었던 것이 사실이다. 이토 통감에게 적극적으로 진언하면서 실세를 움직이는 역할을 하였다. 여러 모로 조선에 있어서의 농업정책 방향을 정하고 그 기초를 구축하는 기술자로서도 그의 역할은 절대적이었다. 당시 조선의 여러 사정에 충분히 통달해 있었기 때문에 어떤 기술자와 논란을 펼쳐도 그만큼 폭넓은 시야나 견해를 지닌 사람이 없었으니 그 또한 그럴 수밖에 없었던 것이다. 오늘날의 농정 추진에 있어서도 기술연구자의 전문적인 입장과 견해만큼 중요한 것이 있을 수 없음과 마찬가지이다. 오늘의 일본에서는 그를 일컬어, 농업기술자로서는 "일본 역사상 안도(安藤廣太郎) 이후의 단 한 사람"이라 해도 가히 지나친 표현이 아닐 것으로 생각하고 있다.

이토(伊藤博文) 통감의 권업모범장 개장식(1907년 5월 15일) 훈사(訓辭)를 보면, 조선의 식민적 시정방침(施政方針)으로서 혼다(本田)의 생각이 그대로 잘 표현되어 있다.[51]

> "귀빈 각하 및 여러분! 오늘 권업모범장 개장식에 즈음하여 여러분의 내왕을 진심으로 감사하게 생각합니다. 이 모범장의 설치는 우리 일본국이 지도자가 되어 한국 농업의 개량을 시도하는 사업의 하나입니다.
> 한국에 있어서 개량을 시도하여야 될 것은 여러 가지가 있지만 그중 농업은 무엇보다도 긴박하다고 생각됩니다. 이들 농업은 오늘의 한국과 같은 나라에 있어서는 우선 국민의 생활

50) 구자옥 등 번역(2008), 『조선총독부 농사시험장 25주년 기념지』, 상권, 농촌진흥청
51) 구자옥 등 번역(2008), 『조선총독부 농사시험장 25주년 기념지』, 상권, 농촌진흥청: Ⅰ ⅴ ～ Ⅰ ⅶ.

상과 중대한 관계를 가지고 있습니다. 바꾸어 말하면 한국에서는 유독 농업만이 우선 필요하다고 말하는 것이 적절합니다. 즉 지금 한국의 정서상, 생활상 중대한 관계를 가지고 있는 것은 농업 외에 없습니다. 그러므로 이 농업의 개량과 증진에 관하여는 온갖 수단과 방법을 다 동원되어야 하지만 이 방면에는 하등(下等) 착수된 것이 없고 이제 겨우 이 모범장을 설치한 것입니다. 그러나 이 모범장이 세워진 것도 한국 전체로 말하면 손바닥 크기에 불과합니다. 오늘은 이 손바닥만 한 모범장을 세운 정도로서 결코 만족할 만한 수준은 아니지만 이 모범장이 설립된 이상 그것이 한국농업의 개량을 신속하게 이룰 종자(씨앗)가 될 것을 희망하는 바입니다.

이 모범장은 일본 제국의 손으로 만들어 한국에 양도한 것이지만 한국정부의 관리 특히 지방관은 연구를 열심히 수행하여 이 모범장이 한국 농사의 개량과 진보를 이룩해 주는 곳으로 될 만큼 유익성을 길게 연장시킴으로서 한국민을 위한 일을 할 것으로 본관은 깊이 희망하고 있습니다. 현재 한국의 상태에서 말하면 여러 가지 사업 중에서 모범적 농사의 개량이 가장 급선무라고 인정됩니다. 그런데 이 모범적 사업을 시행하려는 시점에서는 단 하나의 우롱거리라도 나타나지 않도록 농사법의 개량과 증진을 도모하는 데 열성을 보여줄지 또는 그렇지 못할지 심히 의심스럽습니다. 오늘날 한국민의 다수는 농민인데 이들의 상황은 어떠한지요? 그날그날을 겨우 먹고 사는 정도에 지나지 않습니다. 정치력은 농민에게 아무런 도움을 주지 않고 오히려 괴로움을 끼치는 일이 많이 있습니다. 이런 때문에 과연 농사 개량이 실현될 수 있을지 의문입니다. 이미 농업개량을 두고 언급한 것은 오늘날 한국의 상황에서 가장 급한 일이기 때문입니다. 따라서 상하 모두 그 효과를 거두도록 (힘을 다하여) 노력하기를 바라는 바입니다.

한국인은 아무래도 중국(支那) 학문에 교양 있는 사람이 많으며 중국에 있어서는 농업이 국본(國本)인 것으로 옛날부터 일컫고 있습니다. 나라는 사람으로 세워지고, 사람은 의식(衣食)을 기본으로 하며 의식은 농사를 지어야 한다는 것입니다. 의식이 풍족함에 따라 예절을 지킬 수 있다는 말은 어느 나라에서나 통하는 진리입니다. 물론 공업, 상업, 통신 등의 기관도 각각 필요하므로 이들의 개량, 발달을 시도하면 되지만 우선 나라의 생산을 증가하고 국민의 재산(富力)을 조성하는 것은 농업입니다. 또 산림, 광물이 모두 필요한 것이지만 의식을 위하여 가장 급한 것은 농업입니다. 나라의 부강을 바란다면 지금(今日)의 농사를 개량하라고 말하는 것이 참말로 매우 급한 일로 인정됩니다. 그러므로 한국의 관민 모두 자국의 번영을 바라는 마음이 있다면 이 농사개량(農事改良)에 힘을 다하지 않으면 안 된다고 생각됩니다. 일본에서의 농사는 왕정복고(王政復古) 이전, 즉 봉건시대에 있어서도 한국의 현상보다 크게 진보되었습니다. 그런데도 1868년 농학교를 세우고 구미 여러 나라로부터 농사 교사를 초빙하여 각각 강의를 실시하는 등 농사개량에 대하여는 최대한 힘을 쏟은 바 있습니다. 나의 선배인 오쿠보(大久保內郞) 경은 솔선하여 1874~1875년경 농사개량을 시도하여 현저하게 농학의 진보를 촉진하였습니다. 또 농학자 여러분의 각자 연구로 일본국의 농사개량 진보는 착착 진행되어 왔으므로 고작 삼십년 남짓의 짧은 세월인데도 일본국 농사가 현저하게 진보한 것은 여러분이 통계표에서 볼 수 있는 바와 같은 것입니다. 1868

년에 쌀은 겨우 3천만 섬 정도였으나 지금은 4천만 섬~4천5백만 섬으로 높아졌고 인구의 증가와 거의 비슷한 양상으로 증대를 이룩하였습니다. 이것을 보아도 농산을 개량, 촉진하는 일이 실로 위대한 일이라고 이해할 수 있습니다.

이 모범장의 박사, 학사 및 여기에 소속된 여러분들은 한국의 농사개량에 심혈을 기울여야 합니다. 그리하여 이 방면에 적절한 지도를 담당할 한국의 지방관(地方官)이 아주 충실히 실행하면 농사는 매년(一年一年), 춘하추동 돌아가며 수확을 얻게 되므로 점차 개량될 것으로 생각됩니다. 이와 같이 하여 한국국민의 생활을 개선하고 의식(衣食)이 충족할 공적을 올릴 수 있도록 여러분이 한층 더 노력하기를 바랍니다."

즉 조선의 식민정책에서는 농업의 개량이 가장 우선해야 할 과제임을 강조하였으며, 이는 혼다(本田) 장장의 조사결과에 따른 진언에 의한 것이었다. 일본은 이미 명치 초기에 적극적으로 농사개량에 힘써 개혁을 뒷받침할 수 있었던 교훈적 경험을 하였으며, 혼다의 조사 결과는 당시의 한반도 실정이 마치 명치 초기의 일본에 흡사한 것으로 비춰졌기 때문에 조선 개혁에 자신이 있었던 것이다.

같은 날 개장식에서 피력하였던 혼다(本田) 장장의 식사에서 이들 관련성을 명확히 할 수 있다.[52]

"신사, 숙녀 여러분! 오늘 권업모범장 개장식을 거행함에 이제까지의 결과와 금후 경영방침을 보고하는 것을 영광으로 생각합니다.

무엇보다도 앞서 한국의 부원(富源)을 개발하여 증진시킴에는 농업의 진흥이 가장 급선무의 하나입니다. 따라서 이 목적을 달성하는 데 빠른 길은 실제로 개량의 모범을 보여 농민을 계발시키는 것입니다. 일본제국 정부는 여기서 보이고 있는 국본을 배양함으로써 선전유도의 책임을 다 완수할 것으로 기대하고 작년 4월 권업모범장을 설치하였습니다. 그리고 그 업무를 보면 첫째 산업의 개량과 발달에 관한 모범, 시험 및 분석감정을 수행하고, 둘째로 종묘, 종금 및 종돈 등을 배부하며, 셋째로 산업상 필요한 제반의 조사, 지도, 통신 및 강의를 하는 것입니다. 불초 고노스케(幸介)는 자질이 부족한데도 장장의 중임을 이어받아 통감 각하의 지도하에 창립업무에 기여하였습니다. 용지매수, 경지정리, 도로개설, 기계기구의 구입, 건물 등 대소 제반의 설비에 착수하였습니다. 혹서, 혹한, 교통의 불편 등 여러 가지 장애가 있음에도 불구하고 지금 완성단계에 이르렀습니다. 일본정부가 여기에 투자한 경비는 실로 17만여 원(圓)을 상회하며 사업의 성과는 처음부터 기대해서는 안 되겠지만 이미 지

52) 구자옥 등 번역(2008), 『조선총독부 농사시험장 25주년 기념지』 상권 농촌진흥청: Ⅰ iii~iv.

난해에 다소 조사와 실험을 시도하였던 바가 있어서 이미 보고서로 만들어 널리 업자에게 배부하였습니다.

여기에 기술한 부분은 통감부 소속 중 본장 사업경영의 요지입니다. 그리하여 본년 4월 이후는 그 사업을 한국 정부에서 계승하고 종래의 직원은 모두 촉탁을 받아 업무를 관장, 경영하게 되었습니다. 농업의 개량은 풍토, 기후와 민도의 정도를 감안하여 세밀한 주의로 정확한 근거에 기초하고 열성을 다하지 않으면 그 목적을 달성하기 힘듭니다. 일에는 완급이 있고 사물에는 난이의 구별이 있으므로 한국농민의 정도를 충분히 감안하여 가장 급하게 하여야 될 일과 하기 쉬운 일부터 시작하여야 합니다. 현재와 장래에 권업모범장의 경영개요를 기술하면

① 당국의 농업은 아직 개인경제를 벗어나지 못하여 물산공통으로 발달하지 못하므로 생산상 손실이 적지 않습니다. 장차 교통기관의 발달에 따라 기후, 토질의 적부를 감안하여 적소에 적응작물을 배치시켜 생산력을 증가시켜야 됩니다.

② 농산물의 품종이 우량치 않으면 생산량이 적을 뿐 아니라 품질도 역시 좋지 않으므로 품종을 개량하여야 합니다.

③ 기후와 토질을 감안한 신작물을 수입하여 생산물을 증가시키려면 고래신작물(古來新作物)의 물산(物産)으로써 고정시킴에는 많은 어려움과 긴 세월을 요하는 것임이 역사적으로 알려진 바입니다. 바라건대 권업모범장은 이의 적부를 심사숙고 연구하여 차질이 없게 해야 합니다.

④ 농산물이 풍작이 안 되는 큰 원인은 비료의 결핍에 있고 지금 이의 공급 방법을 탐구하는 것이 가장 급선무입니다.

⑤ 수리시설이 완비되지 않았기 때문에 생산력이 크게 저해 받고 또 불시에 재해를 받아 생산 감소가 있습니다. 만일 부적당한 정도를 점차 개량한 곳이면 생산의 안정과 증가를 가져올 수 있습니다.

⑥ 토지이용 도로가 완성되지 않은 유용한 땅을 방치하는 경우가 있는데 이를 이용할 방법을 강구하면 생산의 증가는 필연적입니다.

⑦ 가축, 가금과 그 제품에 관한 사업도 개량, 증식의 여지가 많고, 그들의 일반적 개량은 오랜 시간과 자본을 요하는 것으로 갑자기(단시간에) 할 수 없다는 것은 이미 양계, 양돈 개량에서와 다를 바 없으므로 쉽게 되지 않을 것입니다.

⑧ 양잠은 기후관계상 적당하다고 알려졌으며 전부터 흔히 보이던 것으로 만일 그의 보급을 적절히 하면 생산은 현저하게 증가될 것입니다.

⑨ 농업의 부업은 생산상 중요한 관계를 가지고 있음에도 불구하고 한국에서는 조금도 주의를 기울이지 않았는데 장차 장려할 필요가 있습니다.

이상의 결점은 한국 농업상 영향이 가장 크므로 후세에 대한 생각을 바꾸면 충분히 목적을 달성하여 생산의 증가는 결코 어렵지 않다고 믿어집니다. 그래서 본장에 있어 장래 행할 사

업무표와 실행하여야 업무, 수행 중에 많은 장애가 있을 것은 처음부터 예기된 바입니다. 그렇다 하더라도 다행히 선배 제위의 도움에 의존하여 이 책임을 완수하게 됨은 불초의 대단한 행운으로 생각합니다."

즉 당시에 추진해야 할 조선농업의 개선목표를 순서대로 나열하여 제시하였다. 여기에는 당시 조선농민의 실태를 고려한, 즉 지식 정도가 낮고 경제상태가 궁핍하며 근면 순박성을 잃은 채 불신풍조가 심하여 관헌의 지도 장려에 따르지 않는다는 것이었다. 따라서 점진적으로 순서에 따라 실행해야 농업개량은 가능하며, 우선은 돈 들지 않고 쉬우면서 효과가 분명한 품종개량과 같은 단순한 내용을 지도·장려하여 믿음을 얻어야 한다는 것이었다. 다음에는 종래보다 노력을 가일층 더하되 일하기 쉬운 제초횟수를 늘리거나 피사리 같은 일을 지도·장려하고 나머지는 여유를 보아 가며 시행하되 자금이 필요한 일 가운데서는 비료사용이나 수리공사 등을 우선한다. 복잡한 기술을 피하고 실행이 간편하며 효과가 확실한 것을 철저히 지도하되 경쟁심을 유발하는 방식이 좋다고도 하였다.

혼다(本田) 장장의 이러한 견해는 1906년도 『조선총독부 권업모범장보고』에 실린 그의 서언(緒言)에서도 잘 나타나 있다.[53]

"지난 1906년(明治 39년) 4월 26일 칙령(勅令) 제11호에 의하여 권업모범장(勸業模範場) 관제(官制)를 반포(頒布)한 다음 5월에 말단 직원까지 임명하였다. 곧 이어 창립사무를 시작하여 경지(耕地)의 매입정리, 도로개설, 기계기구의 구입, 사무실, 실험실, 잠실(蠶室), 축사 등의 건축, 기타 업무 수행상 필요한 크고 작은 여러 가지 설비에 착수하였다. 앞으로 부지런히 게을리 하지 않기에 그동안 많은 장애가 없지 않았음에도 불구하고 이제는 다행스럽게도 착착 예정대로 진행되었고 머지않아 거의 완성에 이르게 되어 우리가 만족하는 바이다.

대저 한국의 농업은 개량의 여지(餘地)가 아주 많음에도 불구하고 불행하게도 그동안 권업기관(勸業機關)이 없고 농민 역시 개량의 방법을 알지 못하였다. 따라서 일본사람의 농업경영 방식에 문제점이 있어서 한국을 위하여 득이 되는 방법을 새로 개발하는 일은 계속해서 많은 점을 추가해야 하겠지만 풍토(風土)의 다른 점이 있기 때문에 인정(人情)의 비슷한 점만을 앞세우려 한다면 쉽사리 그 방법을 정하기 곤란한 일이다. 보람 없이 망양지탄(望洋之嘆)을 발하고, 이리하여 모두가 그런 이야기를 하지만 이런 일은 지금 뜻밖에도 일한(日

---

53) 김장규·구자옥 등 번역(2008), 『조선총독부 권업모범장보고』(1906), 농촌진흥청.

韓) 양국에게 커다란 유감스러운 일이 아닌가. 그래서 지침(指針)을 세워 목적을 이루는 방향을 제시, 빨리 개량진보(改良進步)의 길에 오르는 것이 실로 눈앞의 급한 일이라 아니할 수 없다. 이에 반해서 우리 모범장은 창업한 지가 그리 오래되지 않고 창업사무가 번거로우며 바쁜 가운데 있지만, 시설이 불완전함에도 불구하고 여러 가지 어려움을 물리치면서 꾸준하고 열심히 연구조사에 종사함으로써 서둘러 지도하고 이끌어 도와주는(指導誘掖) 결실을 거둘 것으로 바란다. 본호(本號)에 수록되는 부분의 것은 그 성적의 일부분으로써 확실하기보다는 아직 완벽함을 얻지 못한 것이겠지만 적극적으로 발표하는 내용만은 비록 작지만 당사자(當事者)의 참고에 도움이 될 것으로 믿어진다.”

이와 같은 그의 기본적 견해에 따라 이른바 '개량농법'의 하나로 조선농업에서 가장 심혈을 기울인 것은 우량품종의 보급이었다. 이에 따라 일제는 일본 내에서 신품종 기술을 도입한 경로로는 일반적으로 총독부 농업기술기구가 직접 가져온 것이 있겠지만 일본에서 이주한 모든 농가들, 예를 들면 동척 이민과 불이흥업 이민, 농장 등 민간에서 도입한 것이 있다. 이중 권업모범장·도종묘장이 도입한 것이 45%, 이주농가·농장 등이 들여온 것이 55% 였다. 그러나 식민지 초기에는 우량품종의 도입보급에 대해 권업모범장·도종묘장 등 농업기술기구의 역할이 대단히 컸다.[54] 일제는 한말 농업, 특히 수도의 품종에 대해 그 개량의 여지를 매우 강조하고 있었다.

"한국 전체 벼는 따뜻한 데에서 자라는 작물인 고로 온난한 지방에서는 수량이 많고, 품질도 좋다. 그러나 한랭한 지방에서는 수량이 차차 감하고, 품질도 또한 나빠져 모든 한국의 쌀 수확은 일본의 약 반량에 해당한다. 이와 같은 차이가 있는 것은 재배법에 전혀 주의를 기하지 아니한 결과라. 만일 능히 종류의 선택, 종자의 정선 묘대 및 본답의 관리, 해충의 구제 등에 대하여 충분히 개량을 더할 것 같으면, 아무리 적어도 현재 7, 8할의 증수를 얻기에 어렵지 아니할 줄로 믿는다.”[55]

일제는 수도재배법의 개량을 통하여 적어도 7, 8할의 증수를 올릴 수 있다고 강조하였다. 이에 따라 벼농사의 개량법을 장려하는 한편, 이른바 우량품종을 보급하는 일에 전념하게 되었다. 물론 그러한 사업을 담당한 주체는 권

---

54) 左藤健吉, 〈試驗硏究竝びに普及上の成果—稻作關係—〉, 『舊朝鮮における朝鮮日本の農業試驗硏究の成果』, 農林統計協會, 1976, p.231.

55) 〈稻作의 話(一)〉, 『韓國中央農會報』 2-1, 1908. 1. 〈韓文附錄〉, p.1.

업모범장과 종묘장이었다. 권업모범장에서는 시작(試作)을 통해 초기부터 조신력(早神力)은 적어도 수원·목포·군산지방에서 품질우수, 다수확의 우량종(良種)임을 확인하게 되었다. 즉 권업모범장 장장인 혼다(本田幸介)는 1906년 수원지방에서 조신력(早神力) 시작(試作)을 통해, 조신력(早神力)이 명충(螟蟲)과 부진자(浮塵子)에 대해 피해가 적고, 또 건답(乾畓)에 심어도 재래종보다 수량이 많다는 결과를 얻었다.56) 이에 이 종자를 보급할 것을 지시한 바 있다.57)

다른 한편으로, 1910년 8월 27일에 한일합방이 되면서 세상은 일제의 통치 하로 넘겨졌고, 그해 10월 1일 관제개혁으로 수원농림학교(현 서울대학교 농생명과학대학의 전신)는 조선총독부 농림학교로 개칭되면서 권업모범장에 부속되게 되었다. 이에 앞서 1908년 1월 1일자로 이미 권업모범장장으로 있던 혼다(本田) 장장은 농림학교 교장으로 겸임 발령되어 있던 터였다. 따라서 혼다(本田) 박사는 권업모범장의 창설과 함께 농림학교의 실제적 창설·육성자였다고 할 수 있다.

농업교육에서 그가 치중하였던 것은 교과목 개편과 내용의 개선이었던 것으로 알려지고 있다.

다음 두 표는 각각 1906년도(당시 한국정부하의 2년제 수원농림학교)와 1910년도(당시 총독부하의 3년제 농림학교)의 본과 교과과정을 예시한 것으로58), 혼다(本田) 교장에 의하여 대폭 바뀐 교수요목(敎授要目) 편성내용을 대조하여 알 수 있다.

---

56) 本田幸介의 지시를 받아 1906년 4월 통감부 농상공부 농무국장 中村彦은 경기도 수원군 서둔전 경작인 28명에게 日本稻인 早神力·近江·信州·都의 4종을 배부하고 시작을 한 결과, 早神力은 재래종에 비하여 2.4할의 증수를 거두고, 近江은 0.94할, 信州는 0.75할, 都는 靑熱되고 말았다. 그래서 조신력이 가장 유망하다고 하여, 다음 해 場用 種子로 조신력을 정하고, 본장 직영전과 합해 7.6정보에 작부하는 등 감독전 면적의 3분의 1은 조신력을 재배케 되었다(勸業模範場, 〈水稻早神力の栽培成績〉, 『朝鮮農會報』7-3, 1912. 3, pp.3~4).

57) 金度亨(1995), 「日帝의 農業技術 機構와 植民地 農業支配」, 國民大學校 文學博士學位 論文.

58) 서울대학교 농업생명과학대학(2008), 『농학교육 100년』(1906 ▶ 2006: pp.37~44).

<표 17> 2년제 수원농림학교 본과 교과과정(1906)

학과목	주당 시간	1학년	주당 시간	2학년
수신	1	인륜, 도덕	1	좌동
일어	6	회설, 서취, 독서	4	회화, 서취, 독서, 작문
수학	3	필산, 주산	3	대수, 기하, 측량
물리, 화학, 기상	3	물리, 화학, 기상	-	-
농학대의	2	-	1	-
토양 및 비료	-	-	2	-
작물	2	작물재배	2	작물재배, 원예병충해
축산	-	-	1	-
양잠	1	-	1	-
농산제조	-	-	1	-
임학대의	3	-	1	-
조림학	-	-	3	-
수의학대의	-	-	3	-
경제 및 법규	-	-	1	-
계	24	-	24	-
실습	무정시간	-	무정시간	-

<표 18> 총독부 농림학교 본과 교과과정(1910)

학과목	주당 시간	1학년	주당 시간	2학년	주당 시간	3학년
수신	1	인륜, 도덕	1	좌동	1	좌동
국어	6	독서, 작문, 회화, 서취	6	좌동	5	좌동
수학	3	수학	-	-	-	-
이과	2	물리화학	1	기상	-	-
발물	3	동물, 식물, 광물	1	인체생리	-	-
토양학	2	토양학	-	-	-	-
토지개량론	-	-	1	토지개량론	-	-
비료학	-	-	2	비료학	1	좌동
도구론	3	농구론	3	-	-	-
작물론	3	보통작물론	3	원예작물학	2	공예작물론
축산학	-	-	1	축산학	2	-
잠사학	1	잠사해부 및 생리사육법	1	사육법잠체병리 제종법	1	재상법, 제사법
농산제조학	-	-	-	-	2	농산제조학
작물병충학	1	작물해충학	2	좌동	2	작물병리학
임학통론	2	임학통론	-	-	-	-

학과목	주당 시간	1학년	주당 시간	2학년	주당 시간	3학년
산림생산학	2	조림학, 보호학	4	조림학, 이용학, 임산제조학	1	조림학
산림경영학	–	–	–	–	3	측수학, 경리학, 임가산법
수의학대의	–	–	2	수의학대의	–	–
측량	–	–	2	측량	3	좌동
경제법규	–	–	–	–	2	경제 및 법규
계	29	–	30	–	25	–
실습	무정시간	–	무정시간	–	무정시간	–

즉 혼다(本田) 교장에 의하여 1910년 12월에 교칙개정이 이루어졌던바, 그 주 내용은 국어를 일본어로 바꾸어 시간을 대폭 늘리고, 농사개량의 실체를 주도할 교과목으로 토지개량론과 농기구론을 추가하는 대신 지리학은 삭제, 수학은 축소하고 측량을 수학에서 분리하여 별도 과목으로 강화한 내용이었다. 또 이에 대응하여 수원농림의 졸업생에 한하여 관립고등보통학교 졸업자와 동등한 이상의 자격을 인정하여 판임문관으로 채용될 수 있도록 허가도 하였다.

물론 시대 흐름과 학교에 대한 인식의 변화에 따른 변모상일 수도 있지만, 혼다(本田) 교장의 지휘하에서 학교의 규모나 사회적 인정도, 그리고 학문이나 농사실무 양성적 기능이 성장해 온 것도 사실이다. 이와 같은 실체의 변모와 성장은 아마도 혼다(本田) 교장이 행사할 수 있던 당시의 막강한 정치력과 그의 철저한 의지에 크게 달려 있었던 결과로 보인다.

결론적으로, 혼다 고노스케는 이토 총독의 한국침투 및 식민지 농정을 도운 제1등 참모로서, 그는 자신이 조사 · 보고하였던 토지농산조사 결과를 직접 활용하였으며, 특히 권업모범장과 농림학교를 수원에 위치시키면서 각각 장장과 교장이 되어 농사시험 · 연구 · 교도의 모범안을 설립하고 농업교육의 기틀을 세웠던 장본인이었다.

일제강점기에 수립했던 그의 농업기술과 농업교육의 정체성은 일제의 식민지화 정책을 뒷받침하는 데 있었음이 틀림없으나 그의 『한국토지농산조사』는 그 자체로서 당시 한국의 실정을 근대화된 방식으로 적나라하게 밝힌 자료로써 소중하며 한국 측에 대하여서도 충분한 역사적 가치를 지닌다고 하겠다. 또한 권업모범장 장장이며 수원농림학교 교장으로서 약 15년간을 직무에 임하여 그가 주장했거나 수행하였던 각종 농업전문가로서의 시책과 결과는 나름대로의 논리성과 과학성을 지니며 어느 정도껏은 긍정적으로 인정받을 수 있을 것으로 판단된다.

오늘날 일본에서는 혼다 고노스케를 "일본 역사상 안도(安藤廣太郞) 이후의 단 한 사람 농업과학기술자"로 일컫고 있으며, 혼다 고노스케는 1930년 4월 20일 오전 7시에 일본 도쿄의 고향집에서 서거하였으며, 1930년 5월 15일자에 발간된 『조선농회보』 4~5권 14~19면에는 "朝鮮農界の恩人 本田博士を偲びて"라는 어느 기자(記者)의 무기명 추도기사가 실려 있기도 하다.[59]

---

59) 『조선농회보』 4~5권 14~19면

4. 『조선반도의 농법과 농민』, 그리고
타카하시 노보루(高橋 昇)

-오치아이 히테오(落合秀男)의 소개글 번역문 중심-

어떻게 이런 놀라운 자료가!

필자는 지난 2006년에 발간된 10,000여 페이지의 방대한 사료, 『한국농업 근현대사』의 발간위원장을 맡아 기획부터 집필과 발간업무에 여러 해의 세월을 칠전팔기하였다. 그 어려움 가운데 분명했던 한 가지 사실은, 과거를 적나라하게 반증해 볼 구체적인 사료가 너무 부족하고, 또한 손에 닿지 않는다는 것이었다. 안타까운 노릇이었다.

그러던 차에 타카하시 노로부[高橋 昇]의 『조선반도의 농법과 농민』이라는 책을 접할 수 있었다. 책값이 1권에 13만 엔이니까 우리 돈으로 150여만 원에 이르러서 놀라기도 하였지만, 더욱 놀라운 것은 그 책에 기록된 생생한 당시의 우리네 농법과 농민에 대한 서술내용이었다.

"아니! 어떻게 이런 놀라운 자료가 있을 수 있었고, 또한 왜 이제야 내 손에 닿게 된 것일까?"

나는 즉시 농촌진흥청의 관계관들과 접촉하여 한시라도 빨리 이 책의 우리말 번역과 출판을 독려하였고, 다음의 글을 보도자료로 신문에 게재하여 번역필요성에의 공감대를 형성해야 할 처지였고, 그런 연후에 비로소 전재로 번역에 착수할 수 있었다.

1) 보도자료: "타카하시 노보루[高橋 昇], 그의 눈과 가슴의 소리"

최근에 잇따라 보도되는 어린이 납치사건의 끔찍한 만행과 "감시카메라"의 역할을 보면서, 많은 시민들이 서늘한 가슴을 쓸어내리며, "감시카메라"의 위력이 얼마나 큰 것인지 새삼 되뇌는 모습이다. 사실이란 언제나 하나의 모습을 가지는 것이고 따라서 사실 앞에서는 변명이 아무런 소용도 없는 탓이다. 그래서 사실이란 소중한 것이다.

또 다른 최근의 동향 가운데 우리의 마음을 서글프게 하는 것은, 일제(日帝)나 공산당(共産黨)에 연루되는 잔재(殘滓)를 정리하고, 그 역사에 대한 국가적 사관(史觀)을 정립하겠다는 운동이다. 어린 2세를 가르칠 "역사의 소리"가 한결같지 못한 데 대한 이구동성인 탓이다. 정권이 바뀔 때마다 좌파니 우파니 하는 정치꾼들과 함께 놀아나고 있는 사가(史家)들의 서로 다른 이해관계 때문이다. 역사는 하나인데 당시의 생생한 "감시카메라" 진상을 보지 못하고 꾸며진 자료에 따라 이리저리 편리한 결론을 만들어 내기 때문이다.

필자는 수년 전부터 "한국농업 근현대사"의 집필에 참여하여 각급 도서관에 가서 먼지 쓴 사료(史料)들을 뒤진 적이 있다. 그간에 각급 공공기관이 출간해낸 여러 분야의 역사기록집들이 허다하지만, 그럼에도 불구하고 특히 일제사 부분에 대한 내용들은 직접 원재료를 보지 않고 고작 재인용된 것이거나 근거가 불분명한 것들이 대부분이었고 재인용 과정에서 잘못 옮겨진 것들도 셀 수 없이 많았다. 도서관의 원 자료를 펼쳐내면 "도대체 이런 자료를 누군가라도 열어 본 적이 과연 있기나 하였던 것일까?" 하는 의구심이 들 만큼 사람들의 손길로 만져진 흔적이 없기도 하였다. 이런 빈곤하고 허약한 실정 속에서 최근에는 한국근대화 100년의 진상이 매듭지어지고 있는 것이다.

일제강점기 동안에 만들어졌던 자료들 가운데서, 필자의 눈에 띄었던 인물은 조선총독부 농사시험장 서선(西鮮)지장장을 역임하였던 타카하시 노보루[高橋 昇] 박사로서, 그는 일찍이 "일본이 한국 땅에서 수행하고 있는 농사기술의 개량사업은 결코 한국 전래의 전통기술과 맥을 잇지 못할 뿐만 아니라 일본의 (군국적) 입장만을 직설적으로 살려서 한국 땅에만 무리하게 접목시키고 있는 것이며, 결코 큰 성과를 거양하기 어려운 잘못된 것"이라는 의견이 그의 지론이었다.

그는 1892년 후쿠오카에서 태어나 동경제국대학 농학부를 졸업하고 우리나라에서 "3·1운동"이 일어나던 바로 그해부터 수원의 농사시험장 본장에 근무케 되었다. 그는 2년여에 걸쳐 미국과 유럽 여러 나라를 장기적으로 시찰 출장함으로써 서양의 농학을 깊이 통찰할 수 있었다. 그 뒤 다시 한국으로 돌아와 서선지장장과 수원 본장의 총무부장을 역임하면서 "벼의 유전·육종"으로 농학박사 학위를 취득하였을 뿐만 아니라 우리나라에 더없이 소중한 자료를 창출해 주었던 인물이다.

당시의 불편한 실정에서도 그는 우리나라 8도를 일일이 답사하면서 우리나라 전래의 농사기술과 농기구, 농촌생활 문화를 카메라 사진과 병행하여 손수 스케치하고, 수많은 원고지 위에 기록하는 공적을 남겼다. 수없이 많은 농가를 답사하며 농사 규모나 사정, 농법과 작부양식, 매끼의 식생활 형편과 경영 경제 기반, 그리고 가족관계나 작물 품종부터 농기구·생활용품에 이르기까지 세세한 기록을 산처럼 쌓았던 것이다. 설명하기 어려운 것은 일일이 손수 스케치하여 덧붙였고 통역의 도움을 받아 우리나라 지방의 사투리까지 그대로 옮겨 놓았다. 실로 감탄을 하지 않고는 자료를 일별할 수조차 없는 것이었다. 혹간은 논문이나 기행문으로 발표하기도 하였지만, 산처럼 쌓여진 대부분의 현장자료는 손에 닿지 않는 "감시카메라"의 필름처럼 밀쳐져 있었을 뿐이다.

그가 8도를 답사하면서 사진·스케치 및 노트기록을 남긴 상세한 조선 전래의 방방곳곳 영농실태가 있고, 조선농촌의 음식과 식생활, 조선의 먹을거리에 관한 조사·기록을 백미로 꼽을 수 있다. 또한 1933년에 출간한 그의 저서 "조선 주요 농작물의 품종명에 대하여"와 1937년의 "조선 농구고(農具考)"도 빼놓을 수 없는 귀중한 사료(使料)이다.

타카하시 박사는 1945년 8월에 한국의 광복이 오고, 모든 일본인들이 서둘러 일본 귀환의 배를 탔지만, 평생에 이룩한 자료의 정리·보존을 위하여 그대로 한국에 잔류하였다. 조선의 재래농사와 농촌의 생활문화에 대한 조사기록은 그대로 일제강점기 조선의 생생한 기록("CCTV"의 필름)인 동시에 사료(使料)이고 또한 타카하시 박사 자신의 인생(人生)이었던 것이다.

타카하시 박사는 광복 1년 뒤인 1946년 5월에 일본인 고국으로 귀환하였고 그 2개월 뒤인 1946년 7월 20일에 심장질환을 헤쳐 나오지 못한 채 향년 55세로 사망함으로써 그의 생을 마감하였다.

그의 사후에 둘째 아들인 타카하시 고시로[高橋 甲四良]가 주축이 되어 아버지에 대한 추모사업이 뒤늦게 이어져 왔다.

1998년에 일본 미래사(未來社, 1292쪽)에서 『조선반도의 농법과 농민』이란 유고집을 출간하고, 2000년에는 일본 오사카경제대학에서 "한국과 오사카의 역사와 민속"이라는 심포지엄을 열어 그의 공적을 기렸으며, 2000년 10월과 11월에 일본과 한국에서 각각 "타카하시 사진전"을 개최한 바 있다.

이들 추모사업을 계기로 하여 타카하시 박사의 조사·기록 사료를 한국의 농촌진흥청에 기증·이관케 되었다. 기증 자료에 관한 보고에 따르면, 조선의 쟁기, 조선 벼의 역사과정, 농촌노동력 실상에 관한 조사기록과 2,500매 이상에 달하는 사진·원판필름·그림·지도 등이 더 포함되어 있다고 한다.

우리나라의 역사적 사료로서 세계의 문화유산으로 지정된 "『조선왕조실록』"과 "500년의 강우조사기록"은 참으로 자랑스러운 선조들의 CCTV 역사 필름이라 하겠다. 또한 이순신 장군의 잃어버렸던 32쪽 원고도 참으로 소중한 사료가 된다.

그러나 우리나라의 생계이며 재화(財貨) 생산의 실체 그 자체가 농업이었던 과거 우리나라의 역사는 제대로만 사실 실체를 CCTV 필름처럼 밝히는 매체가 있다면 그것은 농업·농촌·농민에 관한 형식적인 어떤 기록보다 더 귀중한 것일 수밖에 없을 것이다. 더욱이 국가적 사관(史觀)의 정립조차 제대로 하기 어려워서 대안(代案) 역사 운운하는 일제강점기의 농업·농촌·농민에 관한 진실한 사료야말로 우리가 얼마나 학수고대하며 밝혀 알고자 하였던 것인지 알기가 어렵다.

타카하시 박사의 기록은 조선총독부와 전혀 관계가 없이 개인적인 신념과 노력 및 비용으로 이룩된, 일종의 "진실 CCTV 필름"과 같은 것이다. "감시 카메라"의 위력을 비로소 인식하게 된 오늘날 우리 실정에서 타카하시 박사의 엄청나게 방대한 사실기록 사료는 이제라도 필요한 사람들이 쉽게 접근하여 읽고 연구·분석하며, 진실한 사관(史觀)을 정립할 수 있도록 우리 글로 번역·출간되어야 할 것이다.

　다행히도 농촌진흥청에서는 한국농업 관련 고농서 국역(國譯) 사업을 추진하면서 개화기 농서에 대하여도 관심을 갖고 이번에 타카하시 노보류[高橋 昇]가 저술한 농서를 국역한다고 하니 반가운 마음 금할 길 없다. 다른 개화기 농서도 적극적인 관심을 가져주기를 바라는 마음 간절할 뿐이다.

2) "『조선반도의 농법과 농민』을 번역하면서……"

　타카하시 노보류[高橋 昇] 박사의 필생적인 기록집은 어떤 말을 덧붙여 표현하더라도 그 진가를 다할 수가 없는 귀중한 자료임에 틀림없다. 이런 자료를 비록 뒤늦은 지금이라도 한국농업사학회가 맡아서 번역할 수 있는 기회가 주어졌다는 것만으로도 반갑고 고맙기 그지없다.

　원래, 누구의 글을 다른 언어로 옮긴다는 것은 가당치가 않은 일이다. 더욱이 농업의 근대화를 채 이루지 못하고 있던 1900년대 전반기의 우리나라 8도 현지의 기록이어서 당시의 사정에 밝지 않은 우리들로서는 이해하기 어려운 실정이 너무 많았던 것이 사실이다. 뿐만 아니라 이 글을 쓴 이가 우리나라 사람이 아닌 일본인이었고, 그나마도 현지에서 주워 듣고 자세히 관찰할 시간도 없이 수첩에 받아쓰며 스케치하거나 당시의 카메라로 사진 찍은 내용들로 꾸려진 자료집이었던 것이다. 동일한 물건이나 상황에 대한 우리말도 저마다 다른 사투리나 민속어로 기록되어 있어서 번역의 어려움은 더욱 가중될 수밖에 없었다.

본 자료집은 우리에게 당시의 생생한 사실 기록집으로 귀중한 역사성을 지니는 것이기 때문에, 번역자가 완벽한 이해를 할 수 없는 것이나 기록자가 원천적으로 잘못 기록한 내용이라도 가급적 원 기록을 고치지 않도록 하였다. 사료(史料)는 잘못이 있더라도 그 자체는 사료적 가치를 지니는 탓이며, 번역물을 읽는 이들이 고쳐 읽고 이해해야 할 몫이기 때문이다.

또 하나의 어려움은 본 자료집의 "영농실태조사"가 완벽한, 또는 최소한의 문장으로 기록된 것이 아니라 야전에서 움직이며 조급하게 기록한 글이어서, 어떤 경우에는 상황을 대변하는 단어들만 순서대로 나열되거나 단위(單位)조차 표시하지 않은 수치들로 열거된 것들에 지나지 않은 문장 아닌 글이었다. 단어들 가운데 많은 것들은 각 지방의 촌민들이 쓰는 사투리를 일본식 발음으로 옮겨진 것들이어서 오늘의 표준적인 우리말을 찾아 바꾼다는 것이 가능하지 않았다. 우리 발음으로 옮겨 놓고 보니 우스꽝스럽기 그지없고, 고개가 갸우뚱해지는 것은 어쩔 수 없었다.

그러나 기록집이 이렇게 구성되어 있어도 그 자체가 지니는 생동감과 진실성은 오히려 그 무게를 결코 줄이지 않은 것이었고, 사료적 가치는 한층 더하여 박물적 가치로까지 승화할 수 있는 것으로 느껴졌다.

번역자마다 느끼는 바는 서로 다르기 마련이다. 필자는 작물학을 중심으로 잡초학·농업생태학을 전공한 탓으로 타카하시 박사의 방대하고 수많은 기록

속에서 그가 애착의 끈을 놓지 않았던 조선농업의 전통가치가 이 세상 어느 선진 농법이라도 결코 뒤따르지 못하는 밭의 작부체계나 농기구의 실용성, 휴립재배의 벼 생태적, 잡초관리적 장점을 체계화할 수 있다는 가능성, 현지적 응성에 기초한 농민들의 식단구성, 또는 가족중심의 농가경영체계에 대한 특성 등에 있었을 것으로 짐작되었다.

　혹시라도 오늘의 우리나라 농학을 이끌어 가고 있는 농학자들조차 아직껏 우리나라의 전통적 농업기술의 가치를 이해하지 못하고 있거나 또는 친환경적·생태적 농법을 제대로 확립시키지 못하고 있는 오늘날의 농학적 딜레마에 대한 정답이 타카하시 박사의 논리에 숨겨져 있는 것은 아닐 것인지 모르겠다는 안타까움이 앞선다.

그림 30. 호리쟁기

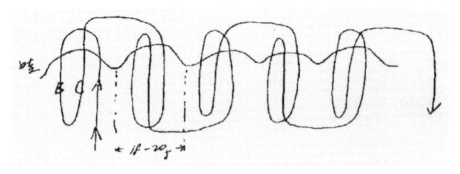

그림 31. 파종골내기 쟁기질 작업순위도

도대체 그는 어떤 사람이기에!*

사람은 일생에 수천수만 명의 사람과 접촉하며 서로 이야기를 나눌 것이다. 그러나 일단 헤어져 버리면, 하루하루가 지나면서 그 사람에 대한 기억은 희미해져 가고 언젠가는 잊혀 버리는 것이다. 그런데 그런 속에서도 몇몇 사람은 강한 인상을 남기고, 때로는 그 후 삶의 방식마저 바꾸게 되기까지 하는 일이 있다. 그러한 사람과 만날 수 있는 기회란 흔치 않은 일이다.

내가 타카하시 씨와 함께였던 것은 6년간에 불과하지만, 지금도 마치 어제의 일처럼 선명하고, 무언가를 계기로 타카하시 씨가 떠오른다. 그만큼 나에게는 타카하시 씨에게서 배운 학문적인 은혜(學恩)가 컸기 때문일 것이다.

조선(朝鮮)에 있어 농업연구의 업적을 회고해 보면, 타카하시 씨의 족적이 얼마나 컸는지, 새삼 놀라게 된다. 특히 전작연구(畑作研究)에 있어서는 타카하시 씨를 빼고는 아무것도 생각할 수가 없다.

타카하시 씨의 풍모를 처음 접한 것은, 1933년 봄이라고는 하나, 논이나 밭이 아직 얼어붙어 있던 3월, 수원 본장(水原本場)에서의 시험설계 협의회를 할 때였다. 이른 봄이 되면, 매년 전선(全鮮)의 시험장 책임자가 수원본장에 모여서, 다음 해의 설계 협의를 하는 것이 상례였다. 분명, 처음 이틀간은 총독부 농사시험장 관계, 다음 이틀간이 도농사시험장 관계였다. 각 도에서는 농사시험장장이나 장장을 농무과장이 겸무하고 있는 곳은 시험장 주임이 출석해, 각 도의 내년도 시험계획을 직접 나서서 설명하고, 총독부 농사시험장 및 총독부 농림국의 고관들로부터 지도를 받는 것이다. 지도라고는 하나 호되게 닦아세움을 당하는 것이다. 그중에서도 타카하시 씨와 오노테라지로[小野寺二郎] 씨의 신랄한 비평은 정평이 나 있었다.

나는 그 전년 가을, 본포면작지장에서 강원도 농사시험장으로 주임을 맡아 왔을 뿐으로, 이 회의는 처음이었으며, 더욱이 농업시험관계자 중에서는 가장

---

* 본고는 타카하시 노보루[高橋昇] 박사의 제자인 오치아이 히데오[落合秀男옛 姓은 森]가 『舊 朝鮮에 있어서 日本의 農業試驗研究 및 成果』에 게재한 글을 필자와 강수정(경희대) 등 우리말로 옮긴 내용이다.

어린 신참자였다. 대졸(大卒)이 지금처럼 흔하지 않았던 탓이겠지만, 목포지장에서 직원으로 채 일 년이 안 되게 일을 해왔을 뿐으로, 작다고는 하지만, 느닷없이 도농사시험장의 주임을 맡게 되었던 것이다. 도청의 농무과장이 장장이었는데, 겸무로 주임이었던 나에게 전부 맡기고 있었다. 상당히 호된 일이다.

정작, 정면의 장장(場長) 자리에는 유카와[湯川] 장장의 커다란 대머리가 위압적으로 빛나고, 그 양쪽으로, 나가이[永井威三郎] 선생을 비롯해, 마스후치[增淵次助], 와다[和田慈穗], 타카하시[高橋昇], 미스[三須英雄], 사토[佐藤健吉], 오노[小野寺次郎], 나카지마[中島尋己], 요시이케[吉池四郎], 오자키[尾崎史郎] 대선배였으며 더욱이 나에게는 처음 뵙는 분들뿐이다. 30세도 안 된 어린 나는, 마치 검사 앞에 끌려나온 피고 같은 느낌이었다. 아무리 해도 조금 불안했기에 오랫동안 강원도농시에서 도작시험을 담당하고 있던 마츠타케[松武議治] 군에게 후견인처럼 옆에 있어 달라고 부탁까지 하였던 터였다. 너무도 무신경한 나를 불쌍하게 생각했는지 내 설명은 거의 질문도 없이 통과되어 안심했다. 다음 함경남도농시의 설명이 시작되었을 때, 이마의 땀을 간신히 닦았다.

협의회 날 밤에는 늘 그렇듯이 수원에 있는 거리의 요릿집에서 친목회를 가지게 되었는데, 어찌 된 일인지 그 자리에서 나는 타카하시 씨와 대선배인 핫타[八田吉平] 씨 사이에 끼어 앉게 되었다. 나는 전혀라고 해도 좋을 정도로 술은 마시지 못한다. 그런데 이 두 사람은 듣던 대로 주호(酒豪)였다. 연회가 무르익고, 일본술로는 끝이 나지 않을 것 같자, 소주를 특별히 주문해 가져오게 해서, 나를 사이에 두고 잔의 헌주가 시작되었다. 이런 연회석에 나간 것은 처음으로, 그렇잖아도 어떻게 해야 좋을지 모르던 차에, 타카하시 씨로부터 "조선에 와 술 정도를 못 마시면 안 되지"라며 가세를 하였던 것이다. "이거 엄청난 세계에 발을 들여놨군. 큰일이다"라는 생각으로 호되게 당황했던 것이다. 그렇다고 새삼 그만두고 일본으로 돌아갈 수도 없는 일이었기 때문이었다.

(중략)

지금 가슴깊이 고맙게 떠오르는 것은, 그 무렵 일본 내지에서는 안도[安藤廣太郎] 선생, 조선에서는 유카와[湯川]장장 및 총독부의 이시즈카[石塚峻], 야마모토[山本壽己] 기사 등 대선배가 기술자 전부의 인사를 장악하고 있었으며, 우리들과 같은 말단에 이르기까지 부모처럼 배려해 주신 일이다. 이 무렵에는 사무관료에 따라 장기의 '보(步)'처럼 취급받기도 하는데, 상당히 사정이 달랐다.

여하튼, 영전이라는 명목하에 보기 좋게 강원도에서 쫓겨나 농사시험장(권업모범장)으로 옮기게 되었던 일은, 나에게 있어서는 다행한 일이었다. 강원도에서의 2년간, 무언가를 계기로 타카하시 씨의 이야기를 듣게 되는 기회가 많았고, 언젠가는 직접 지도를 받고 싶다고 생각한 적도 있으며, 같은 총독부 농시에 있으면 어떻게든 사정도 괜찮을 것이고, 특히 용강은 타카하시 씨가 계시는 사리원에서도 가까우므로 뵙게 되는 일도 많을 것이라는 생각이 들었다. 이런 일도 있었다.

타카하시 씨와 같은 1918년 동대(東大) 졸업생인 아사미[淺見与七] 동대교수가 조선을 방문했을 때, 나는 타카하시 씨로부터 전보로 평양으로 오라는 호출을 받았다. 당시 용강에는 전화가 없었다. 용강에서 평양까지 가까워 좋을 법했으나, 아무런 예고도 없어 당황스러웠다. 이렇다 할 용무가 있었을 리도 없는데, 나를 아사미[淺見] 선생에게 소개해 주시기 위함이었던 것 같다. 가능한 한 기회를 포착해, 많은 선배와 만나 가르침을 받도록 하라는 것이었다.

나는 이 두 사람의 이야기를 듣고 있었다. 아사미[淺見] 선생도 거의 술을 좋아하시지 않으므로, 결과는 타카하시 씨가 아사미 선생과 나를 안주 삼아 밤새 마시는 데 따라다니게 된 것이었다. 기생집에도 들어갔었던 것으로 기억한다. 근엄 그 자체인 듯한 아사미 선생과 술꾼인 타카하시 씨는, 자못 기묘한 조합처럼 보이지만, 다만 대학 동기생이라는 점 이상으로 너무나도 절친한 친구 사이 같다는 느낌이 들었다.

선생을 여관에 배웅하고 나서, 인적이 끊긴 대로를 술이 취해 갈지자걸음으로 철도(鐵道)호텔까지의 거리, 혀 꼬부라진 소리로 조선농업에 대한 포부를 말씀하셨다. 그것은 좋았는데 돌연,

"이젠 사람들도 보지 않으니까 괜찮겠지"

라며 전차길 한가운데를, 걸으면서, 소변을 뿌려대며, 이야기가 이어졌다. 40여 년 전의 일이라 이야기의 내용은 기억이 잘 안 나지만, 타카하시 씨의 이야기는, 시험장 일보다도, 그 배경이 되는 조선농업의 일이며, 그리고 그중에서 시험장은 어떠해야 하는지 언급하셨다. 흥에 달하면 머무를 곳을 알지 못한다. 이러한 때가 되면, 후쿠오카 사투리가 그대로 나와, 설왕설래한다. 젊어 경험도 없는 나는 좀처럼 따라갈 수가 없었다.

그런데, 이튿날, 호텔 계산대에서 지불을 하는 단계가 되자,

"자네를 멋대로 불러냈으니 여기는 내가 내지"

라며 호주머니에서 지갑을 꺼내 안을 뒤적이시다가는 마침내

"이봐 10엔만 빌려줘. 어제 너무 마셔서 돈이 모자라네."

결국 두 사람 분의 호텔비를 내가 계산하고 말았다. 타카하시 씨가 40세를 넘긴 지 얼마 되지 않았을 무렵의 일이다.

나이 오랜 앨범 속에서 빛이 바래 버렸지만, 낙랑(樂浪)박물관을 등지고 아사미 선생과 내가 나란히 서 있는 사진이 있다. 그때의 것이었다.

홍소(鴻巢)시험지의 우장춘(禹長春) 씨도 용강지장에 오신 적이 있다. 오노테라[小野寺] 지장장이 출장 중으로 나만 있을 때였다. 평양까지 함께 가지 않겠냐고 하셔서 따라갔다. 숙소에서 밤이 새는 줄도 모르고, 우씨의 에도[江戶] 상공업지역 장인들이 쓰던 기세 좋은 말투의 이야기에 귀를 기울였다. 그다지 급이 높은 여관이 아니라, 전등 불빛이 어두웠다. 우씨는 페튜니아[petunia] 유전연구로 후세에 남는 업적을 거둔 분이었는데, 유전학자라고는 여겨지지 않는 넓은 견식과 정열을 아울러 갖추고 있었으며, 어딘지 타카하시 씨와 통하는 데가 있어, 친교가 두터웠던 것 같다. 나중에 알게 된 일이지만, 우씨가 나에게 평양까지 따라가게 한 것은 타카하시 씨로부터 하룻밤 교육을 해주라고 했기 때문이었다고 한다.

우씨는 아버지께서 한국인이어서, 전후 한국정부로부터 초청을 받아 한국으

로 옮겨와 얼마 안 되어 돌아가셨다고 한다. 한국의 농업발전을 위해 좀 더 오래 사셨어야 될 분이었다. 타카하시 씨와 함께 잊을 수 없는 분이다.

그 무렵 용강은 문자 그대로 한촌(寒村)이었다. 평양으로부터 진남포로 이어지는 철도 진지동(眞池洞) 역에서 거듭 십여 킬로미터 떨어진, 낮은 언덕에 숨겨진 작은 촌이었다. 배후의 바위산에는 무너진 성벽이 남아 있었다. 벽화로 유명한 강서(江西)의 장식고분도 가까이에 있었다. 고고학이 붐을 일으키기 전이었으므로 아직 발굴되지 않은 고분이 가까이에 몇 개나 더 있었던 것 같다. 고분을 그대로 사과 저장고로 사용하기도 하는 사과 과수원조차 있었다. 왜 좀 더 공부해 두지 않았을까 후회가 되었다.

인부가 신문지에 싼 밤을 조금 가져다 준 적이 있다. 작은 알맹이로 보아 썩 좋은 것도 아니고 양도 적다. 이런 것을 일부러 주는 속내를 알지 못한 채, 먹어 보자 그 맛의 훌륭함에 놀랐다. 재빨리 고마움을 표했다. 그리고 알게 된 것인데, 근처에 자연적으로 심겨진 밤나무가 있다. 임자도 없으므로 누가 따도 괜찮다고 한다. 꿀밤(甘栗)으로 유명한 평양밤과 같은 종류였다.

이 부근에는 사과 과수원이 많았다. 품종은 국광(國光)으로, 상처가 난 것을 싸게 팔았다. 집에서 일하고 있던 여자 아이에게 30전을 주어 사과 과수원에 보냈더니 너무 많아 앞치마에 담을 수 없다고, 마치 울어버릴 듯한 표정으로 돌아왔다. 40개 가까이였다.

설마 무릉도원이 따로 없는 사과원경이었는데, 일상생활에는 곤란한 점이 많았다. 가게라고 해야 일본인이 경영하는 잡화상이 한 채 있을 뿐이다. 전기도 없었다. 현미경으로 하는 일은 물론 사진인화도 태양광선을 이용했다. 밤에는 8부심 램프였다. 결국 시력이 나빠져 버렸다. 그런 탓으로 이후, 안경은 떼려야 뗄 수 없게 되었다.

내가 강원도농시에 있던 시절에 경험하였던 '강원도농업실태조사'를, 어찌된 일인지 타카하시 씨는 좋게 평가해, 꼭 강원도에서 주문해 정리하도록 권해 주셨는데, 그 무렵 본인이 착수했던 농업실태조사와 결부시켜 고려했던 것 같다.

그러나 내가 이 실태조사를 한 것은, 그러한 의도는 아니었다. 10명도 안 되는 직원으로, 나가노[長野]·야마나시[山梨]·이키[壹岐] 3현을 합한 정도 인 강원도내의 농업사정을 파악하는 일은 도저히 불가능했다. 그래서 억지로 조사표를 통해서라도 실정을 알고 싶었던 것이다. 시험장의 직원이 아직 한 발도 발을 들여놓지 않은 지방이 오지에 얼마든지 있다. 그래서 우선 첫 번째 착수한 것은, 각 면(面)(일본의 무래[村]에 해당)에 조사표를 보내, 주요작물 의 관행재배법을 기입하게 하고, 그것을 시험장에 보관해 두며, 필요할 때 참 조하려는 의도였던 것이다.

여담이지만, 이 조사가 도청 농무과의 신경을 건드려, 강한 반대에 부딪혔 다. 사무소 일의 이면 등을 전혀 알지 못했던 당시의 나로서는 생각지도 못한 일이었다. 반대 이유는 이러하였다. 농무과는 총독부 농림국에 제출한 각종 보고서에 얼마든지 상황에 따라 적당히 가감하고 있었으므로, 그것이 이 조 사에 의해 표면으로 드러나는 것을 우려했을 것이다. 나는 "있는 그대로를, 꾸미거나 숨기지 않고 기입해 주십시오"라고 조사표에 부기했기 때문이다. 행 정이란 이런 것임을 그때 비로소 알게 되었다. 그렇다면 더더욱 그만 둘 수 없다. 그러나 조사는 시험장 운영을 위한 내부자료이고, 발표하려는 의도가 아니라는 것을 알게 되자 농무과도 이해를 해 주었다.

용강지장 근무 2년, 1936년 가을, 황해도(黃河道) 사리원(沙里院)에 있는 서선지장(西鮮支場)으로 전근을 명받았다. 서선지장은 전작(畑作)의 중심지 사리원에 설치되었지만, 조선에서는 전작연구가 어쨌든 경시되어 왔으므로, 그 속에서 유일한 전작 시험장으로, 즉 전작연구의 메카로 여겨졌다.

1936년 봄 수원 협의회 시절, 타카하시 씨로부터 "잠시 할 이야기가 있다" 고 해서, 경성 혼마치 거리 입구 근처에 있는 의자식으로 된 작은 요릿집으로 불려 갔다. 거기서 "자네는 이 가을부터 서선지장으로 와. 밀을 담당하게 되 었네"라고 통고받았다. 말 그대로 아닌 밤중에 홍두깨 격이다. 너무도 갑작스 러운 일이어서 꿈인지 생신지 놀랐다. 그때 대접을 받은 가막조개(바지락) 된 장국이 기분 나쁘게 뻘갰던 것만 기억에 남는다.

앞서도 말했듯이, 우리들 신분은 대선배들에게 달려 있었다. 육친처럼 걱정해 주시기 때문에, 어디로 전근하라고 하면 두 마디 않고 따랐던 것이다. 물론 이번 서선지장 근무에 불만이 있을 리가 만무하다. 그러나 대개 시험연구에 관계된 자는, 꾸준히 한 곳에 자리를 잡고 일을 하는 것이 보통인 것이다. 그런데 어찌된 일인지, 나는 전근 전근으로, 1930년 졸업 이래, 첫발을 내딛은 목포지장을 포함해, 서전지장이 4번째인 것이다. 한 곳에 2년씩이다. 처치 곤란해서, 차례로 내돌려지는 것도 싫었지만 이번에야말로 정착해서 일을 하고 싶었다. 강원도에서는 쓸데없는 짓만 했기 때문에, 2년 만에 총독부 농시로 되돌려 버렸던 것이다. 용강지장에서는 시험연구 일로 오노테라 지장장과 어지간히 서로 다투었다. 때문에 타카하시 씨에게 보내지게 된 것 같았다.

점점 중일전쟁(日華事變)도 막다른 방향으로 빠져들어 갔다. 조선에서도 식료증산 강화가 주장되고, 그 일환으로서 밀 증산계획이 수립되어진 것이다. 전작 시험연구의 중심적 역할을 해온 서선지장에, 밀 시험연구를 담당하는 기사, 기수 각 1명이 증원되고, 나와 전라남도 농시에서 수도(水稻)를 담당하고 있던 사토[佐藤照雄] 씨가 합류됐다. 학교를 나온 후, 거의 목화만 만지고 있었는데, 돌연 밀을 하게 되자, 커다란 불안이 있었던 것도 사실이다. 그러나 그것보다도 타카하시 씨로부터 직접 지도를 받게 된 기쁨이 훨씬 더 컸다.

그 후 1942년 5월 일본 내지로 전임하기까지 6년간, 밀에 전념할 수 있었다. 그러나 매일 사건의 연속으로, 타카하시 씨에게 철저하게 단련을 받았다. 호된 훈련을 받았다고 하는 편이 적당할지도 모른다. 서선지장으로 옮겨진 당초, 솔직히 말하면 조금 예상외였다. 타카하시 씨의 의도하는 바를 어떻게든 파악해 내기까지, 상당한 시간이 걸렸다. 말씀하시는 것들이 너무도 비약적이어서 이해가 안 되어 질문을 하면 "그런 것도 몰라서 어떻게 하려고 그래"라며 한방 먹는다. 타카하시 씨를 후려갈기고 돌아가 버릴까 하고 생각한 적도 한두 번이 아니었다.

함께 있었던 기간은 아주 짧았지만, 목포면작지장의 미하라[三原新三] 씨도 타입은 다르지만 곤란했다. 미하라 씨는 무언가 일을 명령할 때는 잘 설명을 해 주셨다. 단, 설명이 한 구절 끝날 때마다 "알았어?", 그리고 또다시 한 구절이 끝나면 "알았어?" 재차 확인하듯이 말하므로, 그만 "예" 하고 말해 버린다. 그런데 나중에 보면, 모르고 있었던 것이다. 질문을 하고 싶은데 왠지 무서웠다. 유리실에 포트 재배를 하고 있는 목화 20개의 개화습성을 조사하는 것이, 명받은 일이었다. 다만, 몰두했다. 미하라 씨는 목화 재배를 체계화시킨 대저 『면화학(棉花學)』의 저자로 유명하다. 제2차 대전 후, 진주군의 번역 일을 하고 계셨을 때, 찾아뵈었는데 굉장히 반가워하셨다.

지금도, 어찌해야 좋을지 모를 문제에 부딪치면, 사리원시절과 타카하시 씨가 떠오른다.

"그런 것도 몰라서 어떻게 하려고 그래"라고 꾸지람을 듣는 듯하다.

전후, 농림성에 근무하고 있을 때, 어떤 선배로부터 "자네는 타카하시 씨의 훈도를 받았다며. 그래서 알았군"이라고 해, 깜짝 놀란 일이 있다. 무엇을, 어떻게 알았다는 것인지, 나는 모르겠다. 그렇다고 해도 그렇게까지, 나에게 타카하시식이 몸에 배어버렸던 것일까 하고 두려워졌다. 만일 그렇다면, 이것 또한 실로 부끄러운 까닭이다. 그런 다음 나는 아무것도 하고 있지 않은 것은 아닐까. 은사의 이름을 부끄러워하고 있는 것은 아닐까.

서선지장에서는 동료로부터 많은 혜택을 받았다. 식물병리의 히라타[平田榮吉], 식물생리의 시로쿠라[白倉德明], 종예의 사토[佐藤照雄], 미토메[三留三千男], 모두는 기술자로 훌륭한 사람이다. 단, 한 마디 덧붙이자면, 각자 한 가지 버릇을 가지고 있었다. 타카하시식의 인재 집단이라고 할 수 있을 것이다. 서무를 보는 우메다[梅田郁彦] 씨도 아주 잘 대해 주었다. 또한 십 수 명 있던 고용원, 조수 견습생 제군들도 좋은 사람들로, 기분 좋은 매일이었다. 그래서 타카하시 씨가 무섭지만 않으면, 하고 생각했던 적도 있었다. 조금 과장되게 말하면, 타카하시 씨에 대해서만큼은, 잠시도 긴장을 늦출 수가 없었다.

타카하시 씨가 부하를 대하는 지도는 그다지 요령이 좋다고는 할 수 없다. 술꾼에다, 시간은 되는 대로이고, 추운 겨울이 되면, "오늘은 춥네"라고 할 뿐, 방한용 돕바 차림으로 장장실에 특별히 만들어 놓은 커다란 의자에 가부좌를 틀고 앉아 일을 하기도 했다. 언뜻 보면 칠칠치 못한 듯 보이지만, 시험

연구라면 이것은 또한 실로 엄격했다. 부하에 대해서는 물론, 자기 자신에 대해서도 어중간한 타협은 허락되지 않았다. 오히려 지나치게 결벽한 정도였다. 그 결벽을 이해하고 따라가는 데, 젊은 조수 제군들은 숨이 찰 지경이었다. 무언가 의문에 부딪히면, 납득할 때까지 끈덕지게 해내는 격정이 있었다.

그렇다고는 해도 틀에 박힌 사고방식을 가진 사람은 아니다. 때문에 부하는 더더욱 당혹스러운 것이다. 예를 들면, 종예, 병리곤충, 생리, 화학으로, 형식상은 분담이 되어 있으나, 필요에 따라서는 부문을 초월한 협력이 명령되었다. 형식 따위는 어떻든 상관없었던 것이다. 상당히 곤란했던 경험도 있었지만, 그것이 있었기 때문에 그야말로 다른 시험장에서는 볼 수 없는 특이한 연구도 가능했었다고 말할 수 있을 것이다.

수원 본장에서는, 서선지장이 무슨 일을 저지를지 알 수가 없다며 기대와 걱정에 찬 기분으로 보고 있었던 것 같다. 내가 수원으로 가자, 유카와[湯川] 장장이랑, 종예부장인 와다[和田滋穂]씨로부터, "타카하시 군은 요즘 무엇을 하고 있는가? 너무 탈선을 하지 않도록, 자네가 신경을 써 주게"라며, 주의를 받은 일도 몇 차례나 있었지만, 내가 무엇을 할 수 있을까? 돌아와 그대로 보고하자. 타카하시 씨는 "수원에 있는 놈들은 뭘 할 수 있다는 거야"라며 웃으셨다.

타카하시 씨는 부하의 일에 관해서, 상당히 세세한 부분까지 신경을 써 주셨는데, 그것은 이쪽이 지시받은 것을 기다리고 있어서는 소용이 없고, 언제나 장장보다 한 발 앞서 갈 정도의 노력을 하고, 더더욱, 달려들고 달려들어서 떨어지지 않는 집념을 가지고 있지 않으면 안 된다. 입으로는 간단히 말할 수 있지만, 쉬운 일이 아니었다. 덕분에 '타카하시 조종술' 등 서로 이야기를 나눈 것이다.

게다가, 타카하시 씨의 연구 진행방향, 어쩌면 바둑(장기)판에서 고단자의 포석을 보고 있는 듯하다. 이런 일이 지금의 일과 대체 무슨 관계가 있는 걸까 하고 생각하고 있으면, 어느샌가 저편 구석의 돌과 이쪽 모퉁이의 돌이 연결되어 버리고, 정신을 차렸을 때는 거기에 바둑에서 하는 말로 하면 '대마모양(大模樣)'이 그려지고, 앗 하는 탄성을 내지르게 된다. 옆에서 지켜보고 감탄만 하고 있는 수밖에 없다. 따라가지 않으면 안 된다. 거기에는 조금의 느순함도 허락되지 않았다. 한 번 이 남자는 너무 소용이 없다고 각인되어 버리면, 무관심해져, 신뢰를 회복하는 데는 이만저만한 일이 아니었다.

조수 제군들을 어지간히도 울렸던 것이다. 무언가 새로운 착상이 떠오르면, 곧바로 착수하지 않으면 직성이 풀리지 않는다. 그리고 밤이고 낮이고 없다. 일요일도 순식간에 날아가 버린다. 그들도 자신과 마찬가지로 정열을 기울여 주기를 바라며, 또한 그렇게 하지 않으면 마음에 들지 않아 하였다.

낮 길이의 효과(日長效果)에 관한 시험이나 미기상(微氣象) 조사처럼, 시간을 정해 작업을 하지 않으면 안 되는 일을 부여받은 조수 제군들은 재난이었다. 멍청하게 굴다가는 식사도 제대로 못하게 된다. 조수 제군은 모두 젊은 독신자이기 때문에, 합숙으로 공동생활을 하고 있었다. 한 시간이고 두 시간이고 식사 때가 늦어지면, 말하지 않아도 다 아는 일이지만 식당에서 기다려 주는 것은 텅 빈 밥통뿐이었다. 지금, 인도네시아에서 함께 농업개발 일을 하고 있는 야마구치[山口文吉] 씨도 젊은 시절, 서선지장에서 타카하시 씨로부터 호되게 당한 한 사람이다. 다행인지 불행인지 "이 남자는" 하고 신임을 받자, 더더욱 혹사당했다.

이 서선지장에서, 타카하시 씨의 혹사(?)와 단련을 견뎌낸 사람은, 잇따라 보금자리를 떠나, 전선(全鮮)으로 흩어져, 유능한 기술자가 되어 활약했다. 후에 타카하시 씨가 갔던 전선적(全鮮的)인 농업실태조사에서 가장 좋은 이해자이자 협력자가 되었던 것이다.

(중략)

이야기를 사리원으로 돌이켜 보자. 여기서 아무래도 써두고 싶은 것은, 히라타[平田榮吉] 씨의 도열병 연구이다. 이 연구가 일단 완성된 것은, 내가 일본으로 전근한 다음이므로, 아쉽지만 여기에 그 상세한 내용 소개는 할 수 없지만, 내 기억이 틀리지 않다면, 도열병을 대량으로 배양하고 나서 저항성물질 추출에 성공한 것이다.

연구의 완성시점이 곧 전쟁이 끝날 무렵이어서, 적당한 발표 기회를 얻지 못했던 일, 히라타 씨가 전후 진주해 온 소련으로 징용당해, 잠시 사리원에 잔류되었던 일, 또한 히라타 씨가 애초 조심스러운 인품이었던 점 등이 겹쳐져, 귀중한 성과는 끝내 양지로 나오지 못하고 묻혀 버렸다. 저항성 물질의 추출에 성공한 제1호였던 것으로 생각되어, 아무리 생각해도 애석하기 그지없다.

징용이 해제되고, 고향 부산현 어진으로 내려가고 나서, 한 번 나는 출장겸 방문을 해 하룻밤을 묵었다. 조선시대의 추억 이야기에, 밤이 새는 줄을 몰랐다. 귀농해 조용히 여생을 보내고 계셨는데, 도열병 연구성과를 발표할 수 없었던 점만큼은 유감스러우셨던 것 같다. 조선농업을 회고할 때, 화려한 존재는 아니었지만, 잊을 수 없는 한 분이다.

한 번 이렇다고 정하면, 결단코 연구방법을 거두는 일이 없었던 타카하시 씨와, 치밀한 히라타 씨의 연구태도가 있기에 비로소 이룬 성과라고 생각한다. 나는 식물병리는 잘 모르지만, 도열병 균체의 건조물을 100g 이상 만드는 것은, 정말 정신이 아찔해지는 일로, 히라타 씨의 방을 방문할 때마다, 시설도 지금처럼 정비되어 있지 않았던 당시, 매일 일일이 작업을 지속하고 계시던 모습을 보고 머리를 숙였던 것이다.

돌아가신 지 벌써 10년 이상이나 흘렀다.

그런데, 서선지장에서 나에게 부여된 업무는, 밀의 품종개량이라는 것은 표면상으로는 그랬지만, 품종개량은 전부터 교잡육종이 진행되고 있어, 내가 착수해 맡았을 때는, 이미 '육성 3호'라는 단간조숙품종(短桿早熟品種)이 나오고, 밀지대에 꽤 보급되어 있었다. 앞선 해 회의출석을 위해 한국으로 출장했을 때, 이삭이 패인 육성 3호의 그 독특한 풀의 형태를, 서울시 교외의 농가 밭 여기저기에서 발견했을 때는, 잘도 오늘까지 살아남아주었군 하고 가슴이 벅차올랐다. 나는 차를 세워 달라고 해서 밭으로 들어가, 겨우 얼굴을 내민 연약한 이삭을 저도 모르게 꽉 쥐었다.

이 육성 3호는, 내 전임자인 자와무라[澤村東平], 호시노[星野徹] 모두의 노력에 의한 선물로, 이 이상의 품종은 당분간 기대할 수 없었다. 물론 품종개량도 계속했지만, 내가 특별히 타카하시 씨로부터 공을 들이라고 명받은 것은, 생각해보지도 않았던 문제이다. 그것은 조선 밀이 빵원료에 적합한가 하는 시험이었다. 실은 적, 부적을 시험하기보다도, 또는 빵에 적합하다는 것을 증명하는 일이라기보다는 빵을 완성해 내라는 것이었다. 서북선산 밀은, 글루텐 함량으로 추찰해 보면 빵 원료에 적합한 것은 틀림이 없다고 한다. 타카하시 씨의 머리에는 이미 그것이 신념에 가까운 것이 되어 있었다.

이에 앞서, 1935년 밀을 전선(全鮮)에서 700점, 그에 맞춰 일본산 140점, 거듭 비교대조하는 의미에서 미국, 캐나다산을 몇 점 수집(蒐集)해, 정력적으로 화학분석을 하고 있었다. 타카하시 씨의 신념은 그 분석 결과를 근거로 한 것이다. 분석은 하라[原秋藏], 야마시로[山城政義] 두 사람이 담당했다. 야마시로 군은 필리핀에서 전사했다. 아까운 기술자였다.

서북선산 밀은, 글루텐 함량이 일본의 밀에 비해 훨씬 높고, 오히려 미국, 캐나다, 만주산에 가까워, 당연이 빵을 만드는 용도로 충분하다고 생각되었다. 그럼에도 불구하고, 제분회사는, 글루텐이 양은 많지만, 연질로 빵을 만드는 데는 적합하지 않다고 주장했다. 그런데, 이면에서는 상당량이 빵원료로 일본에 보내지고 있었다. 중일전쟁이 진행됨에 따라 미국, 캐나다 등지에서 빵원료 밀의 수입이 생각처럼 되지 않았기 때문이다. 당시, 일본에서는 빵원료로 1년간 약 100만 섬의 수요가 있었는데, 만일 조선 밀로 충당이 가능해지면, 100만 섬 전부는 아니더라도, 그 일부는 보충이 될 것이고, 거듭 이점은 빵밀이 보통 밀보다 비싸게 팔리므로, 그만큼 농가 수입도 늘어날 것이라는 점이 있었다.

(중략)

내가 서선지장 임무를 맡았을 때, 밀의 시험용으로 준비해 두었던 것은 테스트밀(제분보합시험용 소형제분기)과 나카지마식(中島式) 소형제분뿐이었다. 목화만 다뤄왔던 나로서는, 어느 것이든 처음 보는 기계라, 어떻게 사용하는 것인지 전혀 알 수가 없었다.

일본에서는, 조선보다 앞서 1931년 밀 증산계획이 수립되고, 홍소(鴻巢)시험지에서 이케다[池田利良] 기사가 중심이 되어, 귀중한 연구성과가 연이어 발표되었다. 테스트밀에 이용한 제분시험 방법에 관한 보고도 있었으므로, 홍소시험지의 이케다 기사가 있는 곳으로 가르침을 받으러 가고 싶다고 타카하시 장장에게 청원을 했더니,

"이케다 군은 미국으로 배우러 간 것이 아니야. 스스로 고안해서 능숙하게 다루게 된 것이지. 이케다 군이 한 것을, 자네라고 못할게 뭐 있나"

라고 일언지하에 거절당했다. 게다가

"배우고 싶다면 홍소 따위에 가지 말고, 선로 맞은편에 제분회사가 있으니, 거기로 배우러 가게"

라고 재차 확인을 하듯이 덧붙였다. 그때의 말이, 마치 어제의 일처럼, 지금도 귓가를 떠나지 않는다. 그 어조 강한 – 서슬이라기보다는 신념 – 에 압도당해 버렸다. 그 후에도 무슨 일인가로 일본 출장 이야기가 나오면, 그때마다 타카하시 씨가 입버릇처럼 하신 말씀은,

"일본에 있는 놈들에게 가르치러 가는 거라면 괜찮지만, 가르침을 받으러 가다니 당치도 않지. 일본에는 배울만한 것이 아무것도 없어"

조심성 없게, 혹은, 단순히 고집만을 내세우는 말이 아니다. 타카하시 씨의 가슴속에는, 조선은 일본과 농업사정도 다르다. 따라서 조선에서는 조선 독자의 연구방법이 있는 것이 당연하다. 그것을 조선에 있는 우리들이 짜내지 않으면 안 된다고 하는 것이었다. 그것과 또 하나, 조선의 시험연구 수준은 일본에 견주어 결코 뒤지지 않는다. "그렇다 뿐이 아니라 오히려 우수할 정도이다"라고 하는 자부심이 있었던 것이다. 미국의 대학으로 적을 옮기기 위해 유학하고 싶어 하는 이 무렵의 연구자란, 조금 달랐던 모양이다.

당시로서는, 무언가 매달려 일본에 대해 종속적인 기분이 드는 시절이었으므로, 나에게는 아직 사정이 좋게 넘길 수 없었지만, 타카하시 씨의 이러한 말에는, 그 나름의 심금을 울리는 것이 있었다. 타카하시 씨로서는 이러한 말을 한 배후에는, "자신은 조선농업을 확실히 파악하고, 그것을 바탕으로 시험연구를 하고 있는 것이다"라고 하는 강한 신념이 있었던 것임에 틀림없다.

철도선로 맞은편의 밭 가운데, 일산(日産) 600배럴[1] 정도의 조선제분주식

회사의 제분공장이 있었다. 지장에서도 가까웠으므로, 타카하시 씨의 지시대로 몇 번인가 가르침을 받으러 다녔다. 그러나 예를 들어 600배럴 정도의 작은 공장이었지만, 비전문가인 내가 3번이나 5번 다닌 정도로, 그 복잡한 제분의 구조가 이해될 리가 없고, 더욱이 그것을 테스트밀에 응용하는 등의 일은 생각할 수도 없는 일이다.

그로부터 반년 정도, 나는 테스트밀에 몰두하였다. 두 명의 조수를 상대로 매일매일 테스트밀의 일 연속이었다. 업무의 순서로 점심식사를 못하는 일도 다반사였다. 집에 돌아가는 것은 매일 밤 12시 전후로, 머리에는 땀에 가루가 진득하게 달라붙어 뻣뻣하게 굳어 있어서 꼼짝없이 매일 밤 머리를 감았다. 지금 떠올려도 소름이 끼치는 악전고투의 수개월이었다. 조수제군도 잘해 주었다. 그럼에도 불구하고, 어지간히도 생각처럼 결과는 얻어지지 않았다. 내로라하는 장장도 내 수고를 보기 싫어했는지, 제분공장장에게 부탁해, 정구례(鄭求礼) 군이라는 숙련공을 한 사람 보내도록 하여서 조수로 삼게 해주셨다. 좋은 조수로, 나와 함께 정말로 열심히 잘해 주었다. 요즘 사람들은 나를 바보라고 할 것이다. 그러나 이런 난폭이라고 할 수 있을 정도의 매일이 지속되었지만, 타카하시 씨의 강렬한 의지로 편달 당했기 때문이다. 거의 매일처럼 타카하시 씨는 테스트밀 방에 나타나,

"어떤가?"

하니, 열심을 내지 않을 수 없었다.

나도 오기가 생겼다. 테스트밀 조작상의 부주의로, 왼손 중지가 분쇄롤에 끼이고, 손톱이 세로로, 1.5cm(糎) 정도 찢어졌다. 지금도 상흔이 남아, 그 손가락만 납작해(扁平)져 있다. 그렇지만 어찌된 일인지 사용할 수는 있게 되었다. 품종에 따라 작병에 따라 한결같지는 않지만, 제분비율은 75~77%이다. 이것은 제분회사가 말하는 것보다도 높다. 조선 밀이 일본산에 비해 손색이 없음이 판명되었다. 이 테스트밀 시절만은, 오기와 오기가 서로 버팀목이었다. 테스트밀을 사용되게 되면, 나카지마식 소형제분기는 손쉬워진다. 지장산 밀

---

1) 배럴: 액체 등의 용량(容量)의 단위(계량하는 물건에 따라 다름. 석유 1배럴은 약 159ℓ).

을 원료로 해, 시판 밀가루에 뒤지지 않는 것이 나오게 된 것이다.

다음 과제는, 제빵시험이라고는 하나, 뭐다운 설비고 뭐고 없었다. 그렇다 치고 빵 굽는 오븐이 없어서야 일을 시작할 수가 없으므로, 구입하고 싶다는 신청서를 냈더니, 이것도, 또한 일언지하에 거절당했다.

"빵도 만족스럽게 구울 수 없는데 그런 것을 사서 뭐 할 건가. 그것보다도 어디에 내놔도 부끄럽지 않게 빵을 구울 수 있도록 해봐."

이야기가 조금 우스꽝스럽다. 빵을 구울 수가 없으니 오븐을 사서 시험을 시작하고 싶다는 것이다. 그런데 빵을 구울 수도 없는데 빵을 굽는 오븐이란 가당치도 않다고 한다. 하는 수 없다. 일단 물러났다.

타카하시 씨의 진심을 알 수가 없었던 나는, 절반은 자포자기한 채 석유깡통을 2개 사와, 직접 작은 오븐과 빵틀을 2개 만들었다. 마침 아내가 빵이랑 비스킷 만드는 것을 좋아했기 때문에, 빵에 관한 책도 몇 권 있었다. 그것을 참고로 하기도 하고, 도움을 받기도 해서, 우선 시판되고 있는 외맥(外麥)인 강력분을 사용해 연습을 했다. 그러고 나서 소형제분기에서 취한 가루를 원료로, 처음에는 어지간히 잘 되지 않았으나, 어찌어찌해서 빵다운 것이 구워지게 되었다. 이 작은 오븐은, 풍로 위에 얹어 구웠던 것이다. 다 구워졌을 때는 기뻤다. 어찌됐든 난생 처음인 것이다. 약간 득의양양해, 오븐에서 막 꺼낸 뜨거운 것을 장장실까지 가지고 갔더니,

"이런 뻔한 속임수가 무슨 소용인가"

라며 불문곡직 야단을 맞고, 이것도 낙제였다. 하다못해 "수고했어"라는 한마디 정도는 해줄 줄 알았다. 실망했다. 그러나 생각해 보니, 두말할 나위 없는 뻔한 눈속임이다. 1전이라도 싸게 사고 싶어 하는 제분회사에 대해, 이런 것이 설득력을 가질 턱이 없다. 그렇다고는 하나, 이 이상 어떻게 하면 좋을지, 나로서는 알 수가 없었다.

때마침 그 무렵, 조선제분이 동경(東京)으로부터 빵 굽는 우수한 직공(職人)을 초청해, 경성(京城)에서 빵 굽기 강습회를 하고 있었다. 이것을 타카하시 씨는 어디서 들었는지 그 장인을 서선지장으로 초청해, 빵 굽는 지도를 해달라고 했다. 그러나 아무리 달인이라고는 해도 직공이 아닌가. 적어도 시험

연구기관의 사람이 직공의 지도를 받는다는 것은, 당시 나에게 있어서는, 왠지 내 자신이 비참하고, 응어리가 남는 이야기였다.

내가 그런 기분이었음에도 불구하고, 타카하시 씨는 아주 겸허하게, 상대를 조금도 직공으로 취급하지 않고, 당사자인 나보다도 더 열심히 가르침을 받으려고 했다. 타카하시 씨의 이러한 태도는 이때만이 아니다. 상대가 읽기 쓰기가 제대로 안 되는 촌 아주머니라 해도, 가르침을 받을 때는 겸허했다.

이 사람의 지도로 가능했던 빵 오븐은 기와로 만든 커다란 것으로, 연료로 목탄을 사용하고, 한 번에 네모난(角型) 식빵을 18근(10,800g)이나 구울 수 있었다. 그럴싸한 빵집 물결이다. 그런데, 내가 해 보니 아무리 해도 잘 되지 않는다. 조선 밀의 경우는 흡수력이 외맥에 비해 조금 약하기 때문에 물을 좀 적게 넣어야 하였다. 그리고 이스트는 늘려 발효를 재촉한다. 그래도 잘 되지 않는다. 참으로 빵이라고 말하기 어려운 물건이, 매일 2오븐, 3오븐이나 나와, 버리는 것도 아깝고 해서, 건조 분쇄해서 빵가루를 만들었다. 숙소에 나눠 주었으나, 그 무렵 숙소의 부인들은 매일 프라이만 하게 되었다.

그러나 이 오븐을 사용하고 조선 밀을 원료로 해서 훌륭한 빵이 드디어 구워지게 되었다. 신문지상에도 크게 보도되었다.

수중에 있던 외맥이 슬금슬금 바닥이 난 제분회사도 마침내 이 사실을 인정했다. 그 결과는 앞서 말한 대로, G 마크가 드디어 1엔 50전이 된 것이다. 1939년도 산 밀로부터였다.

목적은 달성되었다. 요즘 말로 하면, 진정한 실용연구인 것이었다. 물건으로 증명 가능해 곧바로 행정적으로 채택이 되고, 한편으로는 근소하나마 농가의 수입도 늘게 된 것이다. 그렇지만 그것을 증명할 시험 데이터 따위는 아무것도 없다. 뭔가 공허함을 느끼지 않을 수 없으나, 그렇다 해도 좋았다. 농가의 실수입이 늘었기 때문이다. 시험연구로 보고를 정리해 학회에 발표하는 것은 중간적인 수단으로, 목적은 아니다. 목적은 농가에 도움이 되는 것이다. 빵 굽기 시험은 시험성적을 정리해 보고서로 하는 중간수단을 생략했을 뿐이다. 그만큼 일사천리였다.

외맥을 원료로 한 강력분 비너스, 카메리아, 이글루, 요트 대신 조선 밀로 제분한 '해타(海駝)', '뇌광(雷光)' 같은 빵을 만드는 밀가루로 시장에 출하되기 시작했다.

이 제분으로부터 제빵까지의 일에 있어, 타카하시 씨의 사고방식 속에 자리 잡고 있던 것은 이런 것이다.

> "무언가 일을 시작하려고 할 때, 곧바로 기계기구를 갖추고 싶어 하지만, 연구는 사람이 하는 것이지, 기계가 하는 것이 아니다"

농림성에서 연구관리 일을 하고 있었을 무렵, 농사시험장 창고에 고가의 연구용 기재가 거의 사용되지 않은 채, 잠자고 있다는 이야기를 자주 들었던 것이다. 기계는 샀는데, 인건비, 소모품비가 그에 따라주지 않으면 사용할 수 없다든지 또한 구입한 연구자가 전근을 가버려 사용할 사람이 없어져 버렸다는 등 사정은 그 나름대로 있으리라 생각된다. 그러나 타카하시 씨의 이 말을 다시 한 번 반추해 볼 필요는 없을 것이다.

연구용기계에 관련해, 자와무라[澤村東平] 씨도 서선지장에 있을 때, 나와 같은 체험을 했다. 어떤 경위에서 그러한 일이 되었는지는 모르겠지만, 1929년 경성박람회에, 서선지장에서 밀가루 단면의 현미경사진을 출품하게 되었다. 아마도 알갱이 단면을 확대한 사진으로, 밀에도 경질, 연질 등 여러 가지가 있다는 것을 보여 주려는 의도였던 것은 아닐까.

정작, 절편 만들기는 자와무라 씨의 일이 되었다. 절편 만들기에는 마이크로톰[2])을 사용하는 것이 상식이다. 서선지장에는 아직 갖추어져 있지 않았으므로, 당연히, 장장에게 구입하고 싶다는 신청서를 내자, 일어지하에 거절당했다고 한다.

마이크로톰이 있으면 아무것도 아닌 일을, 자와무라 씨는 밀 알갱이를 일단 면도칼로 얇게 자르고, 그것을 숫돌 위에 쓱쓱 갈아 절편을 만든 것이다. 정말 어이없는 이야기로, 경질, 연질 등의 밀을 재료로 몇 종류인가의 절편을

---

2) 마이크로 톰: [(독일어)Mikrotom], 현미경용의 표본을 얇게 자르는 기구.

만드는 데, 아침부터 저녁 무렵까지 매일매일, 지금의 연구자들로서는 상상도 할 수 없는 어리석은 작업을 1개월이나 계속했다. 이야기는 그것으로 끝난 것이 아니다. 이야기의 결말은 이렇다. 자와무라 씨가 그 일을 끝마치고 나서, 얼마 안 되어, 타카하시 씨는 마이크로톰을 구입한 것이다.

내 경우도 완전히 꼭 같았다. 1937년 여름 소집을 받고 1년 군에서 근무했다. 제대가 되고 지장에 돌아와 먼저 놀란 것은, 출정 전에 내가 갖고 싶어 했던 제빵시험에 사용하는 정밀도가 높은 오븐, 그 밖에 필요한 도구 세트가 내 방에 갖춰져 있었던 것이다. 내가 각고의 고민을 하면서 신청을 했던 것보다 훨씬 정도가 높은 것이었다. 여우에게 홀린 듯한 기분이었다. 그 누구도 아니다. 내가 없는 동안에 타카하시 씨가 갖춰 주셨던 것이다.

어찌된 일인지, 그 후로는, 내 희망하는 기계도구는, 경비가 허락하는 한 구입할 수 있게 되었다. 너무도 이상한 기분이 들었다. 타카하시 씨는 이런 사람이었다.

"기계에 너무 의지해서는 안 된다. 먼저 기계를 다룰 수 있는 사람이 되지 않으면 안 된다. 기계는 아무리 정교하게 만들어져 있다 해도, 그 성태(性態)에는 한도가 있다. 그 성태를 과대평가해 의지하게 되면, 저도 모르게 실수를 저지르게 될 수도 있다."

이것은 일관되게 타카하시 씨가 가지고 있던 마음가짐이다.

어떤 계기로 이런 이야기가 나왔는지 잊었지만, 어느 해 수원에서 협의회 석상의 일이다. 타카하시 씨는 천천히 일어나, 테이블 위의 연필을 쥐고 농림국의 시모[下飯坂]농무과장에게 다음과 같이 말했다.

"이 연필의 무게를 거친 밸런스로 측정하면, 1/10g(瓦) 정도 범위 내의 무게를 알 수 있습니다. 좀 더 정도가 높은 밸런스를 사용하면 1/100g까지 정도를 높일 수 있습니다. 거듭 정도가 높은 정밀 밸런스를 사용하면 1/1,000, 1/10,000g으로 정도는 높아집니다. 그러나 아무리 정밀 밸런스를 사용하더라도, 이 연필의 진정한 중량은 측정되지 않습니다. 가짜입니다. 약속에 지나지 않습니다."

거기까지 이야기했을 때, 농무과장이 "타카하시 씨 이제 알겠습니다." 모두가 크게 웃고 마쳤지만, 타카하시 씨다운 활약상인 것이다.

참고문헌에 관해서도, 타카하시 씨는 독자의 식견을 가지고 있었다.

"새로운 연구에 착수할 때, 착수 전에 문헌을 마구 읽고 건져내서는 안 된다. 먼저 문헌을 읽으면, 아무래도 문헌에 나와 있는 방법론에 얽매인다. 그보다도 목적을 분명히 설정했다면 자유로이 연구를 진행해라. 그리고 막혀 도저히 어쩔 수 없으면 그 때 문헌을 참조해라"

이것도 말로는 간단하지만, 또한 역설적인 좋은 방법이긴 하지만, 어지간히 공부한 다음이 아니면, 이런 일은 불가능하고, 할 수도 없다.

그렇다고 해서 문헌 구입을 아까워한 것은 아니다. 서선지장의 도서실은 지장으로서는 어울리지 않을 정도로 정비되어 있었다. 한문서적(漢籍)도 많았다. 타카하시 씨가 중국으로 출장했을 때, 북경의 유리창(瑠璃廠)에서 죄다 구입해 온 것이었다.

내가 일본으로 출장할 때는, 좋아 보이는 문헌을 발견하면 아끼지 말고 사와도 좋다고 허락하셨다. 나는 그것을 좋은 기회로 여겨, 고향 간다[神田]의 고서점을 찾아다녀, 상당량을 보내, 서무가 놀라 기절할 정도였다. 조선의 고서도 상당하게 있었다. 타카하시 씨도 나도, 경성에 나갈 때마다 사들여 왔기 때문에, 혼마치(本町) 거리의 고서점에서는 사리원 서선지장이라고 하면 반색을 했다.

타카하시 씨가, 중국, 조선, 일본의 고농서를 사 모았던 것은, 단순한 역사적 흥미 때문이 아니었다. 『제민요술(齊民要術)』로부터 시작된 아시아의 농서 중에서, 중국, 조선, 일본으로 흘러드는 아시아 농법의 원리를 파악하고, 그 속에서 조선농업의 발전 방향을 발견해 내었기 때문이다.

"농업 연구자는 문헌이라고 하면, 구미의 언어(橫文字)로 쓰인 것뿐이라고 생각되지만, 심한 인식부족이다. 좀 더 가까이에 있는 아시아의 농서를 왜 공부하지 않는 것인가" 하고 개탄하셨던 것이다.

문헌에 관련해 떠오르는 것은, 경성에 살고 있던 내 큰 백부 아유미[鮎見房之進] 댁에 타카하시 씨를 안내했던 때의 일이다. 이 백부는 한일병합 당시, 친구인 요사노[与謝野寬]와 손을 잡고 한국으로 건너왔다. 요사노는 곧바로 귀국했으나, 백부는 그대로 남아, 조선사 연구를 점철하며 살아온 사람으로 그의 업적은 『잡고(雜攷)』 12집을 정리하셨다. 전후 잠시 절판되었었으나, 1973년에 복각판(復刻板)이 나왔다. 양장본으로 아담하게 꾸려진 책이다.

특별히 재생지를 사용해 일본식으로 철을 한 것인데, 복각판은 서양식으로 철해 5책 3,200페이지로 정리되어 있다.

백부는 조선의 고서, 고미술 소장으로 당시 저명했고, 타카하시 씨는 진작부터 방문하고 싶어 하셨다.

동행을 했을 때도, 백부에게는 인사마저 대충대충 하고 집 안을 방에서 방으로 걸어 다니며, 라이카3)의 셔터를 정신없이 눌러댔다. 정원의 징검다리를 대신한 신라(新羅)의 돌절구, 손님을 접대하는 방의 바닥에 있던 고려(高麗) 다구(茶臼) 등, 그리고 서고를 대신하던 응접실로 들어앉아 버렸다. 여기서는, 조선의 진귀한 책(稀覯本)이 상당량 갖추어져 있었기 때문이다.

마지막으로 백부의 서재로 들어가, 이번에는 평소 의문을 연달아 백부에게 퍼부어대고, 늘 품어 온 수첩(雜記帖) 한 구석에 메모를 해 두셨다.

그 무렵 이미 80세에 가까우셨던 백부는, 몇 년째 문에서 한 걸음도 나가지 않고, 매일 생활은, 일어나서 잠자리에 들기까지의 일과 모두가, 시계로 잰 듯 정해져 있었다. 정말 1분의 오차도 없는 휴식 시간이 오면, 어떤 손님이 와도 만나 주지 않고 침실로 들어가 버리며, 정원에서 풀을 뽑는 시간이면, 그것을 마치기까지는, 손님을 접대하지 않는 사람이었다. 타카하시 씨에게는, 이 백부의 일과를 사전에 잘 전달해 두었건만, 그런 일은 잊어버렸는지, 조금도 신경을 쓰지 않고, 백부에게 끈덕지게 붙잡고 늘어졌다. 백부의 일상을 너무도 잘 아는 나는, 옆에서 안절부절못했다. 그러나 타카하시 씨의 외곬적인 기질에 압도당했는지, 백부도 그날만은 일과를 내색도 않고, 타카하시 씨의 연거푸 해대는 질문에 답해 주었다. 그뿐인가? 직접 서고까지 가서 문헌을 가지고 와 주시기도 했다.

---

3) 〈『상표』〉 라이카, 독일 라이츠(Leitz)사의 고급 소형 카메라의 명칭(1925년에 판매 개시).

백부의 이러한 태도는, 이전에도 이후에도 없던 일이어서, 옆방에 물러나 있던 백모도 안절부절못했다고 한다. 후에 경성으로 나왔을 때, 백부로부터, "네가 모시는 장장은 훌륭한 인물이다. 잘 보필하거라"

라고 말씀하셔서 안심을 했다. 타카하시 씨는 아직 더 물을 것이 있어, 다시 한 번 방문하고 싶다고 말했지만, 끝내 기회는 오지 않았다.

그때, 백부의 서고로부터 빌려온 몇 권의 책인 조선관계 고서 중에서 『훈몽자해(訓蒙字解)』의 복각을 하지 않겠냐고 했다. 『훈몽자해』는 조선조 초기에 최세진(崔世珍)이 지은 사전으로, 한자와 언문을 관련지은 최초의 사전이라고 불리며, 1913년에 복각되었으나, 백부가 소장하고 있었던 것은 간행 당초의 책이었다. 타카하시 씨는 꼭 어떤 형태로든 복각하고 싶었던 것이다. 내 조수인 정구례 군이 솜씨가 좋아, 판목을 조각해 주고, 온돌 바닥에 깐 기품 있는 조선종이에 괘(罫)를 인쇄해 용지로 했다. 사리원 주재 조선인 서가를 임시로 고용해, 원본에 가까운 사본을 2부 만들었다. 사본을 만드는 데 반년 정도 걸렸다. 한 권은 내가 받아, 지금도 내 서가에 보관되어 있다. 몰두하기 시작하면 한이 없었다.

또한 몇 개인가의 작물을 『제민요술』에 기술되어 있는 로의 재배법으로, 지장 포장(圃場)에 재현하려고 시도했으나, 당시 우리들로서는, 『제민요술』 시대의 도량형을 잘 알 수가 없었기 때문에, 끝내 실현을 보지 못했다.

이야기를 밀로 돌아가자.

나의 서선지장 책임 제일의 업무인 빵 굽기는 우여곡절 속에서도 일단락 지어졌다. 나중에는 빵 원료로 적합한 경질밀 품종 육성인데, 경질이면서 다수를 기대하기란 상당히 어려운 일이다. 오랜 시간이 걸리는 일이다.

현상으로는, 빵 제조용 밀은 서북선산 밀의 일부이므로, 조선 전체의 밀 중에서 차지하는 비율은 그리 높지 않다. 별표(別表)는 당시 내가 계산한 용도별 밀 소비량이다. 빵 제조용 밀은 제분용(제분회사에 매각됨)의 63.9만 섬의 일부이다. 이 대부분은 밀가루가 되어 면류 과자 등의 원료가 된다.

〈표 19〉 조선산 밀의 용도별 소비량(1938년도 산)

용도	소비량(만 섬)	%
제분	63.9	31.0
누룩(麴子)	22.8	11.1
간장(일본식)	3.5*	1.7*
종자	17.6	88.5
기타	98.4	47.7
계	206.2	100.0

(주) *표시는 1935년도 통계치임.

더욱 중요한 것은, '기타'의 98.4만 섬이다. 전 생산량의 절반에 가까운 '기타'는 바꿔 말하면 농가의 자가소비인 것이다. 밀 재배농가는, 밀 수확 후에는 뒤이어 밤 조 또는 쌀 수확을 보기까지의 기간에 밀을 여러 형태로 조리해 주식의 일부로 소비해 들이는 것이다. 면류는 말할 것도 없고, 떡국 혹은 수제비[모두 수제비(水團)와 유사하다]나 지지미(부침개) 또는 마부치(오코노미야키와 유사하며 속에 닭고기, 김치를 넣는다)를 만든다. 사리원 근교의 농가에서는 결혼피로연 등에서, 우동을 큰 통에 넣어 몇 그릇이나 준비한 다음 오신 손님에게 대접하기도 한다. 어쨌든 중부이북의 분식 비중이 높은 지방의 농가 중에서 밀가루가 차지하는 비중은 높다.

그러나, 당시 총독부로서는, 조선의 밀을 조금이라도 많이 제분회사에 매각해, 조선뿐 아니라 일본 전체 식량 유통기구로 편입시키고 싶었겠지만, 밀을 대신할 식량이 없는 한 농가의 자가소비를 억제할 수는 없었다.

그런 이유로 총독부는, 소형제분기에 대해 소극적이라기보다는, 오히려 보급을 억제했으리라고 여겨진다. 이것은 어쩌면 내가 잘못 생각한 것일지도 모른다. 그러나 농가로서는, 지금까지의 돌절구로는 시간이 많이 걸리고 원료에 대한 제품의 수율도 좋지 않으며, 완성되어도 깨끗하지가 않다. 따라서 당시 일본에서 보급한 소형제분기가 놀랄만한 속도로 들어왔다. 내가 조사한 바로는, 전체 조선에 3,500대에 가까웠다.

이 소형제분기 소유자의 대부분은 지방소도시의 정미업자였다. 따라서 규모도 작고 고작 1~2대를 가진 해 정미업을 하면서 근처 농가의 밀을 소량씩 삯을 받아 제분해 왔던 것이다.

제분하는 삯은 밀을 제공할 뿐 무료였다. 가지고 가면 가루를 내주었고, 제품도 깨끗하다. 돌절구로 데굴데굴하는 것보다 훨씬 편하고 농가에서는 좋아했다. 그러나 제분하기 전에 템퍼링할 리도 없고, 마구 다루기 때문에 제분의 원료에 대한 제품의 수율은 고작해야 65%에 그친다. 업자는 갈아 주는 삯 대신에 받는 밀기울(麩)을 다시 기계에 걸어 가루를 취했다. 농가는 상당히 잘 대접받는 셈이다.

그렇지만, 한편으로는 이런 사례도 있었다. 함경남도의 봄에 뿌리는 밀 지대의 어느 마을에서, 정미업자가 소형제분기를 1대를 구입했다. 이전까지 그 지방은 밀을 그다지 재배하지 않았었는데, 점차 농가가 밀을 재배하기 시작했다. 그 이유는 이러하다. 돌절구로는 너무 귀찮아서 가루를 얻을 생각도 못했다. 경질밀은 특히 돌절구로는 품이 많이 든다. 그렇지만, 제분하는 곳에 가져가면, 간단히 가루로 만들어 준다. 이런 정도라면, 그것도 운영만 잘하면, 밀 재배 보급에도 도움이 될 것이라 해도 좋을 것이다.

지장에서는 그 무렵 대표적이라 일컬어지는 철체원추절구형, 돌절구형, 철 롤형, 돌 롤형 등 각종 제분기를 갖추고 제분시험을 시작했다. 밀의 품종에 따라, 밀의 완성 정도에 따라 한결같지는 않지만, 모두 75~77%의 가루를 얻었다. 농가가 제미업자에게 좋은 처우를 받은 것임이 명백해졌다. 더욱이 제분회사 제품에 비해 그다지 손색이 없음도 판명이 났다.

이 무렵 우리들의 바램은, 어떻게든 농민이 직접 소형제분기를 운영할 수 있게 해주고 싶었다. 너무 과장되긴 하지만, 비용계산을 한 결과, 농가가 원료 밀 그대로 파는 것에 대해, 제분해서 팔면 가축 사료로 손에 남는 밀기울까지 계산에 넣을 때, 수입은 2할 정도의 차이가 난다.

2할 늘여 수확하는 품종을 육성하는 일은, 새벽하늘에서 별을 찾는 것과 같이 너무도 쉽지 않은 일이다. 그러나 농가가 직접 제분을 하면, 결과는 2할 증수 품종을 만드는 것과 같은 일이 된다. 식량에 대한 국가 통제가 점차 잔혹해질 무렵이었지만, 이런 생각을 하게 만들었다.

소형제분기 시험이 계기가 되어, 밀 가공은 거듭 전진했다. 먼저 제면(製

麵)이다. 그 때까지 지장에서는 가정용 장난감 같은 제면기밖에는 없었으므로, 작정을 하고 대형을 사기로 했다. 하루 8시간 가동하면, 50kg(瓩)들이 밀가루 35부대를 제면하는 능력이 있으므로, 작은 우동 공장 정도의 규모인 것이다. 제면기와 더불어, 건조 선반도, 제품을 일정 길이로 잘라 갖추는 데 필요하였다. 정군과 함께 손수 제작해 만들었다.

앞서 빵을 굽던 때와 마찬가지로 업자에게 지도 가능하도록 시험이 되지 않으면 안 되었다. 나도 이미 타카하시식 사고방식에 조금의 저항도 없이 따라가게 되었다. 수원의 와다[和田] 씨가, "타카하시 군과 자네는, 뭐랄까 나쁜 조합을 만들어 버린 거야"라며 쓴웃음을 당한 것도 그 무렵의 일이었다. 분명 그럴지도 모른다.

당시는 아무렇지도 않게 생각했는데, 지금 돌이켜 보면 이상하지 않은 것은, 필요하다면, 아주 고액의 기계기구라도 곧바로 구매 가능했던 것이다. 지금이라면 큰일이다. 먼저 내년도 예산 요구에 편입시키는 일부터 시작된다. 그러고 나서 몇 개의 예산 사정기관을 거치지 않으면 안 되기 때문에, 일단 한편으로 통과하기는 어렵다. 그 무렵에는 예산 편성이 어떻게 되어 있는지, 생각해 본 일도 없었다. 시험연구자 사이에서 예산이 화제가 되는 일은 한 번도 없었다. 필요하다면 장장에게 이야기하고, 승인을 받음과 동시에 곧바로 주문했다. 때문에 예산 따위는 신경도 쓰지 않고 일에 전념하면 되었던 것이다. 이러한 것은 일본 전체 시험연구기관이 그랬던 것인지, 지금도 알 수는 없다.

그러고 나서 매일은, 우동가게 주인 같은 일이었다. 빵가게가 우동가게로 간판을 바꾸었을 뿐이라고 놀림을 당했다. 제분기와 제면기는 연일 풀가동으로, 또한 가루투성이의 나날이 계속되었다. 우동만들기의 경우도 조수 정군은, 나의 좋은 손발(相棒)이 되 주었다. 무엇을 부탁해도 싫은 기색 한 번 보이지 않고, 커다란 몸을 재빠르게 움직여 주었다. 얻기 힘든 조수였다. 정군과 나는 나이도 비슷해, 조수라고 하기보다는 친구였다.

(중략)

보통의 우동 외에, 소면, 냉면, 기시면4)도 만들었다. 거듭 호밀, 연맥, 콩, 팥, 녹두 가루를 섞은 잡곡 우동도 만들었다. 호밀이 가장 잘 나왔다. 또한 완성된 우동을 증기로 쪄서 말려 두면, 필요한 때에 뜨거운 물에 몇 분간 담가 두었다가 먹을 수 있다. 급한 때를 위하여 구비해 두었는데, 생각해 보니, 인스턴트라면의 선구였던 것 같다.

경성에서 회의가 있었을 무렵, 타카하시 씨는 지장의 기시면을 한 상자 선물하고, 출석자에게 시식으로 제공했다. 그 일부가 미나미[南]총독에게도 보냈는지, 얼마 되지 않아 너무 맛있으니 조금이라도 꼭 좀 더 보내 달라고 해서, 한 상자 더 보냈던 적이 있다. 기시면은 특히 호평을 받았다.

미나미 총독이라고 하면 떠오르는 것이, 지금의 이마이다[今井田] 정무총감이 서선지방 순시를 돌 무렵, 서선지장에도 들르셨다. 때마침 점심식사 때였다. 당시 관례대로, 그러한 때는, 그 지방의 일급 요릿집에 요리를 배달시키는 것이 상례였으나, 좀 더 색다른 점심을 내달라고 했다. 이야기를 한 결과, 지장에서 생산한 것으로만 만들기로 하였다. 메뉴는, 좀 과장되긴 하나,

옥수수 포타쥬

정백한 피(稗)죽으로 산양젖을 넣은 오트밀식의 것

설기(쌀가루로 만든 가고시마[鹿兒島]의 가루캉과 비슷한 짠맛의 과자)

대단한 대접이 아님에도 불구하고, 총감은 이렇게 맛있는 점심을 준 곳은 지금까지 없었다며 기뻐하셨다. 전혀 인사치레로 하는 말만은 아닌 것 같다.

'서선지장의 우동'은 아주 유명해져 버렸다. 내가 아는 사람 이야기인즉, 관부연락선 안에서 이웃 자리 사람이 행선지를 묻기에, 사리원이라고 하니, "우동으로 유명한 곳이지요"라고 말했다고 한다.

사리원에 제면공장이 12채나 생기고, 사리원 제면공장 조합도 결성되었다. 제면조합으로서는, 총독부 공업조합령에 따른 허가 제1호로, 밀 중심지 사리원 명물의 하나가 되었다고, 마을 사람들도 기뻐해 주었다. 12공장에서 1년간

---

4) [碁子麵] 납작하게 뽑은 국수. [名古屋(なごや)]의 명산.

2만 섬의 밀을 소화하기까지 성장했다. 서선지장은 드디어 우동가게의 원조가 되어 버렸다고, 수원본장에서는 고민스러워 했을지도 모른다.

돌연, 용산(龍山)의 육군창고로부터 터무니없는 요청이 있었다. 화북(華北), 만주(滿洲)에 있는 장병 식량으로, 건우동을 제조해 달라는 것이다. 밀가루, 소금은 물론, 상자, 못(釘), 철사(針金), 새끼줄 등의 포장(梱包)재료까지 전부 공급할 테니, 빠른 시일 내에 6관(22.5㎏)들이 500상자를 만들어 달라는 것이다. 아닌 밤중에 홍두깨다. 농담아 아니라. 서선지장을 우동가게로 혼동해서는 곤란하였다.

그런데 타카하시 씨는 아주 마음 내켜 했다. 대량생산을 시도해 볼 수 있는 좋은 기회라는 생각이었다. 이런 체험 속에서 예상하지 못한 문제를 발굴할 수 있을지도 모른다. 드디어 인수하기로 결정해 버렸다.

엄청난 소동이 시작되었다. 내 방 사람들만으로는 일손이 모자라, 종예, 병리, 생리, 화학, 서무, 어디든 관계없이 일이 없는 사람들은 물론, 관사의 부인들까지 매일 밤늦게까지 일손을 도와, 간신히 기한을 맞추었다. 이런 주문이 그 후에도 두세 번 더 있었다.

그런 일도 돕는지, 동양척식주식회사로부터 밀 연구에 써 달라고 30,000엔을 기부해왔다. 실험용 기계기구에 충실을 기하자는 이야기도 나왔으나 밀 가공 연구실을 증축하기로 했다. 목조 2층 건물로 몰타르를 칠한 60평이었으며, 1층은 실험실, 2층은 회의실 겸 영사실을 삼았다.

서선지장은 농민 단체의 견학이 끊이지 않았다. 그런 때는, 시라쿠라[白倉德明]씨가 제작한 16밀리 영화 '조선의 밀, 2권'을 영사하고, 그 후, 지장에서 제조한 가케우동을 대접하면, 그 이상 더 좋은 설명은 필요 없다. 조선의 밀을 눈과 혀로 이해하는 것이다. 시라쿠라 씨의 사진촬영 기술은, 전부터 정평이 나 있으며, 이 '조선의 밀'도 상당히 알기 쉽게 편집되어 있었다. 조선 전토의 밀 사정을 비롯해, 재배법, 제분, 제면, 제빵 등의 순으로 해설이 있고, 마지막은 식당에서 우동이나 빵을 먹는 장면으로 끝이 난다. 대단히 호평을 받았다. 또한 견학자가 많으므로, 우동의 덮밥을 100인분이나 준비했다. 그 정도라면 정군 혼자서도 솜씨 좋게 해치웠다.

다음이 간장이다. 당시 아직 희귀했던 아미노산 간장을 시험적으로 만들게 되고, 장장의 명을 받아, 후쿠오카[福岡]현 오리비[折尾]의 아미노산 간장공장까지 조사를 하러 갔던 적이 있다. 어쨌든 대체적인 윤곽이 잡혔던 시절, 사리원 재재의 조선인 유지에 의해, 미강 및 콩의 착유를 겸한 아미노산 간장 제조 회사가 설립되었다.

제분, 제빵을 비롯해 아미노산에 이르기까지 일련의 가공 업무는 일단락 지어졌다. 어느샌가 5년이 흘렀다. 아미노산간장 공장이 생기기도 하고, 제면조합이 생긴 일은, 전작 중심지 사리원으로서는 커다란 의의가 있을 것이다. 그러나 이것이 본의는 아니었다. 고작, 제분, 제면 따위는 마을 내에서도 농민이 주체가 되어 해 왔던 것이다. 농민을 각별히 사랑했던 휴머니스트 타카하시 씨로서는 당연한 일이다.

이상은, 내가 밀 업무를 통해 직접 타카하시 씨와 접촉했던 점을 서술한 것이다. 어쨌든 30년이나 전의 일로 잘못 기억하고 있는 점이 있을지도 모른다. 그 점은 양해해 주기를 바란다.

밀 품종개량을 위해 증원이 되어, 서선지장에 부임한 내가, 재임 6년간에 한 일이라고는 밀 가공뿐이었다. 이것에는 타카하시 씨 나름의 생각이 있었기 때문이다. 한마디로 말하면, 종래의 작물학은, '씨앗을 뿌리고 나서 수확까지'를 수비범위(守備範囲)로 하고, 수납사로 운반해 들이면, 그리고 난 다음은, 농기구의 연구재료가 되고, 뒤이어 농산가공에 넘겨져 버린다. 거기에 일관성이 없음에, 큰 불만을 가지고 계셨다. 식용작물이라면, 씨앗을 뿌리고 나서 입에 들어가기까지를 일련의 과정으로 생각할 필요가 있다는 의견이었다.

두말할 것도 없이, 다수의 실태조사를 통해 몸소 보아온 농가의 모습에서 감지해 낸 결과이며, 더 나아가, 『제민요술』의 사상이 마음 깊은 곳에 깊이 뿌리내리고 있었기 때문이라고 생각한다.

영하 20도를 넘는 겨울밤, 내 서재에서 스토브를 둘러싸고, 밤새 의논한 적도 종종 있었다. 배가 고파서, 찐 감자에 버터를 발라 입에 한가득 넣었다. 뜨거운 감자 위에 버터가 녹아 손가락으로 흘러내리는 것을, 타카하시 씨는 식탁보에 문질러대거나, 끝내 윗옷으로 닦아 버리기도 했다. 당시로서는 아직 희귀했던 함경남도 특산물인 홈스펀5)도, 타카하시 씨에게 있어서는 걸레 대용이었다.

이런 정도로, 타카하시 씨의 전모를 다 말했다고는 할 수 없다. 대학 졸업이래 조선에서 근무하던 중 전 기간을 뒤돌아 볼 필요가 있다.

1918년 동대 농학부를 졸업하고, 니시카하라[西ヶ原]의 농림성 농사시험장에서 1년간 대기, 이듬해 6월, 조선총독부 권업모범장에 기수로 부임, 그러고 나서 전후 다시 올라오기까지 26년간 농사시험장의 생활은, 다음의 4기로 나눌 수 있으리라 생각된다.

① 제1기 수원시대

수원 착임하여 1928년 구미출장으로부터 귀국하기까지의 기간으로, 유전, 육종 연구에 집중했다. 단, 흥미가 있는 것은, 연구재료가 벼뿐 아니라 보리, 조, 콩도 다루었다. 생각건대, 이 시기는 이미 후년의 타카하시식 인생의 싹이 보였다고 해도 좋을 것이다.

1922년 1월, 미국, 독일로 출장을 명받았다. 그런데 출장기간이 끝나도, 어디서 잘못된 것인지, 상당기간 귀국이 되지 않아, 어지간히 관계자가 속을 끓였던 것 같다. 1년간 제한 체재 허가를 받아, 1928년 6월, 드디어 여비도 바닥이 나 버린 상태로, 시베리아 철도 4등차에 타고 귀국했다.

"4등차 침대는 딱딱하고 막혀 있었는데, 때마침 여비를 충분히 남겨 두었던 친구가 1등차에 있었으므로, 아침에 눈을 뜨면 그가 있는 곳에 가, 하루 종일 달라붙어 있을 수 있었으며 밤에 잠잘 때만 4등차로 돌아오면 되었기 때문에, 의외로 편안했다."

---

5) [homespun]: 홈스펀 손으로 방적한 굵은 방모사(紡毛絲)를 써서, 수공업으로 짠 소박한 모직물. 또는 이와 비슷하게 기계 공정으로 짠 직물. 양복감 등으로 쓰임

라고 당시를 아주 즐거운 듯 술회하고 계셨다. 외국 출장 중 사인첩이나 다수의 사진, 필름이 귀중품 속에 있는데, 그 대부분은, 언제 어디서 찍었는지도 모른다. 참으로 유감스럽다.

출장 중에 서선지장 근무를 발령받아, 귀국 후 수개월, 초대 서선지장장 다케다[武田總七郞] 씨의 뒤를 이어 서선지장장으로 취임했다.

수원시대의 연구성과가 집성되고, 학위논문이 되었다. 논문의 제목은 다음과 같다. 논문이 정리되고 동대로 신청을 낸 것은 상당히 나중 일로, 1938년 12월이었다.

학위논문이 통과되었을 때는, 아이처럼 기뻐하셨다. 타카하시 씨에게 이런 일면도 있었나 싶을 정도로 이상할 정도였다. 그리고 자축 부채(扇面)를 지인들에게 나누어 주셨다.

<주 논문>

논문제목: Studies on the Linkage Relation between the Factors for Endosperm Characters and Sterility in Rice Plant with Special Reference to Fertilization. (벼에 있어서 배유질(胚乳質) 인자와 불임성(不稔性) 인자와의 연쇄관계 특히 선택수정(選擇授精)에 관한 연구)

Bulletin of the Agricultural Experiment Station, General Government of Chosen. vol.3 no.1 1934. Suigen. Chosen. Japan. 조선총독부 농업시험장 영문(歐文)보고, 제3권, 제1호, 1934년 10월.

<보조논문>

㉠ 벼에 있어 연쇄의 1례(예보), 유전학잡지, 제2권, 제1호, 1923년 1월.

㉡ Further Observations on the Linkage Relation between the Factors for Endosperm Character and Colour of Awns in the Rice Plant. (벼에 있어 배유질 인자와 망색(芒色) 인자와의 연쇄 관계에 관한 그 후의 고찰) 조선총독부 농사시험장 영문보고, 제3권, 제1호, 1934년 10월.

㉢ 겉보리에 관한 춘파성(春播性), 추파성(秋播性)의 유전에 관하여, 유전학잡

지, 제3권, 제1호, 1924년 10월. (상동 영문보고) Studies on the Inheritance of the Spring and Winter Growing Habit in Crosses between Spring and Winter Barleys. 조선총독부 농사시험장 영문보고, 제2권, 제1호, 1925년.

ⓛ 콩에 있어 엽형(葉形) 인자와 1협(莢) 인자와의 연쇄 관계, 유전학잡지, 제9권, 제1호, 1934년.

ⓜ Natural Crossing in Setaria Italica(Beauv.), the Italian Millet (조에 있어 자연교잡에 관하여) 일본작물학회기사, 제6권, 제1호, 1934년.

대정(大正) 말기부터 1932, 1933년에 걸쳐, 조선 내에서 주요작물 품종을 정력적으로 수집해, 그 특성을 조사했다. 수도(水稻)는 처음부터, 대소맥, 옥수수, 수수, 기장, 피, 조, 대소녹두, 참깨, 들깨 등, 아마도 총 2만 품종을 상회할 것이다. 그 조사를 담당했던 당시 조수 제군은 큰일 났다고 생각했을 것이다. 이 수집한 품종은 한 이삭씩 수확해 격년 재배하고 그 후에도 유지하는데 노력했다. 또한 이 특종조사표의 주된 것은 지금 내가 보관하고 있는데, 표만 남아 정리할 수가 없다. 또한 주요 품종에 관해서는 색을 넣은 스케치가 많이 있다.

이 조사는, 단순한 특성조사에 그치지 않고, 타카하시 씨 이후의 연구에 커다란 초석의 하나가 되었다. 이 조사 성과의 하나가,

'조선 주요작물 품종에 관하여', 조농시휘보(朝農試彙報), 제7권, 제1호, 1-27항, 1933년이다. 내용은 현재 품종명뿐 아니라, 『농사직설(農事直說)』, 『금양잡록(衿陽雜錄)』, 『산림경제지(山林經濟志)』, 『해동농서(海東農書)』, 『임원경제지(林園經濟志)』 등의 조선고농서에 나타나 있는 품종명, 총독부가 각도에 지시해 조사한 품종명 및 타카하시 씨 자신이 조사한 품종명 등으로 합계 13,000종 남짓을 정리했다. 그리고 품종명 통일의 필요를 설파하고, '작물품종명명규정'인 안까지 제시하였다.

끝내 발표되지 못한 채 끝나 버렸으나, 타카하시 씨의 역작의 하나로 200쪽(葉)에 가까운 조선농업지도가 있다. 그중 상당 부분은, 이 품종 특성조사에서 나온 것이다. 나는 조선농업을 공부하는데 대단히 도움이 되리라고 생각해, 허락을 얻어 전부 복사했다. 단, 이 지도의 한 장 한 장이 어떤 자료로부터

만들어졌는지, 바로 여쭤 두었으면 좋았을 텐데, 기회는 언제든지 있겠지 하고, 태평을 치고 있다가 이렇게 되어 버려, 돌이킬 수가 없게 되었다. 아무리 돌이켜 봐도 유감스럽기 그지없다. 지금 내 수중에는, 의미를 잘 알 수 없는 지도첩만이 남아 있다.

이 지도도, 작물품종특성조사도 끝내 주목을 받지 못하고 묻혀 버렸지만, 타카하시 씨의 머릿속에는 커다란 의미를 가지고 있었다. 이 방대한 조사가 다음의 농업실태조사로 커다란 발판이 되었을 것이다. 그래서 특성조사도 지도도 충분히 사명을 다한 것인지도 모른다. 이 특성조사는, 구미(歐米)출장에서 귀국해, 서선지장으로 옮겨 와서도 잠시 계속되었는데, 타카하시 씨의 머리에는 점차 작물의 생리, 생태 연구로 향해 있었다.

② 제2기 사리원시대 전기

품종의 연구는, 점차 작물 간의 차이 연구로 옮겨 갔다. 보통이라면, '조(粗)'에서 '정(精)'으로 옮아가는 것이 당연할 테지만, 타카하시 씨는 오히려 역방향을 취하는 것처럼 보인다. 좀 더 세밀하게, 좀 더 세밀하게가 아니라, 세밀한 것의 바닥에 숨겨진 커다란 의문을 발견하고 파악해 나간다. 그것이 타카하시 씨이다.

"일본에서는 품종 간의 차이를 오로지 문제시하고 있지만, 조선에서는 먼저 작물 간의 차이로부터 출발해야 한다. 이 토지에 겉보리의 어느 품종이 적합한지 보다도 겉보리가 좋은지, 밀이 좋은지를 생각하지 않으면 안 된다. 조선 농업 연구는 거기에서 출발해야 한다"라고 하였다. 품종의 특성조사를 한창 하고 있던 타카하시 씨의 입에서, 이런 말을 듣게 되자, 일본에서 농림성은 현농시에 무언가 시험을 위탁하려고 하면, 그것에 필요한 경비의 1/2, 혹은 전액을 반드시 국고에서 조성하지 않으면 안 되지만, 타카하시 씨가 조선에 있던 시절에는 도농 시에 위탁하는데 조성금 따위를 생각해 본 적도 없었다. 봄의 설계협의회에서 위탁했더라면 좋았을 텐데, 성가신 수속이고 뭐고 없었다. 나도 조사나 시험을 상당히 부탁했던 것이다.

시대가 그러했기 때문일까, 예산의 편성이 그러했던 때문일까, 지금으로서는 잘 알 수가 없다. 타카하시 씨로부터 이런 말을 들은 적도 있다.

"도를 하나의 시험구로 생각해라. 따라서 조선에서는 시험구가 13개 있다 (조선은 13도로 나뉘어져 있다). 5평(坪) 2구(區)제와 같은 째째한 생각은 버려야 한다. 2구제로 해 평균치를 내어 보았는데, 고작 시험장의 1장 포장 내의 것에 불과하지 않은가. 그것으로 무슨 의미가 있는가. 그보다는, 좀 더 큰 망(網)을 걸어라. 시험장의 시험구내의 지력의 차이보다도, 도와 도의 차이로부터 출발하면 어떻겠는가. 따라서 1단보(反步) 1구제로 충분하지."

실로, 탈 일본적인 사고다. 엄벙덤벙하고 있다가는 따라가지 못한다. 그만큼, 일부 연구자 사이에 저항이 있었던 것도 사실이다.

그러나 그 반면 사소한 것도 결코 무시한 것은 아니다. 아직 내가 용강에 있을 때의 일이다. 어느 날 돌연 Skew Curve 계산식을 조사해 가르쳐 달라고 부탁하셨다. 필요하다면, 다른 시험장에 있는 사람이라도 상관없었다. 통계수학의 지식도 제대로 갖추고 있지 않은 나로서는, 커다란 숙제였다. 수중에 있는 문헌 중에는 도움이 될 것 같은 것이 좀처럼 보이지 않았으나, 가끔 K. PEARSON: TABLES FOR STATISTICIANS AND BIOMETRICIANS를 1페이지씩 들춰 보던 중에, 간신히 그것에 도움이 될 듯한 것을 찾아냈다. 그 후 매일 밤 램프 아래서 이 책을 들여다보기를 수개월 해왔다. 요즘 사람들에게는 웃음거리일지도 모른다. 그렇지만 완성이 되어 건네었더니 대단히 기뻐하셨다. 때문에 내 PEARSON의 책 이 부분은, 당시 써넣은 글씨로 지저분하게 되었다.

또한 자주 일컬어진 말로,

"급행열차 창으로부터 지나가는 선로변의 밭을 보고, 30종류의 작물을 한눈에 식별할 수 없다면, 한 사람의 농업기술자라고 할 수 없지"라고 하는 것이다. 아무것도 아닌 것처럼 보일지 모르지만, 해 보면 간단하지 않았다. 일순간에 눈앞을 지나가는 밭에서, 팥과 면두(綿豆), 옥수수와 수수 등, 어지간해서는 구별이 가능하지 않다. 작물의 형태상의 특징을 알고 있는 것만으로는 소용없고, 그 지방 재배관행은 물론, 농업사정 전반에 정통해야 비로소 가능한 것이다. 나도 함께 기차여행을 해 낙제점을 받았다.

타카하시 씨의 머리는, 작물의 생리, 생태학적인 특징을 파악하기위한 실험 연구로 향하기 시작했다. 일장(日長)효과시험, 버어리제이션 등도, 작물 간 차이를 알기 위한 수단으로서 채택되었다.

서선지방에 예전부터 보급되었던 작물의 간혼작(間混作), 2년3작법도, 다시 생리·생태학적인 입장에서 검토를 착수했다. 일반적으로는, 간혼작은 시대에 뒤떨어진 바람직하지 않은 농법이라고 여겨져 왔던 것인데, 왜 그런지 과학적으로 해명하려고 온갖 수단으로 시험해 보았다. 간혼작의 미기상(微氣象) 연구도 그 하나이고, 또한 미국의 리빙스턴교수 고안의 백색 및 흑색 애트마미터[6] 및 소일포인트 등도 적극적으로 사용했다. 애트마미터와 소일포인트는 평안남도 공업시험장과 협력해 제조하고, 제품을 지장에서 검정한 다음 희망자에게 배포까지 했다. 일본의 연구기관으로부터도 희망이 있었던 모양이다. 이 일련의 연구는 오로지 시라쿠라[白倉德明] 씨가 담당했다. 애트마미터, 소일포인트와 함께 지금은 이미 과거의 연구수단으로, 지금의 연구자에게는 귀에 익숙지 않은 말일 것이다. 그러나 당시로서는, 참신한 연구수단으로 모두의 눈을 크게 뜨고 지켜보게 했던 것이다. 이것에 관해서는 다음 문헌을 참조하기 바란다.

타카하시[高橋昇]: 작물생태학적 연구에 이용되어야 할 여러 종류의 질그릇(素燒)제 실험용구의 소개, 일작기(日作紀), 8, 301~308항, 1936년,

시라쿠라[白倉德明]: 리빙스턴 씨 흑색애트마미터(RADIO ATMOMETER)의 작성, 농급원(農及園), 제11권, 제12호, 2957 – 63, 1936년.

또한 시라쿠라 씨는, 특히 타카하시 지장장의 명을 받아, 큐슈제국대학 농학부 고우케치[纐纈理一郎] 교수의 연구실에 장기 출장을 가서, 동 교수의 고안에 의하여 조직분말법을 습득하고, 귀국 후 작물의 동화생성물(同化生成物)의 측정에 활용했다.

서선지방의 2년3작법(밀 – 팥 – 조)은 자칫하면, 시대에 뒤떨어진 재래농법의 하나로 간과되기 쉬우나, 다케다[武田總七郎] 선생이 2년3작법에 대하여

---

6) [atmometer]: 증발계(蒸發計), 물의 증발 비율을 측정하는 기구.

다음과 같이 강조하였다.

"모든 윤작법 중 가장 생각이 응축된 것으로, 그 고심참담함이 역력하다. 요컨대, 그 학리를 응용함에 있어, 거의 유감없으며, 세계에 이보다 나은 것은 절대 없을 것이다"<다케다, 맥작신설, 680항, 1929년>

이것을 이어받아 다시 근대과학의 빛을 조명하고, 그 합리성을 해명하려 했던 것이다. 타카하시 씨는, 초대 서선지장장인 다케다 선생에게 심취해, 그 영향을 강하게 받았고, 평소에도 다케다 선생을 자주 인용하셨다. 앞서 말했듯이, 일반적 경향으로서는, 서선지방의 간혼작농법을 어떻게든 중지시키려고 했던 때였다.

시라쿠라 씨 방에서, 농가가 보통 혼작할 때 조합하고 있는 작물을 2종, 3종씩 하나의 용기로 수경재배해, 작물 간 영양 보완관계 연구를 하고 있었는데 아주 인상이 깊어, 지금도 그 정경을 분명히 떠올릴 수 있다. 그것을 위한 특수한 용기도, 평안남도 공업시험장의 협력으로 고안되었다.

1932년 무렵으로 기억하는데, 사리원에서 농기구전시회가 개최되었다. 타카하시 씨는 그 기회를 타, 전선(全鮮)의 각 군(郡)에서 재래 쟁기날과 호미(제초도구)를 수집했다. 모두 400점에 가깝게 모았다. 호미는 크게 다르지 않고 대동소이하나, 쟁기날은 이렇게 해서 한 곳에 모아 보니, 그 차이가 큼에 새삼 놀랐다.

작은 것은, 이식 모종삽 정도로, 형태, 크기 모두 백제(百濟)의 유적에서 출토된 쟁기날과 비슷해, 작고, 중량이 2kg에 못 미치는 것(예를 들면, 전남함평군, 전북완주군, 함남함주군, 평북용주군 등)에서부터, 대형인 것은 30kg에 가까운 것(예: 평북철산군)까지 있었다.

이 너무도 큰 차이에 놀라, 모은 쟁기날 중량과 치수를 전부 측정했다. 그랬더니 이 차이는 대체 어디서부터 온 것인지. 농법과 깊은 관련이 있는 것은 아닌지, 또는 작부방식, 재배법, 또는, 토양의 생리특성 등을 여러 가지로 모색했으나 납득이 가지 않는다. 마지막으로 간신히 알아낸 것은 철광산에 가까운 곳, 재질이 조잡한 대신 대형이고, 반대로 광산에서 멀어짐에 따라 소형이며, 양질의 철을 사용하는 것이다.

알고 보면 아무 것도 아닌 것 같지만, 타카하시 씨의 지금까지의 축적이 있기에 비로소 알아낸 것이 아닐까. 백제시대의 쟁기날이 작은 것도, 철이 귀중했기 때문일 것이다. 이 쟁기날의 형태적 차이의 원인은, 물론 이것이 유일한 이유는 아니며, 또한 좀 더 큰 요인이 있을지도 모르지만, 그것은 차후로 남겨 둘 문제이다.

이 쟁기날 조사는, 거듭 1940년에 실시했던 '쟁기 및 주물공장에 관한 조사'로 발전했다. 상세한 조사표를 조선 내 주물공장에 보내 기입해 받고, 아울러, 시간이 허락하는 한 공장에도 나가 소위 '대장간'의 실태를 조사했다. 철의 수급이 용이치 않은 중에, 조선농업에 있어 대장간이 가지는 의의를 명백히 하려고 했던 것이다.

내 어림짐작으로, 조선 내에서 경운에 따른 쟁기날의 마모량을 계산해 본 적이 있다. 1년간 약 3,500~4,000톤이었다.

③ 제3기 사리원시대 후기

타카하시 씨가, 실태조사에 착수한 것은, 내가 아는 한, 1933년, 34년 무렵부터였을 것이다.

> "농사시험장의 것은, 실험실내의 일이나 장내의 포장시험에 지나치게 구애된다. 따라서 시험장에서의 성과가 농가로부터 유리된다. 더욱이, 유리됨을 알아차리지 못한다. 한일병합 이래, 진정으로 농가에 정착해 도움을 주는 것은, 벼의 정조식(正条植)뿐이지 않은가. 일단, 농가에 뛰어 들어가, 겸허하게 가르침을 받아야 할 것이다"

그 무렵, 우리들 젊은이들은 '실태조사'라고 하면, 무언가 촌스러운 비과학적인 것이라고 생각했던 것이다.

나는 나가이[永井威三郎] 씨로부터도 타카하시 씨와 같은 말을 들은 적이 있다.

"연구과제를 문헌의 행간에서 파악해 내려고 해서는 안 된다. 농가와 일치해, 농가의 가래날부터 파 제끼게."

타카하시 씨와는 조금 취향은 다르지만, 나가이 씨도 농가의 실태에 깊은 주의를 가지고 계셨던 것 같다. 어느 해(아마도 1934년) 수원의 설계협의회 석상에서, 수원 근교의 농가 실태조사 결과를 피려하셨다. "이것은 보잘것없는 노농적(老農的)인 조사에 지나지 않지만" 하고 서두를 꺼내신 것으로 기억한다. 그 결과는 다음의 보고가 되었다.

"나가이[永井威三郎], 타카자키[高崎達蔵]: 「농촌부락 및 농가경영상태에 관한 조사연구」, 조농시휘보, 제7권 제3호, 245~344항, 1934년"

또한 1942년에 간행된 동씨의 수필집 『수음초(水陰草)』 속에서도, 유려한 필치로 이 실태조사 때의 농가의 모습을 그리고 있다.

타카하시 씨의 연구태도를 "변덕스러움"이라고 평하는 사람도 있다. 가끔은, "정당성 여부를 깜짝 놀라게 해주지"라며 장난기 같은 면을 보이기도 하면서 반짝이지만, 두말할 나위 없이, 근본은 대단했다. 하나의 의문에 부딪히면, 전신으로 부딪혀 나간다. 그것이 어떻게든 해결되면, 그 속에서 새로운 의문이 솟아오른다. 그러면 즉시 그것에 몸을 던진다. 아무래도, 그 반복과 같다. 둘로 채울 자리가 없어 안달이 나셨던 것은 아닐까. 드디어 그것이 응축되어 이른 막다른 곳이 농업실태조사였다고 할 수 있을 것이다. 연구의 종착역과 같은 것이며, 보는 견해에 따라서는, 출발점으로 되돌아가 버렸다고 할수도 있을 것이다. 나는 이러한 타카하시 씨 속에, 농업 연구에 인생을 건 한남자의 모습을 보는 것이다. 농업의 실태조사가 휴머니스트 타카하시 노보루를 낳은 것이 아니라, 휴머니스트 타카하시 노보루에게는 필연의 정착이 실태조사였던 것이다.

제2차 대전 후, 실태조사가 한창 이루어졌다. 그러나 그것과 이것과는 큰차이가 있다. 타카하시 씨는 농가로부터 '배우기' 위해 시작한 것이고, 최근의 실태조사는, '조사하기'인 것이며, 좀 더 극단적으로 말하면 '트집 잡기'이다.

이 무렵에는, 조사에 착수되기 전에 조사표를 작성하는 데 많은 시간을 들였다. "조사표가 완성되면, 조사는 반은 끝낸 것이다"라고는 해도, 그럴 리가 없다. 타카하시 씨의 실태조사는 논문을 쓰기 위함이 아니었다.

타카하시 씨는, 절대라고 해도 좋을 정도로 조사표는 만들지 않았다. 그 이유는 "조사표를 가지고 가면, 조사항목 난이 채워지고, 그것으로 안심을 해, 역으로 조사표에 얽매여, 조사항목으로부터 한 걸음도 나아갈 수 없게 된다"라고 하는 것이다. 그리고 언제나 갱지로 된 잡기첩 몇 권을 호주머니에 꽂아넣고 다녔다. 때로는 소주를 1되 걸치고, 농가의 어슴프레한 온돌에 자리 잡은 채, 주인과 잔을 들면서, 흥에 달하면 몇 시간이고 이야기 속에 빠져 움직이지 않았다. 특히 조사차 나가는 것이라고 해도, 회의, 강연 등으로 출장을 나갔던 때마저, 잠시 시간적인 여유가 있으면, 곧바로 마을로 갔던 것이다. 이것을 도청의 관계자(係官)도 조금 난처해했던 적이 있었던 듯하다.

타카하시 씨에게 이런 자유분방한 조사가 가능했던 것은, 서선지장으로부터 그리 멀지 않은 부락을 하나 정해두고, 틈만 나면 방문해, 마을 사람들과 교제하며, 농가의 인심을 확실하게 얻어 두었던 것도, 큰 도움이 되었을 것이다. 시험장의 '위대한 선생'을 미련 없이 팽개치고, 농가의 마음이 되어 계셨다. 타카하시 씨는 자전거를 못 타셨다. 지장에도 자전거가 있었지만, 몇 년이고 사용한 적이 없다. 고장 난 채이다. 때문에, 이러한 때는 언제나 누군가 젊은 조수가 운전수 대신이 되어, 타카하시 씨를 자전거 짐 싣는 곳에 태웠던 것이다.

천성이 아이를 좋아해, 부락 안에서 아이를 보면 과자를 주기도 하고, 이투성이의 머리를 쓰다듬기도 했다. 유감스럽게도 아이들은 그다지 잘 따르지 않았다.

이렇게 해서 북으로는 함경북도 국경 화전민지대로부터, 남으로는 제주도까지 족적을 남겼다. 회의 강연 출장까지 포함하면, 1년의 절반 이상은 부재중으로, 지장 내부의 일은 전부 내가 도맡아 짊어지게 되었다.

제주도로 출장을 갔을 때의 일이다. 지장에서 노다[野田志朗]가 동행했다. 타카하시 씨는 16밀리 카메라로 아주 왕성하게 촬영을 했다. 노다 씨는 모델이 되기도 하고, 때로는 생색을 내면서 화면 속에 넣어 주기도 하며, 필자도 도중에 아주 많이 찍혔다. 섬의 최고봉인 한라산 정상에 올라가 담배를 한 모금 피웠을 때, "노다 군, 꽤 많이 찍었는데, 아직 필름이 닳지가 않아, 필름이 오래가네."

그래서, 노다 씨가 기계를 열어보니, 필름이 없었던 것이다. 텅 빈 카메라

앞에서, 공연히 이런 저런 포즈를 취했다고, 노다 씨는 귀장해서 투덜댔다.

　조선의 밀은, 아무래도 일본에서는 평판이 좋지 않았다. 품질은 좋은데, 돌이 들어가 곤란하다고 하는 것이다. 그래서 총독부는 돌이 들어가지 않은 밀은 특히 '돌훑이[이시고키(石扱き)]'라 하며, 50전의 장려금까지 걸었지만, 전혀 효과가 없었다. 농가가 제조하는 봉당이 좋지 않기 때문일 것이며, 봉당을 잘 정지할 것과 청소를 잘 할 것을 지도했으나 생각처럼 되지 않았다. 어느 날, 나는 타카하시 씨에게 낫을 조사하도록 명을 받았다. 근처 농가가 밀을 수확하고 있는 곳으로 가 보고 놀랐다.

　수확용 낫의 칼이 이가 빠져 있는 것이었다. 따라서 단으로 묶어 쌓아 올린 밀짚이 뿌리에 붙은 것이 여러 개 있었고, 그 뿌리가 흙에 가득 묻어 있었다. 이것을 그대로 가지고 돌아가, 봉당에 펼치고 도리깨로 두드려 탈곡하면, 봉당을 아무리 정돈을 하거나, 비로 깨끗이 쓸더라도 소용이 없다. 탈곡한 밀을 담은 가마니를, 거꾸로 드니, 밭의 작은 돌이랑 흙이 나왔다. 대개는 1가마니에서 500g 이상의 돌이랑 흙이 나왔다.

　돌을 골라내는 방법은 근본적으로 다시 생각하지 않으면 안 된다. 낫을 좀 더 예리하게 하라고 해도 간단히 듣지 않는다. 그래서 곡물검사소 사견원(沙見院) 출장소와 협력해, 탈곡에 도리깨를 사용하는 대신 족답회전 탈곡기를 사용해 보았다. 약 700가마니에 1알의 돌도 섞이지 않았다. 돌이 섞여 들어가는 원인은 예상치도 않은 곳에 있었다. 다음 곡물검사소 회의 때, 이 사실을 소개했으나, 너무 간단해서 그런지, 오히려 좀처럼 믿어 주지를 않았다.

　1940년 가을, 민속학자 하야카와[早川孝太郎] 씨가 조선을 방문하였다. 때마침 경성으로 나갔던 타카하시 씨의 안내로, 서선지장에도 들르셨다. 그 전부터 『목화 이전의 일』, 『식물과 심장』(모두 야나기타[柳田國男] 저) 등의 책에서, 타카하시 씨는 민속학에 관심을 가지고 계셨는데, 하야카와 씨와의 만남 이래, 타카하시 씨의 실태조사 중에는 상당히 민속학적인 사고방식이 도입되었다. 타인의 의견에 매우 솔직해, 이것은 좋다고 생각하면 곧바로 받아들인다. 이것이 인연이 되어 하야카와 씨와의 교제는 계속되고, 전후, 하야카와 씨가 이연(鯉渕)학원의 교수를 하셨을 무렵, 때마침 부인은 고향에 돌아가고, 독신생활을 했었으므로, 상경할 때마다 우리 집에 머무르셨고, 그 무렵 친분이 있던 타카하시 씨와의 추억어린 이야기를 했던 것이다. 하야카와 씨가 돌아가신 후에도, 가인(歌人)[7]인 치에코(智惠子) 미망인과의 교제는 지금도 계속되고 있다.

정세는 점점 잔혹함을 더하고, 드디어 큰 전쟁을 피할 수 없게 되었다. 모든 수단을 다해 식량증산에 힘을 기울이지 않으면 안 되게 되고, 타카하시 씨도 도작 연구에까지 분야를 넓혔다.

이런 사태가 되기 전에, 타카하시 씨는 대단히 흥미로운 시험을 하고 있었다. 지장의 포장을 사용한 소규모 예비시험 정도의 것이었는데, 조선의 주요 작물을 재료로, 재식밀도와 수량에 관한 시험이다.

그에 따르면, 대부분의 작물은 재배밀도가 올라감에 따라 수확은 오른다. 그러나 어느 한도를 넘어서면, 거꾸로 수량이 저하된다. 각각의 작물에 최고 수량을 올리기 위한 재식밀도가 있다. 그런데 수도만은 다른 작물과 양상이 다르다. 재식밀도가 높아짐에 따라, 수량의 증가는 계속되고, 물론 증가 속도는 느슨해지지만, 33cm 사방에 1본식 하는 범위까지는, 비록 크지 않더라도 증가하는 경향은 그치지 않았다.

작물의 특성인지, 논(水田)이라는 특수조건 때문인지, 원인을 규명하기까지는 가지 않았지만, 언젠가 국민의 식량확보상, 큰 의의를 가지지 않을까 라고 말하셨다. 물론 이 설에 다른 의견을 주창하는 사람도 적지 않았으나, 타카하시 씨의 머릿속에, 의연하게 이 작은 시험이 남아 있던 것이다.

지장 뒤편에 낮은 언덕이 있었다. 이 언덕 너머 산기슭에 황해도 농시의 사리원분장이 있어, 도작 시험을 전문으로 하고 있었다. 장소가 가까웠기 때문에 왕래도 잦았다. 다시 말해 서선지장의 도작시험지와도 같은 곳이었다. 말을 타고 이 언덕을 넘어가는 길은, 산보하기에 좋았다. 서선지장의 용지로는 논이 많았으므로, 이 분장을 확장해, 도농시와 협동하는 형태로 도작시험을

---

7) 和歌를 잘 짓는 사람. 시인

진행하게 되었다.

앞서 말했던 재식밀도 시험과 아울러 또 하나로 타카하시 씨가 전부터 품어왔던 지론으로, 파종방법 가운데 가장 원시적인 것이 흩어 뿌림(撒播)으로, 그것이 진보해 점뿌림(點播)이 되고, 거듭 집약화하면, 줄뿌림(條播)이 된다. 지금의 도작은 점파 단계이므로, 일보 더 나아가 조파로 해야 한다는 것이었다. 동남아시아의 개발이 늦은 지방에서는 모든 작물은 씨앗뿌림봉을 사용해 점파하고 조파하는 사례는 전혀 보이지 않는다. 그렇지만 도작도 이제부터 조파로 해야 한다는 것이 타카하시 씨의 의견이었다.

또한, 벼에 관한 타카하시 씨의 지론의 하나로, 수도 삽환(揷煥)은 지나치게 노동력을 요하므로 조식(條植)으로 해야 하며, 조식으로 하면 기계화도 용이해질 것이라는 것, 거듭 한 발 더 나아가 높은 이랑(高畦) 재배 연구는 정력적으로 진행하셨다. 전후 한 때, 큐슈(九州)나 중국(中國)의 일부에도 보급되기 시작했다고 들었다.

타카하시 씨와 함께 모내는 기계(水稻田植機)도 비전문가 나름의 생각으로 도면까지 그렸는데, 시세가 시험적으로 만들기까지는 허락하지 않아, 거기서 멈춰 버렸다.

정작, 도작시험을 시작하는 데는, 기존의 분장 건물로는 비좁다. 그러나 건축자재는 심히 통제 하에 있었고, 간단히 입수될 리가 없었다. 그래서 황해도 지사에게 직접 사정을 설명하고, 자재를 특별히 배급받지 않으면 안 되었다. 내가 그 일을 맡았다. 전부터, 타카하시 씨는 다음과 같이 말씀하셨다.

"기술자는 어쨌든 행정관 앞에 서면, 이상하게도 꺼려져, 말하고 싶은 것도 제대로 못 하는데, 지사나 농림국장과 일대일로, 자신의 의견을 피력하지 못하면, 한 사람의 기술자라고는 할 수 없다. 자신의 기술에 대한 자부가 있다면, 그 정도쯤이야 아무 것도 아니다"

실은, 나도 행정관이나 정치가와 이야기를 하는 것이 싫기는 하지만, 꺼릴 것도 없으므로 나갔다. 대단한 용건도 아니므로, 용건은 성공했다. 원래대로라면 이런 일은 당연 서무가 해야 할 일이지만 타카하시 씨는 어쨌든 우리들에게 시킨 것이다. 그때는 달갑지 않은 일이었으나, 이런 점까지 신경을 써 가며, 기술자를 육성시키려 했던 것이다.

사리원 거리에서 동쪽으로 십 수km의 산기슭에 구 봉산읍(鳳山邑)의 자취가 있다. 가을 청명한 날, 타카하시 씨에게 이끌려 도시락을 가지고 나갔다. 타카하시 씨와 친교가 있었던 이종준(李鐘駿)씨도 동행했다. 이씨는 사리원의 유력자 중의 한 사람으로, 나와도 친했다. 조선사에 조예가 깊고, 또한 사비를 들여 사설 학교(塾)를 열어 농가의 자제 교육에도 노력을 했다. 종전 후 자결했다는 풍문을 들었는데, 아직 60세도 되지 않았을 것이다.

그 당시, 경성과 평양을 잇는 가도는 지금보다도 산에 인접해 있어, 구 봉산읍은 그 가도에 있었고 크게 번창해, 중국으로부터의 사절도 여기에 머물러 피로를 풀었다고 한다. 지금은 쇠락한 한촌이 되어 버려 옛 자취를 그리워할 연고도 없다.

겨울의 일이었다. 지장의 돼지가, 돈사 주변의 눈 위에 다량의 혈흔을 남긴 채 행방불명이 되었다. 눈 위에 돼지의 커다란 몸을 끌고 간 흔적이 있었다. 그 양쪽에 2마리 분 정도의 개라고 하기에는 조금 큰 족적이 있었다. 곧바로 동쪽으로 사라진다. 늑대(조선의 이리)에게 습격을 당한 것이다. 아마도 구 봉산읍이 있는 산 쪽에서 굶주림에 방황하다가 내려온 것임에 틀림없다.

그런데 이 마을에 오래된 비가 하나 남아 있다. '금리봉비(禁梨封碑)'라고 한다. 우리들의 목적이 이 비를 방문하기 위해서였다. 뽕나무 밭 경사면에 덩그렇게 서 있다.

이 비가 말하는 것을 적어 보자.

옛날, 이 토지에 대단히 맛 좋은 배가 열렸다. 읍내를 통틀어 몇 그루 있는데, 나중에는 한 그루씩 흩어져 갔다. 이러한 중에 읍내에 있는 것이 특히 맛이 좋았다고 한다.

실은 직경 3치 정도로, 기실은 작다. 익어 떨어지면 터져버리므로, 차라리 일찌감치 수확해 온돌에 늘어놓고 후숙(後熟)시켰다고 한다. 언제 누가 심었는지 모른다. 마을 사람들은 자연적으로 있었다고 한다. 백년 생 정도가 가장 맛이 좋다고 한다. 지우 김용국(金容國) 씨의 말에 의하면, 이 지방은 예부터

배의 특산지였던 듯, 봉산배라고 불리며 유명했다. 봉산배는 총칭으로, 그것에는 몇 종류가 있고, 주된 것을 예로 들면, 황리(黃梨: 長十郎와 닮아, 향, 맛 모두 그다지 좋지는 않다), 청리(靑梨: 중국배 계통으로 저장성이 크다), 대상리(大上梨: 청리와 비슷하나, 중간 크기로 결이 곱다), 문향리(文香梨: 원목 알 수 없음), 문황리(文黃梨: 전자와 동일품종인 듯하나 잘 알 수 없다. 알이 작다) 등을 열거할 수 있다.

금리봉비에 나와 있는 배는 문향리였다. 이것이 특히 진귀한 대접을 받은 이유의 하나는, 이태왕(李太王)의 탄생일에 맞춰 익었기 때문이라고 한다. 단, 여기에서 경성까지 어떻게 가져갔을까. 이 배는 어쨌든 중국배 계통인 듯하다.

그런데, 이 배가 맛있음은, 근방에도 자자하게 소문이 나 있었다. 때문에 정부의 고관들이 순시를 오면, 배나무에 관인(官印)으로 봉을 하고, 익으면 아무에게도 주지 않은 채 전부 자기 집으로 가져오도록 명령하고 갔다. 뿐만 아니라 수행해 따라왔던 아래 관료들까지 자기에게도 나눠 주도록 명했다. 더 높은 사람이 오면, 앞서의 관인을 무시하고 새 관인으로 봉을 한다. 난처한 것은 농민이다. 결국 화근이 된 배나무를 잘라 버렸다.

그것을 애석해 한 사람이, 배나무에 봉인을 하지 못하도록 하는 바람에서 이 비를 세웠다. 그런 이야기였다.

그 후 일본으로부터, 배의 새로운 품종이 이 지방에도 들어왔다. 이 새로운 배는 농약으로 소독되었는데, 예전의 배는 그 대로였으므로, 해충이 끓어 결국 고사해 버렸다. 지금도 조금 남아 있긴 하나, 이미 하나도 열매를 맺지 못한다고 한다.

탁본이라도 떴으면 좋았을 텐데, 그만 준비를 해오지 않았으므로, 닳아서 읽기 어렵지만, 비문을 옮겨 보았다. 잘못 옮긴 것이 있을지도 모른다.

비문(碑文)
賢人所過精采被於草木仁政所及精神見於林木召伯之棠茇公之柏
是己梨果鳳邑之土産也色如黃金味如甘密啜之令人神爽病者欲蘇渴
者亦潤百果中珍品也居民種植爲業摘賣爲利村村成園家家作林□利勝

於桑麻綿草以是之放聞於京鄉前後宋人牧伯饋遺封梨率用此果□□□
□亦爲彙緣印封梨株不許私賣實熟□□謂以潛摘偸賣□捏呈訴以至狀
人及其輪馱也侵奪洞□討索□□□□□楚國亡猿禍延林木者也梨立之觀害
舍旋洞民之含冤不勘由是人皆畏憚更不種植及爲剪伐所産之邑□平無梨矣何
幸天佑鳳民素由李公應□分符玆州先以孝弟爲教講學立建面聞梨封之胎

④ 제4기 다시 수원시대

1940년 봄 협의회 때 있었던 일로 기억하는데, 회의석상에서 나는 '조선농
업학회'를 만드는 것은 어떤가 제안을 했다. 사전에, 적어도 타카하시 씨의 의
견이라도 들어 두었더라면 좋았을 것을, 그만 아무하고도 사전 상담을 하지
않은 채, 발언을 해 버렸다. 내 발언에 대해, 누구도 찬성이나 반대의견을 내
지 않았다. 아무래도 조금 분위기가 이상하다. 그렇지만 왠지, 찬성인 듯해서,
결국, 잘 검토하겠다고 말했던 것이다. 점심식사 시간에 타카하시, 와다 두 사
람에게 나는 제안이유를 질문 받았다. 나는 그 정도로 어렵게 생각했던 것은
아니다. 시험연구에 관계된 사람이 이만큼 많아졌고, 시험연구 대상은 조선이
라는 일본과는 전혀 다른 입지환경에 있기 때문에, 학회로서 정립된 것이 있
으면 좋겠다고 생각했다는 대답을 했던 것이다.

아무래도 그 뒤에 여러 가지 사정이 있었던 것 같다. 모두 필요는 느끼고
있으면서도, 말을 꺼내는 것을 주저하고 있었던 것이다. 일본으로의 통합을
고려한 점 등도 있었던 것 같다. 그런 때, 공석에서 제안을 해 버린 것이다.
촐싹댄 것이 좋았던지, 기운도 무르익기도 해, 회장에게 유카와[湯川] 장장,
부회장을 거쳐서 마스후치[增淵] 목포지장장에게 청원을 해 '조선농학회'가
생기게 되었다. 내가 꺼낸 말 때문에, 서선지장이 사무국처럼 되어 버렸다. 하
는 수 없었다.

드디어 올 것이 오고야 말았다. 때마침 12월 8일은, 수원에서 무슨 회의가
있어 일동이 모였던 때가 있었다. 석상 유카와장장께서 알리셨다.

조선의 농업 시험연구 체제도, 과연 이대로 좋은 것인가 재고할 필요가 있

는 시점이다. 국립, 도립으로 나뉘어 있는 것도, 문제는 있을 것이다. 일체가 되어 보다 종합적으로 효과를 올리는 체제를 취해야 할 것이라는 이야기였다.

나는 전부터 시험연구 현상에 다소 의견이 있어, 나 나름의 사견을 정리해 타카하시 장장에게 제출해 두었다. 그 의견서의 사본이, 이 근래 오랜 자료 속에서 나왔다. 날짜가 1941년 4월로 되어 있다. 타카하시 씨는 내 안을 기초로, 타카하시 안을 작성하셨다. 내 안보다도 다듬어진 것인 듯하다. 어떤 기회로 이 안이, 당시 고이소[小磯] 총독의 귀에 들어가, 그대로 채용되고, 조선 농사시험장은 단번에 정비·종합되었던 것이다.

농사시험 연구기관을 전부 국립기관으로 하고, 인사 대이동도 단행되어, 타카하시 씨는 수원본장 총무부장으로 취임하였으며 유카와 장장을 보좌하는 중임을 맡았다.

이 정비종합으로 특별히 하나 더 쓰고 싶은 것이, 시험부, 총무부와 병립해 경영부가 설치된 것으로, 최대 경영부장에 자와무라[澤村東平] 씨가 취임했다. 일본에서 경영 연구를 시험연구기관에서 착수한 것은, 이것이 최초이다.

나는 그 무렵, 조선을 떠나 기술원에 근무하고 있었다. 기술원 생활 1년만에 남쪽으로 파견되었기 때문에, 그 후의 일은 알지 못한다. 다만 바라고 기대했던 정비종합의 실현이 결정되었을 때, 나는 아직 동경에 있었고, 타카하시 씨로부터 "기뻐해주게"라고, 연필로 갈겨 쓴 편지를 받았다. 그 편지가 우연히 수중에 남아 있었던 것이다.

내가 남쪽으로 가 버린 뒤에도, 타카하시 씨는 상경할 때마다, 내가 없는 빈집을 찾아 주셨다. 한 번 이런 일이 있었다고 아내가 이야기해 주었다. 돌연 요요기[代々木]역 근처에 있는 빈집에 오셔서, 이제부터 우에노[上野] 박물관에 갈 테니, 안내해 달라는 이야기이다. 아내도 박물관은 오랜만이라 기꺼이 응했다. 그런데, 관내는 아무 데도 흥미가 없는 듯, 쓱쓱 지나쳐 버리고, 출토품인 고대 농구가 있는 곳으로 가, 딱 발을 멈추었다. 예의 잡기첩을 꺼내, 스케치를 시작했다. 결국은 아내에게 농기구 치수를 어떻게 되는지 물으셨으나, 유리문 넘어로는 치수를 알 수가 없어 난처해했던 듯하다. 대강 스케치를 마치자, "자 돌아갑시다" 하기에 아내로서는 다른 진열품이 보고 싶었던 터였기에, 완전히 목적이 빗나가 버렸다고 한다.

선물로 사과를 가지고 왔으므로, 여관에 들러 갔으면 좋겠다고 해, 도라노몬[虎ノ門] 근처의 여관에 함께 갔다. 곧바로 조선에 관한 이야기가 시작되었다. 이야기를 하면서 사과를 깎아 주셨는데, 이야기에 몰두해, 사과를 끄트머리까지 빙글빙글 돌려 깎아 다다미 위에 늘어놓았다고 한다. 드디어 20개 정도 있던 사과를 모두 깎아 버렸다. "하나 드시죠"라고 말을 건네주시지 않으셨으므로, 손을 대지도 못하고 집을 나왔다. 그 후 그 사과는 어찌되었을까 하고 그 이야기가 나올 때마다 아내는 웃음보가 터지는 것이었다. 매우 세심한 신경의 소유자였지만, 어딘가 좀 얼빠진 구석도 있었다.

사리원시대의 이야기로 돌아가자, 내가 출장으로 부재중이었을 때, 저녁 무렵 타카하시 씨가 아내를 영화관에 데리고 가셨다. 그 무렵 부인은 고향 후쿠오카[福岡]로 돌아가셨던 것이다. 너무나도 급작스런 일이라, 아내도 순간 놀랐지만, 모처럼 권유하신 것이므로 따라갔다. 이렇다 할 오락기관이 없는 사리원이었으므로, 마을 반대편에 있었으면서, 아주 깨끗한 영화관도 아니었지만, 우리들도 때때로 갔던 것이다. 겨울밤이면, 얼어붙은 길을 돌아오는 일이 큰일이었다. 그날의 상연작은 다나카[田中絹代]와 우에하라[上原謙]의 '애염(愛染)가츠라[能樂]'였다. 영화가 끝나고 나서, 뒷골목 조선 요릿집에 들러, 기름에 찌들어 모락모락 연기가 나는 속에서, 구이를 대접하셨다고 한다.

타카하시 씨의 독신생활 중에, 관사 부인 쪽에서 식사를 거들기도 했으나, 어느 저녁 무렵 내가 방문을 했더니, 식사 중이었다. 넓은 부엌 마루방에, 방석도 깔지 않고, 양복을 입은 채 가부좌를 틀고 앉아 식사를 했다. 반찬은 역 앞 여관에서 배달시킨 것 같다. 부엌의 마루방에는, 포인터 잡종개 존이, 침을 흘릴 듯이, 타카하시 씨의 젓가락을 오르락내리락 물끄러미 쳐다보고 있다.

"존, 너도 배고플 거야. 이걸 주면, 내가 곤란해서, 좀 참아줘"라고 말하면서 나를 돌아보며 빙그레 웃었다. 조금 쓸쓸해 보였다.

타카하시 씨로 말하자면, 어쨌든 성질이 강한 사람처럼 여겨지기 쉬운 반면에 매우 마음이 여려서, 외로워하곤 했다. 때문에 일상생활은 애초, 농업상의 일로도 조금 새로운 생각을 떠올리면, 곧바로 주위 사람에게 의견을 구했다. 오히려, 동의를 구했다고 하는 편이 맞을지도 모른다. 홀로 있는 것을 두려워했다.

전쟁이 끝나고, 타카하시 씨는 고향 후쿠오카현 팔녀부(八女部)로 돌아가셨다. 지금 내가 보관하고 있는 조선관계 자료는, 나중 단계에 게재한 목록에 있듯이 방대한 양으로, 그 혼란 속에서, 이 손, 저손을 사용해 아주 고생과 수고를 해서 가지고 돌아오셨다고 한다. 여세(餘世)를 걸쳐 정리를 할 생각이었는데, 심장병으로 급거하셨다. 분명 마음에 걸리셨을 것이다.

가지고 돌아온 자료는, 아들 고시로[甲四郎] 씨에게 남기셨는데, 그 후 전부 나에게 보내져, 지금 내가 보관하고 있다. 그 속에는 그 자료가 어떻게 해서 만들어졌는지, 지금으로서는 알 수가 없는 것들이 많다. 그러나 그중에서 서선지장의 조사용지 약 4,000매에 상세히 쓰인 농업실태 조사의 야첩(野帖)은, 다시 되풀이할 수 없는 귀중한 자료이다. 조선농업을 위해서는 말할 것도 없고, 일본을 위해서도, 거듭 세계를 위해서나 더할 나위 없이 소중한 얻기 힘든 것이다. 하나의 지역을 10년 이상이나 걸쳐 실시한 실태조사 이야기는 들어본 적이 없다.

최근의 농업연구자는, 발표한 논문의 수에 의해 평가된다. 타카하시 씨가, 조선생활 26년간에 발표된 것은, 학위논문 외에 내가 아는 것은 손꼽을 수 있을 정도밖에는 없다.

마스후치[增淵]씨는, 더 극단적이었다. 조선 재임 십여 년, 거의 한 편의 논문도 발표하지 않았다. 그럼에도 정리된 연구재료는 엄청난 양이었다고 들었다. 주변 사람들이 발표하도록 청원을 해도, 웃고는 대답하지 않았다고 한다. 그렇게 소재가 있어도 아직 만족하지 않았기 때문일 것이다.

이것도, 시대의 추이라고 해야 할 것인지. 부득이한 일이었을 것이다. 산양의 똥처럼, 작은 보문(報文)으로라도 찔끔찔끔 내놓았으면 어땠을까. 농업연구 방법의 근본까지 거슬러 올라가, 생각해 볼 문제가 숨겨져 있는 것처럼 여겨지는 것은 어쩔 도리가 없다.

사리원에 있던 시절, 타카하시 씨가 조사만하고, 전혀 정리는 하려고 하지 않아, 내가 농담 섞인 말로, "딱 부러지게 말해서, 뒤치다꺼리는 싫습니다"라고 말했더니, "자네 따위에게 시키진 않아"라며 웃으셨던 적이 있다. 농담이 진담이 되고 말았던 듯하다.

정리해 보고 놀란 것은, 직접 명확히 새겨 필사한 문헌이 너무 많았기 때문이다. 장의 직원에게 옮기게 한 것이지만, 그것은 일부에 지나지 않는다. 도쿠카와[德川] 시대의 학자라면 어떨지 모른다. 복사기가 없었으면서도 방법은 얼마든지 있었을 터이다. 한 자 한 자를 직접 옮기면서, 되새겨 간 것이었다. 외곬수적인 정열이 있었기 때문에, 비로소 얻어진 것이다.

어떻게든 정리해, 가능한 한 유지를 받들겠다고, 고시로[甲四郎] 씨에게 약속을 하고는 아직 완수하지 못하고 있다. 변명처럼 들리겠지만, 게으름을 피우고 있는 것은 아니다. 영원토록 가치를 잃지 않는 귀중한 내용인 만큼, 아무렇게나 다루고 싶지 않았다. 지금으로서는 타카하시 씨가 어떻게 정리하려고 하셨는지, 알 수가 없으므로, 참월(僭越)일지도 모르지만, 나는 나 나름의 생각으로 정리할 생각이다.

조선반도는, 예부터 일본과 대륙 사이에 있어, 문화의 다리 역할을 해 왔다. 내가 조선에 산 것은 10여년에 불과하지만, 그래도 강하게 피부로 느꼈던 것이므로 타카하시 씨의 자료 속에는, 그것이 더욱 짙게 배어 나오고 있음에 틀림없다.

조선반도는, 남북으로 긴 장방형으로, 북쪽의 한 면은 대륙과 이어져 있고, 그 밖의 삼면은, 바다로 둘러싸여 있다. 문화의 흐름은 북에서 남으로이다. 이렇게 곱게 형태를 갖춘 곳은 지구상에서도 드물지 않을까 싶다.

만주의 한랭한 건조전작농업이, 점차 남조선의 습윤·온난한 도작농업으로 바뀌는 모습, 말로 표현하면, 대륙문화가 어물쩍한 모습으로 츠시마[對馬] 해협문화권으로 옮겨 가고, 거기에서부터 일본 전토로 전파되어 갔다. 그 자취를 어떻게든 찾을 수 없는 것일까. 미력한 나로서는 무리일지도 모른다. 물론 일본의 문화는 그런 단순한 형태로 발달해 온 것은 아니며, 다른 지역으로부터 유입된 것도 있었다. 그렇다 해도 어떻게든 그 간의 사정을 그려내고 싶은 바람이다.

유품 속에 '복무수칙'이라는 것이 있었다. 두꺼운 종이로 인쇄된, 아마도 복무수칙인 듯 보여 위압적인 느낌이 드는 것으로, 나도 공무원 생활을 했음에도 처음 보았다. 표지에 제38호라고 쓰여 있어, 각 관공서에 배포한 것의 하나일 것이다. 내용은 1912년 4월1일 데라우치[寺內] 총독명의 '복무수칙'과, 1887년 7월 29일자, 내각총리대신 이토[伊藤博文] 시절의 칙령 제39호, '관리복무기율(官吏服務紀律)'이었다. 게다가 초대 권업모범장장 혼다[本田幸介] 선생을 위시로, 농림학교까지 포함한 직원 115명의 자필 서명이 있었다. 특히 귀중한 자료인 셈으로, 승진했을 때 가지고 돌아간 것일 게다. 기수 타카하시 노보루의 서명도 있었다. 그런 다음에 추진시킨 것은 1921년 무렵의 것이 아닐까 싶다.

나는 당혹스러웠지만, 이 그럴듯한 복무기율과 타카하시 씨가, 어떻게 해도 잘 합치가 되지 않는다. 왠지 이상한 느낌조차 든다. 그렇다고 해서, 타카하시 씨가 강기(綱紀)를 드러내 보이고 싶어 한 것은 아니다. 이런 기율이란 별 세계에서 진지하게 여기며 살아오셨던 것이다. 오히려 그것이 연구자의 진정한 모습이 아닐까하는 생각조차 들었다.

천의무봉(天衣無縫)처럼 보인다. 타카하시 씨의 26년간의 조선 생활을, 다시 한 번 되짚어 보면, 탄탄대로라고까지는 말할 수 없지만, 똑바른 길을 발견할 수 있다. "우리 이 길을 가자, 다른 길이 없다면"이라는, 이 말 그대로의 길이었다.

타카하시 씨가, 조선에서 먼저 착수한 품종특성 조사는, 소위 형태학적인 연구로, 작물을 하나의 정지된 것으로 다루고 있다. 뒤이어, 작물을 살아 있는 것으로서, 그 생활 현상을 규명하려고 한 것이 생리학적인 연구이며, 거듭, 작물을 무리로써 파악해, 환경과의 관련을 추급(追及)했다. 2년3작, 간혼작의 연구 시기이다. 여기까지는 자연과학적 영역을 벗어나지 않았다. 그다음, 인간의 요소가 덧붙여졌다. 자주 타카하시 씨가 입에 올린 말로, "작물은 만드는 사람 나름"이라는 것이었다. 인간이 관여함으로써 비로소 작물인 것이다. 당연히 작물과 인간을 결부시켜 생각하지 않으면 안 된다. 이것이 실태조사였다. 마지막으로 그때까지의 풍부한 체험을 바탕으로, 조선농업의 전체 재편에 노력을 기울인 것이다. 그가 걸은 길은 필연이었다.

형태학 → 생리학 → 생태학 → 인간학의 길이었다.

농업 연구자에는 두 가지 형이 있다. 하나는 특정 과제에 꾸준히 몰두, 그것에 생애를 거는 형, 다른 하나는, 연구해 나가는 동안, 그 속에서 다른 계기를 발견해내고 옮겨 간다. 그리고 나서 다음으로, 또 다음으로, 그 사람 나름의 차원을 높여 가는 형이다. 변덕스러움과는 다르다. 그 사람에게 있어서는, 그것 이외에는 어떻게 하려고 해도 안 되는 길이다. 어느 쪽을 그만두라고 하는 것은 아니다. 타카하시 씨는 후자의 길을 나아갔다.

종전 후부터 그다지 세월이 흐르지 않았을 무렵이다. 나는 2, 3명의 친구에게 타카하시 씨의 유고(遺稿)로 상담을 했는데, 이렇다 할 명안이 나오지 않았다. 하는 수 없이, 미력이나마, 나는 직접 하기로 결심했다. 그것이 학은에 보답하는 길로 여겨졌기 때문이다.

좀 더 시간을 내 주시기 바란다.

일화에 많은 사람이 있었다. 아마도 조선 중에 일화를 뿌리고 다녔음에 틀림이 없다.

그 하나.

경성에 출장을 나갔던 타카하시 씨로부터 전보가 왔다. "히로베[廣部達三] 선생의 안내를 하고 돌아갈 테니"라는 것이었다. 히로베 선생에게는 대학 시절, 단 1시간이었지만, 농기구 강연을 들은 적이 있다. 때문에 나로서는 일숙일반(一宿一飯)[8]의 은의(恩義)가 있다. 숙소를 수배하고, 도착 시간에 역에 마중을 나갔다.

그런데 기차가 도착했는데, 두 사람의 모습은 보이지 않는다. 승강객이 그

---

8) (1박 1식을 대접받는다는 뜻에서) 약간의 신세를 지는 것

다지 많지 않았으므로 못 봤을 리도 없다. 기차를 잘못 탄 것은 아닌가 하는 사이에, 발차 벨이 울리고, 열차는 움직이기 시작했다. 체념하고 돌아가려고 하는데, 일등 침대차에서 하얀 옷차림의 사람 두 명이 뛰어내렸다. 타카하시 씨와 히로베 선생이었다. 하얀 옷차림이라고 생각한 것은, 두 사람 모두 셔츠와 팬티뿐으로, 양팔에 무언가 가득 걸쳐 있었다. 보니 맨발이 아닌가. 양팔에 걸쳐져 있던 것은, 양복, 구두, 모자, 가방 따위였다.

차 안에서 한 잔 하고 있는 동안, 기분이 좋아져 푹 잠이 들었다고 한다. 볼 만한 그림이 아니었다. 내로라하는 나도 질려 버렸다. 차장의 손님 깨우는 방법이 나쁘다. 불친절하다고 투덜대며 화를 내더라도 하는 수 없는 일이었다.

일화를 하나 더.

수원 출장 때는, 시험장의 클럽이 늘 묵는 숙소였다. 아침에 일어나 세수를 하려는데, 드문 일은 아니지만, 세면도구를 깜박 잊고 왔었던 모양이었다. 그래서 "에이 귀찮아"라고 하고는, 화장실의 손 씻는 물을 아무렇지도 않게 받아서, 얼굴을 쓰윽 닦고는, 윗옷 소매로 닦아 버리더라는 것이었다. 이것을 본 클럽 아주머니도 어지간히 놀랐던 모양이다. 잊어버리고 왔으면, 타월과 칫솔 정도는 아무것도 아닌데, 빌려 달라고 하지 않았던 모양이다. 아주머니는 나중에 나에게 이 사건을 말해 주고, "옆에 있으니까 타카하시 씨를 좀 더 잘 보살펴 드리세요"라고 말했다. 농담이 아니다. 이미 오래전에 나도 손을 들어 버렸던 것이다.

그 세 번째.

'길을 헤매다 간신히 목숨을 장안사(長安寺)에!'

이 구는 타카하시 씨가 출장 끝에, 혼자서 금강산에 들렀을 때, 길을 헤매며 한밤중까지 산속을 헤매다가 간신히 장안사의 스님을 만나, 구사일생의 감격을 술회한 것이다. 너무도 배가 고파 먹을 것을 소망했더니, 묵(도토리 전분으로 만든 갈분떡9))과 버섯을 익힌 것으로, 고추가 들어갔는데, 너무 맛이 없어 어지간히 목에서 넘어가지 않았던 모양이지만 이 여행은 절실하게 느꼈던 모양이다.

이와 같은 이야기는 한이 없다. 일화집이 한 권 만들어질 정도다. 너무 들춰내면, 저 세상에서 "쓸데없는 소리를 지껄이긴" 하고 혼날 것 같아 이쯤에서 접어둔다.

그 무렵에는, 코마바(駒場)의 1918년 졸업 조(동기생)의 전성시대였다. 타카하시 씨를 비롯, 요시이케[吉池四郞], 와다[和田滋穂], 다테야마[立山軍藏], 시라베[調武男], 시오미[塩見節二], 나카지마[中島友輔], 오카다[岡田義弘], 오자키[尾崎史郞], 히로다[廣田豊], 고쿠라[小倉宏三], 이노시[猪腹修二郞] 씨들이, 유카와[湯川]장장, 농림국의 이시즈카[石塚峻], 야마모토[山本壽己] 선배들 밑에서, 조선농업을 이끌어 가는 모습은 훌륭했다. 타카하시 씨는 그중에서도 눈에 띄는 추진력을 가졌다.

타카하시 씨의 훈도를 받은 수많은 기술자가, 시대는 변했다고는 하나, 지금도 각 방면에서 활약을 하고 있다. 그 사람들에 의해 타카하시 씨의 꿈은, 하나둘 전달되고 실현되어져 나갈 것이다.

조선농민을 더할 나위 없이 사랑하고, 조선농민에게 몸을 완전히 부딪혀 나간 타카하시 씨의 '농업 철학'을 실천하고, 키워 나온 것을 후세에 이어나갈 일이 우리들의 몫이다.

타카하시 씨와 같은 사람은 두 번 다시 나오지 않을 것이다. 일본이 낳은 최후의 농학자이다.

다음에 유고(遺稿), 유품(인쇄물, 사진)의 목록을 열거해 둔다.

① 실태조사 4,229매: 유고 중에서 가장 귀중한 것으로 조사는 북쪽의 국경으로부터 남쪽으로 제주도까지 전 조선에 이르고 있다. 내용은 작물의 재배법이나 작부방식이 주를 이루지만 농구, 음식물까지도 걸쳐 있다. 일정한 조사양식을 취한 것이 아니라, 타카하시 씨만의 독특한 서체

---

9) [葛饅頭]: 갈분을 반죽하여 만두피를 만들고, 속에 팥소를 넣은 만두.

로 써 넣은 야첩으로 읽기 어려운 곳도 몇 곳이나 된다.

② 통계류 98매

③ 사진 1,495매: 조선의 풍경 약 400매, 시험연구성적 약 475매, 구미 및 중국 여행 약 400매, 기타

④ 시험연구 성적 503매: 재식 밀도, 용수량, 감자 냉동 건조 등에 관한 시험성적이다. 유감스러운 것은 측정수치만이 남아 있어, 시험설정 조건 등은 전혀 알 수가 없다.

⑤ 휴립재배시험 1,759매: 시험성적 수치가 주이고, 관계문헌 초록도 있다.

⑥ 재래품종 특성 조사 1,436매: 이것도 본문 속에 이미 기술했듯이, 조사 결과 숫자만 남아 있지 않은 점이, 너무도 유감스러운 일이다.

⑦ 논문, 간행물 1,719매: 외국 문헌의 발췌, 번역 및 중국, 조선의 농서 사본

⑧ 지도류 260매

⑨ 기상 자료 547매: 조선 각지의 기상관측치 및 사리원의 일사량 측정치 등

⑩ 잡 자료 724매

⑪ 사진 원판 507매

⑫ 기타 628매

제5편

부록: 한국농업과학기술의 전개

한국농업과학기술의 전개*

서론

가. 시대 구분

고대	B.C. ~ A.D. 900: 후삼국까지	중국기술 공유기
중세	A.D. 900~1400: 고려조	
근세	A.D. 1400~1600: 조선조 전기	독자기술 태동기
근대1기	A.D. 1600~1863: 조선조 후기(고종 이전)	
근대2기	A.D. 1863~1945: 구한말~일제강점기	서양과 일본 기술 도입기
현대	A.D. 1945~현재: 대한민국	독자기술 발전기

※ 시대 흐름을 통하여 인간의 존엄성(차별성) 실현을 위한 끊임없는 진전!

※ 인간은 도구적(수단성) · 유희적(정신성) · 사회적(집단질서성) · 문화적(가치관) 존재이며 이를 실현하려는 의욕적 존재!

---

* 이 부록하는 글은 2006년 8월, 한국농업근현대화 100년 기념 심포지엄: 한국농업 "과거 100년, 미래 100년"(농촌진흥청 대강당)에서 제2주제로 발표된 원고의 내용이다.

나. 옛 중국(華北) 농서 이용

(1) 농서 사례

氾勝之의 『氾勝之書』(B.C. 1~2세기)

崔是: 『四民月令』(A.D. 25~219 : 後漢)

賈思勰: 『齊民要術』(A.D. 532~544 : 後魏)

孫光憲: 『孫氏農書』(A.D. 960?, 北宋) → 林景和(1159)『孫氏蠶經』

陳敷: 『陳氏農書』(1149, 宋代)

王禎: 『王氏農書』(1313, 元代)

王汝懋: 『山居四要』(1360, 元)

司農司: 『農桑輯要』(1273, 元) → 韓尙德(1415), 『養蠶經驗撮要』
　　　　　　　　　　　　　　　↳ 李行·郭存中(1415), 『農書輯要』

韓鄂: 『四時纂要』(996 판각) → 姜希孟(1482), 『四時纂要抄』

徐光啓: 『農政全書』(1639)

(2) 중국농서 직용(直用)의 타당성

- 당시 농법(한전농: dry farming)이 상호유사
- 당시 기술 수준 빈약: 상호 간 차이 구분 여지없었음
- 당시의 유일하고 빈번한 정치·경제·문화 통교
- 민족(예맥, Tungus人): 농사(재료 및 방법) 전래의 원류

본론

Ⅰ. 선사 시대

- 신석기(B.C. 6000)에 원시농경 시작(정착생활): 애니미즘(자연정령설)·샤머니즘(무속설)·토테미즘(부족숭배설) 문화 형성
  → 청동기(B.C. 10C) → 철기(B.C. 3C): 농기구·농작물 다양화!
  → 고조선(B.C. 2333): 一然의 「三國遺事」: "檀君神話" → 農耕文化

  中國 神農 神話 → 農本主義 계승!   弘益人間
              (統治觀·傳統生活 價値觀)

  → 농경·제천행사 및 벼농사 시작   自然·人本觀의 건국이념
  부여(영고, 12월)·고구려(동맹, 10월)·동예(무천, 10월)·삼한(수릿날, 5월: 계절제, 10월) 등
  ※ 당시의 과제: 작물종 확보·농지 확보·기본재배기술 개발·보급
              : 농민의 부역부담 면제

Ⅱ. 고대 사회(삼국·통일신라·발해)

- 농업을 생업으로 하는 租稅制와 녹읍제에 의하여 국가(王權)와 귀족경제 체계 확립
- 王土思想: "普天地下 莫非王土 率土之賓 莫非王臣" → 영토 확장의 당위성

- 鐵製農具·저수지 축조·牛耕化·丁田制(無田民)
- 農耕·經濟: (血緣中心) 村落共同體的 組織活性化, 商業 活性化(청

해진의 장보고 사례)

- 佛敎(호국적 · 현세 구복적 · 샤머니즘적) 文化의 계승 · 발전: 서역 · 중
  국 영향 접수창구

- 漢文의 傳來: 歷史書 (고구려 유기 · 신집, 백제 서기, 신라 국사 등)

  : 천문학(농경원리 포함) · 기하학 · 역법 · 수공업 영향

  : 儒學의 국학화 ← 5經(시경 · 서경 · 주역 · 예기 · 춘추)

  ← 국학(논어 · 효경 · 예기 · 좌전 등)

  : 풍수지리설 ← 전통 地母思想 + 中國 음양오행설

※ 당시의 과제: 농지 확보 · 수자원 확보 · 기본생산기술 · 농민 부역부담 면제

Ⅲ. 중세 사회(고려)

- 권농정책: 사직제 · 적전제 시행, 농번기 부역 면제, 재해 시 조세 면제,
  황무지개간 면세, 흑창 · 의창 · 상평창 제도 운영

- 토지제도: 녹봉으로서 전시과제 : 한시적 수조권 부여하는 18등급 차등제
  (국가땅 조세 : 수량의 1/4, 관리땅 조세 : 수량의 1/2)

  : 그 외 대부분 농지는 개인 소유의 민전제(조세 : 수량의 1/10)

- 농경기술: 목화도입(면포 → 衣生活 변화)

  세역농 → 상경농 → 2년3작 윤작(牛耕(深耕) · 축비 사용 · 『농
  상집요』 병행)

- 도교와 풍수지리설 발달: 비과학적 농법의 폐해 증대

Ⅳ. 근세 사회(조선 전기)

(1) 권농정책

- 유교적 통치이념으로 『경국대전』을 반포(중앙집권제)하고 중농정책(대표

사례: 수령 7사 강조)을 수립.

- 과제 및 시책

① 농업진흥책: 토지개간 · 수리시설 · 품종개량 · 시비법 합리화

② 농사기술 발달: 2년3작법 · 모내기법 · 이모작 실시

③ 특용작물 증산: 목화 · 원예 · 양봉 · 과수 재배

④ 농서 간행: 『농사직설』, 『금양잡록』, 『농가집성』 등

⑤ 농민 구휼: 『구황촬요』, 『향약집성방』 보급, 사창제 시행

- 토지제도: 과전법~경기도 관리(양반)에 국한한 수조권 분배

: 지주 전호제 : 양반 지주의 대토지소유(사유화 및 병작반수제 성행)

: 농민 → 소작농 : 농민부담 가중(공납 : 방납 폐단, 군역 : 요 역화, 환곡 : 고리대화)

: 국유화(경작권 보호, 조세 인하, 생산성 극대화)

- 농민안정(잡역 · 조세 감면) 및 통제책(오가작통법 · 호패법)

- 전통 촌락공동체 조직: 향도 · 계 · 두레

- 한글 창제: 농서 번역 및 편찬

(2) 조선 전기의 농정 기본 지침

※ "歲首勸農敎文"(世宗)

① 나라는 백성을 근본으로 삼고 백성은 식량을 하늘로 삼나니 농사가 왕 령의 우선과제로 하여 윗사람이 솔선수범할 것

② 신농 씨 이래 여러 군왕의 농사치적과 교훈을 선례로 함.

③ 태조의 전제개혁, 태종의 농서편찬 치적, 『농사직설』을 참고하여 권농과 농사에 힘쓸 것(老農의 기술 발굴 · 이용)

④ 여러 중국 지방관의 치적을 거울삼고 일선수령의 책임을 강조, 백성은 농민을 따르고 근면하도록 해야 함을 강조

⑤ 농사는 천시(적기영농) · 지리(적지적작) · 인사(노력동원)로 이루어지니 농사철의 노동력을 빼앗지 말 것

(3) 조선 전기의 농서 편찬

- 『農事直說』(鄭招, 1430): 王命·主穀·三南先進農·老農(전통농)
- 『養花小錄』(姜希顔: 1452~1465): 花卉·예술적 가치관·전문기술· 체험기술
- 『衿陽雜錄』·『四時纂要抄』(姜希孟: 1474~1483): 耕起農·品種·作 物生理, 종합내용(우리式抄補)
- 『閑情錄』·『屠門大嚼』(許筠 : 1610~1618, 1611):『한정록』은 陶朱公 의 『致富奇書』 참고
  - : 채소·특작·가축 등 새로운 작물
  - : 벼 이앙·간단 관수·채소 芽種法·닭 비육법
  - : 살충·구충제 개발, 포장배치(경영)
  - :『도문대작』은 식품서(명산식품)
- 『農家月令』(高尙顔: 1619) : 24절기 농서, 얼보리(凍麰)
- 『農家集成』(申洬: 1655) : 당시 한국 농학의 집대성(『직설』, 『교문』, 『사 시찬요초』, 『금양잡록』). 混作을 單作으로 전환(경영).
- 기타: 『신편집성마의방』·『우마양저염역병치료방』·『마경초집언해』

(4) 조선전기의 농업기술 권장

- 군왕의 친경의식
- 태종 사례: "친경의식은 神命을 받들어 농업을 중히 하는 행사"(『태종실록』)
- 세종 사례: "왕궁 후원에 시험 삼아 밭을 갈고 인력을 다하니 한발도 재해 를 물려서 벼가 잘 여물었으니 이는 인력이 재해를 구한 것"(『권농교문』)
- 적전에서의 농사시험 연구
- 농사 관련의 기원 행사
- 권농지침서 편찬·반포

⑸ 조선전기의 농업기술 개발 과제

- 논 개답 및 수도작 발전 · 보급(생산력: 논>밭)
- 휴한(세역전)농법 → 연작(불역전)농법(연작 가능성: 논>밭)
- 선진지 기술의 후진지역 보급(선진성: 남쪽>북쪽)
- 농지 확대 · 개간: 임진왜란 및 양대 호란의 피해 복구!
※ 상기 과제들은 물(저수지)과 시비의 문제가 선결과제!
　　↳ (물 · 시비 문제 해소 → 논 일반화 → 이앙논 보급 · 불역전 및 이모작
　　　　 가능 → 생산량 · 생산성 · 규모화 농사 가능!)

⑹ 조선 전기의 농업기술

　　　　　　　　　　　　　　　　　　　　　구황租 · 50日租

① 품종 육종 기술:『농사직설』,『금양잡록』
　　요구조건　　　　　　　　　　　　　　　　↑
　　- 지대별 기후 차　　　　→ 품종분화　　- 早晩: "晩播早生"
　　- 지역별 토양 · 지세차　　(선발 및　　- 普特種 "特産物"
　　- 작물별 요구 환경차　　 도입육종 결과)　- 耐性 "災害"
　　- 휴한 → 연작의 변화차　- 多收性 "黑黍"
　　- 다수 · 양질의 요구 검증
※ 육성 품종수(계 87종): 벼(30) · 밀/보리(8) · 기장(6) · 콩(8) · 팥(6) · 녹두
　(21) · 동배류(3) · 조(15) · 수수(4) · 피(5)

② 종자 기술
: 健實 · 不雜 · 不浥:『直說』·『農書輯要』·『閑情錄』 ←『農桑輯要』
　←『齊民要術』
　　↳ "風選 · 水選: 雪水 · 汚水 · 蠶水 침지 · 건조
　　↳ 貯藏 → 휴면타파처리(Vernalization: 얼보리) → 播種
　　　　↓

蒼耳(도꼬마리나 쑥) 混貯藏 ⇒ 陳穀의 發芽力 시험 및 普及(耤田 利用)

：『農事直說』, 『農書輯要』, 『閑情錄』

③ 休閑農法의 극복

"古有一易再易之田 必其地力之可休者"

"陳田(노는 땅) → 火田(再易田 3年1作) → 易田 → 續田(或耕或陳) →

不易田(連作: 1年1作) → 輪作田(2年3作) → 裏毛作(1年2作~2年4作)

→ 多毛作田(1年2作 以上)

←————— 高麗 中期 ~『農事直說』—————————→

※ 地力 增進: 土地利用度 제고(『農事直說』)

－ "秋耕宜深 春耕宜淺", "入新土 · 入莎土"(객토), "布草燒之"(乾土)

－ 有機物 施用(草枝 · 퇴구비 · 축잠분 · 糞尿灰 · 灰 · 도랑흙 등)

－ 速性퇴비 제조 사용: 퇴비원 충적 또는 인축뇨 침지 처리!:『農家集成』

－ 綠肥作物(녹두 · 참깨 · 팥 · 기타) 갈아엎기:『齊民要術』

④ 作物保護(2年1回꼴의 災害 및 病蟲驅除) 技術

－ 소극(栽培)的 對應(混播混植 또는 交互作):『農事直說』, 『農家月令』

－ 적극적 對應 水利 技術: 品種(晚種早熟, 耐性):『農事直說』

  火熱(횃불) · 嫁樹(돌끼우기):『四時纂要抄』

  驅蟲 처리: 乾芫花 · 유황분 · 百部(婆婦草) · 魚腥水 등:『撮要新書』

  벌레털어 매몰하기:『養花小錄』

  苦蔘根(쓴너삼) · 石灰水 처리:『閑情錄』

⑤ 氣象觀測과 利用技術

－ 1403年(태종 3): 가뭄조사 보고 명:『實錄』"태종우"

－ 1412年(태종 12): 가뭄 진휼 처리:『實錄』

－ 1423年(세종 5): 강우 시 땅속 스민 깊이 조사 명

- 1436年(세종 18): 초상·만상 조사 보고 명
- 1441年(세종 23): 세계 최초의 측우기 발명

(한강 수표기록 1630~1889의 254년간 기록)

※ 24절기 → 태양의 운행에 기초한 달의 관계 일월력 활용 : 농사적기판별!

(小寒 : 1月6-7日, 本格的 추위~大雪 : 12月7-8日, 큰 눈 기대)

:『四時纂要抄』,『農家月令』 등 農書 편찬

⑥ 用水 및 水利 技術
- 堤堰: 水高畓低用 저수시설, A.D. 330(백제 比流王 27)에 길이 1800
 步의 김제 "벽골제"

: 世宗朝 청주牧事 柳希烈 : 立桶貯水式 제언설계 → 日本 전파 "韓
 人池", "百濟池"
- 水車: 低水高畓用 灌水시설

: 맞두레·용두레·수차(무자위) ← 中國·日本.

※ 일본보다 2세기 앞선 1429(世宗 11), 朴瑞生이 "발무자위(족답
 식수차)" 발명

※ 우리나라에선 실용적인 성공에 실패

⑦ 農器具 발전
- 역사적 취약 기술 ← 경험 없는 양반들 주도!(중국 농서의 쳇바퀴 전전)
- 따비(개간지)·괭이·쟁기(숙전)·호미(좌식)·낫·지게·농우(農牛) 쓰
 임새 및 기능 다양화 → 소농 漫種·人力·개간지 중심
- 양수 운반·조제·파종·도정 용구의 미발달

⑧ 개간(耕墾) 기술
: 재배 적지 판단술(荒地辨試之法):『農事直說』: "단맛의 땅"

↳ 山地(旱田: 火入 → 肥培) 및 저습지 개간("輪木": 水草 → 晚稻
 (따비 → 農牛)

⑨ 苗種法 技術

○ 歲易稻 ——————→ 連作稻 ——→ —→ 畓二毛作

『要術』~『農桑輯要』　　(高麗後期)　↑

(6세기)　(13세기)　　　┌——→　苗種法(品種+물+肥培): 물/정책적 억제!

　　　　　　　　　벼 재배규모 증대(광작)

　　　　　　　　　생산량 증가(二毛作)

　　　　　　　　　노력 절감

　　　　　　　　　비료(자연공급)

밭벼(旱稻)	건답직파(건삶이)	담수직파(수삶이)	모내기법
(볍씨)	(고휴법)	(최아묘)	(성묘)

○ 품종(等級化): 품질 : 찰 > 메

　: 생태: 조·중·만

　: 적응: 논·밭

　: 까락: 없다·짧다·길다·길고 구부러졌다

　: 이삭색깔: 미백·황·황적·적

　: 肥沃度: 宜膏濕地·忌瘠地·宜膏腈地·不渴地·不澤地·高燥不
　　　　　濕·瘠地·虛浮地亦能

　: 내성: 내풍·성건내풍·외풍·약내풍·성건

　: 취반미: 軟·甚軟·宜飯·最宜飯·稍强·强·不宜作飯

○ 條播·條移秧法: 直播 또는 苗種法의 모든 경우

　　　　　　　　　: 제초 편의성

○ 苗種法(소주밀식법)으로 변천: 『農家集成』← 深耕淺種原則 : 『朱子
　　　　　　　　　　　　　　　　勸農文』)

○ 追肥(밑거름 → 밑거름+덧거름: 『閑情錄』)

○ 除草~火耨法·反種法: 『農家直說』

⑩ 畓二毛作 技術

: 1618년『閑情錄』에 技術言及 ← 1450 李澄玉의 "五十日租"

      ↓   ← 明代『陶朱公致富奇書』

  品種 · 水利 · 肥培 강화   ↑

      ↓   宋代 논벼 뒷그루 보리 · 유채

  苗種法 → 畓二毛作(↑)   ← 日本(1420), 보리 · 벼 · 메밀의 1年
                           3作法

          ↳ "大小麥 新舊穀間 接食 農家最急":『農桑輯要』

⑪ 田作(旱田作) 技術

– 麥類: 1年1作, 1年2作(秋麥), 1年2作(春麥)

– 荳類(大豆의 原産地): 麥根耕(콩 · 팥 · 녹두) 및 麥間作 作物(동부 · 완두): 地力 增進

– 기장 · 조 · 수수 · 피: 麥 以前의 主食作物, 膏瘠皆宜, 品種分化 多. 壟種(기장 · 조) 또는 畎種(수수 · 피)

– 참깨 · 들깨 · 메밀: 混播 · 代播

– 삼 · 모시풀 · 목화: 섬유작물 · 해걸이작물 · 밀파작물(섬유질) · 순치기, 區田法, 單作法:『農家集成』

⑫ 채소 기술

: 饑饉~채소의 중요성(『閑情錄』)

: 中國農書 利用(『齊民要術』·『農桑輯要』·『四時纂要』·『閑情錄』 등)

– 蘿葍(무): 周年 利用, "羅州産"(『屠門大嚼』)

– 蔓菁(순무): 救荒, 葉菜(四時) 및 根菜(김장용)

– 蔥(파): 點播 또는 實生苗法, "파주산"(『도문대작』)

– 萵苣(상추): 葉菜 또는 萵筍(와순 : 中心柱) 이용

– 韭(부추): 多年用 "게으른 자의 채소"("懶人菜")

– 瓜(오이): 區種混(大豆)播(中國), 移植 및 덕재배법(『閑情錄』)

- 甛瓜(참외): 생선가시 揷頂法(促熟法), "의주산"(『도문대작』)
- 西瓜(수박): 고려 洪茶丘/개성, "충주산", "원주산"(『도문대작』)
- 茄(가지): 灰 및 유황가루(結實增). 宜水分
- 東瓜(동아): 육묘이식(『閑情錄』), "충주산"(『도문대작』)
- 蒜(마늘): 달래(小蒜)/단군신화. 마늘(大蒜)/中國, 인분뇨. "영월산"(『도문대작』)
- 薑(생강): 草麻(대마)와 사이짓기/中國(차광). 덕재배(차광)/(『한정록』) "전주산"·"담양산"·"창동산"(『도문대작』)
- 蓮(연): 연근용/『사시찬요초』, 꽃용/『양화소록』
- 芋(토란): 水芋(이식법)와 旱芋(구종법), 구황식물, "영·호남산"(量), "서울산"(質)(『도문대작』)
- 其他~미나리·도라지·목숙·아욱·콩잎·염교·갓·달래·고수·산나물 등

※ 直播 → 育苗·移植栽培, 施肥 多樣化, 各産地 出現

⑬ 果樹 技術
: 『齊民要術』·『촬요신서』·『사시찬요초』·『도문대작』
: 揷木法·椄木法·取木法 : 『촬요신서』
: 栽培~梨(배)·李(오얏)·桃(복숭아): 『四時纂要抄』
: 保護
- 燒烟法(서리해)·根部다지기(낙과·충해)·벌레구멍못박기·머리카락 걸기(방조): 『사시찬요초』
- 팥꽃나무·百部(독초) 삽입 및 관솔불 그슬리기(방충): 『촬요신서』
: 저장(밤·배 사례: 『사시찬요초』)
: 지역특산화(『도문대작』)
- 배(天賜梨: 강릉·金色梨: 정선, 玄梨: 평안도, 紅梨: 석왕사, 大熟梨: 곡산·이천)
- 감(早紅柹: 온양, 角柹: 남양, 烏柹: 지리산)~"柹屑(시설: 감미료粉)

- 밤(小栗: 상주, 大栗: 밀양 · 지리산)

- 대추(보은산)

- 앵두(한강 저자도, 영동)

- 살구(삼척 · 울진, 綠李: 서울 서교)

- 복숭아(황도: 홍천 · 춘천, 盤桃: 과천, 僧桃: 전주)

- 포도(信川 유대현 宅)

- 모과(예천)

- 석류(제주 · 영암 · 함평)

- 복분자(甲山産)

- 귤(금귤: 제주, 청귤: 제주, 유감: 제주, 유자: 서남해안)

⑭ 화훼 기술: 『養花小錄』

• 화훼관~"取花卉法"

• 序文: 花卉觀 · 取花卉法

- 老松: 『格物論』 등 인용. 移植法 · 管理法

- 烏班竹: 『竹譜』, 『種竹法』 인용. 種植 및 引筍法

- 菊花: 『菊譜』 인용. 接花法, 花木宜忌, 冬季管理, 品種論

- 梅花: 『범석호』 인용. 直脚梅 · 重葉梅花 · 千葉香梅

- 黑梅: 소태에 매화접한 黑梅, 倚接法

- 혜란(蕙蘭): 蘭種論, 分蘭法

- 瑞香花: 『居家必用』 인용. 家內灌水, 尿葉面施肥法, 地接法

- 蓮花: 『愛蓮說』 인용, 번식법, 방제법, 宅內養蓮法.

- 石榴花 · 百葉: 挿榴法, 楱木法(絳枝挿)

- 梔子花: 예찬론, 번식법

- 四季花 · 月桂花: 예찬론, 번식법

- 山茶花(冬栢): 『南方草本記』 인용. 우리나라 종 유래 · 분포 · 養花法

- 紫薇花(百日紅): 生態 및 번식법

- 일본철쭉: 세종 하사 유래와 번식법 시험 내용

- 굴나무: "귤이 강북에서 탱자(?)" 시험 및 교정
- 石菖蒲: 재배법, 괴석 이용
- 怪石: 『種花法』 인용. 명산지 및 이용 기교
- 화분에 꽃 심는 법·催花法·白花忌宜·養花法·排花盆法·收藏法

※ 꽃의 내력·풍격·품종·자생종 여부, 번식법, 영양번식기술(地接·倚
接·挿枝·挿榴·국화접목법, 床土 만들기, 怪石利用法, 樹型유도법,
총론적 원리(심고 기르고 배열하며 저장하는 원리 및 화훼관과 예술적
관조법) 등 수록

V. 근대 1기(조선 후기)

(1) 개요

: 1744의 『續大典』 ← 1485 『經國大典』
      ↳ 守令職 强化(守令七事+人事 처벌·특진 規定)
: 권농정책
- 農地제도 改定("隨等異尺制" → "一等田尺制" : 1653 효종 4)

모순 개선·기술 개혁

農地擴大("凡閑曠處 以起耕者爲主"+減稅) : 廣作·土地賣買·技術變化
- 水利再建(『堤堰事目』·『堤堰節目』 公布 : 堤堰司 부활: 1662)
     ↳ 都堤調를 의정부 정승이 겸임·강화
- 農事("모내기") → 救農書綸音(正祖 23 : 1799) : 禁, 不可避, 모내기
 와 직파의 竝行
- 園藝: 工典曹의 掌苑署~용산·한강 등지의 과수원
       제주도의 특산(唐柑子·唐柚子·乳柑·洞庭橘)
 : 貢物進上 제한(耽羅柑柚 事例)

– 勸蠶: 都會蠶室(궁중 상납 단속). 生産 장려 지속.

　: 林政

– 工典曹의 山澤司~山澤 · 津梁 · 苑囿 · 種植 · 炭 · 舟車 等

　(옻 · 뽕 · 과수 · 닥 · 왕골 · 대나무)

　~최초의 育苗(강화도 海松 사례 : 續大典)

　~正祖 6~12年의 『植木實總』과 『松禁事目』 제정

　: 租稅 · 雜賦役: "大同法" 實施 → 일체의 "大同米"化

(2) 조선 후기의 농서 ← 社會風潮: 實事求是 · 經世治用 · 利用厚生

– 朴世堂(1676)의 『穡經』 · 『穡經增集』: 양주군에서 자영 경험, 『農桑輯要』 재평가 · 인용

– 洪萬選(1700?)의 『山林經濟』 · 『山林經濟補』: 17C 농학 총정리(俗方+中國 引用)+『색경』 인용(補)

– 柳重臨(內醫 : 1766)의 『增補山林經濟』: 『山林經濟』의 대폭 가감 정리

– 徐命膺(1716~1787) 『攷事新書』 · 『本史』: 산림경제+중국, 농정(토지개혁) 지침서

– 『應旨進農書』: 69건 ← 정조 22(1798) "勸農政求農書綸音"

　: 『農家之大典』 편찬목적: 국내 최선의 기술 정리 · 보급 의도

– 朴齊家(1782)의 『北學議』: 중국문물 소개

– 朴趾源(1799)의 『課農小抄』(『응지진농서』의 일종): 『農政全書』 인용

– 徐浩修(1739~1799)의 『海東農書』: 『농가집성』+『증보산림경제』+『농정전서』

– 禹夏永(1741~1812)의 『千一錄』: 山川風土關拒(1冊), 田制農政(3冊)+農家總覽(8冊)

　"因俗而導治"~實態와 風土에 의하여 논함(미신적 요소 배제).

– 崔漢綺(1803~1877)의 『農政會要』(欽定授時通考) · 『農政書』(諸農書 引用本): 中國技術 재평가

『陸海志』(欽定授時通考: 한발대책)·『應器圖說』(각종 농사·생활기계론)

- 徐有榘(1842~1845)의 『林園經濟志』: 19C 전반기 농학 총정리

  : 혼작 → 단작/품종전문화!

  : 反畓 → 田 환원(水利不安)

- 李止淵(1838)의 『農政要旨』: "건답직파법"~待時而耕 → 起耕作畝(이랑) → 落種(조파) → 其曳覆種 → 刀曳除草(칼게매) → 湯土興起(평후치)

※ 중국 농서 기술 인용의 감소(예:『산림경제』)

	국내농서·기술	중국농서·기술	계
벼농사	26회(81%)	6회(19%)	32회
농사일반	420회(52%)	388회(48%)	808회

(국내 老農의 俗方 인용도 증가!)

(3) 조선후기의 농업 기술

① 새로운 作物(目)의 도입
- 옥수수(1671?)·땅콩(1778)·고구마(1763)·감자(1824)·고추(1615)· 호박·토마토·강낭콩·딸기 등
- 목화(재도입: 1631), 인삼(17세기 이전), 배추(1700?), 호박(1605) 등

② 작물품종
- 벼: 조선 전기 30종 → 후기 47종(올벼 증가: 이모작·춘궁기해결·재해 회피·내성)
- 맥: 7종(중·얼·하나·올·육모·검은·신중보리)
- 조: 조선 전기 15종 → 후기 17종
- 콩·팥: 『임원경제지』 추가종(콩 6, 팥 3)
- 동부·완두·기장·피·수수 등

③ 농업기상(비 · 바람 예측 기술): 장기 → 중기(계절) → 단기(수일)

　　　　『사시찬요초』 ⌉ →『증보산림경제』→『과농소초』

　　　　『색경』 ⌋
　　　　(미신적 ————————————→ 합리적!)

④ 재배환경 및 충해 관리기술

－『임원경제지』의 "五害攷": 水 · 旱 · 風雨雹霜 · 病 · 蟲害

－『과농소초』의 "備蝗雜法"

－ 메뚜기 식용화 ← 中國 "姚崇" 사례(唐)

⑤ 施肥技術

채소: 許筠의『한정록』← 中國南方農法

　　　　　　　↓

　　　基肥 中心 → 追肥 확립

(수용성 · 속효성 비료: 거름재 · 깻묵 · 계분 · 오줌 등)

　　　　　　↑

　　　　　벼: 박세당의『색경』

　　　　　: 유중임의『증보산림경제』

　　　　　: 서유구의『행포지』

　　　　　보리: 우하영의『천일록』

　　　　　: 서유구의『임원경제지』

　　　　　: 비료원(분류) 거두기 · 저장:『증보산림경제』

　　　　　: 비료의 분류 체계화(9종):『임원경제지』

⑥ 모내기 및 수리 기술 확산

苗種法: 숙종 24년(1698): "이미 관행화"(已成風俗)

   : 영조 36년(1760): 광작 → "불가항력"(莫可盡禁)

   : 정조 23년(1799): "9할이 이미 시행"(九分皆注秧也)

水利: 3南의 제언수 변동(미야자와, 1983)

	15C 後	16C 初	18C 後	19C 初	(1910年)
경상	721	800	1522	1666	(1752)
전라		900	913	912	(800)
충청		500	503	518	(318)

－ 수리기술 및 시설·기구: 中國 引用(水車 : 성공 사례 희박)

－ 측량기술(고저 및 수평): 최한기의 『陸海法』(1834)

－ 방조제 기술: 이종원의 『農談』(1894)

⑦ 稻作 技術

－ 못자리: 올벼못자리(早稻秧基)·모래땅못자리(沙畓秧基)

  『농가집성』(17C) → 『산림경제』(18C) → 『증보산림경제』 → 『임원경제지』

－ 乾秧法: 밭못자리(『산림경제』·『증보산림경제』·『고사신서』·『과농소초』·

  『해동농서』·『임원경제지』)

  : 고유기술(水利不安全畓의 가뭄극복수단 : 乾畓育苗 → 水畓栽培)

－ 移秧技術: 條秧, 小株密植(독자기술), 輪畓(畓田輪換 : 함경도)

－ 除草기술: 『농사직설』: 직파는 3~4회, 모내기는 2~3회

  : 후기 농서 : 직파는 자주, 모내기는 본답에서 3~4회, 광작에서의 조방

  기술 : "反種法", "火耕水耨法"(『증보산림경제』)

－ 물관리기술: 제초 시에 2일간(이후는 4~5일간, 발자국 생길 정도) 낙수하

  고, 가을 추수기에 앞선 물빼기

－ 벼 생리 이해: 穀胎期(유수형성기, 망시)의 "손 김매기": 강희맹의 『금양

  잡록』 이후

⑧ 田作 技術

- 가뭄 파종(맥류): 재묻혀 씨뿌리기 → 소금·식초 섞어 뿌리기(『산림경
  제』 이후 농서)
- 두류(콩·팥·녹두·동부·완두) 재배법과 만전산파 후 제초 → 작휴
  → 복토식 재배
- 숙주나물 및 녹두 2기작 재배법(『한정록』)
- 기장·조·수수: 지력증진작물(휴한 및 참깨·순무·콩의 전작『산림경
  제』 이후 농서)
- 조 가을파종[저온처리효과: 신돈복의『후생록』(1750~1767?)]
- 목화: 품종(『후생록』), 채종(『천일록』), 종자처리 및 파종(『산림경제』)
  적심(주간 → 주간 및 분지 순지르기:『농가집성』→『색경』)

⑨ 새로운 작물(옥수수·고구마·담배)의 재배기술 확립
- 옥수수의 성상·적지·이용·저장법: (『증보산림경제』·『임원경제지』)
- 고구마의 성상·형태·용도·수량 및 13개항의 장점, 재배법·증식·저장
  및 우리나라 재배법(『증보산림경제』→ 이후의『해동농서』·『이참봉집』·
  『감저경장설』·『종저방』및 서유구의『종저보』에서 체계화·집대성)
- 담배: 고상안의『농가월령』→『증보산림경제』→『임원경제지』, 전국
  적으로 재배 확산(부승지 나후구의『비국등록』: 1732)

⑩ 채소 작목 증가 및 특수재배
- 작목 증가:『사시찬요초』(1482): 순무 등 15종
            『증보산림경제』(1766): 부추 등 49종
- 재배기술(특수기술: 俗法) 다양화: 畦種法(두둑재배법), 區種法, 育芽栽培
  法, 黃芽菜(軟化)栽培, 養芽法, 移動式 冷床育苗法, 貯藏法, 苦椒醬,
  促成栽培(多收穫), 接莖法 등(『山林經濟』·『增補山林經濟』·『林園經
  濟志』·『厚生錄』등)

⑪ 과수재배 및 저장 기술
- 재배기술 체계화:『山林經濟』·『林園經濟志』·『행포지』
  核種法 · 枝種法 · 揷樹法(허리접 · 뿌리접) · 分根法 · 壓條法 · 脫枝
  法 · 騙樹法 · 嫁樹法 · 摘花法 · 摘果法 · 禦風法 등
- 품종 다양화 · 체계화
- 해충구제기술
- 저장법: 과채류 · 잣 · 밤 · 대추 · 배 · 홍시 · 복숭아 · 사과 · 포도 · 감귤 등
  주로 소량 자가소비용에 국한된 기술(『山林經濟』) → 궁중 "掌苑署"

⑫ 화훼원예 기술
- 작목의 증가:『양화소록』(15C) 16종 →『임원경제지』 64종
- 각종 재배법 및 성상(관찰기록)

⑬ 뽕나무 재배 및 양잠 기술
- 각종 종합농서 및 김사철의『증보잠상집요』, 이회규의『잠상집요』(1886)
- 실생육묘 → 영양번식(휘묻이법 · 접목법 등)
- 수형관리 및 해충 구제 기술(『잠상집요』)
- 녹두 · 팥 사이짓기(『산림경제』)
- 양잠(잠실관리:『산림경제』)
- 육잠(먹이 · 위생 · 환경관리:『잠상집요』)
- 野蠶 키우기[『잠상집요』·『작잠사양법』(1909)]

⑭ 축산 · 수의 · 양어 기술: 종합농서(축산 · 수의 미분화)
- 소의 가치 재평가(농가 필수:『금양잡록』 →『산림경제』)
- 송아지 農耕調練 기술(『산림경제』)
- 소 사육기술(보온 · 사초:『산림경제』)
- 소 질병 치료법 다양화 · 전문화(인의술 응용)
- 돼지 사양기술(『산림경제』·『색경』): 돼지 평가 기준, 돼지울 관리, 방목

관리, 산후조리 및 새끼 관리, 비육기술, 질병치료법

- 양 사양 기술(『산림경제』): 건조식 사양 · 새끼관리 · 방목 요령 · 질병치료 기술

- 물고기(水畜: 『한정록』): 대부분 농서에서 취급(대체로 中國기술 인용) 농가경제 및 완상 목적. 적정 장소 조건 · 경영특성 · 먹이관리 · 수질오염 · 조경특성 및 완상법 등

⑮ 농업입지 및 농가경영규모 연구: 『산림경제』 · 『증보산림경제』 · 『택리지』 · 『임원경제지』 등

    - 樂土要素: "地利 · 生利 · 人心 · 山水"

    (地利)   "농업입지요소" ← (『한정록』)

    ⅰ. 農地+山地+소류지

    ⅱ. 資本("資不可無 不必富也": 자본 없이 치부 불가!)

- 경영규모 연구

    ⅰ. 감당할 수 있는 규모(소면적 정밀농경 규모: 『과농소초』, 『천일록』, 『중맥설』)

    ⅱ. 가용자원(자본 · 노동력 · 입지조건)의 활용극대화: 절약 · 근면 · 이용도 제고, 합리적 경영설계 충실, 자급자족적 다각경영기술 (상품화 노력!)

    (※ 시장의 위치와 교통요소 배제되어 있었음)

Ⅵ. 근대 2기(조선조 말∼일제강점기)

가. 조선조 말기

(1) 1800년 正祖 급서(국정과 사회기강 침체 및 혼란)

- 三政[田政・軍政・穀政(還穀制)]의 문란
- 진주 민란 → 임오군란
- 천주교 박해 → 동학 창도 → 탄압과 외세(일본) 침투
- 쇄국정책 → 문호개방・통상 개방 → 개화사상의 정치세력화(개화파 대두)
- 개혁운동: "農課規則" 발포(고종 20년, 1883) - 정도전의 『오가작통』에
  의한 인보상조 및 기강 확립, 국력배양을 시도한 법령.
  : 갑오개혁(1894): 정부조직・체제 개편(6조 → 8아문: 농상아문신설, 그
    러나 1895년에 농상+공상아문을 농상공부로 개편)
- 1897: 대한제국(국호)
- 을사조약(1906: 일제 통감부의 식민정책 발효)

(2) 서구 농업과학기술의 도입

- 강화도 한일수호통상조약(1876)에 따른 1차 수신사(김기수 일행) 일본
  파견: 일본 문명과 부국강병 실상 보고
- 인천개항협상(1880)에 따른 2차 수신사(김홍집 일행) 일본 파견: 일본 물
  정 보고
- 선진지 견문차(1881)에 3차 시찰단(紳士유람단) 일본 파견: "聞見事件"
  보고, 安宗洙의 쓰다센(津田仙) 접견
- ※ 安宗洙(1859~1895): 3次 수행원, 『農政新編』 편찬
- ※ 津田仙(1837~1908): 日本 근대농학 태두, 농업학교 "農學社" 설립, 화
  란 農學通(D. Hooibrenk에게 사사), 『農業三事』 편찬

- 鄭秉夏 수행원(『농정촬요』 편찬하고 1896년 피살): 오사카 특파
- 한미수호통상조약(1882)에 따라 "보빙사"(민영익 등 11명): 미국 사절 파견
- 수행사 최경석이 국무장관의 종자 · 종축 · 농기구 지원 및 유학파견 동의
  구함. 1884년 최초의 "農務牧畜試驗場" 설치. 도입종자 · 종축 등 80여
  종으로 305개 시군에 채종종자 보급. 일행인 변수는 메릴랜드 농대에서
  최초의 농학사 자격 취득(1891)하고 교통사고 횡사
- 농과규칙 중 잠상규칙 발포(1883)에 따른 잠상공사(公司) 설치(1884):
  선진 기계직조 기술 전수 · 보급, 1889년 폐쇄.
- 農桑會社章程(1894) 제정: 전문 10관의 장정, 8개조의 시행규칙으로 된
  범 농정개혁 취지 포괄
- 1900년 농상공부에 잠업과 설치 → 1901년 필동에 "잠업시험장" 설립
  → 1905년 양지 · 소사 · 대구 · 안의 등지에 "잠업기술전습소" 신설: 교
  육 및 신진 기술 · 품종 보급

(3) 신학문 농학(업) 교육과 농사시험 연구 착수

- "한성순보"(1883): 서구 문물 · 과학의 소개
- "독립신문": 신학문(생물학) 소개
- 각종 견문록 출간: 서구 사회 소개
- 신식학교 "元山學舍" 설립(1883): 안종수의 『농정신편』 교육
  신식학교 "育英公院" 설립(1886): 農理學 교육
- 高宗勅書(1899): 실업학교("상공학교" → "농상공학교": 1904) 설립
  ※ 1906년 농림학교 독립 → 1907년 수원이전: 수원농림학교
- 외국 유학(1907: 일본 유학생 규정 발표: 농학분야 최다)
- 농사시험연구(농상공학교 실습지 뚝섬 개장: 1904 → 일제통감부의 권업
  모범장 본격화: 1906. 6. 15.)
  ※ 1908~1909: 전국 각지에 시험지, 출장소, 종묘장 설치
    1910: 모든 기능체를 일제총독부 권업모범장 산하로 편입

- 일제의 우리농업실정조사: 『한국의 농업』 보고서(고지마, 1903), 『한국농업론』 보고(가토, 1898~1900), 『한국농사조사서』(1905), 『한국농사시찰복명서』(1905), 『한국토지농산보고』(혼다 · 고바야시 · 나카무라, 1905. 3~11)

(4) 개화기의 신진 농업과학 기술서

- 국한문 혼용, 생리 · 원리적 기술, 즉 수입농학적 성격
- 『농정신편』(안종수, 1881): 일본 사토의 『초목육부경종법』, 쓰다의 『농업삼사』 인용

　『농정촬요』(정병하, 1886): 국한문, 농업 3요소(地利 · 人功 · 資本)론

　『중맥설』(지석영, 1888): 일본 쓰다의 『농업삼사』 인용

　『과수재배법』(김진초, 1909): 일본 동경대 청강, 일본 · 구라파식 기술(비료 · 접목 · 전정) 편찬(국한문)

　『채소재배법』(장지연, 1909): 139종 서술, 화교기술, 채소의 유래 · 성상 · 재배법 · 시비 · 방제 · 연작 · 잡종강세 이용기술

　『잠상실험설』(신해영, 1901): 일본 마쓰나카 책 번역서

　『잠업대요』(문석완, 1909): 누에생리 · 뽕광합성 · 병리 등 일본기술 도입

　『양계신론』(선우예, 1908): 이노우에의 『양계신론』 번역

(5) 신작목 · 축종 및 품종 도입: "도입의 홍수기", "범람기"

- 벼: 조신력 · 곡량도 · 다마금 · 도 · 일출 · 석백 · 관산 · 응정/권업모범장
- 보리: 맘모스 · 방주 · 비전조생 · 삼덕 · 삼중 · 배취 · 골덴메론
- 밀: California · 강도 · 삼곡 · 암락 · 신전조생 · 사천 · 달마
- 고구마: 원기
- 감자: 장기적
- 목화: 미국 육지면/목포 高下島(1904) → 동양면을 대체함.
- 채소: 샐러리 · 양배추 · 비트 · 케일 · 미국호박/농무목축시험장(1884)
- 과수: 쓰다센 기증(1883: 사과 · 벚꽃)

Canada 선교사 하지(1898: 사과 · 복숭아 · 오얏 · 포도 · 딸기 등)

　　미국선교사(1901: 사과)

　　각국 외국인(1890: 서양사과 · 복숭아 · 서양배)

　　일본 기업가(1905: 사과 축 · 홍과 · 홍옥 · 만홍, 배 금촌주 · 명월 · 장십랑 등)

　　양앵두(1900)

－잠종: 중국 무석(1887), 일본 사민잠(四眠蠶, 1901)

－축종: 농무목축시험장(1884: Jersy · 암소 · 양 · 암말 · 수말 · 조랑말)

　　프랑스 Short(1902: 젖소 · 돼지 · 면양)

　　권업모범장(1907: Ayrshire)

　　한국중앙농회(1908: Simmental → 한우개량, 1909: 닭 프리머스록, 나고
　　야친 등)

　　정부(궁중)(1904: 면양, 1903: Yorkshire, 1905: Berkshire)

－목초 : 권업모범장(1907: 28종 목초류, 돼지감자 · 순무)

　　　　대구 이사청(1908: 6종, 1909: Clover류 5종)

(6) 농촌(현장농사)의 실정

－다산 정약용(19C 전반기 실정: 18년 귀양 → 『牧民心書』)

　"윗물이 흐린데 아랫물이 맑기 어렵다. 아전이 농간을 부리는 데 온갖
　수단을 다 쓰고 귀신같이 간교해서 밝게 일하지 못한다."

－Ernst Opert(1866~1868년 여행 → 『Ein Verschlossenes Land, Reisen
　Nach Korea』)

　"조선의 인구는 실제로 1,500~1,600만이지만 정부통계로는 750~800만이
　며, 비단은 있으나 백성의 옷감은 성긴 삼베이고 모직은 알지조차 못한
　다. 일부다처제로서 소고기를 먹지 않으며 다른 먹을거리는 중국과 비슷
　하다. 특히 농업은 가능성이 큰데도 적극성이 없고 화훼나 목축에는 무
　관심하다. 좋은 게 있다면 남부의 황칠 · 포도 · 목화 · 인삼을 들 수 있
　다. 수탈 때문에 생산이 방치되고 있어서 질식할 지경에 있다. …… 이

런 참상은 흥선대원군으로 비롯된 쇄국주의 탓이다."

– 일제의 속셈(吉田松陰의 괴변 → "명치유신 사조")

"일본은 미주 열강과 화친조약으로 손해를 보게 되는 무역역조를 조선이
나 만주·중국 등지의 영토 점령과 식민통치로 보상받아야 한다."

– 농업현장 시찰 복명(1898~1900, 加藤末郎의 『韓國農業論』)

"논농사는 1년에 1회를 농사짓는 일모작이 대부분으로서 2모작은 거의 없고 농작업 기술
은 매우 조잡하여 유치한 수준이다. 따라서 춘궁기의 "보릿고개" 현상이 심각하고 중경,
제초 작업도 건성이어서 일본의 4~5회에 비하여 고작 2~3회에 지나지 않는다. 품종은
잡다하게 많고 파종량은 일본의 두 배량(1두락이지만 일본은 1단보에 4되)이지만 모낼 때
의 삽주수(挿株數, 즉 株當本數)가 많아서 분얼이 적고 따라서 종자의 낭비와 소출의 저
하를 초래한다."

※ 밭농사 작부체계 사례(농상무성, 1904~1905: 『한국토지농산조사보고』)

1900년대 초의 주요 밭작물 간혼작 사례

주작물	두과류 포함 경우		두과류 없는 경우	
	1작물	2작물 이상	1작물	2작물 이상
밭 벼	콩(간작)			
조	콩·팥(간작)		수수 메밀 면화	수수·메밀 수수·깨
수·수	콩	콩·메밀		
피	콩		조	
메밀	콩			
콩	팥 수수 깨 곤마	수수·조 수수·면화		
녹두	깨			
면화	콩	곤마·콩 콩·수수·호외 들깨·조·콩	곤마 깨 고추	
담배			무	

주작물	두과류 포함 경우		두과류 없는 경우	
	1작물	2작물 이상	1작물	2작물 이상
무				수수 · 조 · 피
참외(또는 깨)	콩(간작)	콩 · 곤마	곤마	
곤마 · 부추 옥수수 · 채두의 혼작				
밭주변		수수 · 콩		깨 · 수수

밭에서의 작부체계는, 전통적으로 한전농법(旱田農法, dry farming)이 이루어져 왔기 때문에 한랭 · 건조한 서선지방에서 2년3작식(보리 · 콩 · 조의 결합)이 일반화되어 있었고 이와 함께 시행되던 간혼작식 작부방식은 이론적으로나 현실적으로 매우 뛰어난 기술로 농사지어지고 있었다고 한다.

반면에 남쪽에서는 추파맥이 가능한 지대로서 2년4작식(보리 · 콩 · 면화 · 조)이 일반화되고 있었다.

나. 일제강점기

(1) 일제의 조선 식민사관(恒屋의 『朝鮮開化史』: 1900)

"조선은 길게 누운 일본의 가슴팍에 겨누어진 비수의 꼴이지만 이를 합병하면 오히려 영웅호걸이 잠들어 있는 상"

"조선 사람은 스스로 하늘이 내린 인종(天降人種)이라 생각하는 강용 · 쾌활하고 문물이 출중한 존재이지만, 성격이 우물쭈물(首鼠兩端)하고, 맺고 끊음이 불명(優柔不斷)하며, 당장의 편안을 찾고(姑息偸安), 교활하게 서로 헐뜯으며 분별없이 남을 따르고(陰獪苟合), 눈치껏 이득을 좇는(現勢取利) 식으로 살아가는 행태를 보인다."

목표: 일본 수입불균형 연간 2억 원 → 조선을 농업생산 최고 기지화로 대체
　　　(근거: 다음 표).

품목	수량성(단보당)		
	현재	목표시점	증수량
쌀(수도)	8.5되	16.0되	7.5되
〃 (육도)	5.5 〃	8.0 〃	2.5 〃
보리	6.0 〃	11.0 〃	5.0 〃
조	5.0 〃	10.0 〃	5.0 〃
콩	5.0 〃	9.0 〃	4.0 〃
실면	67근	150근	83근
연초	20관	35관	15관
누에고치	불명	8.5되	?
녹비(콩)	무	100관	?
〃 (자운영)	무	500관	?
〃 (개자리)	무	500관	?

※ 증수량 총계의 이익액 총계: 152,692,050원

(2) 稻作 기술

① 식민농정: 일본의 부족분 조달 위한 이출 정책

: 제1차(1920) 및 제2차 산미증식계획

② 육종기술

- 재래품종 수집 정리(1911~1931): 『조선도 품종일람』(권업모범장)

  : 수도(갱) 876, 수도(나) 383, 육도(갱) 117, 육도(나) 75 등 계 1455품종

- 도입품종(1912년 이후): 조신력·곡량도·다마금·구미·은방주·육우 132·중생은방주·만생은방주 등 → 재래종 대체(82% 이상: 1935)

- 국내육성종(1916 이후 연간 수개~100여 조합교배 → 1932 이후 장려품

연도	총재배면적 (천정보)	도입품종면적 (천정보)	도입종보급률 (%)	도입종수량 (단보당섬)	재래종수량 (단보당섬)
1912	1402	38	2.8	1.267	0.754
1916	1480	323	21.8	1.214	0.765
1920	1519	802	52.8	1.004	0.641
1924	1530	1030	67.3	1.090	0.761
1935	1656	1362	82.2	—	—

종화)

: 남선 13·풍옥·일진·영광·서광·팔광·조광·남선·팔달 등 13품
종(1932년 이후 재래종 대체)

③ 재배기술(못자리)

- 육묘
  - 선종: 穗選·粒選으로 피·적미 제거, 발아율 향상
  - 침종: 10일 이내의 침종(3일 1회 → 매일 물갈이)
  - 종자소독: 호르말린·우수프론·멜크론 등
- 못자리
  - 수묘대(물못자리): 보편답(산파)
  - 육묘대(밭못자리): 천수답·한해 및 작업지연 대책, 條播·中耕·묘
    소질 향상
  - 절충못자리(김운학, 1920): 물못자리 단점 보완(상면 굳히기, 단책 설
    치·녹화 촉진 후 관수)
  - 못자리비료(인분뇨·임유박·목회 등 유기질 중심 → 유안·과석 등
    속효성 화학비료 중심)
  - 못자리 파종기: 가급적 조기 파종 → 조기이앙 → 안전다수확 수도는
    4下~5上, 육도는 4下~5中
  - 못자리 파종량(박파 → 건묘 → 안전 다수확: 평당 3홉파)
  - 못자리 관리: 물관리는 발아·입묘·제초·부묘 관리와 연계, 묘소질 향상
  - 못자리 병충해 방제
  - 도열병·키다리병: 건묘육성, 호르말린·메르크론 소독, 종자 열탕법,
    보르도 등 약제 방제
  - 이화명충: 유아등·포충망·채란
  - 기타 충해: 유산니코틴 처리, 기름처리(부진자류)

④ 재배기술(본답)

- 耕起
  - 深耕多肥(인분·두엄·목초 → 추비·대두박·유안·과석·유산칼리 중심)
  - 미질 향상·도열병 예방 위한 퇴구비·녹비 시용

- 이앙
  - 이앙기 표준화(중선 이남 6월 10~20일경, 중선 이북 5월 25일~6월 5일경)
  - 만식한계기 설정(남선 7월 20일, 적응품종: 방주옥천, 개량구치, 재래개벼, 풍옥 등)

- 재식주수와 본수: 9~12본식 1평당 40~50주 → 주당본수는 6~7~9본식으로 중선이북 70~90주, 이남은 60주 내외 즉 난잡식 벌모 이앙 → 정조식 줄모

- 제초(손호미, 3회 → 호미·제초기, 4회)
  - 남선 표준: 6下 제초기 → 7上 제초기 → 7中 손·호미 → 8상 손 제초
  - 피사리: 각종 경진 대회, 노력동원, 시상제

- 물관리
  - 이앙 후 활착기에 6~9cm, 출수전 14~15일부터 출수기(수잉기)에 9cm 관수하고 분얼말기: 수잉기에 3cm 천수 및 일시적 단수, 성숙기(출수 20~30일 후)에 낙수

- 방제
  - 병해: 도열병·호엽고병·소립균핵병 → 저항성 품종·건묘·박묘·박파·적기이앙·적량시비·기비 및 칼리 중시, 병부위 절제 후 보르도액 처리
  - 충해: 이화명충(포아채란·유아등이나 포충망 포살)
    부진자류(끝동매미충·흰등멸구·벼멸구)에 주유(석유·경유·건도유) 또는 제충국 처리

- 수확 조제
  - 적기예취: 수미·동할미 방지, 품종별로 출수 후 30~45일

- 건조: 대속건조 → 도사 · 쇠건 · 연건
- 탈곡 · 조제: 지면 → 멍석깔기, 탈곡장 개선
  : 천치, 족답식탈곡기 → 회전탈곡기 · 동력탈곡기

⑤ 특수재배(천수답)
• 보급지침: 건답직파법 적용(품종 · 직파 · 재식본수 · 주수를 증가, 기비 중심)
• 대용작물(대맥 · 마령서 이모작 메밀 · 콩 · 조의 적기재배) 대책
• 품종개발연구

⑥ 특수재배(건답): 耐旱稻作法
• 건도품종: 대구조 · 용천조 · 예조 · 맥조 · 경조 · 흑조 · 흑대구조 · 백대구조 · 백용천조 · 모조 · 애달조 등
• 재배: 5上中 파종(1~2일 침종 → 재묻히기 → 분회시비 → 파종 → 배토 · 복토 → 복토진압(번지 · 밑번지) → 제초 → 솎으기 → 보식 → 호미제초 → 7上 중경배토)
• 수확: 한로(10월 9일) → 논바닥 건조 → 빙상탈곡 → 풍선조제

⑦ 특수재배(간척지)
• 제염: 암거제염
• 품종: 적신력 · 다마금 · 육우-132
• 재배
  - 간척지내 못자리(내성)에 4下~5上中 파종, 담수 및 환수, 그누기
  - 본답의 담수 · 환수 번복(염농도 저하)
  - 석회질소(유실 방지) 시비(이앙 10일 전)
  - 염농도 주의(활착기 · 유효분얼말기 · 유수분화기 이후)
  - 직파(條播, 30~36cm 간격, 솎기 및 보식 · 관리는 이앙재배와 같다)

(3) 전·특작 기술: 쌀 이출을 위한 대체곡 증산의 의도

① 맥류: 쌀보리의 경우만 답리작 면적 증대로 생산량 3배 증가(단위면적당 수량성, 즉 기술력 향상은 개무)
- 교배육종
  - 보리 · 밀(수원), 밀(서선), 답리맥(남선)
  - 수원대맥 4 · 6 · 11호, 수원소맥 1 · 11 · 85호, 춘파쌀보리, 맥주맥 등 육성
- 재배기술: 추파보리 · 춘파쌀보리 · 추파밀 · 답리추파보리로 구분지어 경운 · 경지 · 파종기 · 파종량 · 파종법 · 복토 · 답압 · 흙넣기 · 표토교반 · 시비 · 퇴구비 · 질소비종 · 작부체계 · 수확기 등의 시험연구 및 체계화
- 병해(각종 흑수병 · 엽고병 · 맥각병 등) 분포 조사

② 두류
- 재배면적은 작종별로 2~3배 증대 → 일본 이출대상(특히 콩)(단위면적당 수량성은 북선에서 향상됨)
- 장단 · 외말콩 · 평양 · 박청 · 황주 · 금강 · 울산 · 단천 · 안변 · 충북백 · 충북황 · 밀태 · 양기절 · 곡기 · 북해도 · 평북태 · 백태 · 익산 · 유무황 등
- 맥후작 적응특성 탐색
- 팥 · 녹두는 주로 수집 · 특성조사 · 우량성 선발 위주
  - 콩 종자관리 · 검사 체계 강화: 일본 반출을 위한 제도.
  - 콩 재배기술: 관행재배(평남 · 장단 사례: 순 · 준단작 및 간혼작법) → 파종기 · 작부체계(연작 · 윤작) · 작휴법(고휴 · 평휴 · 휴폭) · 관수 · 시비(석회 · 인산) · 작물보호(잡초 · 병해 · 충해) 연구

③ 잡곡
- 조 · 메밀 · 옥수수 · 수수 · 피 · 기장 ~ 쌀 대체식료로 재배 권장
- 주로 북선 및 산간 · 도서 지역

- 종: 한반도 · 일본 · 만주 재래종 수집 → 인공교배 시도(?)
- 조: 지나조 · 양덕 · 백간황조 등
- 옥수수: Mammoth sweet, M. White, Longfellow 등 경립종
- 메밀: 회갈색 조생종(개화 24~28일 성숙)
- 재배기술: 소극적 연구에 국한, 병충해 조사
- 조: 경운과 작휴, 파종, 생태형, 백발병 방제(종자소독과 온탕침법), 시비, 윤작 · 연작, 구한경작법 등
- 옥수수: 혼작 · 윤작, 파종, 기비, 배토, 식용법
- 메밀: 대파작

④ 서류: 재배 확대(고구마 10배증, 감자 6배증) → 대체식
- 품종
- 고구마: 원기 · 40일지나종 · 칠복 · 오키나와 100 → 교배육종 시도(천미 · 유심)
- 감자: 재래종 → 난곡 1~5호(인공교배) → 남작 도입, 금시 · 이와데 육성
- 재배기술: 감자 종서 퇴화 및 2기작, 병해 연구 병행
- 고구마: 육묘(냉상 · 온상 · 묘생산), 삽식기술, 시비, 맥간작, 다수확재배 및 저장기술
- 감자: 고산지(집약 · 조방 · 경사지)재배법, 답전작 · 가을재배법

⑤ 특용작물: 시책 작물에 국한된 집중 연구, 통제생산 장려, 전통기술 연구
   : 면화(고하도) · 아마(함남 장진군) · 연초(충북) · 인삼(개성 · 금산) · 사탕무우(전국적 → 갈반병)
- 품종 :
- 육지면: 육지면 380호, 113-4호(인공교잡육종, 관농1호, 수원1호), 도입종(King's Improved)
- 연초(연초 전매령, 1921): 재래종(서초 · 영통초 · 가자초 · 광초 · 향초 등)

과 황색종(Yellow Orinoco, Bright Yellow 등)

- 사탕무우(실패), 기타 작물(소극적)
- 재배기술
- 면화: 기초연구(종자생리 · 개화 · 섬유 · 유전성 등)과 관행재배법 연구
  → 표준재배법 기준설정(단작 · 맥간작 · 주요 병충해 방제법)
- 연초: 기초연구 · 관행법 연구 → 표준재배기준 설정
- 인삼: 관행법 정리 → 표준재배기준 설정
- 기타

(4) 채소·화훼원예 기술

화교세력 축출, 자급자족 체제 구축

↓

: 시책상 minor crop 취급 → <u>1930년대 이후 재배 기술 표준화</u>

↑

: 재래관행법+일본농법(품종) → 작물별모범재배법 보급

　　　　1940년대: 조선소채재배표준법 (월별 행사일정 제시)

① 품종 · 육종
• 교잡육종품(무 · 참외 · 가지)외 대부분은 재래종 · 도입종의 선발
  - 배추: 개성배추, 경성(조선)배추, 도입종(청국 · 지부 · 직예 · 포두련 · 야기 · 애지)
  ※ 채소종자의 절반을 일본에서 도입
  - 무: 조선무우(궁중무우), 경성종 · 계림종 · 풍산대근 · 백양사대근 · 울산대근 · 남강대근 → 군용채소공급 병참기지화 시책("소채재배장려시책(1937)") → 조선무우 품종개량 사업 → 조선무우, 조선무우 × 일본무우 또는 지나종: 보급
  - 양배추: 도입시험 → 소극적

- 오이: 온상육묘기술 → 예우(早), 절성(中早), 대호과(晩) 보급
- 호박: 온상육묘기술 → 대축면 · 만생대등 · 극조생흑피 등 주로 숙과용
- 참외: 성환참외(왜참외)의 지방품 자리 굳히기
- 수박: 만할병 방제 위한 접목기술 소개 → Sweet Moutain, Ice cream 등
- 고추: 재래종 최우선(大獅子 · 日光 도입, 아산고추 · 산고추 재래종 선발)
- 토마토: 가공용 신작물로 소개(세계밀, Best of all, Ponderosa)
- 가지: 동경산 · 좌토원 · Wonder 등 시험 · 보급
- 양파: 신작물, 사뽀로황 → 채종성공(송정리 굴야) → 천주양파 · 구형
  황양파 · 평형황양파 등 선발
- 마늘: 6쪽마늘 도입
- 파 · 딸기 · 시금치 · 당근 · 상치 · 토란 · 월과 · 순무 · 생강 · 완두 · 채두 · 우엉
• 기타: 소극적, 일본 등지 도입종 비교 시험

② 채종기술
• 종묘상(부국원 · 경성종묘원) · 조선농원 · 우리상회 · 서선농림 · 경성채포
  원 · 부농원 · 동인농원 등) 설립
• 선진지 전문가 특강(동경대 菊池 교수)과 선진농원("가네보 배추") →
  남선 중심의 채종재배 권장 → 조선 배추 · 무류 채종기술 체계화

③ 재배기술
• 일본인 농장 선도를 위한 기술 이전 → 인근지대로의 파급과 주산지 형성
• 겨울 풋채소 생산[미나리 사례 및 첫물 채소(싹채소)재배 · 연화재배 · 촉
  성재배 · 불시재배 기술]
• 재배지침의 조사 · 정리 · 수정 제시(1906 · 1927 · 1932 · 1941)
• 온상 · 묘상관리 기술
• 적심(pinching) · 적아(nipping) 기술: 호로과작물
• 결실조절기술(적화 · 적과 · 인공수분 · 시비조절 등)
• 耐暑性 연구: 작물 분류

- 시비재료의 근대화(자급비료 → 판매비료, 유기질 → 무기질)
  (토양산도 개념 병행한 시비 관리 기술)
- 환상박피 기술(화아분화 · 숙기 조절)
- 연작기술 및 작형 변화(기지현상 회피)
- 야생식물의 채소화
- 화훼류 생산기술(동래의 꽃 촉성, 마산 · 김해 · 진해 등지)
- 저장 · 가공기술 근대화(노지 · 옥내 · 가온 저장법 등)
- 병 · 충 · 잡초 방제기술 근대화
- 채소 특산지 형성(개성 배추 · 완주와 서산 생강 · 무등산 수박 · 성환 참외 · 제주 양파와 양배추 · 평양 마늘 · 명지 파 · 뚝섬 불시채소 · 함북 채두와 완두 · 송정리 고등원예와 연희 채소 · 평양 직예배추 · 대전 촉성원예, 동래 초화류 · 전남 채소 등

(5) 과수원예 기술

- 과수 적지관: 1906년 9월 "원예모범장"(뚝섬지장 개칭) 관제 발포 → 일본 이민단의 대다수 업종으로 과원 시작
- 일본식 모범재배 기술의 설정(1910)

① 품종 및 육종
- 한말기: 무분별한 과종 도입 · 식재
- 1906(원예모범장, 뚝섬): 재래종 수집조사 · 도입종 비교, 교배(1929: 배 → 팔달, 봉리, 1939: 포도 → BM16호 등)
- 사과: 홍옥 · 홍괴 · 왜금 · 축 · 욱 · 국광 → 수출(국광 영국, 황해사과 만주) → 평남용강에 "사과시험장" 개설(1936)
- 배: 장십랑 · 금촌추 · 태평 · 태백 · 피바리 · 버드렛
- 원예모범장 39품종 비교 시험(1910), 저장시험(1914)
- 수출(만삼길 · 장십랑) → 선과 기술 → 교배 시작(1929): 22품종 개발(1941)

- 복숭아: 서양종(아무스텐지윤 · 알렉산더, 상해수밀도 · 사루예), 동양종(수밀도 · 백도 · 고도) → 일본 육성종(삼보 · 청수 · 우의 · 구능 · 홍진 등)
- 포도: 생식 · 양조 · 건과용 적응품종 탐색(Sweet order 외 69품종: 1910)
  : Lady Washington, Niagara, Campbell early, Black Hamburg 등
- 기타: 극히 소극적(감 · 감귤 · 자두 · 앵두 · 호도 · 밤 · 대추 · 개암 · 나무딸기 · 살구 등)

② 재배기술
- 한말기: 본격적인 재배, 상업적인 생산이나 판매가 개무한 실정이고, 단지 일인 선도에 의한 과수생산과 유통 · 판매 시작(교육 · 보급)
- 번식 · 접목 · 묘목생산: 포준경종개요(묘목육성법 제시, 원예모범장 1910)
  : 저항성 대목선정기술
- 개원 · 정지 및 전정기술: 수형 · 전정과 시비 · 소독법 등
- 시비 · 환경 및 토양 관리 기술: 유기질 및 무기질 비료 시비, 미량요소
- 생리 · 생태 및 결실 관리 기술: C/N율 · 추위한계온도, 봉지씌우기 · 환상박피, 단근처리
- 병충잡초해 조사 · 방제(예방) 기술
- 품질 · 저장 · 가공 연구: 품평회, 저장온도와 품질, 청과물저장법, CO_2 처리, 질소충진법, 각종 가공법
- 특산지 형성: 기업적 과수의 시작(명산지 · 주산지)
  : 자하문 밖 능금, 대구 사과, 영동 사과. 나주 배, 먹골 배, 울산 배, 부천(소사) 복숭아, 연기(조치원) 복숭아, 대전 포도, 안성 포도, 포항 복숭아/포도, 제주 감귤, 의성 사격감, 양주 · 가평 밤, 보은 대추, 강릉 곶감, 천안 호두, 황해도 사과/배, 수원 과수 등

(6) 잠업기술

- 양잠 수요 증대(중국 수입 증대)

- 1900년 농상공부 잠업과 독립, 잠업시험장 설치(교육) · 양잠전습소(품종 육성 · 양잠기술개발) 설치 → 사설화, 다수화
- 양잠서(『잠상실험설』·『인공양잠감』·『재상전서』출간)
- 1910년 : 양잠농가 7만호, 뽕밭 3천ha, 고치생산 4백톤
- 1912년 "조선 농업 장려시책" : 쌀 · 면화 · 고치 · 축우: 수출 · 군수용 (1943년: 90만호, 87천ha, 14천톤으로 각각 13배, 29배, 35배 중)

① 재상 기술
- 품종: 시평 · 노상 · 적목 · 도내 · 서반 · 금상 · 당상 · 추우(교잡육종: 수원 대엽) 북쪽은 재래종, 남쪽은 일본종 위주
- 묘목생산: 실생법 →영양번식(휘문이 · 꺾꽂이 · 접목법 등), 양구식근접법 (조선생묘조합연합회 설립: 1934) → 묘목 수출(생산자 1,000명 이상)
- 뽕밭 관리
- 散植(주변, 하천 부지) → 순뽕밭(고치 100만석 증산계획, 1939)
- 높이베기 아키다식(秋田式) 관리
- 시비(유기질 → 무기질 화학비료 및 녹비작물 병행)
- 상전비배관리 품평회
- 병해충 관리: 피해조사, 예방법, 치료법(방제법) 연구 적극화

② 양잠 기술
- 품종
- 생산기술
  - 1913년 권업모범장 원잠종 제조소 창설(수원)
  - 잠종생산: 19만 장(1913) → 50만 장(1912) → 140만 장(1930)
- 누에사육기술향상 · 잠실잠구 개량 · 누에개량섶 사용 기술 보급

③ 고치가공기술: 고치검사제도 시행, 견질향상(생실량비율 8~10%/1910 → 12%/1920), 고치 유통 합리화, 무한괘도식 자견장치화, 제사업 근

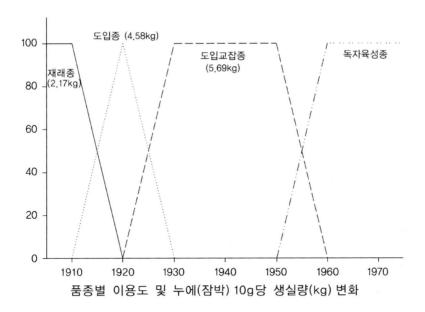

품종별 이용도 및 누에(잠박) 10g당 생실량(kg) 변화

대화, 실켜기기술 향상, 생실검사 및 등급제 시행, 정련기술 발전, 염색
기술(천연염료 → 합성염료)

④ 조직 및 단체
• 정부 조직: 행정기관 · 연구기관 · 검사기관 · 교육기관 독자적 전문화
• 민간단체: 조선잠사회(1920), 조선제사협회(1926), 조선잠종제조업조합중
  앙회(1929), 조선잠사주식회사(1941)

(7) 축산기술

① 시책: 산지 풀사료 · 농가부산물에 의한 자급축산 및 농우해결, 축종개량
  통한 우량 축산물 생산, 수역혈청주사에 의한 생산감모 방지, 면양 사육
  가능성 현실화

② 한우

• 사육 두수 증대(45만 두/1908 → 100만 두/1912 → 175만 두/1941)

• 사육 · 역용 · 체질 · 식용적 장점이 있고 입지가 사육에 최적

• 개량목표는 역육 겸용종 육성 ← 품평회 · 종축 통제 · 종모우 지정
            (에어셔, 심멘탈)   (축우의 개량증식 시책, 1912)
                                    ← 종모우의 종부향상 지침 시달(1914)
                                    ← 보호우 규칙 제정(1916)

• 생산

  – 조선중요물산동업조합령(1915) → 군별 " 축산조합" 조직(총체적인 축
     산기술보급 · 생산장려 · 종축공급 · 경영개선 유도)

  – 거세장려시책(1917)

  – 축우증식계획(1920): 번식빈우설치, 축우공제

  – 양관리기술 개선 · 사료자원 확대 · 시장질서 정비
    (청초 · 콩공급사양) (농가부산물 · 공동목장) (우시장규칙, 1914)

  – 부산물(우피 · 우지 · 우골)의 소득화

③ 젖소

• 우유 생산(40만 kg/1910 → 400만 kg/1941)

• 수입도(함북 > 경남 > 함남)

• 제도(우유영업취급규칙, 1910), 경성농유조합(1930) 설립

• 기술(1일1두착유량: 1.72kg/1910 →3.42kg/ha/1930 → 7kg/1941)

④ 말

• 한국말(작고 유순, 인내심 크고 수레끌기나 짐 싣는 능력 탁월)

• 전쟁용 輓馬 필요성 → 한국말 개량 필요성 증대("신한국말")

• 난곡목장과 함북종마소: 교잡종 생산 → 실패

• 말 개량

  – 수원목장 · 성환목장 · 종마소 및 종마장

- 자동차 보급으로 폐지
- 경마용(1914 시작 → 1920 경기 개최 → 조선 경마구락부 설립/1922)
  ↳ 최초는 한국 재래말 → 더러브렛·아랍말 도입

⑤ 돼지
- 체질은 강하나 축산물로는 열등한 재래종(버크셔의 20% 발육도)
- 버크셔 누진교배잡종 육성(권업모범장, 1920) → 성공적(1925: 버크셔의 80% 발육도)
- 종돈장 설치 → 양돈 모범부락 및 양돈계 연계 공급
- 각종 돼지 심사 기준 설정
- 수돼지·암돼지 관리기술 정리
- 일제강점기의 사육두수 증가는 2배 정도

⑥ 닭
- 1910년에 280만수 → 1934년에 720만수 → 1944년에 570만수
- 재래종 사육의 조방성·부화육추성 좋으나 체중 작고 산란율 50%
- 장려품종: 프리머스록·레구혼·나고야종·로드아일랜드종으로 재래종 대체 → 산란율 2~2.5배 증가
- 산란 경진회(1931): 백색레구혼의 1개월 산란수(26~28개)
- 사양관리기술: 방사·석유램프 가온부화·인공육추기 사용, 성계 영양관리 철저

⑦ 면양
- (몽고양 × 메리노종)교잡종 사양 성공적 → 장려계획 수립
- 세포목양지장(면양증식계획 수행)/1921년 → 실패/1924
- 1934 면양증식계획 부활: 조선면양협회 설립
- 남면북양(함북) → 실패

⑧ 토끼 · 꿀벌 · 기타: 소극적

Ⅶ. 현대(대한민국)

발전단계

    ⅰ. 정부수립 · 제도 정비 및 절대빈곤기(1963년 이전)

    ⅱ. 농공병진 및 우리 기술 활용 초기단계(1964~1970)

    ⅲ. 국제협력 및 주곡 달성기(1971~1980)

    ⅳ. 농촌 노동력 부족 및 농업기계화 시대(1981~1991)

    ⅴ. 국제화 및 농산물 수입개방화 시대(1992~현재)

(1) 생산기반 기술

① 토양

• 조사사업

    – 토지조사사업(1963~1957): 토양개황조사

    – 토양조사분류사업(1958~1962): 토양조사기술 확립

    – 한국토양조사사업(1962~1969): 개략토양조사

    – 한국정부 단독사업(1970~1974): 정밀토양조사

    – 조기완료 5개년사업(1975~1979): 농경지 정밀토양조사

    – 농토배양사업(1980~1989): 논토양 세부정밀토양조사

    – 일반경상사업(1990~1994): 주산단지지 세부정밀토양조사

    – 밭토양 관리사업(1995~1999): 밭토양 세부정밀토양조사

• 토양물리성: 최적물리성 구명 연구 및 객토 · 심경 · 관개기술 확립

• 토양수분: 토양수분측정법(중성자법 · TDR법) → 물소모 및 배분 원리

• 토양보전(작부별 · 토양별 · 경사별 · 경사면 · 개간법별 토양유실 및 수분 유출 조사 → "等浸蝕圖" 작성

- 점토광물: 1차광물 · 점토광물 · Zeolite와 합성광물 연구
- 토양비옥도: 토양비옥도 조사사업(1964~1969) → 적정시비기준, 농토배양사업

② 비료
- 유기질 비료 생산업 육성, 규산질비료로 저위생산지 개량
- 비료 품질관리: 농업자재검사(1967 : 비료 관리) 시작
- 유기성 폐기물의 비료화: 공해 예방 및 자원재생 가능성 개척
- 특수비료: 용성인비 · 규인비 개발
- 완효성 비료: 비분 유실 방지, 유황피복요소(1971), 수지피복요소(화훼용 완효성 복비: 홈그린 1 · 2호), 전작용 완효성 복비(요소수지 이용)

③ 농약
- 농약의 이화학 및 생물검정 시작(식물환경연구소, 1962)
- 농약의 안전사용기술 개발 및 농약약효와 방제체계 연구
- 농약연구소 신설(1981) 및 농업과학기술원 통합(1994): 전문화
- 혼합제 개발(1980 이후) → IPM적 효과 지향
- 신농약제형 개발(1980) → 피비미립제 등 19종 개발 보급
- 천연물 농약: 미생물 농약 · 식물성 농약 등
- 병 · 해충 · 잡초 방제기술 개발
- 농약안전성 연구: 잔류성 · 독성 및 환경오염 연구

④ 농기계
- 국산 경운기 생산 보급(1963)
- 농공이용연구소 농업기계과(1967): 축력재건쟁기 · 선호미 · 경운기부착 곡류파종기, 고압분무기 및 부품, 동력살분무기 사용기술 체계화, 휴립로터리 파종기
- 농업기계화연구소(1979): 저습답용 철차륜경운기 · 심토파쇄기 · 무논정지

균평기(1983), 다목적 소형경운기(1992), 트랙터용 조파기(1989), 예도형 예취기(1988)

- 규모화(1990): 승용이앙기 · 트랙터용 균평기, 기계모 일관파종기, 트랙터 부착형의 수확기 · 세척기 · 선별기, 양액관리시스템 및 각종 시설원예용 기기, 환경조절시스템 개발

⑤ 농산가공기계

- 1960년대: 순환식곡물건조기, 열풍건조기, 현미기, 정미기
- 1970년대: 곡물건조저장탱크, 왕겨연소기, 정맥기
- 1980년대: 볏짚절단기, 탈립기 · 선별기 · 탈각기 · 채잠기
- 1990년대: 미곡종합처리시설, 과일선별기, 당도선별기, 결속기, 저온저장고, 환경관리 자동화시스템, 원적외선 건조기, 마이크로파 건조기

(2) 벼 육종 및 재배기술

① 육종

육종기술 변천

시대	육종목표	주요 육종기술 · 개발
1932~1970	다수성 도복저항성 질소반응성 내병성	국내육종 품종개발 교배육종기술 확립 돌연변이 육종기술 Japonica 근연교잡
1971~1980	다수성 내병충성 재해저항성 단기성	인디카/자포니카 원연교잡 통일형 다수성 품종 개발 세대촉진기술 확립 식량자급 달성 국제협력체계
1981~1990	양질성 수량안정성 복합저항성	약배양 육종기술 확립 잡종강세 이용기술 자포니카 준단간품종 개발
1991~현재	양질 다수성 가공적성, 복합저항성 직파적성, 단기생육성	야생벼 원연교잡기술 생물공학기술 응용

주요 품종의 쌀 수량성 변화(kg, %)

구분	1960년	1970년	1980년	1990년대	1998년
일반형 품종	375(100)	398(106)	451(120)	534(142)	541(144)
통일형 품종	–	513(100)	576(112)	605(118)	727(142)
농가평균	270(100)	330(122)	438(162)	459(170)	482(179)

- 농촌진흥법 및 농촌진흥청 작물시험장 발족(1962)
- 본격적인 육종 연구(1965): 인공교배 계통육종법(+집단육종법, 도입육종법) → 조생(수원82, 풍광, 관수, 농백), 중생(진흥, 재건, 신풍), 만생(팔금, 만경, 호광, 밀성) 등 11품종 육성 보급.
- IRRI와 원연품종 교배(IR8/유카라/T(N)1 3원교잡) → IR667조합 → 내도복·내병·다수성 "통일" 품종 육성(진흥의 130% 수량성: 1968~1969) : 1977년 10a당 494kg으로 세계최고 쌀수량성 국가, 4,000만석 돌파!
- 양질품종육성(1980년대): 통일형 품종의 완전 대체(1992년)
  - ↳ (계통육종법 + 세대촉진 집단육종법, 여교배육종법, MS 이용한 순환선발육종: 양질 자포니카 39품종)
  - ↳ (약배양육종, 세포질MS체계의 F1육종: 화청벼·화진벼 등)
- 현재(1992 이후): 초다수성 또는 복합저항성 및 친환경적응성 품종육성 목표
  - 내도복성 27품종, 생력직파전용 9품종(안산벼), 단기생육성 4품종(그루벼)
  - 가공용특수미 5품종(향미벼1호), 유색미 2품종(흑진주벼), 대립미 2품종(대립벼1호)
  - 양조전용벼(양조벼), 초다수성(727kg/10a: 안다벼, 남천벼 등)

② 재배
- 1950년대: 육묘기술·못자리양식(보온절충못자리)·못자리와 이앙기 앞당기기·시비균형 및 분시
- 1960년대: 병해충 예찰 및 방제기술, 농약방제, 집단재배

- 1970년대: 통일형 품종 재배기술(비닐보온절충묘대, 건묘육성, 파종기 앞당기기, 균형다비, 분시체계화, 중묘 육묘 및 기계이앙, 기계수확)
- 1980년대: 산업화 → 생력재배(기계화·어린모 재배법, 직파연구)
- 1992~현재: 어린모 자동육묘(공장화), 직파, 무경운(최소경운), 기계화재배, 초다수성 재배, 친환경농법, 저농약(무농약)재배, 1PM, 양질미, 기능성 쌀 생산 등

(3) 맥류

① 육종: 다수·단간·조숙·내한·소비·다비밀식·내재해·고품질·가공성
- 겉보리 육성·보급(주요 3품종) 〈( ) 안의 수치는 점유%〉

```
1955: 제천5(25)·수원6(12)·수원4(11)
1965: 수원18(23)·제천5(18)·수원6(14)
1975: 부흥(29)·관취기1(12)·향미(10)
1985: 올보리(52)·오월보리(14)·강보리(11)
1995: 올보리(68)·탑골보리(12)·알보리(9)
```

- 쌀보리

```
1955: 죽하(51)·백동38(11)·청맥(8)
1965: 죽하(26)·백동(20)·방주(20)
1975: 영산보리(43)·백동(24)·방주(12)
1985: 영산보리(75)·백동(15)·무안보리(4)
1995: 새쌀보리(68)·무등쌀보리(19)·송학보리(3)
```

② 재배
- 생산: 1965년 93만ha를 정점으로 이후 급감('70년대 4만ha 수준)
- 기술(지속적 발전)
- 수량성(kg/10a)

구분	1950	1960	1970	1980	1990
겉보리	174(100)	267	314	365	422(243)
쌀보리	157(100)	247	321	348	414(264)
밀	144(100)	210	237	320	361(251)

- 성숙기(월, 일)

구분	1960	1970	1980	1990
겉보리	0.14	6.12	6.10	6.90
쌀보리	6.90	6.60	6.60	6.40
밀	6.24	6.19	6.17	6.14

- 재배양식

구분	재배양식	수량지수(kg/10a)	
		보리	밀
전작	관행(60×18)	100	100
	광파(60×30)	101	96
	협폭파(40×18)	110	110
	세조파(30×5)	116	117
	세조파(20×5)	124	129
답리작	휴립광산파(120×90)	100	100
	휴립광산파(90×70)	113	97
	휴립2조파(120×90)	97	92
	휴립세조파(120×90)	113	105
	전면전층파	95	93

(4) 두류

① 육종
- 목표: 내도복 · 다수 · 무한신육형/용도별(장류용 · 나물용 · 풋콩용), 생태형 (조파 · 직파 · 만파형)
- 최초 인공교배: "광교"
- 아시아 채소연구개발센터(AVRDC)에서 세대촉진(1976)
- 나물용: 광안 · 단백 · 푸른 · 명주나물 · 소명 · 한남 · 익산나물 · 풍산나물콩 등
- 장류용: 태광 · 대원 · 삼남 · 소담 · 팔도콩 등
- 밭밑용 및 유색콩: 검정콩1 · 2호 · 일품검정 · 다원콩 등
- 올콩 및 풋콩용: 큰올 · 화성풋 · 화엄풋 · 석량풋콩 등

② 재배

- 이식적심재배(1960년대), 작휴 · 석회시용 · 재식밀도
- 1970년대: 근류균 활성화 · 제초제 · 복합비료(1980)
- 1980년대: 생력재배 · 극밀식생력화재배, 근류균접종제(R214균주) 선발, 기계화생력일관재배법(한일공동)
- 1990년~현재: 무경운초생력재배 · 내재해재배, 윤작과 이모작(친환경)

구분	1960	1970	1980	1990	1998
재배면적	275	295	188	152	98
10a당 수량(kg)	47	79	115	153	144
연간소비량(kg/인)	–	266	733	1254	–
장려품종	장단백목	봉의	황금	만리	소명
	함안	은대두	백운	태광	팔도
	충북백	강림	보광	신팔달	소담
	금강대립	동북태	은하	검정	선흑
	부석	백천	무한	단백	송학
	익산	단엽콩	장수	큰올	일미
	광두	장엽콩	팔달	광안	새올
	광교			회엄풋	
				진품	
				명주나물	

(5) 잡곡: 옥수수 · 메밀 · 수수 · 조 · 기장 〜 옥수수 외의 잡곡은 생산 퇴조 일로

① 품종(옥수수)
- 1970년대
  - 수원19 · 20 · 21호(내병 · 내도복 · 다수성 교잡종) → 황옥2호
  - 광옥(흑조위축병 저항성, 1978), 횡성옥(3계교잡종, 1980), 제천옥(단교잡종, 1980) 육성
- 1980년대: 진주옥(흑조위축병 저항성, 1983), 양주옥(1984), 남평옥(1986)
- 1990년대: 찰옥1호(1990) → 찰옥2호(내도복 · 양질, 1994), 초당옥1호(당도, 1992), 금단옥(양질 단옥수수, 1998)

② 재배(옥수수)

- 1960년대: 파종법 · 시비 · 채종법 개선으로 50% 증수
- 1970년대: 밀식 · 제초제 활용 → 생력화 : 생산성 향상
- 1980년대: 직파 → 직파멀칭 → 하우스 조기재배로 재배 전국화(광역화)
- 1990년대
  - 기계화 · 시설화 → 주년공급화(1994)
  - 식용옥수수의 비닐멀칭생력기계화 일관작업체계 확립(1996)

옥수수 재배 · 생산

구분	1950	1960	1970	1980	1990	1998
재배면적(천ha)	20.2	23.2	47.0	35.3	26.0	20.1
수량성(kg/10a)	54.0	59.0	144.0	436.0	461.0	398.0
생산량(톤)	10.9	13.7	67.8	154.0	119.9	80.2

(6) 특용작물

① 육종

ⅰ. 참깨

- 1960년대에 도입종 · 재래종에서 해남 · 안동, 얼리러시언 육성
- 1970년대 수원 5호 · 11호 교배육성
- 1980년대에 돌연변이종 안산깨와 교배종 진백깨 · 한섬깨, 단백깨 육성
- 1990년대에 검은깨(양흑 · 건흑 · 경흑 · 화흑깨), 고유분 서둔깨, 황산화물질이 높은 성분깨 육성

ⅱ. 들깨

- 1968년: 최초 들깨 수집종(대구종) 선발
- 1970년대: 수원8호 · 10호 선발
- 1980년대: 엽실깨 · 옥동들깨 선발
- 1990년대: 백광들깨(고단백 · 고유분), 아람들깨(고유분), 양산 · 화홍들깨(암갈색), 잎채소용의 잎들깨1호, 남천들깨 육성

- 2000년대: 대엽들깨 · 백상들깨 · 새엽실들깨 육성

iii. 땅콩

　- 1969년: 교배육종 시작

　- 1970년대: 천엽반립 · 천엽55 선발, 서둔땅콩 육성

　- 1980년대: Spanish형(신풍 · 새들 · 대광 땅콩) 육성

　- 1990년대: 대원 · 남광 · 신남광 · 신대광 · 기풍 · 대청땅콩 등 초대립종 육성

　　　　　: 풋땅콩 미광(1998) 육성

② 재배

ⅰ. 참깨

　- 1970년대: 비닐피복재배법

　- 1980년대: 연작장해 경감기술

　- 1990년대: 기계화 일관재배체계화

ⅱ. 들깨

　- 1960년대 이래로 작부체계(후작 · 혼작 · 간혼작) 및 잎채소용 재배법, 채종 · 시설 재배 · 직파재배 연구

iii. 땅콩: 1970년대부터 비닐피복재배, 개간지재배, 복합비료, 기계화, 생력화 연구

(7) 약용작물

• 1960년대까지 명맥 유지 수준

• 1978~1980: 구기자 우량품종선발 → 진도1호, 농산1호가 유일한 실적

• 1980년대 후반: 농가소득증대와 UR협상에 따른 생약재 수요급등

• 1990년대: 연구 활발, 재배면적 증대 · 가공기술 향상

• 현재: 청정지의 친환경재배가 기대됨.

※ 약용작물 육성품종

작물명	품종명	육성연도	육종방법
결명자	대중선1호	1966	도입
	명윤결명	1994	분리
율무	김제종	1976	선발
	애원율무	1986	도입
	율무1호	1992	선발
	밀양율무	1996	분리
	대청율무	1997	선발
	풍성율무	1998	선발
마	단마	1979	도입
	마1호	1995	선발
맥문동	맥문동1호	1992	선발
작약	의성작약	1993	선발
	태백작약	1995	선발
시호	장수시호	1994	선발
	삼개시호	1998	분리
지황	지황1호	1995	도입
백지	백지1호	1995	선발
방풍	식방풍1호	1995	선발
구기자	청양구기자	1997	돌연변이
당귀	만추당귀	1998	선발

(8) 채소

① 육종

• 1948: 재단법인 "한국농업과학연구소" 설립 → 1953, 우장춘 박사 영입

↓

원종생산: 배추(경도3 · 지부 · 직예 · 송도2 · 청방) → "춘파야기"

↓　　　무우(궁중 · 신풍 · 시무) → 시무계통

원예연구소: 1960년대 배추 "원예1호 · 2호"육성 → F1시대 개막

• 웅성불임 유전양식구명(1956~) : 양파 원예1 · 2호

• 하우스용 F1 대형봄무 "시무대근 · 서울봄부", 고추의 경우에도 새고추 · 김장고추 · 풋고추 육성(1967)

• 1970년대: 무우(원교101), 배추(원교201), 고추(적색물고추, 조생진흥) AVRDC(아시아채소연구 개발센터) 회원국 가입: 협력체계구축(1972)

- 1980년대
  - 고온결구성 배추(만하, 삼복), 평지무우(1991)
  - 고추 대풍(1984) · 신흥(1985) · 장수(1985)
  - 오이 원예501 · 502호
  - 토마토 생력무지주용 진흥(1982) · 홍조(1984) · 적풍(1986), 시설재배 용 동광(1983)
  - 기타 선발종: 남도마늘 · 대서마늘 · 자봉마늘, 가공감자(장원 · 세풍)
- 1990년대 이후: 약배양 · 소포자배양법 확립, 연구의 기기화

② 재배
- 1958~1962: 제1차 채소 및 과실증산5개년계획 → 33% 증수 (무 작형, 배추 밀갈이재배, 오이 노지재배, 고추 노지직파재배)
- 1964~1970: 본격 상업농, 제1차 농특사업 → 면적 2배 증대 (배추 비가림관비재배, 무 이랑조절, 고추 종합기술, 토마토 육묘법, 마늘 시비 및 방제, 오이 망지주법, 양파 MH, 딸기 종합기술 및 주산단지화, 시설재배 체계화)
- 1971~1980: 노지재배시 차광 및 보온기술, 답전작 무의 폴리에틸렌 피복 재배, 반촉성 딸기, 마늘 재식밀도와 관수기술, 평탄지 봄감자 조기 및 가을재배, 고령지 우량씨감자 생산기술
- 1981~1991
  - 농업기계화 · 생력화 · 자동화 및 기술 실용화
  (시설원예 재배환경 안전기준설정, 무가온 하우스의 보온력 향상 기술, 터널대형화, 부직포 효율, 물커튼 하우스 설치, 하절기 유휴하우스 활용 한 수박재배, 범용원시표준액(양액) 개발)
  - 작형 F1품종, 농자재 개발 → 백색혁명 구현
- 1992~현재
  - 시설원예 현대화(경량식 양지붕 철골온실모델 설정)
  - 양약재배시설 및 지중난방표준설계서 제작

- 과채류 재배관리 전산화 프로그램 개발
- 양질묘 대량생산용 플러그육묘 기술 도입
- 딸기 단일 야생육묘법 개발
- 수박 비가림 고밀도 지주재배 방식 확립

(9) 과수

① 육종
- 1970년: 최초교배육성종 배(단배), 감귤(홍진조생, 청도온주)
- 1970년대
  - 산지이용위한 개암·호도 연구, 가공용 복숭아 유명
  - 초왜성사과 이중접목묘 창안
- 1980년대
  - 품종 국산화 위한 육종 → 사과(홍로) 육성
  - 도입선발: 배(황금·추황·영산·수황), 복숭아(백미조생·월봉조생· 월미), 포도(새리단), 대추(무등·금성·월출)
- 1990년대 이래: 생력재배형 품종 육성 → 재배 확대 지속 (사과: 홍로·추광·감홍·화홍, 배 : 황금·감천·화산·만수, 복숭아: 천도계의 천홍)

② 재배
- 1967~1971: 제2차 경제개발5개년계획 속에서 본격적 연구 시작(엽분석 진단기술, 엽면시비, 산지나 개간지 토양개량관리, 생리장해, 간벌밀식재 배, 포도 비닐하우스 이용 숙기촉진)
- 1972~1982: 제3·4차 경제개발계획(사과 왜화밀식재배, 왜성사과 산지 과수원조성, 수형과 전정방법 개선, 영양·시비와 과실품질 연계 연구)
- 1980년대: 초밀식재배(배나무 Y자수형)·기계화 재식양식, 하기전정, 착 색, 적과제 및 포도무핵화(거봉)

- 1990년대 이후: 수출(상품성 증대), 검역(방제기술), 생력규모화(기계화모 델, 자동살포, 로봇수확, 봉지자동화)

(10) 화훼

① 육종

- 1970년대: 국내외 유전자 수집 → 무궁화 8, 철쭉 8품종 최초 육성
- 1980년대: 화훼산업 시작, 국화(은하·조생화), 자생화(용담·청룡), 장미 대목(찔레 1호), 무궁화(한얼) 등 육성
- 1990년 이래: 화훼를 수출전략작목화 → 접목선인장(홍일·명월·청실), 국화(봉안·태양·노을·기백), 카네이션(샛별·사랑별), 나리(가야), 칼 랑코에(화홍·은하), 글라디올러스(홍광·아리랑), 자생화(꽃향유)

② 재배

- 1960년대: 다양한 화종의 다수확·고품질·대량생산기술 연구
- 1970년대: 주년안정생산, 대량생산기술연구(국화 주년생산, 신나팔나리· 카네이션 절화 및 조직배양, 관상화목의 번식법, 함박꽃·미선나무 등의 화훼작물화, 초화류의 작부체계 및 용기재배)
- 1980년대: 난지 및 고랭지 화훼 연구
- 1990년대 이래: 수출작목화, 산업화, 고품질 주년생산화(나리·장미·선 인장, 구근류, 절화용 대상)

(11) 한우 및 젖소

① 품종개량

- 한우의 육용우로의 개량이 수차 추진되었고 한우보증종모우가 인공수정 용으로 탄생(1987)되었으나 축산외적요인에 따라 목적달성이 불가하였음.
- 젖소

- 개량목표(1993)

대상형질	1992	1997	2001
산유량(kg)	5624	6300	7000

- 산유능력 변화(1999)

	1981	1991	1998
전국평균	4562	5533	6032
검정유량	5340	6327	7252

② 사양기술

• 한우

- 1964~1970: 볏짚 및 산야초 이용(건초제조법)

: 녹사료와 서강사료 제조 · 이용(배합사료)

- 1970년대: 짚류 영양 보강처리기술 도입(단가문제로 외면)

- 1980년대: 초지 및 답리작 풀사료 재배

: 짚류 보강기술(개미산 · 암모니아 · 가성소다 등)

- 1990년대 이후: 육질 향상(경쟁력 제고) 위한 거세기술 연구

• 젖소

- 1970년대: 도입소의 환경적응 · 내병성 · 영양소요구 연구, 초지조성

- 1980년대: 완전배합사료(TMR)를 이용한 고능력소 사양기술

- 1990년 이후: 고품질 음용유 지속생산기술, 분뇨처리 기술 등

(12) 돼지

① 품종개량

• 1960년대: 종돈도입 및 특성 · 혈통 관리, 개량 준비

• 1970년대: 듀록 · 햄프셔 · 랜드레이스 · 대요크셔 4품종 우량교배조합 선발

[듀×(대 · 랜)], [햄×(대 · 랜)], [듀×(햄 · 랜)] 3원교잡종 육성 일반화

• 1980년대: 개체개량법 → 축군개량법 전환

[수정란이식돈(E.T. 돈) 수입·생산·보급, 대한양돈협회의 제1능력검정소 (1983)·제2능력검정소(1990) 설립, 정부의 AI센터 설립(1987)] → 인공수정 활기

② 사양기술
• 1960년대: 배합사료급여 → 노동력 절감 → 생산성 제고 → 전업규모 확대
• 1970년대: 최소비용배합사료(Least Cost Ration) → 젖먹이·젖떼기·육성돈·비육돈·종돈·포유돈 사료 구분
• 1980년대: 속성비육사양관리방법 → 조기출하
• 1990년 이래
- 분뇨의 N·P배출 최소화 연구(미생물제 파이타 개발)
- 3억 불 이상 돈육 수출(1998) ← 전업농 생산분이 80% 점유

(13) 닭

① 품종개량
• 1960년대: 민간도입 원원종계와 연구기관 보유 원원종계간의 우량교배조합 선발(3원교배)
• 1970년대: 축시785(3원교배조합, 1973), 축시742(우량4원교배조합, 1974)
• 1980년대: 기초육종기술 개발·산란계 경제능력검정 기술
• 1990년 이래: 재래닭 및 실용계 사양관리체제 확립

② 사양기술
• 1960년대: 브로일러 양계와 채란양계 분리 전문화, 케이지사육, 각종 박(泊)류 사료가치·이용 연구
• 1970년대
  - 전업양계 시작 → 규모와·자동화·인공수정

- 적정단백질과 대사에너지 수준 구명 → 요구량 지침 마련
- 1980년대
    - 산업화 · 기계화(자동화), 분업화(종계 · 부화 · 육추) 태동
    - 계분 처리법
- 1990년 이래: 협업화 · 계열화체제 구축, 유통구조 개선, 기능성 생산물 사양기술 · 고품질 무어분 산란사료 개발

(14) 잠업

① 품종개량

ⅰ. 뽕: 지속적인 특성개량 및 품종육성
  - 재래 → 수계(1956)
  - 1970년대: 청일 → 검설 → 대륙 → 청올뽕
  - 1980년대: 신일(1983) → 수분(1986) → 수성(1989)
  - 1990년대: 신광 · 청운 (1991) → 상일(1992) → 밀성(1995) → 한성(1998, 다수, 직립, 중생이며 수견 · 전견 · 견층중 향상)

품종명	고손장률(%)	수량(kg/10a)	발근율(%)	수견량(kg/상자)	견층률(%)
개량봉	6.9	1815	36.6	37.8	22.6
밀성봉	5.5	2293	90.0	36.6	22.3

ⅱ. 누에
  - 1953~1958: 순계분리육종으로 춘기 · 추기 · 춘추기품종 육성(생산력 저조)
  - 1960년대: 설악 × 소양 (1962), 모란 × 대동(1963) 육성
        : 잠103 × 잠(04) 육성 (1968)
  - 1970년대: 칠보잠 육성, 1992년까지 최장수 품종
        : 사성잠 육성, 1999년까지 최장수 품종
        : 장춘잠(암수구분 용이) → 노력절감 최우수종
  - 1980년대: 광식성(인공사료) 품종인 백옥잠(산란성 저조), 대성잠
  - 1990년 이래: 세광잠(고급견) · 광식잠(광식성), 양원잠(양한성반문종),

황원잠(초생력품종)

② 재상기술

  - 1950년대: 뽕밭 생산량 증대(일반재배관리 기술)

  - 1960년대: 간작녹비재배

  - 1970년대: 가지뽕치기법 → 가을애기누에용 뽕기르기법

  - 1980년대: 경사지재배, 초밀식재배 → 생산성 향상

  - 1990년 이래: 뽕밭 기계화

③ 양잠기술

  - 1960년대: 잠업법 공포, 제1차경제개발5개년계획 → 기초확립

       : 회전섶 개발(1969), 상자치기법(1970)

  - 1970년대: 가지떨어올리기 · 자연올리기 · 기피제 이용한 자연올리기
    기술(1972)

  - 1980년대: 가지뽕에 한랭사 피복기술(1983)

       : 1단 가지뽕치기(1989)

       : 소독 방법(파라포름알데히드+과망간산칼리혼합훈증법, 1991)

  - 1990년 이래: 국제경쟁력 감퇴 → 양잠 퇴조

④ 제사 기술

  - 1960년대: 품종 및 사육기술향상 → 고치품질 향상 → 생사율(15%
    → 17%)

  - 1970년대: 실켜기 방법과 검사방법 기계화 · 자동화

  - 1980년대: 고치삶기법 개선(약처리, 감압삼투처리, 초음파처리 등)

       : 견섬유의 비닐단량체 그라프트중합법, 효소정련법, 용도다양
    화제조법 개발

  - 1990년 이래: 각종 관련 염색법 · 공정 개발 및 계량화

⑤ 잠상 이용 기술
  - 동충하초: Paecilomyces japonica 등 4종 재배법 개발(1996)
  - 누에분말 혈당강하제 개발
  - 뽕잎 이용(다기능성 활용 개발) 연구

종합토의 및 결론

본 발표의 제목은 "한국농업과학기술의 전개"로 되어 있으나 역점을 두어 살피고자 하는 내용은 한국농업과학기술의 원천적인 맥을 짚고 그 흐름을 특히 근대 1기(1600~1863: 조선조 전기)와 근대 2기(1600~1945: 구한말~일제 강점기), 그리고 현대 광복 후의 대한민국시대를 중심으로 평가하는 데 있다.

1. **고대**(B.C. ~A.D. 900, **후삼국까지**), **중세**(A.D. 900~1400, **고려조**) 까지는 중국의 전래기술이나 농서에 기초한 "중국(화북)기술 공유기"라 할 수 있다. 당시까지는 한전농법(dry farming)이고 기술 수준이 빈약하여 농사의 근원적 차이가 적었다. 또한 중국과의 빈번한 교류, 한자의 공용에 따라 우리의 농사기술원천은 중국의 고대농서(특히 『범승지서』·『제민요술』·『농상집요』)에 영향 받아 직접 혹은 초록하여 이용하였다.

결과적으로 신농 씨에서 연유하는 농본주의적 전통생활 가치관과 통치관을 건국이념으로 삼고 철기농기구, 제천행사, 작물종, 농지개간기술, 농산을 생업으로 하는 조세제, 왕토사상, 저수지 축조, 우경법, 농시(천문)원리적 재배법, 도교와 풍수지리설이 자리 잡게 되었다.

특히 중세(고려조)에 이르러서는 사직·적전제, 사회구휼제·전시과제가 시행되고 목화도입에 의한 의(衣)생활 변모, 시비·심경에 따른 세역농의 상경농 또는 2년3작식 윤작화로 생산성이 향상되었다.

※ **평가**: 풍토와 작물(가축)의 종류가 중국과 달라서 맞지 않는 기술이 많

앞고, 도교 및 풍수지리적인 비과학성 기술이 많아서 현실적용에 문제가 많았으며 중국에 맹목으로 의존하는 성향이 짙어졌다.

2. 근세(A.D. 1400~1600, 조선조 전기)에 이르러 건국·통치이념을 중농에 두는 『경국대전』을 반포하고, 고려조의 불합리한 제도(조세·농본의 근원·나라말·농사기술·의료·조직 등)를 중국식에서 벗어난 우리 것으로 바꾸려는 노력이 집중됨.

- 조세: 과전제 → 직전제 → 전호제 → 관수관급제 → 대동제
- 농본의 근원: 나라의 근본을 백성과 농사에 둠(친경의식·적전·각종 기제).
- 나라말: 한문 → 한글 창제
- 농사기술: 천시(적기영농)·지리(적지적작)·인사(노력 주도) ← 농사철 노동 보호
  : 노농의 기술 발굴·보급 우선(농서 편찬 : 사례:『농사직설』·『양화소록』·『금양잡록』·『사시찬요초』·『한정록』·『도문대작』·『농가월령』·『농가집성』 등)
- 의료: 중국 약제·처방 → 향약구급방법 확립(사례 : 『구황촬요』·『향약집성방』)
- 조직: 향도·계·두레 문화와 오가작통법·호패법

※ 농사기술 실체
- 품종분화(선발·도입육종 실험) → "晚播早生"(구황조·50일조 등)
  : 각종 87종 → 벼(30)·맥(8)·기장(6)·두류(35)·동배류(3)·조(15)·수수(4)·피(5) 등
- 휴한극복: 陳田 → 歲易 → 續田(或耕或陳) → 不易(連作) → 輪作
                    → 裏作
       ↑   → 多毛作(1年2作 이상)
    地力 增進: 肥種·객토·건토·속성퇴비제조, 녹비
- 작물보호 처리: 물리적·생물(독초 등)적 처리

- 기상관측 및 24절기 활용: 『사시찬요초』 · 『농가월령』 등
- 제언(저수지): 벽골제 → 일본 전파: "韓人池" · "百濟池"
- 무자위(水車): 일본보다 2세기 앞선 "발무자위" 발명(보급은 실패)
- 개간 기술: 단맛보기 · 화전(산지), 윤목(저습지)
- 조파법: 직파 · 묘종의 모든 경우/제초 편의
- 시비: 밑거름 → 밑거름+덧거름 체계
- 제초: 화누법 · 반종법
- 旱田 기술: 그루갈이(根耕) · 혼파(혼작) 기술 개발
- 채소: 직파 → 육묘 · 이식재배, 시비 다양화, 각종 명산지 출현(허균의 『도문대작』)
- 과수: 번식법(삽목 · 취목 · 접목) 및 저장 · 보호, 각종 명산지(『도문대작』)
- 화훼: 『양화소록』/강희언 → 완벽한 Textbook!

※ **평가:** 조선왕조 초기의 건국이념과 중국 의존성을 탈피하고 우리의 풍토 · 백성(체질)에 맞는 고유 · 전통의 농경체계를 찾아 일으키려는 노력은 나라 말씀을 한문 아닌 우리 한글로 창제하여 본질적인 발본색원을 하였듯이 "신토불이적 합리성 · 현실성"에 발원하는 탁월한 치적이며, 우리 문화 전통과 유산의 씨알과 같은 의도였다고 하겠다.

다만 조세 제도가 과전 · 직전 · 전호 · 관수관급 · 대동제 등으로 변하면서 양반 · 지주 계급의 토지점탈과 농민핍박이 늘고, 광작농의 사례가 확대되었다. 따라서 획기적인 농업기술(이앙법 · 그루갈이법 · 혼파혼작법 · 품종분화 등)이 발굴되었지만 이를 뒷받침할 수 있는 사회경제적 여건이 불비하여 현장 기술로서의 파급이 어려웠다. 생산성의 향상은 기술과 투자(물 · 비료 · 인력 등)를 전제로 할 때만 가능한 것이다. 기술과 방법은 중국이나 일본에 앞서면서도 실용사례에서 뒤늦게 된 사례는 벼 이앙법이나 저습지 개간법, 발무자위(수차) · 건경법(마른갈이, 건삶이) · 밭그루갈이나 혼작(혼파)체계 · 기상관측 등등으로 비일비재하다. 불가피하게도 이들 기술이 빛을 보지 못하였던 것은 우리 사회의 자체적인 요인도 있었으나 임진왜란과 양대 호란을 겪으며 전국

의 산천과 농사현장이 유린되어 초토화된 역사적 사실에 기인하여서도 재기의 여력이 모자랐고, 오히려 탐관오리와 양반지주계급의 농민·농지 침탈 및 유린이 더욱 두드러지게 되었다.

   3. 근대 1기(A.D. 1600~1863, 조선조 후기)는 사색당쟁과 사회문란 속에서 일루의 희망처럼 실학의 빛이 싹트는 풍조가 확대되면서 實事求是·經世致用·利用厚生의 틀을 잡던 시대였다. 농학기술을 언급하던 각종 농서들에서도 중국의 발전된 농사기술을 재평가·인용하고 우리의 경험적 농사기술을 발굴·정리하여 신기술을 무수하게 쏟아내게 되었다. 조선조 초기의 민족의료적 체계화 의도가 이제마의 "사상체질의학"이나 허준의 『동의보감』 집대성 편찬으로 찬란한 빛을 거두어내게 되었듯이 농학의 기술과 치농의 이념도 각종 농서를 통하여 발굴·정리·편찬됨으로써 "우리의 것"을 다시 일으켜 세우려는 의도가 살아났다.
   우리 역사상 두 번째 르네상스의 발원기였고, 이는 『산림경제』·『증보산림경제』의 편찬에 이어서 정조가 재위 22년(1798)에 국내 최적·최대·최선의 농사기술을 정리·보급할 뜻으로 반포하였던 "권농정구농서윤음"에 따라 이룩된 것이다. 이때에 전국의 유수한 신진 학자들이 69건이나 제출하였으나 1800년의 정조 급서로 뜻을 이루지 못하게 되었다. 박지원의 『과농소초』(1799)도 이 가운데 하나였다. 이에 뜻을 같이하여 정조 사후에 편찬된 유수한 농서들로도 『해동농서』·『천일록』·『농정회요』·『임원경제지』·『농정요지』 등이 있다.
   이들 농서에서 제시되었던 우리 고유성이 있고 혁신적인 주요 기술로는 17세기 농촌의 노농들의 속방(『산림경제』), 미신적 요소의 배제·정리(『천일록』), 한발대책과 농사·생활기계론(『육해지』·『응기도설』), 혼작을 단작으로 하고 反畓을 田으로 환원할 것(『임원경제제』), 건답직파법(『농정요지』) 등을 들 수 있다.

※ 농사기술 실체

- 새로운 작목 도입(옥수수 · 땅콩 · 고구마 · 감자 · 고추 · 호박 · 토마토 · 딸기 · 강낭콩 · 인삼 · 배추 · 호박 · 목화 재도입)

- 품종 육성: 조선 전기의 1.5배 정도

- 농업기상: 장기 → 단기 예측 기술

- 미신적 기술 → 합리화

- 충해 관리: 오해고(五害攷), 비황잡법, 메뚜기 식용화

- 시비: 추비 · 속성퇴구비, 비료 분류 및 저장 관리

- 모내기 관행화 ← 수리시설 증대, 올벼못자리법(조도앙기법) · 밭못자리 및 건답육묘법(고유기술)

- 제초: 반종법 · 화경수누법

- 두류: 작휴복토식재배, 숙주나물, 녹두2기작

- 맥류: 소금 · 식초 섞어 뿌리기

- 목화: 종자처리 · 적심재배

- 채소: 특수기술 다양화 → 휴종 · 구종 · 육아 · 연화 · 양아 · 냉상육묘 · 저장 · 촉성 · 접경법 등

- 과수: 각종 번식법(접법 · 분근 · 압조 · 탈지법, 적과법)
          : 각종 저장법(소량 자가소비용, 궁중용)

- 화훼: 작목 16종(15C) → 64종/『임원경제지』

- 양잠: 양잠서(『잠상집요』)
          : 녹비(두류) 사이짓기, 육잠법, 야잠키우기

- 축산 · 수의 · 양어

- 경영: 소면적 정밀농경, 가용자원 활용 극대화

※ 평가: 조선조 후기에는 『경국대전』의 내용에 지방 수령들의 치농을 위한 규제와 근무성실의 규정을 삽입 개정하여 『속대전』(1744)을 반포하고, 농지제도에서도 "隨等異尺制"를 "一等田尺制"로 바꾸었으며, 왜란과 호란으로 줄어든 농지를 확장하는 데 우선하였다. 또한 수리시설을 되살리기 위한

제언사를 부활하고(1662) 책임자를 의정부 정승이 겸임토록 강화시켰다. 귀농을 위한 왕의 의지를 짐작할 수 있다. 농사기술의 지침서를 농서로 편찬한 사대부들도 새로운 사회풍조에 뜻을 함께 하여 실사구시 · 경세치용 · 이용후생을 현실화시킬 농사기술을 찾고, 또는 몸소 체험하며, 도교나 풍수지리설에 따른 비과학(미신) 요소를 과감히 배제함으로써 우리의 실태와 풍토에 맞는 신토불이적 합리성을 실현시키고자 하였다. 상품으로서의 농산물 생산을 위한 단작 규모화재배나 분수(현실)에 맞는 규모(소규모 정밀화) 재배기술을 강조하고, 광작의 생력화와 생산성 향상을 위한 벼의 이앙재배를 받아들였다. 중국과 달리 소규모 농경에 알맞은 수동식 관리와 영농 및 수확 · 저장 · 이용기술이 마련되고, 노동집약적인 루田농법이나 원예작물의 특수기술도 제시되었다. 그러나 당시의 점차 어지러워진 사회문란상과 정치 · 경제적 여건은 사색당쟁에 휘말려 농업과 농민 · 농촌의 실체를 뒷전으로 밀어내놓고 있었기에 앞에 열거한 진보적 농사기술이나 왕조의 농정에 쏟는 애달픈 의지가 얼마나 현실적으로 농사현장에서 받아들여졌고, 실현될 수 있었는지 알 길이 없었다.

1800년에 정조가 급서하자 농업에 기울였던 왕조의 농정의지나 농사기술혁신의 꿈(『응지진농서』의 의도)은 하루아침에 사라지고 국정과 사회기강은 침체와 혼란에 빠져서 삼정(진정 · 군정 · 곡정)이 무너지고 있었다. 이렇게 해서 조선조 전기에 시도되고 조선후기에 거두어들인 우리 고유의 생업(농사)기술과 실체는 학문적 · 방법적으로만 터득되었을 뿐 현장기술로 가치를 실증하고 이득을 얻어 보지도 못한 채 서구의 기계론적 과학과 농사기술에 충돌하여 안으로 살아지고 말았다.

4. 근대 2기(A.D. 1863~1945, **구한말과 일제강점기**)는 삼정의 문란, 민란과 군란, 쇄국과 개화, 문호의 개방과 개혁 등으로 정부 체제와 국호("대한제국")의 변경을 거쳐 일제의 식민정책이 포석을 놓았던 일제강점기로 이루어지는 불운의 역사를 이어 왔다.

(1) 구한말에는 일본이나 미국과의 통상조약으로 수신사나 시찰단을 파견하

여 문물을 보고 배워 와서 내국의 실체를 개화하고 특히 서구식 농업과학기술을 도입하는 데 앞장서게 하였다. 동양의 우리 전통적 과학과 기술은 음양의 조화에 따른 양기론적 입장에 있었고 다분히 생태적 기술을 앞세우고 성립된 것이었으나 서구의 그것은 분석적이며 기계론적인 입장에서 생리적 기술을 앞세워 성립된 것이었다. 미처 우리의 것을 확립하고 남의 것을 수용하여 소화하고 우리의 것으로 융합할 준비도 없이 서구의 농학기술과 교육제도가 수입·설립되었고, 저네들의 손에 의한 농사시험과 연구·교육이 착수되기에 이른 것이었다. 이들 두 과학세계의 충돌은 우리의 손으로 정리될 수 없는 것이기도 하였다. 생리적·원리적 기술, 즉 수입농학적 성격을 띤 농업과학기술서가 국한문으로 번역 또는 편찬되었다고 하지만 이들의 진가는 우리들 손아귀에 놓일 수 없는 것이었고, 수많은 서구의 작목·축종이나 품종이 도입되어 심겨졌지만 이는 오히려 열대성 장마같이 도입된 홍수기나 범람기의 참상처럼 이해가 안 되는 경이로움이거나 빗나가는 차질로 받아들여졌다.

이런 실정 위에 일제의 식민통치 의도적인 속셈은 손길을 뻗혀 명실공히 일제강점기의 우리나라 농사시험과 교육·기술보급, 그리고 농사현장의 침탈과 농산물이출의 수순을 밟게 된 것이었다. 1900년에 恒屋의 쓴 『조선개화사』에는 당시 일제의 조선 식민사관이 잘 나타나 있으며, 저들이 파악한 당시의 우리네 모습은 이렇게 표현되어 있었다.

"조선 사람은 스스로 하늘이 내린 인종(天降人種)이라 생각하는 강용·쾌활하고 문물이 출중한 존재이지만, 성격이 우물쭈물하고, 맺고 끊음이 불명하며, 당장의 편안을 찾고, 교활하게 서로 헐뜯으며 분별없이 따르고, 눈치껏 이득을 쫓는 식으로 살아가는 형태를 보인다."

(2) 일제강점기 직전의 일본수입 불균형 액수는 연간 2억 원이었으며 조선을 농업생산 최고기지화하게 된다면 불과 10여 종 생산액만으로도 연간 1억 5천만 원 이상이 되므로 충분한 대체 가능(조선총독부: 1912)한 것으로 판단하고 조선 농업을 식민지 농법('반봉건적 식민지 지주제'를 조장·강화하고,

생산력 증강 기술 및 정책 강화)으로 재편시킴.

※ 농사기술 실체

- 도작
  - 도입품종으로 재래종 대체(1935년까지 82% 이상) → 50% 증산
  - 재배기술(종자처리 · 못자리 · 건묘육성 · 병충해 · 이앙기 · 제초 · 물관리 · 병충방제 및 수확조제) 향상: 본토이출곡
  - 특수재배(천수답 · 건답 · 간척지) 개발
- 맥류
  - 재래종 선발 → 교배육성종: 쌀대체곡
  - 춘 · 추파의 보리 · 쌀보리 · 밀 등 구분, 재배법 일괄기준 설정
- 두류
  - 재래종 선발, 면적 2~3배 증대: 본토이출(특히 콩)
  - 파종기 · 작부체계 · 작휴법 · 관수 · 시비 · 방제기술체계화
- 잡곡
  - 재래종선발, 재배기술연구는 소극적: 대체곡
- 서류
  - 재배 확대(고구마 10배, 감자 6배): 대체곡
  - 품종은 도입종 → 교배육종
  - 재배기술 일관 체계화 및 재배 권장
- 특작
  - 시책작물로 집중 연구, 통제생산
  - 면화(고하도) · 아마(함남) · 연초(충북) · 인삼(개성)
- 채소 · 화훼
  - minor crop: 1930년대 이후 재배기술 표준화
  - 자급목표(단 배추 · 무는 재래법 연구, 기타는 특산지화)
  - 채종기술 지원 → 기업 육성
  - 재배법 개선 → 일본인 농장 지원

- 과수
  - 조선을 적지로 판단. 일본인 농장 지원 ← 원예모범장(1906/뚝섬)
  - 사과·배·복숭아·포도에 중점 ← 품종·특산지 형성, 재배 기술
- 잠업
  - 중국 수출 ← 잠업시험장·양잠전습소 설치(사설화·다수화)
  - 재상: 품종(재래·도입종)·묘목생산·순뽕밭 조성·방제
  - 양잠기술: 잠종생산확대(10배 증) → 잠실잠구 개량
  - 제사: 가공기술 향상 및 정부·민간 단체 설립기능화
- 축산
  - 한우 사육 증대(4배 증), 역육겸용종 육성은 실패
  - 젖소 사육(10배 증), 기술은 1두 착유량 증대(5배 증)
  - 돼지는 버크셔 누진교배잡종 육성(성공) → 사육증대(2배 증)
  - 닭은 사육수 2배 증 → 산란율 2~2.5배 증
  - 말·면양은 군수 목적으로 증산계획시행 → 실패

※ **평가:** 일제가 획책했던 10대 산물의 증산과 이를 지원하는 기술이나 생산규모는 향상·확대되었으나 이 결과는 농업기술 개발 결과라기보다는 단순한 일본식 농업기술과 품종의 이식 수준에서 이루어졌고, 이 과정 또한 일제 연구원들의 전문적인 조사·연구·시험과정을 통한 것이다. 조선인 농업기술 연구원으로는 오직 조백현 박사(後에 서울대 농대 교수)뿐이었다. 조선인은 일제강점기 후반에 배출된 각종 학교·전습소·교육장 출신자들로서 일제의 강권에 의하여 생산 현장(농촌)에 투입되고, 실제로 생산하여 모범을 보이거나 농민에게 농사기술을 보급하는 일에 종사한 것이 고작이었다. 또한 일제의 손으로 우리나라에서 개발된 순수한 농사기술은 高橋昇 서선지장장의 말과 같이 "고작 벼의 正條植 이앙법뿐"에 불과하였고, 조선총독부의 말과 같이 "조선에서의 농사기술 개발은 조선의 전통기술 연구 위에서의 신진기술 접목이 아니었고, 단순한 일본기술 대체였기에 성공적일 수 없었다"고 볼 수 있다. 이런 이유로 1939년 12월에 이르러서야 현지 전통농법 연구를 위한 농업기술

자들의 모임인 조선농학회가 창립되었으나 이미 때는 늦었다. 결국 일제강점기의 조선인은 일인들의 손에 의하여 이루어진 일본식 및 서구식 농사법의 도입실험·조사·연구과정을 농무인이나 농학도의 입장에서 실습·견학 또는 교육받고, 고작 기술 보급을 위하여 농촌에 투입됨으로써 모범재배를 시범하거나 농민을 지도하는 정도에 그치고 말은 셈이다. 일제강점기에 우리나라 각지 시험장이나 종묘장 등지에서 시도되었던 시험 내용이나 학교에서 교육된 것들 가운데는 내용에 따라서 눈에 띄는 수준의 성공적인 사례도 많았고, 시행착오나 세심한 연구 미진으로 실패한 사례도 많았다. 이에 대한 성과 여부를 일제는 조선인을 위한 것으로 평가하지만, 우리의 것이 아니었던 결과가 결코 우리의 것으로 될 수 없는 것이었음을 분명히 할 수 있다.

김도형(1995)이 『일제의 농업기술기구와 식민지 농업지배』에서 밝혔듯이, 일제가 조선에서 수행한 조사·시험·연구의 성격은 첫째, 시험·연구 내용 자체가 일제 본국의 요구에 의하여 결정된 것이고, 둘째는 기술 자체가 일제의 기술을 단순히 직수입하여 대체한 것이며, 셋째는 대체로 벼농사 중심이었고, 넷째는 시험·연구의 목표가 일제의 부족분 해소나 이득 창출을 위한 데 있다는 것이었다.

따라서 일제강점기의 농업기술시험과 연구가 광복 후 우리나라에 남긴 영향은 첫째, 우리 전통농법과 품종, 또는 조선조 후기에 우리의 것으로 새롭게 정립했던 농업과학기술의 근거를 구축·소실시켰다는 점이고, 둘째는 농업기술을 파행적·기형적으로 발전시켜서 불균형한 실태를 심화시켰으며, 셋째는 우리 고유한 한전농업의 기술보다 미작 중심의 단작으로 농업구조를 변모시켜서 농촌의 소득창출 기능을 마비시켰고, 넷째는 다수성 재배를 위한 시비 및 토지관리기술의 강요로 농지가 황폐화하게 되었다는 점이다. 또한 일제식의 개량농법 강제수용 과정을 통하여 생산비용 증대를 통한 농가경제 파탄은 식민지 지주제를 강화케 함으로써 식민지 수탈을 증대시켰다.

5. **현대(1945년 이후, 대한민국)**는 일제강점기를 떨치고 광복을 맞은 1945년 이후로서, 1963년까지는 미군정, 6·25 동란을 거치면서 폐허를 딛고 사

회제도를 정비하던 절대빈곤기였다. 우장춘 박사의 귀국과 더불어 지속적인 연구·시험을 지탱해 왔던 채소 육종분야와 최소한의 육종 및 자료 정리를 하던 작물육종분야를 제외하고는 참다운 농업과학기술의 시험연구가 이루어질 수 없었다. 그 이후, 1964년부터 농촌과 농업 부흥을 위한 농공병진 시책과 우리 기술 재정비 및 활용 노력이 시도되기 시작하여 품종·비료·물관리와 파종기·추비·병해충방제·수확에 관련된 초기 연구의 단계를 거치게 되었다. 물론 이러한 노력은 각종 품종의 육성과 더불어 1970년대에도 계속되었다. 다만 이 당시의 노력이 국제적인 협력체계에까지 확대되었지만 근본 전제는 식량자급을 위한 주곡 다수확에 있었다. 이 당시에 개략 및 정밀 토양조사가 이루어져서 시비 합리화 기술이 연구되었고 비료·농약의 실용기술 체계화가 이룩되게 되었다. 다수성 벼 품종으로 통일형품종이 육성되어서 일반형보다 30% 이상의 수량 증대가 이룩되었고 식량인 주곡의 자급화 발판을 만들었다(1977년 10a당 494kg 쌀 수량성 최고 국가: 4,000만석 돌파!). 다른 작물에서도 육종이 선도하는 재배기술 개발로 다수확을 목표로 하는 연구가 진행되었다. 국가적으로 강력하게 추진되었던 모든 연구는 쌀을 중심으로 하는 다수확 일변도의 내용들로서 재론의 여지가 없었다. 비료나 농약의 사용량도 놀랄 만한 속도로 증가되었지만, 식량 자급이나 수입대체라는 과제는 절대 절명의 국가적 요구였다고 할 수 있다.

이후 1980년대와 1990년대의 20여 년에 걸쳐서 이룩된 농업과학기술 연구와 지도·교육의 성과는 실로 헤아릴 수 없이 방대하고 많은 양이었으며, 상호 중복되거나 상충되는 연구결과도 비일비재하였다. 특히 1970년대 이후로 진전된 국가경제 산업화의 영향으로 농촌노동력이 대거 이출되고 청장년층 인구가 이출됨으로써 잡초방제를 위한 제초제 이용과 농작업 기계화 사업이 강력하게 추진되기에 이르렀다. 시험·연구와 교육 내용의 합리적 재검토와 결과분석에 따른 계획·시책의 수정은 재고할 여지가 없던 형편이었다. 우리 손과 우리 기술로 급진적인 성과를 거두어들인 20여 년의 보람이었다.

그러나 1992년에 이르러, 우리네 농업생산의 전반에 근본적인 문제가 대두되었다. 국제적인 상황 속에서 국제경쟁력이라는 농업생산성의 벽에 부딪치게 되었고, 대내적으로는 양보다 질을 찾고, 먹을거리보다 기능식품적 가치를 찾는 상황이 전개되면서, 친환경농업·지속가능한 농업·유기농업·무비료무농약재배법 등으로 일컬어지는 어려운 재배기술 과제의 벽에 부딪치게 되었다. 원천적으로 생산물의 양과 질은 반비례하는 특성이 내재하게 마련이고, 무비료무농약 재배기술은 보다 많은 노동력의 투하를 전제로 하게 마련이다.

여기에 다시 열거할 필요가 없지만, 현재까지 농촌연구기관에서 연구·개발한 기술의 실체들은, 서구식 또는 일본식의 기계론적 과학기술을 접수한 지 한 세기가 되는 시점에서, 그나마 우리의 손으로 주도할 수 있었던 세월은 불과 40여 년 남짓밖에 안 될 만큼 짧았음에도, 더구나 수많은 우여곡절을 거치면서도 거의 완벽(기대 이상의 수준과 치적)에 가까운 실적을 거둔 것으로 판단된다.

다만, 앞으로 기대하고 싶은 것이 있다면, 좀 더 소비자의 변화하는 요구 특성의 실체를 파악하여서 정확한 연구 기준과 목표 및 내용을 선정함으로써 우리 손과 우리 기술로 우리 요구에 합리적인 우리의 농업과학기술을 개발하는 일(고품질, 맛좋은 농산물)이며, 이를 통한 차별화·국제화 전략(평가기준과 육종·재배기술 목표)을 수립할 필요가 있다. 또한 그동안 주곡 자급 달성과 수입대체를 위하여 주변의 영향이나 뒤로 남겨지는 잔류영향을 생각지도 못하고 오직 앞으로만 달려왔던 데 따른 적체된 문제를 해결할 방도(잔류 문제)가 강구되어야 하겠다.

참고문헌

Bishop I. B.(1897), 『한국과 그 이웃나라들』[이민화 역(1994)].

『조선왕조실록』, 영인본(전질).

加藤末郎(1904), 『한국농업론』, 裳華房.

강민희(1998), 『한국축산발달사』, 축산진흥, 축협중앙회.

강희언(1465), 『양화소록』(이변훈 역, 1974), 을유문고 118.

구자옥 · 김영진 · 홍기용(2006), 『역주 제민요술』, 농촌진흥청.

김광언(1994), 『무자위(水車)고』, 「한국의 농경문화」 제4집, 경기대학교.

김도형(1995), 「일제의 농업기술기구와 식민지 농업지배」, 국민대학교 대학원 문학박사학위논문.

김영진(1982), 『농림수산고문헌비요』, 농경연.

김영진(1984), 『조선시대 전기농서』, 농경연.

김영진(1996), 조선조의 권농기관, 『농촌경제』.

김영진 · 이은웅(2000), 『조선시대 농업과학기술사』, 서울대학교 농업개발연구소 학술총서 제1호, 서울대학교 출판부.

김용섭(1984), 「조선초기의 권농정책」, 『동방학지』 제42집, 연대국학연.

김용섭(1988), 『조선후기농학사연구』, 일조각.

농촌진흥청(2002~현재) 고서국역총서(『색경』 · 『농정신편』 · 『농정서』 · 『증보산림경제 I』 · 『증보산림경제 II』 · 『증보산림경제 III』 · 『농가설』 · 『위빈편농기』 · 『농가월령』 · 『농가집성』 · 『산가요록』 · 『식료찬요』 · 『농정회요 I』 · 『농정회요 II』)

박경용(1990), 「조선전기의 잠업연구」, 『국사관논총』 제12집, 국사편찬위.

박래경 · 임무상(1986), 「한국의 벼농사와 품종의 변천」, 『도의 유전과 육종』, 서울대출판부.

박준근 · 구자옥 등(2003), 『인류의 식량』, 전남대 출판부.

小早川九郎(1944), 『朝鮮農業發達史』(정책편 · 발달편), 朝鮮總督府.

熱帶農業研究センター(1976), 『舊朝鮮におはる日本の農業試驗研究の成果』.

위은숙(1988), 「12세기의 농업기술」, 『부산사학』 제12집.

이경식(1986), 『조선전기 토지제도사연구』, 일조각.

이성우(1978), 『고려 이전의 한국식생활사 연구』, 향문사.

이성우(1983), 『한국식경대전』, 향문사.

이숭겸 · 구자옥 등(1989), 『조선시대의 도작기술』, 신구문화사.

이춘영(1989), 『한국농학사』, 민음사.

이태진(1992), 『15세기 한국의 농업과 과학기술』, 제35회 역사학대회 요지, 한국
　　　과학사학회.

이한기(1992), 「일제시대 농촌지도사업에 관한 연구」, 서울대대학원 교육학박사학
　　　위논문.

日本農商務省(1906), 『韓鮮土地農産調査報告』.

장동섭 · 구자옥(1983), 『전남농업의 식산』, 전라남도청.

전병기(1982), 『한국과학사』, 정음사.

조선총독부(1927), 『조선의 물산』, 조사자료 제19집.

天野元之助(1975), 『中國古農書考』, 龍溪書店, 東京.

최상준 외(1988), 『조선기술발전사』 5(리조후기 편), 과학백과종합출판사, 평양.

최영진(1972), 조선전기축산에 관한 연구, 『인천교대 논문집』 제7집.

한국농촌경제연구원(2005), 『한국농정50년사』, 농림부.

한국중앙농회/조선농회(1906년 이후 전질), 『조선농회보』.

허균(1611), 『도문대작』.

홍이섭(1946), 『조선과학사』, 정음사.

편별(編別) 찾아보기

구자옥(具滋玉) 근황(近況)

대전고등학교, 서울대학교 농과대학 및 대학원, 덴마크 왕립농과대학교
전남 대학교 잡초·잡초방제학, 작물생리·생태학 전임교수
전남대학교 교무처장·농대학장·농업개발대학원장
전국국공사립 농과계 대학장 협회회장
한국잡초학회·농업시스템학회·호남식물보호학회·전남광주쌀연구회장
(사)한국농식품생명과학협회 부회장
현) 전남대학교 명예교수
　　한국잡초학회 고문
　　과학기술한림원 정회원
　　한국농업사학회 이사장 겸 회장

저술

『조선시대의 노작기술』(1992), 『중국의 식량경제』(2000), 『농업생태학』(2002), 『한국의 잡초도감』(2004), 『인류의 식량』(2005), 『고대농업기술의 재조명』(2007), 『온고이지신』전4권 (2009), 『풀도감』(2009), 『한국의 수생식물과 생활주변식물도감』(2009), 『한국농업근현대사』전13권(편찬위원장·집필인)

번역

『구황방고문헌집성』전4권(2010), 『쌀의 품질과 맛』(江曅, 2003) 『대지의 수호자 잡초』(코케이너, 2003), 『범숭지서』(범숭지, 2008), 『제민요술』(가사협, 2008), 『자신으로서 쌀』(오누키 티어니, 2004), 『상호부조진화론』(크로포트킨, 2009) 『조선반도의 농법과 농민』(타카시, 2009), 『인삼보·조선인삼경작기·화한인삼고』(사카노우에, 2008-2010), 『한국토지농산조사보고』(혼다, 2008, 2011), 『농업삼사』(쓰다센, 2009), 『농상집요』(원사농사, 2009), 『조선총독부 농사시험장 25주년 기념지』전2권(2008), 『조선총독부 권업모범장보고』전39년중 25년분

감수

『색경』, 『식료찬요』, 『증보산림경제』전3권, 『농정신편』, 『농정회요』전2권, 『해동농서』전2권, 『농정서』, 『응지진농서』전2권, 『임원경제지』본리지 전3권, 『한뼘 텃밭 이유식』, 『규곤요람·음식방문·주방문·술 빚는법·감저경장설·월여농가』

우리 농업의 역사 산책

초 판 인 쇄 | 2011년 4월 13일
초 판 발 행 | 2011년 4월 13일

지 은 이 | 구자옥
펴 낸 이 | 채종준
펴 낸 곳 | 한국학술정보㈜
주   소 | 경기도 파주시 교하읍 문발리 파주출판문화정보산업단지 513-5
전   화 | 031) 908-3181(대표)
팩   스 | 031) 908-3189
홈 페 이 지 | http://ebook.kstudy.com
E - m a i l | 출판사업부 publish@kstudy.com
등   록 | 제일산-115호(2000. 6. 19)

ISBN   978-89-268-2109-1 13520 (Paper Book)
          978-89-268-2110-7 18520 (e-Book)

이담
Books 는 한국학술정보(주)의 지식실용서 브랜드입니다.